450 Tips to Use Python Better!

現場で
すぐに
使える！

最新
Python
プログラミング
Visual Studio Code/Anaconda 対応版
逆引き大全
Windows/macOS 対応

金城俊哉 著

450の**極意**

秀和システム

●サンプルプログラムのダウンロードサービス

本書で使用しているサンプルプログラムは、以下の秀和システムのWebサイトからダウンロードできます。

https://www.shuwasystem.co.jp/support/7980html/7155.html

●注意

(1) 本書は著者が独自に調査した結果を出版したものです。

(2) 本書は内容について万全を期して作成いたしましたが、万一、ご不審な点や誤り、記載漏れなどお気付きの点がありましたら、出版元まで書面にてご連絡ください。

(3) 本書の内容に関して運用した結果の影響については、上記 (2) 項にかかわらず責任を負いかねます。あらかじめご了承ください。

(4) 本書の全部、または一部について、出版元から文書による許諾を得ずに複製することは禁じられています。

●商標

・Microsoft、Windowsは米国Microsoft Corporationの米国およびその他の国における商標または登録商標です。

・その他、ソフト名は一般に各メーカーの商標または登録商標です。

　なお、本文中では™および®マークは明記していません。

　書籍のなかでは通称またはその他の名称で表記していることがあります。ご了承ください。

はじめに

『Pythonプログラミング逆引き大全 313の極意』（2018年）から『〜357の極意』（2020年）、『〜400の極意』（2021年）を経て、このたび、本書『〜450の極意』（正確には451+Appendix11）が登場することになりました。本書では、

- 開発環境としてAnacondaとVSCodeに対応
- 「基本プログラミング（第2章）」の内容をさらに強化
- 「文字列と日付の操作（第3章）」のTIps数を増加
- 「ファイルの操作と管理（第4章）」のTips数を増加
- 外部ライブラリ（NumPy、Pandas、scikit-learn）に特化した章の新設

など、最新情報を追加すると共に、既存の解説内容をより充実させました。外部ライブラリを用いたデータ分析では、機械学習の各種手法を体系的に学べるようになっています。

さらに、ソースファイルのバージョン管理システム「Git」の章が追加されました。いまやプログラム開発に不可欠となっているGitがVSCodeに標準搭載されたためです。

このようなことから、すでに前著をお読みになられた読者はもちろんですが、本書はPythonの基礎的な部分が多くを占めますので、プログラミングがはじめての人にとっても有益な情報が満載です。

今回の書籍では前著に比べて情報量が増えましたが、ポイントを押さえたコンパクトな解説を心がけました。「知りたい情報を逆引き形式でサッと引ける」のが本書の特徴ですので、学習や開発の際にお手元に置いて活用していただければと思います。

逆引き形式を採用している本書ですが、プログラミングの学習が目的の人は、ぜひ本書を最初から読み進めていただくことをお勧めします。基礎的な内容から発展的な内容に進むように各章が配置されていますので、1つずつステップアップするような感覚で読み進めることができます。

最後になりましたが、本書がPythonでの開発、およびPythonの学習に際してお役に立てることを願っております。

2023年12月

金城俊哉

Contents

現場ですぐに使える！
最新Pythonプログラミング
逆引き大全 450の極意
目次

はじめに……………… 003
目次……………… 004
本書の使い方……………… 018

第1章　Pythonの概要

1-1　Pythonの基本事項
001　Pythonとは……………… 020
002　Pythonのダウンロードとインストール……………… 023
003　VSCodeのダウンロードとインストール……………… 025

1-2　VSCodeのインストールと開発環境の用意
004　VSCodeを日本語化する……………… 028
005　VSCodeの画面を好みの色調に変える……………… 029
006　VSCodeの画面構成を確認する……………… 030
007　Pythonで開発するための拡張機能をインストールする……………… 031

1-3　VSCodeにおけるNotebookを用いたプログラミング
008　ワークスペースを用意してNotebookを作成する……………… 033
009　Notebookを利用して仮想環境を作成する……………… 035
010　VSCodeのNotebook画面……………… 037
011　Notebookでプログラムを実行する……………… 038

1-4　VSCodeにおけるPythonモジュールを用いたプログラミング
012　ワークスペースを開いた状態から仮想環境を作成する……………… 040
013　Pythonのモジュールを作成してプログラムを実行する……………… 043
Column　仮想環境に関連付けられたターミナル……………… 046

1-5　VSCodeを用いた外部ライブラリのインストール
014　VSCodeの［ターミナル］から外部ライブラリをインストールする……………… 047

第2章　基本プログラミング

2-1　オブジェクトとデータ型
015　オブジェクトと変数……………… 050
016　変数への代入……………… 052
017　Pythonが扱うデータの種類……………… 054
018　整数型……………… 056
019　明示的にint型オブジェクトを生成する……………… 058
Column　変数名を付けるときのルール……………… 059
020　バイト列⇔int型オブジェクトの相互変換……………… 060
021　浮動小数点数型……………… 062
022　明示的にfloat型オブジェクトを生成する……………… 063
023　無限大と非数……………… 064
024　文字列型……………… 065
Column　変数名の命名規則……………… 066
025　論理型……………… 067

004

| 026 | 値が存在しないことを示す | 068 |
| 027 | ソースコードに説明文を書く | 069 |

2-2 演算

028	算術演算子	070
029	代入演算子	073
030	複合代入演算子による式の簡略化	074
031	演算子の優先順位	075
032	論理演算子	077
033	ビット演算子	079
034	2進数の仕組み	081
035	小数の誤差を許さない10進浮動小数点数型	083

2-3 フロー制御

036	フロー制御の構成要素	086
Column	なぜ2進数？	086
037	プログラムの流れを変える	087
038	「もしも」を並べて複数のパターンに対応する	092
039	同じ処理を繰り返す	094
040	条件が成立したらforループを開始する	095
Column	補数の計算 (int型の場合)	095
041	状況によって繰り返す処理の内容を変える	096
042	3つの処理をランダムに織り交ぜる	097
043	指定した条件が成立するまで繰り返す	099
044	無限ループを脱出する	101
045	ループ処理を途中で止めて次の繰り返しに移る	103

2-4 関数

046	処理だけを行う関数	104
047	引数を受け取る関数	105
048	処理結果を返す関数	106
049	パラメーター名を指定して引数を渡す	107
050	パラメーターに初期値を設定する	108
Column	フロー制御の2つの意味	108
051	プログラム全体で有効な変数と関数内でのみ有効な変数	109
052	ローカル変数はグローバルスコープや他のローカルスコープから使えない	110
053	グローバル変数の操作	111
054	例外処理	113

2-5 リスト

055	任意の数のデータを一括管理する	116
056	作成済みのリストに要素を追加する	117
057	リストから要素を取り出す	118
058	リスト要素の先頭から連続してアクセスする	119
059	連続値を持つリストを自動生成する	120
060	リスト要素を切り出す	121
061	リストの更新、要素の追加、削除	122
062	リストの要素数を調べる	123

063	リストに別のリストの要素を追加する	124
064	指定した位置に要素を追加する	125
065	特定の要素を削除する	126
066	リストの要素を調べる	127
067	リストの要素をソートする	128
068	リストのコピー	129
069	リスト要素をリストにする	130
070	リスト内包表記でリストを作る	131
071	リスト内包表記でif...elseで条件分岐する	133
072	リスト内包表記で多重リスト（2次元配列）を作る	133
073	リスト内包表記を入れ子にして多次元のリストを作る	135
074	リスト内包表記で2つのリストの要素をペアでまとめる	136
075	リスト内包表記でインデックス付きのリストを作る	137

2-6 タプル
076	「変更不可」のデータを一括管理する	138

2-7 辞書
077	キーと値のペアでデータを管理する	141
078	辞書要素の参照／追加／変更／削除	142
079	辞書のキーをまとめて取得する	143
080	辞書の値だけを取得する	145
081	辞書の要素をまるごと取得する	146
082	辞書のキーと値をforでイテレートする	147
083	2要素のシーケンスを辞書に変換する	148
084	辞書に辞書を追加する	148
085	辞書の要素をまるごとコピーする	149
086	辞書の要素を削除する	150

2-8 複数のシーケンスのイテレート
087	3つのリストをまとめてイテレートする	151
088	2つのリストの各要素をタプルにまとめたリストを作る	152
089	2つのリストから辞書を作る	153
090	内包表記で辞書を作成する	154

2-9 集合
091	要素の重複を許さないデータ構造	155
092	集合を使って重複した要素を削除／抽出する	155
093	ユニオン／インターセクション	156

2-10 特殊な関数
094	伸縮自在のパラメーター	157
095	キーと値がセットになったパラメーター	158
096	関数オブジェクトと高階関数	158
097	関数内関数とクロージャー	160
098	小さな関数は処理部だけの「式」にしてしまう	162
099	ジェネレーターから1つずつ取り出す	163
100	ソースコードを書き換えずに関数に機能を追加する	165

2-11　クラスとオブジェクト

- 101　オブジェクトを定義する ……………………………………………… 166
- 102　スーパークラスを継承してサブクラスを作る（継承①）……………… 169
- 103　インスタンス変数とオブジェクトの初期化メソッドを定義する（継承②）…… 174
- 104　3つのサブクラスのメソッドをランダムに呼び分ける（継承③）……… 176
- 105　プログラム開始時にインスタンスを生成する（継承④）……………… 179
- 106　プロパティを使う ……………………………………………………… 188
- 107　プロパティにチェック機能を組み込む ……………………………… 192

2-12　クラス変数、クラスメソッド

- 108　クラス変数、クラスメソッドを使う ………………………………… 194

第3章　文字列と日付の操作

3-1　文字列操作の基本

- 109　複数行の文字列を扱う ………………………………………………… 198
- 110　「\」で文字をエスケープして改行やタブを入れる ………………… 199
- 111　「"こん" + "にちは"」で文字列を連結する …………………………… 199
- 112　「'ようこそ' * 4」で文字列を繰り返す ……………………………… 200
- 113　文字列の長さを調べる ………………………………………………… 201
- 114　文字列の中から必要な文字だけ取り出す …………………………… 201
- 115　特定の文字を目印にして文字列を切り分ける ……………………… 205
- 116　特定の文字を間に挟んで文字列同士を連結する …………………… 206
- 117　文字列の一部を置き換える …………………………………………… 207
- 118　書式を設定して文字列を自動生成する ……………………………… 208
- 119　小数点以下の桁数を指定して文字列にする ………………………… 210
- 120　数値を3桁で区切る …………………………………………………… 210
- 121　先頭／末尾が指定した文字列であるか調べる ……………………… 211
- 122　文字列の位置を調べる ………………………………………………… 212
- 123　指定した文字列がいくつ含まれているか、その個数を取得する …… 212
- 124　英文字、または英文字と数字であるかを調べる …………………… 213
- 125　小文字➡大文字／大文字➡小文字への変換 ………………………… 214
- 126　テキストを右揃え／左揃え／中央揃えにする ……………………… 215
- 127　クリップボードにコピーした文字列を読み込む …………………… 216
- 128　クリップボードの文字列を分割して行頭にコメント記号「#」を付ける …… 218

3-2　文字列の一部除去

- 129　正規表現にマッチする文字列を削除 ………………………………… 220
- 130　文字列両端の空白文字を取り除く …………………………………… 220
- 131　文字列両端から指定した文字を取り除く …………………………… 221
- 132　先頭の不要な文字を取り除く ………………………………………… 221
- 133　末尾の不要な文字を取り除く ………………………………………… 222
- 134　プレフィックス、サフィックスを取り除く ………………………… 223

3-3　正規表現によるパターンマッチング

- 135　正規表現とは …………………………………………………………… 224
- 136　正規表現オブジェクト ………………………………………………… 225
- 137　文字列だけのパターン ………………………………………………… 226

138	2つ以上のどれかにマッチさせる	227
139	パターンの位置を指定する	227
140	どれか1文字にマッチさせる	228
141	どれでも1文字にマッチさせる	229
142	文字列の繰り返しにマッチさせる	230
143	複数のパターンをまとめる	231
144	グループにマッチした文字をすべて取得する	232
145	特定のグループをスキップしてマッチングさせる	234
146	貪欲マッチと非貪欲マッチ	235
147	マッチング結果をすべて文字列で取得する	236
148	文字の集合を表す短縮形	238
149	独自の文字集合を定義する	239
150	ドットとアスタリスクであらゆる文字列とマッチさせる	239
151	ドット文字「.」を改行とマッチさせる	240
152	アルファベットの大文字/小文字を無視してマッチングさせる	241
153	正規表現で検索した文字列を置き換える	242
154	マッチした文字列の一部を使って置き換える	243
155	複雑な正規表現をわかりやすく表記する	244
156	電話番号用の正規表現を作る	245
157	メールアドレス用の正規表現を作る	246
158	クリップボードのデータから電話番号とメールアドレスを抽出する	247

3-4 日付データの操作

159	現在の日時を取得する	252
160	任意の日時データを生成する	253
161	年、月、日だけのデータを生成する	254
162	時刻だけのデータを生成する	255
163	ある時点からの経過日数・時間を取得する	256
164	ある時点からの経過日数だけを取得する	257
165	現在から50日前後や1週間前後の日付と時刻を取得する	257
166	経過時間を測定する	259
167	日時データを文字列に変換して曜日名を取得する	260

第4章 ファイルの操作と管理

4-1 ファイル操作

168	現在、作業中のディレクトリを取得する	262
169	ディレクトリを移動する	263
170	新規のフォルダーを作成する	264
171	絶対パスを取得/確認する	265
172	任意のフォルダー間の相対パスを取得する	266
173	パスをディレクトリパスとベース名に分けて取得する	266
174	パスのすべての要素を分解して取得する	268
175	カレントディレクトリに新規フォルダーを作成する	269
176	ファイルサイズを調べる	269
177	フォルダーの内容を調べる	270

178 パスが正しいかを調べる……………………………………………………… 272

4-2 データの保存
179 変数専用ファイルにデータを保管する……………………………………… 273
180 shelveファイルにデータを追加してデータの一覧を取得する………… 275
181 変数を定義コードごと別ファイルに保存する……………………………… 276

4-3 globモジュールによるディレクトリの操作
182 指定したパターンにマッチするファイルやディレクトリの名前を取得する…… 280

4-4 ファイルの管理
183 ファイルをコピーする………………………………………………………… 283
184 フォルダーごとコピーする…………………………………………………… 284
185 ファイルを移動する…………………………………………………………… 285
186 フォルダーを移動する………………………………………………………… 287
187 特定の拡張子を持つファイルを完全に削除する………………………… 288
188 フォルダーの中身ごと完全に削除する…………………………………… 290
189 ファイルやフォルダーを安全に削除する………………………………… 291
190 ディレクトリツリーを移動する……………………………………………… 292
191 ZIPファイルで圧縮する……………………………………………………… 294
192 作成済みのZIPファイルに任意のファイルを追加する………………… 296
193 ZIPファイルの情報を取得する……………………………………………… 297
194 ZIPファイルを展開する……………………………………………………… 298
195 ZIPファイルの特定のファイルのみを展開する………………………… 298
196 自動バックアッププログラムを作成する………………………………… 299

第5章 デバッグ

5-1 例外処理とログの収集
197 例外を発生させる……………………………………………………………… 304
198 独自の例外を発生させて例外処理を行う………………………………… 304
199 エラーの発生位置とそこに至る経緯を確認する………………………… 307
200 エラー発生時のトレースバックをファイルに保存する………………… 308
201 ソースコードが正常に使われているかチェックする………………… 310
202 ログを出力する………………………………………………………………… 311
203 ログレベルをいろいろ変えてみる………………………………………… 315
204 ログを無効化する……………………………………………………………… 317
205 ログをファイルに記録する………………………………………………… 317

5-2 デバッグ
206 ステップ実行➡ステップアウト（VSCode）……………………………… 319
207 ステップ実行➡ステップオーバー（VSCode）…………………………… 322
208 ステップ実行➡ステップイン（VSCode）………………………………… 324
209 デバッグビューで情報を得る………………………………………………… 326
210 Spyderでデバッグする……………………………………………………… 327

第6章 Excelシートの操作

6-1 ワークシートの操作
211 Excelシートを操作するためのモジュールをインストールする……………… 330

009

212	Excelブックを読み込む	331
213	Excelシートのタイトル一覧を取得する	332
214	Excelシートを読み込む	333
215	ワークシートからセルの情報を取得する	334
216	Cellオブジェクトからセル情報を取得する	335
217	セル番地を数値で指定する	336
218	集計表のサイズを取得する	337
219	セル番地の列の文字と番号を変換する	338
220	ワークシートの特定の範囲のCellオブジェクトを取得する	339

6-2 レコード、カラムの操作

221	集計表をデータベースのテーブルとして考える	341
222	1列のデータを取り出す	342
223	すべての列のデータを列単位で取り出す	343
224	1行のレコードを取り出す	344
225	すべてのデータをレコード単位で取り出す	346
226	指定したセル範囲のデータを取得する	347

6-3 ワークブックの作成と編集

227	新規のワークブックを生成する	349
228	ワークブックを保存する	350
229	ワークシートを追加する	350
230	位置と名前を指定して新規ワークシートを追加する	351
231	ワークシートを削除する	352
232	セルに値を書き込む	353
233	データ更新用のアップデータプログラムを作る	354
234	数式を入力する	356
235	セルの幅と高さを設定する	357
236	セルを結合する	358
237	セルの結合を解除する	359
238	ウィンドウを固定する	360
239	レコード単位で書き込む	361
240	グラフを作成する	363

第7章　Wordドキュメント

7-1 Wordドキュメントの処理

241	Wordドキュメントを操作するためのモジュールをインストールする	368
242	Wordドキュメントを読み込む	369
243	段落を構成する要素を取得する	370
244	Wordドキュメントからすべてのテキストを取得する	372
245	テキストのスタイルを設定する	373
246	新規Wordドキュメントを作成してテキストを入力する	375
247	Wordドキュメントにテキストを追加する	376
248	見出しを追加する	377
249	改ページを入れる	378

第8章　インターネットアクセス

8-1　Webデータの取得
250　外部モジュール「Requests」を利用してWebに接続する ･･････････････ 380
251　Yahoo! JAPANにアクセスする ････････････････････････････････････ 381
252　Webデータがやり取りされる仕組みを理解する ････････････････････ 382
253　レスポンスメッセージからデータを取り出す ････････････････････････ 386

8-2　Web APIの利用
254　Web APIで役立つデータを入手する ････････････････････････････････ 387
255　気象データのWebサービス「OpenWeatherMap」を利用する ･･････････ 388
256　5日間/3時間ごとの気象データを取得するためのURLを作る ････････ 390
Column　JSONとXML ･･ 392
257　「OpenWeatherMap」から現在の気象データを取得する ･･･････････････ 393
258　「OpenWeatherMap」から3時間ごとの天気予報を取得する ･････････ 396
259　向こう5日間の12時間ごとの天気予報を教えるプログラムを作る ････ 398
260　MediaWikiから検索情報を取得する ･･････････････････････････････ 400

8-3　Webスクレイピング
261　Webスクレイピングとは ･･ 408
Column　Webスクレイピングの活用例 ････････････････････････････････ 408
262　スクレイピング専用のBeautiful Soup4モジュールをインストールする･･････ 409
263　「Yahoo!ニュース」のRSSをスクレイピングする ･･････････････････ 410

第9章　自然言語処理

9-1　テキストの処理
264　同じ文字列かどうかを調べる ････････････････････････････････････ 414
265　文字列が含まれるかどうかを調べる ････････････････････････････････ 414
266　指定した文字列で始まっているか、または終わっているかを調べる ････ 416
267　指定した文字列で始まっていないか、または終わっていないかを調べる ･･････ 416
268　文章の冒頭と末尾が一致するかどうかを調べる ････････････････････ 417
269　文章の冒頭または末尾が指定した文字列と一致するかを調べる ･･････ 418

9-2　テキストファイルの処理
270　テキストファイルのセンテンスを1つずつ出力する ････････････････ 419
271　ファイルに保存されたすべてのセンテンスを、
　　　　末尾の改行を含まずに出力する ････････････････････････････････ 420
272　テキストファイルの空白行をスキップして出力する ････････････････ 421
273　特定の文字列を含むセンテンスだけを出力する ･･････････････････････ 422
274　特定の文字列を含むセンテンスがあるかどうかだけを調べる ･････････ 423
275　段落ごとに連番をふる ･･ 424
276　文章の中から指定した段落まで抽出して表示する ･･････････････････ 426
277　英文を読み込んで単語リストを作る ･･････････････････････････････ 428
278　英文を読み込んで重複なしの単語リストを作る ･･････････････････････ 430
279　単語の出現回数をカウントして頻度表を作る ････････････････････････ 431
280　単語の出現回数順に頻度表を並べ替える ･･････････････････････････ 434
281　ファイルのエンコード方式をUTF-8に変換する ･･････････････････････ 436
Column　エンコードとデコード ･･ 437

9-3 形態素解析入門

282	形態素解析で文章を品詞に分解する	438
283	形態素解析モジュール「Janome」の導入	439
284	「Janome」で形態素解析を実行する	441
285	形態素解析を行う analyzer モジュールを作る	444
286	テキストファイルから1行ずつデータを読み込む	447
287	OSごとの改行モードの取り扱いを知る	450
288	文章から名詞を取り出してファイルに蓄積する	451
289	多重 for ループからの脱出コードを関数化する	458

9-4 マルコフモデルによる文章の創出

290	文章のつながり	461
291	マルコフ連鎖、マルコフモデルとは	463
292	マルコフ辞書の実装	466
Column	もとになる文章量が少ないと、文章が作れないことがある	483

9-5 チャットボットの作成

| 293 | チャットボットを作成する | 484 |
| 294 | 入力した文字列に反応するようにする | 490 |

9-6 形態素解析を利用したテキストマイニング

| 295 | テキストファイルを読み込んで名詞の頻度表を作る | 497 |

第10章 GUI

10-1 Tkinter ライブラリ

296	プログラムの「画面」を作る（Tkinter ライブラリ）	502
297	ウィンドウのサイズを指定する	503
298	ウィンドウにボタンを配置する	505
299	ボタンを配置する位置を指定する	507
300	ボタンを作って grid() メソッドで配置する	508
301	place() メソッドで位置を指定して配置する	509
302	ボタンがクリックされたときに処理を行う	510
303	チェックボタンで選択できるようにしよう	511
304	ラジオボタンを使って1つだけ選択できるようにしよう	514
305	メニューを配置する	516
306	メッセージボックスの表示	518
307	明日の予定を決めてくれるプログラムを作る	521

10-2 Qt Designer で GUI を開発

308	PyQt5 ライブラリと Qt Designer で GUI アプリを開発!	527
309	「PyQt5」と「pyqt5-tools」をインストールしよう	530
310	Qt Designer を起動する	532
311	メインウィンドウを作成して保存する	534
312	リストとテキストエディットを配置してプロパティを設定する	537
313	ラインエディットを配置してプロパティを設定する	540
314	プログラム実行用のボタンを配置してプロパティを設定する	541
315	ボタンクリックでプログラムを駆動する仕組みを作る	542
316	ラベルを配置してプロパティを設定する	545

317	リソースからイメージを読み込んでウィジェットに表示する	546
318	メニューを設定する	549
319	メニューアイテムの選択でプログラムを駆動する仕組みを作る	550
320	XMLデータをPythonモジュールにコンバートする（コマンドラインツール「pyuic5」）	553
321	コンバート専用のプログラムを作る	557
322	リソースファイル（.qrc）をPythonにコンバートする	558
323	GUIプログラムの起点になるモジュールを作成する	560
324	応答フレーズを生成する仕組みをプログラムに組み込む	570
Column	Qt Designerの公式マニュアル	575
325	GUIプログラムをダブルクリックで起動できるようにする	576

第11章 NumPy、Pandas、scikit-learn

11-1 NumPyライブラリを使う

326	NumPyで配列（ベクトル）を作成する	580
327	ベクトルのスカラー演算	583
Column	ベクトル	584
328	ベクトルの累乗、平方根を求める	585
329	ベクトルのサイン、コサイン、タンジェントを求める	585
330	サイン、コサイン、タンジェントの逆関数を求める	586
331	ラジアンと度を相互変換する	587
332	切り捨て、切り上げ、四捨五入を行う	588
333	平均、分散、最大値、最小値を求める	589
334	ベクトル同士の四則演算	590
335	ベクトルの要素同士の積を求める	592
336	ベクトルの内積を求める	593
337	多次元配列で行列を表現する	594
338	行列の基礎知識	595
339	行列のスカラー演算を行う	597
340	行列の成分にアクセスする	598
341	行列の成分を行ごと、列ごとに集計する	599
342	行列の要素同士を加算、減算する	600
343	行列の要素同士の積を求める	601
Column	行列の定数倍	601
344	行列の積を求める	602
345	ゼロ行列と単位行列の積の法則	604
346	行と列を入れ替えて転置行列を作る	607
347	逆行列を求める	608

11-2 Pandasライブラリ

348	データフレームを作成する	611
349	データフレームの列を取得する	612
350	データフレームから行を抽出する	614
351	データフレームに行を追加する	615
352	データフレームに列を追加する	617

013

353 CSVファイルをデータフレームに読み込む……………………… 617
354 基本統計量を求める …………………………………………… 620
355 基本統計量を一括で求める …………………………………… 622

11-3 相関分析
356 グラフを描いてデータ間の関連性を知る ……………………… 623
357 2つのデータの関係の強さを表す値を求める…………………… 626

11-4 scikit-learn
358 線形単回帰分析とは …………………………………………… 628
359 線形単回帰分析を実行する …………………………………… 631
360 線形重回帰分析とは …………………………………………… 637
361 重回帰分析にかける変量の相関を調べる …………………… 640
362 売上と相関がある3つの要因から売上額を予測する………… 641
363 住宅の販売価格を重回帰分析で予測する…………………… 644
364 住宅の販売価格をサポートベクターマシンで予測する……… 649
365 勾配ブースティング決定木回帰で住宅価格を予測する……… 651
366 ワインの品質をサポートベクターマシンで分類する ………… 655
367 ワインの品質をランダムフォレストで分類する………………… 657

11-5 scikit-learnによるテキストマイニング
368 テキストデータの前処理①…………………………………… 659
Column 日本語の場合はどうする?…………………………… 660
369 Bag-of-wordsで前処理してニュース記事を分類する………… 661
370 テキストデータの前処理②…………………………………… 663
371 テキストデータの前処理③…………………………………… 665
372 tf-idfで前処理してニュース記事を分類する………………… 669
373 テキストデータの前処理④…………………………………… 671

第12章 Pythonでディープラーニング

12-1 MNISTデータセットの手書き数字をディープラーニング
374 Pythonでディープラーニングとはどういうことなのか………… 674
375 ディープラーニングの考え方をすばやく学ぶ ………………… 675
376 ディープラーニング用ライブラリ「TensorFlow」をインストールする ……… 681
377 手書き数字「MNISTデータセット」の中身を見る…………… 683
378 MNISTデータセットをMLPに入力できるように前処理する…………… 686
379 MLPの隠れ層をプログラミングする………………………… 689
380 ドロップアウトを実装する …………………………………… 694
381 MLPの出力層をプログラミングする………………………… 695
382 バックプロパゲーションを実装する…………………………… 697
383 作成したニューラルネットワークの構造を出力する………… 701
Column MNISTデータの学習結果を評価する……………… 702
384 MNISTデータをディープラーニングする…………………… 703

12-2 ファッションアイテムの画像認識
385 Fashion-MNISTデータセットを用意する…………………… 707
386 Fashion-MNISTを前処理する ……………………………… 711
387 Fashion-MNISTをディープラーニングする………………… 712

12-3 畳み込みニューラルネットワークを利用した画像認識

388 畳み込みニューラルネットワークとは ………………………………… 717
389 ゼロパディングとは ……………………………………………………… 721
390 プーリングとは ………………………………………………………… 722
391 プーリング層を備えたCNNを構築する ……………………………… 724
392 CNNでFashion-MNISTをディープラーニングする ………………… 734

12-4 一般物体認識のためのディープラーニング

393 カラー画像を10のカテゴリに分類 …………………………………… 737
Column CIFAR-10を公開しているサイト ……………………………… 738
394 KerasでCIFAR-10をダウンロードする ……………………………… 739
395 CIFAR-10のCNNをプログラミングする …………………………… 741
396 CIFAR-10をディープラーニングする ………………………………… 758

第13章 Matplotlibによるデータの視覚化

13-1 折れ線グラフの描画

397 「matplotlib.pyplot」をインポートしてグラフを描画する …………… 762
398 ラインの書式を設定する ……………………………………………… 765
Column 凡例の表示 ……………………………………………………… 767
399 複数のラインを表示する ……………………………………………… 768

13-2 散布図

400 散布図を作成する ……………………………………………………… 769
401 マーカーのスタイルを設定して2色のダイヤモンド型にする ……… 771

13-3 棒グラフの描画

402 棒グラフを作成する …………………………………………………… 772
403 バーの間の隙間をなくす ……………………………………………… 774
404 バーのカラーとエッジラインのスタイルを設定する ……………… 775
405 エラーバーを表示する ………………………………………………… 776

13-4 円グラフの描画

406 円グラフを作成する …………………………………………………… 777
Column フォーマット指定子 ……………………………………………… 778
407 円グラフの開始角度を90度にして時計回りに表示する …………… 779
408 円グラフの要素のカラー、エッジラインの幅とカラー、
　　　ラベルテキストのカラーを設定する ……………………………… 781
409 円グラフの特定の要素を切り出して目立たせる …………………… 783

13-5 タイトル、軸ラベルの表示

410 グラフタイトルと軸ラベルを表示する ……………………………… 785
411 x軸とy軸に独自の目盛ラベルを表示する …………………………… 788

13-6 グラフ領域を分割して複数のグラフを出力

412 タテ2段で2つのグラフを表示する …………………………………… 790
413 ヨコ2段で2つのグラフを表示する …………………………………… 792
414 4つのマス目に4種類のグラフを表示する …………………………… 793
415 グラフエリアのサイズを指定して3種類のグラフをプロットする … 794
416 サブプロットエリアの配置を調整する ……………………………… 797

015

13-7　グラフ要素の操作

417　グラフオブジェクトを生成して操作する ·· 800
418　subplot() で直接 Axes オブジェクトを配置する ··· 803
419　Axes.set() で Axes オブジェクトの外観を設定する ·· 804
420　サブプロットを配列形式で操作する ·· 806
421　グリッドの Axes を行ごとに個別のリストにする ··· 809
422　垂直線と水平線を描画する ·· 811
423　軸をグラフエリア中心に移動する ·· 814
424　軸を反転する ··· 818
425　曲線下の一定の区間面積を Polygon で塗りつぶす ·· 821

13-8　ヒストグラム

426　正規分布のヒストグラムを作成して確率密度のラインをプロットする ············· 825
427　異なる幅のビンを並べて自動的に集計し、プロットする ·································· 828
428　複数のデータを 1 つのヒストグラムにまとめる ··· 831

13-9　3D グラフのプロット

429　3D グラフをプロットする ·· 834
430　$f(x,y)=x^2+y^2$ をプロットする ··· 836
431　2D データのヒストグラムを 3D 化してプロットする ······································· 838

13-10　画像のプロット

432　グレースケールの画像をプロットする ·· 840
433　PNG 形式の画像をプロットする ·· 842

13-11　Seaborn を利用したグラフ作成

434　Seaborn を使って散布図を描く ·· 845
435　Seaborn を使って折れ線グラフを描く ··· 847

第 14 章　Git と GitHub

14-1　Git

436　Git（ギット）とは ·· 850
437　Git のインストール ··· 853
438　ローカルリポジトリの作成 ·· 855
439　ファイルを作成してコミットする ·· 856
Column　ローカルリポジトリの隠しフォルダー ··· 858
Column　仮想環境の Python インタープリターが選択できないときの対処法 ········ 859
440　ファイルを編集してコミットする ·· 860
441　変更履歴を確認する ·· 862
442　コミット前に変更箇所を確認する ··· 864
Column　コミット前の変更を破棄する ··· 865
443　前回のコミットを取り消す ·· 866
444　複数のファイルをまとめてコミットする ·· 868

14-2　ブランチの作成

445　ブランチを作成してコミット履歴を枝分かれさせる ··· 871
446　ブランチにおける差分表示 ·· 875
447　ブランチをマージする ·· 876

14-3 GitHubとの連携

448 GitHubのリポジトリを作成する ……………………………………… 878

449 GitHubのリポジトリとローカルリポジトリとの連携 ……………… 880

450 ローカルリポジトリからリモートにアップロードする ……………… 883

451 リモートリポジトリでの変更を取り込む …………………………… 885

索引 …………………………………………………………………………… 887

サンプルデータについて ……………………………………………………… 901

［ダウンロード・サービス］

※ダウンロードしてご利用ください。

Appendix　Anacondaのインストールと Jupyter Notebook、Spyderの使い方

A-1　Anacondaのインストールと開発環境の用意

001 Anacondaとは ……………………………………………………… 002

002 Anacondaをダウンロードしてインストールする ………………… 002

003 仮想環境を構築する ………………………………………………… 004

A-2　AnacondaのJupyter Notebookを使う

004 Jupyter Notebookを仮想環境にインストールする ……………… 005

005 Notebookを作成する ……………………………………………… 007

006 Notebookのセルにソースコードを入力して実行する …………… 009

007 Notebookを保存する／保存したNotebookを開く ……………… 010

008 Jupyter Notebookの機能 ………………………………………… 012

Column　Jupyter Notebookのコマンド …………………………… 015

A-3　Spyderを使う

009 Spyderを仮想環境にインストールする …………………………… 016

010 モジュールを作成してソースコードを入力／実行する …………… 017

011 Spyderの機能 ……………………………………………………… 019

本書の使い方

本書では、みなさんの疑問・質問、「〜する」「〜とは」といった困ったときに役立つ極意（Tips）を探すことができます。必要に応じた「極意」を目次や索引などから探してください。

なお、本書は、以下のような構成になっています。本書で使用している表記、アイコンについては、下記を参照してください。

極意（Tips）の構成

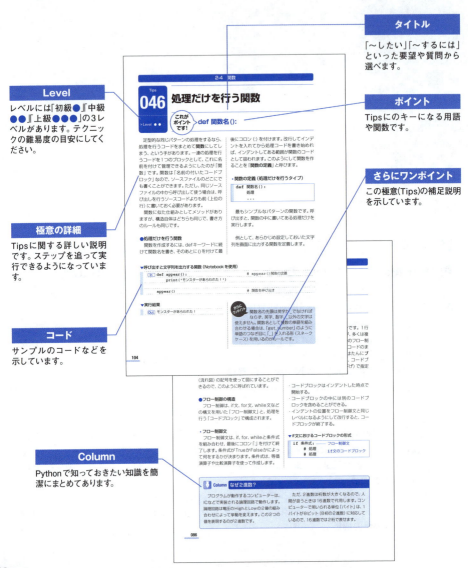

タイトル
「〜したい」「〜するには」といった要望や質問から選べます。

Level
レベルには「初級●」「中級●●」「上級●●●」の3レベルがあります。テクニックの難易度の目安にしてください。

ポイント
Tipsにのキーになる用語や関数です。

極意の詳細
Tipsに関する詳しい説明です。ステップを追って実行できるようになっています。

さらにワンポイント
この極意(Tips)の補足説明を示しています。

コード
サンプルのコードなどを示しています。

Column
Pythonで知っておきたい知識を簡潔にまとめてあります。

第 **1** 章
001~014

Pythonの概要

1-1	Pythonの基本事項（001～003）
1-2	VSCodeのインストールと開発環境の用意（004～007）
1-3	VSCodeにおけるNotebookを用いたプログラミング（008～011）
1-4	VSCodeにおけるPythonモジュールを用いたプログラミング（012～013）
1-5	VSCodeを用いた外部ライブラリのインストール（014）

1-1 Pythonの基本事項

Tips 001

▶ Level ●○○○

これがポイントです！

Pythonとは

Pythonの特徴

Pythonは、オランダ人のグイド・ヴァンロッサム氏が開発し、1991年に登場したプログラミング言語です。名前は、イギリスのテレビ局BBCが製作したコメディ番組『空飛ぶモンティ・パイソン』に由来します。Pythonという単語は爬虫類のニシキヘビを意味するため、ニシキヘビがPython言語のマスコットやアイコンとして使われています。

Pythonのソースコードの書き方は、オブジェクト指向、命令型、手続き型、関数型などの形式に対応しているので、状況に応じて使い分けることができます。オブジェクト指向を使えばより高度なプログラミングを行えますが、命令型、手続き型、関数型は名前こそ異なるもののいずれもプログラムを書くための基本なので、まずはこれらの書き方を学んでからオブジェクト指向に進むのが一般的です。

Pythonの用途は広く、PC上で動作する一般的なアプリケーションの開発や、Webアプリ、ゲーム、画像処理をはじめとする各種自動処理に使われる一方、統計分析、AI（人工知能）開発のためのディープラーニング（深層学習）の分野でも多く利用されています。

●現在、メジャーなプログラミング言語をピックアップ

コンピューターが理解できる0と1で構成された命令を、人間が理解しやすい言葉で書くためのものがプログラミング言語です。以下は、現在、開発の現場で使われてい

る主なプログラミング言語です。

・Java

Web系や組み込み系など幅広い分野で利用されているので、Javaを知っていれば様々な分野で活躍できます。特にAndroidアプリの開発言語ということもあり、人気の言語です。

・PHP

正式名称は「PHP: Hypertext Preprocessor」。Webアプリの開発を目的とした言語です。多くのサイトで、PHPで開発されたWebアプリが使われています。WikipediaやYahoo!のWebサービスではPHPが使用されています。また、Facebookでは、PHPを進化させた自社開発のHackという言語が使われています。

・Ruby

小規模なWebサービスから大規模なものまで開発できる言語です。以前は、Twitter（現在のX）の開発言語として使われていました（2011年にJava/Scalaに移行）。

・Perl

開発が容易であることから、以前はWeb上のほとんどの掲示板サイトやブログサイトでPerlが使われていました。歴史ある言語として現在でも需要は大きく、「mixi」や「はてなブックマーク」の開発言語として使用されています。

1-1 Pythonの基本事項

・JavaScript

JavaやPHPのWebアプリが「サーバー上で動く」のに対し、「クライアントのブラウザー上で動く」アプリを開発するための言語です。Googleマップでも使われていて、「Webブラウザーで動くアプリ」はJavaScriptで開発します。

・Visual Basic／Visual C#

Microsoft社の開発ツール「Visual Studio」に搭載されている開発言語です。デスクトップアプリの開発から、ASPという仕組みと連携したWebアプリの開発まで、幅広く使われています。

・C／C++

WindowsやLinuxなどのOSは、C言語で開発されています。PythonやRubyなどのプログラミング言語も、基盤の部分はC言語で書かれています。いわゆるソフトウェアの基板になるところを支えているのが、Cやそれを拡張したC++言語です。Google社のChromeはC++で開発されています。

●Pythonは書いたらすぐに実行できる「インタープリター型言語」

先に挙げた中でPythonに似ている言語として、PHP、Ruby、Perlがあります。Pythonを含むこれらの言語は、**インタープリター型**と呼ばれる言語です。これらの言語では、**インタープリター**と呼ばれるソフトが、ソースコードをその場で（実行時に）機械語に翻訳して実行します。対して、Cなどの**コンパイラー型**と呼ばれる言語では、プログラムを実行する前に**コンパイル**という処理を行って、ソースコードを事前に機械語に翻訳しておく作業が必要になります。

インタープリター型言語は、コンパイルの手間がかからないので、手軽に開発できるのが特徴です。このようなことから、何度も試行錯誤が必要な統計分析やAI開発の世界では、Pythonが広く利用されています。

一方、翻訳しながらプログラムを実行するので、コンパイラー型言語に比べて「実行速度が遅い」ともいわれますが、言語を問わず、インタープリターの処理速度は逐次高速化されているので、コンパイラー型と同じとまではいかないものの、不満を感じないレベルまで引き上げられています。

●Pythonのシンプルな言語体系

「Pythonは学習に最適だ」とよくいわれます。大規模な開発に用いられる一方で、初心者にも学びやすいという側面も持ち合わせています。これは次のような理由からです。

・シンプルな言語体系

・ソースコードは、しっかりインデント（字下げ）する決まりがあるので、コード全体の構造がわかりやすい。
・面倒な手続きが少ないので、他の言語と比較して記述するコードの量が少なく、すっきりしたコードになる。
・記号を使う場面が少ないので、コードの入力が楽。

・学習コストが低い

・文法が平易で、直感的に理解しやすい。
・言語仕様を説明する際に使われる用語に、難解なものがほとんどない。

●Pythonには面倒な手続きが少ない

Pythonなら10行程度で済むところが、Javaで書くと倍の20行になることがあります。さらにC言語で同じことをやろうとすると40行を超えることもあります。1つのことをやるために必要な手続きの数が、Python➡Java➡C言語と増えるためです。特にC言語は、ハードウェアを直接扱える強力な言語ですが、そのぶん、書くコードも多くなります。大雑把にいえば、C言語のコードはPythonの3倍以上の行数になりがちです。

021

1-1 Pythonの基本事項

　「必要なことを端折る」のではなく、「本筋とは関係がない煩雑な手続きをなくす」ことで、Pythonのシンプルなコードが実現されています。「やりたいこと以外の面倒なことは書かなくて済む」ので、プログラムを組み立てやすくなります。複雑な処理を実現するには、そのぶん多くのコードを書くことになりますが、まずは「大きな処理を小さい単位に分解して、どんな順序で実行するのか」を考えることになります。これを**アルゴリズム**と呼びますが、本来の処理を行うための前段階の「手続き」が多いと、面倒な作法に振り回されてプログラム自体の本質が見えなくなることもしばしばあります。Pythonには面倒な作法がほとんどないので、そのぶん早くプログラミングスキルが身に付きます。

●Pythonのコードは誰が書いても読みやすいコードになる

　Pythonの大きな特徴に、**インデントの強制**というものがあります。次に示すのは、C言語で書かれた階乗を求めるプログラムです。

▼C言語で書いた、階乗を求めるプログラム

```c
#include <stdio.h>
int factorial(int x)
{
    if (x == 0) {
        return 1;
    } else {
        return x * factorial(x - 1);
    }
}
```

　カッコを使うことで各ブロックをきっちりと分けているので、全体の構造がよくわかります。ところが、同じものを次のように書くこともできます。

▼インデントや改行を無視したC言語のプログラム

```c
#include <stdio.h>
int factorial(int x) {
 if(x == 0) {return 1;} else
 {return x * factorial(x - 1); } }
```

　このように書いてもプログラムは動きます。書く人によってどのようにでも書けるので、深いインデントを入れたり、あるいは改行を少なくして1行の文字数を長くしたり、その人の嗜好でソースコードの見栄えは様々です。このようなプログラムを別の人がメンテナンスすることになれば、中身を読むだけでも大変です。

　一方、Pythonはソースコードの構造に沿って改行とインデントを入れる決まりになっています。

▼Pythonで書いた、階乗を求めるプログラム

```
def factorial(x):
    if x == 0:
        return 1
    else:
        return x * factorial(x - 1)
```

ソースコードの構造を無視して改行やインデントを省いたりすると、とたんにエラーになります。コード自体がスッキリしているのはもちろん、何より書き方がきっちり決められているので、内容が同じであれば、どんな人が書いてもほぼ同じコードになります。

別の人が見ても読みやすいコードは、何より自分で書いていても読みやすいものです。ひいては、このことが「コードを書きやすい」といわれる理由にもなっているのです。

Tips 002 Pythonのダウンロードとインストール

これがポイントです! Python本体と開発環境のインストール

Python本体のインストールを行います。開発環境にAnacondaを用いる場合はPythonのインストールは不要ですが、Visual Studio Codeを用いる場合は、ここで紹介する手順でPythonのインストールを行ってください。

●Pythonのダウンロードとインストール（Windows版）
❶「https://www.python.org/downloads/」にアクセスします。最新バージョンのダウンロード用のボタンをクリックしてダウンロードします。

なお、このあとで紹介するAnacondaは、Pythonの開発ツールを同梱した統合型のパッケージで、Python本体も含まれます。Pythonの開発にAnacondaを使用する場合は、ここで紹介するPython本体のインストールは不要です。

▼Pythonのダウンロードページ

最新版ダウンロード用のリンクをクリックする

❷ダウンロードしたファイルをダブルクリックしてインストーラーを起動し、**Add python.exe to PATH**にチェックを入れて**Install Now**をクリックします。

▼インストールの開始

チェックを入れる　　クリックする

❸インストールが完了したら、**Close**ボタンをクリックしてインストーラーを終了します。

▼インストールの完了

クリックする

● **Pythonのダウンロードとインストール（macOS）**

macOS用のdmgファイルをPython.orgのサイトからダウンロードします。ダウンロードしたdmgファイルをダブルクリックするとインストーラーが起動するので、**Next**ボタンを順次クリックしてインストールします。

> **さらにワンポイント**
>
> **階乗**というのは、ある数に対する1からその数までのすべての数を掛け算したものです。3の階乗は、1×2×3のように、3までの数を1つずつ増やしながら順番に掛けていきます。Tips001では、ソースコードの書き方の例として使いました。

Tips 003 VSCodeのダウンロードとインストール

▶Level ●○○

これがポイントです！ Visual Studio Codeのインストール

ここからは、Pythonの開発環境として、無償で利用できる多言語対応のソースコードエディター「Visual Studio Code」(以下「VSCode」とも表記します)を用いる方法について解説します。開発環境にAnacondaを用いる場合は、本書のサポートページにて公開しているPDFをご参照ください。

● Windows版VSCodeのダウンロード

VSCodeは、Windows、macOSそれぞれの対応版が、公式サイト (https://code.visualstudio.com/) において配布されています。macOS版は実行ファイルをダウンロードするだけですぐに使えます。一方、Windows版の場合は、インストーラーをダウンロードしたあと、インストーラーを起動してインストールを行います。

❶ブラウザーを起動し、「https://code.visualstudio.com/」にアクセスします。

❷ダウンロード用ボタンの▼をクリックして、**Windows x64 User Installer**の**Stable**のダウンロード用アイコンをクリックします。

▼VSCodeのインストーラーをダウンロードする

Windows x64 User InstallerのStableのダウンロード用アイコンをクリック

● Windows版VSCodeのインストール

インストーラーを起動して、VSCodeをインストールしましょう。

❶ダウンロードした「VSCodeUserSetup-x64-1.xx.x.exe」(1.xx.xはバージョン番号) をダブルクリックして実行します。

❷インストーラーが起動するので、使用許諾契約書の内容を確認して**同意する**をオンにしたうえで、**次へ**ボタンをクリックします。

1-1 Pythonの基本事項

▼VSCodeのインストーラー

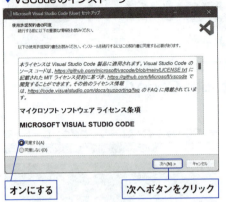

オンにする　　　次へボタンをクリック

▼VSCodeのインストーラー

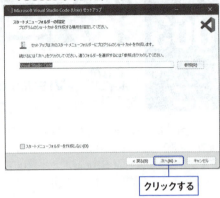

クリックする

❸インストール先のフォルダーが表示されるので、これでよければ**次へ**ボタンをクリックします。変更する場合は**参照**ボタンをクリックし、インストール先を指定してから**次へ**ボタンをクリックしてください。

▼VSCodeのインストーラー

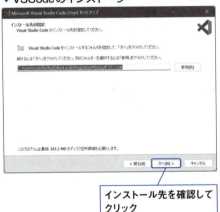

インストール先を確認してクリック

❹ショートカットを保存するフォルダー名が表示されるので、このまま**次へ**ボタンをクリックします。

❺VSCodeを実行する際のオプションを選択する画面が表示されます。**Support されているファイルの種類のエディターとして、Codeを登録する**および**PATHへの追加（再起動後に使用可能）**がチェックされた状態のまま、必要に応じて他の項目もチェックして、**次へ**ボタンをクリックします。

▼VSCodeのインストーラー

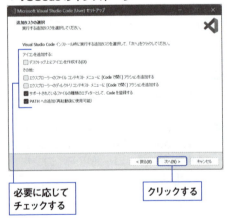

必要に応じてチェックする　　　クリックする

026

1-1 Pythonの基本事項

❻**インストール**ボタンをクリックして、インストールを開始します。

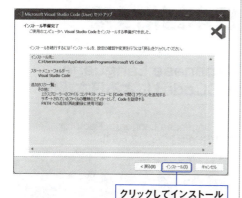

クリックしてインストールを開始する

❼インストールが完了したら、**完了**ボタンをクリックしてインストーラーを終了しましょう。

クリックしてインストーラーを終了する

●macOS版VSCodeのダウンロード

　macOSの場合は、「https://code.visualstudio.com/」のページでダウンロード用ボタンの▼をクリックして、**macOS Universal**の**Stable**のダウンロード用アイコンをクリックします。

　ダウンロードしたZIP形式ファイルをダブルクリックして解凍すると、アプリケーションファイル「VSCode.app」が作成されるので、これを「アプリケーション」フォルダーに移動します。以降は「VSCode.app」をダブルクリックすれば、VSCodeが起動します。

ここでは**Visual Studio Code**を**実行する**にチェックが入っているので、このあとVSCodeが起動します。

Pythonの概要

027

1-2 VSCodeのインストールと開発環境の用意

Tips
004

▶Level ●○○

VSCodeを日本語化する

これがポイントです！ 拡張機能「Japanese Language Pack for VSCode」による日本語化

VSCodeは、初期状態ではすべての項目が英語表記になっています。

●日本語化パックのインストール

拡張機能の「Japanese Language Pack for VSCode」をインストールしましょう。

❶VSCodeの画面左、**アクティビティバー**のExtensionsボタンをクリックします。

▼VSCodeのアクティビティバー

Extensionsボタンをクリック

❷Extensionsパネルが開くので、検索欄に「Japanese」と入力します。

❸「Japanese Language Pack for VSCode」が検索されるので、Installボタンをクリックします。

▼「Japanese Language Pack for VSCode」のインストール

「Japanese」と入力　　Installボタンをクリック

❹インストールの完了後にVSCodeを再起動すると、日本語表記に切り替わったことが確認できます。

▼再起動後のVSCode

日本語化されている

1-2 VSCodeのインストールと開発環境の用意

VSCodeの画面を好みの色調に変える

これがポイントです！ 配色テーマの設定

VSCodeの画面には**配色テーマ**が適用されていて、暗い色調や淡い色調で表示されるようになっています。VSCodeには数多くの配色テーマが用意されていて、好みの色調を適用することができます。

●配色テーマを淡い色調の「Light(Visual Studio)」に設定する

ここでは、Dark(Visual Studio)が適用されている状態からLight(Visual Studio)に切り替えて、白を基調にした淡い色調に変更してみます。

❶ファイルメニューをクリックして、**ユーザー設定➡テーマ➡配色テーマ**を選択します。

▼ファイルメニュー

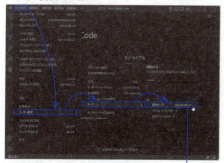

ファイルメニューのユーザー設定
➡テーマ➡配色テーマを選択

❷Light(Visual Studio)を選択します。

Light(Visual Studio)を選択

❸選択した配色テーマが適用されます。

選択した配色テーマが適用される

1-2 VSCodeのインストールと開発環境の用意

VSCodeの画面構成を確認する

これがポイントです! メニューバー、アクティビティバー、サイドバー、エディター、パネル、ステータスバー

VSCodeの画面は、6つの領域で構成されます。ここではVSCodeの画面を構成する、それぞれの領域について確認しましょう。

● **VSCodeの画面構成**

VSCodeの画面は6つの領域で構成されます。上下の細い領域が**メニューバー**と**ステータスバーバー**です。左端に上下に細くのびるのが**アクティビティバー**、その隣が**サイドバー**、そしてコーディングを行うための**エディター**が配置されます。エディターの下には、ターミナルなどを表示する**パネル**が配置されます。次図は、Pythonのソースファイル（モジュール）を開いたときの画面です。

▼VSCodeの画面

● **アクティビティバーとサイドバー**

アクティビティバーには、「エクスプローラー」「検索」「ソース管理」「実行とデバッグ」「拡張機能」をサイドバーに表示するためのボタンが配置されています。

▼アクティビティバーのボタン

ボタン	名称	説明
🗐	エクスプローラー	開いているファイルの格納場所を表示するための**エクスプローラービュー**を表示します。
🔍	検索	キーワードを指定して、検索や置き換えを行うための**検索ビュー**を表示します。
⎇	ソース管理	Git（ギット）と連携するための**ソース管理ビュー**を表示します。
▷	実行とデバッグ	プログラムを実行、デバッグするための**実行とデバッグビュー**を表示します。
⊞	拡張機能	拡張機能をインストールするための**拡張機能ビュー**を表示します。

Tips 007 Pythonで開発するための拡張機能をインストールする

▶Level ●○○

これがポイントです！ 拡張機能「Python」、「indent-rainbow」、「vscode-icons」のインストール

VSCodeは多言語対応の開発ツールなので、Pythonでプログラミングするための拡張ツール「Python」をインストールすることが必要です。ここでは、拡張機能「Python」と、その他の便利な拡張機能のインストールについて紹介します。

●拡張機能「Python」とは

拡張機能「Python」は、VSCodeの開発元であるMicrosoft社が提供しているPython用の拡張機能です。VSCodeにインストールすることで、インテリセンスによる入力候補の表示が有効になるほか、デバッグ機能などの開発に必要な機能が使えるようになります。さらに、関連する以下の拡張機能も一緒にインストールされます。

◎Pylance

Python専用のインテリセンスによる入力補完をはじめ、次の機能を提供します。
・関数やクラスに対する説明文（Docstring）の表示
・パラメーターの提案
・インテリセンスによる入力補完およびIntelliCodeとの互換性の確保
・自動インポート（不足しているライブラリのインポート）
・ソースコードのエラーチェック
・コードナビゲーション
・Jupyter Notebookとの連携

◎isort

ライブラリのインポート文を、
・標準ライブラリ
・外部ライブラリ
・ユーザー開発のライブラリ
の順に並べ替え、さらに各セクションごとにアルファベット順で並べ替えます。

◎Jupyter

Jupyter NotebookをVSCodeで利用するための拡張機能です。これに関連した「Jupyter Cell Tags」、「Jupyter Keymap」、「Jupyter Slide Show」もインストールされます。

●拡張機能Pythonのインストール

VSCodeの［拡張機能］ビューをサイドバーに表示して、拡張機能Pythonをインストールします。

❶**アクティビティバー**の**拡張機能**ボタンをクリックします。
❷**拡張機能**サイドバーの入力欄に「Python」と入力します。
❸候補の一覧から「Python」を選択し、**インストール**ボタンをクリックします。

▼Pythonのインストール

❶［拡張機能］ボタンをクリックする
❷「Python」と入力する
❸「Python」の［インストール］ボタンをクリックする

1-2 VSCodeのインストールと開発環境の用意

●indent-rainbowのインストール

拡張機能「indent-rainbow」は、ソースコードのインデントの深さを色分けして表示します。インデントが重要な意味を持つPythonではとても便利なので、インストールしましょう。

❶**アクティビティバー**の**拡張機能**ボタンをクリックします。
❷**拡張機能**サイドバーの入力欄に「indent-rainbow」と入力します。
❸候補の一覧から「indent-rainbow」を選択し、**インストール**ボタンをクリックします。

▼indent-rainbowのインストール

❶[拡張機能]ボタンをクリックする
❷「indent-rainbow」と入力する
❸「indent-rainbow」の[インストール]ボタンをクリックする

●vscode-iconsのインストール

拡張機能「vscode-icons」は、VSCodeの画面に表示されるファイルのアイコンを分かりやすいデザインにします。Pythonの開発ではPythonモジュールやNotebookが混在することが多いので、これらのファイルがひと目で区別できるvscode-iconsをインストールしておくと便利です。

❶**アクティビティバー**の**拡張機能**ボタンをクリックします。
❷**拡張機能**サイドバーの入力欄に「vscode-icons」と入力します。
❸候補の一覧から「vscode-icons」を選択し、**インストール**ボタンをクリックします。

▼vscode-iconsのインストール

❶[拡張機能]ボタンをクリックする
❷「vscode-icons」と入力する
❸「vscode-icons」の[インストール]ボタンをクリックする

1-3 VSCodeにおけるNotebookを用いたプログラミング

Tips 008 ワークスペースを用意してNotebookを作成する

▶Level ●○○

これがポイントです！ ワークスペース用フォルダーの用意とNotebookの作成

VSCodeを使ううえでの重要なポイントとして「ワークスペース」があります。開発に必要なファイルをまとめるためのフォルダーのことであり、VSCodeではワークスペースごとに異なる環境（VSCodeの環境設定）を設定できるようになっています。

ここでは、任意の場所にワークスペース用のフォルダーを作成し、フォルダー内部にNotebook（Jupyter Notebookのファイルのことで、拡張子は「.ipynb」）を作成する方法を紹介します。

●**ワークスペース用のフォルダーを作成する**

ワークスペース用として使用するフォルダーを作成します。以下の操作手順では**フォルダーを開く**ダイアログでワークスペース用のフォルダーを作成しますが、あらかじめ任意の場所にフォルダーを作成しておいてから開く操作を行ってもかまいません。

❶VSCodeを起動し、**ファイル**メニューの**フォルダーを開く**を選択します。

▼［ファイル］メニュー

※ここではメニューが折りたたまれた状態からメニューを展開して操作しています。

❷**フォルダーを開く**ダイアログが表示されるので、ワークスペース（フォルダー）を作成する場所を開きます。

❸開いた場所に任意の名前（アルファベット表記）のフォルダーを作成します。

❹フォルダーを選択した状態で**フォルダーの選択**ボタンをクリックします。

▼ワークスペース（フォルダー）の作成

❷ワークスペースを作成する場所を開く

❸ワークスペース用のフォルダーを新規に作成（フォルダー名は任意）

❹［フォルダーの選択］ボタンをクリック

❺**エクスプローラー**が開いて、ワークスペース用として作成したフォルダーが表示されます。

1-3 VSCodeにおけるNotebookを用いたプログラミング

▼VSCodeの [エクスプローラー]

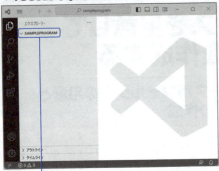

ワークスペース用として作成したフォルダーが表示される

> さらに
> ワンポイント　ワークスペース用として作成したフォルダー名は、すべてアルファベットの大文字で表示されます。

●ワークスペースにNotebookを作成する

ワークスペース内部に新規のNotebookを作成します。

❶**エクスプローラー**に表示されているワークスペース名の右横をポイントし、**新しいファイル**ボタンをクリックします。

▼[エクスプローラー]

[新しいファイル] ボタンをクリック

❷Notebook名を入力し、続けて拡張子「.ipynb」を入力して**Enter**キーを押します。

＜Notebook名＞.ipynbと入力して[Enter] キーを押す

> さらに
> ワンポイント　VSCodeは、拡張子「.ipynb」を付けることで、自動的にNotebookであることを認識します。

❸**エディター**の画面が開いてNotebookが表示されます。

▼画面に表示されたNotebook

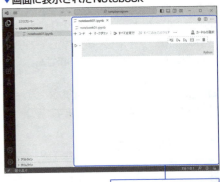

Notebookが表示される

> さらに
> ワンポイント　Notebookが表示されない場合は、**エクスプローラー**に表示されているNotebook名をダブルクリックします。

034

Tips 009 Notebookを利用して仮想環境を作成する

▶Level ●○○

これがポイントです！ Notebookから仮想環境を作成する

Pythonでは、「Webアプリ開発」や「ディープラーニング」など、開発の目的によって数多くの外部のライブラリをインストールすることがよくあります。ただ、これらのライブラリをPython本体にインストールすると、あとあとの管理が大変になります。そこでPythonでは、Python本体のコピー版として「仮想環境」を作成し、ここにコピーされたPythonでプログラムの実行やデバッグ、さらには必要なライブラリのインストールを行う仕組みが提供されています。「Pythonのインストールフォルダーを丸ごとコピーして専用の実行環境を作成し、プログラミングの目的によって使い分ける」というのが仮想環境の目的です。

●Notebookを開いた状態で仮想環境を作成する

ここでは、VSCode上のNotebookを利用して仮想環境を作成する方法を紹介します。

❶Notebookのツールバー右端の**カーネルの選択**をクリックします。

▼VSCode上のNotebook

❷**カーネルの選択**というタイトルの**コマンドパレット**が表示されるので、**Python環境**を選択します。

▼［カーネルの選択］

❷［Python環境］を選択　　❶［カーネルの選択］をクリック

❸**+Python環境の作成**を選択します。

▼［+Python環境の作成］の選択

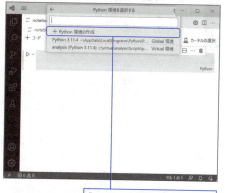

［+Python環境の作成］を選択

035

❹ **Venv 現在のワークスペースに 'venv' 仮想環境を作成します**を選択します。

▼仮想環境の作成

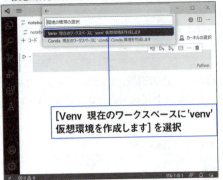

[Venv 現在のワークスペースに 'venv' 仮想環境を作成します] を選択

❺ インストール済みのPythonのパスが表示されている場合はこれを選択すると、仮想環境が作成されます。Pythonのパスが表示されていない場合は、**+インタープリターパスを入力**を選択して操作手順❻に進みます。

▼仮想環境の作成

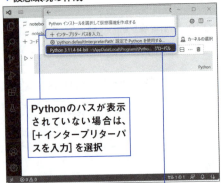

Pythonのパスが表示されていない場合は、[+インタープリターパスを入力] を選択

インストール済みのPythonのパスが表示されている場合は、これを選択すると仮想環境が作成される

❻ 操作手順❺の画面で**+インタープリターパスを入力**を選択した場合は、パスの入力欄が表示されます。ここで「python.exe」のパスを入力して**Enter**キーを押すと、仮想環境が作成されます。

・**Python 3.11のパスの例（Windows）**
 C:\Users\<ユーザー名>\AppData\Local\Programs\Python\Python311\python.exe

▼仮想環境の作成

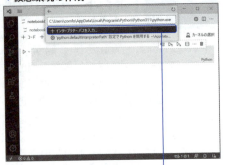

Pythonインタープリターのパスを入力して [Enter] キーを押す

ここまでの操作が完了すると、ワークスペース内に「.venv」という名前の仮想環境が作成されます。Notebookのツールバーにおいて、作成した仮想環境が選択された状態になっていることが確認できます。

▼[エクスプローラー] でワークスペースを表示したところ

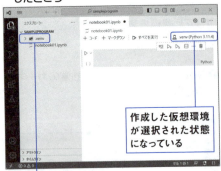

作成した仮想環境が選択された状態になっている

Pythonの仮想環境を格納した「.venv」フォルダー

1-3 VSCodeにおけるNotebookを用いたプログラミング

Tips 010 VSCodeのNotebook画面

▶Level ●○○

これがポイントです！ VSCode上のNotebookの画面構成

VSCodeで作成したNotebookの画面は、ツールバー、セル、セルの出力領域、ツールパレットで構成されます。右図は、前回のTipsで仮想環境を作成・選択した「notebook01.ipynb」をVSCodeで開いたところです。

▼Notebookの画面

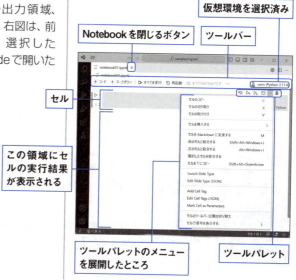

- Notebookを閉じるボタン
- 仮想環境を選択済み
- ツールバー
- セル
- この領域にセルの実行結果が表示される
- ツールパレットのメニューを展開したところ
- ツールパレット

●ツールバー
ツールバーには次のボタンがあります。

・[+コード]
選択中のセルの下に新規セルを追加。

・[マークダウン]
セルをテキスト入力専用のセルに変更。

・[すべてを実行]
すべてのセルのコードを実行。

・[すべての出力のクリア]
セルの実行結果をすべて削除。

・[再起動]
Notebookを再起動。

・[変数]
変数の情報を表示。

・その他のメニュー
ツールバーの展開ボタンをクリックすると、次のメニューが表示されます。

▼ツールバーから展開するメニュー

展開ボタン

037

1-3 VSCodeにおけるNotebookを用いたプログラミング

●ツールパレット

ツールパレットでは、選択中のセルに関連する操作が行えます。右図は、ツールパレットと展開メニューを表示したところです。セルの左側には、セルのソースコードを実行する**セルの実行**ボタンが表示されています。

▼ツールパレット

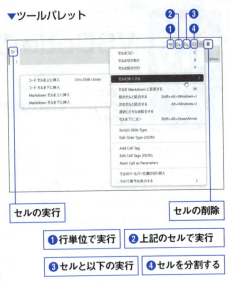

セルの実行 / セルの削除

❶行単位で実行　❷上記のセルで実行
❸セルと以下の実行　❹セルを分割する

Tips 011 Notebookでプログラムを実行する

▶Level

これがポイントです！ Notebookの仮想環境の設定とセルに入力したソースコードの実行

ここでは、Notebookにソースコードを入力し、プログラムを実行する方法を紹介します。

●Notebookを使うための準備

Notebookを初めて使う場合は、プログラムの実行環境を設定しておくことが必要です。右の画面は、ワークスペースに「notebook02.ipynb」を作成した直後の画面です。ワークスペースには、仮想環境「.venv」が作成されています。

❶Notebookのツールバーに表示されている**カーネルの選択**をクリックします。

▼作成直後のNotebook

作成済みの仮想環境

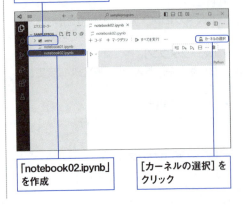

「notebook02.ipynb」を作成 / ［カーネルの選択］をクリック

1-3 VSCodeにおけるNotebookを用いたプログラミング

❷**コマンドパレット**が表示されるので、作成済みの仮想環境（操作例では「.venv」）を選択します。

▼仮想環境の選択

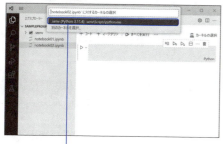

作成済みの仮想環境を選択

❸選択した仮想環境がNotebookに設定されます。

▼Notebookの実行環境として仮想環境が設定されたところ

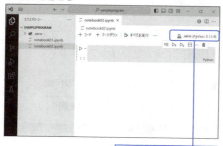

仮想環境が設定された

● Notebookのセルにコードを入力して実行する

Jupyter Notebookでは、ソースコードをはじめ、プログラムの実行結果など、プログラムに関するすべての情報をNotebookで管理します。Notebookのセルは必要な数だけ作成できるので、「ある程度の処理ごとに複数のセルに小分けにして入力し、それぞれの実行結果を確認しながら進めていく」というのが基本的な使い方です。

▼Notebookのセル

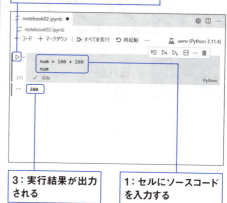

2：[セルの実行] ボタンをクリック

3：実行結果が出力される

1：セルにソースコードを入力する

ツールバーの**＋ コード**ボタンをクリックすると、現在アクティブなセルの下に新規のセルが作成されます。

▼新しいセルの追加

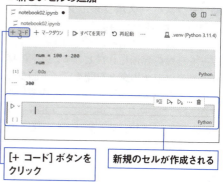

[＋ コード] ボタンをクリック

新規のセルが作成される

> さらに
> ワンポイント
>
> **ファイル**メニューの**保存**を選択することで、セルの内容や出力結果をまとめて保存できます。

1-4 VSCodeにおけるPythonモジュールを用いたプログラミング

Tips 012 ワークスペースを開いた状態から仮想環境を作成する

▶Level ●○○

これがポイントです！

venvコマンドで仮想環境を作成

「ワークスペース用のフォルダーを作成し、このフォルダーを開いた状態で**ターミナル**を起動して仮想環境を作成する」手順を紹介します。Tips009「Notebookを利用して仮想環境を作成する」ではワークスペースに作成したNotebookから仮想環境の構築を行いましたが、ここではワークスペース用フォルダーを開いただけの状態から仮想環境を構築します。

●**ワークスペース用フォルダーを開いて[ターミナル]を起動する**

ワークスペース用として使用するフォルダーを任意の場所に作成します。以下の操作手順では**フォルダーを開く**ダイアログでワークスペース用のフォルダーを作成しますが、あらかじめ任意の場所にフォルダーを作成しておいてから開く操作を行ってもかまいません。

❶VSCodeを起動し、**ファイル**メニューの**フォルダーを開く**を選択します。

▼[ファイル]メニュー

※ここではメニューが折りたたまれた状態からメニューを展開して操作しています。

❷**フォルダーを開く**ダイアログが表示されるので、ワークスペース（フォルダー）を作成する場所を開きます。

❸開いた場所に任意の名前（アルファベット表記）のフォルダーを作成します（操作例では「C:\Document\Python_tips」以下に「samplemodule」フォルダーを作成しました）。

❹フォルダーを選択した状態で**フォルダーの選択**ボタンをクリックします。

▼ワークスペース（フォルダー）の作成

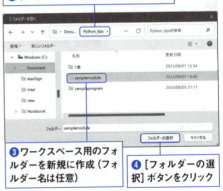

❷ワークスペースを作成する場所を開く
❸ワークスペース用のフォルダーを新規に作成（フォルダー名は任意）
❹[フォルダーの選択]ボタンをクリック

❺**エクスプローラー**が開いて、ワークスペース用として作成したフォルダーが表示されます。

1-4 VSCodeにおけるPythonモジュールを用いたプログラミング

▼VSCodeの [エクスプローラー]

ワークスペース用として作成したフォルダーが表示される

> **さらに**
> **ワンポイント** エクスプローラーが表示されない場合は、画面右端の**アクティビティバー**の**エクスプローラー**ボタンをクリックしてください。

❻**ターミナル**メニューの**新しいターミナル**を選択します。

▼ [ターミナル] の起動

❼画面右下に**ターミナル**の画面 (パネル) が開きます。カレントディレクトリ (コマンド入力時の実行元) がワークスペース用フォルダー (C:\Document\Python_tips\samplemodule) になっていることが確認できます。

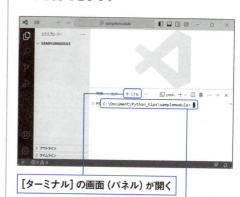

[ターミナル] の画面 (パネル) が開く

カレントディレクトリはワークスペース用フォルダー C:\Document\Python_tips\samplemodule

● venvコマンドを実行して仮想環境を作成する

Pythonのvenvコマンドを実行して仮想環境を作成します。

❶**ターミナル**に次のように入力して実行します。

041

1-4 VSCodeにおけるPythonモジュールを用いたプログラミング

▼venvコマンドで仮想環境を作成する

```
python -m venv .venv
```

※「.venv」の箇所は仮想環境の名前ですので、任意の名前をアルファベットで設定してください。

▼venvコマンドで仮想環境を作成する

python -m venv〈仮想環境名〉
と入力して[Enter]キーを押す

❷Pythonのインタープリターをはじめとする Python本体のコピーが格納された仮想環境のフォルダー(操作例では「.venv」)が作成されます。

▼作成された仮想環境

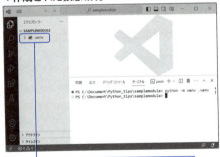

「.venv」という名前の仮想環境が作成された

Tips 013 Pythonのモジュールを作成してプログラムを実行する

▶Level ●○○

これがポイントです！ モジュールの仮想環境の設定とプログラムの実行

ここでは、ワークスペースに拡張子「.py」のPythonモジュール（ファイル）を作成し、モジュールの実行環境として作成済みの仮想環境を設定したあと、ソースコードを入力して実行するまでの手順を紹介します。

●Pythonのモジュールを作成して仮想環境を設定する

現在、Tips012の操作が完了し、VSCodeの**エクスプローラー**にはワークスペース用フォルダーと、ワークスペースに作成した仮想環境が表示されています。この状態から次の手順で、Pythonのモジュールを作成して仮想環境の設定を行います。

❶**エクスプローラー**でワークスペース名の右横をポイントします。**新しいファイル**ボタンが表示されるので、これをクリックします。

❷ファイル名の入力欄が開くので、「ファイル名.py」のようにファイル（モジュール）名の拡張子に「.py」を付けて入力し、**Enter**キーを押します。ここでは「program.py」と入力しました。

▼Pythonモジュールの作成

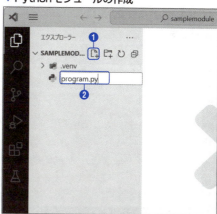

❶ワークスペース名の右横をポイントして、[新しいファイル]ボタンをクリック

❷「ファイル名.py」と入力して[Enter]キーを押す

さらにワンポイント　Pythonの命名規則では、モジュール名はすべて小文字、またはスネークケースを使うこととされています。
・sampleprogram.py（すべて小文字の例）
・sample_program.py（アンダースコアを用いたスネークケースの例）

1-4 VSCodeにおけるPythonモジュールを用いたプログラミング

❸拡張子「.py」を付けたことでPythonのモジュールであることが認識され、エディターが起動してモジュールの画面が開きます。

❹ステータスバーの右端に**インタープリターの選択**と表示されている部分があるので、これをクリックします。

▼モジュール作成直後の画面

作成したモジュール

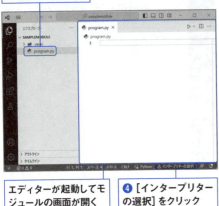

エディターが起動してモジュールの画面が開く / ❹[インタープリターの選択]をクリック

❺**インタープリターの選択**が表示されるので、作成済みの仮想環境（'.venv': venv）を選択します。

▼[インタープリターの選択]

❺作成済みの仮想環境（'.venv': venv）を選択

❻ステータスバーの表示が仮想環境の表示に切り替わります。

▼仮想環境選択後の画面

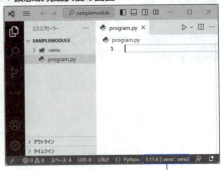

❻ステータスバーの表示が仮想環境の表示に切り替わる

●ソースコードを入力して実行する

先の操作を行ってPythonのモジュールに仮想環境を設定すると、カーネル（Pythonの実行環境）として仮想環境「.venv」のPythonインタープリターが選択された状態になります。この状態であれば、ソースコードを入力して実行することができます。

▼実行可能な状態のPythonモジュール

エディター / モジュールを閉じた場合はモジュール名をダブルクリックして開く / 仮想環境を選択済み

1-4 VSCodeにおけるPythonモジュールを用いたプログラミング

モジュールを開いた状態の**エディター**でソースコードを入力して、実行してみましょう。

❶次のコードを入力します。

▼モジュールに入力するコード
```
num = 100 + 200
print(num)
```

▼ソースコードの入力

❶入力する

❷アクティビティバーの**実行とデバッグ**ボタンをクリックします。

▼[実行とデバッグ] ビューの表示

❷クリックする

❸**実行とデバッグ**ビューが表示されるので、**実行とデバッグ**ボタンをクリックします。

▼[実行とデバッグ] ビュー

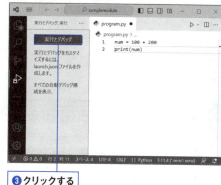

❸クリックする

❹**デバッグ構成を選択する**パネルが開くので、**Pythonファイル 現在アクティブなPythonファイルをデバッグする**を選択します。

▼[デバッグ構成を選択する] パネル

❹選択する

1-4 VSCodeにおけるPythonモジュールを用いたプログラミング

❺**ターミナル**が起動してプログラムが実行され、結果が出力されます。

▼ [実行とデバッグ] 終了直後の画面

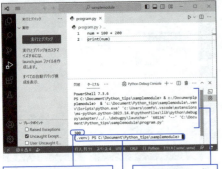

「print(num)」と記述したので、変数numの値が出力されている

仮想環境上でプログラムが実行されたことを示す出力

プロンプトは、ターミナルが仮想環境に関連付けられていることを示している

 Column 仮想環境に関連付けられたターミナル

ターミナルのプロンプト(入力待ち)の文字列には、

(.venv) PS C:\Document\Python_tips\samplemodule>

と表示されています。これは仮想環境(.venv)に関連付けられた状態であり、なおかつコマンド実行時のカレントディレクトリがワークスペース用フォルダー:

C:\Document\Python_tips\samplemodule

であることを示しています。

1-5　VSCodeを用いた外部ライブラリのインストール

Tips 014

VSCodeの[ターミナル]から外部ライブラリをインストールする

▶Level ●○○

これがポイントです！　VSCodeの[ターミナル]におけるpipコマンドの実行

Pythonには、Web開発や数値計算、ディープラーニングなどを目的とした数多くの外部ライブラリが用意されています。ここでは、VSCodeの**ターミナル**を利用して、数値計算ライブラリの「NumPy」を仮想環境にインストールする方法を紹介します。

●仮想環境に関連付けて[ターミナル]を開く

現在、VSCodeではワークスペースのフォルダー「sampleprogram」が開かれています。フォルダー内部には仮想環境「.venv」が作成され、PythonモジュールとNotebookが保存されています。ここでは例としてNotebookを開き、プログラムの実行先として仮想環境「.venv」を設定してから**ターミナル**を開きます。

❶Notebookを開き、プログラムの実行先として仮想環境「.venv」を設定します。

▼仮想環境「.venv」の設定

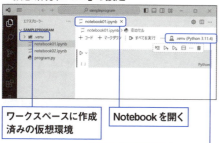

ワークスペースに作成済みの仮想環境

Notebookを開く

この部分をクリックして仮想環境「.venv」を設定しておく

❷ターミナルメニューの新しいターミナルを選択します。

[ターミナル]メニューの[新しいターミナル]を選択

❸仮想環境に関連付けられた状態でターミナルが開きます。

▼仮想環境に関連付けられた[ターミナル]

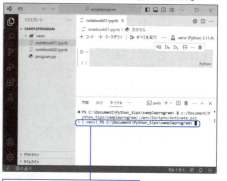

仮想環境に関連付けられている

047

1-5 VSCodeを用いた外部ライブラリのインストール

●仮想環境に関連付けられた状態の[ターミナル]から、pipコマンドでライブラリをインストール

Pythonでは、外部ライブラリのインストールをpipコマンドで行います。仮想環境に関連付けられた**ターミナル**でpipコマンドを実行することで、仮想環境にライブラリをインストールすることができます。

❶**ターミナル**のプロンプト(入力待ち)に続けて
pip install numpy
と入力して**Enter**キーを押します。

▼仮想環境に関連付けられた[ターミナル]でpipコマンドを実行

「pip install numpy」と入力して[Enter]キーを押す

❷**ターミナル**に次のように出力され、NumPyライブラリが仮想環境にインストールされます。

▼インストールの完了

NumPyライブラリが仮想環境にインストールされる

第2章
015~108

基本プログラミング

2-1	オブジェクトとデータ型 (015~027)	
2-2	演算 (028~035)	
2-3	フロー制御 (036~045)	
2-4	関数 (046~054)	
2-5	リスト (055~075)	
2-6	タプル (076)	
2-7	辞書 (077~086)	
2-8	複数のシーケンスのイテレート (087~090)	
2-9	集合 (091~093)	
2-10	特殊な関数 (094~100)	
2-11	クラスとオブジェクト (101~107)	
2-12	クラス変数、クラスメソッド (108)	

2-1 オブジェクトとデータ型

Tips 015 オブジェクトと変数

▶Level ●●●

これがポイントです! オブジェクト = プログラムで扱うデータ

Pythonは、プログラムのデータをすべて**オブジェクト**として扱います。プログラムを実行すると、必要なデータがメモリ上に読み込まれます。この「読み込まれたデータ」がオブジェクトの実体です。

●プログラムのデータはすべてオブジェクト

「100+100」と入力して実行します。
Notebookの**セルを実行**ボタン(AnacondaのJupyter Notebookでは**Run**ボタン)をクリックすると、セルのコードが実行されて、セルの下に結果が出力されます。以下、In はセル、Out は出力を示します。

▼100+100を計算する (Notebookを使用)
```
In  100 + 100
Out 200
```

ソースコードの中に書いた「100」や「'Python'」などのリテラル(生のデータのこと)は、コンピューターのメモリに一時的に記憶されます。このように、メモリ上に展開されたものをPythonでは「オブジェクト」と呼びます。オブジェクトはPythonの根幹となる要素で、Pythonのプログラムはオブジェクトを中心として構成されます。

●オブジェクトにアクセスするための手段としての変数

プログラムを書いていると、同じ値をほかでも使いたいことがよくあります。先の例では、「100+100」と入力するとその場で計算が行われ、結果が表示されています。

▼'こんにちは'と「100」を入力する
```
In  'こんにちは'
    100
Out 100
```

文字列を入力する場合は、'こんにちは'のようにシングルクォートまたはダブルクォートで囲む決まりになっています。セルを実行すると数値の「100」だけが出力されていますが、いずれにしてもセルに入力した'こんにちは'や「100」は、セルを実行した途端にコンピューター上から消えてしまいます。

正確にいうと、ソースコードの中に書いた「100」や「'こんにちは'」などのリテラルは、コンピューターのメモリに一時的に記憶されてはいます。

▼ソースコードの中のリテラル

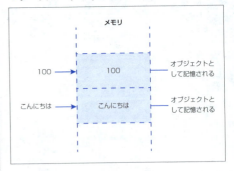

このように、メモリ上に展開された「オブジェクト」は、処理が済んでしまえばもう使えません。メモリに残っていたとしても、こ

2-1 オブジェクトとデータ型

れにアクセスする手段がないからです。そこで変数です。ここでは「x」という名前の変数を使います。

```
In  x = 100 + 100 ───── 計算結果にxという名前を付ける
    print(x) ───── xの中身を表示する
Out 200 ───── xの中身が表示される
```

　変数は、オブジェクトに付けられる名札のようなものです。Pythonでは、「変数名 = 値または式」と書くと、変数が使えるようになり、同時に=の右側の値にxという名前が付けられます。

　「x = 100+100」と書くと、=の右側の計算結果の200（int型のオブジェクト）にxという名前が付けられます。以降は「x」と書けばいつでも「200」を取り出せます。

　ここでは「オブジェクトに名前を付ける」という言い方をしていますが、プログラミングのときは**代入する**という言い方が使われます。先ほどの例だと、変数xに「100+100」の結果を代入することで、xはメモリ上のオブジェクト「200」を示すようになるわけですが、これはxにオブジェクトのメモリアドレス（メモリ上の番地）が関連付けられることで実現されます。Pythonのインタープリターは、「xはメモリの○○番地」であると解釈し、機械語のコードに変換します。実際のメモリ番地は、プログラムの実行時によってまちまちですので、そのときに確保されたメモリ番地になります。

▼変数xがオブジェクトを参照する

●オブジェクトにメソッドが結び付けられている

　オブジェクトの中身はリテラルなので、文字列や数値などの情報が保持されています。ですが、さらにオブジェクトは固有のメソッドを持ちます。持つというと抽象的すぎますが、Pythonの仕様として、オブジェクトの中身によってそれぞれ特有のメソッドが「内部的に」結び付けられています。変数xは「数値の200というオブジェクト」を示すので、数値に関連したメソッドが結び付けられています。

▼数値に使えるメソッドを実行する

```
In  x = 100 + 100
    x.bit_length() ───── 変数のバイト数を調べるメソッドを実行
Out 8
```

　この例のように、オブジェクトのメソッドを呼び出すときは「オブジェクト.メソッド」などとピリオド（.）でつなぎます。整数型の変数に対してbit_length()メソッドを実行すると、変数が使用するバイト数が返されます。

> **さらにワンポイント**
> メソッドは、オブジェクトを処理するためのソースコードをまとめたもので、機能ごとに特有の名前を持ちます。

2-1 オブジェクトとデータ型

Tips
016
▶ Level ● ○ ○

変数への代入

これがポイントです！ 代入、代入の繰り返し

変数はオブジェクトを参照しますので、「x = 'Python'」と書けば、xはstr型のオブジェクトを参照するようになります。オブジェクトの中身は'Python'です。「=」は**代入演算子**と呼びます。代入演算子はリテラルを代入するだけでなく、計算式の結果を代入することもできます。

・値の代入

```
変数名 ＝ 値または式
```

'Python'を変数に代入しておくと、変数名を使って連続して出力することができます。

▼「Python」を3回表示

In	`str = 'Python'`
	`print(str)`
Out	`Python`
In	`print(str)`
Out	`Python`
In	`print(str)`
Out	`Python`

●代入の繰り返し

Pythonで扱う値（**リテラル**）には、それぞれデータ型が決められています。Pythonは、強い型付けを行うので、数値は数値型のオブジェクトとして保持されます。メソッドを使って数値の10から文字列型の10を作り出すことはできますが、元の数値型のオブジェクトはそのまま残ります。

一方、xという変数に代入した値そのものは何度でも別のものに変更できます。「変数に代入したオブジェクトを別のものに取り換える」というイメージです。

▼代入を繰り返す（Notebook を使用）

In	`x = 12345` ──── 数値型の値を代入
	`print(x)`
Out	`12345` ──── 変数xの中身

In	`x = '代入'` ──── 文字列を代入する
	`print(x)`
Out	`代入` ──── 変数xは最後に代入した文字列型のオブジェクトを参照している

052

2-1 オブジェクトとデータ型

●変数のコピー

変数の中身を別の変数にコピーできます。

```
In  x = 'コピーします' ───── xに文字列を代入する
    y = x ───────────── xの値をyに代入
    print(y)
Out コピーします ───────── 変数yの中身がxと同じになっている
```

　正確には、「xの値が、yが参照するオブ
ジェクトにコピーされる」のではなく、「xが
参照しているオブジェクトをyも参照する」
ようになります。

●変数の中身を書き換えると、新しいオブ
　ジェクトが用意される

　yに別の値を代入すると、新しいオブジェ
クトが作られ、それを参照するようになりま
す。

▼先の続き

```
In  y = 1000 ───────── yに「1000」を代入する
    print(y)
Out 1000 ──────────── yの値
```

```
In  print(x)
Out コピーします ───────── xの値は元のまま
```

　yはxと同じオブジェクトを参照すること
をやめ、新しいオブジェクトを参照するよう
になります。変数には「別の値を代入する
と、新しいオブジェクトが作られてそれを参
照するようになる」という特徴があります。

　このことは、オブジェクトのアドレスを調
べるid()という関数で確かめることができ
ます。id(x)と書けば、変数xが参照してい
るオブジェクトのメモリ番地がわかります。

▼変数が参照しているオブジェクトのアドレスを調べる

```
In  x = 100
    y = x ───────────── yにxを代入する
    id(x)
Out 1506275120 ──────── xが参照しているオブジェクトのアドレス
```

```
In  id(y)
Out 1506275120 ──────── yも同じアドレスを参照している
```

```
In  y = 'Python' ─────── yに文字列を代入
    id(y)
Out 2728280529864 ───── yのアドレスが変わった！
```

```
In  id(x)
Out 1506275120 ──────── xのアドレスはそのまま
```

基本プログラミング

053

2-1 オブジェクトとデータ型

変数yは、最初はxと同じオブジェクトを参照していましたが、別の値を代入すると、新しく用意されたオブジェクトを参照するようになります。一方、xにも別の値を代入すれば、これまでのオブジェクトは破棄され、新しいオブジェクトが参照されるようになります。

▼xに別の値を代入する

```
x = 1
id (x)
1506275408 ——— 元のアドレス「1506275120」が変更されている
```

Tips

017

▶Level ● ○ ○

Pythonが扱うデータの種類

これがポイントです！ **リテラルと組み込みデータ型**

プログラミングの目的は、「値」を操作することにあります。データ分析を行うにしても、ディープラーニングを行うにしても、何らかの値をある目的のために操作していくことになります。

●プログラムで扱う要素

Pythonのプログラムでは、次の要素を扱います。

・リテラル

生の値のことです。つまり、ソースコードで扱うデータを指します。「100」という数値や「Hello world!」という文字列はすべてリテラルと呼び、他の要素と区別します。

・予約語

Pythonにおいて、特別な意味が割り当てられた単語のことです。「if」などの予約語があり、これらの予約語は、「もし○○なら××を実行」のような、あらかじめ決められている処理を行う場合に使用します。予約語は全部で35個あります。

・識別子

Pythonでは、値を保管したり、ほかのソースコードに引き渡すために「変数」を使います。プログラム内でリテラルをそのままやり取りすることはほとんどなく、リテラルに名前を付けて管理します。この名前が変数であり、変数には好きな名前を付けることができます。

また、ある処理を行うソースコードのまとまりに名前を付けて管理することもあります。このような、変数やソースコードのまとまりに付ける名前のことを、まとめて「識別子」と呼びます。たんに「名前」のことを指しているのですが、混乱を避けるためにこの

054

ような呼び方がなされます。

•ピリオドや改行コード

ソースコードの途中にある「.」や改行も
ソースコードを構成する要素です。

•カッコ( )、ブラケット[ ]

print()で「Hello world!」を表示する際に
()を使いました。()はまた計算式の中で使
われることもあります。**ブラケット[ ]はリ
スト**と呼ばれるデータ構造を操作するとき
に使います。

•記号

文字列を出力する際に「print('Hello
world!')」のように、文字列を「'」で囲みま
す。このように、特別な意味を持つ記号があ
ります。

●リテラルと基本データ型

プログラミングにおいて「値」(データ)を
扱う場合に、それが「どんな種類の値なの
か」がとても重要になってきます。1などの
値、つまり数値であれば、ほかの数値と計算
を行うことができます。しかし、リテラルと
して見た場合、数値と文字は種類が違うの
で、計算しようとするとおかしなことになっ
てしまいます。

そこでPythonでは、データの種類を**デー
タ型**という枠によって区別し、それぞれの
データ型に対して「プログラミングで行える
ことを限定」します。例えば、データの1つ
に数値型があり、この型は整数リテラルと小
数(浮動小数点数)リテラルを扱います。数
値型なので、足し算や引き算など演算を行
う機能が適用されます。一方、文字列型は文
字列リテラルを扱うので、文字同士を結合し
たり切り離したりする文字列操作特有の機
能が適用されますが、数値型のように演算
を行う機能は適用されません。

▼Pythonで扱う基本データ型

データの種類	リテラルの種類	組み込みデータ型	値の例
数値型	整数リテラル	int型	100
	浮動小数点数リテラル	float型	3.14159
文字列型	文字列リテラル	str型	こんにちは、Program
論理型	真偽リテラル	bool型	真を表す「True」と偽を表す「False」の2つの値を扱う

このように、リテラルの種類と対になる
データ型を**基本データ型**と呼びます。

2-1 オブジェクトとデータ型

Tips 018 整数型

これがポイントです！ int型

▶Level ● ○ ○

数値型は、そのものズバリ数の値ですが、「値＝リテラル」として見た場合、プログラミング的に「整数だけなのか、小数を含むのか」が重要になります。Pythonでは、数値型のうち、整数を整数型（int型）、小数を含む値を浮動小数点数型（float型）として扱います。

●整数リテラルを扱うint型

整数リテラルをソースコード上で表すには、そのまま書けばOKです。

▼整数リテラル（10進数）の書き方
```
10
150
1000000
```

これは普段使っている10進数の書き方ですが、Pythonでは、2進数や8進数、16進数を表現することもできます。コンピューターの最小の処理単位はバイトで、1バイトは8ビット、つまり8桁の2進数で表されるのですが、16進数を使うとこれを2桁の値で表すことができます。2進数の4桁がちょうど16進数の1桁になるためで、コンピューターの世界では、1バイトのデータを表すのに16進数がよく用いられます。

・2進数の書き方（基数2）

先頭に「0b」または「0B」（どちらも0は数値のゼロ）を付けます。

▼2進数の表記例
```
0b1  0B100  0b101010
```

・8進数の書き方（基数8）

先頭に「0o」または「0O」（どちらも数値のゼロとアルファベットのオー）を付けます。

▼8進数の表記例
```
0o7  0O23  0o10000
```

・16進数の書き方（基数16）

先頭に「0x」または「0X」（どちらも0は数値のゼロ）を付けます。

▼16進数の表記例
```
0x1  0X100  0xCCB8
```

●int型が扱える整数の範囲

以前のPythonでは、数値型で64ビットまでのデータが扱えましたが、Python3では、64ビットよりも大きな数値を表現できるようになっています。ちなみに64ビットというと、2進数の64桁のデータになります。これをint型で扱える整数（10進数）の範囲に直すと、次のようになります。

最小値	− 9,223,372,036,854,775,808
最大値	9,223,372,036,854,775,807

これ以上の数値を扱えるようになったということですから、途方もない数値、例えば天文学的な数値計算もできるということです。

056

2-1　オブジェクトとデータ型

●整数型の値を画面に表示してみる

　Pythonのインタープリターは、指定した基数で処理しますが、画面への出力は10進数で行います。Notebookでそれぞれ試してみます。

▼10進数の10（Notebookを使用）

```
In   10 ──────── 入力して[Enter]
Out  10 ──────── 結果（整数型の値）
```

▼2進数

```
In   0b10 ──────── 1個の10進の二と0個の一
Out  2
```

▼8進数

```
In   0o10 ──────── 1個の10進の八と0個の一
Out  8
```

▼16進数

```
In   0x10 ──────── 1個の10進の十六と0個の一
Out  16
```

　Notebookのセルは、ソースファイルに書かれたプログラムを読み込んだときとまったく同じように動作しますが、1つだけの例外として、値そのもの（リテラル）を入力すると、自動的にその値を表示します。たんに「10」と入力すれば、「print(10)」と解釈して「10」と表示します。セルに複数の行を入力する場合は、最後の行に入力したリテラルが表示されます。

> **さらに ワンポイント**
> 16進数では9の次をAまたはaと表します。アルファベット順にA〜Fが10進数の10〜15に対応します。

基本プログラミング

057

2-1 オブジェクトとデータ型

Tips 019 明示的にint型オブジェクトを生成する

▶Level ● ○ ○ これがポイントです！ **int() メソッド**

　整数リテラルはint型のオブジェクトとして扱われます。ソースコードに「100」などの整数リテラルを書くとint型のオブジェクトになるわけですが、int()というコンストラクター（オブジェクトを生成するメソッドのこと）を使って明示的にint型のオブジェクトを作る（生成する）ことができます。

・**int() メソッド**
　int型のオブジェクトを生成します。

書式	int(x, base=10)	
パラメーター	x	整数リテラル、または文字列としての整数値を指定します。
	base=10	xに文字列を指定した場合は、2、8、10、16の基数のうちのどれかを指定できます。デフォルトは10です。

▼int型オブジェクトの生成（Notebookを使用）

```
In   int(10)      # 10が格納されたint型のオブジェクトを生成
Out  10
```

```
In   int(-10)     # −10が格納されたint型のオブジェクトを生成
Out  -10
```

```
In   int(3.14)    # 小数を含む場合は小数点以下が切り捨てられる
Out  3
```

▼文字列を指定する場合は基数を指定できる

```
In   int('100')       # 基数を省略すると10進数になる
Out  100
```

```
In   int('100', 2)    # 2進数
Out  4
```

```
In   int('100', 8)    # 8進数
Out  64
```

058

2-1 オブジェクトとデータ型

```
In   int('100', 10)   # 10進数
Out  100
```

```
In   int('100', 16)   # 16進数
Out  256
```

全角文字の「数字」は変換が可能なので、int型オブジェクトにできます。ただし、16進数で使われるA〜Fは半角でなければいけません。

▼全角文字の数字からも生成が可能

```
In   int('１００')          # 全角文字の１と半角文字の00
Out  100
```

```
In   int('１２３a', 16)     # 全角文字の１２３と半角文字のa
Out  4666
```

✒ Column 変数名を付けるときのルール

変数には、任意の名前を付けることができますが、いくつかのルールがあり、これに従わなければなりません。

・変数名に使用できるのは、半角英数字とアンダースコア「 _ 」です。
・1文字目に数字を使うことはできません。
・予約語を変数名にすることはできません。ただし、予約語を変数名の一部に含めることはできます。
・変数名は1つの単語なので、スペースを入れて複数の単語を変数名にすることはできません。複数の単語を使用する場合は

「user_name」のようにアンダースコアを間に入れます。このように単語のつなぎに「_」を入れる書き方を「スネークケース」と呼びます。

一方、値が終始変わらない（不変の）変数として名前を付けるときは、「USER_NAME」のように、スネークケースの英字をすべて大文字にした形を用います。

アルファベットの大文字と小文字は区別されます。変数Aと変数aはまったく別の変数として扱われます。

▼Pythonの予約語（キーワード）

False	None	True	and	as
assert	async	await	break	class
continue	def	del	elif	else
except	finally	for	from	global
if	import	in	is	lambda
nonlocal	not	or	pass	raise
return	try	while	with	yield

基本プログラミング

059

2-1 オブジェクトとデータ型

バイト列⇔int型オブジェクトの相互変換

これがポイントです! int.from_bytes()、int.to_bytes()

▶Level ●●●

バイト列などのバイナリデータとint型オブジェクトを相互に変換するには、int.from_bytes()メソッド、int.to_bytes()メソッドを使います。

● バイト列➡int型オブジェクト

int.from_bytes()メソッドは、「1バイト=8ビット」で構成されるバイト列をint型オブジェクトにします。

・int.from_bytes ()メソッド

与えられたバイト列からint型オブジェクトを生成して返します。

書式	int.from_bytes(bytes, byteorder='big', *, signed=False)
パラメーター	bytes	整数値にするバイト列を指定します。
	byteorder='big'	'big'を指定すると、最上位のバイトがバイト配列の最初に配置されます。'little'を指定した場合は、最上位のバイトがバイト配列の最後に配置されます。
	signed=False	整数を表すのに2の補数を使うかどうかを指定します。Trueを指定すると、負の値が2の補数で表されます。

バイト列はbytes型のオブジェクトとして扱われ、リテラルの先頭にbを付けます。b'\x00\x10'は、「00000000 0000 0000 00000000 00010000」のビットの並びを表します。

▼バイト列からint型オブジェクトを生成 (Notebookを使用)

```
In  int.from_bytes(b'\x00\x10', byteorder='big')
Out 16
```

signed=Trueを設定すると、バイト列は2の補数による符号付き整数として変換されます。b'\xfe'\xff'\xff'\xff'は、「111111 10 11111111 11111111 11111111」のビットの並びを表します。

▼2の補数による負の数の表現

```
In  int.from_bytes(b'\xfe\xff\xff\xff', byteorder='little', signed=True)
Out -2
```

060

2-1 オブジェクトとデータ型

●int型オブジェクト➡バイト列

int.to_bytes() メソッドは、int型オブジェクトを任意の長さで区切ったバイト列にします。

・int.to_bytes() メソッド

整数を表すバイト列を返します。

書式	int.to_bytes(length, byteorder='big', *, signed=False)	
パラメーター	length	出力するバイト列の長さを指定します。
	byteorder='big'	'big'を指定すると、最上位のバイトがバイト配列の最初に配置されます。'little'を指定した場合は最上位のバイトがバイト配列の最後に配置されます。
	signed=False	整数を表すのに2の補数を使うかどうかを指定します。Trueを指定すると、負の値が2の補数で表されます。

10進数の255を16進数2桁×4のバイト列に変換すると

```
b'\x00\x00\x00\xff'
```

になります。これは「00000000 0000 0000 00000000 11111111」のビットの並びを表します。

▼int型オブジェクトからバイト列を生成

```
In  (255).to_bytes(4, byteorder='big')
Out b'\x00\x00\x00\xff'
```

負の値を表現するには2の補数を使う必要があるので、signed=Trueを指定します。

▼負の値をバイト列で表現する

```
In  (-2).to_bytes(4, byteorder='little', signed=True)
Out b'\xfe\xff\xff\xff'
```

b'\xfe\xff\xff\xff'は、ビットの並び

```
11111110 11111111 11111111 11111111
```

を表します。

基本プログラミング

061

2-1 オブジェクトとデータ型

Tips
021
浮動小数点数型

▶Level ●○○

これが
ポイント
です！
float型

コンピューターでは、小数を含む値を**浮動小数点数**として扱います。一般に用いられる「0.00001」のような**固定小数点数**も小数を含む値ですが、それぞれの表現の仕方が異なります。Pythonの小数を扱うデータ型は、浮動小数点数型（float型）です。

▼固定小数点数

In 3.14 ─── 固定小数点方式で入力
Out 3.14 ─── 出力は固定小数点方式だが、内部では浮動小数点数型（float型）として扱われている

固定小数点数の方が見た目にはわかりやすいのですが、1000兆分の1を表すには、固定小数点数では「0.000000000000001」となり、たくさんの桁が必要になります。このように小数点以下の桁数が多い場合は、浮動小数点数を使えば、「1.0e-15」だけで済みます。コンピューターは桁数が少ない方が速く計算できるため、広い範囲の数を高速に計算するには固定小数点数より浮動小数点数の方が有利です。

Pythonで小数を扱うデータ型は浮動小数点数型（float型）なので、固定小数点数方式で入力した値であっても、内部的に浮動小数点数として扱われます。

●浮動小数点数の仕組み

浮動小数点数では、値を符号、仮数、指数を使って表します。ビットの並びとして記憶します。−10.25であれば、−1.025e1となります（最後の指数1は10の1乗を表します）。

コンピューターの内部では2進数で処理しているため、仮数（の部分）は、あるビットが2分の1であれば、その下位のビットは4分の1、さらに下位が8分の1になります。10進数の小数点第1位が10分の1、第2位が100分の1となるのとは異なるため、10進数表記との間で誤差が生じ、10進数の小数が浮動小数点数で正確に表されるとは限らないことになります。コンピューターでは、この誤差を浮動小数点数の**まるめ誤差**として扱います。

▼浮動小数点数

In 1.0e4 ─── 浮動小数点数方式で入力
Out 10000.0 ── 出力は固定小数点数方式

2-1 オブジェクトとデータ型

Tips

022

明示的にfloat型オブジェクトを生成する

▶Level ● ● ●

これがポイントです！ **float.fromhex() メソッド**

float.fromhex() メソッドは、16進数で表現した文字列からfloat型オブジェクトを生成します。10進数で表現した浮動小数点数リテラルと異なり、16進数で表現した文字列は2進数に変換する際の丸め誤差が発生しません。このため、数値の比較を厳密に行う場合に利用されることが多いです。

・**float.fromhex() メソッド**

16 進数で表現した小数を含む文字列からfloat型オブジェクトを生成します。

書式	float.fromhex(s)	
パラメーター	s	16 進数で表現した小数を含む文字列を指定します。

・**hex() メソッド**

インスタンス内の1バイトにつき2つの16進数を含む、文字列オブジェクトを返します。

書式	変換対象の数値表現.hex()

▼float型オブジェクトの生成（Notebookを使用）

```
In   str = (3.14).hex()      # 16進数で表現された文字列を生成
     str
Out  '0x1.91eb851eb851fp+1'  # 3.14の16進数表現
```

```
In   float.fromhex(str)      # float型オブジェクトを生成
Out  3.14
```

基本プログラミング

063

2-1 オブジェクトとデータ型

Tips
023
無限大と非数

▶Level ●○○

これが
ポイント
です!
> inf、nan

　浮動小数点数の演算では、演算結果が無限大または非数になることがあります。

●無限大「inf」
　浮動小数点数の値が有効桁数を超えると、「無限大」であることが「inf」(予約語ではない) で示されます。

▼結果が無限大infになる演算 (Notebookを使用)

```
In   1e200*1e200
Out  inf                      # 無限大
```

```
In   1e200
Out  1e+200
```

```
In   -1e200*1e200
Out  -inf                     # 負の方向に無限大
```

```
In   1e200**1e200            # 値が大きすぎると無限大とならずにエラーになる
                             ( 「**」はべき乗の演算子)
Out  --------------------------------------------------------------
     OverflowError                  Traceback (most recent call last)
     Cell In[4], line 1
     ----> 1 1e200 ** 1e200
     OverflowError: (34, 'Result too large')
```

●非数「nan」
　無限大の値と演算を行うと、結果が「非数」を示すnan (Not A Number) になることがあります。nanは、本来、演算してはならない不正な値の演算を示す値です。

▼0と無限大の乗算

```
In   0 * 1e1000
Out  nan ——— 非数を示すnanが出力される
```

●意図的にfloat型のinfやnanを生成する
　infやnanを値として持つfloat型オブジェクトを意図的に生成できます。

▼infやnanを値に持つfloat型オブジェクトを生成

```
In   x = float('inf')    # 無限大
     x
Out  inf
```

```
In   y = float('-inf')   # 負の無限大
     y
Out  -inf
```

```
In   z = float('nan')    # 非数
     z
Out  nan
```

064

2-1 オブジェクトとデータ型

Tips
024 文字列型

▶Level ●

これが
ポイント
です！ > str型

文字列型（str型）は、文字リテラルを扱うデータ型です。具体的には、0個以上のUnicode文字の並びを表します。

●文字列リテラルの表し方
　文字列リテラルは、シングルクォート「'」またはダブルクォート「"」で囲んで記述します。

▼文字列の表記（Notebook を使用）
```
'Python'
"これは文字列です。"
```

　シングルクォートとダブルクォートのどちらを使ってもよいのですが、

```
'I'm a programmer.'
```

とすると冒頭のIだけが文字列リテラルとなってしまい、正しく扱われません。このような場合は、文字列全体をダブルクォートで囲みます。

[In] `"I'm a programmer."` ── 文字列全体を"で囲む
[Out] `"I'm a programmer."` ── 出力

　このように、ダブルクォートで全体を囲むと文字列内にシングルクォートを入れることができ、逆にシングルクォートで全体を囲むと文字列内にダブルクォートを入れることができます。

・トリプルクォートで囲む
　テキストをトリプルクォート「'''」またはトリプルダブルクォート「"""」で囲むと、囲まれた文字列の中に改行があっても、文字列の続きとして扱われます。つまり、改行している文字列がそのままの状態で扱われます。

▼トリプルクォートで囲む
[In] `'''aaa`
`bbb`
`ccc'''` ── ここまでが入力範囲
[Out] `'aaa\nbbb\nccc'`

　「\n」という文字が入って出力されましたが、これは、プログラム内部で改行を扱うための記号です。Notebookでは、改行文字がそのまま出力されます。次のようにprint()を使うと、改行された状態で出力されます。

基本プログラミング

065

2-1 オブジェクトとデータ型

▼print()で文字列を出力する

```
In   str = '''今日の予定 ───── strという変数に3行ぶんの文字列を登録する
     掃除
     洗濯'''
     print(str) ───────── print()でstrの中身を出力
Out  今日の予定
     掃除
     洗濯
```

　strは、3行の文字列に対して付けた変数名です。strに「＝」を使って文字列を登録しておいてprint(str)とすれば、strに登録された文字列が表示されます。

 Column 変数名の命名規則

　多くのプログラミング言語では、次表のような命名規則が使われています。

▼命名規則

記法	説明	例
キャメルケース	複数の単語を連結し、先頭文字は小文字、あとに続く単語の先頭文字は大文字にします。2つ目の単語の大文字がラクダの形を連想させることから、このような呼び名になったといわれています。	userName
パスカルケース	複数の単語を連結し、すべての単語の先頭文字を大文字にします。Pascalというプログラミング言語で使われたのが名前の由来です。	UserName
スネークケース	単語をすべて小文字で記述し、単語の間にアンダースコア（_）を入れます。	user_name

　Pythonでは、変数名はすべて小文字にして、複数の単語を使う場合はスネークケースを用いるのが鉄則です。

2-1 オブジェクトとデータ型

Tips
025 論理型

▶Level ●○○○

これが
ポイント
です！
> **bool（ブール）型**

プログラムでは、真か偽かといった二者択一の状態を扱うことがよくあります。「正しい」「正しくない」、さらには「ON」「OFF」のように、現在の状態がどっちなのかを調べるような場合です。

●真偽リテラル

論理型（**bool型**）は「True」（真）と「False」（偽）の2つの予約語で表されます。論理型は2つの値を比較するときによく利用されます。例えば、左側の数値が右側の数値よりも大きいかを調べる「>」という記号（演算子）があります。

▼左辺の数値が右辺の数値よりも大きいか
　（Notebookを使用）

```
In   10 > 1
Out  True
```

10は1よりも大きいので、True（真）が返ってきます。なお、Trueという文字列が返されるのではなく、真偽リテラルとしてのTrueが返ってきて、便宜的にTrueという文字列が表示されます。

・空の値はFalseと見なされる

数値の0および文字列の''（文字列リテラルであることを示しているにもかかわらず中身の文字が何もない場合）は「空（から）の値」となります。Pythonは、このような空の値を「Falseである」と判定します。

▼Falseと見なされるもの

要素	値	説明
整数のゼロ	0	
浮動小数点数のゼロ	0.0	
空の文字列	''	
空のリスト	[ ]	
空のタプル	( )	
空の辞書	{}	
空の集合	set( )	
値が存在しない	None	値そのものが存在しないことを示すキーワード（予約語）

「>」などで左側と右側を比較する以外に、「0」そのものはFalseになるというわけです。値が空のときTrueを返す記号（演算子）としてnotがあります。「not x」と書くと、xがFalseだとTrueが返ってきます。

▼値がFalseなのかを調べる

```
In   not 0   ─── 0はFalseか？　という意味
Out  True    ─── 0はFalseなのでTrueが返る
```

```
In   not 1
Out  False   ─── 1はFalseではないのでFalseが返る
```

```
In   not ''  ─── シングルクォート2つ
```

基本プログラミング

067

2-1 オブジェクトとデータ型

`Out` `True` —— 空の文字列（False）である

これに何の意味があるのか疑問に思うかもしれませんが、プログラムの中で「0ではないか」とか「文字列が空ではないか」を調べることは、よくあります。「値の中身がFalseであれば、何らかの処理をする」という場合です。

Tips 026 値が存在しないことを示す

▶ Level ●○○

これがポイントです！ → **None**

空の値は、0とか''のことでした。厳密にいうと、前者は**空の数値型**、後者は**空の文字列型**ということになります。しかし、プログラムの処理の中で「値そのものが存在しない」ということがあります。例えば「どこからかデータを読み込んだつもりが、何も読み込めなかった」という場合は、データ型うんぬんの前に「値そのものがない」という状態です。このような状態に対処するために、「データをうまく読み込んだか」➡「値は存在するか」ということを調べることがあるのですが、この場合「値がNoneであるか」という調べ方をします。

●Noneのポイント
・Noneは「値自体が存在しない」ことを示すためのリテラル。
・プログラムの処理において「値があるのか」を調べる目的で使われる。

●何もないことを示す特殊なリテラル「None」
「None」は、何も存在しないことを示す特殊なリテラルです。値そのものが存在するかどうかはTrue／Falseだけでは判定できないので、この場合はNoneを使って判定します。

▼値が存在するのか調べる（Notebookを使用）

`In` `x = None` —— xにNoneを格納
   `x is None` —— xはNoneであるか？
`Out` `True` —— 「xはNoneである（値が存在しない）」という結果になった

ここでは、xというデータの入れ物（変数）にNoneを登録して、「xには何も存在しない」という状態にしました。そのあとで、次の行でisという記号（演算子）を使っていますが、これは、左側の要素と右側の要素が同じであればTrue、違うものであればFalseを返します。結果として、xには何も存在しないので、Trueと表示されました。

このように、「値があるのか、それとも何もないのか」を調べる目的にNoneが使われます。

068

2-1 オブジェクトとデータ型

Tips 027

ソースコードに説明文を書く

▶Level ●○○○

これがポイントです！ **コメント**

文字列は、データとしてではなく、ソースコード内にメモを残すためにも使われます。プログラムを書いていると、「なぜこのような処理をしているのか」、「この部分は何のためのものなのか」を書き残しておきたいことがあります。あとで忘れてしまわないようにするためや、他の人がソースコードを見たと

きに内容がわかるようにするためです。

●コメントの書き方

「#」を行のはじめに書くことで、その行はメモのための文字列、すなわち**コメント**として扱われるようになります。

▼コメントを書く

In # ソースコードとは見なされないので、どんなことでも書けます。

セルのコードを実行しても何も起こらない

ソースファイルに書くときは、次のように複数行にできます。

▼複数行のコメントを書く (1)

```
# ソースファイルでは
# 各行の冒頭に#を入れることで
# 複数行にわたるコメントを書くことができます。
```

●トリプルクォートまたはトリプルダブルクォートを使う

トリプルクォート「'''」またはトリプルダブルクォート「"""」で囲んだ範囲に、自由にコメントを書くことができます。

▼複数行のコメントを書く (2)

```
""" ソースファイルでは
トリプルクォートまたはトリプルのダブルクォート
で囲んで
複数行にわたるコメントを書くことができます。
"""
```

さらにワンポイント 例を見てわかるように、文字列の中に含まれる#はコメントの一部として扱われます。

基本プログラミング

069

2-2 演算

Tips
028 算術演算子

▶Level ●○○○

これがポイントです！ ＋（単項プラス）、− （単項マイナス）、
＋、−、*、/、//、%、**

　数学で使う数式は、「数字や文字を計算記号で結んだもの」ですが、プログラミングにおける式とは「結果として値を返すもの」を指します。整数リテラルや文字列リテラル、さらには変数そのものも式です。

●算術演算子

　「=」をはじめ、＋や−などの計算に使う記号を**演算子**と呼びます。演算子を使用することで、式同士を組み合わせて1つの式を作ることができます。演算子を用いた式を処理するのが**演算**です。

　足し算、引き算、掛け算、割り算（加減乗除）の計算のことは**四則演算**と呼ばれます。このほかに数値の符号を扱う単項プラス／マイナス演算子があり、これらの演算子と四則演算子をまとめて**算術演算子**と呼びます。

　このように、プログラムの中では、数値を使った計算を行うことが多いのですが、そういった場面で使われるのが「算術演算子」です。

▼算術演算子の種類

演算子	機能	使用例	説明
＋（単項プラス演算子）	正の整数	+a	正の整数を指定する。数字の前に＋を追加しても符号は変わらない
−（単項マイナス演算子）	符号反転	−a	aの値の符号を反転する
＋	足し算（加算）	a ＋ b	aにbを加える
−	引き算（減算）	a − b	aからbを引く
*	掛け算（乗算）	a * b	aにbを掛ける
/	割り算（除算）	a / b	aをbで割る
//	整数の割り算（除算）	a // b	aをbで割った結果から小数を切り捨てる
%	剰余	a % b	aをbで割った余りを求める
**	べき乗（指数）	a ** b	aのb乗を求める

070

2-2 演算

●足し算、引き算、掛け算

足し算、引き算、掛け算の式を入力してみます。

▼足し算、引き算、掛け算 (Notebookを使用)

```
In  10 + 5
Out 15
```

```
In  100 - 25
Out 75
```

```
In  10 + 5 - 7 ── 数値と演算子は必要
                   なだけ追加できる
Out 8
```

数値と演算子の間にスペースを入れましたが、たんに読みやすくするためなので、必ずしも入れる必要はありません。

▼2つのバージョンの除算と剰余

```
In  4/2 ──────【浮動小数点数の除算】
Out 2.0 ────── 浮動小数点数で返される
```

```
In  7/5
Out 1.4
```

```
In  7//5 ─────【整数のみの除算】
Out 1 ──────── 割った余りは切り捨てられる
```

```
In  7%5 ──────【剰余】
Out 2 ──────── 割った余り
```

ゼロで割ろうとすると「ゼロ除算」となるので、エラーになります。

▼ゼロ除算

```
In  7 / 0 ── ゼロ除算はエラーになる
Out ZeroDivisionError: division by zero
```

```
25*4
100
```

●除算 (割り算) と剰余

除算には、2つのバージョンがあります。

•「/」

ふつうの割り算ですが、浮動小数点数の除算を行うので、小数以下の値まで求めます。

•「//」

整数のみの割り算を行います。割り切れなかった値は切り捨てられます。

%演算子は、割った (除算した) 余りを求めます。値が割りきれたのか、割り切れなかったのかを知りたい場合に使われます。

基本プログラミング

071

2-2 演算

●変数を使って演算する

変数に整数リテラルを代入し、演算してみます。

▼変数を使用した演算

```
In   a = 10 ──────── 変数aに10を代入
     a - 3 ──────── aから3を減算
Out  7
```

```
In   a ──────────── aの値を表示する
Out  10 ─────────── 代入した値は変わらない
```

上記の「a-3」では、結果をaに代入していないので、aの値はそのままです。結果を代入する場合は、次のように書きます。

▼演算結果を変数に代入する

```
In   a = 10
     a = a - 3
     a
Out  7 ──────── 演算結果が代入されている
```

●単項プラス演算子（+）、単項マイナス演算子（-）

単項プラス／マイナス演算子は、単項演算子なので「+2」や「-2」のように演算の対象は1つです。単項プラス演算子の場合、「+2」は「2」と同じことになります。また、「+（-2）」とした場合も結局は「-2」なのであえて付ける意味はありません。さらに「a = -1」の場合、「+a」の値は「-1」のままで、何の処理も行いません。

これに対し、単項マイナス演算子は、「符号を反転する」処理を行います。「-2」は「-（+2）」という意味なので、（ ）の中の+2の符号を反転して-2です。変数においてはその効果が顕著なものになります。「x=2」の場合、「y=-x」とするとxの値の符号が反転するので、yには-2が代入されます。

単項プラス演算子は何も処理を行わないのでほとんど使い道がありませんが、単項マイナス演算子は、「マイナスの値をプラスにする」というような場面で活用できます。

▼単項プラス／マイナス演算子を使う

```
In   2
Out  2
```

```
In   +2 ──────── +2としても結果は変わらない
Out  2
```

```
In   +(-2) ── +(-2)としても結果は変わらない
Out  -2
```

```
In   -(+2) ── -(+2)とすると+2の符号が反転する
Out  -2
```

```
In   x = 2
     y = -x ──────── xの符号を反転させる
     y ──────── yにはxの符号を反転した結果が代入されている
Out  -2
```

```
In   a = -1
     +a ──────── +aとしても結果は変わらない
Out  -1
```

```
In   -2
Out  -2
```

2-2 演算

Tips 029 代入演算子

▶Level ●

これがポイントです！ 変数 ＝ 代入する値

代入演算子には、単純に右辺の値を左辺に代入する単純代入演算子「=」と、「=」とほかの演算子を組み合わせた複合代入演算子があります。

●代入演算子による代入

代入演算子は、右辺 (=の右側) の値を左辺に代入するためのものなので、左辺は常に変数であることが必要です。

▼代入演算子

演算子	内容	使用例	変数xの値
=	右辺の値を左辺に代入する。	x = 5	5

・代入式の書き方

変数名 ＝ 値または式

▼文字列の代入 (Notebook を使用)

```
In   name = 'Python'  ──── 'Python'を代入
     name
Out  'Python'
```

●再代入

再代入は、左辺の変数が、右辺の式に含まれている場合を指します。再代入を行う変数には、あらかじめ何らかの値が代入されていなければなりません。変数の中身がないと演算が不可能になるためです。

▼再代入

```
In   num = 10  ──────────── 10を代入
     num = num + 10  ──────── 「num + 10」の計算結果をnumに再代入する
     num
Out  20  ─────────────────── numの値は20
```

●多重代入

代入演算子は、「a = b = c」のように続けて書くことができます。これを**多重代入**と呼びます。代入演算子は右結合 (右側の値から順に代入) なので、次のように記述すると、右端から順に代入が行われます。a、b、cの値はすべてcの値になります。

基本プログラミング

073

2-2 演算

▼多重代入

```
In  a = 'Py'
    b = 'thon'
    c = 'Python'
    a = b = c        # 多重代入
    a
Out 'Python'
```

```
In  b
Out 'Python'
```

```
In  c
Out 'Python'
```

Tips 030 複合代入演算子による式の簡略化

▶Level ●

これがポイントです！ +=、ー=、*=、/=、//、%=、**=

再代入は、**複合代入演算子**を使うことで、簡略に表記できます。

▼再代入（Notebookを使用）

```
In  a = 10
    b = 20
    a = a + b
```

3行目の「a = a + b」は、次のように書くことができます。

▼複合代入演算子を使って再代入する

```
a += b
```

また、次のように「a += b + c」と書くと、「a = a + b + c」と解釈されます。

▼再代入

```
In  a = 10
    b = 20
    c = 30
    # aの値にb + cの結果を加算する
    a += b + c
    a
Out 60
```

```
In  b
Out 20
```

```
In  c
Out 30
```

複合代入演算子には、+=、ー=、*=、/=、%=、**=があります。

2-2 演算

▼複合代入演算子による簡略表記

通常の表記	簡略表記
a = a + b	a += b
a = a − b	a −= b
a = a * b	a *= b
a = a / b	a /= b
a = a // b	a //= b
a = a % b	a %= b
a = a ** b	a **= b

▼複合代入演算子の働き

演算子	内容	使用例	変数xの値
+=	左辺の値に右辺の値を加算して左辺に代入する。	x = 5　x += 2	7
−=	左辺の値から右辺の値を減算して左辺に代入する。	x = 5　x −= 2	3
*=	左辺の値に右辺の値を乗算して左辺に代入する。	x = 5　x *= 2	10
/=	左辺の値を右辺の値で除算して左辺に代入する。	x = 10　x /= 2	5.0
//=	左辺の値を右辺の整数のみで除算して左辺に代入する。	x = 5　x /= 3	1
%=	左辺の値を右辺の値で除算した結果の剰余を左辺に代入する。	x = 5　x %= 3	2
**=	左辺の値を右辺の値でべき乗した結果を左辺に代入する。	x = 2　x **= 3	8

Tips

031

演算子の優先順位

▶Level ●○○

**これが
ポイント
です！** ▶ **演算子の優先度と結合規則**

　演算子を並べて書いた場合の実行順序が「演算子の優先順位」によって決められています。

　次のように書いた場合は、乗算の「*」が加算の「+」よりも優先順位が高いので、先に「3 * 4」が行われ、結果の12が2に加算されます。

　このように、演算子には優先順位が決められていますが、( )を使うことで優先順位を変えることができます。

▼加算と乗算（Notebook を使用）

```
In  2 + 3 * 4
Out 14
```

基本プログラミング

075

2-2 演算

▼カッコを使う

```
In   (2 + 3) * 4
Out  20
```

演算子の優先順位をすべて覚えるのは大変ですが、( )を使ってグループ化すれば、優先順位に頭を悩ませる必要もなく、コード自体も読みやすくなります。

●演算子の優先順位

数値の演算に関する演算子の優先順位は次表のとおりです。1個の計算式に複数の演算子がある場合は、表の上方向に位置する演算子が優先的に処理されます。なお、同じ枠内に位置する演算子の優先順位は同じです。

表中の「結合規則」は、演算子が左（左辺）に対して結合するのか、それとも右（右辺）に対して結合するのかを示します。

▼演算子の優先順位

演算子	内容	結合規則	優先度
[v1, ...] { key1: v1, ...} (...)	リスト／集合／辞書／ジェネレーターの作成、カッコで囲まれた式	なし	高
x[index]、x[index:index]、func(args, ...)、obj.attr	添字、スライス、関数呼び出し、属性の参照	左	
**	指数（べき乗）	右	
+、−、~	単項プラス、単項マイナス、ビットごとの反転	左	
*、/、//、%	乗算、浮動小数点数の除算、整数の除算、剰余	左	
+、−	加算、減算	左	
<<、>>	左シフト、右シフト	左	
&	ビットごとの論理積	左	
|	ビットごとの論理和	左	
^	ビットごとの排他的論理和	左	
<、<=、>、>=、!=、==	等価性	左	
in、not in、is、is not	集合内のメンバーの評価	なし	
not X	論理否定	なし	
and	論理積	左	
or	論理和	左	
if ... else	条件式	右	
lambda ...	ラムダ式	なし	低

076

2-2 演算

Tips
032

論理演算子

▶Level ●●

これがポイントです！ or、and、not

論理演算子は、左辺と右辺の論理和、または論理積、右辺の否定演算を行います。

▼論理演算子

演算子	使用例	演算の内容
or	x or y	xとyの論理和
and	x and y	xとyの論理積
not	not x	xの否定

論理演算子は、True／Falseの真偽値そのものに加えて、数値や文字も真偽値として指定できます。論理演算子でFalseとして扱われるものは次のとおりです。

▼論理演算子でFalseとされる要素

- bool型のFalse
- None
- 数値の0、0.0、0+0j（複素数）
- 空の文字列（''または""）
- 空のリスト、空の辞書など（[ ]、{ }、( )）

●論理和「or」

「x or y」は、xが真ならxの値を返し、yが真ならyの値を返し、どちらも偽ならyの値を返します。

▼x or yのパターン（Notebookを使用）

```
In   1 or 0          # 左辺の値が真
Out  1
```

```
In   0 or 2          # 右辺の値が真
Out  2
```

```
In   True or False   # 左辺が真
Out  True
```

```
In   0 or 0.0        # 両辺とも偽
Out  0.0
```

```
In   False or False  # 両辺とも偽
Out  False
```

▼x or yの結果

x	y	x or yの結果
真	偽	x
偽	真	y
真	真	x
偽	偽	y

orの仕組みを利用して、

```
z = x or y    # xが真ならx、yが真ならyをzに代入
```

のように、条件式的な書き方ができます。さらに、

基本プログラミング

077

2-2 演算

```
zz = x or y or z
```

とすると、x、y、zのうちの最初の真の値を
zzに代入できます。xが真であれば、y、zは
評価されず、zzにxが代入されます。
　このように、不要な式の評価が省略され
ることを**ショートサーキット**と呼びます。ど
れか1つが成立すればよいのであれば、成立
しやすい式を先に書いておけば、余分な評
価が行われないので効率的に処理が行えま
す。

●論理積「and」
　「x and y」は、xが偽ならx、yが偽ならy
の値を返し、xとyの両方が真ならyの値を
返します。

▼x and yのパターン

```
In   1 and 2        # 左辺、右辺とも真
Out  2
```

```
In   True and True  # 左辺、右辺とも真
Out  True
```

```
In   0 and 1        # 左辺が偽
Out  0
```

```
In   1 and 0.0      # 右辺が偽
Out  0.0
```

```
In   True and False # 右辺が偽
Out  False
```

```
In   False and True # 左辺が偽
Out  False
```

▼x and yの結果

x	y	x and yの結果
真	偽	y
偽	真	x
真	真	y
偽	偽	x

　and演算子でもショートサーキットが有
効です。

```
z = x and y
```

でxが偽であれば式の値はxなのでyは評価
され、zの値は即座にxになります。

●論理否定「not」
　「not x」は、xが偽ならbool型のTrueを
返し、真ならFalseを返します。orやand
とは異なり、常にbool型の値を返します。

▼not xのパターン

```
In   not 0
Out  True
```

```
In   not 1
Out  False
```

▼not xの結果

x	not xの結果
偽	True
真	False

078

2-2 演算

Tips 033

ビット演算子

▶Level ●●

これがポイントです！ ▶|、^、&、~、<<、>>

ビット演算子は、整数型のデータに対してビット単位で演算を行います。Pythonは内部的にはビット演算を行いませんが、仮想的にビット演算を行うことで結果を返します。

▼ビット演算子の種類

演算子	処理
x | y	xとyのビットごとの論理和
x ^ y	xとyのビットごとの排他的論理和
x & y	xとyのビットごとの論理積
~x	xのビットごとの反転
x << y	xをyビット左にシフト
x >> y	xをyビット右にシフト

●論理和「|」

論理和の演算では、同じ位置のビットに1があれば、結果を1にします。論理和の目的は、特定のビットだけを強制的にオンにして、その他のビットはそのままにすることです。このことを「**ビットを立てる**」、または「**ビットをセットする**」と呼びます。

▼ビットごとに論理和を求める
（Notebookを使用）

```
In  0b0101 | 0b0001
Out  5
```

上記の式では、次のような計算が行われています。

・「0b0101|0b0001」による演算

結果は「0101」、10進数表記で「5」になります。

●排他的論理和「^」

排他的論理和の演算では、同じ位置のビットが異なっていれば、結果を1にします。排他的論理和の目的は、特定のビットだけを強制的に反転（0なら1、1なら0）し、その他のビットはそのままにすることです。

▼ビットごとに排他的論理和を求める

```
In  0b0101 ^ 0b0001
Out  4
```

上記の式では、次のような計算が行われています。

・「0b0101 ^ 0b0001」による演算

結果は「0100」、10進数表記で「4」になります。

●論理積「&」

論理積の演算では、同じ位置のビットがどちらも1であれば結果を1にします。論理積の目的は、特定のビットだけを強制的にオフにして、その他のビットはそのままにすることです。このことを「**ビットをマスクする**」（マスクは「覆い隠す」という意味）と呼びます。

▼ビットごとに論理積を求める

```
In  0b0101 & 0b0001
Out  1
```

上記の式では、次のような計算が行われています。

基本プログラミング

079

2-2 演算

・「0b0101 & 0b0001」による演算

結果は「0001」、10進数表記でも「1」です。

●「～」によるビットの反転

ビットの反転では、ビットが1であれば0、0であれば1に反転します。反転演算の目的は、すべてのビットを強制的に反転（0なら1、1なら0）することです。

▼すべてのビットを反転する

```
In   ~0b0101
Out  -6
```

```
In   ~5
Out  -6
```

▼2バイトのビット列を4桁左へシフト

```
In  0b0000000011111111 << 4    # 0000 0000 1111 1111を左へ4桁シフト
Out 4080
```

・シフト前の2バイトの値

0000 0000 1111 1111（10進数の255）

・シフト後の値

0000 1111 1111 0000（10進数の4080）

┌─────────────────────────┐
│ 4桁ぶんを左シフトした結果、4 │
│ つの0が埋め込まれる   │
└─────────────────────────┘

```
In   ~(-6)
Out  5
```

Pythonのビット反転演算子～は、内部的にビット演算は行わないのですが、仮想的なビット演算を行って結果を返します。

●<<演算子

2進数の値を右辺で指定した桁数のぶんだけ左にシフトし、空白となった右端の桁に「0」を入れます。左シフトを行うと、上位のビット位置からはみ出したビットは破棄され、空いた下位のビットに0が埋め込まれます。2進数では、左にシフトするたびに値が2倍、4倍、8倍……と変化します。2バイト（16ビット）の場合は、次のようになります。

●>>演算子

2進数の値を右辺で指定した桁数のぶんだけ右にシフトし、空白となった左端の桁に「0」を入れます。右シフトを行うと、下位のビット位置からはみ出したビットは破棄され、空いた上位のビットに0が埋め込まれます。2進数では、右シフトするたびに値が1/2倍、1/4倍、1/8倍、1/16倍……と変化します。2バイト（16ビット）の場合は、次のようになります。

▼2バイトのビット列を4桁右へシフト

```
In  0b0000000011111111 >> 4    # 0000 0000 1111 1111を右へ4桁シフト
Out 15
```

・シフト前の2バイトの値

0000 0000 1111 1111（10進数の255）

・シフト後の値

0000 0000 0000 1111（10進数の15）

┌─────────────────────────┐
│ 4桁ぶんを右シフトした結果、4 │
│ つの0が埋め込まれる   │
└─────────────────────────┘

2-2　演算

Tips 034

▶Level ●●

これがポイントです！

2進数の仕組み

2進数では上位の桁が増える条件が2になる

一般的に使用されている10進数では、値が10になった時点で次の桁へ桁上がりをします。例えば、29に1を加えると一番右端の桁が0に変わり、上位の桁の2に1が加えられて3になり、結果として30になります。

これに対して**2進数**では、上位の桁が増える条件が2になります。01に1を加えると、一番右端の桁が2になるので右端の桁は0に変わり、上位の桁の0に1が加えられて1になり、結果として10になります。

・「0011 ＋ 0101」の計算

2進数では、1と1を足すとすぐに桁上がりします。

> 上位から4桁目の「1＋1」で2になる。4桁目は0に変わり、代わりに3桁目に1を加える（桁上がり）。

> 桁上がりしたぶんの1を3桁目に加えるので、3桁目は「1＋1」で2になる。3桁目は0に変わり、2桁目に1を加える（桁上がり）。

> 桁上がりしたぶんの1を2桁目に加えるので、2桁目は「1＋1」で2になる。2桁目は0に変わり、1桁目に1を加える（桁上がり）。

> 桁上がりしたぶんの1を1桁目に加えるので、1桁目は「1＋0」で1になる（桁上がりなし）。

以上より、計算結果は「1000」となります。

・「1010 － 0101」の計算

引き算では、同じ桁同士で引かれる値が小さくて計算できない場合、上位の桁から値を借りてきますが、2進数の場合は「借りてきた値が2になる」のがポイントです。

> 上位から4桁目の計算では、3桁目から値を借りてきて計算する。借りてきた値は2になるので、「2－1」となり、4桁目の結果は1になる。

> 引かれる方の「1010」の3桁目は4桁目に貸し出しをしたので0になっている。このため「0－0」で3桁目の結果は0になる。

> 2桁目の計算では、1桁目から値を借りてきて計算する。借りてきた値は2になるので、「2－1」となり、2桁目の結果は1になる。

> 引かれる方の「1010」の1桁目は2桁目に貸し出しをしたので0になっている。このため「0－0」で1桁目の結果は0になる。

以上より、計算結果は「0101」となります。

●2進数から10進数への変換

2進数を10進数に変換するには、2進数の各桁を2のべき乗として計算します。例えば、4桁の2進数の場合は、左端から2^3、2^2、2^1、2^0になります。

基本プログラミング

081

- 「1101」を10進数に変換する

$1101 \rightarrow 1 \times 2^3 + 1 \times 2^2 + 0 \times 2^1 + 1 \times 2^0 = 13$

● 10進数から2進数への変換

10進数を2進数に変換するには、対象の値を2で割った値をさらに2で割り……、これを割り切れなくなるまで繰り返します。最後の割り算の値を最上位の桁にし、最後の割り算の余りから逆順に、各割り算の余りを並べます。

- 「13」を2進数に変換する

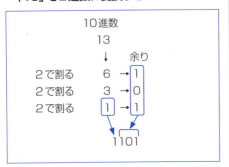

● 補数による負の数の表現

10進数で負の値を表現するためには、「-128」のように-の符号を付けて表現します。C言語などのプログラミング言語では、内部的には+や-の符号を使わず、2の補数を利用することで負の数を表現するようになっています。2進数の最上位桁（MSB：most significant bit）が0であれば正の数、1であれば負の数となります。

Pythonは負の数を補数形式では扱いませんが、仮想的に2の補数を用いたビットパターンで演算を行うようになっています。

- 補数による負の数の表現
❶ 補数で表現する数を正の2進数で表現。
❷ 2進数の各桁の1と0を反転する。
❸ 1を加算する。

- 「-2,147,483,648」を2の補数で表現
❶「2,147,483,648」を2進数で表記

```
1000 0000 0000 0000 0000 0000 0000 0000
```

❷ ビット反転

```
0111 1111 1111 1111 1111 1111 1111 1111
```

❸ 1を加算

```
1000 0000 0000 0000 0000 0000 0000 0000
```

▼ bin()メソッドで実行（Notebookを使用）

```
In  bin(-2147483648)
Out '-0b10000000000000000000000000000000'
```

- 正の数の「2,147,483,647」
- 2進数で表記、MSB（最上位桁）は0

```
0111 1111 1111 1111 1111 1111 1111 1111
```

2-2　演算

Tips 035

小数の誤差を許さない 10進浮動小数点数型

▶Level ●●

これがポイントです！ > decimalモジュールのDecimal型

　小数を含む値の計算は2進数を使って行われます。0.1のような実数は、多くの場合、計算の前に2進数の浮動小数点数に変換されるのですが、ここで問題が発生することがあります。

　0.1を指数表記で表すと「1.0×10^{-1}」のように10のマイナス1乗になりますが、2進数ではこれを正確に表現できず、**循環小数**になってしまいます。循環小数は1/3＝0.333…のように無限に同じ数字（の

列）が繰り返される小数ですが、0.1を浮動小数点数に変換すると、ごくわずかにずれた値になってしまいます。

　0.1は本来であれば分数の1/10と等しいはずですが、浮動小数点数の0.1は1/10とは一致しません。

・ float.as_integer_ratio()
　浮動小数点数を分数で表現するときの分子と分母を返します。

▼0.1を表現する分数を調べる（Notebookを使用）

```
In  0.1.as_integer_ratio()
Out (3602879701896397, 36028797018963968)
```

　1/10ではなく、3602879701896397/36028797018963968です。0.1という当たり前の値でも、浮動小数点数で計算するとわずかな誤差が生じます。

▼浮動小数点数の引き算

```
0.3 - 0.2
0.09999999999999998
```

　こんなふうに、わずかにずれた結果になりますが、これはPythonに限ったことではなく、C／C++やJavaでも同じです。このような誤差は、科学技術計算などではほとんど問題になりませんが、財務計算のように1円と0.09999999999999998円の違いが許されない場合もあります。

　そこでPythonには、2進数ではなく10進数による浮動小数点数演算を行うためのdecimalモジュールが同梱されています。

●decimal.Decimal型
　decimalモジュールで定義されているDecimal型は、10進浮動小数点数のオブジェクトです。使用するには、先にimportでdecimalモジュールをインポートして（読み込んで）おきます。

・ decimal.Decimal()メソッド
　10進浮動小数点数のオブジェクトを生成します。

基本プログラミング

083

2-2 演算

書式	decimal.Decimal(value='0', context=None)
パラメーター	value='0'	10進浮動小数点数の値を整数や浮動小数点数などの数値、文字列、タプルで指定します。
	context=None	valueの端数処理やエラー処理を行うためのコンテキストを指定します。

▼Decimalオブジェクトの生成

```
In  import decimal              # decimalオブジェクトをインポート
    decimal.Decimal('0.1')      # Decimal型の0.1を生成
Out Decimal('0.1')
```

```
In  # 10進浮動小数点数の計算
    decimal.Decimal('0.3') - decimal.Decimal('0.2')
Out Decimal('0.1')
```

浮動小数点数の0.3－0.2では誤差のために0.1にはなりませんでしたが、10進数で計算を行うDecimal型ではきっちり0.1になります。

● decimal.Contextオブジェクト

decimal.Contextオブジェクトは、Decimal型オブジェクトの小数点演算の際の有効桁数や切り上げ、切り捨てなどの数値の丸め方を指定するためのオブジェクトです。decimalモジュールをインポートすると、自動的にContextが割り当てられます。割り当てられたContextオブジェクトは、decimal.getcontext()メソッドで取得できます。

▼decimal.Contextオブジェクトを取得する

```
In  import decimal
    context = decimal.getcontext()  # decimal.Contextオブジェクトを取得
    context.prec                    # 小数部の有効桁数を取得
Out 28
```

小数部の有効桁数の取得や設定はprecで行えます。precはdecimal.Contextオブジェクトの「属性」を設定するための「プロパティ」です。

▼小数部の有効桁数の指定

```
In  decimal.Decimal('1') / decimal.Decimal('3')
Out Decimal('0.3333333333333333333333333333')
```

2-2 演算

```In
context = decimal.getcontext()
context.prec = 3        # 小数部の有効桁数を3にする
decimal.Decimal('1') / decimal.Decimal('3')
```
```Out
Decimal('0.333')
```

●数値を丸める

decimal.Contextオブジェクトのrounding
プロパティで数値の丸め方を指定できます。
この場合、次の定数を使って指定します。

・decimal.ROUND_CEILING
　プラスの方向に切り上げます。

・decimal.ROUND_DOWN
　ゼロになるように切り捨てます。

・decimal.ROUND_FLOOR
　マイナスの方向に丸めます。

・decimal.ROUND_HALF_DOWN
　最も近い整数に丸めます。丸める桁の値
が中央（5）の場合は0になるように切り捨
てます。

・decimal.ROUND_HALF_EVEN
　最も近い整数に丸めます。丸める桁の値
が中央（5）の場合は偶数に丸めます。

・decimal.ROUND_HALF_UP
　最も近い整数に丸めます。丸める桁の値
が中央（5）の場合は、正の値なら正の方向
へ切り上げ、負の値なら負の方向へ切り上げ
ます。

・decimal.ROUND_UP
　正の値なら正の方向へ切り上げ、負の値
なら負の方向へ切り上げます。

・decimal.ROUND_05UP
　ゼロになるように切り捨てると有効桁数
の末尾の桁が0か5となる場合に、正の値
なら正の方向へ切り上げ、負の値なら負の方
向へ切り上げます。0か5以外ならゼロに
なるように切り捨てます。

▼decimal.Contextのroundingプロパティで数値の丸め方を指定する

```In
import decimal
context = decimal.getcontext()
context.prec = 2                              # 有効桁数を2にする
context.rounding = decimal.ROUND_HALF_UP      # 四捨五入をセットする
decimal.Decimal('3.14') + 0
```
```Out
Decimal('3.1')
```

```In
decimal.Decimal('3.15') + 0
```
```Out
Decimal('3.2')
```

```In
context.rounding = decimal.ROUND_FLOOR        # マイナス方向に切り捨てる
decimal.Decimal('3.14') + 0
```
```Out
Decimal('3.1')
```

基本プログラミング

085

2-3 フロー制御

Tips
036
フロー制御の構成要素

▶ Level ●●○

これがポイントです！ コードブロック

プログラムは、何もしなければソースコードを入力した順番で実行されていきます。しかし、少々気の利いたプログラムを作るのであれば、特定のコードをスキップしたり、あるいは同じコードを繰り返す、複数のコードの中から1つを選んで実行する、といった処理が必要になってきます。

このようなときに用いるのが**フロー制御文**です。フロー制御文は、フローチャート（流れ図）の記号を使って図にすることができるので、このように呼ばれています。

●フロー制御の構造

フロー制御は、if文、for文、while文などの構文を用いた「フロー制御文」と、処理を行う「コードブロック」で構成されます。

・フロー制御文

フロー制御文は、if、for、whileと条件式を組み合わせ、最後にコロン「:」を付けて終了します。条件式がTrueかFalseかによって何をするかが決まります。条件式は、等価演算子や比較演算子を使って作成します。

・コードブロック

フロー制御の処理を行う部分です。1行のコードで済むときもありますが、多くは複数行になります。このように1つのフロー制御文に対する処理を行うソースコードのまとまりを**コードブロック**、またはたんに**ブロック**と呼びます。Pythonは、コードブロックの区間をインデント（字下げ）で指定します。

・コードブロックはインデントした時点で開始する。
・コードブロックの中には別のコードブロックを含めることができる。
・インデントの位置をフロー制御文と同じレベルになるようにして改行すると、コードブロックが終了する。

▼ if文におけるコードブロックの形式

```
if 条件式：───── フロー制御文
    # 処理          if文のコードブロック
    # 処理
```

Column　なぜ2進数？

プログラムが動作するコンピューターは、ICなどで実装される論理回路で動作します。論理回路は電圧のHighとLowの2値の組み合わせによって挙動を変えます。この2つの値を表現するのが2進数です。

ただ、2進数は桁数が大きくなるので、人間が扱うときは16進数で代用します。コンピューターで用いられる単位「バイト」は、1バイトが8ビット（8桁の2進数）に対応しているので、16進数では2桁で表せます。

Tips 037 プログラムの流れを変える

▶Level ●●

これがポイントです！ **if文**

if文は、「もし条件式が真ならブロックのコードを実行する」フロー制御文です。いわゆる試行錯誤の流れを実現するためのものですが、ここで1つの例として、

「学校帰りにおやつを買いたいなと思ってコンビニに立ち寄りました。今日のおやつに使えるのは300円。甘いお菓子がいいけど、カロリーも気になるし……」

を用いましょう。これをプログラムに落とし込めるように整理すると、

・おやつに使えるお金はいくら？
・甘いものがいい？
・カロリーが気になる？

という3つの要素があることがわかります。これをフローチャートにすると次図のようになります。

▼おやつを買うときの試行錯誤の流れ

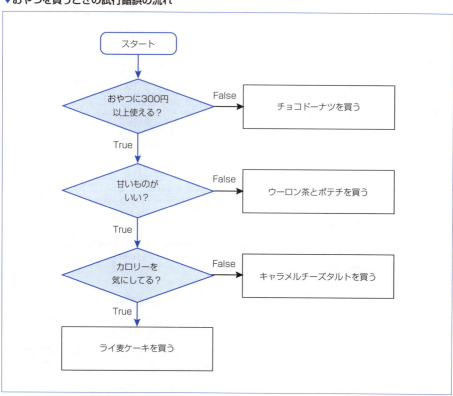

このフローチャートには3つの「もしも」があります。「もしも300円以上使えたら」「もしも甘いものがいいなら」「もしもカロリーを気にするなら」の3つです。このような「もしも〇〇だったら××」は、if文で実現できます。

・if文の書式

```
if 条件式:
    ［インデント］条件式がTrueの場合の処理
```

ifは条件式がTrueであればブロックのコードを実行します。条件式には「使えるお金は300円以上である」ことを式として書きます。条件が成立すれば条件式自体がTrueを返してきますので、インデントされたブロックが実行されます。一方、Falseであればブロックは実行されません。ブロックのコードをスキップしてその次に書いてあるソースコードへ進みます。つまり、Falseのときはif文全体がスキップされるので何も起こりません。if文自体が「なかったこと」になります。

●条件式を作るための「比較演算子」

if文でポイントになるのは条件式です。条件式には次の**比較演算子**を使います。

▼Pythonの比較演算子

比較演算子	内容	例	説明
==	等しい	a == b	aとbの値が等しければTrue、そうでなければFalse。
!=	異なる	a != b	aとbの値が等しくなければTrue、そうでなければFalse。
>	大きい	a > b	aがbの値より大きければTrue、そうでなければFalse。
<	小さい	a < b	aがbの値より小さければTrue、そうでなければFalse。
>=	以上	a >= b	aがbの値以上であればTrue、そうでなければFalse。
<=	以下	a <= b	aがbの値以下であればTrue、そうでなければFalse。
is	同じオブジェクト	a is b	aとbが同じオブジェクトであればTrue、そうでなければFalse。
is not	異なるオブジェクト	a is not b	aとbが同じオブジェクトでなければTrue、そうでなければFalse。
in	要素である	a in b	aがbの要素であればTrue、そうでなければFalse。
not in	要素ではない	a not in b	aがbの要素でなければTrue、そうでなければFalse。

これらの比較演算子は、「式のとおりであればTrue、そうでなければFalse」を返します。

・「=」と「==」の違い

「=」は代入演算子です。これに対し、イコールを2つつなげた「==」は、左の値と右の値が「等しい」ことを判定するための比較演算子です。

2-3 フロー制御

▼ == を使う（Notebookを使用）

```
In   a = 5    # aに5を代入
     a == 5   # aの値は5と等しいか
Out  True
```

```
In   a == 10 # aの値は10と等しいか
Out  False
```

▼300円以上の場合の処理

```
In   q1 = int(input('おやつにいくら使える？>'))
     if(q1 >= 300):
         print('ウーロン茶とポテチを買う')
         print('キャラメルチーズタルトを買う')
         print('ライ麦ケーキを買う')
```

・input()関数

ターミナルなどのプログラムの実行環境で入力された文字列を返します。

| 書式 | input(プロンプトとして表示する文字列) |

Input()関数を用いて使えるお金を取得しますが、入力されるのは文字列なのでこれをint型に変換しておきます。そうすれば(q1 >= 300)を条件式にして「300以上である」ことを判定できます。

●1つ目のif文

1つ目のif文です。使えるお金が300円以上であれば「ウーロン茶とポテチ」「キャラメルチーズタルト」「ライ麦ケーキ」のどれかが買えますので、これをそのまま出力します。

●「そうでなければ」はelse文で処理

「使えるお金が300円以上ではない」ことに対処する必要がありますが、「ifの条件が成立しなかった」こととして、else文で処理します。

・if文とelse文

```
if(条件式):
    条件が成立したときの処理
else:
    条件式が成立しなかったときの処理
```

基本プログラミング

089

2-3 フロー制御

▼else文を追加する

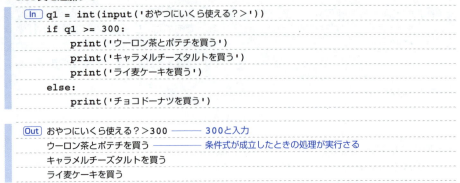

なお、1行目の「input('おやつにいくら使える？＞')」が実行されると、Pythonモジュールの場合はターミナルに「おやつにいくら使える？＞」のように表示され、入力待ちの状態になります。一方、VSCodeのNotebookの場合はNotebook上部に入力欄が配置されたパネルが開いて、入力待ちの状態になります。

● 300円以上使える場合の処理を分ける

300円以上使える場合とそうでない場合の処理を作りましたので、300円以上使える場合の処理を加えます。甘いものがいいのであれば「キャラメルチーズタルトとライ麦ケーキのどちらかにするかを決める処理」へ進み、そうでなければ「ウーロン茶とポテチ」にします。

▼プログラム全体の構造

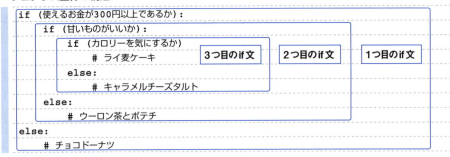

　if文の中に2つのif文が入れ子になった3重構造なのでややこしいですが、「フローチャートの質問がif文として順番に入れ子にされている」と考えると整理しやすいでしょう。

2-3　フロー制御

▼「今日のおやつ」プログラム

```
In  # 使える金額を取得
q1 = int(input('おやつにいくら使える？＞'))
# 使える金額を判定するif文
if q1 >= 300:
    q2 = input('甘いものがいい？(Y／N)＞')
    # 甘いものかを判定するif文
    if q2 =='Y':
        q3 = input('カロリーを気にしてる？(Y／N)＞')
        # カロリーを気にするかを判定するif文
        if q3=='Y':
            print('ライ麦ケーキを買う')
        else:
            print('キャラメルチーズタルトを買う')
    else:
        print('ウーロン茶とポテチを買う')
else:
    print('チョコドーナツを買う')
```

　ではプログラムを実行してみましょう。最初の質問で300以上を入力し、あとの質問はすべて「Y」と入力すれば「ライ麦ケーキを買う」と出力されるはずです。

▼プログラムを実行してみる

```
Out  おやつにいくら使える？＞ 300 ──── 300と入力
甘いものがいい？(Y／N)＞ Y ──── Yと入力
カロリーを気にしてる？(Y／N)＞ Y ── Yと入力
ライ麦ケーキを買う
```

　300円以上使えなかったり、その次の質問に「Y」以外を入力すると、それぞれ異なる応答が返ってきます。

> **さらにワンポイント**
> ここでは、3重構造のif文を書きました。ただし、「深い入れ子のif文」はソースコードを読みにくくする原因になるので、入れ子にするのは最大で3階層までとされています。それ以上深くなってしまうときは、条件を工夫するか、次のTipsで紹介するelifを使います。

基本プログラミング

091

2-3 フロー制御

Tips
038
「もしも」を並べて
複数のパターンに対応する

▶Level ●●

これが
ポイント
です！
if、elif、else

　if文にelif文を加えることで、「もしも○○なら」に「では××なら」のパターンを作ることができます。

・if文、elif文、else文

```
if  条件式1 :
    条件式1がTrueのときの処理
elif 条件式2 :
    条件式2がTrueのときの処理
else :
    すべての条件式がFalseのときの処理
```

　elifで条件式を必要なだけ設定できます。elseはすべての条件が成立しなかった場合に実行されるので、必要がなければ書く必要はありません。

●入れ子にしたif文をelif文で書き換える
　前回のTipsで作ったプログラムは、ifを入れ子にすることで複数の条件に対応させていました。elifを使えば、条件を工夫することで、入れ子にしないで済ませることができます。

▼elifを利用した「今日のおやつ」プログラム (Notebookを使用)

```
In  # 最初にまとめて質問する
    q1 = int(input('おやつにいくら使える？>'))
    q2 = input('甘いものがいい？(Y/N)>')
    q3 = input('カロリーを気にしてる？(Y/N)>')

    # 300円以上で甘いものもカロリーも「Y」の場合❶
    if (q1 >= 300 and
        q2 == 'Y' and
        q3 == 'Y'):
        print('ライ麦ケーキを買う')
    # 300円以上で甘いものだけが「Y」の場合❷
    elif (q1 >= 300 and q2 == 'Y'):
        print('キャラメルチーズタルトを買う')
    # 300円以上で甘いものもカロリーも「Y」ではない場合❸
    elif q1 >= 300:
        print('ウーロン茶とポテチを買う')
    # どの条件も成立しない (使えるお金が300円以上ではない) 場合
    else:
        print('チョコドーナツを買う')
```

092

if、elifは上から順番に評価されるので、最初のifですべての条件を設定しておいて、次のelif以降で1つずつ条件を減らしていけば、すべてのパターンを処理できます。最終的にどの条件も成立しない場合は「使えるお金が300円以下」ということになります。入れ子のifのときは「大➡中➡小」のように条件を絞り込みましたが、今回は「小➡中➡大」のように細かい条件から始めていくのがポイントです。

●複数の条件を連結するandとor

「A and B」とすると、AもBも成立している場合にのみ条件式全体として成立します。また「A or B」とすると、AとBのどちらかが成立すれば条件式全体が成立します。

・and

2つの条件をつないで、2つとも成立する場合にTrueにします。

条件A	条件B	結果
True	True	True
True	False	False
False	True	False
False	False	False

・or

2つの条件をつないで、どちらかの条件が成立した場合にTrueにします。

条件A	条件B	結果
True	True	True
True	False	True
False	True	True
False	False	False

・❶の条件式

先頭のif文は次のような構造になっています。

```
if (q1 >= 300 and
    q2 == 'Y' and          — 条件は3つ
    q3 == 'Y'):
```

「300円以上」(q1が300以上)と「甘いものがいい」(q2が'Y')、「カロリーを気にする」(q3が'Y')という3つの条件を2つのandで連結し、この3つの条件が成立すれば'ライ麦ケーキを買う'ことになります。

・❷の条件式

1つ目のelif文は「300円以上」(q1が300以上)と「甘いものがいい」(q2が'Y')の2つが条件です。カロリーのみ気にしないのであれば、この条件式が成立します。

```
elif (q1 >= 300 and       — 条件は2つ
      q2 == 'Y'):
```

・❸の条件式

2つ目のelif文は「300円以上であること」だけが条件です。

```
elif q1 >= 300:    ——— 条件は1つ
```

RunメニューのRun Moduleを選択してプログラムを実行します。

結果は前回のプログラムと同じになりますが、入れ子にしたifでは「質問の答えの状況によって、次の質問をするかどうかが決まる」のに対し、今回は「冒頭でまとめて質問する」点で前回と動作が異なります。

▼実行結果

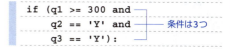

2-3 フロー制御

Tips
039 同じ処理を繰り返す

▶Level ● ●

これが
ポイント
です！

for ループ、range() コンストラクター

何かの不具合を知らせるために「エラー！」という表示を連続して出力したいとします。一定の回数だけ同じ処理を繰り返すには、for文（forループ）とrange()関数を使います。

• forループ

```
for 変数 in イテレート可能なオブジェクト：
    繰り返す処理
```

「イテレート可能なオブジェクト」の**イテレート**（iterate）とは、「繰り返し処理する」という意味です。イテレートが可能ということは、そのオブジェクトの中から順に値を取り出せることを意味します。イテレート可能なオブジェクトはrange()コンストラクターで作成します。コンストラクターとは、オブジェクトを生成する機能を持つ関数のことです。

• range()コンストラクター

第1引数で指定した整数値から第2引数で指定した整数値までの数値が代入されたオブジェクトを作成します。ただし、オブジェクトに代入されるのはカウントを終了する値の直前の値までです。3つ目の引数はカウントアップする際のステップ数で、省略した場合は1ずつカウントアップされます。さらに、開始する値を省略して終了する値だけを指定することもできます。その場合、開始する値は0となります。

書式 range(開始する値, 終了する値[, ステップ])

range(0,5)またはrange(5)と書けば、0、1、2、3、4の数値の並びを持つrangeオブジェクトが生成されます。するとforループのin以下のrangeオブジェクトから0、1、2、3、4の順番で取り出されます。

▼range()関数が返す値を表示する（Notebookを使用）

In
```
for count in range(5):
    print(count)
```

Out
```
0
1
2
3
4
```

forループが実行されると、まずinのあとの「イテレート可能なオブジェクト」としてrange()関数の戻り値であるrangeオブジェクトが参照されます。rangeオブジェクトには0、1、2、3、4の値が格納されているので、1回目の処理では「0」が変数countに代入されます。続いてブロックのprint(count)が実行されて1回目の処理が終了します。

再びforループに戻ってrangeオブジェクトの2つ目の値「1」が変数countに代入され、ブロックを実行してforに戻ります。最後の4がcountに代入されブロックを処理すると、次のforループに戻った時点でrangeオブジェクトは空ですので、ここでforループが終了します。

094

Tips 040 条件が成立したらforループを開始する

▶Level ●●

これがポイントです! if文へのforループのネスト

ある条件が成立したらforループによる繰り返しをスタートさせるようにします。これはif文の中にforループを**ネスト**する(**入れ子にする**)ことで実現できます。

対戦型ゲームをイメージしたプログラムを作ります。プレイヤーが名前を入力するとバトルが開始され、5回連続して攻撃したら退散させるようにしてみます。

▼モンスターを連続して5回攻撃する(Notebookを使用)

```python
In # プレイヤーの名前を取得
brave = input('お名前をどうぞ>')

# 名前が入力されたら以下の処理を実行
if (brave):
    # 攻撃を5回繰り返す
    for count in range(5):
        print(brave + 'の攻撃!')
    # 5回繰り返したら終了のメッセージを出力
    print('まものたちはたいさんした')
# 何も入力されなければゲームを終了
else:
    print('ゲーム終了')
```

```
Out お名前をどうぞ> パイソン ──── 名前を入力してスタート
    パイソンの攻撃! ──── 繰り返し処理開始
    パイソンの攻撃!
    パイソンの攻撃!
    パイソンの攻撃!
    パイソンの攻撃! ──── 5回繰り返して終了
    まものたちはたいさんした ──── forループの次のコードが実行されてプログラムが終了
```

Column 補数の計算 (int型の場合)

「-100 + 100」の計算を行った場合は、最上位桁の1は桁あふれを起こすため破棄されるので、結果は「0」になります。このように、補数は「桁あふれを利用して負の数を表現する」という仕組みを持っています。

▼bin()メソッドで実行

```
In  bin(-100+100)
Out '0b0'
```

2-3　フロー制御

Tips 041
状況によって繰り返す処理の内容を変える

▶Level ● ●

これがポイントです！ **for ループへの if 文のネスト**

　for ループのブロックに if 文を書くことで、ループの中で処理を分岐させることができます。例として、前回の Tips で作成し

たプログラムを改造して、奇数回の処理ならプレイヤーの攻撃、偶数回の処理なら魔物たちの反応を返すようにしてみます。

▼勇者の攻撃と魔物たちの反応を織り交ぜる（Notebook を使用）

```
name    = input('お名前をどうぞ>')          # プレイヤーの名前を取得
brave   =  (name + 'の攻撃！')             # プレイヤーの攻撃パターン
mamono1 = 'まものたちはひるんでいる'        # 魔物の応答パターン1
mamono2 = 'まものたちはたいさんした'        # 魔物の応答パターン2

# 名前が入力されたらバトル開始
if (brave):
    print('まものたちがあらわれた！')
    # 10回繰り返す
    for count in range(10):
        # 偶数回の処理ならプレイヤーの攻撃を出力❶
        if count % 2 == 0:
            print(brave)
        # 奇数回の処理なら魔物たちの応答mamono1を出力
        else:
            print(mamono1)
    # for文終了後に魔物たちの応答mamono2を出力
    print(mamono2)
# 何も入力されなければゲームを終了
else:
    print('ゲーム終了')
```

　❶の条件式では、

```
    count % 2 == 0
```

とすることで、「count の値を 2 で割った余りが 0」つまり偶数回であればプレイヤーの攻撃、それ以外の奇数回は else ブロックでモンスターの応答 mamono1 を出力します。

2-3　フロー制御

▼実行結果

Out	お名前をどうぞ> パイソン ──── 名前を入力してスタート

```
まものたちがあらわれた！
パイソンの攻撃！ ──────── 1回目はcountの値が「0」なので偶数回の処理
まものたちはひるんでいる ──── 2回目はcountの値が「1」なので奇数回の処理
パイソンの攻撃！
まものたちはひるんでいる
パイソンの攻撃！
まものたちはひるんでいる
パイソンの攻撃！
まものたちはひるんでいる
パイソンの攻撃！
まものたちはひるんでいる ──── 最後の10回目はcountの値が「9」なので奇数回の処理
まものたちはたいさんした ──── forループの次のコードが実行されてプログラムが終了
```

　for文の変数countには、最初の処理のときに0、以後処理を繰り返すたびに1から9までの値が順番に代入されます。if文の条件式を「count % 2 == 0」にすることで、「2で割った余りが0」つまり偶数回の処理であることを条件にしているので、偶数回の処理であればプレイヤーの攻撃が出力されます。一方、「2で割った余りが0以外」つまり奇数回の処理では、else以下で魔物たちの反応を出力します。これで、プレイヤーの攻撃と魔物たちの反応が交互に出力され、バトルシーンが終了します。

Tips
042
▶Level ●●

3つの処理をランダムに織り交ぜる

これがポイントです！ **random.randint() による擬似乱数の生成**

　前回のTipsではプレイヤーの攻撃と魔物たちの応答を交互に繰り返すようにしましたが、たんに交互に繰り返すのではなく、攻撃と応答のパターンをランダムに織り交ぜるようにします。このような処理は、「randomモジュールを使って疑似乱数を生成し、生成された値によって処理を振り分ける」仕組みを作れば実現できます。

基本プログラミング

097

2-3 フロー制御

● random.randint() で擬似乱数を生成する

Pythonに付属している「random」モジュールをインポートすると、擬似乱数を生成するrandint()メソッドが使えるようになります。

・random.randint() メソッド

数値A以上数値B以下のランダムな整数を返します。

| 書式 | randint(数値A, 数値B) |

randint()メソッドを実行して、1から10までの範囲で何か1つの値を取得するには、次のように書きます。

▼1～10の中から値を1つ取得する

```
num = random.randint(1, 10)
```

コードが実行されるまでは、変数numに何の値が代入されるのかはわかりません。あるときは1であったり、またあるときは9や10であったりという具合です。

今回は、random()メソッドをforループのブロックで何度も実行して、そのときに生成されたランダムな値を使って処理を振り分けます。1、2、3のいずれかであればプレイヤーの攻撃、4か5であれば魔物たちの反応、という具合です。このようにすることで、「やってみなければわからない」というゲーム的な雰囲気を出すようにします。

▼ランダムに攻撃を繰り出す（Notebookを使用）

```
In  import random                          # randomモジュールのインポート

    print('まものたちがあらわれた！')           # 最初に出力
    brave    = input('お名前をどうぞ！>')       # 勇者の名前を取得
    brave1   = brave + 'のこうげき！'          # 1つ目の攻撃パターンを作る
    brave2   = brave + 'は呪文をとなえた！'     # 2つ目の攻撃パターン
    mamono1  = 'まものたちはひるんでいる'        # 魔物の反応その1
    mamono2  = 'まものたちがはんげきした！'       # 魔物の反応その2
    if(brave):
        print(brave1)                       # 繰り返しの前に勇者の攻撃を出力しておく
        for count in range(10):             # 繰り返す回数は10回
            x = random.randint(1, 10)       # 1～10の範囲の値をランダムに生成
            if x <= 3:                      # 生成された値が3以下であればbrave1
                print(brave1)
            elif 4 <= x <= 6:               # 生成された値が4以上6以下であればbrave2
                print(brave2)
            elif 7 <= x <= 9:               # 生成された値が7以上9以下であればmamono1
                print(mamono1)
            else:                           # 生成された値が上記以外であればmamono2
                print(mamono2)
        print('まものたちはたいさんした')
    else:
        print('ゲーム終了')                  # 名前が入力されなかった場合は何もせずに終了
```

2-3　フロー制御

▼実行例

```
Out  まものたちがあらわれた！
     お名前をどうぞ！> パイソン ── 名前を入力してスタート
     パイソンのこうげき！
     まものたちがはんげきした！ ── ここから繰り返し処理が始まる
     パイソンのこうげき！
     まものたちはひるんでいる
     パイソンは呪文をとなえた！
     まものたちがはんげきした！
     まものたちはひるんでいる
     パイソンのこうげき！
     パイソンは呪文をとなえた！
     パイソンのこうげき！
     パイソンは呪文をとなえた！ ── 10回目の繰り返し処理
     まものたちはたいさんした
```

　ランダムに生成した値が1〜3、または4〜6、7〜9の範囲かによってif...elseで処理が分かれるようになっています。

　最後のelseは、それら以外の値である10が生成されたときに実行されます。

Tips 043

指定した条件が成立するまで繰り返す

▶Level ●●

これがポイントです！ whileループ

　処理を繰り返す仕組みにwhile文（whileループ）があります。forは「回数を指定して繰り返す」ものでしたが、whileには「条件を指定して繰り返す」という違いがあります。

　「条件式がTrueを返したら」という条件で処理を繰り返す場合、繰り返す回数は不明なのでforを使うことはできません。一方、whileループは、指定した条件が成立する限り、処理を繰り返します。

・whileループによる繰り返し

```
while 条件式 :
    繰り返す処理
```

●条件式がTrueの間は繰り返す

　whileループは「条件式がTrueである限り」処理を繰り返します。条件式がTrueの間なので、「a == 1」とすれば変数aの値が「1であれば」処理を繰り返し、「a != 1」とすればaの値が「1でなければ」処理を繰り返します。

　バトルゲームをイメージして、「ある呪文を唱えない限り延々とゲームが続く」というパターンをプログラミングしてみましょう。

基本プログラミング

099

2-3 フロー制御

▼指定の呪文を使わない限りバトルを繰り返す（Notebookを使用）

```
In   print('まものたちがあらわれた！')               # 最初に出力
     brave = input('お名前をどうぞ！>')             # プレイヤーの名前を取得
     prompt = brave + 'の呪文 > '                 # プロンプトを作る
     attack = ''                               # 呪文を代入する変数を用意
     while attack != 'ジェダイ':                   # attackが'ジェダイ'でない限り繰り返す
         attack = input(prompt)               # 呪文を取得
         print(brave + 'は「' + attack + '」の呪文をとなえた！')

         if attack != 'ジェダイ':                 # attackが'ジェダイ'でなければ以下を表示
             print('まものたちは様子をうかがっている')
     print('まものたちは全滅した')
```

whileの条件式は「attack != 'ジェダイ'」にしました。これで、'ジェダイ'と入力しない限り、whileブロックの処理が繰り返されます。なお、attackには何かの値を代入しておかないとエラーになるので、あらかじめ空の文字列を代入してあります。

whileのブロックでは、まずプロンプトを表示してユーザーが入力した呪文を取得します。'〇〇は××の呪文をとなえた！'と表示したあと、if文を使って'まものたちは様子をうかがっている'を表示します。ここでif文を使ったのは、'ジェダイ'が入力された直後に表示させないためです。

▼実行結果

```
Out  まものたちがあらわれた！
     お名前をどうぞ！ > パイソン             ── 名前を入力してスタート
     パイソンの呪文 > ラリホイ              ── 呪文を入力（繰り返し処理の1回目）
     パイソンは「ラリホイ」の呪文をとなえた！
     まものたちは様子をうかがっている
     パイソンの呪文 > ホイホイ              ── 呪文を入力（繰り返し処理の2回目）
     パイソンは「ホイホイ」の呪文をとなえた！
     まものたちは様子をうかがっている
     パイソンの呪文 > ジェダイ              ── 呪文を入力（繰り返し処理の2回目）
     パイソンは「ジェダイ」の呪文をとなえた！    ── ここでwhileブロックを抜ける（条件不成立）
     まものたちは全滅した                 ── whileブロックを抜けたあとの処理
```

100

2-3 フロー制御

Tips 044 無限ループを脱出する

▶ Level ●●

これが
ポイント
です！ break文

wihleループの条件式にTrueとだけ書く
と、永遠に処理が繰り返されます。これを**無
限ループ**と呼びます。Trueでなくても、次
のようにTrue以外にはなり得ない条件を書
いても無限ループが発生します。

▼無限に繰り返す（Notebook を使用）

```
In   counter = 0
     while counter < 10:
         print('無限')
```

条件式は「counter < 10」となっていま
すが、counterの値は0なので、いつまで
たってもTrueのままです。

▼実行結果

```
Out  無限
     無限
     無限
……省略……
```

```
     無限
     無限
```

※**VSCode**の**Notebook**では、ツールバーの［割
　り込み］ボタンをクリックして止めてください。

※**Jupyter Notebook**では、ツールバーの
　[**inerrupt the kernel**]ボタンをクリッ
　クして止めてください。

● 処理回数をカウントする

ポイントは、変数counterです。0が代入
されていますが、繰り返し処理の最後に
counterに1を足して、処理のたびに1ずつ
増えていくようにすれば、値が10になった
ところで「counter < 10」がFalseになり、
whileを抜けます。

下に示すのは、前回のTipsで作成したプ
ログラムを改造したものです。指定した文字
列を入力しなくても、処理を3回繰り返した
らwhileブロックを抜けてプログラムが終了
するようにしました。

▼whileの繰り返しを最大3回までにする

```
In   # 最初に出力
     print('まものたちがあらわれた！')
     # プレイヤーの名前を取得
     brave = input('お名前をどうぞ！>')]
     # プロンプトを作る
     prompt = brave + 'の呪文 > '
     # 呪文を代入する変数を用意
     attack = ''
     # カウンター変数
     counter = 0
     # attackが'ジェダイ'でない限り繰り返す
     while counter < 3:
         # 呪文を取得
         attack = input('' + prompt)
```

基本プログラミング

101

2-3 フロー制御

```
        print(brave + 'は「' + attack + '」の呪文をとなえた！')
        # attackが'ジェダイ'なら終了
        if attack == 'ジェダイ':
            print('まものたちは全滅した')
            # ここでwhileループを抜ける
            break
        else:
            print('まものたちはようすをうかがっている')
        # 1を加算
        counter = counter + 1
    # 3回繰り返した場合の処理
    if counter == 3:
        print('まものたちはどこかへ行ってしまった...')
```

・whileを強制的に抜けるためのbreak

break文は、強制的にwhileループを抜けます。break文を配置したことで、指定した文字列が入力されたタイミングで応答を表示し、whileブロックを抜けるようになりま

す。入力文字の判定は、whileブロック内のif文で判定するようにしています。最後のif文は、処理が3回繰り返された場合に対応するためのものです。

▼指定した文字列が入力されなかった場合

In　まものたちがあらわれた！
　　お名前をどうぞ！> バイソン ――――――― 入力する
　　バイソンの呪文　> ワカラン ――――――― 繰り返しの1回目
　　バイソンは「ワカラン」の呪文をとなえた！
　　まものたちは様子をうかがっている
　　バイソンの呪文　> シッシ ――――――― 繰り返しの2回目
　　バイソンは「シッシ」の呪文をとなえた！
　　まものたちは様子をうかがっている
　　バイソンの呪文　> エンド ――――――― 繰り返しの3回目
　　バイソンは「エンド」の呪文をとなえた！
　　まものたちは様子をうかがっている
　　まものたちはどこかへ行ってしまった...

▼指定した文字列が入力された場合

Out　まものたちがあらわれた！
　　お名前をどうぞ！> バイソン ――――――― 入力する
　　バイソンの呪文　> ジェダイ ――――――― 繰り返しの1回目
　　バイソンは「ジェダイ」の呪文をとなえた！
　　まものたちは全滅した

2-3　フロー制御

Tips 045
ループ処理を途中で止めて次の繰り返しに移る

▶Level ●●

これがポイントです！ → continue文

continue文をループのブロック内に配置すると、continue以降の処理をスキップしてループの先頭に戻るようになります。

breakはループ処理そのものを抜けますが、continueは「その回の処理を切り上げて次の回の処理に移る」という点が異なります。

▼ユーザー名とパスワードチェック（Notebookを使用）

```
In   user = 'アナキン'
     pswd = 'good'

     while True:
         # 名前を取得
         name = input('お名前をどうぞ！>')
         # 入力された名前をチェック
         if name != user:
             print('そんな人は知りません！')
             # 名前が一致しなければループの先頭に戻る
             continue
         # 名前が一致したらパスワードを尋ねる
         password = input('ようこそ！パスワードをどうぞ>')
         # パスワードが一致したらループを抜ける
         if password == pswd:
             break
     print('認証しました')
```

1つ目のif文で名前をチェックし、一致しなければwhileループの先頭に戻ります。条件式は常にTrueなので必ずブロックの処理が行われ、名前を尋ねます。名前が一致すればパスワードを尋ね、2つ目のif文でチェッ

クします。一致しなければwhileループの先頭に戻り、名前を取得する処理から始めます。一致した場合はbreakでループを抜け、'認証しました'と表示します。

▼実行結果

```
Out   お名前をどうぞ！>名乗るほどの者ではない
      そんな人は知りません！
      お名前をどうぞ！>アナキン
      ようこそ！パスワードをどうぞ>good
      認証しました
```

基本プログラミング

103

2-4 関数

Tips
046
▶Level ●●

これがポイントです！

処理だけを行う関数

def 関数名 ():

　定型的な同じパターンの処理をするなら、処理を行うコードをまとめて**関数**にしてしまう、という手があります。一連の処理を行うコードを1つのブロックとして、これに名前を付けて管理できるようにしたのが「関数」です。関数は「名前の付いたコードブロック」なので、ソースファイルのどこにでも書くことができます。ただし、同じソースファイルの中から呼び出して使う場合は、呼び出しを行うソースコードよりも前（上位の行）に書いておく必要があります。

　関数に似た仕組みとしてメソッドがありますが、構造自体はどちらも同じで、書き方のルールも同じです。

●処理だけを行う関数

　関数を作成するには、defキーワードに続けて関数名を書き、そのあとに()を付けて最

後にコロン (:) を付けます。改行してインデントを入れてから処理コードを書き始めれば、インデントしてある範囲が関数のコードとして扱われます。このようにして関数を作ることを「**関数の定義**」と呼びます。

・関数の定義（処理だけを行うタイプ）

```
def 関数名 ():
    処理
    ...
```

　最もシンプルなパターンの関数です。呼び出すと、関数の中に書いてある処理だけを実行します。

　例として、あらかじめ設定しておいた文字列を画面に出力する関数を定義します。

▼呼び出すと文字列を出力する関数（Notebook を使用）

```
In  def appear():                        # appear()関数の定義
        print('モンスターがあらわれた！')

    appear()                             # 関数を呼び出す
```

▼実行結果

```
Out モンスターがあらわれた！
```

さらにワンポイント

関数名の先頭は英字か _ でなければならず、英字、数字、_ 以外の文字は使えません。関数名として複数の単語を組み合わせる場合は、「get_number」のように単語のつなぎ目に「_」を入れる形（スネークケース）を用いるのがルールです。

104

2-4 関数

Tips
047

▶Level ●●

これが
ポイント
です！
def 関数名（パラメーター）:

引数を受け取る関数

　print()関数は、カッコの中に書かれている文字列を画面に出力します。カッコの中に書いて関数に渡す値が**引数**です。一方、関数側では、引数として渡されたデータを**パラメーター**を使って受け取ります。

●**パラメーターを持つ関数の定義**
　パラメーターは、引数を受け取る（代入する）ための変数です。カンマ（,）で区切ることで、必要な数だけパラメーターを設定できます。

・関数の定義（引数を受け取るタイプ）

```
def 関数名（パラメーター）:
    処理
    ...
```

▼引数を2つ受け取る関数（Notebookを使用）

```
In  def appear(word1, word2):          # 2つのパラメーターを持つ関数
        print(word1 + 'があらわれた！')
        print(word2 + 'があらわれた！')

    appear('ベイダー卿', 'シスの暗黒卿')    # 引数を2つ設定して関数を呼び出す
```

▼実行結果

```
Out  ベイダー卿があらわれた！
     シスの暗黒卿があらわれた！
```

　関数を呼び出すときの引数は「書いた順番」でパラメーターに渡されます。

▼関数を呼び出したときに引数がパラメーターに渡される様子

```
appear('ベイダー卿', 'シスの暗黒卿')  ── 関数の呼び出し


def appear(word1, word2):
    print(word1 + 'があらわれた！')
    print(word2 + 'があらわれた！')
```

　そのため、「appear('シスの暗黒卿', 'ベイダー卿')」のように順序を逆にすると、

```
シスの暗黒卿があらわれた！
ベイダー卿があらわれた！
```

のように変わります。

基本プログラミング

105

2-4 関数

Tips 048 処理結果を返す関数

▶Level ● ●

これがポイントです！ return文

呼び出すと何かの値を返してくれる関数があります。このような関数は、処理結果を**戻り値**として返すようになっています。

- 関数の定義（処理結果を戻り値として返すタイプ）

```
def 関数名(パラメーター):
    処理
    ...
    return 戻り値
```

● 戻り値を返す関数を定義する

関数の処理の最後の「return 戻り値」の部分で、処理した結果を呼び出し元に返します。戻り値には文字列や数値などのリテラルを直接、設定できますが、多くの場合、関数内で使われている変数を設定します。何かの処理結果を変数に代入しておき、これをreturnで返すのが一般的です。

▼戻り値を返す関数（Notebookを使用）

```
In  def appear(word1, word2):              # 2つのパラメーターを持つ関数
        result = word1 + 'と' + word2 + 'があらわれた！'
        return result                      # 処理した文字列を戻り値として返す

    show = appear('ベイダー卿', 'シスの暗黒卿')   # 引数を2つ設定して関数を呼び出す
    print(show)                            # 関数の戻り値を出力
```

▼実行結果

```
Out  ベイダー卿とシスの暗黒卿があらわれた！
```

戻り値を返す関数を呼び出す場合は、戻り値を受け取る変数を用意します。そうすると、次のような流れで戻り値が返ってきます。

▼関数を呼び出したときの処理の流れ

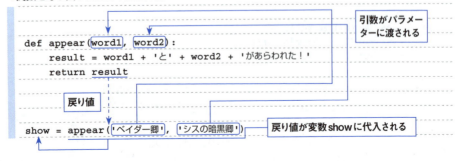

2-4　関数

Tips 049
パラメーター名を指定して
引数を渡す

▶Level ●●

これが
ポイント
です！ → キーワード引数

呼び出し側の引数と関数のパラメーターの順番は同じである必要があります。ですが、パラメーターの数が多い場合は引数の順番を覚えるのが煩わしく、それが間違いのもとにもなります。このような場合は、パラメーター名を指定して引数の値を設定できます。これを**キーワード引数**と呼びます。

●**キーワード引数でパラメーターに渡す**

キーワード引数を使うには、

> パラメーター名 ＝ 引数にする値

とするだけです。

▼**キーワード引数を使う（Notebook を使用）**

```
In  def appear(name, action):          # 2つのパラメーターを持つ関数
        result = name + 'が' + action + '!'
        return result                   # 処理した文字列を戻り値として返す

    show = appear(action = 'あらわれた',  # actionに渡す
                  name = 'ベイダー卿'      # nameに渡す
                  )
    print(show)                         # 関数の戻り値を出力
```

▼**実行結果**

```
Out  ベイダー卿があらわれた！
```

次のように、位置指定の引数とキーワード引数を混ぜてもかまいません。ただし、キーワード引数は、位置指定タイプの引数のあとに書く必要があります。先に書いてしまうとエラーになるので注意してください。

▼**位置指定の引数とキーワード引数を使う**

```
show = appear('ベイダー卿',            # nameに渡す
              action = 'あらわれた',    # actionに渡す
              )
```

基本プログラミング

107

2-4 関数

Tips 050 パラメーターに初期値を設定する

▶Level ●●

これがポイントです！ デフォルトパラメーター

パラメーターを持つ関数には、必ずしも引数を渡さなくてはならないわけではありません。関数側でパラメーターの値を設定しておけば、引数が渡されない場合に設定済みの値が使用されるようになります。これを**デフォルトパラメーター**と呼びます。

▼デフォルトパラメーター（Notebookを使用）

```
In  # 2つのパラメーターを持つ関数
    def appear(
        name,                        # パラメーター名のみ
        action = '逃げだした'          # パラメーターのデフォルト値を設定
        ):
        result = name + 'が' + action + '！'
        # 処理した文字列を戻り値として返す
        return result

    # appear()関数のパラメーターnameに渡す
    show = appear('シスの暗黒卿')
    # 関数の戻り値を出力
    print(show)
```

▼実行結果

```
Out  シスの暗黒卿が逃げだした！
```

デフォルトパラメーターは、デフォルト値を持たないパラメーターのあとに書く必要があります。例では引数を1つだけ指定しているので、この値がパラメーターnameに渡されます。引数を2つ指定した場合は、パラメーターactionのデフォルト値が上書きされます。

 Column フロー制御の2つの意味

プログラミングにおける「フロー制御」は、プログラムの実行フロー（処理の流れ）をコントロール（制御）することから、このような呼び方になっています。

一方、コンピューターネットワークの用語である「フロー制御」は、ネットワーク上の端末間で、高速な送信側が低速な受信側をオーバーフロー（データを取りこぼすこと）させてしまうことを防ぐための処理を指します。

2-4 関数

プログラム全体で有効な変数と関数内でのみ有効な変数

Tips 051

▶Level ●●○

これがポイントです！ グローバルスコープとローカルスコープ

関数のパラメーターや関数内部で設定される変数は、関数の内部でのみ有効です。これを**ローカルスコープ**と呼びます。スコープとは変数の有効範囲のことを指します。一方、関数の外で設定された変数は**グローバルスコープ**の中に存在します。ローカルスコープの中の変数を**ローカル変数**、グローバルスコープの中の変数を**グローバル変数**と呼びます。どちらもスコープが消滅すれば、そのスコープ内にある変数は存在しないものとなります。

●**ローカルスコープとグローバルスコープの有効期間**

グローバルスコープは、1つだけ存在し、プログラムが実行されるときに生成され、プログラムが終了すると消滅し、すべてのグローバル変数は存在しないものとなります。

一方、ローカルスコープは関数が呼び出されるたびに生成されます。パラメーターや関数内部で設定した変数はすべてローカルスコープの中に存在しており、関数の処理が終了すると同時にローカルスコープは消滅し、すべてのローカル変数は存在しないものとなります。なので、変数でどのような処理が行われていようとも、次回の呼び出し時には前回の最後の値は残っていません。

●**スコープのルール**

変数のスコープには次のルールがあります。

・グローバル変数にはローカルスコープからアクセスできる。
・ローカル変数にグローバルスコープからアクセスすることはできない。
・関数のローカルスコープのソースコードでは、他の関数のローカル変数を使うことはできない。
・スコープが異なれば同じ変数名を使うことができる。

このようなルールがあるのは、関数内で使われる変数が他の部分に影響を与えないようにするためです。すべての変数がグローバルスコープの中にあると、関数の中で変数が変更されるとそれがすべての変数に影響します。同じ名前の変数であればの話ですが、たとえそうではなくても、関数内部の処理がプログラム全体のスコープの中にあるというのは気持ちのいいものではありません。万が一、どこかに同じ名前の変数が紛れ込んでいたら、思わぬところで値が変更されてしまい、それがバグの原因になるばかりか、原因そのものを絞り込むことも困難になってしまいます。

そういうわけで、ローカルスコープによって関数がプログラムの他の部分とやり取りする経路をパラメーターと戻り値に限定し、関数の中で変数が変更されてもプログラムの他の部分に影響を与えないようにしているというわけです。

基本プログラミング

109

2-4 関数

Tips 052 ローカル変数はグローバルスコープや他のローカルスコープから使えない

▶Level ●●

これがポイントです! ローカルスコープの生成と消滅

ローカル変数は、グローバルスコープのソースコードから使うことはできません。

▼グローバルスコープからローカルスコープへのアクセスは不可（Notebook を使用）

```
In  def pi():
        rate = 3.14   # ローカル変数
    pi()              # pi()を呼び出す
    print(rate)       # rateを使うことはできない
```

このプログラムを実行すると次のようにエラーが表示されます。

▼表示されたエラーメッセージ

```
Out Traceback (most recent call last):
    .....
    NameError: name 'rate' is not defined
```

変数rateは、pi()関数が呼び出されたときのローカルスコープの中にだけ存在します。pi()から制御が戻るとローカルスコープは消滅するので、rateという変数はなくなってしまいます。このため、print(rate)を実行しようとしてもrateという変数は存在しないので、エラーになるのです。

●ローカルスコープでは別のローカルスコープの変数を使えない

関数が呼び出された時点でローカルスコープが生成されます。関数の中から別の関数を呼び出したときも同じようにローカルスコープが生成されます。

▼関数内部で別の関数を呼び出す

```
In  def pi():
        rate = 3.14    ❶
        tax()          ❷
        print(rate)    ❸

    def tax():
        rate = 0.08    ❹

    pi()               ❺
```

▼実行結果

```
Out 3.14
```

2-4 関数

このプログラムを実行すると、❺でpi()関数が呼び出され、ローカルスコープが生成されます。pi()関数の❶でローカル変数rateに3.14が代入され、❷でtax()関数が呼び出されます。このとき、tax()関数のローカルスコープが生成されるので、この時点で2つのローカルスコープが存在することになります。新規に作成されたtax()関数のローカルスコープの中の❹で、ローカル変数rateに0.08が代入されます。これはpi()関

数のローカルスコープには存在しない変数です。

tax()の呼び出しが終了してpi()関数に制御が戻ると、tax()のローカルスコープは消滅します。❸で変数rateの値を出力します。ここではpi()関数のローカルスコープが存在しているので、rateの値は3.14のままです。

このように、ある関数の中のローカル変数は、他の関数のローカル変数とはまったく別のものとして存在します。

●**ローカルスコープからのグローバル変数の参照**

グローバル変数には、ローカルスコープから問題なくアクセスできます。

pi()関数の中にはrateという変数はありません。❶で参照するのは、グローバル変数のrateです。結果、pi()を呼び出すとグローバル変数の値3.14が出力されます。

▼**ローカルスコープからグローバル変数にアクセスする**

```
In  def pi():
        print(rate)    # ❶グローバル変数を参照する


    rate = 3.14        # グローバル変数
    pi()               # pi()をび呼び出す
```

▼**実行結果**

```
Out  3.14
```

Tips
053

▶Level ●●

これが
ポイント
です！

グローバル変数の操作

global文

関数の中からグローバル変数を変更したい場合は、**global文**を使います。関数の中で

```
global  グローバル変数名
```

と書くとグローバル変数が操作できるようになります。これは同時に、ここで指定したグローバル変数と同名のローカル変数は作れないことを意味します。

基本プログラミング

111

▼関数内部でグローバル変数の値を変更する（Notebookを使用）

```
In   def msg():
         global word      # ❶グローバル変数を変更できるようにする
         word = 'Hello'   # グローバル変数の値を設定

     word = 'global'      # グローバル変数
     msg()                # msg()を呼び出す
     print(word)          # グローバル変数の値を出力
```

▼実行結果

```
Out   Hello
```

❶においてwordがグローバル変数であることを宣言しているので、❷でwordに'Hello'を代入すると、グローバル変数のwordに代入されます。もちろん、ローカル変数が作成されることはありません。

●グローバル変数とローカル変数の挙動

グローバル変数とローカル変数の挙動を次のプログラムで確認してみましょう。

▼同名のグローバル変数とローカル変数

```
In   def square():
         global word        # ❶グローバル変数を変更できるようにする
         word = 'square'    # グローバル変数に代入する
     def triangle():
         word = 'triangle'  # ❷ローカル変数word
     def show():
         print(word)        # ❸グローバル変数を参照する
     word = 'form'          # グローバル変数
     square()               # ❹square()を実行
     show ()                # ❺show()を実行
     print(word)            # ❻グローバル変数wordを出力
```

▼実行結果

```
Out   square ——— show()の実行結果
      square ——— print(word)の結果
```

square()関数内の❶にglobal文があるので、wordはグローバル変数と見なされます。triangle()関数の❷では、global文による宣言がないまま代入が行われているので、wordはローカル変数になります。show()関数の❸ではglobal文はありませんが、代入が行われていないのでwordはグローバル変数です。

以上により、プログラムを実行すると、❹のsquare()の呼び出しによってグローバル変数の値が'square'になり、❺のshow()の呼び出しによってグローバル変数の値として'square'が出力されます。❻においてグローバル変数を出力すると、同じ値が表示されます。

2-4 関数

Tips 054 例外処理

▶ Level ●●

これが
ポイント
です！ **try ブロック、except ブロック**

エラーすなわち「例外」が発生すると、プログラムが異常終了します。このような例外に対処し、対応策を実施することを**例外処理**と呼びます。

例外処理は、次のようにtryブロックとexceptブロックを使って行います。

・例外処理

```
try:
        エラーが起こるかもしれない処理
except  エラーオブジェクト名:
        エラーに対処するための処理
```

tryブロック内でエラーが発生するとexceptブロックに制御が移るので、ここにエラーに対処する処理を書いておけばプログラムが異常終了しない、という仕組みです。

●例外処理を行う

「ゼロ除算」を行う次のプログラムがあります。

▼ゼロ除算を含む演算を行うサンプル

```
In  def calc(num1, num2):
        return num1 / num2


    print(calc(100, 10))
    print(calc(100, 0))
    print(calc(5, 2))
```

プログラムを実行すると、次のようにエラーメッセージが表示されてプログラムが異常終了します。

▼表示されたエラーメッセージ

```
Out  10.0
     Traceback (most recent call last):
         . . . . .
     ZeroDivisionError: division by zero ─── ゼロ除算が行われたことを示している
```

プログラム2行目の「return num1 / num2」のところで、ゼロ除算を行ったときのエラー「ZeroDivisionError」が発生したことが通知されました。tryとexceptブロックでこれに対処したのが次のプログラムです。

基本プログラミング

113

2-4 関数

▼ゼロ除算時の例外処理を行う (Notebook を使用)

```
In  def calc(num1, num2):
        try:
            return num1 / num2
        except ZeroDivisionError:
            print('予期しない引数が指定されました。')

    print(calc(100, 10))
    print(calc(100, 0))
```

▼実行結果

```
Out  10.0
     予期しない引数が指定されました。
     None
```

　tryブロック内でエラーが発生すると exceptブロックに制御が移り、それがゼロ除算エラー「ZeroDivisionError」であれば'予期しない引数が指定されました。'と出力して処理が終了します。もちろん、何のエラーも表示されないのでプログラムは正常に終了しています。ただ、tryブロックに calc()関数内の処理そのものを埋め込んだため、値が存在しないことを示すNoneが2つ目のprint()関数によって出力されている点に注意です。次のように、関数を呼び出す側にtryとexceptブロックを配置すれば、ゼロ除算エラーに対処しただけでプログラムが終了するようになります。

▼関数の呼び出し側で例外処理を行う

```
In  def calc(num1, num2):
        return num1 / num2

    try:
        print(calc(100, 10))
        print(calc(100, 0))
        print(calc(5, 2))
    except ZeroDivisionError:
        print('予期しない引数が指定されました。')
```

▼実行結果

```
Out  10.0
     予期しない引数が指定されました。
```

　関数の呼び出し側で例外処理を行っているので、ゼロ除算のエラーを捕捉して対処したあと、プログラムが終了しています。 tryには戻らずexceptで処理が終了するので、ゼロ除算のあとの「print(calc(5, 2))」は実行されません。

114

● 例外型

　Pythonでは、エラー発生時にどのようなエラーなのかを、「例外型」のオブジェクトを使って通知するようになっています。ゼロ除算エラーを通知するZeroDivisionErrorも例外型のオブジェクトです。例外型オブジェクトは、BaseExceptionを頂点としたツリー構造で各種の型が決められています。

▼例外型

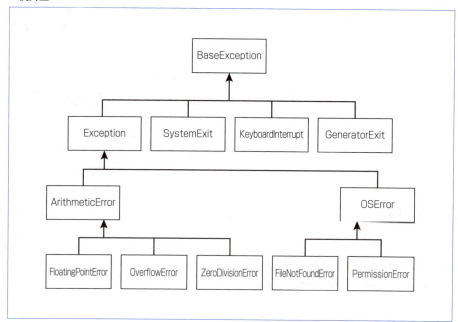

　exceptブロックで例外型を指定する場合、頂点のBaseExceptionを指定すればあらゆる例外を捕捉できますが、キーボードの割り込みなどの特殊な例外もすべて捕捉するので、一般的なプログラムではExceptionか、ZeroDivisionErrorやFileNotFoundErrorなどの派生型を指定するのがふつうです。

　ちなみに、先のプログラムのZeroDivisionErrorをExceptionに書き換えても、ゼロ除算エラーを捕捉できます。

2-5 リスト

Tips
055
▶Level ●●○

これが
ポイント
です！

任意の数のデータを
一括管理する

リスト型

　シーケンスとは、データが順番に並んで
いて、並んでいる順番で処理が行えること
を指します。対義語は「ランダム」です。文
字列（str型）は、文字が順番に並ぶことで
意味をなすので、シーケンスです。このよう
なstr型オブジェクトとは別に、Pythonに
はシーケンスを表すデータ型として、**リスト**
と**タプル**があります。リスト型のオブジェク
トもタプル型のオブジェクトも、1つのオブ
ジェクトに複数のオブジェクトを格納でき
るのが特徴です。

●リストを作る

　リストを作るには、ブラケット演算子で囲
んだ内部にデータをカンマ (,) で区切って書
いていきます。

・リストを作る

```
変数 = [要素1, 要素2, 要素3, ... ]
```

▼すべての要素がint型のリスト

```
number = [1, 2, 3, 4, 5]
```

▼すべての要素がstr型のリスト

```
greets = ['おはよう', 'こんにちは', 'こんばんは']
```

▼str型、int型、float型が混在したリスト

```
data = ['身長', 160, '体重', 40.5]
```

　リストの中身を**要素**と呼びます。要素の
データ型は何でもよく、複数のデータ型を
混在させてもかまいません。要素はカンマ
で区切って書きますが、最後の要素のあとに
カンマを付ける必要はありません（ただし、
付けてもエラーにはなりません）。また、要
素と要素の間にスペースを入れていますが、
これはコードを読みやすくするためなので、
不要ならば入れなくてもかまいません。

116

2-5 リスト

Tips 056

作成済みのリストに要素を追加する

▶Level ● ●

これがポイントです! > append() メソッド

リストの中身がプログラムの実行中に決定する、ということがあります。そのようなときは、あらかじめ要素が何もない「**空のリスト**」を用意することになります。

・空のリストをブラケット演算子で作る

```
変数名 = [ ]
```

・空のリストをlist() コンストラクターで作る

```
変数名 = list()
```

中身が空ですので、プログラムの実行中に要素を追加することになります。そのときはappend() メソッドを使います。

・append() メソッド

リスト型のオブジェクトに要素を追加します。

書式 リスト型のオブジェクト.append(追加する要素)

▼append() メソッドで要素を追加する (Notebook を使用)

```
In   sweets = []
     sweets.append('ティラミス')  ──── 要素を追加
     sweets
Out  ['ティラミス']
```

```
In   sweets.append('チョコエクレア')  ──── 要素を追加
     sweets
Out  ['ティラミス', 'チョコエクレア']
```

Notebookは変数名を入力するとその中身を表示しますが、リストの場合は [ ] を表示してリストであることが示されます。1つ注意点ですが、append()は要素を1つずつしか追加できません。複数の要素を追加するときは、forやwhileを使って連続してappend()を実行します。

基本プログラミング

117

2-5 リスト

Tips
057
リストから要素を取り出す

▶Level ●●

これが ポイント です！ **リストのインデックシング**

リストの要素の並びは追加した順番のまま維持されるので、ブラケット演算子でインデックスを指定して、特定の要素を取り出せます。これを**インデックシング**と呼びます。インデックスは0から始まるので、1番目の

要素のインデックスは0、2番目の要素は1、…と続きます。

・**リスト要素のインデックシング**

リスト[インデックス]

▼**インデックシング（Notebookを使用）**

```
In    sweets = ['ティラミス', 'チョコエクレア', 'クレームブリュレ']
      sweets[0]
Out   'ティラミス'
```

```
In    sweets[1]
Out   'チョコエクレア'
```

```
In    sweets[2]
Out   'クレームブリュレ'
```

●**ネガティブインデックス**

最後の要素を指定したいのにインデックスがわからない、という場合は−1を指定すればアクセスできます。これを**ネガティブインデックス**と呼び、最後の要素から−1、−2、…と続きます。

さらに ワンポイント インデックスもネガティブインデックスも、範囲を超えて指定するとエラーになるので注意してください。

▼**ネガティブインデックスでアクセス（上記の続き）**

```
In    sweets[-1]  ―― 最後の要素にアクセス
Out   'クレームブリュレ'
```

2-5 リスト

Tips 058
リスト要素の先頭から連続してアクセスする

▶Level ●●

これがポイントです！ ＞ **イテレーションアクセス**

リストの処理で最も多く使われるのは、すべての要素に対して順番に何らかの処理をすること（**イテレーション**）です。イテレーションにはfor文を用います。

・for文

```
for 変数 in イテレート可能なオブジェクト:
    処理...
```

イテレート可能なオブジェクトとしてrange()コンストラクターを使うと、次のようになります。

▼rangeオブジェクトをイテレートする（Notebookを使用）

```
In  for count in range(5):
        print(count)
```

```
Out  0
     1
     2
     3
     4
```

同じことをリストを使ってやってみます。

▼リストをイテレートする

```
In  for count in [0, 1, 2, 3,
        print(count)
```

```
Out  0
     1
     2
     3
     4
```

ただし、この方法はおすすめできません。rangeオブジェクトはイテレーションに特化したオブジェクトなので、リストに比べてメモリの使用量が少ないからです。処理回数を数えるだけならrangeオブジェクトを使いましょう。

●**リスト要素を順番にイテレートする**

たんに処理回数を数えるのではなく、イテレートというリスト本来の処理であれば、for文がうってつけです。

さらにワンポイント

Pythonの公式ドキュメントでは、「データの流れを表現するオブジェクト」のことを**イテレーター**と呼び、イテレーターは、要素を反復して取り出すことのできるオブジェクトとされています。

要素を反復して取り出せるオブジェクトとして、Python組み込みのコレクション（リスト、タプル、dictなど）は、イテレーション可能なオブジェクトです。

基本プログラミング

119

▼文字列のリストをイテレートする

```
In  names = ['ジェダイ', '暗黒卿', 'チューバッカ', 'ヨーダ']
    for attack in names:
        print(attack + 'は呪文をとなえた！')
```

▼実行結果

```
Out ジェダイは呪文をとなえた！
    暗黒卿は呪文をとなえた！
    チューバッカは呪文をとなえた！
    ヨーダは呪文をとなえた！
```

Tips 059

連続値を持つリストを自動生成する

▶Level ●●

これがポイントです！ ▶ **list(range() コンストラクター)**

range() コンストラクターは、次のように3つのパラメーターを持ちます。

書式	range([start,]stop[, step])	
パラメーター	start	開始値を指定します。省略した場合はデフォルト値の0が設定されます。
	stop	終了値を指定します。ここで指定した値の直前の値までが、連続値として生成されます。
	step	次に進むときのステップ数を指定します。省略した場合はデフォルト値の1が設定されます。

range()を利用すれば、任意の位置から始まる連続値を生成できます。刻み幅も1とは限らず、3や−1など任意に指定可能です。

list()コンストラクターの引数にrange()を指定すれば、膨大な数の連続値でも一瞬でリストにできます。

▼range()コンストラクターを利用してリストを作る（Notebookを使用）

```
In  list(range(10))                    # 0～9を要素にする
Out [0, 1, 2, 3, 4, 5, 6, 7, 8, 9]
```

```
In  list(range(11, 21))                # 11～20を要素にする
Out [11, 12, 13, 14, 15, 16, 17, 18, 19, 20]
```

120

2-5 リスト

```
In    list(range(0, 31, 3))              # 0から3の倍数で30までを要素にする
Out   [0, 3, 6, 9, 12, 15, 18, 21, 24, 27, 30]
In    list(range(0, -10, -1))            # 0から−1ずつ進む連続値を要素にする
Out   [0, -1, -2, -3, -4, -5, -6, -7, -8, -9]
```

Tips 060

リスト要素を切り出す

▶Level ●●

これが
ポイント
です！ → **スライス**

インデックスを2つ指定することで、特定の範囲の要素を取り出すことができます。これを**スライス**と呼びます。スライスされた要素もリストとして返されますが、該当する要素がない場合は空のリストが返されます。

• リストのスライス

リスト [開始インデックス ： 終了インデックス ： ステップ数]

「開始インデックスの要素」から「終了インデックスの直前の要素」までがスライスされます。

▼リストの要素をスライスする（Notebook を使用）

```
In    character= ['ダース・ベイダー', 'ルーク・スカイウォーカー',
                  'ハン・ソロ',  'ジャバ・ザ・ハット']
      # 1番目〜3番目の要素をスライス
      character[0:3]
Out   ['ダース・ベイダー', 'ルーク・スカイウォーカー', 'ハン・ソロ']
```

```
In    # ステップ数のみを指定して1つおきにスライスする
      character[::2]
Out   ['ダース・ベイダー', 'ハン・ソロ']
```

基本プログラミング

121

2-5 リスト

Tips
061

▶Level ● ●

これが
ポイント
です!

リストの更新、要素の追加、削除

リスト［インデックス］＝値

　Pythonのリストは、要素の変更や追加が自由に行えます。これを「**ミュータブル（変更可能）である**」といいます。

▼リストの要素を書き換える（Notebookを使用）

```
In   character= ['ダース・ベイダー', 'ルーク・スカイウォーカー', 'ハン・ソロ']
     character[0] = 'ダース・モール'
     character
Out  ['ダース・モール', 'ルーク・スカイウォーカー', 'ハン・ソロ']
```

●リストの要素を追加する

　list型のオブジェクトには専用のメソッドが用意されています。リストの末尾に新しい要素を追加するappend()メソッドもその1つです。

・**append()メソッド**
　リストの末尾に要素を追加します。

　書式　リスト.append(追加する値)

▼リスト要素の追加

```
In   character= ['ダース・ベイダー', 'ルーク・スカイウォーカー', 'ハン・ソロ']
     # 末尾に追加
     character.append('ジャバ・ザ・ハット')
     character
Out  ['ダース・ベイダー', 'ルーク・スカイウォーカー', 'ハン・ソロ', 'ジャバ・ザ・ハット']
```

●リスト要素を削除する

　要素を取り除くには、pop()メソッドを使います。

・**pop()メソッド**
　インデックスで指定した位置にある要素をリストから削除し、削除した要素を戻り値として返します。引数を指定しない場合はpop(−1)として扱われ、末尾の要素が取り除かれます。

　書式　pop(インデックス)

122

2-5 リスト

▼リスト要素の削除

```
In  character= ['ダース・ベイダー', 'ルーク・スカイウォーカー', 'ハン・ソロ']
    delete = character.pop()    # 末尾の要素を取り出す
    delete                      # deleteには取り除かれた要素が代入されている
Out 'ハン・ソロ'
```

```
In  character                  # 末尾の要素が取り除かれている
Out ['ダース・ベイダー', 'ルーク・スカイウォーカー']
```

Tips 062

▶Level ●●

これがポイントです!

リストの要素数を調べる

len()関数

len()関数を使うと、リストの要素数を調べることができます。

・len()関数

リストの要素の数を返します。

書式　len(リスト)

▼プレイヤーの攻撃とモンスターの反応を繰り返す (Notebookを使用)

```
In  # プレイヤーの攻撃とモンスターの反応を繰り返す
    # 攻撃パターン
    brave = ['パイソンのこうげき！', 'パイソンは身を守っている', 'パイソンはにげだした']
    # モンスターの反応パターン
    monster = ['魔物たちがはんげきした', '魔物たちは身構えている']
    # ❶2つのリストの要素数を調べて少ない方の数をnに代入する
    n = min(len(brave),         #   braveの要素数を取得
            len(monster)        #   monsterの要素数を取得
            )
    # 少ない要素数でrangeオブジェクトを生成して処理を繰り返す
    for i in range(n):
        print(
                brave[i],       # リストの要素を順番に出力
                monster[-i-1],  # リストの末尾要素から順に出力
                sep=' --> '     # 区切り文字を指定
                )
```

基本プログラミング

123

2-5 リスト

▼実行結果

> Out パイソンのこうげき！ --> 魔物たちは身構えている
> パイソンは身を守っている --> 魔物たちがはんげきした

2つのリストの要素に対して繰り返し処理を行うので、❶でそれぞれの要素数を調べて、少ない方の要素数を繰り返しの回数としています。

・min() 関数

2つ以上の引数の中で最小のものを返します。

書式	min(値1, 値2, ...)

print()関数は、オプションで改行の有無や区切り文字の指定が行えます。objectsのみを指定した場合、複数のオブジェクトを出力する場合は間に半角スペースが入り、出力が終わったところで改行されます。先ほどの例では、「sep=' --> '」を指定したので、「出力データ1 --> 出力データ2」のように、出力するデータ間に' --> 'が入るようになります。

・print() 関数

引数として渡したデータをすべて文字列に変換して出力します。

書式	print(objects, sep=' ', end='\n')	
パラメーター	objects	カンマ (,) で区切ることで複数の指定が可能です。
	sep=' '	複数のデータを出力する場合の区切り文字を指定します。省略した場合は、区切り文字として半角スペースが出力されます。
	end='\n'	文字列を出力したあとに出力する文字を指定します。省略した場合は、出力の最後に改行が出力されます。

Tips **063** ▶Level ●●	これがポイントです！	# リストに別のリストの要素を追加する

これがポイントです！ **extend() メソッド**

extend()は、リストに別のリストの要素を追加します。

・extend() メソッド

書式	追加されるリスト1.extend(追加するリスト)

124

2-5 リスト

▼リストに別のリストの要素を追加する（Notebookを使用）

```
In   monster1 = ['ガンダーク', 'バトルドロイド']
     monster2 = ['ゴミ漁り', 'ドゥークー伯爵', 'ダース・シディアス']
     monster1.extend(monster2)
     monster1
Out  ['ガンダーク', 'バトルドロイド', 'ゴミ漁り', 'ドゥークー伯爵', 'ダース・シディアス']
```

extend()メソッドは、演算子「+=」で置き換えることができます。

```
monster1 += monster2 ——— monster1.extend(monster2)と同じ結果になる
```

Tips 064 指定した位置に要素を追加する

▶Level ●●

これがポイントです！ insert()

insert()メソッドは、任意の位置に要素を追加します。

• insert()メソッド

書式　リスト.insert(インデックス, 要素として追加する値)

▼インデックスで指定した位置に要素を追加する（Notebookを使用）

```
In   monster = ['ガンダーク', 'バトルドロイド']
     # 2番目の位置に追加する
     monster.insert(1, 'ドゥークー伯爵')
     monster
Out  ['ガンダーク', 'ドゥークー伯爵', 'バトルドロイド']
```

2-5 リスト

Tips
065
特定の要素を削除する

▶Level ●●

これがポイントです! > del演算子、remove()メソッド

del演算子をブラケット演算子と組み合わせることで、任意の位置の要素を削除します。

・del演算子

書式 del [先頭のインデックス：最後尾のインデックス]

※先頭のインデックスだけを指定すると、該当の要素が1つ削除されます。

▼インデックスで指定した要素を削除する（Notebookを使用）

```
In  monster = ['ガンダーク', 'ドゥークー伯爵', 'バトルドロイド']
    # 2番目の要素を削除
    del monster[1]
    monster
Out ['ガンダーク', 'バトルドロイド']
```

●位置がわからない要素を削除する
（remove()メソッド）

remove()メソッドでは、要素の値そのものを指定して削除することができます。

・remove()メソッド

書式 リスト.remove(削除する値)

▼値を指定して削除する

```
In  monster = ['ガンダーク', 'ドゥークー伯爵', 'バトルドロイド']
    monster.remove('ドゥークー伯爵')
    monster
Out ['ガンダーク', 'バトルドロイド']
```

2-5 リスト

Tips
066
▶Level ●●

リストの要素を調べる

これが
ポイント
です!
index() メソッド、in 演算子、count() メソッド

●要素のインデックスを知る (index())

index()メソッドは、引数に指定した値と一致する要素のインデックスを返します。

・index() メソッド

書式	リスト.index(インデックスを知りたい要素の値)

▼インデックスを調べる (Notebook を使用)

```
In   monster = ['ダース・ベイダー', 'ダース・モール', 'ダース・シディアス']
     monster.index('ダース・モール')   # インデックスを調べる
Out  1
```

●その値がリストにあるか (in演算子)

演算子のinで、指定した値がリストに存在するか調べることができます。存在すれば True、そうでなければ Falseが返されます。

・in 演算子

書式	存在を確かめたい値 in リスト

▼指定した値がリストにあるか調べる

```
In   monster = ['ダース・ベイダー', 'ダース・モール', 'ダース・シディアス']
     'ダース・ベイダー' in monster
Out  True
```

●その値はリストにいくつあるか (count())

指定した値がリストにいくつ含まれているかは、count()メソッドで調べることができます。

・count() メソッド

書式	リスト.count(いくつ含まれているかを知りたい値)

基本プログラミング

127

2-5 リスト

▼指定した要素がリストにいくつあるか調べる

```
In  droid= ['R2-D2', ' R2-D2', ' C-3PO', ' R2-D2']
    droid.count(' R2-D2')
Out 2 ─────── 含まれている数
```

Tips
067
▶Level ●●

これが
ポイント
です！

リストの要素をソートする

▶sort () メソッド

sort()メソッドで、リスト要素の並べ替え
が行えます。

・sort () メソッド

書式（昇順で並べ替え）	リスト.sort()
書式（降順で並べ替え）	リスト.sort(reverse=True)

▼リスト要素の並べ替え（Notebook を使用）

```
In  character = ['ダース・ベイダー', 'ルーク・スカイウォーカー',
                 'ハン・ソロ', 'ジャバ・ザ・ハット']
    # 昇順で並べ替え
    character.sort()
    character
Out ['ジャバ・ザ・ハット', 'ダース・ベイダー', 'ハン・ソロ', 'ルーク・スカイウォーカー']
```

```
In  # 数値の要素を昇順で並べ替え
    n = [5, 3, 0, 4, 1]
    n.sort()
    n
Out [0, 1, 3, 4, 5]
```

```
In  # 降順で並べ替える
    n.sort(reverse=True)
    n
Out [5, 4, 3, 1, 0]
```

アルファベット、ひらがな、カタカナは、
文字コード順で並べ替えるので、abc順、あ
いうえお順で並べることができます。漢字も
文字コード順で並べ替えられますが、あまり
意味がないでしょう。

128

2-5 リスト

Tips
068

▶Level ●●

これが
ポイント
です！

リストのコピー

リスト.copy()、list(リスト)、リスト[:]

リストはオブジェクトですので、リスト型の変数を他の変数に代入すると、オブジェクトの参照情報（**メモリアドレス**）が代入されます。つまり、リスト型のオブジェクトに別の名前を付けたことになります。

▼リストを別の変数に代入する（Notebook を使用）

```
In   pattern1 = ['たたかう', 'にげる']
     pattern2 = pattern1
     # pattern1の第2要素を変更する
     pattern1[1] = 'ぼうぎょ'
     pattern2
Out  ['たたかう', 'ぼうぎょ']
```

結果を見てみると、リストpattern1に対する操作はリストpattern2にも反映されています。pattern1もpattern2も「同じオブジェクトを参照している」ためです。このような「参照の代入」ではなく、リストの要素そのもののコピーを代入する場合は、次のいずれかの方法を使います。

・copy()メソッドでコピーして新しいリストを作る
・list()関数の引数にコピー元のリストを指定して新しいリストを作る
・コピー元のリストの全要素をスライスして新しいリストを作る

▼リストをコピーして新しいリストを作る

```
In   pattern1 = ['たたかう', 'ぼうぎょ']
     # pattern1をコピーしてリストpattern2を作成する
     pattern2 = pattern1.copy()
     # pattern1を引数にしてリストpattern3を作成する
     pattern3 = list(pattern1)
     # pattern1のすべての要素をスライスしてリストpattern4を作成する
     pattern4 = pattern1 [:]
     pattern4
Out  ['たたかう', 'ぼうぎょ']
```

基本プログラミング

129

2-5 リスト

Tips 069 リスト要素をリストにする

▶Level ●●○

これがポイントです!　**リスト=[要素リスト1, 要素リスト2, ...]**

リストの要素には、リストを含めることができます。

▼リストのリスト（多重リスト）（Notebookを使用）

```
In   # 1つ目のリスト
     monster1 = ['ガンダーク', 'バトルドロイド']
     # 2つ目のリスト
     monster2 = ['ゴミ漁り', 'ドゥークー伯爵', 'ダース・シディアス']
     # 2つのリストを要素にする
     all_monsters = [monster1, monster2]
     # リストの要素を持つリストを出力
     all_monsters
Out  [['ガンダーク', 'バトルドロイド'], ['ゴミ漁り', 'ドゥークー伯爵', 'ダース・シディアス']]
```

```
In   # 第1要素のリストを出力❶
     all_monsters[0]
Out  ['ガンダーク', 'バトルドロイド']
```

```
In   # 第2要素のリストの先頭要素を出力❷
     all_monsters[1][0]
Out  'ゴミ漁り'
```

❶のように、要素がリストである場合にインデックスで参照すると、リストそのものが参照されます。

```
all_monsters[0]　──── 先頭要素のリストを参照
```

❷のように、要素であるリストの要素を参照する場合は、2個のインデックスを使います。

```
all_monsters[1][0]　──── 第2要素のリストの先頭要素を参照
```

130

2-5　リスト

Tips
070
リスト内包表記でリストを作る

▶Level ●●○

これがポイントです！ リスト内包表記

　リストの中に、1から5までの整数を追加する場合を考えてみましょう。append()メソッドで1つずつ追加していては面倒なので、forを使うことにします。

▼forループを使う（Notebookを使用）

```
In   num_list = []
     for num in range(1, 6):
         num_list.append(num)

     num_list
Out  [1, 2, 3, 4, 5]
```

　range()関数の戻り値を使ってリストを作れば、さらに簡単です。

▼rangeオブジェクトを使う

```
In   num_list = list(range(1,6))
     num_list
Out  [1, 2, 3, 4, 5]
```

　さらに簡単に書く方法があります。**リスト内包表記**です。

・リスト内包表記

[式 for ブロックパラメーター〔変数〕 in イテレート可能なオブジェクト]

　先ほどのコードをリスト内包表記にすると次のようになります。

▼リスト内包表記を使う

```
In   num_list = [i for i in range(1, 6)]
     num_list
Out  [1, 2, 3, 4, 5]
```

　リスト内包表記の先頭の式（変数を含む）は、リストに代入する値となるものです。forのあとの変数には、イテレート可能なオブジェクトから取り出された値が代入され

ます。次のように、リスト内包表記の先頭を式にすると、式で計算された結果がリスト要素に代入されます。

▼iの値を2乗する

```
In   num_list = [i**2 for i in range(1, 6)]
     num_list
Out  [1, 4, 9, 16, 25]
```

基本プログラミング

131

2-5　リスト

　次のように書くと、変数nに代入されている1が計5回、リスト要素として追加されることになります。

▼リスト内包表記の2つの変数が異なる場合

```
In   n = 1
     num_list = [n for num in range(1, 6)]
     num_list
Out  [1, 1, 1, 1, 1]  ──── 5つの要素の値はすべて「1」
```

　このため、range()関数が返す1〜5の値をリスト要素にするには、内包表記の2つの変数を同じものにしておく必要があります。

●range()関数が返す値を加工してからリストの要素にする

　次のように、リスト内包表記の先頭を式にすると、range()関数が返す値を加工してからリストの要素にすることができます。

▼リスト内容表記の先頭の式で値を加工する

```
In   num_list = [num-1 for num in range(1, 6)]  ──── numから-1する
     num_list
Out  [0, 1, 2, 3, 4]  ──── 各要素は−1された値になっている
```

●forの中にifをネストする

　リスト内包表記では、forの中にifをネストすることができます。そうすると、「奇数

だけをリストに追加する」といった使い方ができます。

▼1〜5の範囲の奇数だけをリストに追加する

```
In   num_list = [num for num in range(1, 6) if num % 2 == 1]
     num_list
Out  [1, 3, 5]
```

132

2-5　リスト

Tips 071
▶Level ●●

リスト内包表記で
if...elseで条件分岐する

これがポイントです！ ▶ **リスト内包表記に条件分岐を設定する**

リスト内包表記の処理を条件によって切り替えたい場合は、if...elseを使って次のように書きます。

・リスト内包表記の処理を条件によって切り替える

```
[真のときの値 if 条件式 else 偽のときの値 for 変数名 in イテレート可能なオブジェクト]
```

▼奇数のインデックスを'positive'、偶数のインデックスを'negative'にする (Notebookを使用)

```
In  ifelse = ['positive' if i % 2 == 1 else 'negative' for i in range(10)]
    ifelse
Out ['negative',
     'positive',
     'negative',
     'positive',
     'negative',
     'positive',
     'negative',
     'positive',
     'negative',
     'positive']
```

Tips 072
▶Level ●●

リスト内包表記で多重リスト
（2次元配列）を作る

これがポイントです！ ▶ **リスト内包表記による2次元配列の作成**

任意の値で初期化した多重リスト（2次元配列）を作成する場合は、リスト内包表記を使うと便利です。

・リスト内包表記で多重リスト（2次元配列）を作成する

```
[[式] * 1次元のサイズ for i in range(2次元のサイズ)]
```

基本プログラミング

133

2-5 リスト

初期値を0にして、(5, 6)のサイズの多重リストを作成してみます。(5, 6)の5は2次元のサイズ、6は1次元のサイズを示します。

▼初期値を0にして (5, 6)のサイズの多重リストを作成 (Notebookを使用)

```
In   multiple = [[0] * 6 for i in range(5)]
     multiple
Out  [[0, 0, 0, 0, 0, 0],
      [0, 0, 0, 0, 0, 0],
      [0, 0, 0, 0, 0, 0],
      [0, 0, 0, 0, 0, 0],
      [0, 0, 0, 0, 0, 0]]
```

行列として見た場合、(5(行), 6(列))の行列が作成されたことになります。次に示すのは、初期値を100にして、(4, 4)のサイズの多重リストを作成する例です。

▼初期値を100にして (4, 4)のサイズの多重リストを作成

```
In   multiple = [[100] * 4 for i in range(4)]
     multiple
Out  [[100, 100, 100, 100],
      [100, 100, 100, 100],
      [100, 100, 100, 100],
      [100, 100, 100, 100]]
```

次に示すのは、任意の文字列を初期値とした例です。

▼初期値を文字列にして (3, 4)のサイズの多重リストを作成

```
In   multiple = [['Python'] * 4 for i in range(3)]
     multiple
Out  [['Python', 'Python', 'Python', 'Python'],
      ['Python', 'Python', 'Python', 'Python'],
      ['Python', 'Python', 'Python', 'Python']]
```

特定の要素の値を変更する場合は、次のように記述します。

・多重リストの特定の要素を変更する

リスト名[2次元のインデックス][1次元のインデックス] = 値

2-5 リスト

次に示すのは、0で初期化した(6, 5)の形
状の多重リストmultiple[0][1]の要素を書
き換える例です。

▼多重リストmultiple[0][1]の要素を書き換える

```
In   multiple = [[0] * 5 for i in range(6)]
     multiple[0][1] = 100
     multiple
Out  [[0, 100, 0, 0, 0],
      [0, 0, 0, 0, 0],
      [0, 0, 0, 0, 0],
      [0, 0, 0, 0, 0],
      [0, 0, 0, 0, 0],
      [0, 0, 0, 0, 0]]
```

Tips
073

▶Level ●●

これが
ポイント
です！

リスト内包表記を入れ子にして
多次元のリストを作る

ネストしたリスト内包表記による
3次元配列の作成

リスト内包表記をネスト（入れ子）にする
ことで、多次元配列を作成できます。

・リスト内包表記をネストして3次元配列を作成する

[[[式] * 1次元のサイズ for 変数1 in range(2次元のサイズ)] for 変数2 in range(3次元のサイズ)]

次に示すのは、(2, 3, 4)の形状の3次元
配列を作成する例です。

▼(2, 3, 4)の形状の3次元配列を作成する（Notebookを使用）

```
In   list_3d = [[[0] * 2 for i in range(3)] for j in range(4)]
     list_3d
Out  [[[0, 0], [0, 0], [0, 0]],
      [[0, 0], [0, 0], [0, 0]],
      [[0, 0], [0, 0], [0, 0]],
      [[0, 0], [0, 0], [0, 0]]]
```

基本プログラミング

135

2-5 リスト

次に示すのは、0で初期化した(2, 3, 4)の形状の3次元配列list_3d[0][0][1]の要素を書き換える例です。

▼3次元配列list_3d[0][0][1]の要素を書き換える

```
In  list_3d = [[[0] * 2 for i in range(3)] for j in range(4)]
    list_3d[0][0][1] = 5000
    list_3d
Out [[[0, 5000], [0, 0], [0, 0]],
     [[0, 0], [0, 0], [0, 0]],
     [[0, 0], [0, 0], [0, 0]],
     [[0, 0], [0, 0], [0, 0]]]
```

Tips
074

リスト内包表記で2つのリストの要素をペアでまとめる

▶Level ●●

これがポイントです！

リスト内包表記にzip()を用いる

リスト内包表記でzip()関数を用いれば、2つのリストから要素を1つずつ取り出してリストにまとめることができます。

・リスト内包表記で2つのリストの要素をペアでまとめる

```
[[変数1, 変数2] for 変数1, 変数2 in zip(リスト1, リスト2)]
```

次に示すのは、要素数3の2つのリストの要素を(3, 2)の形状の多重リストにする例です。

▼要素数3の2つのリストの要素を、(3, 2)の形状の多重リストにする（Notebookを使用）

```
In  list1 = ['a', 'b', 'c']
    list2 = ['x', 'y', 'z']

    list_zip = [[str1, str2] for str1, str2 in zip(list1, list2)]
    list_zip
Out [['a', 'x'], ['b', 'y'], ['c', 'z']]
```

136

2-5 リスト

リストの要素が数値の場合も、同じように
処理できます。

▼要素数3の2つのリストの要素を、(3, 2) の形状の多重リストにする

```
In   list1 = [0, 1, 2]
     list2 = [1000, 2000, 3000]

     list_zip = [[n1, n2] for n1, n2 in zip(list1, list2)]
     list_zip
Out  [[0, 1000], [1, 2000], [2, 3000]]
```

Tips 075
リスト内包表記でインデックス付きのリストを作る

▶Level ●●

これがポイントです！ リスト内包表記にenumerate()を用いる

リスト内包表記でenumerate()関数を用
いれば、インデックス付きのリストを作るこ
とができます。

・リスト内包表記でインデックス付きのリストを作る

```
[[変数1, 変数2] for 変数1, 変数2 in enumerate(リスト)]
```

変数1にはリスト要素のインデックスが
格納され、変数2には要素の値が格納され
ます。次に示すのは、要素数3のリスト要素
を(3, 2)の形状のインデックス付きのリス
トにする例です。

▼要素数3のリスト要素を (3, 2) の形状のインデックス付きのリストにする (Notebook を使用)

```
In   list = ['a', 'b', 'c']
     list_enu = [[i, j] for i, j in enumerate(list)]
     list_enu
Out  [[0, 'a'], [1, 'b'], [2, 'c']]
```

基本プログラミング

137

2-6 タブル

Tips 076
▶ Level ●●

これが
ポイント
です！

「変更不可」のデータを
一括管理する

タプル

　一度セットした要素を書き換えられない
（**イミュータブル**な）リストがあります。こ
れを**タプル**と呼びます。

●タプルの作成
　タプルは、要素とする値をカンマで区切っ
て記述することで作成します。

・タプルの作成

```
変数 = 値1, 値2, 値3, ...
```

・タプルの作成（カッコあり）

```
変数 = (値1, 値2, 値3, ...)
```

　最後の要素のカンマはあってもなくても
かまいませんが、要素が1つだけのときはカ
ンマを付けないとタプルとは見なされない
ので注意が必要です。

▼タプルの作成（Notebookを使用）

```
In   t = 0, 1, 2
     t
Out  (0, 1, 2)
```

▼タプルを2通りの方法で作成

```
In   t1 = 0, 1, 2
     t2 = (0, 1, 2)
     print(type(t1))
     print(type(t2))
Out  <class 'tuple'>
     <class 'tuple'>
```

2-6　タプル

　要素が1つだけの場合は、()で代入しても
カンマを付けないとタプルにはなりません。

▼要素が1つだけの場合は、カンマを付けないとタプルにならない

```
In   t = (1)
     print(type(t))
Out  <class 'int'>
```

　カンマを付ければ、()なしであってもタプ
ルとして認識されます。

▼要素が1つだけの場合はカンマを付ける

```
In   t = 1,
     print(type(t))
Out  <class 'tuple'>
```

▼タプルの要素を処理する

```
In   names = ('ジェダイ', '暗黒卿', 'チューバッカ', 'ヨーダ')
     for attack in names:
         print(attack + 'は呪文をとなえた！')
```

▼実行結果

```
Out  ジェダイは呪文をとなえた！
     暗黒卿は呪文をとなえた！
     チューバッカは呪文をとなえた！
     ヨーダは呪文をとなえた！
```

　namesはタプルなので、中身の要素を書
き換えることはできません。タプルでは要素
の数を調べたりすることはできますが、リス
トのような要素の変更や削除はできません。

● タプルの特徴
・要素が書き換えられることがないので、リ
　ストよりパフォーマンスの点で有利
・要素の値を誤って書き換える危険がない
・関数やメソッドの引数はタプルとして渡
　されている
・辞書のキーはタプルである

基本プログラミング

139

2-6 タプル

●タプルの要素を分解する
次のように書くと、タプルの要素を分解して専用の変数に代入できます。

▼タプルの要素を変数に代入する

```
In   names = ('ジェダイ', '暗黒卿', 'チューバッカ', 'ヨーダ')
     # 先頭の要素から順に変数a、b、c、dに代入する
     a, b, c, d = names
     a
Out  'ジェダイ'
```

```
In   b
Out  '暗黒卿'
```

```
In   c
Out  'チューバッカ'
```

```
In   d
Out  'ヨーダ'
```

●タプルの要素を分解する
タプルの要素を書き換えることはできませんが、要素を追加することは可能です。

▼タプルの要素を追加する

```
In   t = (0, 1, 2, 3) + (3, )
     t
Out  (0, 1, 2, 3, 3)
```

●タプル要素へのアクセス
タプルの特定の要素にアクセスするには、ブラケット[ ]を使ってインデックスを指定します。

▼タプルの要素にアクセスする

```
In   t = (0, 1, 2, 3)
     t[2]
Out  2
```

2-7 辞書

Tips 077

▶Level ●●

キーと値のペアでデータを管理する

> これがポイントです！

辞書 (dict) 型

辞書は、**キー**（名前）と値のペアを要素として管理できるデータ型です。リストやタプルでは要素の並び順が決まっていて、インデックスを使って参照します。それに対し、「辞書」と呼ばれるデータ型は、要素に付けた名前（キー）を使って参照します。

・辞書の作成

```
変数 = {キー1 : 値1, キー2 : 値2, ...}
```

辞書の要素は

```
キー : 値
```

のようにキーと値のペアで構成されます。キーに使うのは、文字列でも数値でも何でもかまいません。「'今日の昼ごはん' : 'うどん'」を要素にすると、'今日の昼ごはん'で'うどん'を検索する、といった辞書的な使い方ができます。

　なお、辞書の要素は書き換え可能（ミュータブル）ですが、キーだけの変更はできません（キーはイミュータブル）。変更する場合は要素（キー:値）ごと削除して、新しい要素を追加することになります。

●辞書の作成

辞書を作成します。

▼辞書を作成する（Notebookを使用）

```
In  menu = {'朝食' : 'シリアル',
           '昼食' : '牛丼',
           '夕食' : 'トマトのパスタ' }
    menu
Out {'昼食': '牛丼', '朝食': 'シリアル', '夕食': 'トマトのパスタ'}
```

　ご覧のように、辞書にはリストと違って「順序」という概念がありません。「どのキーとどの値のペアか」という情報のみが保持されています。なお、入力例では要素ごとに改行して入力していますが、もちろん続けて書いてもかまいません。

基本プログラミング

141

2-7 辞書

Tips

078

辞書要素の参照／追加／変更／削除

▶Level ●●

これがポイントです！ 辞書[キー]、辞書[キー] = 値、del 辞書[削除する要素のキー]

辞書に登録した要素（値）を参照するには、リストと同じようにブラケット[]を使います。

・**辞書の要素を参照する**

辞書[登録済みのキー]

▼辞書に登録した要素を参照する（Notebookを使用）

```
In  menu ={'朝食' : 'シリアル',
            '昼食' : '牛丼',
            '夕食' : 'トマトのパスタ' }
    menu['朝食']
Out 'シリアル'
```

▼要素を追加する

```
In  menu['おやつ'] = 'マカロン'
    menu
Out {'昼食': '牛丼', '朝食': 'シリアル', 'おやつ': 'マカロン', '夕食': 'トマトのパスタ'}
```
（追加された要素）

辞書の要素の順番は固定されないので、プログラムを実行するタイミングによって並び順はバラバラです。辞書の場合は、キーを指定すれば値を参照できるので、並び順は重要ではないのです。

●**要素の追加**

作成済みの辞書に新しい要素を追加します。

・**辞書に要素を追加する**

辞書[キー] = 値

●**登録済みの値を変更する**

キーを指定して代入を行うと、登録済みの値を変更できます。

・**辞書の要素の値を変更する**

辞書[登録済みのキー] = 値

▼登録済みの値を変更する

```
In  menu['おやつ'] = 'いちご大福'
    menu
Out {'昼食': '牛丼', '朝食': 'シリアル', 'おやつ': 'いちご大福', '夕食': 'トマトのパスタ'}
```

142

2-7　辞書

●要素の削除
要素の削除はdel演算子で行います。

・del演算子

書式	del 辞書 [削除する要素のキー]

▼指定した要素を削除する

```
In  del menu['おやつ']
    menu
Out {'昼食': '牛丼', '朝食': 'シリアル', '夕食': 'トマトのパスタ'}
```
'おやつ'はなくなった

Tips
079
▶Level ●●

辞書のキーをまとめて取得する

これがポイントです！

for キーを代入する変数 in 辞書:

辞書の要素は、forを使って**イテレート**（反復処理）できます。辞書そのものをforでイテレートした場合、要素のキーのみが取り出されます。

・辞書のすべてのキーを取得する

```
for キーを代入する変数 in 辞書:
    繰り返す処理...
```

▼キーをイテレートして列挙する（Notebookを使用）

```
In  droid= {'R2-D2' : '宇宙用のアストロメク・ドロイド',
            'C-3PO' : '知的生物とコミュニケーションをとるためのドロイド',
            'バトル・ドロイド' : '戦闘用に設計されたドロイド'
            }
    for key in droid:
        print(key)
```

▼実行結果

```
Out R2-D2
    C-3PO
    バトル・ドロイド
```

●keys()メソッドでキーを取り出す
keys()メソッドを使うと、辞書のキーをまとめて取得できます。

基本プログラミング

143

2-7 辞書

・keys()メソッド

辞書のすべてのキーをリストの要素にして返します。

| 書式 | 辞書.keys() |

▼辞書のすべてのキーを取得する

```
In  droid= {'R2-D2' : '宇宙用のアストロメク・ドロイド',
              'C-3PO' : '知的生物とコミュニケーションをとるためのドロイド',
              'バトル・ドロイド' : '戦闘用に設計されたドロイド'
              }
    lst = droid.keys() # すべてのキーを要素にしたリストを取得する
    print(lst)
```

▼実行結果

```
Out  dict_keys(['R2-D2', 'C-3PO', 'バトル・ドロイド'])
```

dict_keys()のカッコの中にキーが表示されていますが、これは辞書のキーであることを示しているだけで、変数lstにはリストが代入されています。

ちなみにリストはイテレート可能なオブジェクトですので、次のようにforでキーを1つずつ取り出すことができます。

・keys()メソッドの戻り値をイテレートする

```
for キーを代入する変数 in 辞書.keys():
    繰り返す処理...
```

▼keys()メソッドが返すキーのリストから1つずつ取り出す

```
In  for key in droid.keys():
        print(key)
```

▼実行結果

```
Out  R2-D2
     C-3PO
     バトル・ドロイド
```

辞書そのものをforでイテレートした場合と同じ結果になります。すべてのキーをまとめて取得する場合はkeys()メソッド、1つずつ取り出して何らかの処理を行うときは辞書そのものをイテレートするかkeys()メソッドが返すリストをイテレートする、といった使い分けをします。

2-7 辞書

辞書の値だけを取得する

これがポイントです！ values() メソッド

辞書の値は、values()メソッドでまとめて取得できます。

・values() メソッド
　辞書のすべての値をリストの要素として返します。

▼辞書のすべての値をリストとして取得する（Notebookを使用）

```
In  droid= {'R2-D2'  : '宇宙用のアストロメク・ドロイド',
            'C-3PO'  : '知的生物とコミュニケーションをとるためのドロイド',
            'バトル・ドロイド' : '戦闘用に設計されたドロイド'
            }
    val = droid.values()       # 辞書の値のみをすべて取り出す
    print(val)
```

▼実行結果（実際の出力は1行だが、見やすいように改行とインデントを追加）

```
Out  dict_values(['宇宙用のアストロメク・ドロイド',
                  '知的生物とコミュニケーションをとるためのドロイド',
                  '戦闘用に設計されたドロイド'])
```

●values()の戻り値をforでイテレートする

values()の戻り値のリストをforでイテレートしてみましょう。

・辞書の値をイテレートする

```
for 値を代入する変数 in 辞書.values():
```

▼辞書のすべての値を取得する

```
In  for value in droid.values(): # values()の戻り値をforでイテレートする
        print(value)
```

▼実行結果

```
Out  宇宙用のアストロメク・ドロイド
     知的生物とコミュニケーションをとるためのドロイド
     戦闘用に設計されたドロイド
```

145

2-7 辞書

Tips

081

辞書の要素をまるごと取得する

▶Level ●●

これが
ポイント
です!

items() メソッド

items()メソッドで、キーと値のすべての
ペアを取得できます。

・items()メソッド

辞書のすべての要素のキーと値のペアを
タプルにして、これをまとめたリストを返し
ます。

書式 辞書.items()

▼辞書の要素をすべて取得（Notebookを使用）

```
In  droid= {'R2-D2'          : '宇宙用のアストロメク・ドロイド',
               'C-3PO'          : '知的生物とコミュニケーションをとるためのドロイド',
               'バトル・ドロイド'   : '戦闘用に設計されたドロイド'
               }
     item = droid.items()
     print(item)
```

▼実行結果（適宜、改行とインデントを追加）

```
Out  dict_items([('R2-D2', '宇宙用のアストロメク・ドロイド'),
                  ('C-3PO', '知的生物とコミュニケーションをとるためのドロイド'),
                  ('バトル・ドロイド', '戦闘用に設計されたドロイド')])
```

辞書の要素であることを示すためにdict_
items()が出力されていますが、その中身は
タプルのリストです。リストの部分だけを見
てみると、次のようになっていることがわか
ります。

```
[       ―――― リストの始まり
    ('R2-D2',  '宇宙用のアストロメク・ドロイド'),
    ('C-3PO',  '知的生物とコミュニケーションをとるためのドロイド'),
    ('バトル・ドロイド', '戦闘用に設計されたドロイド')
]       ―――― リストの終わり
```

146

2-7 辞書

Tips
082

辞書のキーと値をforで イテレートする

▶Level ●●

これが
ポイント
です!

for キーの変数, 値の変数 in 辞書.items():

　前回のTipsで見たとおり、items()で辞書の要素がタプルになるので、forでイテレートすることで、タプルからキーと値を別々に取り出して様々な処理が行えます。

・辞書のキーと値をイテレートする

```
for キーを代入する変数, 値を代入する変数 in 辞書.items():
    処理...
```

▼辞書のキーと値をイテレートする（Notebookを使用）

```
In  droid= {'R2-D2' : '宇宙用のアストロメク・ドロイド',
            'C-3PO' : '知的生物とコミュニケーションをとるためのドロイド',
            'バトル・ドロイド' : '戦闘用に設計されたドロイド'
            }
    for key, value in droid.items(): # キーをkey、値をvalueに取り出す
        print(
            '「{}」は{}なのです。'.format(key, value))
```

▼実行結果

```
Out 「R2-D2」は宇宙用のアストロメク・ドロイドなのです。
    「C-3PO」は知的生物とコミュニケーションをとるためのドロイドなのです。
    「バトル・ドロイド」は戦闘用に設計されたドロイドなのです。
```

　format()は、文字列の書式を設定します。文字列の中に埋め込んだ{}の部分に、引数に指定した文字列を順番に適用します。

基本プログラミング

147

2-7 辞書

Tips 083
▶Level ●●

2要素のシーケンスを辞書に変換する

これがポイントです！ dict([[キー, 値], [キー, 値], ...])

関数を使うと、2要素のシーケンスであれば辞書に変換できます。

・2要素がペアのリストを辞書にする

```
dict([[キー, 値], [キー, 値], ...])
```

次に示すのは、2要素のリストを辞書にする例です。

▼リストを辞書にする（Notebookを使用）

```
In   # リストのリスト
     seq = [   ['グンガン', '惑星ナブーに住む両生類型知的種族'],
               ['ジャワ', '砂漠の惑星タトゥイーンに住むヒューマノイド型知的種族'],
               ['ナーコイス', '惑星ナークに住む背の低い知的種族'] ]
     dict(seq)
Out  {'グンガン': '惑星ナブーに住む両生類型知的種族',
      'ジャワ': '砂漠の惑星タトゥイーンに住むヒューマノイド型知的種族',
      'ナーコイス': '惑星ナークに住む背の低い知的種族'}
```

Tips 084
▶Level ●●

辞書に辞書を追加する

これがポイントです！ 辞書.update(追加する辞書)

update()メソッドで、辞書の要素を別の辞書にコピーすることができます。なお、追加される側の辞書に追加する辞書と同じキーがある場合は、追加した辞書の値で上書きされます。

2-7　辞書

• update() メソッド

書式	辞書. update(追加する辞書)

▼辞書に辞書を追加

```
items = { '宇宙船' : ['スターファイター', 'GR-75中型輸送船'],
          '武器'　  : ['イオン砲', 'ブラスター砲', 'ボウキャスター'],  }
# 追加用の辞書
add = {'宇宙船'　　  : ['ミレニアム・ファルコン'],
       'ドロイド' : ['ドロイド・タンク', 'B1バトル・ドロイド', 'マグナガード']}
# 辞書を追加する
items.update(add)
items
```

```
{'宇宙船': ['ミレニアム・ファルコン'],
 '武器': ['イオン砲', 'ブラスター砲', 'ボウキャスター'],
 'ドロイド': ['ドロイド・タンク', 'B1バトル・ドロイド', 'マグナガード']}
```

Tips

085

辞書の要素を まるごとコピーする

▶Lovol ●●

これが ポイント です！　**変数 = 辞書.copy()**

　copy() メソッドで、辞書の要素をまとめてコピーできます。参照ではなくオブジェクトそのものがコピーされます。

• copy() メソッド

書式	辞書. copy()

▼辞書のコピー

```
add = {'宇宙船'　　  : ['ミレニアム・ファルコン'],
       'ドロイド' : ['ドロイド・タンク', 'B1バトル・ドロイド', 'マグナガード']}
new = add.copy()
new
```

```
{'宇宙船': ['ミレニアム・ファルコン'],
 'ドロイド': ['ドロイド・タンク', 'B1バトル・ドロイド', 'マグナガード']}
```

基本プログラミング

149

2-7 辞書

Tips
086

▶Level ●●

これが
ポイント
です！
del 辞書 ['削除する要素のキー']

del演算子は辞書の一部の要素、clear()
メソッドはすべての要素を削除します。

●**要素を指定して削除する**
del演算子でキーを指定すると、対象の要
素が削除されます。

・**キーを指定して辞書の要素を削除する**

```
del 辞書['削除する要素のキー']
```

▼**キーを指定して要素を削除する（Notebookを使用）**

```
In  add = {'宇宙船'    : ['ミレニアム・ファルコン', 'スターファイター'],
              'ドロイド' : ['ドロイド・タンク', 'B1バトル・ドロイド', 'マグナガード']}
    del add['ドロイド']
    add
Out {'宇宙船': ['ミレニアム・ファルコン', 'スターファイター']}
```

●**辞書のすべての要素を一括して削除する**
clear()メソッドで辞書からすべてのキー
と値を削除できます。

・**clear()メソッド**

| 書式 | 辞書 . clear() |

▼**辞書のすべての要素を削除（上の続き）**

```
In  add.clear()
    add
Out {} ──── 辞書の中身は空
```

150

2-8 複数のシーケンスのイテレート

Tips
087

▶Level ●●○

3つのリストを
まとめてイテレートする

これが
ポイント
です！
zip（イテレート可能なオブジェクト）

複数のリスト、あるいは複数のタプルに対して同時にイテレートしたい場合は、zip()関数を使うと便利です。この関数は、複数のシーケンス要素を集めたタプル型のイテレーターを作ります。

・**zip()関数**
引数に指定した複数のイテレート可能なオブジェクトから要素を集めて、タプル型のイテレーターを作成します。

書式	zip(イテレート可能なオブジェクト, ...)

zip()は、複数のイテレート可能なオブジェクト（リストやタプルなど）から要素を取り出して、1つのイテレーターとしてまとめます。例として、3つのリストからイテレーターを生成し、forループによる繰り返し処理を行ってみましょう。

▼3つのリストをまとめてイテレートする（Notebookを使用）

```
In   monster    = ['タコケン・レイダー', 'ストームトルッパ', 'ジャンゴン']
     attack     = ['ライトセーバー', 'ターボレーザー', 'ブラスターライフル']
     fight_back = ['反撃', '防御', '逃走']
     # リストの要素の数だけ繰り返す
     for mst, atc, fb in zip(monster, attack, fight_back):
         print(
             mst + 'があらわれた！\n',
             '>>>勇者は{}をふりかざした！'.format(atc) + '\n',
             '>>>{}が{}した！'.format(mst, fb))
```

▼実行結果

```
Out  タコケン・レイダーがあらわれた！
     >>>勇者はライトセーバーをふりかざした！
     >>>タコケン・レイダーが反撃した！
     ストームトルッパがあらわれた！
     >>>勇者はターボレーザーをふりかざした！
     >>>ストームトルッパが防御した！
     ジャンゴンがあらわれた！
     >>>勇者はブラスターライフルをふりかざした！
     >>>ジャンゴンが逃走した！
```

基本プログラミング

151

2-8　複数のシーケンスのイテレート

●3つのリストをイテレートする仕組み

forではinのあとに「イテレート可能なオブジェクト」を指定します。先ほどの例では、

```
zip(monster, attack, fight_back)
```

を指定しました。そうすると、3つのリストの要素を1つずつ格納したタプルが戻り値　として返されます。

▼zip()関数が返すタプルの中身

```
for mst, atc, fb in zip(monster, attack, fight_back):
```

forの処理	zip()関数の戻り値
1回目	('タコケン・レイダー', 'ライトセーバー, '反撃') ➡ mst、atc、fbに代入される
2回目	('ストームトルッパ', 'ターボレーザー', '防御') ➡ mst、atc、fbに代入される
3回目	('ジャンゴン', 'ブラスターライフル', '逃走') ➡ mst、atc、fbに代入される

一方、forのあとにはmst, atc, fbの3つの変数があります。表の1回目の処理にある('タコケン・レイダー', 'ライトセーバー, '反撃')の1つ目の要素から順にmst, atc, fbに代入されます。

zip()関数によるイテレートは、最もサイズが小さいシーケンスの要素を処理した時点で止まります。それより大きいサイズのシーケンス（要素）がある場合、残りの要素は処理されません。

Tips 088

2つのリストの各要素をタプルにまとめたリストを作る

▶Level ● ●

これがポイントです！ ➤ **list(zip(リスト1, リスト2))**

zip()関数を使えば、2つのリストの各要素をタプルにまとめ、さらにこれをリストの要素としてまとめることができます。

・2つのリストの各要素をタプルにまとめ、これをリストにする

```
list(zip(リスト1, リスト2))
```

152

2-8 複数のシーケンスのイテレート

▼2つのリストからタプル➡リストにする (Notebookを使用)

```
In  weapon = ['ライトセーバー', 'ブラスターライフル', 'レーザー砲']
    ability= [ 'フォースと共鳴してプラズマのブレードを放出する',
              '集束した光線エネルギーを発射する',
              '強力なレーザー兵器']
    # 各要素をタプルにして、これをリストの要素にする
    ls = list(zip(weapon, ability))
    print(ls)
```

▼実行結果 (適宜、改行を追加)

```
Out [('ライトセーバー', 'フォースと共鳴してプラズマのブレードを放出する'),
     ('ブラスターライフル', '集束した光線エネルギーを発射する'),
     ('レーザー砲', '強力なレーザー兵器')]
```

zip()で生成されたイテレーターを1つの
リストにまとめました。リストの中に、イテ
レーターから取り出した2つの要素をペア
にしたタプルが格納されています。

Tips 089

▶Level ●●

2つのリストから辞書を作る

これがポイントです！ → dict(zip(リスト1, リスト2))

前回のTipsではリストを作りましたが、
同じような方法で、2つのリストの一方の要
素をキー、もう一方のリストの要素を値にし
た辞書を作ることができます。

・2つのリストの各要素をキーと値のペア
にして辞書を作成する

```
dict(zip(リスト1, リスト2))
```

▼2つのリストから辞書を作る (Notebookを使用)

```
In  weapon = ['ライトセーバー', 'ブラスターライフル', 'レーザー砲']
    ability= ['フォースと共鳴してプラズマのブレードを放出する',
              '集束した光線エネルギーを発射する',
              '強力なレーザー兵器']
    # リスト要素をキーと値のペアにして辞書を作成する
    dc = dict(zip(weapon, ability))
    print(dc)
```

153

2-8 複数のシーケンスのイテレート

▼実行結果（適宜、改行を追加）

```
Out {'ライトセーバー': 'フォースと共鳴してプラズマのブレードを放出する',
     'ブラスターライフル': '集束した光線エネルギーを発射する',
     'レーザー砲': '強力なレーザー兵器'}
```

weaponの要素をキー、abilityの要素を値にした辞書が作成されています。

Tips 090 内包表記で辞書を作成する

▶Level ●●

これがポイントです！ **{キー：値 for 変数 in イテレート可能なオブジェクト}**

辞書も内包表記を利用して作成できます。

・辞書の内包表記

```
{キー ： 値 for 変数 in イテレート可能なオブジェクト}
```

2つのリストを、内包表記を使って辞書にしてみましょう。

▼内包表記を使って、2つのリストを辞書にする（Notebookを使用）

```
In  weapon = ['ライトセーバー', 'ブラスターライフル', 'レーザー砲']
    ability= ['フォースと共鳴してプラズマのブレードを放出する',
             '集束した光線エネルギーを発射する',
             '強力なレーザー兵器']
    # 内包表記で辞書を作成する
    dc = {i : j for (i, j) in zip(weapon, ability)}
    print(dc)
```

▼実行結果

```
Out {'ライトセーバー': 'フォースと共鳴してプラズマのブレードを放出する',
     'ブラスターライフル': '集束した光線エネルギーを発射する',
     'レーザー砲': '強力なレーザー兵器'}
```

forループ1回ごとにリストの要素が(i, j)の各変数に格納され、最後に「キー：値」を表すi：jにセットされ、辞書の要素として格納されます。

154

2-9 集合

Tips 091 要素の重複を許さない データ構造

▶Level ●●○

これが ポイント です! 集合

　集合 (set型) は、リストやタプルと同様に複数のデータを1つにまとめるデータ型です。ですが、「重複した要素を持たない」という決定的な違いがあります。集合は、辞書と同じように{}の中で要素をカンマで区切ることで作成します。

- **集合の作成**

```
{要素1, 要素2, ... }
```

- **set()関数で集合を作成**

```
set(イテレート可能なオブジェクト)
```

▼集合の作成例 (Notebookを使用)

```
[In] month = { '1月', '2月', '3月', '4月', '5月' }
     month
```
```
[Out] {'1月', '3月', '2月', '5月', '4月'}
```
```
[In] #リストから集合を作成
     set( ['STAR', 'WARS'] )
```
```
[Out] { 'STAR', 'WARS' }
```
```
[In] # タプルから集合を作成
     set( ('STAR', 'WARS') )
```
```
[Out] {'STAR', 'WARS' }
```
```
[In] # 辞書から集合を作成
     set( {'レーザー砲': '強力なレーザー兵器',
           'ブラスターライフル': '集束した光線エネルギーを発射する'} )
```
```
[Out] {'ブラスターライフル', 'レーザー砲' }
```

> set()の引数を辞書にすると、キーだけが集合の要素になります。

Tips 092 集合を使って重複した要素を 削除／抽出する

▶Level ●●○

これが ポイント です! set(重複した要素を持つリスト)、 集合ー集合、集合&集合

　リストやタプルの要素から重複したものを取り除きたい場合に、集合が役に立ちます。

基本プログラミング

155

2-9 集合

▼リストから重複したデータを取り除く（Notebookを使用）

```
In   data = ['日本', 'アメリカ', 'イギリス' ,'アメリカ', 'イギリス'] # 重複したデータを含む
     data_set = set(data) # 重複した要素を取り除いて集合を作る
     data_set
Out  {'イギリス', '日本', 'アメリカ'}
```

●「−」「&」を利用した集合演算

集合から集合を「−」で引き算すると、「引かれた方の集合のうち、引いた方の集合には存在しない要素だけ」を返します。また、「&」で演算すると、「両方に含まれている要素だけ」が返されます。

▼「−」と「&」で演算する

```
In   data1 = { '日本', 'アメリカ', 'イギリス' }
     data2 = { '日本', 'アメリカ' }
     data1 - data2
Out  {'イギリス'}————————data1の要素のうちdata2にないものだけが返される
```

```
In   data1 & data2
Out  {'日本', 'アメリカ'}——— data1とdata2で共通の要素だけが返される
```

Tips
093
▶Level ●●

これがポイントです！

ユニオン／インターセクション

union()、intersection()

union()メソッドは重複した要素を除いて1つの集合を作る**ユニオン**という処理を行い、intersection()メソッドは共通の要素だけで1つの集合を作る**インターセクション**という処理を行います。

▼ユニオンとインターセクション（Notebookを使用）

```
In   data1 = { '日本', 'アメリカ', 'イギリス' }
     data2 = { '日本', 'アメリカ', 'フランス' }
     data3 = { '日本', 'アメリカ', 'イタリア' }
     data1.union(data2, data3) # 重複した要素を除いた集合を作る
Out  {'日本', 'イタリア', 'フランス', 'アメリカ', 'イギリス'}
```

```
In   data1.intersection(data2, data3) # 共通の要素だけで集合を作る
Out  {'アメリカ', '日本'}
```

156

2-10　特殊な関数

Tips

094

伸縮自在のパラメーター

▶Level ●●

これが
ポイント
です!

def 関数名(*args)

　パラメーター名の前にアスタリスク(*)を付けると**可変長パラメーター**になり、パラメーターがタプルとして扱われるようになります。

　可変長パラメーターは単独で設定するほか、通常のパラメーターのあとに設定することもできます。可変長パラメーターの名前はargsである必要はありませんが、慣用的に使われています。

・可変長パラメーターを単独で設定する

```
def 関数名(*args)
```

・通常のパラメーターのあとに可変長パラメーターを設定する

```
def 関数名(パラメーター1, パラメーター2, *args)
```

▼可変長パラメーターを使う(Notebookを使用)

```
In  def sequence (*args):
        for s in(args):       # 渡された引数の数だけ繰り返す
            print(s + '月')    # タプルから取り出した値を表示

    sequence('1','2','3')     # 必要なだけ引数を指定して関数を呼び出す
```

```
Out 1月
    2月
    3月
```

▼可変長パラメーターの中身を表示

```
In  def sequence (*args):
        print(args)

    sequence('1','2','3')
```

```
Out ('1', '2', '3') ──── 渡した引数がタプルとしてまとめられている
```

基本プログラミング

157

2-10 特殊な関数

Tips
095

▶Level ●●

これが
ポイント
です！
キーと値がセットになった
パラメーター

def 関数名(**kwargs)

「**パラメーター名」と書くと、そのパラ
メーターは辞書型になります。キーワード引
数を渡すと、キーワードがキーに、その値が
キーワードの値になるので、キーワードは文

字列であることが必要です。

• 辞書型パラメーターのみを設定

```
def 関数名(**kwargs)
```

• 位置型のパラメーターのあとに辞書型

```
def 関数名(パラメーター1, パラメーター2, **kwargs)
```

• 位置型、可変長型、辞書型の順でパラメーターを設定

```
def 関数名(パラメーター1, パラメーター2, *args, **kwargs)
```

▼辞書型のパラメーターにキーワード引数を渡す(Notebookを使用)

```
In   def attacks(**kwargs):
         print(kwargs)

     attacks(year='2020', month='12')  # キーワード引数を渡す
```

```
Out  {'year': '2020', 'month': '12'}
```

Tips
096

▶Level ●●

これが
ポイント
です！
関数オブジェクトと高階関数

def 高階関数名(
　　　関数オブジェクトを受け取るパラメーター):

Pythonでは、すべてのものがオブジェク
トです。関数とて例外ではありません。他の
オブジェクトと同様に、変数に代入する、他
の関数に引数として渡す、戻り値として関数

を受け取る、といったことができます。ここ
では、他の関数に引数として渡してみましょ
う。まずは、引き渡す方の関数を定義しま
す。

2-10　特殊な関数

▼引き渡す関数を定義

```
In   def attack():
         print('勇者のこうげき！')
     attack()
Out  勇者のこうげき！
```

次に、パラメーターで関数を取得し、これを実行する関数を定義します。このように、関数をパラメーターで取得したり、あるいは関数を戻り値として返したりする関数を、**高階関数**と呼びます。

▼パラメーターで関数を取得し、これを実行する高階関数を定義

```
def run_something(func):        # パラメーターで関数を取得する
    func()                       # 取得した関数を実行
```

attack()関数の名前を引数にしてrun_something()関数を呼び出してみます。

```
In   run_something(attack)
Out  勇者のこうげき！
```

run_something()にattackを引数として渡すと、attack()関数が実行されました。Pythonでは、attack()と書くと**関数呼び出し**

しを意味し、attackのようにカッコなしで書くと「オブジェクトとして扱われる」からです。

●「関数＋引数」を受け取る高階関数

関数と通常の引数を受け取る高階関数を定義してみます。

▼パラメーターで関数と引数を受け取る

```
In   #引き渡す関数を定義
     def attack (a, b):
         print(a, '-->', b)
     # 高階関数を定義
     def run_something(func, arg1, arg2):
         func(arg1, arg2)
     # 関数と引数としての値を設定して高階関数を呼び出す
     run_something(attack, '勇者のこうげき！', '魔物たちは全滅した')
Out  勇者のこうげき！ --> 魔物たちは全滅した
```

今度のattack()関数にはパラメーターが2つあるので、run_something()には関数オブジェクトを受け取るパラメーターに加

え、関数に渡す引数のための2つのパラメーターを用意しています。

```
def run_something(func, arg1, arg2):
    func(arg1, arg2)
```

関数オブジェクトを取得する

実行する関数に渡す引数を取得する

関数オブジェクトが関数呼び出しにセットされる

159

2-10 特殊な関数

Tips
097
▶ Level ●●

関数内関数とクロージャー

これが
ポイント
です！

**クロージャーを内包した関数は
関数内関数をオブジェクトとして返す**

関数の中で関数を定義できます。複雑な
処理を内部の関数に任せることで、コードの
重複を避けるために役立つことがあります。

▼関数内関数の定義（Notebook を使用）

```
In  def outer(a, b):
        def inner(c, d):       # 関数内関数
            return c + d
        return inner(a, b)     # 関数内関数の結果を返す

    outer(1, 5)
Out 6
```

文字列の例を見てみましょう。**関数内関数**
はパラメーターの値に文字列を追加します。

▼文字列を扱う関数内関数

```
In  def add_reaction (act):
        def inner(s):                        # 関数内関数
            return s + '--> 魔物たちは逃走した'
        return inner(act)                    # 関数内関数の結果を返す

    add_reaction ('勇者の攻撃！')
Out '勇者の攻撃！--> 魔物たちは逃走した'
```

● **クロージャー**

関数内関数の便利なところは、**クロー
ジャー**として使えることです。クロージャー
とは、「引数をセットして関数を呼び出す
コードを作っておいて、あとで実行できるよ
うにする」ものです。関数を呼び出すパター

ンがあらかじめわかっているなら、それを記
録しておいて必要なときに実行するといっ
た使い方ができます。次の例は、先の関数内
関数をクロージャーにしたものです。

160

2-10 特殊な関数

▼関数内部でクロージャーを定義する

```
In  def add_reaction(act):
        # クロージャー
        def inner():
            return act + '--> 魔物たちは混乱している'
        return inner
```

関数内関数とクロージャーは以下の点が異なります。

・クロージャーにはパラメーターがなく、代わりに外側の関数のパラメーターを直接使う。
・クロージャーを内包した関数は、関数内関数の処理結果を返すのではなく、関数内関数をオブジェクトとして返す。

これがどういうことかというと、クロージャーとして定義したinner()関数は、add_reaction()のパラメーターactにアクセスすることができ、これを覚えておくことができます。これがクロージャーの重要なポイントです。

一方、add_reaction()関数は戻り値としてinner()を関数オブジェクトとして返します。呼び出す側では、引数を設定してadd_reaction()を実行すれば、パラメーターactの値を保持したinner()のオブジェクトが返されます。この関数オブジェクトがクロージャーです。引数を指定してadd_sound()を2回呼び出してみましょう。

▼aとbにクロージャーを格納する

```
In  a = add_reaction ('魔物たちが現れた！')
    b = add_reaction ('勇者の攻撃！')
```

aとbには、関数オブジェクト、つまりクロージャーが格納されています。クロージャーは動的に生成された関数オブジェクトですので、()を付けて実行できます。

▼クロージャーを実行する

```
In  a()
Out '魔物たちが現れた！--> 魔物たちは混乱している'
```

```
In  b()
Out '勇者の攻撃！--> 魔物たちは混乱している'
```

クロージャーaとbは、自らが作られたときに使われていたパラメーターactの内容を覚えています。あとは、実行したいタイミングでクロージャーを呼び出せばよいというわけです。

基本プログラミング

161

2-10 特殊な関数

Tips
098

▶Level ●●○

小さな関数は処理部だけの「式」にしてしまう

これが
ポイント
です！

ラムダ式

　関数内関数やクロージャーのように関数内部で関数を定義するのではなく、内部で別の関数を呼んできて処理したいことがあります。例えば、データを加工する関数を別に定義しておいて、これをforループの中で呼び出すような処理が考えられます。

　ここでは、パラメーターで取得したリアクションのリストの要素を順次、画面に表示する関数を定義してみることにします。ですが、これだけでは味気ないので、リアクションを強調する処理を行う関数を別途で用意することにします。

▼リストと関数オブジェクトをパラメーターで取得する関数（Notebookを使用）

```
In  def edit_reaction(reactions, func):
        for reaction in reactions:
            print(func(reaction))
```

　edit_reaction()は高階関数です。パラメーターで取得した関数オブジェクトを使って処理した結果を出力します。次に、関数に渡すリストを作成します。

▼魔物のリアクションのリスト

```
In  pattern = ['魔物たちは身構えている',
               '魔物たちは混乱している',
               '魔物たちは逃走した']
```

　パラメーターで取得した値の末尾に'!!!'を追加する関数を作成します。

▼リアクションを強調する

```
In  def impact(reaction):
        return reaction + '!!!!'
```

　では、リアクションのリストおよび感嘆符を追加する関数のオブジェクトを引数にして、edit_sound()を呼び出してみましょう。

2-10 特殊な関数

▼edit_reaction()関数を実行

```
In   edit_reaction (pattern, impact)
Out  魔物たちは身構えている！！！
     魔物たちは混乱している！！！
     魔物たちは逃走した！！！
```

ここで**ラムダ式**の登場です。impact()関数をラムダ式で書き換えてみます。

▼リアクションの強調処理をラムダ式にする

```
In   edit_reaction(pattern, lambda reaction: reaction + '!!!')
```

impact()関数の処理はシンプルなので、edit_reaction()に渡す引数の部分に直接、書きました。これがラムダ式です。

・ラムダ式の書式

```
lambda パラメーター1, パラメーター2, ... : 処理
```

ラムダ式にしたことによって、impact()関数が不要になりました。ラムダ式は、名前のない処理部だけの関数であることから、**無名関数**と呼ばれることもあります。

とはいえ、impact()のように関数として定義しておいた方が、コードがわかりやすいのは確かです。ですが、小さな関数をいくつも作ってその名前を覚えておかなければならないような場面では、ラムダ式が効果的です。

Tips 099 ジェネレーターから1つずつ取り出す

▶Level ●●

これがポイントです！ → **ジェネレーター**

ジェネレーターとは、Pythonのシーケンスを作成するオブジェクトのことです。ジェネレーターオブジェクトは、戻り値をreturnではなくyieldで返す関数（**ジェネレーター関数**）で生成することができます。これまで反復処理に使用してきたrange()もジェネレーター関数です。

ジェネレーターは、反復のたびに、「最後に呼び出されたときにシーケンスのどこを指していたのか」を覚えていて、次の値を返します。この点が、「以前の呼び出しについて何も覚えておらず、常に同じ状態で1行目のコードを実行する」通常の関数と異なります。

2-10 特殊な関数

●ジェネレーター

ラケットでボールを打ったときの疑似音に、動画のコマ送りみたいな効果を与えてみることにします。

▼文字列から1文字ずつ取り出す（Notebookを使用）

```
In  def generate(str):
        for s in str:
            yield '「' + s +'」'

    gen = generate('パコーンッッ!')  # ジェネレーターオブジェクトを生成
    print(next(gen))
Out 「パ」
```

```
In  print(next(gen))
Out 「コ」
```

```
In  print(next(gen))
Out 「一」
```

```
In  print(next(gen))
Out 「ン」
```

```
In  print(next(gen))
Out 「ッ」
```

```
In  print(next(gen))
Out 「ッ」
```

```
In  print(next(gen))
Out 「!」
```

この例では、next()を繰り返し実行してジェネレーターオブジェクトから1つずつ取り出しましたが、イテレート（反復処理）が可能なのでforループを使った方が簡単です。

▼forループでジェネレーターを処理する

```
In  gen = generate('パコーンッッ!')
    for s in gen:
        print(s)

Out 「パ」
    「コ」
    「一」
    「ン」
    「ッ」
    「ッ」
    「!」
```

164

2-10 特殊な関数

Tips 100

ソースコードを書き換えずに 関数に機能を追加する

▶Level ●●

これがポイントです！ → **デコレーター**

デコレーターとは、既存のソースコードを書き換えずに、関数に機能を追加したり変更したりできる機能のことです。

▼関数をデコレート（装飾）する（Notebookを使用）

```
In  def hello():
        return "ごぶさた！"

    # 関数を受け取り関数を返す高階関数
    def dec(func):
        def new_func():
            print ('function called:' + func.__name__)
            return func()
        return new_func

    # hello()関数を書き換え
    hello = dec(hello)

    print (hello())
```

▼実行結果

```
Out  function called : hello
     ごぶさた！
```

書き換えた結果、新たに作られた関数オブジェクトhelloは、元のhello()関数と同じ

戻り値を返すものの、「function called : hello」と出力するようになりました。このように、関数を装飾する場合、Pythonではデコレーター構文を使ってシンプルに書くことができます。

```
@dec ——— デコレートしたい関数の直前に@関数名を入れる
def hello():
    return "ごぶさた！"
```

このコードは次のコードと同じです。

```
def hello():
    return "ごぶさた！"
hello = dec(hello)
```

@decを関数の直前に入れたことで、「hello = dec(hello)」のコードが不要になりました。

基本プログラミング

165

2-11 クラスとオブジェクト

Tips 101 オブジェクトを定義する

これがポイントです！ **クラス**

Pythonは「オブジェクト指向」のプログラミング言語なので、プログラムで扱うすべてのデータをオブジェクトとして扱います。オブジェクト指向言語の説明に「クラスは『プログラマーによって定義された、一定の振る舞いを持つオブジェクトの構造である』」というものがあります。これを整理すると、「オブジェクトというものはクラスによって定義され、クラスにはオブジェクトを操作するためのメソッドが備わっている」ということになります。

●「クラス」はオブジェクトを作るためのもの

Pythonのint型はintクラス、str型はstrクラスで定義されています。「age = 28」と書くと、コンピューターのメモリ上に28という値を読み込み、「この値はint型である」という制約をかけます。このような制約をかけるのが**クラス**です。クラスには専用のメソッドが定義されているので、制約をかけることによってクラスで定義されているメソッドが使えるようになります。

●クラスの定義

クラスを作るには、その定義が必要です。クラスは次のようにclassキーワードを使って定義します。

・クラスの定義

```
class クラス名:
```

●メソッド

クラスの内部にはメソッドを定義するコードを書きます。

・メソッドの定義

```
def メソッド名(self, パラメーター)
    処理...
```

メソッドの決まりとして、第1パラメーターにはオブジェクトを受け取るためのパラメーターを用意します。名前は何でもよいのですが、習慣的に「self」がよく使われます。メソッドを実行するときは「オブジェクト.メソッド()」のように書きますが、これは「オブジェクトに対してメソッドを実行する」ことを示しています。一方、呼び出される側のメソッドは、呼び出しに使われたオブジェクトをパラメーターで「明示的に」受け取るように決められています。

▼メソッドを呼び出すと、実行元のオブジェクトの情報がselfに渡される

2-11 クラスとオブジェクト

このような仕組みになっているので、パラメーターが不要なメソッドであっても、オブジェクトを受け取るパラメーターだけは必要です。これを書かないと、どのオブジェクトから呼び出されたのかがわからないので、エラーになります。

●オリジナルのクラスを作る

メソッドを1つだけ持つシンプルなクラスを作ります。

▼Testクラスを定義する（Notebookを使用）

```
In  class Test:
        def show(self, val):
            print(self, val)      # selfとvalを出力
```

●オブジェクトを作成する
（クラスのインスタンス化）

クラスからオブジェクトを作るには、次のように書きます。これを「**クラスのインスタンス化**」と呼びます。インスタンスとは、オブジェクトと同じ意味を持つプログラミング用語です。

・クラスのインスタンス化

変数 = クラス名(引数)

「クラス名(引数)」と書けば、クラスがインスタンス化されてオブジェクトが生成されます。str型やint型のオブジェクトではこのような書き方はしませんでした。intやstr、float、さらにはリスト、辞書、集合などの基本的なデータ型の場合は、直接、値を書くだけで、内部的にint()やstr()などのコンストラクター（オブジェクトを生成するメソッド）が実行されるようになっています。

```
num = 10 ───────── 内部でint()コンストラクターが実行されてint型のオブジェクトが生
                  成される
str = 'Python' ───────── クォートで囲んであるので、str()コンストラクターが実行されてstr
                        型のオブジェクトが生成される
lst = [10, 50, 100] ───── []で囲んであるので、list()コンストラクターが実行されてリスト型
                        のオブジェクトが作られる
```

▼コンストラクターを使ってみる

```
In  str = str('Python')  ─────── このようにも書けるが、「str = 'Python'」と同じこと
    str
Out 'Python'
```

先ほど作成したTestクラスをインスタンス化して、show()メソッドを呼び出してみ

ます。クラスを定義した部分の下の行に、次のように記述します。

167

2-11 クラスとオブジェクト

▼Testクラスをインスタンス化してメソッドを使ってみる

```
In  test = Test()              # Testクラスをインスタンス化してオブジェクトの参照を代入
    test.show('こんにちは')      # Testオブジェクトからshow()メソッドを実行
```

▼実行結果

```
Out  <__main__.Test object at 0x05560BD0> こんにちは
```

show()メソッドには、必須のselfパラメーターとは別にvalパラメーターがあります。

▼メソッド呼び出しにおける引数の受け渡し

show()メソッドでは、これら2つのパラメーターの値を出力します。selfパラメーターの値として、

```
<__main__.Test object at 0x05560BD0>
```

のように出力されています。「0x05560BD0」の部分が、Testクラスのオブジェクトの参照情報（メモリアドレス）です。

● オブジェクトの初期化を行う__init__()

クラス定義において、__init__()というメソッドは特別な意味を持ちます。

クラスからオブジェクトが作られた直後、初期化のための処理が必要になることがあります。例えば、回数を数えるカウンター変数の値を0にセットする、必要な情報をファイルから読み込む、などです。

「初期化」を意味するinitializeの先頭4文字をダブルアンダースコアで囲んだ__init__()というメソッドは、オブジェクトの初期化処理を担当し、オブジェクト作成直後に自動的に呼び出されます。

・__init__()メソッドの書式

```
def __init__(self, パラメーター, ...)
    初期化のための処理
```

2-11 クラスとオブジェクト

Tips 102 スーパークラスを継承して サブクラスを作る（継承①）

▶Level ●●●

これが ポイント です！ スーパークラスとサブクラスの定義

あるクラスの定義内容をそのまま引き継いで別のクラスを作ることができます。これを**継承**と呼びます。

クラスAを受け継いだクラスBがあったとき「BはAを継承している」と表現され、Aのオブジェクトでできることは、Bのオブジェクトでもできることが保証されます。AとBの継承関係において、AはBの**スーパークラス**、BはAの**サブクラス**と呼ばれます。

▼スーパークラスとサブクラス

```
A    スーパークラス
↑
B    サブクラスBはAを継承している
```

・スーパークラスを継承したサブクラスの定義

```
class  クラス名(継承するクラス名):
    ...クラスの内容...
```

クラスAを継承したサブクラスBを作るにはBのクラス定義を

```
class B(A):
```

とします。こうすると、スーパークラスAを継承したサブクラスBが出来上がります。サブクラスBをインスタンス化してオブジェクトを作れば、スーパークラスAのメソッドをこのオブジェクトから使うことができます。

●オーバーライド

たんにクラスを継承して中身が同じものを2つ用意すること自体には、あまり意味がありません。実は、継承の重要なポイントは「サブクラスがスーパークラスの機能の一部を書き換えることができる」ことにあります。具体的にはメソッドの中身の書き換え（再定義）です。これを「**メソッドのオーバーライド**」と呼びます。

●スーパークラスを定義する

ここからは、バトルゲームを題材にしたプログラムを作っていきます。バトルの結果を作るresponderモジュール（responder.py）を作成し、次の4つのクラスを定義します。

Spyderを使用している場合は仮想環境の関連付けは必要ありませんが、VSCodeを使用している場合はモジュールを作成したあと、画面下部の**ステータスバー**にあるPythonインタープリターの選択領域をクリックして、仮想環境のインタープリターを選択しておいてください。

・Responderクラス（スーパークラス）

バトルの結果を作るresponse()メソッドを定義します。このメソッドは、オーバーライドを前提にしたメソッドです。

・LuckyResponderクラス（サブクラス）

モンスターにダメージを与えるサブクラスです。response()メソッドをオーバーライドして、ダメージを与えるためのデータを作ります。

基本プログラミング

169

2-11　クラスとオブジェクト

・DrawResponderクラス（サブクラス）

対戦を引き分けに持ち込むサブクラスです。response()メソッドをオーバーライドして、引き分けにするためのデータを作ります。

・BadResponderクラス（サブクラス）

プレイヤーにダメージを与えるサブクラスです。response()メソッドをオーバーライドして、ダメージを与えるためのデータを作ります。

まず、スーパークラスのResponderを定義します。

response()メソッドは、応答を作って戻り値として返す処理を行います。パラメーターpointは、呼び出し元から渡される変動値（HPを増減させるための値）を受け取るためのものです。ただし、このメソッドはサブクラスでオーバーライドするので、処理コードは何も書かず、returnでも空の文字列を返すようになっています。いわば、メソッドの骨格だけを定義した状態です。

▼Responderクラスの定義（responder.py）

```
class Responder:
    """ 応答クラスのスーパークラス
    """
    def response(self, point):
        """ 応答を返すメソッド
            オーバーライドを前提
        Args: point(int): 変動値
        Returns: str: 空の文字列
        """
        return ''
```

●サブクラス「LuckyResponder」

Responderクラスの下の行に、サブクラスLuckyResponderを定義するコードを入力します。

このクラスは、モンスターにダメージを与えるためのものなので、response()メソッ

ドをオーバーライドし、メッセージ用の文字列とパラメーターで取得した**変動値**をリストにして、これを戻り値として返すようにします。

▼サブクラスLuckyResponder（responder.py）

```
class LuckyResponder(Responder):
    """ モンスターにダメージを与えるサブクラス
    """
    def response(self, point):
        """ response()をオーバーライド
        Args: point(int): 変動値
        Returns: list: メッセージと変動値
        """
        return ['モンスターにダメージを与えた！', point]
```

2-11 クラスとオブジェクト

「変動値」というのはプレイヤーの攻撃方法によって決まる値のことで、この値を使ってプレイヤーとモンスターのHP（ヒットポイント）を変動させます。プレイヤーのHPが0になったらゲームオーバー、モンスターのHPが0になったら新手のモンスターを出現させます。

● サブクラス「DrawResponder」

DrawResponderクラスは、プレイヤーの攻撃があってもHPは現状のままにすることで引き分けに持ち込みます。このため、response()メソッドでは、変動値のpointを0にして戻り値として返します。

ここでは、プレイヤーのHPを増やし、逆にモンスターのHPを減らすために、渡された変動値を加工せずにそのまま返すようにしています。

▼サブクラスDrawResponder（responder.py）

```python
class DrawResponder(Responder):
    """ 引き分けに持ち込むサブクラス
    """
    def response(self, point):
        """ response()をオーバーライド
            pointの値を0にする

        Args: point(int): 変動値
        Returns: list: メッセージと変動値
        """
        point = 0
        return ['モンスターは身を守っている！',
                point]
```

● サブクラス「BadResponder」

プレーヤーにダメージを与えるクラスです。変動値がプラスの値だと、プレイヤーのHPに加算され、モンスターのHPが減算されます。そこで、変動値そのものをマイナスの値にすることで、プレイヤーのHPを減ら

し、モンスターのHP値を増やす、という逆の現象を起こすようにします。response()メソッドでは、戻り値を−pointとしてマイナスの値に変えて返すようにします。

▼サブクラスBadResponder（responder.py）

```python
class BadResponder(Responder):
    """ プレイヤーにダメージを与えるサブクラス
    """
    def response(self, point):
        """ response()をオーバーライドpointの値をマイナスにする

        Args: point(int): 変動値
        Returns: list: メッセージと変動値
        """
        return ['モンスターが反撃した！', -point]
```

171

2-11　クラスとオブジェクト

●**モジュールの実行部を作ってサブクラスをインスタンス化してみる**

テスト用として、モジュールを単体でテス

トできるコードを追加しておきましょう。以下、responder.pyの全コードを掲載します。

▼responderモジュール (responder.py)

```python
class Responder:
    """ 応答クラスのスーパークラス

    """
    def response(self, point):
        """ 応答を返すメソッド
            オーバーライドを前提

        Args:
            point(int): 変動値
        Returns:
            str: 空の文字列
        """
        return ''

class LuckyResponder(Responder):
    """モンスターにダメージを与えるサブクラス

    """
    def response(self, point):
        """ response()をオーバーライド


        Args: point(int): 変動値
        Returns: list: メッセージと変動値
        """
        return ['モンスターにダメージを与えた！', point]

class DrawResponder(Responder):
    """ 引き分けに持ち込むサブクラス

    """
    def response(self, point):
        """ response()をオーバーライド pointの値を0にする


        Args: point(int): 変動値
        Returns: list: メッセージと変動値
        """
        point = 0
        return ['モンスターは身を守っている！', point]

class BadResponder(Responder):

    """ プレイヤーにダメージを与えるサブクラス

    """
    def response(self, point):
        """ response()をオーバーライド pointの値をマイナスにする
```

172

2-11　クラスとオブジェクト

```
            Args: point(int): 変動値
            Returns: list: メッセージと変動値
            """
            return ['モンスターが反撃した！', -point]

# プログラムの実行ブロック
if __name__ == '__main__':
    point = 3  # 変動値を3にしておく
    responder = LuckyResponder()     # LuckyResponderのオブジェクトを生成
    res = responder.response(point)  # 変動値を設定してresponse()メソッドを実行
    print(res)  # 戻り値を表示

    responder = DrawResponder()      # DrawResponderのオブジェクトを生成
    res = responder.response(point)  # 変動値を設定してresponse()メソッドを実行
    print(res)  # 戻り値を表示

    responder = BadResponder()       # BadResponderのオブジェクトを生成
    res = responder.response(point)  # 変動値を設定してresponse()メソッドを実行
    print(res)  # 戻り値を表示
```

● 「if __name__ == '__main__':」

「if __name__ == '__main__':」という条件式がありますが、これは「モジュールが直接実行された場合にブロックの処理を実行する」という意味になります。先頭と末尾が2個のアンダースコア（__）になっている名前は、Pythonが使う変数として予約されていて、モジュールを直接実行した場合には__name__に「__main__」という値が入るようになっています。

・プログラムの起点を示す

```
if __name__ == '__main__':
```

VSCodeの場合は、responder.pyをエディターで開いた状態でアクティビティバーの実行とデバッグボタンをクリックし、開いたパネルの実行とデバッグボタンをクリックします（事前に仮想環境のPythonインタープリターを選択しておいてください）。Spyderの場合は、responder.pyを開いた状態で実行メニューの実行を選択するか、ツールバーの実行ボタンをクリックします。

プログラム実行後、VSCodeの場合はターミナル、Spyderの場合はIPythonコンソールに次のように出力されます。

▼ responder.pyの実行結果

```
['モンスターにダメージを与えた！', 3]  ──── LuckyResponderは変動値をそのまま返す
['モンスターは身を守っている！', 0]  ──── DrawResponderは変動値を0にする
['モンスターが反撃した！', -3]  ──── BadResponderは変動値をマイナスにする
```

基本プログラミング

173

2-11　クラスとオブジェクト

Tips
103

インスタンス変数とオブジェクトの初期化メソッドを定義する（継承②）

▶Level ●●●

これがポイントです！ ▶ インスタンス変数、__init__()メソッド

前回のTipsで作成した3つのサブクラスを呼び分けて異なる応答を返す、といったコントローラー的な要素を持つControllerクラスを作成します。具体的な処理として、Responderクラスの3つのサブクラスをインスタンス化し、実行するタイミングに応じて、サブクラスでオーバーライドしたresponse()メソッドを実行します。

●オブジェクトの情報を保持するインスタンス変数

インスタンスという用語はオブジェクトのことを指しますが、「メモリ上に読み込まれているオブジェクトそのもの」を指す場合に、特にインスタンスという呼び方をします。クラスからはいくつでもオブジェクトが作れるので、「個々のオブジェクトを指す」ときにインスタンスという呼び方がなされます。

インスタンス変数とは、インスタンスが独自に保持する情報を格納するための変数です。1つのクラスからオブジェクト（インスタンス）はいくつでも作れますが、str型やint型のオブジェクトがそうであったように、それぞれのインスタンスは別々の情報を保持します。このようなオブジェクト固有の情報は、インスタンス変数を利用して保持します。

・インスタンス変数の定義

```
self.インスタンス変数名 = 値
```

selfには、クラスのインスタンス（の参照情報）が格納されます。

●オブジェクトを初期化する __init__()

クラスで定義するメソッドに__init__() (initの前後はダブルアンダースコア)があります。クラスの内部で__init__()メソッドを定義すれば、クラスのオブジェクトを作成するときに自動的に呼び出されて、定義されているコードが実行されます。定義の仕方は一般的なメソッドと同じです。1つ目のパラメーターをselfにすれば、必要に応じてカンマで区切ってパラメーターを書いていくことができます。

ここでは、__init__()メソッドでresponderモジュールの3つのサブクラスをインスタンス化して、それぞれインスタンス変数に代入するようにしています。Controllerクラスをインスタンス化すると同時に3つのサブクラスのインスタンスが生成される仕組みです。新たなモジュール「controller.py」を、前回のTipsで作成した「responder.py」と同じフォルダーに作成して、次のように記述します。

2-11 クラスとオブジェクト

▼Controllerクラスと__init__()メソッドの定義 (controller.py)

```python
import random      # randomモジュールをインポート
import responder   # responderモジュールをインポート


class Controller:
    """ 応答オブジェクトを呼び分けるためのクラス
    """
    # 応答オブジェクトを生成してインスタンス変数に格納
    def __init__(self):
        # LuckyResponderを生成
        self.lucky = responder.LuckyResponder()
        # DrawResponderを生成
        self.draw = responder.DrawResponder()
        # BadResponderを生成
        self.bad = responder.BadResponder()
```

「import responder」とした場合は、「responder.LuckyResponder()」のように、クラス名の前にモジュール名を付ける必要があります。

この段階で、__init__()の定義部分の下の行に次のように入力してcontroller.pyモジュールを実行すると、そのあとに示した実行結果のように、response()メソッドからの戻り値が返ってきます。この確認用のコードは、次の項目で一部を書き換えて使用します。

```python
# プログラムの実行ブロック
if __name__ == '__main__':
    # 変動値はとりあえず3にしておく
    point = 3
    # Controllerのオブジェクトを生成
    ctr = Controller()
    # 変動値を設定してresponse()メソッドを実行
    res = ctr.lucky.response(point)
    # 応答を表示
    print(res)
```

▼controller.py の実行結果 ([ターミナル] または [IPythonコンソール] に出力)

```
['モンスターにダメージをあたえた！', 3]
```

基本プログラミング

175

2-11 クラスとオブジェクト

Tips
104
3つのサブクラスのメソッドをランダムに呼び分ける(継承③)

▶ Level ● ● ●

これが
ポイント
です！ **ポリモーフィズムによる実行時型識別**

　前回のTipsで、__init__()でサブクラスをインスタンス化するようにしたので、これらのインスタンスから、各サブクラスでオーバーライドしたresponse()メソッドを呼び出すようにします。ただ、たんに呼び出したのでは面白くないので、1から100までの

値をランダムに生成し、生成した値によってどのサブクラスのresponse()メソッドを呼び出すのか決めるようにします。
　responder.pyのControllerクラスに、新規のattack()メソッドを定義します。

▼attack()メソッド (controller.py)

```python
class Controller:
    """ 応答オブジェクトを呼び分けるためのクラス
    """
    # 応答オブジェクトを生成してインスタンス変数に格納
    def __init__(self):
        ......定義コード省略......

    def attack(self, point):
        """ サブクラスのresponse()を呼び出して応答文字列と変動値を取得する
        Args:
            point (int): 変動値
        Returns:
            list: response()から返されるメッセージと変動値
        """
        # 1から100をランダムに生成
        x = random.randint(1, 100)
        # 30以下ならLuckyResponderオブジェクトにする
        if x <= 30:
            self.responder = self.lucky
        # 31~60以下ならDrawResponderオブジェクトにする
        elif 31 <= x <= 60:
            self.responder = self.draw
        # それ以外はBadResponderオブジェクトにする
        else:
            self.responder = self.bad
        # 選択されたサブクラスのresponse()を実行し、戻り値をそのまま返す
        return self.responder.response(point)
```

2-11 クラスとオブジェクト

randomモジュールのrandint()メソッドは、引数を(1, 100)にしたことで、1から100までの範囲の値を1つだけ返します。値が30以下ならLuckyResponder、31〜60の範囲ならDrawResponder、それ以外はBadResponderのインスタンスをself.responderに代入します。

最後のreturnの部分でresponse()メソッドを実行して、その戻り値をそのままattack()メソッドの戻り値として返します。

▼戻り値を返す部分

```
return self.responder.response(point)
```

「self.responder.response(point)」のself.responderにはif...elif...elseによって決定されたクラスのインスタンスが代入されています。メソッドが実行されるたびに代入されるインスタンスが変わる、言い換えると、メソッドが実行されるまではどのクラスのインスタンスになるのかわかりませんが、呼び出しを行うメソッドはオーバーライドされたresponse()メソッドなので、すべて同じ名前で呼び出せます。これをプログラミング用語で**ポリモーフィズム**（**実行時型識別**）といいます。

オーバーライドしたことで同じ名前のメソッドがいくつも作られたわけですが、プログラムの実行時にインスタンスを入れ替えることで、同じコードで異なるクラスのメソッドを呼び分けられる、という仕組みです。

●**モジュールの実行部を修正する**

前回のTipsで作った、モジュールを単独でテストするためのコードを修正しておきましょう。

▼Controllerクラスの全体像（controller.py）

```
import random      # randomモジュールをインポート
import responder   # responderモジュールをインポート


class Controller:
    """ 応答オブジェクトを呼び分けるためのクラス
    """
    # 応答オブジェクトを生成してインスタンス変数に格納
    def __init__(self):
        # LuckyResponderを生成
        self.lucky = responder.LuckyResponder()
        # DrawResponderを生成
        self.draw  = responder.DrawResponder()
        # BadResponderを生成
        self.bad   = responder.BadResponder()

    def attack(self, point):
        """ サブクラスのresponse()を呼び出して応答文字列と変動値を取得する
        Args:
            point (int): 変動値
        Returns:
            list: response()から返されるメッセージと変動値
```

基本プログラミング

177

2-11 クラスとオブジェクト

```
    """
    # 1から100をランダムに生成
    x = random.randint(1, 100)
    # 30以下ならLuckyResponderオブジェクトにする
    if x <= 30:
        self.responder = self.lucky
    # 31～60以下ならDrawResponderオブジェクトにする
    elif 31 <= x <= 60:
        self.responder = self.draw
    # それ以外はBadResponderオブジェクトにする
    else:
        self.responder = self.bad
    # 選択されたサブクラスのresponse()を実行し、戻り値をそのまま返す
    return self.responder.response(point)


# プログラムの実行ブロック
if __name__ == '__main__':
    # 変動値を3にしておく
    point = 3
    # Controllerのオブジェクトを生成
    ctr = Controller()
    # 変動値を設定してresponse()メソッドを実行
    res = ctr.attack(point)          ←── ここを変更する
    # 応答を表示
    print(res)
```

controller.pyを実行すると、**ターミナル**または**IPythonコンソール**に、次のように出力されます。

▼controllerモジュールの実行結果

```
['モンスターにダメージを与えた！', 3]  ── 3つのresponse()メソッドのどれかが
                                              実行される
```

2-11　クラスとオブジェクト

Tips
105
▶Level ●●●

プログラム開始時にインスタンスを生成する（継承④）

これがポイントです！ **プログラムの起動と実行中の制御**

　バトルゲームの最後のモジュールです。このモジュールを直接、実行すればゲームが開始されます。

●**プレイヤーからの入力値を取得する関数を用意する**

　ゲームでは、攻撃方法やその内容について質問しながら進めていきます。まずは、質問の内容ごとに専用の関数を用意します。

　これまでに作成したresponder.pyやcontroller.pyと同じフォルダーに、新規のモジュールmain.pyを作成して、次のコードを記述しましょう。

▼プレイヤーからの入力値を取得する関数を用意 (main.py)

```python
import random      # randomモジュールをインポート
import time        # timeモジュールをインポート
import controller  # controllerモジュールのクラスをインポート

def choice():
    """ 攻撃方法を選択する関数

    Returns:
        input(): 攻撃方法を入力できる状態にする
    """
    return input('【武器を使う(0)／フォースを使う(1)】')

def arm_choice():
    """ 武器を選択する関数

    Returns:
        input(): 使用する武器を入力できる状態にする
    """
    return input(
        '【ライトセーバー(0)／' +
        'クロスガード・ライトセーバー(1)／'+
        'ダブルブレード・ライトセーバー(2)】')

def magic_choice():
    """ 呪文(フォース)を選択する関数
```

基本プログラミング

179

2-11 クラスとオブジェクト

```
        Returns:
            input(): 使用する呪文を入力できる状態にする
        """
    return input('【テレキネシス(0)／マインドトリック(1)／フォース・ダッシュ(2)】')


def is_restart():
    """ リスタートするかを選択する関数

        Returns:
            input(): ゲームを続けるかどうかを入力できる状態にする
        """
    return input('もう1回やる（やる(0)／やめる(1)）')
```

●バトルを行う関数を用意する

　ゲームプログラムのメインとなるbattle()関数です。プレイヤーとモンスターのHP（ヒットポイント）を設定し、Controllerクラスのattack()メソッドを実行してバトルを開始します。プレイヤーのHPが0になったところでゲーム終了です。途中でモンスターのHPが0になったら、新たなモンスターを出現させてゲームを続けます。

　これらの処理は2重構造のwhileブロックで実現します。外側のwhileはプレイヤーのHPが0になるまでの繰り返し、内側のwhileはモンスターのHPが0になるまでの繰り返しを処理します。

　main.pyに入力したコードの続きとして、battle()関数の定義コードを入力しましょう。

▼ゲームを実行する関数 (main.py)

```
......インポート文省略......
......入力値を取得する関数群省略......


def battle():
    """ゲームを実行する関数
    """
    # プレイヤーのHPを設定
    hp_brave = 2

    # プレイヤーのHPが0になるまで繰り返す
    while hp_brave > 0:                                              ──❶
        # モンスターをランダムに設定して表示する
        monster = random.choice(
            ['バッドドロイド', 'ドゥーワー伯爵', 'ダーク・ベイダー'])   ──❷
        print('\n>>>{}があらわれた！\n'.format(monster))
        # モンスターのHPを設定
        hp_monster = 2

        # モンスターのHPが0になるまで繰り返す
        while hp_monster > 0:                                        ──❸
            # 攻撃は武器かフォースかを選択
            tool = choice()                                         ──❹
```

180

2-11 クラスとオブジェクト

```python
        # 規定値が入力されるまで繰り返す
        while (True != tool.isdigit()) or (int(tool) > 1):        ──⑤
            tool = choice()


        # 武器を選択した場合はどれを使うかを選択
        tool = int(tool)                                          ──⑥
        if tool == 0:                                             ──⑦
            arm = arm_choice()
            # 規定値が入力されるまで繰り返す
            while (True != arm.isdigit()) or (int(arm) > 2):
                arm = arm_choice()
        # 武器を選択しなかった場合はどの呪文（フォース）を使うかを選択
        else:                                                     ──⑧
            arm = magic_choice()
            # 規定値が入力されるまで繰り返す
            while (True != arm.isdigit()) or (int(arm) > 2):
                arm = arm_choice()


        # 攻撃の開始を通知
        print('\n>>>{}のこうげき！！'.format(brave))              ──⑨


        # Controllerクラスのattack()を実行して応答を取得
        # 引数はarmに1を足した値、これを変動値とする
        arm = int(arm)                                            ──⑩
        result = ctr.attack(arm + 1)                              ──⑪


        # 1秒待機して応答のメッセージを表示する
        time.sleep(1)                                             ──⑫
        print('>>>' + result[0])                                  ──⑬


        # プレイヤーのHPとモンスターのHPを増減して
        # それぞれのHPを表示
        hp_brave += result[1]                                     ──⑭
        hp_monster -= result[1]
        print('*******************')
        print('{}のHP：{}'.format(brave, hp_brave))               ──⑮
        print('{}のHP：{}'.format('モンスター', hp_monster))
        print('*******************\n')


        #プレイヤーのHPが0以下なら内側のwhileブロックを抜ける
        if hp_brave <= 0:                                         ──⑯
            break
    # プレイヤーのHPが0以下なら外側のwhileブロックを抜ける
    if hp_brave <= 0:                                             ──⑰
        break


    # モンスターのHPが0になれば内側のwhileを抜けて以下を表示
    # その後、外側のwhileの先頭に戻る
    print('>>>{}はモンスターをやっつけた！'.format(brave))        ──⑱
```

2-11 クラスとオブジェクト

```
    # プレイヤーのHPが0以下であれば外側のwhileを抜けて以下を表示
    print('>>>{}は負けてしまった...\n'.format(brave))────────⑲
```

❶の

```
while hp_brave > 0:
```

では、プレイヤーのHPが0になるまでゲームを続けます。ですが、whileの内部のifでHPを判定してブロックを抜けるようにする

ので、実は「hp_brave > 0」の条件はあまり意味がありません。「while True:」でもよいのですが、HPが0になったらやめる、ということがわかるようにするため、このような条件にしてあります。

❷の

```
monster = random.choice(
        ['バッドドロイド', 'ドゥーワー伯爵', 'ダーク・ベイダー'])
```

では、randomモジュールのchoice()関数で、リストの中からモンスターをランダムに抽出します。この段階で画面に「バッドドロイドがあらわれた！」のように表示します。このあと、モンスターのHPを設定して、モンスターの用意は完了です。

❸の

```
while hp_monster > 0:
```

では、モンスターのHPが0になるまでバトルを繰り返します。モンスターのHPが0になった時点でブロックを抜けて、外側の

while❶の先頭に戻ります。モンスターをやっつけたら、再びリストからモンスターを抽出し、HPをセットしたうえでこのwhileブロックに戻ってくる、という流れになります。

❹の

```
tool = choice()
```

では、mainモジュールのchoice()関数を実行して、プレイヤーに攻撃方法を選択してもらいます。

❺の

```
while (True != tool.isdigit()) or (int(tool) > 1):
```

では、choice()関数で取得するのは、「武器を使う」場合の0、「フォースを使う」場合の1のうちのどちらかなので、それ以外の数字や文字列が入力された場合に、0と1のどちらかが入力されるまでchoice()関数を実行して質問を繰り返します。入力された値が数字であるかどうかは、isdigit()メソッドで調

べます。

- **isdigit() メソッド**

文字列のすべての文字が数字で、かつ1文字以上あるならTrue、そうでなければFalseを返します。

182

2-11 クラスとオブジェクト

| 書式 | 文字列.isdigit() |

「True != tool.isdigit()」で戻り値がTrue
になるまで、または「int(tool) > 1」で0か
1になるまで、choice()関数を繰り返し実行
します。なお、数値の比較は数値同士でない
と行えないので、int(tool)で、文字列をint
型に変換して比較するようにしています。

⑥の

```
tool = int(tool)
```

では、この時点で正しい値が入力されている
はずなので、toolの値をint型に変換しま
す。

⑦の

```
if tool == 0:
```

は、「武器を使う」場合の0が入力されたと
きの処理です。arm_choice()関数を実行し
て武器を選んでもらいます。ここでも、0、
1、2以外の文字が入力されるまでwhileブ
ロックでarm_choice()関数を繰り返し実行
します。

⑧の

```
else:
```

以下の処理は、**⑤**において「フォースを使
う」が選択されたときの処理です。「elif
tool == 0:」にしてもよいのですが、「それ
以外は」の意味でelse:にしています。
magic_choice()関数を実行して、何を使う
のかを選んでもらいます。0、1、2以外の文
字が入力されたら、whileブロックで規定値
が入力されるまでmagic_choice()を繰り
返し実行します。

⑨の

```
print('\n>>>{}のこうげき！！'.format(brave))
```

では、攻撃方法の選択とアイテム（武器また
はフォース）の選択が済んでいるので、攻撃
の開始を通知します。

⑩の

```
arm = int(arm)
```

のarmには、0、1、2のいずれかが代入され
ています。ここで文字列をint型に変換し、
この値がバトルの勝敗を決める値になりま
す。

⑪の

```
result = ctr.attack(arm + 1)
```

でモンスターとのバトルを開始します。
Controllerオブジェクトが代入されている
（インスタンス化はプログラムの実行部で行
います）ctrからattack()メソッドを実行し
ます。引数はarmに1を足した値です。0ま
たは1、2の値を1、2、3のようにします。
　attack()メソッドが実行されると、例の

183

2-11 クラスとオブジェクト

ランダムに抽出した値によってResponder
のサブクラスのresponse()メソッドが選択

／実行され、結果として次のいずれかのリス
トが返ってきます。

▼武器で「ライトセーバー」を選択、またはフォースで「テレキネシス」を選択した場合

・**LuckyResponder**の**response()**メソッドが実行された場合
`['モンスターにダメージを与えた！', 1]`

・**DrawResponder**の**response()**メソッドが実行された場合
`['モンスターは身を守っている！', 0]`

・**BadResponder**の**response()**メソッドが実行された場合
`['モンスターが反撃した！', -1]`

このように、Responderのどのサブクラ
スのresponse()メソッドが実行されたかに
よって、メッセージと変動値の値が変わりま
す。この変動値は、attack()メソッドの引数
arm ＋ 1の値をもとにしています。Lucky
Responderならそのままの値が返されます
が、DrawResponderだと0、BadRespon
derだとマイナスにした値が返ってきます。
これを現在のHPに加算して、プレイヤーと
モンスターの生死を判定します。

⑫の

```
time.sleep(1)
```

で処理を1秒間中断します。「○○があらわ
れた」に続く2つの質問のあとに結果を表示
しますが、最後の質問のあとに間髪を入れず
に結果が表示されてしまうためです。time
モジュールのsleep()メソッドは、1などの
整数値を引数にすると、その値を秒数に換
算して処理を一時的に待機状態にします。

⑬の

```
print('>>>' + result[0])
```

で、attack()メソッドから返されたリストの
第1要素を出力します。リストの1つ目には
「モンスターが反撃した！」などの応答メッ
セージが格納されています。

⑭の

```
hp_brave += result[1]
hp_monster -= result[1]
```

で、プレイヤーとモンスターのHPを変動値
にもとづいて変化させます。リストresult
の第2要素が変動値なので、プレイヤーの
HPに対しては加算、モンスターのHPには
減算の処理を行います。LuckyResponder
クラスから結果が返された場合の変動値は
プラスの値なので、プレイヤーのHPが
増え、モンスターのHPが減ります。逆に
BadResponderクラスから結果が返された
場合の変動値はマイナスの値なので、プレ
イヤーのHPが減って、モンスターのHPが
上がる、という仕掛けです。

⑮の

```
print('{}のHP：{}'.format(brave, hp_brave))
```

2-11 クラスとオブジェクト

```
print('{}のHP：{}'.format('モンスター', hp_monster))
```

では、HPを処理したあとの現在値を表示します。モンスターのHPが0になれば内側のwhileブロックを抜けて外側のwhileブロックの先頭に戻り、再びモンスターを抽出してバトルを再開します。

⑯の

```
if hp_brave <= 0:
```

では、ifを使ってプレイヤーのHPを調べ、0より小さい値であればbreakで内側のwhileブロックを抜けます。内側のwhileブロックはモンスターのHPを条件にしているので、プレイヤーのHPが0になってもバトルが続いてしまうため、ここでチェックしています。

⑰の

```
if hp_brave <= 0:
```

は、外側のwhileの処理です。内側のwhileの処理が終了したとき、つまりモンスターをやっつけた直後に実行される部分です。ここでも、ifを使ってプレイヤーのHPを調べ、もし0以下であれば、breakで外側のwhileブロックを抜けるようにします。このifブロックがなくても、外側のwhileは「while hp_brave > 0:」を条件にしているので、放っておいてもブロックを抜けますが、そうすると、このあとに続く⑱までが実行されてしまいます。

▼⑰のifブロックがない場合

```
>>>aはモンスターをやっつけた！ ── これが表示されてしまう
>>>aは負けてしまった...
```

　ゲームオーバーの前にモンスターをやっつけたことになってしまうので、そうならないように、プレイヤーのHPが0以下であれば、ifを使って外側のwhileブロックを強制的に抜けるようにしています。

⑱の

```
print('>>>{}はモンスターをやっつけた！'.format(brave))
```

は、外側のwhileの最後の処理です。内側のwhileブロックを抜けて⑰に進んだあと、ここに来ます。内側のwhileが終了したということはモンスターのHPが0以下ということなので、それを伝えるメッセージを表示します。

⑲の

```
print('>>>{}は負けてしまった...\n'.format(brave))
```

は、battle()関数の最後の処理です。外側のwhileブロックを抜けたということは、プレ

基本プログラミング

185

2-11　クラスとオブジェクト

イヤーのHPが0以下になったということ
なので、メッセージを表示して関数の処理を
終えます。この時点でゲームオーバーです。

●**プログラムそのものを実行する部分を作る**
　最後に、プログラムを実行するための

コードを入力します。これまで、mainモ
ジュールには関数しか書いていませんので、
battle()関数を実行するためのコードを用
意して、モジュールを実行すると同時に
battle()が呼び出されてゲームが開始され
るようにします。

▼**ゲームを実行するための処理を追加する（main.py）**

```
......インポート文省略......
......入力値を取得する関数群省略......
......battle()関数省略......

if __name__ == '__main__':
    # Controllerクラスのインスタンス化
    ctr = controller.Controller()                                    ❶
    # プレイヤーの名前を取得する
    brave = input('名前を入力>')                                      ❷
    # ゲーム開始
    battle()                                                         ❸

    # battle()関数が終了したらゲームを再開するかたずねる
    while True:                                                       ❹
        # is_restart()関数でプレイヤーの意向を確認
        restart = is_restart()                                       ❺
        # 規定値が入力されるまで繰り返す
        while (True != restart.isdigit()) or (int(restart) > 1):
            restart = is_restart()

        # 0が入力されたらbattle()関数を実行
        # 0以外ならループを抜けてプログラムを終了
        restart = int(restart)
        if restart == 0:                                             ❻
            battle()
        else:                                                        ❼
            break
```

❶ **ctr = controller.Controller()**
　mainモジュールの最初の実行コードで
す。Controllerクラスをインスタンス化し、
変数ctrに代入します。

❷ **brave = input('名前を入力>')**
　プレイヤーの名前を取得します。取得した
名前はbattle()関数内の処理で使用します。

❸ **battle()**
　名前を入力してもらったら、即、battle()
関数を実行してゲームを開始します。

2-11 クラスとオブジェクト

❹ while True:

　ゲームオーバーすると、battle()関数の処理が終了し、この部分に進みます。ゲームオーバーで即、プログラムを終了するのはあんまりなので、このwhileブロックでゲームの再開と終了を制御します。条件はTrueにしておいて、このあとのif...elseでループを制御します。

❺ restart = is_start()

　is_restart()関数を実行して、ゲーム再開か終了かをプレイヤーに尋ねます。

❻ if restart == 0:

　❺で取得した値が0であれば、プレイヤーがゲーム再開を望んでいるということなので、battle()関数を呼び出してゲームをスタートします。このifがあるおかげで、ゲームオーバーになっても何度でもゲームを再開できます。

❼ else:

　プレイヤーがゲーム再開を望まないのであれば、breakでwhileブロックを抜けます。このあとにはコードが何もないので、この時点でプログラムが終了します。

● プログラムを実行してみる

　VSCodeの場合は、main.pyを**エディター**で開いた状態で**アクティビティバー**の**実行とデバッグ**ボタンをクリックし、開いたパネルの**実行とデバッグ**ボタンをクリックします（事前に仮想環境のPythonインタープリターを選択しておいてください）。Spyderの場合は、main.pyを開いた状態で**実行**メニューの**実行**を選択するか、ツールバーの**実行**ボタンをクリックします。

▼ VSCodeの場合

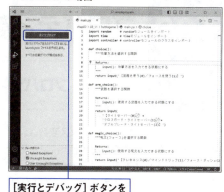

［実行とデバッグ］ボタンをクリック

▼ VSCodeの［ターミナル］の画面

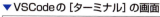

プレイヤーの名前を入力

攻撃方法を指定する0、1、2のどれかを入力

▼ VSCodeの［ターミナル］の画面

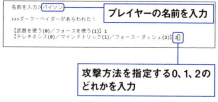

結果が表示される

ゲームオーバーの場合は0(やる)、1(やめる)のどちらかを入力

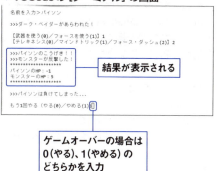

　プレイヤーとモンスターのHPの初期値を2にしているので、バトルはすぐ終わってしまいます。バトルを長く続けたい場合は、battle()関数内のhp_braveとhp_monsterの初期値を増やしてみてください。

2-11　クラスとオブジェクト

Tips
106　プロパティを使う

▶Level ●●●　これがポイントです！　**プロパティ、ゲッター、セッター**

クラスで定義したインスタンス変数は、本来であればクラス内部のみの使用にとどめ、外部からアクセス不可にするのが安全です。予期しない値に書き換えられたり、不正な値が代入されると、クラスの挙動に深刻な影響を与えるためです。

とはいえ、すべてのインスタンス変数を外部から遮断するのは不可能なので、Pythonにはメソッド経由のアクセス方法として「プロパティ」という仕組みが用意されています。

●ゲッター

メソッドに@propertyデコレーターを付けると、メソッド名がそのままプロパティ名になり、次のように定義することで、インスタンス変数の値を取得する「ゲッター」として機能するようになります。

・ゲッターの定義

```
@property
def プロパティ名(self):
    return self.インスタンス変数名
```

●セッター

インスタンス変数の値を設定する「セッター」として定義するメソッドには、デコレーターとして「@プロパティ名.setter」を付けます。メソッド名はプロパティ名と同じ名前にします。つまり、ゲッターを定義していないと、単独でセッターのみを定義することはできません。次のように定義することで、セッターとして機能するようになります。

・セッターの定義

```
@プロパティ名.setter
def プロパティ名(self,
                任意のパラメーター名):
    self.インスタンス変数名 = パラメーター名
```

> **さらにワンポイント**
> あえてセッターを定義しないという方法もあります。この場合、プロパティにはゲッターしかないので、「読み取り専用」のプロパティとして機能するようになります。「値の読み取りはOKにして書き換えは不可」にしたいときは、ゲッターのみを定義するようにします。

●ダブルアンダースコアによるインスタンス変数のカプセル化

プロパティを定義すれば、プロパティ経由でインスタンス変数の値を取得（ゲッター）したり、値を書き換える（セッター）ことができますが、インスタンス変数へのアクセスを遮断するための措置として、変数名の前にダブルアンダースコア（＿＿）を付けます。ダブルアンダースコアで始まる変数やメソッドは、クラスの内部で別の名前に置き換えられる仕組みになっているので、外部からアクセスしようとするとエラーが発生します。これをオブジェクト指向プログラミングの用語で「カプセル化」と呼びます。

188

・ダブルアンダースコアによるインスタンス変数のカプセル化

元のインスタンス変数名
```
self.number
```
↓
ダブルアンダースコアを冒頭に付けてカプセル化
```
self.__number
```

●プロパティの使用例

プロパティを使用する例を見てみましょう。

▼プロパティの定義例（property.ipynb）

```
In   class CapsuleClass:
         def __init__(self):
             self.__num = 0 ————— カプセル化されたインスタンス変数

         @property
         def num(self): ————————— __numのゲッター
             return self.__num

         @num.setter
         def num(self, n): ————————— __numのセッター
             self.__num = n
```

ここでは、プロパティnumのゲッター、セッターを定義しました。次に示すのは、プロパティの使用例です。

▼プロパティの使用例

```
In   # CapsuleClassをインスタンス化
     cc = CapsuleClass()
     # numプロパティを100にする
     cc.num = 100
     # numプロパティの値を取得
     cc.num
Out  100
```

2-11　クラスとオブジェクト

●プロパティを使用したプログラムを作成する

バトルゲームをイメージした簡単なプログラムを作成してみます。

▼プロパティを実装した CapsuleClass の定義（game_property.ipynb）

```
In   class CapsuleClass:
         """プロパティを実装したクラス
         """
         def __init__(self, max = 4, count = 0):
             """初期化メソッド

             Args:
                 max (int, optional): 繰り返す回数の上限。デフォルト値は4
                 count (int, optional): 繰り返しの回数。デフォルト値は0
             """
             # 外部からアクセス不可のインスタンス変数
             self.__max = max
             self.__count = count

         @property
         def max(self):
             """__maxのゲッター

             Returns:
                 int: __maxの値
             """
             return self.__max

         @max.setter
         def max(self, max):
             """__maxのセッター

             Args:
                 max (int): 繰り返す回数の上限
             """
             self.__max = max

         @property
         def count(self):
             """__countのゲッター

             Returns:
                 int: __countの値
             """
             return self.__count
```

190

2-11 クラスとオブジェクト

```python
    @count.setter
    def count(self, count):
        """ countのセッター

        Args:
            count (int): 繰り返しの回数
        """
        self.__count = count

    def battle(self):
        """バトルメソッド
        """
        while self.count < self.max:
            print('勇者のこうげき！')
            print('モンスターは反撃した！')
            # カウンターを1増やす
            self.__count += 1
        print('勇者は呪文をとなえた！')
        print('モンスターをやっつけた！')
```

　バトルを繰り返す回数の上限値を保持するインスタンス変数__max、バトルの回数をカウントするインスタンス変数__countに対して、それぞれゲッター、セッターが定義されています。

基本プログラミング

▼ CapsuleClassをインスタンス化してプロパティを使う

In # CapsuleClassをインスタンス化
```python
cc = CapsuleClass()
# countの値を1にする
cc.count = 1
# maxの値を3にする
cc.max = 3
# ゲーム開始
cc.battle()
```
Out 勇者のこうげき！
モンスターは反撃した！
勇者のこうげき！
モンスターは反撃した！
勇者は呪文をとなえた！
モンスターをやっつけた！

191

2-11 クラスとオブジェクト

Tips 107 プロパティにチェック機能を組み込む

▶ Level ●●●

これがポイントです！ プロパティのセッターによる値のチェック

プロパティのセッターを定義した場合は、プロパティ経由でインスタンス変数の値を書き換えることができますが、予期しない値が代入されると、エラーが発生するなど動作に支障をきたします。このような場合は、ゲッター内部に任意のチェック機能を追加して、不正な値の代入を防止することができます。

●**セッターにif文を追加して値のチェックを行う**

前回のTipsで作成したプログラムにおけるmaxプロパティのセッターにif文を追加して、元のインスタンス変数に初期値としてセットされている4より小さい値をセットできないようにしてみます。強制的に、最低5回（whileループ4回とループを脱けて1回）はバトルを繰り返すようにします。これに伴い、バトルの回数をカウントするcountプロパティのセッターを削除して、カウントの開始値を書き換えられないようにしています。

▼プロパティの入力チェックを行う（geme_propertycheck.ipynb）

```
In  class CapsuleClass:
        """プロパティを実装したクラス
        """
        def __init__(self, max = 4, count = 0):
            """初期化メソッド
            Args:
                max (int, optional): 繰り返す回数の上限。デフォルト値は4
                count (int, optional): 繰り返しの回数。デフォルト値は0
            """
            # 外部からアクセス不可のインスタンス変数
            self.__max = max
            self.__count = count

        @property
        def max(self):
            """ maxのゲッター
            """
            return self.__max

        @max.setter
        def max(self, max):
```

192

2-11 クラスとオブジェクト

```python
        """__maxのセッター
        """
        if max < 4:
            self.__max = 4  ——————— 4以下の値の場合は初期値の4をセットする
        else:
            self.__max = max

    @property
    def count(self):  ——————————— countはゲッターのみを定義
        """__countのゲッター
        """
        return self.__count

    def battle(self):
        """バトルメソッド
        """
        while self.count < self.max:
            print('勇者のこうげき！')
            print('モンスターは反撃した！')
            # カウンターを1増やす
            self.__count += 1
        print('勇者は呪文をとなえた！')
        print('モンスターをやっつけた！')
```

クラスをインスタンス化して、maxプロ
パティに「2」を代入してみます。

▼maxプロパティに「2」を代入してみる

```python
[In]  # CapsuleClassをインスタンス化
      cc = CapsuleClass()
      # maxの値を2にする
      cc.max = 2
      # ゲーム開始
      cc.battle()
      # maxの値を出力
      print(cc.max)
```

```
[Out] 勇者のこうげき！
      モンスターは反撃した！
      勇者のこうげき！
      モンスターは反撃した！
      勇者のこうげき！
      モンスターは反撃した！
      勇者のこうげき！
      モンスターは反撃した！
      勇者は呪文をとなえた！
      モンスターをやっつけた！ ——————— バトルは既定の5回繰り返される
      4 ———————————————————— maxの値は初期値の「4」
```

2-12 クラス変数、クラスメソッド

Tips
108

▶ Level ● ● ●

クラス変数、クラスメソッドを使う

これがポイントです！
クラス変数、クラスメソッド、@classmethodデコレーター

クラスには、インスタンス変数やメソッド（インスタンスメソッド）を定義することができますが、それとは別に「クラス変数」、「クラスメソッド」を定義することができます。インスタンス変数やインスタンスメソッドが「クラスから作成したインスタンスに属する」と考えた場合、クラス変数やクラスメソッドは「クラスに属する」と考えることができます。

●クラス変数

クラス変数はクラスに属する変数なので、クラス直下で定義します。

・クラス変数の定義

```
class クラス名:
    クラス変数名 = 値
    . . .
```

インスタンス変数は、生成したインスタンスごとに用意されるので、複数のインスタンスを生成した場合は、それぞれのインスタンスごとに独自の値を持つことができます。それに対して、クラス変数は「クラスに用意される変数」なので、その実体は1つだけです。クラス外部からアクセスする場合はインスタンス化の処理が不要であり、クラス名を書いて直接アクセスできます。

・クラス外部からのクラス変数へのアクセス

```
クラス名.クラス変数名
```

●クラスメソッド

クラスメソッドを定義するには、デコレーター@classmethodを付けて次のようにします。

・クラスメソッドの定義

```
@classmethod
def teach(cls):
    cls.クラス変数名
    処理...
```

クラスメソッドは、実行元からクラスを受け取る必要があるので、第1パラメーターに「cls」を指定しておきます。インスタンスメソッドの場合はオブジェクトを取得する「self」でしたが、クラスメソッドの場合は慣用的に「cls」が使われます。このため、クラスメソッド内部でクラス変数にアクセスする場合は、

cls.クラス変数名

のように書いてアクセスします。

クラスメソッドをクラス外部から呼び出す場合は、直接、クラス名を書いて呼び出します。

・クラスメソッドの実行

```
クラス名.クラスメソッド名()
```

2-12　クラス変数、クラスメソッド

●クラス変数とクラスメソッドを実装した
　クラスを定義する
　クラス変数とクラスメソッドを実装した
クラスを定義してみます。

▼クラス変数とクラスメソッドを実装したクラスの定義 (classmethod.ipynb)

```
class Battle:
    """バトルゲームクラス
    """
    # カウンター用のクラス変数
    count = 0
    # バトルの上限回数を設定するクラス変数
    max = 5


    @classmethod     # クラスメソッドのデコレーター
    def battle(cls):
        """クラスメソッドの定義
        """
        if cls.count < cls.max:
            # countがmax未満のときの処理
            print('モンスターが反撃した！')
        else:
            # countが maxに達したら以下を実行
            print('モンスターたちはたいさんした...')
        cls.count += 1
```

　作成したBattleクラスのbattle()を3回
実行してみます。

▼Battleクラスのbattle()を3回実行する

```
for i in range(3):
    print('勇者のこうげき！')
    Battle.battle()
# countの値を出力
print(Battle.count)
```

```
勇者のこうげき！
モンスターが反撃した！
勇者のこうげき！
モンスターが反撃した！
勇者のこうげき！
モンスターが反撃した！
3 ──────────────── クラス変数countの値
```

基本プログラミング

195

2-12 クラス変数、クラスメソッド

引き続き、Battleクラスのbattle()を3
回実行してみます。

▼Battleクラスのbattle()を3回実行する

```
In   for i in range(3):
         print('勇者のこうげき！')
         Battle.battle()
     # countの値を出力
     print(Battle.count)
Out  勇者のこうげき！
     モンスターが反撃した！
     勇者のこうげき！
     モンスターが反撃した！
     勇者のこうげき！
     モンスターたちはたいさんした...
     6 ─────────────── クラス変数countの値
```

クラス変数countの値は前回の実行時か
ら継続されるので、ここで上限回数の5を超
えたことで、

モンスターたちはたいさんした...

が出力されています。さらにBattleクラス

のbattle()を実行すると、初回からファイナ
ルメッセージ（モンスターたちはたいさんし
た...）が出力されます。

▼さらにbattle()を実行する

```
In   for i in range(3):
         print('勇者のこうげき！')
         Battle.battle()
     # countの値を出力
     print(Battle.count)
Out  勇者のこうげき！
     モンスターたちはたいさんした...
     勇者のこうげき！
     モンスターたちはたいさんした...
     勇者のこうげき！
     モンスターたちはたいさんした...
     9 ─────────────── countの値は増え続けている
```

196

第 3 章

109〜167

文字列と日付の操作

3-1 文字列操作の基本 (109〜128)

3-2 文字列の一部除去 (129〜134)

3-3 正規表現によるパターンマッチング (135〜158)

3-4 日付データの操作 (159〜167)

3-1 文字列操作の基本

Tips
109 複数行の文字列を扱う

▶ Level ●●

これがポイントです! **トリプルクォートによる改行の有効化**

　トリプルクォート「'''」またはトリプルダブルクォート「"""」を使うと、文字列の途中に改行を入れることができます。ただし、Notebookでは、改行を示す「\n」という記号が表示されるだけで改行は行われません。Notebookは、シングルクォートまたはダブルクォートで囲まれた文字列を、そのまま出力します。これを**自動エコー**と呼ぶのですが、自動エコーとprint()関数による出力とには若干の違いがあります。Notebookの文字列表示とprint()関数を使った場合の表示の違いを確認しておきましょう。

▼トリプルクォートで文字列を改行して入力する（Notebookを使用）

```
In  '''こんにちは
    Python!'''
Out 'こんにちは\nPython!'  ── 改行を示す「\n」が表示される
```

　一方、print()関数を使うと、きちんと改行され、文字列を示すクォートも取り除かれます。

▼print()関数で改行が含まれる文字列を出力する

```
In  print('''こんにちは
    Python!''')  ──── 入力はここまで
Out こんにちは  ──── 改行して表示される
    Python!
```

▼print()関数で複数の文字列をまとめて出力する

```
In  str1 = 'こんにちは'  ──── 変数str1に文字列を格納
    str2 = 'Python!'  ──── 変数str2に文字列を格納
    print(str1, str2)  ──── str1、str2を出力
Out こんにちは Python!  ──── 間にスペースが入る
```

　変数str1とstr2をまとめて出力しましたが、print()関数の仕様として、それぞれの文字列の間にスペースが入ります。

　プログラムを作成する際、文字列の表示の指示は必然的にprint()関数を使うことになるので問題ありませんが、挙動の違いは知っておいた方がよいでしょう。

　なお、print()関数では、「,」で区切ることで、複数の文字列をまとめて表示できます。

▼Notebookにおける自動表示

```
In  'こんにちは' 'Python!'
Out 'こんにちはPython!'
        └──── 文字列が続けて表示される
```

198

3-1 文字列操作の基本

Tips 110

「\」で文字をエスケープして改行やタブを入れる

▶Level ●●

これがポイントです！ **エスケープシーケンス**

トリプルクォートで文字列を改行して入力 In 際に、自動エコーでは「'こんにちは\nP Out on!'」のように、改行されない代わりに「\n」が表示されました。これは**エスケープシーケンス**と呼ばれる文字列です。バックスラッシュの「\」ですが、日本語環境の場合は「¥」と表示されることがあります。バックスラッシュ (\) はあとに続く文字に特別な意味を与えるために使われており、\nのnは「改行」という意味になります。文字列の中に「\n」と書けば、そこで改行されるようになる仕組みです。

▼「\n」で改行する (Notebook を使用)

```
print('こんにちは\nPython!')
こんにちは
Python!
```

▼エスケープシーケンス

\0	NULL文字 (何もないことを示すためのもの)、「0」は数字のゼロ
\b	バックスペース
\n	改行 (Line Feed)
\r	復帰 (Carriage Return)
\t	タブ
\'	文字としてのシングルクォート
\"	文字としてのダブルクォート
\\	文字としてのバックスラッシュ

Tips 111

「"こん" + "にちは"」で文字列を連結する

▶Level ●●

これがポイントです！ **文字列の連結と繰り返し**

四則演算子の「+」は加算を行う演算子です。ただし、これは+の左右の式が数値のときに限ります。左右の式、もしくはどちらか

一方の式が文字列の場合は、文字列同士を結合する**文字列結合演算子**として機能します。

▼文字列結合演算子の「+」で連結する (Notebook を使用)

```
In   a = 'こん'
     b = 'にちは'
     print(a + b) ────── 変数aとbに格納されている文字列を連結する
Out  こんにちは
```

文字列と日付の操作

199

3-1 文字列操作の基本

```
In   print(a + 'ばんは') ──── 変数aの中身と文字列を連結する
Out  こんばんは
```

このように、「+」の左右が文字列であれば、左右の文字列が連結されます。なお、print()関数は、「,」で区切ることで複数の文字列を連続して表示できるので、文字列を連結したように出力されますが、間にスペースが入ります。逆にいえば、複数の文字列をスペースで区切って連続して表示させたい場合は、この方法を使うとよいでしょう。

▼スペースで区切って連続して表示する

```
In   print(a, b)
Out  こん にちは ──── 間にスペースが入る
```

Tips
112

▶Level ● ●

これが
ポイント
です！

「'ようこそ' ＊ 4」で文字列を繰り返す

「*」による文字列の繰り返し

文字列のあとに「* 数字」を書くと、「*」は直前の文字列を繰り返す演算子として機能するようになります。

▼「* 数字」で直前の文字列を繰り返す（Notebookを使用）

```
In   start = 'ようこそ ' * 4 + '\n'    # 「* 4」で「ようこそ」を4回繰り返して改行
     middle = '!' * 8 + '\n'          # 「* 8」で「!」を8回繰り返して改行
     end = 'Pythonの世界へ'
     print(start + middle + end)      # a、b、cの文字列を連結して表示
Out  ようこそ ようこそ ようこそ ようこそ
     !!!!!!!!
     Pythonの世界へ
```

200

3-1 文字列操作の基本

Tips 113 文字列の長さを調べる

▶Level ●●

これがポイントです！ len()関数

len()関数は、文字列の文字数を返します。入力文字数を制限するような場合に文字数をチェックする用途で使うことができます。

▼len()関数

書式	len(文字列)

メールアドレスを例に、全体の文字数を取得してみます。

▼文字列の文字数を知る（Notebookを使用）

```
In   mail = 'user-111@example.com'
     len(mail)
Out  20 ─── 全部で20文字
```

Tips 114 文字列の中から必要な文字だけ取り出す

▶Level ●●

これがポイントです！ 文字列[ ]

ブラケット演算子[ ]を使うと、文字列の中から特定の文字を抽出できます。

●ブラケットによる文字列の抽出

・[ ]で1文字抽出する
・[オフセット:]で指定した位置から末尾までの文字列をスライスする
・[:オフセット]で先頭からオフセット−1までの文字列をスライスする
・[オフセット:オフセット]で指定した範囲の文字列を取り出す
・[オフセット:オフセット:ステップ]で指定した文字数ごとに文字列を取り出す

●[ ]で1文字抽出する

ブラケット[]を使うと、文字列の中から1文字を取り出すことができます。

・文字列から1文字取り出す

文字列 [インデックス]

文字列のインデックスは「0」から始まり、2番目が「1」、3番目が「2」と続きます。なお、最後尾の文字のインデックスは「−1」で指定できるので、右端までの文字数を数える必要はありません。右端の左は「−2」、そのまた左は「−3」と続きます。

文字列と日付の操作

201

3-1 文字列操作の基本

▼文字列の先頭の文字を取り出す（Notebook を使用）

```
In  '2の3乗は8'[0]     # 先頭文字のインデックスは「0」
Out '2'
```

変数に格納された文字も同じように取り出せます。

▼変数に格納された文字列から取り出す

```
In  a = '2の3乗は8'
    a[2]  ──────── 3番目の文字を取り出す
Out '3'
```

```
In  a[-1]  ──────── 右端の文字を取り出す
Out '8'
```

文字列の長さ以上のインデックス（操作例の場合は「6」以上の数）を指定するとエラーになります。指定できるのは、最大「文字数−1」までの数です。

▼ [インデックス:]でスライス

```
In  # 全部で20文字
    mail = 'user-111@example.com'
    mail[:]       # インデックスを指定しないと文字列がすべてスライスされる
Out 'user-111@example.com'
```

```
In  mail[9:]      # @のあとのeは10番目なのでインデックスは「9」
Out 'example.com'  ──────── インデックス9以降の文字列がスライスされる
```

インデックスにマイナスを付けると右端を−1から数えるので、次のように [−3:] とすれば、末尾から3文字目以降の文字列、言

●[インデックス:]で指定した位置から末尾までの文字列をスライスする

[インデックス:]を使うと、インデックスで指定した位置の文字から末尾までの文字をまとめてスライスできます。

・指定した位置から末尾までをスライス

文字列 [インデックス:]

い換えると末尾の3文字をスライスできます。

▼末尾の3文字をスライス

```
In  mail[-3:]   # 末尾から3番目の文字から末尾までをスライス
Out 'com'
```

●[:インデックス]で先頭からインデックス−1までの文字列をスライスする

[:インデックス]を使うと、先頭の文字から、インデックスの数から1を引いた位置までの文字列をスライスします。

3-1 文字列操作の基本

・先頭から指定した位置までをスライス

```
文字列 [ :インデックス]
```

3番目の文字はインデックス「2」ですが、マイナス1されるので逆に1を足してインデックス[:3]とすれば、3番目までを取り出せます。つまり文字を数えた位置をそのまま指定すればOKです。

▼「user-111@example.com」の先頭から任意の位置までをスライスする

```
In   mail = 'user-111@example.com'
     mail[:0]    # 0を指定すると何もスライスされない
Out  ''
```

```
In   # 1を指定すると1 - 1でインデックス0となり、先頭文字のみスライスされる
     mail[:1]
Out  'u'
```

```
In   # 8を指定すると8-1でインデックス7となり、8番目までの文字列がスライスされる
     mail[:8]
Out  'user-111'
```

指定したインデックスよりも−1のインデックスになるので、次のように「−3」を指定した場合は「−4」の位置までがスライスされます。言い換えると、末尾から3文字を除いた部分的がスライスされることになるので、直観的にわかりやすいと思います。

▼末尾から指定してスライスする

```
In   mail = 'user-111@example.com'
     mail[:-3]
Out  'user-111@example.'
```

●[インデックス:インデックス]で指定した範囲の文字列を取り出す

これまでのパターンを組み合わせて、次のように書くと、指定した範囲の文字列をスライスできます。

・範囲を指定してスライス

```
文字列 [ [インデックス:インデックス]
```

開始位置を示すインデックスは実際の文字の位置から−1した数

開始位置を示すインデックスは+1されるので、実際の文字位置の数

▼「user-111@example.com」の指定した範囲の文字列をスライスする

```
In   mail = 'user-111@example.com'
     mail[0:5]   # 先頭から5文字目までをスライス
Out  'user-'
```

```
In   mail[9:16]  # 10文字目から16文字目までをスライス
Out  'example'
```

203

3-1　文字列操作の基本

```
In   mail[9:-4]   #10文字目から末尾から数えて5文字目までをスライス
Out  'example'
```

● **[インデックス：インデックス：ステップ]で指定した文字数ごとに文字列を取り出す**

次のように書くと、先頭のインデックスからステップで指定した文字数ごとに、末尾インデックスから−1した位置までの文字（1文字）を繰り返しスライスできます。

・**先頭のインデックスからステップ数ごとに末尾インデックス−1までを1文字ずつスライス**

　文字列[インデックス：インデックス：ステップ]

▼ステップ数のみを指定してスライス

```
In  str = '1,2,3,4,5,6,7,8,9'
    str[::1]                    # ステップの数は「1」
Out '1,2,3,4,5,6,7,8,9' ——— 1文字ごとにスライスしても何も変わらない
```

```
In  str[::2]                    # ステップの数は「2」
Out '123456789' ——————— 先頭から2文字ごとにスライス
```

ステップ数だけを2にすると、先頭から末尾まで2文字ごとにスライスされていくので、「,」が飛ばされてその次の数字のみがスライスされます。この方法を使えば、9までの数なら、途中の「,」をすべて取り除くことができます。

次に、先頭と末尾を指定して2文字ごとに1文字スライスしてみます。

▼先頭と末尾を指定してステップごとにスライスする

```
In  str = '1,2,3,4,5,6,7,8,9'
    str[2:-2:2]
Out '2345678'
```

| 先頭のインデックスは2なので3文字目 | 末尾から2文字目までは除く | 2文字ごとに取り出す |

● **逆さ文字にする**

ステップの数をマイナスにすると、末尾から逆順にステップしていきます。あまり意味がないかもしれませんが、逆さ言葉を答えるプログラムです。

▼文字列を逆順に並べ替える

```
In  str = input('逆さまにするよ→')
    print(str[::-1])
Out 逆さまにするよ→ ろっぽんぎ — 入力する
    ぎんぽっろ
```

204

3-1 文字列操作の基本

Tips 115

▶Level ●●

特定の文字を目印にして
文字列を切り分ける

これが
ポイント
です！ > **split() メソッド**

split()メソッドは、文字列に含まれる任意の文字を区切り文字として、文字列を切り分けます。例えば「1,2,3」の「,」を**区切り文字（セパレーター）**として指定すれば、「1」「2」「3」だけを取り出すことができます。「,」だけでなく、「−」や「.」、さらにはスペースで区切られた文字列から文字列の部分だけを取り出す、といった用途で使えます。

str型のメソッドなので、処理したいstr型のオブジェクトを指定してから呼び出します。

- **split() メソッド**

  区切り文字（セパレーター）で文字列を分割し、リストに格納して返します。

書式 | str型オブジェクト.split(セパレーター)

●split() で文字列を取り出す

「,」で区切られた文字列を切り分けて、数字の部分だけを取り出してみます。

▼「,」をセパレーターにして文字列を取り出す（Notebookを使用）

```
In   str = '1,2,3,4,5,6,7,8,9,10,100,1000,'
     str.split(',')
Out  ['1', '2', '3', '4', '5', '6', '7', '8', '9', '10', '100', '1000', '']
```

切り分けた文字列はリストに格納されて返されます。次に示すのは、住所の間に全角スペースが入っている例です。全角スペースをセパレーターにして個々の文字列のみを取り出してみます。

▼全角スペースをセパレーターにする

```
In   sentence = '僕は　パイソン　です　よろしくね'
     sentence.split('　')
Out  ['僕は', 'パイソン', 'です', 'よろしくね']  ── 全角スペースの部分で区切って文字列が取り出された
```

文字列と日付の操作

205

3-1 文字列操作の基本

Tips
116
特定の文字を間に挟んで 文字列同士を連結する

▶Level ●●

これがポイントです！ ▶ join() メソッド

　join() メソッドは、リストの中に格納された個々の文字列を連結して1つの文字列にまとめます。先ほどのsplit()は、セパレーターで文字列を分割し、それをリストの中に1つずつ格納しました。で、join()は、リストの中の個々の文字列を連結して1つにするというわけです。

　「間に挟む文字列に対してjoin(リスト)のリスト内の文字列を連結する」という意味になります。間に挟む文字として「=」を指定すれば、「文字列=文字列=文字列」のように、「=」に対してリスト内の文字列が次々に連結されます。「\n」を指定した場合は、改行文字を間に挟んで連結されます。

　では、「split()で分割したリストをjoin()で連結するまで」を通してやってみましょう。

▼ join() メソッド

```
間に挟む文字列.join(文字列リスト)
```

▼ split() で分割したリストを join() で1つの文字列にまとめる (Notebook を使用)

```
In  # 全角スペースで区切った文を用意
    sentence = '僕の　名前は　パイソン　といいます'
    # ❶全角スペースをセパレーターにして分割し、listに格納する
    lst = sentence.split('　')
    lst
Out ['僕の', '名前は', 'パイソン', 'といいます']
```

```
In  # ❷リストに格納されている分割された文字列を連結
    join = '\n'.join(lst)
    print(join)
Out 僕の
    名前は
    パイソン
    といいます
```

　❶のところでは、split() メソッドで分割した文字列をlstに格納しています。この場合のlstはリスト型の変数になり、分割した複数個の文字列を格納しています。

▼ lstの中身

```
lst = ['僕の', '名前は', 'パイソン', 'といいます']
```

206

3-1　文字列操作の基本

❷では、listに格納されている文字列を、「\n」を間に入れて1つに連結してから、変数joinに格納しています。1つの文字列を格納していますので、joinはふつうの文字列型の変数です。最後にprint()で出力すると、間に入った\nによって改行されて表示されます。

改行や他の文字を間に入れずに連結して、1つの連続した文字列にしたいときは、クォートを2つ続けた空文字「''」を指定します。

▼間に何も入れずに連結する

```
In   join2 = ''.join(lst)        #  間に挟む文字を空文字にする
     print(join2)
Out  僕の名前はパイソンといいます ─── リストの中身が連続して連結された
```

この方法を使えば、文字列の中の不要なスペースや文字を取り除いて、文字列を再構築することができます。

Tips 117 文字列の一部を置き換える

▶Level ●●

これがポイントです！ replace() メソッド

replace()関数を使うと、指定した文字列を別の文字列に書き換えることができます。

• replace() メソッド

「書き換える回数」の部分では、書き換えの回数を指定します。省略した場合は、書き換えが1回だけ行われます。

書式	文字列.replace(書き換える文字列，書き換え後の文字列，書き換える回数)

▼文字列の一部を書き換える（Notebookを使用）

```
In   msg = 'こんばんはパイソンです'
     print(msg)
Out  こんばんはパイソンです
```

```
In   #  '調子はどう？'に書き換えて再代入する
     msg = msg.replace('こんばんは', '調子はどう？')
     print(msg)              ─── msgの中身を出力
Out  調子はどう？パイソンです ─── '調子はどう？'に書き換えられている
```

文字列と日付の操作

207

3-1 文字列操作の基本

●繰り返し書き換える

先の例では書き換えの回数を省略しました。書き換えが1回で済むなら、これでよいのですが、文字列に何度も登場する文字をすべて書き換えたい場合は、次のように回数を指定します。登場する回数が多くて何回指定すればよいのかわからない場合は、多めの回数を指定しておけばOKです。指定した回数に達しなくても、書き換えが完了した時点で処理が終了します。

▼replace()で繰り返し書き換える

```
In   str = '美しい花が美しい庭に美しく咲いていました。'
     str = str.replace('美しい', 'とても美しい', 10)  # 回数を多めに設定して書き換える
     print(str)
Out  とても美しい花がとても美しい庭に美しく咲いていました。
```

2か所の「美しい」が「とても美しい」に書き換えられました。なお、このように置換する文字列がはっきりしている場合はよいのですが、例えば「美しい」を「美しすぎる」にしようとして、「い」を「すぎる」に置き換えると、最後の「咲いて」と「いました」の「い」まで置き換えられてしまうので注意してください。

Tips 118

▶Level ●●○

書式を設定して文字列を自動生成する

これがポイントです！ ▷ **format() メソッド**

format()メソッドは、文字列の中に別の文字を持ってきて埋め込むことができます。例えば、「さん、こんにちは」という文字列を作っておいて、プログラムの実行中に入力された名前を埋め込み、「パイソンさん、こんにちは」と表示することができます。

• format() メソッド

「文字列{}文字列」の{}の部分に、「埋め込む文字列」を埋め込みます。

| 書式 | 文字列{}文字列.format(埋め込む文字列) |

3-1 文字列操作の基本

▼書式設定された文字列に文字列を埋め込む
（Notebookを使用）

```
In    # {}の部分に「にち」を埋め込む
      'こん{}は'.format('にち')
Out   'こんにちは'
```

●複数の箇所の{}を置き換える

文字列の置換は、いくつでもできます。この場合、{}の並び順に対応して、format()の引数として指定した文字列が順番に埋め込まれます。なお、引数として設定する文字列が複数になるので、「,」で区切って書いていきます。

▼2か所の{}を置き換える

```
In    '{}は{}です'.format('本日', '10日')
Out   '本日は10日です'
```

```
'{}は{}です'.format('本日', '10日')
```
{}の並び順に応じて、引数として指定した文字列が順番に埋め込まれる

●文字列を埋め込む位置を指定する

format()の引数の並び順に関係なく、意図したところに文字列を埋め込みたい場合は、{}の中に引数の番号を書きます。引数の番号は、最初の引数が「0」、次が「1」、「2」、…のように並び順に応じて増えていきます。

▼引数として設定した文字列を埋め込む位置を指定する

```
In    '{1}は{0}です'.format('本日', '10日')
Out   '10日は本日です'
```

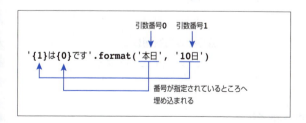

> さらに
> ワンポイント
> 「run.py」のウィンドウが起動している場合は、デバッグ終了後に閉じてください。

209

3-1　文字列操作の基本

Tips 119 小数点以下の桁数を指定して文字列にする

▶Level ●●

これがポイントです！ '{引数の番号：.桁数f}'.format(小数を含む数値)

　format()メソッドには、小数点以下の桁数を指定できる機能があります。この場合、埋め込む部分を次のように書きます。

・小数以下の桁数を指定して文字列にする

```
'{引数の番号 ： .桁数f}'.format(小数を含む値)
```

※桁数（精度）の先頭に「.」を付けることに注意

▼小数点以下3桁までにする（Notebookを使用）

```
In  '{: .3f}'.format(1/3)      # 1/3は0.33333333...
Out ' 0.333'
```

　1/3の計算結果はfloat型になりますが、format()メソッドの戻り値は文字列型（str型）なので、print()関数で問題なく出力できます。

Tips 120 数値を3桁で区切る

▶Level ●●

これがポイントです！ '{: ,}'.format(数値)

　置換する部分を'{: ,}'とすれば、引数に指定した数値に3桁ごとにカンマ「,」を入れることができます。

・数値を3桁区切りにする

```
'{: ,}'.format(数値)
```

▼3桁区切りのカンマを入れる（Notebookを使用）

```
In  '{: ,}'.format(1111111111.1234)    # 小数も含めてみる
Out ' 1,111,111,111.1234' ── 整数部分のみが3桁区切りになる
```

210

3-1 文字列操作の基本

Tips
121

▶Level ●●

これが
ポイント
です！

先頭／末尾が指定した文字列で あるか調べる

文字列.startswith(先頭の文字列)、 文字列.endswith(末尾の文字列)

startswith()は「文字列の先頭に指定し
た文字列が含まれているか」、endswith()
は「末尾に指定した文字列が含まれている
か」を調べます。

●文字列の先頭は'??'で始まっているか
startswith()メソッドを使うと、先頭の文
字列が指定した文字列かどうかを調べるこ
とができます。

・startswith()メソッド
文字列の先頭部に指定した文字列が含ま
れていればTrue、そうでなければFalseを
返します。

> 書式　文字列.startswith(先頭の文字列)

▼先頭の文字列が指定した文字かどうかを調べる（Notebookを使用）

```
In   mail = 'user-111@example.com'
     # 文字列（メールアドレス）の先頭が「user」であるか
     mail.startswith('user')
Out  True
```

●文字列の末尾は'××'で終わっているか
末尾の文字列を調べるにはendswith()メ
ソッドを使います。

・endswith()メソッド
文字列の末尾に指定した文字列が含まれ
ていればTrue、そうでなければFalseを返
します。

> 書式　文字列.endswith(末尾の文字列)

▼末尾の文字列を調べる

```
In   mail = 'user-111@example.com'
     # 文字列（メールアドレス）の末尾が「.com」であるか
     mail.endswith('.com')
Out  True
```

文字列と日付の操作

211

3-1 文字列操作の基本

Tips

122

▶Level ●●

これが
ポイント
です！
文字列.find(位置を調べる文字列)

find()メソッドで、指定した文字列のインデックスを調べることができます。
- **find()メソッド**

書式	文字列.find(位置を調べる文字列)

▼文字列の位置を調べる (Notebook を使用)

```
In   mail = 'user-111@example.com'
     #  メールアドレス内の@の位置を調べる
     mail.find('@')
Out  8 ——— インデックスは8、つまり9番目に登場する
```

Tips

123 指定した文字列がいくつ含まれているか、その個数を取得する

▶Level ●●

これが
ポイント
です！
文字列.count(検索する文字列)

count()メソッドで、指定した文字列がいくつ含まれているのかを調べることができます。

- **count()メソッド**

書式	文字列.count(検索する文字列)

▼文字列が出現する回数を調べる (Notebook を使用)

```
In   mail = 'user-111@example.com'
     #  メールアドレスの中に「.」はいくつあるのか
     mail.count('.')
Out  1 ——— 1個だけ含まれている
```

212

3-1 文字列操作の基本

Tips 124

英文字、または英文字と数字であるかを調べる

▶Level ●●

これがポイントです！ **isX系の文字列メソッド**

isから始まる文字列用のメソッドとして、以下のものがあります。

- **isupper()**
  1文字以上のすべての英文字が大文字であればTrue、そうでなければFalseを返します。
- **islower()**
  1文字以上のすべての英文字が小文字であればTrue、そうでなければFalseを返します。
- **isalpha()**
  1文字以上の英文字だけで文字列が構成されていればTrue、そうでなければFalseを返します。
- **isalnum()**
  1文字以上の英文字か数字だけで文字列が構成されていればTrue、そうでなければFalseを返します。
- **isdecimal()**
  1文字以上の数字だけで文字列が構成されていればTrue、そうでなければFalseを返します。
- **isspace()**
  文字列がスペース、タブ、改行だけで構成されていればTrue、そうでなければFalseを返します。
- **istitle()**
  文字列が、「先頭大文字、残りは小文字」の英単語のみから構成されていればTrue、そうでなければFalseを返します。

▼isX系メソッドを使う（Notebookを使用）

```
In   # すべて英文字か
     'Python'.isalpha()
Out  True
```

```
In   # すべて英文字か
     'Python123'.isalpha()
Out  False
```

```
In   # すべて英文字または数字か
     'Python123'.isalnum()
Out  True
```

```
In   # すべて英文字または数字か
     'Python'.isalnum()
Out  True
```

```
In   # すべて数字か
     '123'.isdecimal()
Out  True
```

```
In   # スペース、タブ、改行のみであるか
     ' '.isspace()
Out  True
```

```
In   # すべて大文字から始まる英単語であるか
     'This is Python'.istitle()
Out  False
```

●正しく入力されているかを調べる

次は、年齢とパスワードの入力時に、それぞれ数字のみ、英文字と数字のみで入力されたかどうかチェックするプログラムです。

実行例では、入力と出力が並んで表示されていますが、VSCodeのNotebookの場合はNotebook上部にパネルが開いて入力待ちの状態になります。

文字列と日付の操作

213

3-1 文字列操作の基本

▼年齢、パスワードの入力チェック（Notebookを使用）

```
In   while True:
         age = input('年齢を入力してください：')
         if age.isdecimal():        # 数字のみであるかどうかチェック
             break
         print('年齢は数字であることが必要です')

     while True:
         password = input('パスワードを入力してください(英数字のみ)：')
         if password.isalnum():  # 英数字のみであるかどうかチェック
             break
         print('パスワードは英数字であることが必要です')
```

▼実行例

```
Out  年齢を入力してください：二十六 ──── 入力
     年齢は数字であることが必要です
     年齢を入力してください：26
     パスワードを入力してください(英数字のみ)：win! ──── 入力
     パスワードは英数字であることが必要です
     パスワードを入力してください(英数字のみ)：winwin55 ──── 入力
```

Tips 125

小文字➡大文字／大文字➡小文字への変換

▶Level ●●

これがポイントです！ 英文字.upper()、英文字.lower()

upper()メソッドはアルファベットを大文字に変換し、lower()メソッドは小文字に変換します。アルファベット以外の文字を使用した場合、その部分は何も変わりません。

・upper()メソッド、lower()メソッド

書式	英文字.upper()
	英文字.lower()

▼「小文字➡大文字」、「大文字➡小文字」の変換（Notebookを使用）

```
In   mail = 'user-111@example.com'
     mail =  mail.upper()          # 大文字に変換する
     print(mail)
Out  USER-111@EXAMPLE.COM
```

```
In   mail = mail.lower()           # 小文字に戻す
     print(mail)
Out  user-111@example.com
```

214

3-1 文字列操作の基本

Tips 126 テキストを右揃え／左揃え／中央揃えにする

▶Level ● ●

これがポイントです！ 文字列.rjust(文字数)、
文字列.ljust(文字数)、
文字列.center(文字数)

rjust()とljust()は、対象の文字列にスペースを挿入して、右揃えや左揃えにした文字列を戻り値として返します。center()

は、文字列の左右にスペースを挿入して、中央揃えにした文字列を返します。

• rjust() メソッド、ljust() メソッド

引数に指定した文字数の範囲で、対象の文字列を右寄せまたは左寄せにした文字列を返します。オプションの第2引数を指定す

ると、スペースの代わりに任意の文字列を埋め込むことができます。

書式	文字列.rjust(右寄せで配置したときの全体の文字数 [, スペースの代わりに埋め込む文字列]) 文字列.ljust(左寄せで配置したときの全体の文字数 [, スペースの代わりに埋め込む文字列])

▼指定した文字数の範囲で右寄せ、または左寄せで配置する（Notebook を使用）

```
In  'Python'.rjust(10)   # 全体を10文字にして右寄せにする
Out '    Python'
```

```
In  'Python'.rjust(20)   # 全体を20文字にして右寄せにする
Out '              Python'
```

```
In  'Python'.ljust(10)   # 全体を10文字にして左寄せにする
Out 'Python    '
```

「'Python'.rjust(10)」は、文字列全体を10文字にして'Python'を右揃えにします。'Python'は6文字なので4文字ぶんのスペースを左に追加し、'Python'を右揃えにした10文字の文字列が返されます。

オプションの第2引数を指定すると、スペースの代わりに任意の文字を埋め込むことができます。

▼スペースの代わりに任意の文字を埋め込む

```
In  'Python'.rjust(20, '*')
Out '**************Python'
```

```
In  'Python'.ljust(20, '>')
Out 'Python>>>>>>>>>>>>>>'
```

文字列と日付の操作

3-1 文字列操作の基本

- center() メソッド

引数に指定した文字数の範囲で、対象の文字列を中央揃えにした文字列を返します。オプションの第2引数を指定すると、スペースの代わりに任意の文字列を埋め込むことができます。

▼文字列を中央揃えにする

```
In  'Python'.center(20)
Out '       Python       '

In  'Python'.center(20, '#')
Out '#######Python#######'
```

書式	文字列.center（中央揃えで配置したときの全体の文字数 [, スペースの代わりに埋め込む文字列]）

Tips 127 クリップボードにコピーした文字列を読み込む

▶Level ●●

これがポイントです！ **pyperclipのcopy()関数とpaste()関数**

pyperclipモジュールには、クリップボードを介してコピー&ペーストを行うための**copy()関数**と**paste()関数**が用意されています。

●VSCodeで「pyperclip」をインストールする

VSCodeでNotebookを開いた状態を前提に、インストール手順を紹介します。

❶VSCodeでNotebookを開き、Pythonの実行環境として作成済みの仮想環境を選択しておきます。

❷ターミナルメニューの新しいターミナルを選択します。

▼VSCodeのNotebook

❶仮想環境を選択しておく

❷[ターミナル] メニューの[新しいターミナル] を選択

❸ターミナルが開くので、

pip install pyperclip

と入力してEnterキーを押します。

216

3-1 文字列操作の基本

●Anaconda Navigatorで「pyperclip」をインストールする

Anaconda Navigatorでインストールする手順を紹介します。

❶ **Environments** タブをクリックします。
❷ 中央のペイン（画面）で仮想環境を選択します。
❸ **Not Installed** を選択します。
❹ 検索欄に「pyperclip」と入力して **Enter** キーを押します。
❺ 「pyperclip」が検索されるので、チェックボックスにチェックを入れます。
❻ **Apply** ボタンをクリックします。

▼Anaconda Navigato

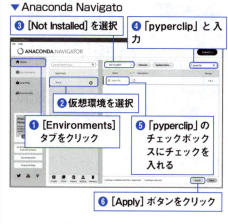

❸ [Not Installed] を選択
❹ 「pyperclip」と入力
❷ 仮想環境を選択
❶ [Environments] タブをクリック
❺ 「pyperclip」のチェックボックスにチェックを入れる
❻ [Apply] ボタンをクリック

❼ **Install Packages** ダイアログが表示されるので、**Apply** ボタンをクリックします。

●pyperclipを使ってみる

インストールしたpyperclipをインポートして、copy()関数とpaste()関数を使ってみます。

▼コピー＆ペーストを行う（Notebookを使用）

```
In  import pyperclip
    pyperclip.copy('こんにちはPython!')   # 文字列をクリップボードにコピーする
    pyperclip.paste()                    # クリップボードのデータを出力
Out 'こんにちはPython!'
```

●他のプログラムで入力した文字列をクリップボード経由で取得

Windowsなら「メモ帳」などのテキストエディターを開いて適当な文を入力し、コピーの操作を行ってクリップボードに読み込みます。以下のソースコードを実行すると、クリップボードにコピーされた文字列を取得できます。

▼クリップボードにコピーした文字列を取得した例

```
In  pyperclip.paste()
Out 'ソースコードを実行すると、クリップボードにコピーされた文字列を取得できます。'
```

3-1 文字列操作の基本

Tips
128
クリップボードの文字列を分割して行頭にコメント記号「#」を付ける

▶Level ● ●

これが ポイント です! ▶ 複数行の文字列の分割／加工

テキストエディターで打ち込んだ文字列を別のプログラムのフォーマットに合わせて加工する状況にあるとしましょう。「テキストエディターで入力した文章をPythonのプログラムのコメントにする」場合などがこれにあたります。手作業で冒頭に#を付ければよいのですが、Pythonのプログラムでこれを自動化することができます。

例えば、次のようなコメント用の文をテキストエディターで打ち込んだとします。

▼テキストエディターで入力したコメント用の文

クリップボードのデータを取得
改行の位置で切り分ける
切り分けた各行のデータに対して繰り返す
先頭に#を追加する
改行を間に挟んで1つの文字列にまとめる
クリップボードにコピーする

これをクリップボードにコピーしてプログラムを実行し、メモ帳などのテキストエディターに貼り付けると、次のようになります。

▼プログラム実行後のクリップボードの文字列

\# クリップボードのデータを取得
\# 改行の位置で切り分ける
\# 切り分けた各行のデータに対して繰り返す
\# 先頭に#を追加する
\# 改行を間に挟んで1つの文字列にまとめる
\# クリップボードにコピーする

これを実現するのが次のプログラムです。

▼クリップボードの文字列を分割して行頭にコメント記号「#」を付ける（Notebookを使用）

`In`

```python
import pyperclip

# ❶クリップボードのデータを取得
text = pyperclip.paste()
# ❷改行の位置で切り分ける
lines = text.split('\n')

# ❸切り分けた各行のデータに対して繰り返す
for i in range(len(lines)):
    # ❹先頭に#を追加する
    lines[i] = '# ' + lines[i]

# ❺改行を間に挟んで1つの文字列にまとめる
text = '\n'.join(lines)
# ❻クリップボードにコピー
pyperclip.copy(text)
```

❶の

```python
text = pyperclip.paste()
```

で、クリップボードのデータを読み込んでtextに代入します。複数行の文字列は、

218

3-1　文字列操作の基本

```
'クリップボードのデータを取得\n改行の位置で切り分ける\n切り…'
```

のように改行文字\nが含まれています。そこで❷の

```
lines = text.split('\n')
```

で、\nの位置で切り分けます。そうすると、

```
['クリップボードのデータを取得', '改行の位置で切り分ける',
 '切り分けた各行のデータに対して繰り返す', '先頭に#を追加する',
 '改行を間に挟んで1つの文字列にまとめる', 'クリップボードにコピーする']
```

のように各行がリストの要素として分割されます。

❸の

```
for i in range(len(lines)):
```

で要素を1つずつ取り出し、❹の

```
lines[i] = '# ' + lines[i]
```

で冒頭に'# 'を追加してリストに戻します。

❺の

```
text = '\n'.join(lines)
```

で'\n'を間に挟んでリスト要素を連結すれば、加工は完了です。最後に❻でクリップボードにコピーします。

　以上が処理の流れですが、ほかにも行頭や行末の空白文字を取り除くといった場合があるので、その際は❹の部分を書き換えることで処理を自動化することができます。

3-2 文字列の一部除去

Tips 129 正規表現にマッチする文字列を削除

▶ Level ● ○ ○ ○

これがポイントです！ re.sub('正規表現', '処理対象の文字列')

reモジュールのsub()関数は、第1引数に正規表現（3-3節参照）、第2引数に置き換え後の文字列、第3引数に処理対象の文字列を設定して、文字列の置き換えを行います。置き換えではなく削除を行いたい場合は、第2引数の置き換え後の文字列を空文字「''」を指定します。

次に示すのは、1文字以上の数字にマッチする正規表現「\d+」を用いて、文字列の中の数字を削除する例です。

▼ 文字列の中の数字を削除する（deletestr.ipynb）

```
In   import re
     str = 'Python123789programming500Tips'
     # \d+は1文字以上の数字にマッチする
     print(re.sub('\d+', '', str))
Out  PythonprogrammingTips
```

Tips 130 文字列両端の空白文字を取り除く

▶ Level ● ○ ○ ○

これがポイントです！ 処理対象の文字列.strip()

strオブジェクト（クラス）のstrip()メソッドは、文字列の両端（先頭と末尾）の空白文字を取り除きます。空白文字として、

・スペース（半角、全角）
・改行（\n）
・タブ（\t）
が取り除かれます。

▼ 文字列両端の空白文字を取り除く（deletestr.ipynb）

```
In   str = ' \n Python Tips 500 \t'
     print(repr(str))  # repr()で印字可能な表現を含む文字列を出力
     print(str.strip())  # 文字列両端の空白文字を取り除く
Out  ' \n Python Tips 500\u3000\t'  # \u3000は全角スペースをUnicodeで表したもの
     Python Tips 500
```

220

3-2 文字列の一部除去

Tips 131

文字列両端から指定した文字を取り除く

▶Level ●○○

これがポイントです！ 処理対象の文字列.strip('取り除く文字')

strオブジェクト（クラス）のstrip()メソッドの引数として文字（列）を指定すると、対象の文字（列）が両端（先頭と末尾）から取り除かれます。この場合、デフォルトの空白文字（スペース、改行〈\n〉、タブ〈\t〉）については、取り除かれません。

▼指定した文字を両端から取り除く（deletestr.ipynb）

```
In  str = 'TipsPythonTips'
    # 文字列両端の'Tips'を取り除く
    print(str.strip('Tips'))
Out Python
```

Tips 132

先頭の不要な文字を取り除く

▶Level ●●○

これがポイントです！ 処理対象の文字列.lstrip('取り除く文字列')

strオブジェクト（クラス）のlstrip()メソッドは、引数を省略した場合、文字列の先頭（左端）の空白文字（スペース、改行〈\n〉、タブ〈\t〉）を取り除きます。

▼先頭の空白文字を取り除く（deletestr.ipynb）

```
In  str= '  \n Python Tips 500'
    # 先頭の空白文字を取り除き、印字可能な表現を含む文字列を出力
    print(repr(str.lstrip()))
Out 'Python Tips 500'
```

文字列の先頭にある特定の文字を取り除きたい場合は、lstrip()メソッドの引数に、取り除きたい文字を指定します。

文字列と日付の操作

221

3-2 文字列の一部除去

▼指定した文字を先頭から取り除く（deletestr.ipynb）

```
In   str = 'Programing Python Tips 500'
     # 先頭の'Programing'を取り除き、印字可能な表現を含む文字列を出力
     print(repr(str.lstrip('Programing')))
     # 文字を取り除いたあとの空白文字はlstrip()の連続実行で取り除く
Out  print(repr(str.lstrip('Programing').lstrip()))
     ' Python Tips 500'    ──── 文字は削除されたが先頭にスペースが残っている
     'Python Tips 500'     ──── lstrip()の連続実行でスペースが削除される
```

Tips 133

末尾の不要な文字を取り除く

▶Level ● ●

これがポイントです！ 処理対象の文字列.rstrip('取り除く文字列')

　strオブジェクト（クラス）のrstrip()メ
ソッドは、文字列の末尾（右端）の空白文
字（スペース、改行〈\n〉、タブ〈\t〉）を取
り除きます。

▼文字列末尾の空白文字を両端から取り除く（deletestr.ipynb）

```
In   str = 'Programing Python Tips 500\n'
     # 末尾の空白文字を取り除き、印字可能な表現を含む文字列を出力
     print(repr(str.rstrip()))
Out  'Programing Python Tips 500'
```

　文字列の末尾から特定の文字を取り除き
たい場合は、rstrip()メソッドの引数に取
り除きたい文字を指定します。

▼指定した文字を末尾から取り除く（deletestr.ipynb）

```
In   str = 'Programing Python Tips 500'
     # 末尾の'500'を取り除き、印字可能な表現を含む文字列を出力
     print(repr(str.rstrip('500')))
     # 文字を取り除いたあとの空白文字はrstrip()の連続実行で取り除く
     print(repr(str.rstrip('500').rstrip()))
Out  'Programing Python Tips '
     'Programing Python Tips'
```

222

3-2 文字列の一部除去

Tips
134
プレフィックス、サフィックス を取り除く

▶Level ● ○ ○

これがポイントです! 処理対象の文字列.removeprefix('取り除く文字列')
処理対象の文字列.removesuffix('取り除く文字列')

strオブジェクト(クラス)のremoveprefix()メソッドは、文字列の先頭部分のプレフィックス(接頭辞)を取り除きます。プレフィックスには、任意の文字列を指定できます。

▼文字列からプレフィックスを取り除く(deletestr.ipynb)

```
In   str = 'ProgramingPython'
     # 文字列からプレフィックスとして'Programing'を取り除く
     print(str.removeprefix('Programing'))
Out  Python
```

strオブジェクト(クラス)のremovesuffix()メソッドは、文字列の末尾部分のサフィックス(接尾辞)を取り除きます。サフィックスには、任意の文字列を指定できます。

▼文字列からサフィックスを取り除く(deletestr.ipynb)

```
In   str = 'ProgramingPython'
     # 文字列からサフィックスとして'Python'を取り除く
     print(str.removesuffix('Python'))
Out  Programing
```

文字列と日付の操作

223

3-3 正規表現によるパターンマッチング

Tips
135
▶Level ●●

正規表現とは

これがポイントです！ **正規表現、パターン、パターンマッチ**

正規表現とは「いくつかの文字列を1つの形式で表現するための表現方法」のことで、この表現方法を利用すれば、大量の文字列の中から見つけたい文字列を容易に検索することができます。Perlなどのテキスト処理に強いスクリプト言語ではおなじみですが、Pythonでも当然使えます。

正規表現を使うことで、たんに文字列を見つけるだけでなく、文字列の最初や最後といった位置に関する指定や、AまたはBという複数の候補、ある文字列の繰り返しなど、正規表現ならではの柔軟性を活かしたパターンで検索できます。

●正規表現でパターンマッチングする

正規表現は文字列のパターンを記述するための表記法なので、様々な文字列と適合チェックすることが目的です。この適合チェックのことを**パターンマッチ**といいます。パターンマッチでは、正規表現で記述したパターンが対象文字列に登場するかどうか調べ、適合する文字列が見つかればパターンマッチしたことになります。

正規表現を使ってパターンマッチを行う方法はいくつかありますが、Pythonで最もオーソドックスなのは、標準モジュールのreに含まれている関数を使う方法です。

▼match()関数でパターンマッチを行う（Notebookを使用）

```
In   import re                       # reモジュールをインポート
     line = 'パイソンです'
     m = re.match('パイソン', line)   # 'パイソン'をパターンマッチさせる
     print(m.group())                 # マッチした文字列を取り出す
Out  パイソン
```

• match()関数

文字列の先頭に、パターンにマッチする文字列があるかどうか調べます。

書式 match(パターン, 検索対象の文字列)

• search()関数

文字列にパターンにマッチする文字列があるかどうか調べます。

書式 search(パターン, 検索対象の文字列)

match()関数は、パターンにマッチする文字列が文字列の先頭にあるかどうか調べます。一方、search()関数は、パターンが文字列のどこにあってもマッチします。この2つの関数は、パターンマッチするとMatchオブジェクトを返し、パターンマッチしなければNoneを返します。先の例の「m = re.match('パイソン', line)」のmには、Matchオブジェクトが格納されます。

224

3-3 正規表現によるパターンマッチング

▼返されたMatchオブジェクトの中身

```
<_sre.SRE_Match object; span=(0, 4), match='パイソン'>
```

パターンマッチした位置　　　パターンマッチした文字列

　パターンマッチした文字列だけを取り出すには、以下のようにgroup()メソッドを使います。

```
Matchオブジェクト.group()
```

Tips
136

▶Level ●●

これがポイントです！

正規表現オブジェクト

Regexオブジェクト

　正規表現パターンを表す文字列をre.compile()関数に渡すと、Regexパターンオブジェクト（Regexオブジェクト）を返してきます。もちろん、正規表現のパターン文字列をそのまま使用してもよいのですが、同じパターンを何度も使う場合は、Regexオブジェクトにしておくと使い回しができて便利です。

●Regexオブジェクトを生成する

　Regexオブジェクトは、reモジュールのre.compile()関数を使って

```
re.compile(r'パターン文字列')
```

のように書いて作成します。パターン文字列の前にrを付けていますが、これは**raw文字列記法**と呼ばれるものです。正規表現では、特殊な形式を表したり、特殊な文字を使えるようにするために、バックスラッシュ「\」（一部の日本語環境では「¥」）を使います。

　ただし、Pythonでは、エスケープシーケンスにバックスラッシュが使われます。なので、バックスラッシュ自体をマッチさせるには、\ではなく\\と書かなくてはなりません。改行の\nにマッチさせるには'\\n'です。

　こうした煩わしさを解決するのが**raw文字列**です。文字列の先頭にrを付けると、Pythonのエスケープ処理が適用されないraw文字列になります。バックスラッシュはそのまま文字列として扱われるので、r'\n'は'\'と'n'という2文字の文字列になります。このことから、正規表現のパターン文字列を表す場合は通常、raw文字列記法を使用します。

▼raw文字列のパターンをRegexオブジェクトにしてマッチングさせる

```
In   line = 'パイソンです'
     reg = re.compile(r'パイソン')
     m = re.match(reg, line)
     print(m.group())
Out  パイソン
```

文字列と日付の操作

225

3-3 正規表現によるパターンマッチング

Tips
137 文字列だけのパターン

▶Level ●●

これがポイントです！ **メタ文字を使わない文字列だけのパターン**

正規表現は「パイソン」のようなたんなる文字列と、**メタ文字**と呼ばれる特殊な意味を持つ記号の組み合わせです。正規表現の柔軟さや複雑さは、メタ文字の種類の多さによるものなのですが、まずは文字列だけの簡単なパターンを確認しておきましょう。

●**文字列だけのパターン**

メタ文字以外の「パイソン」などのたんなる文字列は、単純にその文字列にマッチします。ひらがなとカタカナの違い、空白のあり／なしなども厳密にチェックされます。

▼**文字列のみのパターンマッチングの例**

正規表現	マッチする文字列	マッチしない文字列
パイソン	こんにちは、パイソン やあ、パイソン パイソン[空白]	パイティーはおばかさん パイ・ソンさ～ん パイ[空白]ソン
やあ	やあ、こんちは いやあ、まいった そういやあれはどうなった？	ヤア、こんちは やぁやぁやぁ！ いや、まいったなあ

▼**文字列だけのパターンマッチング（Notebookを使用）**

```
In   line = 'そういやパイソンはどうなった？'
     m = re.search(r'いや', line)
     print(m.group())
Out  いや
```

226

3-3　正規表現によるパターンマッチング

Tips 138 2つ以上のどれかに マッチさせる

▶Level ●●○

これがポイントです! '**パターン1|パターン2|パターン3**'

　メタ文字「|」を使うと、いくつかのパターンを候補にできます。「ありがとう」「あざっす」「あざーす」などの似た意味の言葉をまとめて反応させるためのパターンや、「面白い」「おもしろい」「オモシロイ」などの漢字／ひらがな／カタカナの表記の違いをまとめるためのパターンなどに使うと便利です。

▼複数の候補のパターンマッチングの例

正規表現	マッチする文字列	マッチしない文字列
こんにちは|今日は|こんちは	こんにちは、パイソン 今日はもうおしまい ねえ、今日はご飯なにかな？ はなこんちはどこ？	こんばんはパイソン 今日のご飯なに？ こっちにきてパイソン こんちわ〜パイソンです ちわっす、パイソンっす

▼複数の候補のパターンマッチング（Notebookを使用）

```
In   line = 'こんにちは、パイソン'
     m = re.search(r'こんにちは|今日は|こんちは', line)
     print(m.group())
Out  こんにちは
```

Tips 139 パターンの位置を指定する

▶Level ●●○

これがポイントです! アンカー

　アンカーは、パターンの位置を指定するメタ文字のことです。アンカーを使うと、対象の文字列のどこにパターンが現れなければならないかを指定できます。指定できる位置を示すアンカーに、行の先頭を示す「^」と行末を示す「$」があります。文字列に複数の行が含まれている場合は、1つの対象の中に複数の行頭／行末があることになりますが、多くの場合、プログラムで行ごとに分解して処理するので、「^」を文字列の先頭、「$」を文字列の末尾にマッチするメタ文字と考えてほぼ問題ありません。

文字列と日付の操作

227

3-3　正規表現によるパターンマッチング

たんに文字列だけをパターンにすると「意図しない文字列にもマッチしてしまう」という問題がありますが、先頭にあるか末尾にあるかを限定できるアンカーを効果的に使えば、うまくパターンマッチさせることができます。

▼アンカーの使用例

正規表現	マッチする文字列	マッチしない文字列
^やあ	やあ、パイソン やあれんそうらん	こんやあたり寒くなりそう おおっ、やあ、パイソンじゃない
じゃん$	これ、いいじゃん やってみればいいじゃん	じゃんじゃん食べな すべておじゃんだ
^ハイ$	ハイ	ハイ、そうです ハイハイ チューハイまだ？ [空白]ハイ[空白]

▼パターンにアンカーを使用する（Notebookを使用）

```
In   line = 'これ、いいじゃん'
     m = re.search(r'じゃん$', line)
     print(m.group())
Out  じゃん
```

Tips 140　どれか1文字にマッチさせる

これがポイントです！　[ ]

▶Level ●●

いくつかの文字を[ ]で囲むことで、「これらの文字の中でどれか1文字」という表現ができます。例えば[。、]は「。」か「、」のどちらか句読点1文字という意味です。アンカーと同じように、直後に句読点が来ることを指定して、マッチする対象を絞り込むテクニックとして使えます。また[？?]や[！!]、[＆&]のように、全角／半角表記の違いを吸収する用途にも使えます。

▼どれか1文字にマッチさせる例

正規表現	マッチする文字列	マッチしない文字列
こんにち[はわ]	こんにちは こんにちわ	こんにちぺ こんちわ
ども[〜ー…！、]	どもーっす ども、はじめまして 女房ともども、よろしく	ども いやいや、ども こどもですが何か？

228

3-3 正規表現によるパターンマッチング

▼'ども'に続く文字として [〜ー…！、] のどれか 1 文字にマッチさせる (Notebook を使用)

```
In   line = 'どもーっす'
     m = re.search(r'ども[〜ー…！、]', line)
     print(m.group())
Out  どもー
```

Tips 141

▶Level ●●

どれでも 1 文字にマッチさせる

これが
ポイント
です！
1 文字にマッチするメタ文字 '.'

'.' は任意の 1 文字にマッチするメタ文字です。ふつうの文字はもちろんのこと、スペースやタブなどの目に見えない文字にもマッチします。1 つだけでは役に立ちそうにありませんが、「...」(何か 3 文字あったらマッチ)のように連続して使ったり、繰り返しのメタ文字と組み合わせたりして「何でもいいので何文字かの文字列がある」というパターンを作るのに使います。

▼文字列のマッチング例

正規表現	マッチする文字列	マッチしない文字列
うわっ、...！	うわっ、出たっ！ うわっ、それか！ うわっ、くさい！	うわっ、出たあっ！ うわっ、サイコー！ うわっ、くさ！

▼「'うわっ' ＋ 3 文字 ＋ ！」のマッチング (Notebook を使用)

```
In   line = 'うわっ、それか！'
     m = re.search(r'うわっ、...！', line)
     print(m.group())
Out  うわっ、それか！
```

文字列と日付の操作

229

3-3 正規表現によるパターンマッチング

Tips 142 文字列の繰り返しにマッチさせる

▶Level ● ●

これがポイントです！ +、*、{m,n}、?

　繰り返しを意味するメタ文字を置くことで、直前の文字が連続することを表現できます。ただし、繰り返しが適用されるのは直前の1文字だけです。2文字以上のパターンを繰り返すには、( )でまとめてから繰り返しのメタ文字を適用します。

　「+」は1回以上の繰り返しを意味します。「w+」とした場合は、'w'にも'ww'にも'wwwwww'にもマッチします。

　「*」は0回以上の繰り返しを意味します。「0回以上」であるところがポイントで、繰り返す対象の文字が一度も現れなくてもマッチします。つまり「w*」は'w'や'wwww'にマッチしますが、'123'や''（空文字）、'急転直下'にもマッチします。ある文字が「あってもなくてもかまわないし連続していてもかまわない」ことを意味します。

　一方、繰り返し回数を限定したいときは「{m}」を使います。mは回数を表す整数です。また、「{m,n}」とすると「m回以上、n回以下」という繰り返し回数の範囲まで指定でき、「{m,}」のようにnを省略することも可能です。「+」は「{1,}」、「*」は「{0,}」と同じ意味になります。

▼文字列の繰り返しのマッチング例

正規表現	マッチする文字列	マッチしない文字列
は+	ははは あはは あれはどうなった？	ハハハ うふふ あれがいいよ
^ええーっ！*	ええーっ！！！ ええーっ、もう帰っちゃうの？ ええーっこれだけ？	うめええーっ！ 超はええーっ！ おええーっ！
ぷ{3,}	ぷぷぷ うぷぷぷぷ	ぷぷっ うぷぷっー

▼！の1回以上の繰り返しにマッチングさせる（Notebookを使用）

```
In   line = 'ええーっ！！たったこれだけ？'
     m = re.search(r'^ええーっ！+', line)
     print(m.group())
Out  ええーっ！！
```

●あるかないか

　「?」を使うと、直前の1文字が「あってもなくてもいい」ことを表すことができます。繰り返しのメタ文字と同じく、カッコを使うことで2文字以上のパターンに適用することもできます。

230

3-3　正規表現によるパターンマッチング

▼?を使用した例

正規表現	マッチする文字列	マッチしない文字列
盛った[！!]?	この写真、だいぶ盛った！ 盛ったよ、盛った！ よし、完璧に盛った 盛った写真じゃだめですか	いやあだいぶ盛りましたたねぇ その写真、すごく盛ってる！

Tips
143 複数のパターンをまとめる

▶Level ●●

これがポイントです！ （パターン1|パターン2|パターン3）

　カッコ( )を使うことで、2文字以上のパターンをまとめることができます。まとめたパターンはグループとしてメタ文字の影響を受けます。例えば「(abc)+」は「abcという文字列が1つ以上ある」文字列にマッチします。メタ文字「|」を使うと複数のパターンを候補として指定できますが、「|」の対象範囲を限定させるときにもカッコを使います。

例えば「^さよなら|バイバイ|じゃまたね$」というパターンは、「^さよなら」「バイバイ」「じゃまたね$」の3つの候補を指定したことになります。アンカーの場所に注意してください。このとき、カッコを使って「^(さよなら|バイバイ|じゃまたね)$」とすれば、「^さよなら$」「^バイバイ$」「^じゃまたね$」を候補にできます。

▼( )によるグループ化の例

正規表現	マッチする文字列	マッチしない文字列
(まじ|ほんと)で	ま、まじで？ いえ、ほんとです	まーじーで？ まじだってば
(ほわっ)+	そのセーターほわっとしてるね 心がほわっほわっとするわ	そのセーターほわほわしてるね 心がほわんとするわ

▼( )でグループ化する（Notebookを使用）

```
In   line = 'まじで、ほんとにそう思います'
     m = re.search(r'(^まじ|ほんと)', line)
     print(m.group())
Out  まじ ── 最初の'^まじ'が最初にマッチ
```

文字列と日付の操作

231

3-3 正規表現によるパターンマッチング

Tips 144 グループにマッチした文字をすべて取得する

▶Level ●●

これがポイントです！ ▷ **Match オブジェクト.group()**

( )で囲まれたグループは必要な数だけ設定できます。この場合、最初の( )で囲まれたグループはグループ1となり、2番目のグループはグループ2となります。ただし、たんにマッチングさせた場合、複数のマッチング候補があっても最初にマッチングしたグループの文字列しか取得できません。そこで、このような場合はreモジュールのgroup()メソッドを使います。group()メソッドはマッチしたすべての文字列を取得できるほか、取得する数を指定することもできます。

●電話番号を市外局番とそれ以外に分けて取得する

電話番号を、市外局番とそれ以外に分けて取得するとします。この場合、

    (\d\d\d)-(\d\d\d-\d\d\d\d)

のように市外局番とそれ以外をグループ化します。\dは数字1文字を表す正規表現です。最初の市外局番の部分(\d\d\d)がグループ1、次の(\d\d\d-\d\d\d\d)がグループ2です。group()メソッドは、引数をなしにするか0を設定すると、マッチした文字列全体を返します。

▼文字列の中から電話番号を取得する（Notebookを使用）

```
In   # Regexオブジェクトを生成
     number = re.compile(r'(\d\d\d)-(\d\d\d-\d\d\d\d)')
     # 電話番号をマッチング
     m = number.search('電話番号は001-111-9292です。')
     m.group()        # マッチした文字列全体を取得
Out  '001-111-9292'
```

```
In   m.group(0)       # マッチした文字列全体を取得
Out  '001-111-9292'
```

```
In   m.group(1)       # グループ1にマッチした文字列を取得
Out  '001'
```

```
In   m.group(2)       #グループ2にマッチした文字列を取得
Out  '111-9292'
```

なお、ソースコードの冒頭では、メソッドのPattern.search('検索対象')を使用してマッチングを行っています。

3-3　正規表現によるパターンマッチング

● **すべてのグループにマッチした文字列を取得する**
　すべてのグループのマッチングをまとめて取得するには、groups()メソッドを使います。取得した結果はタプルに格納されて返されます。

▼ **すべてのグループにマッチした文字列を取得**

```
In  number = re.compile(r'(\d\d\d)-(\d\d\d-\d\d\d\d)')
    m = number.search('電話番号は001-100-9292です。')
    m.groups()
Out ('001', '100-9292')
```

```
In  # グループにマッチした文字列を別々の変数に代入
    area_code, main_number = m.groups()
    print(area_code)
Out 001
```

```
In  print(main_number)
Out 100-9292
```

　groups()メソッドは複数の値を格納したタプルを返すので、

```
    area_code, main_number = m.groups()
```

のように複数代入の方法を使って、別々の変数にそれぞれの値を代入できます。

● **'('そのものを検索する**
　電話番号の市外局番は( )の中に書かれていることがあります。その場合は'('と')'をバックスラッシュ (\) でエスケープします。

▼ **(市外局番)xxx-xxxxのパターンでマッチングさせる**

```
In  # Regexオブジェクトを生成
    number = re.compile(r'(\(\d\d\d\))(\d\d\d-\d\d\d\d)')
    # 電話番号をマッチング
    m = number.search('電話番号は(001)100-9292です。')
    m.group(1)
Out '(001)'
```

```
In  m.group(2)
Out '100-9292'
```

文字列と日付の操作

233

3-3 正規表現によるパターンマッチング

Tips 145
特定のグループをスキップしてマッチングさせる

▶Level ●●○

これがポイントです！ （グループのパターン文字列）?

グループを使ってマッチングさせる場合、一部のグループはマッチしてもしなくてもよいことがあります。つまり、テキストの一部があってもなくてもよいという場合です。

例として、電話番号の市外局番の有無にかかわらず電話番号を検索するには、市外局番を表すグループの末尾に?を付けます。そうすると「直前のグループに0回か1回マッチする」という意味になるので、市外局番なしでも電話番号として取得できます。

▼市外局番なしでも電話番号を取得する（Notebook を使用）

```
In   # Regexオブジェクトを生成
     number = re.compile(r'(\d\d\d-)?(\d\d\d-\d\d\d\d)')
     # 電話番号をマッチング
     m1 = number.search('電話番号は001-100-9292です。')
     m1.group()
Out  '001-100-9292'
```

```
In   # 電話番号をマッチング
     m2 = number.search('電話番号は100-9292です。')
     m2.group()
Out  '100-9292'
```

234

3-3 正規表現によるパターンマッチング

Tips
146 貪欲マッチと非貪欲マッチ

▶Level ●●

これが
ポイント
です！ **( ) {n, m} と ( ) {n, m}？**

'わはははは'という文字列に対して、(は){3,5}というパターンは、3回以上5回以下の繰り返しを意味するので、'は'が3回、4回、5回のいずれの場合にもマッチしますが、例えば'わはははは'という文字列へのマッチング結果に対してgroup()メソッドを実行すると'はははは'が返ってきます。

▼{ }で繰り返しの回数を指定するパターン（Notebookを使用）

```
In   # 'は'を3回以上5回以下繰り返すパターン
     regex1 = re.compile(r'(は){3,5}')
     m1 = regex1.search('わはははは')
     m1.group()
Out  'はははは'
```

(は){3,5}は、3回繰り返す'はは は'や4回繰り返す'はははは'にもマッチするにもかかわらず、最大回数にマッチした'はははは'が返ってきます。このようにPythonの正規表現は、複数の可能性がある場合は最も長いものにマッチします。このことを指して、**「貪欲なマッチ」**という言い方をします。

一方、{ }の末尾に？を付けると**「非貪欲なマッチ」**になります。つまり、最も短いものにマッチするようになります。

▼{ }？で繰り返しの回数を指定するパターン

```
In   # 'は'を3回以上5回以下繰り返すパターン（非貪欲マッチ）
     regex2 = re.compile(r'(は){3,5}?')
     m2 = regex2.search('わはははは')
     m2.group()
Out  'はは は'
```

非貪欲マッチでは、最も短い3回繰り返しの'は は は'にマッチしました。

さらに
ワンポイント
正規表現において？は2つの意味を持ちます。1つは( )で設定したグループが「あってもなくてもよい」ことの指定、もう1つが( ){n, m}における非貪欲マッチの指定です。それぞれにはまったく関係がありません。

文字列と日付の操作

235

3-3 正規表現によるパターンマッチング

Tips

147

マッチング結果を
すべて文字列で取得する

▶Level ●●

これが
ポイント
です！ findall() メソッド

　パターンマッチングを行う関数・メソッドのsearch()は、マッチングの結果をMatchオブジェクトで返します。このほかに、パターンマッチした文字列そのものを返すfindall()メソッドがあります。

●**マッチングした文字列をfindall()メソッドですべて取得する**

　これまでに何度も登場したsearch()メソッドの挙動を再度、確認してみましょう。

▼search()メソッドでマッチングを行う（Notebookを使用）

```
In   # Regexオブジェクトを生成
     num_regex = re.compile(r'\d\d\d-\d\d\d\d-\d\d\d\d')
     # 電話番号をマッチング
     m = num_regex.search('携帯：999-5555-6666　自宅：001-100-9292')
     m.group()
Out  '999-5555-6666'
```

　search()メソッドは、最初にマッチした文字列のMatchオブジェクトを返してきます。一方、**findall()メソッド**はマッチしたすべての文字列のリストを返します。

▼findall()メソッドでマッチングを行う

```
In   num_regex = re.compile(r'\d\d\d-\d\d\d\d-\d\d\d\d')
     num_regex.findall('携帯：999-5555-6666　自宅：001-100-9292')
Out  ['999-5555-6666', '001-100-9292']
```

236

3-3 正規表現によるパターンマッチング

●正規表現にグループが含まれる場合の findall() メソッドによるマッチング

正規表現に ( ) で囲んだグループが含まれている場合、findall()はタプルのリストを返します。各タプルの要素は、正規表現のグループに対してマッチした文字列です。

▼ ( )で囲んだグループのマッチングをfindall() メソッドで行う

```
In  # グループが設定された正規表現のパターン
    num_regex = re.compile(r'(\d\d\d)-(\d\d\d\d)-(\d\d\d\d)')
    num_regex.findall('携帯：999-5555-6666  自宅：001-100-9292')
Out [('999', '5555', '6666'), ('001', '100', '9292')]
```

正規表現が、

```
'\d\d\d-\d\d\d\d-\d\d\d\d'
```

のようにグループのない場合、findall()は

```
['999-5555-6666', '001-100-9292']
```

のようにマッチした文字列のリストを返します。これに対し、

```
'(\d\d\d)-(\d\d\d\d)-(\d\d\d\d)'
```

としてグループを設定していると、findall()は、

```
[('999', '5555', '6666'), ('001', '100', '9292')]
```

のような、グループに対応した文字列のタプルをリストにして返します。

文字列と日付の操作

237

3-3 正規表現によるパターンマッチング

Tips 148 文字の集合を表す短縮形

▶Level ●●

これがポイントです! \d、\D、\w、\W、\s、\S

電話番号を検索する際に、数字1文字を意味する\dを使いました。この\dは、

(0 | 1 | 2 | 3 | 4 | 5 | 6 | 7 | 8 | 9)

という正規表現の短縮形です。正規表現では、\dをはじめとする次のような**短縮形**が使えます。

▼文字集合を表す短縮形

短縮形	意味
\d	0~9の数字
\D	0~9の数字以外
\w	単語を構成する文字として、a~z、A~Z、_、0~9、漢字、ひらがな、カタカナ]
\W	単語を構成する文字以外
\s	スペース、タブ、改行
\S	スペース、タブ、改行以外

短縮形を利用した'\d+\s+\w+'は、「1つ以上の数字(\d+)」の次に「空白文字が1つ以上(\s+)」、それから「1つ以上の文字、数字、_」が続く文字列にマッチします。

▼短縮形を利用したマッチング(Notebookを使用)

```
In   regex = re.compile(r'\d+\s+\w+')
     month = '1 January, 2 February, 3 March, 4 April, 5 May, 6 June'
     regex.findall(month)
Out  ['1 January', '2 February', '3 March', '4 April', '5 May', '6 June']
```

変数monthに代入された文字列から'1 January'、'2 February'、…のように切り分けられたかたちで取り出されています。

monthの文字列はカンマとスペースで区切るようになっていますが、これらは'\d+\s+\w+'のパターンにマッチしないので抽出されていない、というのもポイントです。

238

3-3 正規表現によるパターンマッチング

Tips 149

独自の文字集合を定義する

これがポイントです！ [a-z]、[A-Z]、[0-9]

▶Level ●●

\dや\w、\sのような短縮形は意味する文字の範囲が広いので、これとは別にブラケット[ ]を使って文字の範囲を指定することができます。例えば[0-5]は、

```
(0|1|2|3|4|5)
```

と書いたことと同じになり、0から5までの数字にのみマッチします。文字の範囲はハイフン「-」で指定します。

▼短縮形の範囲を指定する（Notebookを使用）

```
In   reg = re.compile(r'[0-5]')
     num = '1, 2, 3, 4, 5, 6, 7, 8'
     reg.findall(num)
Out  ['1', '2', '3', '4', '5']
```

●複数の文字範囲を指定する

ハイフンを使って文字や数字の範囲を指定する場合、複数のパターンをまとめて設定できます。例えば、

```
[a-zA-Z0-9]
```

は、アルファベットのすべての小文字と大文字、0から9までの数字にマッチします。

注意点として、[ ]の内部では通常の正規表現の記号は解釈されないので.や*、?、( )にバックスラッシュ（\）を付ける必要はありません。0から3の数字とピリオドにマッチさせる場合、

```
[0-3.]
```

とすればよく、ピリオドを「\.」とする必要はないのです。

Tips 150

ドットとアスタリスクで あらゆる文字列とマッチさせる

これがポイントです！ .* （ドットとアスタリスク）

▶Level ●●

どのような文字列であってもマッチさせたいときがあります。例えば'姓：〜'の〜の部分にあるすべての文字列や'名：'に続くすべての文字列にマッチさせる場合です。このような「あらゆる文字列」に相当する正規表現は、.*です。

ドットは「改行以外の任意の1文字」、**アスタリスク**は「直前のパターンの0回以上の繰り返し」を意味します。

文字列と日付の操作

239

3-3　正規表現によるパターンマッチング

▼.*であらゆる文字列とマッチさせる（Notebook を使用）

In	`name_regex = re.compile(r'姓：(.*)　名：(.*)')`
	`m = name_regex.search('姓：秀和　名：太郎')`
	`m.group(1)`
Out	`'秀和'`

としました。(.*)のようにグループにして姓：と名：のあとに配置しました。

| In | `m.group(2)` |
| Out | `'太郎'` |

```
'姓：xxxx　名：xxxx'
```

パターン文字列として、

```
'姓：(.*)　名：(.*)'
```

のxxxxがどのような文字であってもマッチします。ただし、グループとして配置したので、group()メソッドの引数を指定して、グループに対応してマッチした文字列のみを取得できます。

Tips
151

▶Level ●●

これが
ポイント
です！

ドット文字「.」を改行とマッチさせる

re.compile('.*', re.DOTALL)

.*は、改行以外のあらゆる文字列とマッチします。ただし、複数行で構成されている文字列を扱う場合、改行も含めてマッチさせたいことがあります。この場合は、compile()

メソッドの第2引数としてre.DOTALLを指定してRegexオブジェクトを生成すると、ドット文字「.」が改行を含むすべての文字とマッチするようになります。

▼'.*'のみのパターンの場合（Notebook を使用）

In	`reg1 = re.compile('.*')`
	`# 改行を含む文字列にマッチさせる`
	`m1 = reg1.search('第1主成分\n第2主成分\n第3主成分')`
	`m1.group()`
Out	`'第1主成分'` ── \nにはマッチングしないので、この部分だけにマッチングする

▼re.DOTALL を指定

In	`# compile()メソッドの第2引数としてre.DOTALLを指定`
	`reg2 = re.compile('.*', re.DOTALL)`
	`# 改行を含む文字列にマッチさせる`
	`m2 = reg2.search('第1主成分\n第2主成分\n第3主成分')`
	`m2.group()`
Out	`'第1主成分\n第2主成分\n第3主成分'` ── \nを含むすべての文字にマッチする

240

3-3 正規表現によるパターンマッチング

Tips
152
▶Level ●●

アルファベットの大文字／小文字を無視してマッチングさせる

これがポイントです！ **re.compile(r'abc…', re.I)**

　正規表現は、アルファベットの大文字と小文字を区別します。次の正規表現はどれも異なる文字列とマッチします。

▼同じ意味の単語であっても大文字／小文字のパターンが異なる

```
regex = re.compile(r'Python')
regex = re.compile(r'python')
regex = re.compile(r'PYTHON')
regex = re.compile(r'PyThon')
```

　当然ですが、'Python'は'python'や'PYTHON'にはマッチしません。しかし、同じ意味の単語なら大文字と小文字を区別せずにマッチさせたいことがあります。この場合はre.compile()メソッドの第2引数としてre.Iを指定してRegexオブジェクトを生成すると、大文字と小文字を区別しないでマッチングするようになります。

▼大文字と小文字を区別せずにマッチさせる（Notebookを使用）

```
In  # re.compile()メソッドの第2引数としてre.Iを指定
    regex = re.compile(r'python', re.I)
    # 'Python'にマッチさせる
    regex.search('Pythonは面白い').group()
Out 'Python'
```

```
In  # 'PYTHON'にマッチさせる
    regex.search('PYTHONってよくわからない').group()
Out 'PYTHON'
```

```
In  # 'python'にマッチさせる
    regex.search('これがpythonなのか').group()
Out 'python'
```

文字列と日付の操作

241

3-3 正規表現によるパターンマッチング

Tips 153
正規表現で検索した文字列を置き換える

▶Level ●●

これがポイントです！ **Regexオブジェクト.sub(置き換える文字列、置換対象の文字列)**

　正規表現は文字列のパターンを検索するだけでなく、文字列の置き換えにも使えます。Regexオブジェクトのsub()メソッドの第1引数に置き換える文字列、第2引数に置換対象の文字列を指定すると、置換後の文字列が返されます。

▼文字列の一部を置き換える（Notebookを使用）

```
In   str = '第1 四半期 売上高 売上予測'
     regex = re.compile(r'第1 \w+')
     regex.sub('2023年', str)
Out  '2023年 売上高 売上予測'
```

　'第1 \w+'は、'第1 四半期'の部分にマッチします。この部分が'2023年'に書き換えられ、結果として'2023年 売上高 売上予測'が返されます。

242

3-3 正規表現によるパターンマッチング

Tips
154
▶Level ●●

マッチした文字列の一部を使って置き換える

これがポイントです！ **sub()の第1引数にグループ番号を指定した置き換え**

　マッチした文字列を置き換えの一部として使いたい場合があります。例えば、ユーザー名を検索し、抽出したユーザー名をすべて表示せずに頭文字だけで表示したいとします。この場合はsub()メソッドの第1引数に、\1、\2、\3のようにグループの番号を指定するとうまくいきます。

　正規表現のパターンに(\w)\w*を設定し、sub()メソッドの第1引数に\1****を指定すると、グループ1にマッチした文字列の(\w)に該当する文字と****が出力されます。

▼マッチした文字列の先頭文字を使って書き換える（Notebookを使用）

```
In   str = 'password Secret1111 password Book555 password AA007'
     # 正規表現のグループ1に(\w)を設定
     regex = re.compile(r'password (\w)\w*')
     # グループ1にマッチした文字列を使って書き換える
     regex.sub(r'\1****', str)
Out  'S**** B**** A****'  ──── 頭文字のみ表示される
```

　ちなみに'password (\w)\w*'を'password (\w){3}\w*'にすると、先頭から3文字目にマッチするので、先頭から3つ目の文字で書き換えられます。

▼先頭から3文字目にマッチさせて書き換える

```
In   regex = re.compile(r'password (\w){3}\w*')
     regex.sub(r'\1****', str)
Out  'c**** o**** 0****'  ──── 先頭から3文字目が表示される
```

文字列と日付の操作

243

3-3 正規表現によるパターンマッチング

Tips
155
▶Level ●●

複雑な正規表現を
わかりやすく表記する

これがポイントです！ re.compile(r""(パターン文字列)"",
re.VERBOSE)

マッチングに使用する正規表現が複雑になってくると、パターン文字列が長くなり、読むだけでも大変なばかりか、間違いがあっても見つけにくくなってしまいます。このような場合、適当な位置で改行を入れ、さらにコメントが記述できればとても便利です。

re.compile()メソッドでは、第2引数にre.VERBOSEを指定すると、正規表現の文字列中のスペースやコメントを無視するようになります。例えば、電話番号にマッチさせるための次のコードについて見てみます。

```
phone = re.compile(r'((0\d{0,3}|\(\d{0,3}\))(\s|-)(\d{1,4})(\s|-)(\
d{3,4}))', re.VERBOSE)
```

このような正規表現のパターンは、適当な位置で改行することでぐっと読みやすくなります。さらにコメントを付けておけば、修正や改造が容易になります。

▼正規表現のパターンに改行とコメントを入れる（Notebookを使用）

In	import re
	phone = re.compile(r'''(
	(0\d{0,3}|\(\d{0,3}\))　　# 市外局番
	(\s|-)　　# 区切り
	(\d{1,4})　　# 市内局番
	(\s|-)　　# 区切り
	(\d{3,4})　　# 加入者番号
	)''', re.VERBOSE)

ここでは、三重引用符のトリプルクォート「'''」の記法を使って文字列を複数行で記述しています。コメントの書き方は通常の方法と同じで、#記号から行末までがコメントとして無視されます。さらに、改行してインデントやタブを入れた部分の空白が、マッチさせる文字列に影響することはありません。

244

3-3 正規表現によるパターンマッチング

Tips
156
電話番号用の正規表現を作る

▶Level ●●

これがポイントです！ **（市外局番）市内局番 - 加入者番号（内線）内線番号**

電話番号用の正規表現のパターンを作ります。

▼電話番号用の正規表現のパターン（Notebook を使用）

```
In   phone_regex = re.compile(r'''(
     (0\d{1,4}|\(0\d{1,4}\))?                       # 市外局番
     (\s|-)?                                         # 区切り
     (\d{1,4})                                       # 市内局番
     (\s|-)                                          # 区切り
     (\d{4})                                         # 加入者番号
     (\s*(内線|\(内\)|\(内.{1,3}\))\s*(\d{2,5}))?    # 内線番号
     )''', re.VERBOSE)
```

電話番号は市外局番から始まりますが、省略してもマッチできるように、市外局番のグループには？を付けています。市外局番は0と1～4桁の数字（0\d{1,4}）か、局番が（）で囲まれた（\(0\d{1,4}\)）のどちらかなので、|で区切って記述しています。

市内局番との区切りは、空白文字（\s）かハイフン(-)のどちらかとし、省略してもマッチするように、グループに？を付けています。

市内局番は1～4桁、加入者番号は4桁なので、(\d{1,4})、(\d{4})にしています。区切り文字は空白文字（\s）かハイフン(-)のどちらかです。

内線番号のグループには？を付けて省略可能にしています。（内線）、（\(内\)）、（\(内.{1,3}\)）に続く2～5桁の数字がマッチします。番号との間に入るスペースはあってもなくてもかまいません。

▼マッチングの例

```
In   str = '氏名:秀和太郎 住所:東京都中央区 電話番号: (001)5555-6767 (内線)365'
     pho = phone_regex.search(str)
     print(pho.group())
```

▼出力結果

```
Out   (001)5555-6767 (内線)365
```

245

3-3 正規表現によるパターンマッチング

Tips 157 メールアドレス用の正規表現を作る

▶Level ●●

これがポイントです！ ▶xxxxxx@xxxx.xxxxへのマッチング

メールアドレス用の正規表現を作ります。

▼メールアドレス用の正規表現のパターン（Notebookを使用）

```
import re
# メールの正規表現
mail_regex = re.compile(r'''(
    [a-zA-Z0-9._%+-]+       # ユーザー名
    @                       # @ 記号
    [a-zA-Z0-9.-]+          # ドメイン名
    (\.[a-zA-Z]{2,4})       # トップレベルドメイン
    )''', re.VERBOSE)
```

ユーザー名の部分は、アルファベットの小文字、大文字、数字、ドット（ピリオド）、アンダースコア、パーセント記号、プラス、ハイフンから1文字以上を使って構成されます。これは、

```
[a-zA-Z0-9._%+-]
```

で表し、1文字以上あるので＋を付けます。

ユーザー名とドメイン名の区切りは@記号です。ドメイン名に使える文字は、アルファベットの小文字、大文字、数字、ドット、ハイフンなので

```
[a-zA-Z0-9.-]
```

で表し、最後に＋を付けます。

最後の部分は「.com」などのトップレベルドメインにマッチさせる箇所です。

```
(\.[a-zA-Z]{2,4})
```

として、アルファベット2〜4文字としています。

メールアドレスには複雑なパターンもあるので、すべてのメールアドレスにもれなくマッチできるものではありませんが、一般的なメールアドレスの大部分にはマッチすることでしょう。

▼マッチングの例

```
str = '氏名：秀和太郎　住所：東京都中央区　メールアドレス：taro@shuwasystem.co.jp'
ml = mail_regex.search(str)
print(ml.group())
```

▼出力結果

```
taro@shuwasystem.co.jp
```

246

3-3 正規表現によるパターンマッチング

Tips
158
クリップボードのデータから電話番号とメールアドレスを抽出する

▶Level ●●

これが
ポイント
です！
クリップボード上のテキスト検索

膨大な量のドキュメントやWebページから、電話番号とメールアドレスを抽出するには、見つけた数字や文字をテキストエディターでタイプするか、クリップボード経由で貼り付けるのがふつうです。しかし、前回のTipsで作成した正規表現のパターンを使えば、クリップボードに読み込んだデータから電話番号とメールアドレスだけを抽出するプログラムが作れます。

●クリップボードに読み込んだデータから電話番号とメールアドレスだけを抽出

ここで作成するプログラムは、Ctrl+Aで全テキストを選択し、Ctrl+Cでクリップボードにコピーしたうえでプログラムを実行するだけで、すべての電話番号とメールアドレスをクリップボードにコピーするというものです。テキストエディターなどを開いてCtrl+Vキーを押せば、抽出された全データが貼り付けられるという仕組みです。

▼電話番号とメールアドレスを抽出してクリップボードに読み込むプログラム（Notebookを使用）

```
# pyperclipとreモジュールのインポート
import pyperclip, re

# 電話番号の正規表現
phone_regex = re.compile(r'''(
    (0\d{1,4}|\(0\d{1,4}\))?   # 市外局番
    (\s|-)?                     # 区切り
    (\d{1,4})                   # 市内局番
    (\s|-)                      # 区切り
    (\d{4})                     # 加入者番号
    (\s*(内線|\(内\)|\(内.{1,3}\))\s*(\d{2,5}))? # 内線番号
    )''', re.VERBOSE)

# メールの正規表現
mail_regex = re.compile(r'''(
    [a-zA-Z0-9._%+-]+  # ユーザー名
    @                  # @ 記号
    [a-zA-Z0-9.-]+     # ドメイン名
    (\.[a-zA-Z]{2,4})  # トップレベルドメイン
    )''', re.VERBOSE)
```

文字列と日付の操作

247

3-3　正規表現によるパターンマッチング

```
    # クリップボードのテキストを検索する
    text = str(pyperclip.paste())                                        ❶
    # マッチした文字列を保持するリスト
    matches = []

    # 電話番号を検索する
    for groups in phone_regex.findall(text):                             ❷
        # インデックス1、3、5の要素を連結
        phone_num = '-'.join([groups[1], groups[3], groups[5]])
        # インデックス8の内線番号が検索された場合
        if groups[8] != '':                                              ❸
            # ' 内線'と内線番号を連結して電話番号に追加する
            phone_num += ' 内線' + groups[8]
        # matchesにphone_numを追加する
        matches.append(phone_num)                                        ❹

    # メールアドレスを検索する
    for groups in mail_regex.findall(text):                              ❺
        # matchesにインデックス0の要素を追加する
        matches.append(groups[0])

    # マッチングした場合の処理
    if len(matches) > 0:                                                 ❻
        # 検索結果matchesの要素を\nで連結してクリップボードにコピーする
        pyperclip.copy('\n'.join(matches))
        print('クリップボードにコピーしました:')
        print('\n'.join(matches))
    # マッチングしなかった場合はメッセージのみを表示
    else:
        print('電話番号やメールアドレスは見つかりませんでした。')

    input('終了するには何かキーを押してください。')
```

　❶でクリップボードのデータを取得した
あと、❷で電話番号を検索、❺でメールアド
レスを検索します。

・**電話番号の抽出**
　❷のforループ：

```
    for groups in phone_regex.findall(text):
```

では、取得したデータをfindall()メソッドで
検索します。電話番号のパターン文字列に
は1つのグループの中に8つの小さなグ
ループが設定されているので、要素数9の

タプルが格納されたリストが返されます。
　そこで、返されたリストからタプルを1つ
ずつgroupsに代入します。forループの最
初の処理：

3-3 正規表現によるパターンマッチング

```
phone_num = '-'.join([groups[1], groups[3], groups[5]])
```

で、タプルのインデックス1、3、5の要素を'-'で連結します。例えば：

```
(001)5555-6767  (内線)365
```

```
('(001)5555-6767  (内線)365', # インデックス0
 '(001)',                      # インデックス1*
 '',                           # インデックス2
 '5555',                       # インデックス3*
 '-',                          # インデックス4
 '6767',                       # インデックス5*
 ' (内線)365',                 # インデックス6
 '(内線)',                     # インデックス7
 '365'                         # インデックス8
)
```

のようになっているので、インデックス1、3、5の要素だけをハイフンで連結して1つの電話番号を作り、phone_numに代入します。

次に内線番号ですが、これは❸のif文でインデックス8の要素が空でないかをチェックし、空でなければ' 内線'とインデックス8の要素を連結しphone_numに追加して電話番号を完成させます。完成した電話番号phone_numを❹の

```
matches.append(phone_num)
```

でリストmatchesに追加すれば、繰り返しの1回目の処理が終了です。これを抽出され

という電話番号にマッチした場合、findall()が返すリスト内のタプルは、

た電話番号のぶんだけ繰り返すと、すべての電話番号がmatchesに格納されます。

・メールアドレスの抽出

次にメールアドレスのforループの❺です。ここでも電話番号と同じように、findall()メソッドで抽出されたメールアドレスのリストからタプルを1つずつ取り出してブロックの処理を行います。例えば：

```
taro@shuwasystem.co.jp
```

というメールアドレスにマッチした場合、findall()が返すリスト内のタプルには、

```
('taro@shuwasystem.co.jp', '.jp')
```

のように2つの要素が入っているので、

```
matches.append(groups[0])
```

でインデックス0の要素だけをmatchesに追加します。

これを抽出されたメールアドレスのぶんだけ繰り返すと、すべてのアドレスがmatchesに格納されます。

3-3　正規表現によるパターンマッチング

・クリップボードへのコピー

　2つのforループの処理が済んだら、❻のif文でmatchesの中身が空でないかどうか確認し、空でなければリストmatchesの内容をクリップボードにコピーします。ただし、pyperclip.copy()メソッドは1つの文字列しか渡せないので、

```
pyperclip.copy('\n'.join(matches))
```

のようにすべての要素を連結して1つにまとめます。このとき、\nを間に入れることで、個々の要素が改行されるようにしておきます。

　最後にメッセージを表示し、プログラムの実行環境（ターミナルまたはコンソール）に、クリップボードにコピーしたデータと同じものを出力します。

　プログラムの末尾にinput()関数がありますが、ソースファイルを直接、ダブルクリックして実行した際に、コンソールがすぐに閉じないようにするためです。何かキーを押した時点でプログラムが終了します。

●プログラムを実行する

　例として、秀和システム社のWebサイトのアクセスマップページをブラウザーで開き、Ctrl＋Aに続けてCtrl＋Cでクリップボードにコピーします。続けてNotebookのプログラムが入力されたセルを実行すると、次のように出力されます。

▼Notebookのセルを実行したところ

3-3 正規表現によるパターンマッチング

```python
# 電話番号を検索する
for groups in phone_regex.findall(text):
    # インデックス1、3、5の要素を連結
    phone_num = '-'.join([groups[1], groups[3], groups[5]])
    # インデックス8の内線番号が検索された場合
    if groups[8] != '':
        # ' 内線'と内線番号を連結して電話番号に追加する
        phone_num += ' 内線' + groups[8]
    # matchesにphone_numを追加する
    matches.append(phone_num)

# メールアドレスを検索する
for groups in mail_regex.findall(text):
    # matchesにインデックス0の要素を追加する
    matches.append(groups[0])

# マッチングした場合の処理
if len(matches) > 0:
    # 検索結果matchesの要素を\nで連結してクリップボードにコピーする
    pyperclip.copy('\n'.join(matches))
    print('クリップボードにコピーしました:')
    print('\n'.join(matches))
# マッチングしなかった場合はメッセージのみを表示
else:
    print('電話番号やメールアドレスは見つかりませんでした。')
```

[1] ✓ 0.0s   Python

```
クリップボードにコピーしました:
03-6264-3093
03-6264-3094
06-6342-5003
06-6342-5012
s-info@shuwasystem.co.jp
```

電話番号やメールアドレスが抽出される

電話番号とメールアドレスはクリップボードにコピーされているので、テキストエディターなどのテキストデータを扱うソフトを開いて Ctrl + V を押すことで、貼り付けが行われます。ただし、コンソールに「電話番号やメールアドレスは見つかりませんでした」と表示された場合は、元のテキストがクリップボードにそのまま残っていて、それが貼り付けられるので注意してください。

3-4 日付データの操作

Tips 159 現在の日時を取得する

Level ● ○ ○ ○

これがポイントです! ▶ **datetime.datetime.now() メソッド**

Pythonの標準ライブラリに収録されているdatetimeモジュールのdatetimeクラスで、日付や時間、時刻などの日時データを処理することができます。datetimeクラスのnow()メソッドを使うと、現在の日時を取得できます。

▼現在日時を取得する（Notebook を使用）

```
In  import datetime
    dt_now = datetime.datetime.now()
    print(dt_now)
Out 2023-08-17 19:40:47.092796
```

now()メソッドは、現在日時が格納されたdatetimeオブジェクトを返します。datetimeクラスのyearプロパティを使って西暦（年）のデータを取り出すことができます。

▼現在日時から西暦（年）を取り出す

```
In  print(dt_now.year)
Out 2023
```

datetimeクラスのmonthプロパティで月のデータを取り出すことができます。

▼現在日時から月のデータを取り出す

```
In  print(dt_now.month)
Out 8
```

datetimeクラスのdayプロパティで日のデータを取り出すことができます。

```
In  print(dt_now.day)
Out 17
```

datetimeクラスのhourプロパティで時刻のデータ、minuteで分のデータを取り出すことができます。

▼現在日時から時刻のデータを取り出す

```
In  print(dt_now.hour, dt_now.minute)
Out 19 40
```

3-4 日付データの操作

Tips
160
任意の日時データを生成する

▶Level ●○○

これがポイントです! >**datetime.datetime()コンストラクター**

　datetimeクラスのコンストラクターdatetime()で、任意の日時のデータ(datetimeオブジェクト)を生成することができます。年(year)、月(month)、日(day)の指定は必須で、それ以外(時間や分など)は省略可能です。省略した場合は0になります。

▼全部指定して日時データを生成する(Notebookを使用)

```
In  import datetime

    dt = datetime.datetime(2023, 12, 31, 20, 45, 30, 999999)
    print(dt)
Out 2023-12-31 20:45:30.999999
```

▼必須項目のみ指定して日時データを生成する

```
In  dt = datetime.datetime(2023, 12, 31)
    print(dt)
Out 2023-12-31 00:00:00
```

文字列と日付の操作

253

3-4 日付データの操作

Tips 161

年、月、日だけのデータを生成する

▶Level ●○○

これがポイントです！ datetime.date クラス

datetime モジュールの date クラスは、年、月、日のデータだけを扱います。

引数の year、month、day はすべて必須で、省略することはできません。

・date() コンストラクターの書式

```
date(year, month, day)
```

▼date オブジェクトを生成する（Notebook を使用）

```
In  import datetime

    date = datetime.date(2023, 12, 31)
    print(date)
Out 2023-12-31
```

date クラスの today() メソッドを使うと、現在の年、月、日が格納された date オブジェクトを取得することができます。

▼today() メソッドで現在の年、月、日を取得する

```
In  today = datetime.date.today()
    print(today)
Out 2023-08-17
```

● datetime オブジェクトを date オブジェクトに変換する

datetime クラスの date() メソッドを使うことで、datetime オブジェクトを date

オブジェクトに変換することができます。この場合、datetime オブジェクトの時刻以下のデータは失われます。

▼datetime オブジェクトを date オブジェクトに変換する

```
In  dt = datetime.datetime.now()
    d = dt.date()
    print(d)
Out 2023-08-17
```

254

3-4 日付データの操作

Tips
162
時刻だけのデータを生成する

▶Level ●

これがポイントです！ ▶**datetime.timeクラス**

　datetimeモジュールのtimeクラスは、時刻以下のデータだけを扱います。

・time ()コンストラクターの書式

```
time(hour=0, minute=0,
second=0, microsecond=0)
```

　引数はすべて省略可能です。

▼引数をすべて省略してtimeオブジェクトを生成する（Notebookを使用）

```
In  import datetime

    time = datetime.time()
    print(time)
Out 00:00:00
```

▼時刻、分、秒、マイクロ秒を指定してtimeオブジェクトを生成する

```
In  time = datetime.time(23, 15, 30, 22)
    print(time)
Out 23:15:30.000022
```

●datetimeオブジェクトをtimeオブジェクトに変換する

　datetime.now()で取得した現在日時のデータ（オブジェクト）にdatetimeクラスのdate()メソッドを適用することで、datetimeオブジェクトから時刻以下のデータのみを取り出したtimeオブジェクトを取得することができます。

▼datetimeオブジェクトをdateオブジェクトに変換する

```
In  time_now = datetime.datetime.now().time()
    print(time_now)
Out 21:18:47.373011
```

文字列と日付の操作

255

3-4 日付データの操作

Tips 163 ある時点からの経過日数・時間を取得する

▶Level ●

これがポイントです！

datetimeオブジェクト同士の引き算

2つのdatetimeオブジェクトについて引き算（ー）を行うと、ある時点からの経過日数・時間を取得することができます。

▼2020年4月1日の20時から現在までの経過日数・時間を取得する（Notebookを使用）

```
In  import datetime
    dt1 = datetime.datetime(2020, 4, 1, 20)
    dt2 = datetime.datetime.now()
    days= dt2 - dt1
    print(days)
Out 1233 days, 1:39:15.627202
```

この場合、経過日数・時間のデータが格納されたtimedeltaオブジェクトが返されます。

▼型を調べる

```
In  print(type(days))
Out <class 'datetime.timedelta'>
```

●未来の日時までの日数と時間を知る

未来の日時を格納したdatetimeオブジェクトから現在日時を格納したdatetime

●日数のみを取得する

timedeltaオブジェクトのdaysプロパティで日数だけを取得することができます。

▼日数のみを取得する

```
    print(days.days)
    1233
```

オブジェクトを引き算（ー）することで、未来の日時までの日数と時間を知ることができます。

▼2025年4月1日20時と現在日時との差を取得

```
In  dt1 = datetime.datetime(2025, 4, 1, 20)
    dt2 = datetime.datetime.now()
    days = dt1 - dt2
    print(days)
Out 592 days, 21:19:58.250184
```

▼日数のみを取得する

```
In  print(days.days)
Out 592
```

256

3-4 日付データの操作

Tips 164 ある時点からの経過日数だけを取得する

▶Level ●

これがポイントです! → **dateオブジェクト同士の引き算**

2つのdateオブジェクトについて引き算（ー）を行うと、ある時点からの経過日数だけを取得することができます。

この場合、経過日数のデータが格納されたtimedeltaオブジェクトが返されます。日数のみを取得するには、前回のTipsのコードのように、timedeltaオブジェクトのdaysプロパティを指定します。

▼2021年4月1日の20時から現在までの経過日数と時間を取得する（Notebookを使用）

```
In  import datetime

    d1 = datetime.date(2021, 4, 1)
    d2 = datetime.date.today()
    print(d1)
    print(d2)

    ds= d2 - d1
    print(ds.days)
    print(type(ds))
Out 2021-04-01
    2023-08-18
    869
    <class 'datetime.timedelta'>
```

Tips 165 現在から50日前後や1週間前後の日付と時刻を取得する

▶Level ●

これがポイントです! → **datetimeオブジェクトとtimedeltaオブジェクトの足し算、引き算**

datetimeオブジェクトとtimedeltaオブジェクトについて、足し算（＋）や引き算（ー）で、未来や過去の日付と時刻を取得することができます。

●未来の日付と時刻を調べる

datetimeオブジェクトにtimedeltaオブジェクトを足し算（＋）することで、未来の日付と時刻を取得できます。

257

3-4 日付データの操作

▼現在の日時から1週間後の日時を取得する（Notebookを使用）

```
In  import datetime

    dt1 = datetime.datetime.now()
    print(dt1)
    dt2 = datetime.timedelta(weeks=1)    # 週単位はweeksで指定
    future = dt1 + dt2
    print(future)
Out 2023-08-17 22:21:19.769078
    2023-08-24 22:21:19.769078
```

▼現在の日時から180日後の日時を取得する

```
In  dt1 = datetime.datetime.now()
    print(dt1)
    dt2 = datetime.timedelta(days=180)    # 日単位はdaysで指定

    future = dt1 + dt2
    print(future)
Out 2023-08-17 22:21:20.399715
    2024-02-13 22:21:20.399715
```

●過去の日付と時刻を調べる

datetimeオブジェクトからtimedeltaオブジェクトを引き算（−）することで、過去の日付と時刻を取得できます。

▼現在の日時から1週間前の日時を取得する

```
In  dt1 = datetime.datetime.now()
    print(dt1)
    dt2 = datetime.timedelta(weeks=1)  # 週単位はweeksで指定
    past = dt1 - dt2
    print(past)
Out 2023-08-17 22:23:41.367794
    2023-08-10 22:23:41.367794
```

▼現在の日時から250日前の日時を取得する

```
In  dt1 = datetime.datetime.now()
    print(dt1)
    dt2 = datetime.timedelta(days=250)  # 日単位はdaysで指定
    past = dt1 - dt2
    print(past)
Out 2023-08-17 22:25:21.397615
    2022-12-10 22:25:21.397615
```

258

3-4 日付データの操作

Tips 166 経過時間を測定する

▶Level ●○○

これがポイントです！ > **timeモジュールのtime()関数**

timeモジュールのtime()関数を使うと、UNIX時間（UNIX時刻）を取得できます。UNIX時間とは、コンピューター上での時刻表現の1つで、協定世界時(UTC)の1970年1月1日午前0時0分0秒（これを「UNIXエポック」と呼びます）からの経過秒数のことです。

▼現在のUNIX時間を取得する（Notebookを使用）

```
In  import time

    ut = time.time()
    print(ut)
Out 1692333387.75949
```

プログラムの冒頭でUNIX時間を取得しておき、プログラムの末尾で再びUNIX時間を取得して冒頭で取得したUNIX時間との差を求めることで、プログラム本体の処理時間を計測する——といった使い方ができます。

▼任意の処理を記述して処理に要した時間を取得する

```
In  # 開始時点のUNIX時間を取得
    start = time.time()

    # ------------------------
    # 計測する任意の処理を記述
    num = 0.0
    for i in range(10000):
        num = num + 0.001
    # ------------------------

    # 処理終了時のUNIX時間との差を求める
    t = time.time() - start
    # 処理に要した時間を出力
    print(t)
Out 0.0009973049163818836
```

文字列と日付の操作

259

Tips 167 日時データを文字列に変換して曜日名を取得する

これがポイントです！ strftime() メソッド

datetimeクラスやdateクラス、timeクラスには、日時のデータを文字列に変換するstrftime()メソッドがあります。引数には、次の書式指定文字を指定します。

▼strftime()メソッドの主な書式指定文字

書式指定文字	意味
%a	短縮された曜日名
%A	曜日名
%b	短縮された月名
%B	月名
%d	日（2桁の数字）
%H	時（24時間表記）
%I	時（12時間表記）
%j	年を通しての日（001、366など）

書式指定文字	意味
%m	月（2桁の数字）
%M	分（2桁の数字）
%S	秒（2桁の数字）
%U	年の初めから何週目か（日曜を週の始まりとする）を表す
%w	曜日を表す数字（日曜日が0）
%W	年の初めから何週目かを表す数字
%y	西暦の下2桁の数字
%Y	西暦（4桁）の数字

▼現在の日時を取得し、個々のデータを文字列に変換して出力する（Notebookを使用）

```
In  import datetime
    import locale
    dt = datetime.datetime.now()
    print(dt)
    print(dt.strftime('%Y'))  # 西暦4桁
    print(dt.strftime('%m'))  # 月（2桁の数値）
    print(dt.strftime('%B'))  # 月名
    print(dt.strftime('%d'))  # 日（2桁の数値）
    print(dt.strftime('%A'))  # 曜日
    print(dt.strftime('%a'))  # 曜日（短縮形）
Out 2023-08-18 18:14:39.898761
    2023
    08
    August
    18
    Friday
    Fri
```

▼現在の日時を任意の形式で出力

```
In  print(dt.strftime('%A, %B %d, %Y'))
Out Friday, August 18, 2023
```

第4章
168~196

ファイルの操作と管理

4-1　ファイル操作（168〜178）

4-2　データの保存（179〜181）

4-3　globモジュールによるディレクトリの操作（182）

4-4　ファイルの管理（183〜196）

4-1 ファイル操作

Tips
168

▶Level ●●

これがポイントです!

現在、作業中のディレクトリを取得する

os.getcwd()による カレントディレクトリの取得

コンピューターで実行中のプログラムには、作業用のフォルダーとして**カレントディレクトリ**が割り当てられています。正確には「カレントワーキングディレクトリ」で、Current Working Directoryの頭文字をとって「cwd」と表すこともあります。**ディレクトリ**は、ハードディスク上の位置を表すので、WindowsやMacなどのGUI環境の**フォルダー**と同じ意味です。このことから、Windowsではワーキングディレクトリのことを**作業フォルダー**と呼ぶことが多いです。

● Notebookのカレントディレクトリを確認する

ディレクトリの取得や移動は、Pythonに標準搭載されているosモジュールのgetcwd()関数で行えます。では、Notebookに次のコードを入力して、カレントディレクトリを取得してみることにします。

▼Notebookのカレントディレクトリを取得する（Notebookを使用）

```
In   import os      # osモジュールをインポート
     os.getcwd()    # カレントディレクトリを取得
Out  'c:\\Document\\Python_tips\\sampleprogram\\chap04\\04_01'
```

Windowsでは、フォルダーの区切りをバックスラッシュ（日本語環境では¥と表示されることがある）を使って表します。MacやLinuxではスラッシュ「/」が使われます。

プログラムの結果を見てみると\\が2つ続いていますが、これは文字列の中では\をエスケープする必要があるためです。

このように、取得したパスは文字列として返されるので、エスケープ文字「\」が出力されますが、print()関数を使って出力すると、文字列ではなくパスそのものが出力されます。

▼実行中のNotebookが保存されているディレクトリ（カレントディレクトリ）のパスを出力する

```
In   # パスとして出力
     print(os.getcwd())
Out  c:\Document\Python_tips\sampleprogram\chap04\04_01
```

262

4-1 ファイル操作

Tips
169 ディレクトリを移動する

▶ Level ● ● ○

これが
ポイント
です！
os.chdir()関数による
カレントディレクトリの変更

「現在、作業中のディレクトリ」（カレント
ディレクトリ）は、osモジュールのchdir()関
数で変更できます。

▼カレントディレクトリを変更する（Notebookを使用）

```
In   import os                          # osモジュールをインポート
     os.chdir('C:/Windows/System32')    # Cドライブの「Windows」➡「System32」に移動
     print(os.getcwd())                 # 移動後のディレクトリを出力
Out  'C:\\Windows\\System32'
```

●絶対パスと相対パス

ファイルの場所を示すファイルパスを指
定するには、2通りの方法のいずれかを使い
ます。

・絶対パス

ルートフォルダーから指定します。ルート
フォルダー（ルートディレクトリ）は、フォ
ルダーの階層構造の頂点に位置するフォル
ダーで、Windowsでは「C:\」（Cドライブ）
がルートフォルダーです。Macのルート
フォルダーは「/」です。プログラムで指定す
るときは、ディレクトリの区切り文字「\」は
「/」になるので注意してください。あえて
バックスラッシュ「\」を使う場合は、「\\」
のように、エスケープしてから「\」を記述す
ることが必要です。

・相対パス

カレントディレクトリから相対的に指定
します。

相対パスを指定する場合は、「.」と「/」を
使います。「.」は現在のフォルダーを示し、
「..」と2つ続けることで親フォルダーを示す
ことができます。カレントディレクトリに
「sample.txt」というファイルがあれば相対
パスは「./sample.txt」ですが、この場合、
先頭の「./」は省略できます。

「/」はフォルダーの区切りを示すので、カ
レントフォルダーに「sample」フォルダー
があり、その中に「sample.txt」が存在する
場合の相対パスは、「./sample/sample.
txt」または「sample/sample.txt」です。

一方、カレントディレクトリと同じレベル
に「another」フォルダーがあるとき、その
中のsample.txtへの相対パスは「../anoth
er/sample.txt」になります。「../」で親ディ
レクトリに移動してanotherフォルダーを
参照し、/sample.txtでフォルダー内のファ
イルを参照する、という意味になります。

プログラムを実行したあとは、前回の
Tipsのプログラムで表示された、変更前の
カレントディレクトリに戻しておいてくださ
い。

ファイルの操作と管理

263

4-1 ファイル操作

▼カレントディレクトリを元に戻す

```
In   # 元のディレクトリを引数にして移動
     os.chdir('c:/Document/Python_tips/sampleprogram/chap04/04_01')
     # 移動後のディレクトリを出力
     print(os.getcwd())
Out  c:\Document\Python_tips\sampleprogram\chap04\04_01
```

Tips 170 新規のフォルダーを作成する

▶Level ●●

これが
ポイント
です！
os.makedirs('フォルダーのパス')

osモジュールのmakedirs()関数で、指定した場所に新規のフォルダーを作成することができます。この場合、パスを指定して任意の場所に作成できますが、最下位のフォルダーに至るフォルダーが存在しないときはそれらのフォルダーも一緒に作成されます。

例として、WindowsのCドライブ以下に「test」という名前をフォルダーを作成し、さらに「sample」フォルダー内に「my」フォルダーを作成してみます。

▼新規フォルダーを作成する（Notebookを使用）

```
In   import os                           # osモジュールをインポート
     os.makedirs('C:/test/sample/my')    # Cドライブ以下にtest➡sample➡myを作成
```

ルートディレクトリ「C:\」以下にはtestというフォルダーは存在しなかったので、新たに作成され、さらにsample➡myとフォルダーが作成されました。

プログラムで区切り文字を入力するときはスラッシュ「/」を使用します。「\」を使う場合は、「\\」のようにエスケープしてから「\」を記述することが必要です。

▼os.makedirs('C:/test/sample/my')の結果

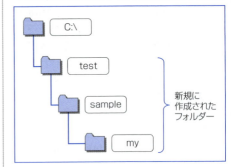

新規に作成されたフォルダー

264

4-1　ファイル操作

Tips 171

絶対パスを取得／確認する

▶Level ● ●

これが
ポイント
です！

os.path.abspath(path)、
os.path.isabs(path)

os.pathモジュールには、ファイル名やパスを操作するための関数・メソッドが多数、収録されています。os.pathモジュールはosライブラリに含まれているので、osライブラリをインポートしておけば使えます。ここでは、絶対パスの取得や、絶対パスかどうかの確認をする次の関数を使ってみます。

・os.path.abspath(path)

引数pathに指定したパスの絶対パスを文字列として返します。

・os.path.isabs(path)

引数pathが絶対パスならTrueを返し、相対パスならFalseを返します。

●絶対パスを取得する

os.path.abspath(path)を使うと、相対パスを絶対パスに変換することができます。

▼カレントディレクトリの確認例（Notebookを使用）

```
In   import os
     # カレントディレクトリの相対パスを指定して絶対パスを取得
     path = os.path.abspath('.')
     # パスとして出力
     print(os.getcwd())
Out  c:\Document\Python_tips\sampleprogram\chap04\04_01
```

●絶対パス／相対パスの確認

絶対パスであるかどうかをos.path.isabs()メソッドで確認してみます。

▼絶対パス／相対パスの確認

```
In   # カレントディレクトリのパスをos.path.abspath()で取得して引数にする
     os.path.isabs(os.path.abspath('.'))
Out  True
```

ファイルの操作と管理

265

4-1 ファイル操作

Tips 172
▶Level ●●

任意のフォルダー間の相対パスを取得する

これがポイントです！ os.path.relpath(path, start)

特定のフォルダーから別の場所へ移動する場合、ディレクトリの階層が深いとパスを見つけるだけでも大変です。このような場合はos.path.relpath()関数を使えば、基点となるフォルダーから特定のフォルダーへの相対パスを知ることができます。

• os.path.relpath(path, start)
startからpathへの相対パスを文字列として返します。startを省略した場合は、カレントディレクトリからの相対パスが返されます。

▼相対パスを取得する (Notebook を使用)

```
In  import os
    # Cドライブ直下からWindowsフォルダーへの相対パスを調べる
    path = os.path.relpath('C:/Windows', 'C:/')
    print(path)
Out Windows
```

```
In  # C:\Program FilesからC:\Windowsへの相対パスを調べる
    path = os.path.relpath('C:/Windows', 'C:/Program Files')
    print(path)
Out ..\Windows
```

```
In  # カレントディレクトリからC:\Windowsへの相対パスを調べる
    path = os.path.relpath('C:/Windows', '.')
    print(path)
Out ..\..\..\..\..\Windows
```

Tips 173
▶Level ●●

パスをディレクトリパスとベース名に分けて取得する

これがポイントです！ os.path.dirname(path)、os.path.basename(path)

パスをディレクトリの部分とファイル名に切り分ける場合は、次の関数を使います。

• os.path.dirname(path)
pathに指定したパスのフォルダーまでのパス (ディレクトリパス) を返します。

266

4-1　ファイル操作

• **os.path.basename(path)**

pathに指定したパスの最下位のフォルダー名またはファイル名（ベース名）を返します。

例として、Windowsに付属している「メモ帳」の実行ファイルnotepad.exeのディレクトリパスとベース名を取得してみます。

▼ディレクトリパスとベース名の取得（Notebookを使用）

```
In  import os
    # 「メモ帳」の実行ファイルのパス
    path = 'C:/Windows/System32/notepad.exe'
    # ディレクトリのパスを取得
    dir_path = os.path.dirname(path)
    print(dir_path)
Out C:/Windows/System32
```

```
In  # ベース名を取得
    base_path = os.path.basename(path)
    print(base_path)
Out notepad.exe
```

notepad.exeのディレクトリパスとベース名は、次のようになっています。

```
C:/Windows/System32/notepad.exe
```

dirname()が返すディレクトリパス　　**basename()が返すベース名**

●**ディレクトリパスとベース名を同時に取得する**

ディレクトリパスとベース名がそれぞれ必要な場合は、次のようにos.path.dirname()とos.path.basename()を呼び出してタプルを作成しておくと便利です。

▼ディレクトリパスとベース名をタプルにする

```
In  path = 'C:/Windows/System32/notepad.exe'
    path_t = (os.path.dirname(path), os.path.basename(path))
    path_t
Out ('C:/Windows/System32', 'notepad.exe')
```

この場合、**os.path.split()**関数を使えば、ディレクトリパスとベース名を同時に取得できます。

▼ディレクトリパスとベース名を格納したタプルを取得する

```
In  path_ts = os.path.split(path)
    path_ts
Out ('C:/Windows/System32', 'notepad.exe')
```

267

4-1　ファイル操作

Tips
174
パスのすべての要素を
分解して取得する

▶Level ●●

これが
ポイント
です!
パスを表す文字列.split(os.sep)

　os.path.split()関数は、ディレクトリパス
とベース名に分けて取り出してくれますが、
ディレクトリパスの分解までは行いません。
パスに含まれるすべてのディレクトリをバ
ラバラにして取得したい場合は、string オ
ブジェクトの**split()関数**を使います。この
とき引数には、分割の目印にする文字列とし
て\などのパス区切り記号を指定するのが

ポイントです。分解されたディレクトリ名や
ファイル名はリストで返されます。

・split() 関数でパスを分解して取得する

```
split('パス区切り記号')
```

　パス区切り記号は、osモジュールの定数
os.sepで取得できます。

▼OSが使用しているパス区切り記号を取得（Notebookを使用）

```
In   import os
     sep = os.sep
     print(sep)
Out  \
```

　OSに合わせて\や/などのパス区切り記
号を直接、指定してもよいのですが、os.

sepを使えば、OSの種類に依存せずにパス
を分解できます。

▼パスを分解してリストとして取得する

```
In   # カレントディレクトリを取得
     path = os.getcwd()
     # os.sepを引数にしてパスを分解する
     path.split(os.sep)
Out  ['c:', 'Document', 'Python_tips', 'sampleprogram', 'chap04', '04_01']
```

```
In   # パス区切り記号を引数にしてパスを分解するときはエスケープする
     print(path.split('\\'))
Out  ['c:', 'Document', 'Python_tips', 'sampleprogram', 'chap04', '04_01']
```

268

4-1 ファイル操作

Tips 175 カレントディレクトリに新規フォルダーを作成する

▶Level ●○○○

これがポイントです！ > **os.path.join('パス1', 'パス2', ...)**

os.path.join()関数は、引数に指定したパスの文字列を連結します。ここではNotebookと同じディレクトリに「test」という名前のフォルダーを作成してみます。

▼実行中のNotebookと同じディレクトリに新規フォルダーを作成する（Notebookを使用）

```
In  import os
    # カレントディレクトリのパスに、新規作成するフォルダー名をパスとして連結
    path = os.path.join(os.getcwd(), 'test')
    # 作成したパスを出力
    print(path)
    # カレントディレクトリにフォルダーを作成
    os.makedirs(path)
Out c:\Document\Python_tips\sampleprogram\chap04\04_01\test
```

Tips 176 ファイルサイズを調べる

▶Level ●●○

これがポイントです！ > **os.path.getsize() メソッド**

ファイルサイズは、os.pathモジュールのos.path.getsize()関数で取得することができます。

• **os.path.getsize(path)**
  引数pathに指定したファイルのサイズをバイト単位で返します。

▼「メモ帳」の実行ファイルのサイズを取得する（Notebookを使用）

```
In  import os
    os.path.getsize('C:/Windows/System32/notepad.exe')
Out 360448
```

ファイルの操作と管理

269

4-1 ファイル操作

　次に、Notebookと同じフォルダーに保存
されている「test」フォルダー内の「test.
txt」のファイルサイズを調べてみます。

▼Notebookと同じフォルダー内の「test」フォルダー以下「test.txt」のファイルサイズを調べる

```
In   # カレントディレクトリのtestフォルダー以下のtest.txtのフルパスを作成
     path = os.path.join(os.getcwd(), 'test', 'test.txt')
     # 作成したパスとファイルサイズを出力
     print('path: ', path)
     print('filesize: ', os.path.getsize(path))
Out  path:  c:\Document\Python_tips\sampleprogram\chap04\04_01\test\test.txt
     filesize:  0
```

Tips

177 フォルダーの内容を調べる

▶Level ●●

これが
ポイント
です!
os.listdir(フォルダーのパス)

　フォルダーの中にあるファイルやフォル
ダーの一覧は、osモジュールのos.listdir()
関数で取得できます。

・os.listdir(path)
　引数pathに指定したフォルダーに含まれ
るファイル名とフォルダー名のリストを返
します。

　次に示すのは、実行中のNotebookにつ
いて、カレントディレクトリのファイルと
フォルダーの一覧を取得する例です。

▼カレントディレクトリのファイルとフォルダーの一覧を取得する（Notebookを使用）

```
In   import os
     # カレントディレクトリのパスを取得
     path = os.getcwd()
     # ディレクトリのファイル/フォルダーの一覧を取得
     os.listdir(path)
Out  ['fileoperation.ipynb', 'module', 'test']
```

4-1 ファイル操作

●フォルダー内のファイルサイズの合計を求める

os.listdir()とos.path.getsize()を組み合わせると、フォルダー内のファイルの合計サイズを求めることができます。os.listdir()で取得したファイル名をforループで取り出し、ディレクトリパスを連結してos.path.getsize()でファイルサイズを取得する、という流れになります。

▼フォルダー内のファイルの合計サイズを取得する関数

```
In   import os
     def fileSize(path):
         """フォルダー内のファイルの合計サイズを取得する関数
         Args:
             path (str): フォルダーのパス
         Returns:
             (int): ファイルサイズの合計
         """
         # ファイルサイズを保持する変数
         size = 0
         # フォルダー内のすべてのファイル名をループ処理
         for filename in os.listdir(path):
             # ファイルサイズを取得してsizeに足し合わせる
             size = size + os.path.getsize(
                 # ディレクトリパスとファイル名を連結してフルパスを作る
                 os.path.join(path, filename))
         # 合計サイズを戻り値として返す
         return size
```

▼実行結果

```
In   # カレントディレクトリのパスを取得
     path = os.getcwd()
     # ディレクトリを指定してfileSize()を実行
     size = fileSize(path)
     print(size)
Out  16903
```

「forループで取り出したファイル名をos.path.join()関数でディレクトリパスに連結してフルパスを作成する」のがポイントです。作成したフルパスを使って各ファイルのサイズを取得し、変数sizeに足し合わせていきます。

os.path.join()関数は、ファイル名やフォルダー名をカンマで区切って指定すると、すべての引数をパス区切り記号で連結したパスを文字列として返します。区切り記号はOSに依存したものが自動で使われるので、設定は不要です。

ファイルの操作と管理

271

4-1 ファイル操作

▼os.path.join()でフォルダー名とファイル名を連結してパスを作る

```
In  # os.path.join()でカレントディレクトリのフォルダーとファイル名を連結してパスを作る
    path = os.path.join(os.getcwd(), 'temp', 'document.txt')
    print(path)
Out c:\Document\Python_tips\sampleprogram\chap04\04_01\temp\document.txt
```

Tips
178 パスが正しいかを調べる

▶Level ● ● ○

これが
ポイント
です！ **os.path.exists(path)**

osモジュールやos.pathモジュールの関数を使う場合、パスの指定を間違えると異常終了します。そのようなことが起こらないように、パスが正しいかどうか事前にチェックできる関数があります。

• os.path.exists(path)

引数pathに指定したファイルやフォルダーが存在すればTrueを返し、存在しなければFalseを返します。

• os.path.isfile(path)

引数pathに指定したパスにファイルやフォルダーが存在し、なおかつファイルであればTrue、そうでなければFalseを返します。

• os.path.isdir(path)

引数pathに指定したパスにファイルやフォルダーが存在し、なおかつフォルダーであればTrue、そうでなければFalseを返します。

▼パスで指定した要素の存在をチェックする（Notebookを使用）

```
In  os.path.exists('C:/Windows')  # CドライブにWindowsというフォルダーが存在する?
Out True
```

```
In  os.path.isfile('C:/Windows')  # CドライブのWindowsはファイル?
Out False
```

```
In  os.path.isdir('C:/Windows')   # CドライブのWindowsはフォルダー?
Out True
```

```
In  os.path.exists('D:/')         # Dドライブは存在する?
Out False
```

272

4-2　データの保存

Tips 179

変数専用ファイルにデータを保管する

▶Level ●● ○

これがポイントです！ shelveオブジェクト

Pythonに付属している**shelveモジュール**を使うと、プログラムで作成した変数をバイナリ形式のファイルに保存することができます。つまり、変数を値ごと専用のファイルに保存できるというわけです。これが何の役に立つのかというと、例えばプログラムの実行中に変更された設定情報をファイルに保存しておいて、次回プログラムを起動したときに、それを読み込んで設定を復元する、という使い方ができます。

●変数をオブジェクトに登録してファイルに書き込む

変数をファイルに保存できるようにするには、shelveモジュールをインポートして、**shelve.open()関数**の引数にファイル名を指定して開きます。ファイルが存在しなければ、カレントディレクトリにファイルが作成されます。ファイルを開くと、shelveオブジェクトが返されるので、リストを作成して必要なデータを格納します。あとは、shelveオブジェクトにリストの中身を登録すれば完了です。

次のプログラムでは、shelveという名前のファイルを作成し、リストの要素を保存するようにしています。

▼リストの要素をshelveオブジェクトとしてファイルに保存する関数（Notebookを使用）

```
In   import shelve

     def save_shelve(fname, key, list):
         """リストの要素をshelveオブジェクトとしてファイルに保存する関数

         Args:
             fname (str): 保存するファイル名
             key (str): データに付けるキー
             list (list): 保存するデータ
         """
         # fnameのファイルをオープン
         shelve_file = shelve.open(fname)
         # キーの名前を'key'にして1listを保存する
         shelve_file[key] = list
         # ファイルを閉じる
         shelve_file.close()
         # メッセージ（任意）
         print('ファイルを保存しました。')
```

ファイルの操作と管理

273

4-2 データの保存

▼実行結果

```
In  # カレントディレクトリの「data」フォルダー以下の「shelve」をファイル名にする
    fname = 'data/shelve'
    # キーを指定
    key = 'd1'
    # 保存するデータ (リスト)
    lst = ['秀和太郎', '秀和花子', '東陽次郎']
    # save_shelve()を実行してデータを保存
    save_shelve(fname, key, lst)
```

```
Out ファイルを保存しました。
```

　プログラムを実行すると、shelveオブジェクトにリストの要素が登録され、これがファイルとして保存されます。このプログラムはWindowsで実行しているので、カレントディレクトリの「data」フォルダー以下にshelve.bak、shelve.dat、shelve.dirという3つのファイルが作成されます。Macで実行した場合はshelve.dbというファイルが1つだけ作成されます。ただし、ファイル形式は重要ではないので気にする必要はありません。プログラムではshelveオブジェクトとのやり取りになるので、「オブジェクトに付けた名前」を使うからです。

　さて、shelveオブジェクト自体を見てみると、辞書とほぼ同じ構造になっています。リストを

```
shelve_file[key] = list
```

のようにしてshelveオブジェクトに登録したので、keyに代入されている文字列 (ここでは'd1') をキーとする値として、リストの要素が登録されます。このような書き方で、必要な数だけキーと値のセットを登録することができます。

●保存したファイルを開いてデータを取り出す

　shelveオブジェクトのファイルからデータを取り出す際にも、shelve.open()メソッドを使います。

▼shelveオブジェクトのファイルをオープンしてデータを取り出す

```
# カレントディレクトリの「data」フォルダー以下の「shelve」をファイル名として指定
fname = 'data/shelve'
# shelveファイルを開く
shelve_file = shelve.open(fname)
# 保存済みのデータを取得して出力
print(shelve_file[key])
# ファイルを閉じる
shelve_file.close()
```

▼実行結果

```
Out ['秀和太郎', '秀和花子', '東陽次郎']
```

274

4-2 データの保存

Tips 180

shelveファイルにデータを追加してデータの一覧を取得する

これがポイントです！ ▶ **keys()、values()**

▶ Level ● ●

shelveオブジェクトのファイルには、キーとそれに対応するデータを必要なだけ登録できます。また、キーと値をそれぞれ取得するメソッドが用意されているので、登録済みの全データの取得が容易に行えます。

ここでは、前回のTipsで作成したプログラムの次のセルに以下のコードを入力して、結果を見てみることにします。

辞書と同じようにkeys()でキーの一覧、values()で値の一覧を取得できますが、値として使える状態で取得するにはlist()コンストラクターでリストにすることが必要です。

▼作成済みのshelveオブジェクトのファイルにデータを追加して一覧を取得（Notebookを使用）

```
In   # カレントディレクトリの「data」フォルダー以下の
     # 「shelve」をファイル名として指定
     fname = 'data/shelve'
     # キー
     key = 'd2'
     # 保存するデータ(リスト)を作成
     lst = ['A1', 'B2', 'A2']
     # データを保存
     save_shelve(fname, key, lst)

     # shelveファイルを開く
     shelve_file = shelve.open(fname)
     # 登録済みのキーの一覧を取得
     keys = list(shelve_file.keys())
     print('keys = ', keys)
     # 登録済みの値の一覧をlist()を使って取得
     values = list(shelve_file.values())
     print('values = ', values)
     # ファイルを閉じる
     shelve_file.close()
```

▼実行結果

```
Out  ファイルを保存しました。
     keys = ['d1', 'd2']
     values = [['秀和太郎', '秀和花子', '東陽次郎'], ['A1', 'B2', 'A2']]
```

ファイルの操作と管理

275

4-2 データの保存

Tips
181

▶Level ●●

変数を定義コードごと別ファイルに保存する

これが
ポイント
です！ **pprint.pformat()によるリスト要素の文字列化**

Pythonに付属するpprintモジュールに、リストや辞書を整形して表示する**pprint.pprint()**関数があります。例えば、辞書のリストを作成し、これをpprint.pprint()関数で出力すると、見た目に読みやすい状態に整形して表示されます。

▼辞書を格納したリストをpprint.pprint()関数で整形して出力（Notebookを使用）

```
In   import pprint

     name_id = [ {'name':'秀和太郎', 'id':'A101'},
                 {'name':'秀和花子', 'id':'B101'},
     {'name':'東陽次郎', 'id':'A102'} ]
     pprint.pprint(name_id)
Out  [{'id': 'A101', 'name': '秀和太郎'},
      {'id': 'B101', 'name': '秀和花子'},
      {'id': 'A102', 'name': '東陽次郎'}]
```

このように、pprint.pprint()は「見た目に読みやすいコード」にしてくれるのですが、これと同じような働きをするメソッドとしてpprint.pformat()があります。pprint.pprint()が文字列を整形して出力するのに対し、pprint.pformat()は出力は行わずに「整形処理」だけを行います。整形されたコードはPythonの文法に沿ったものなので、リストや辞書の中身をソースコードとして残したいときに重宝します。

● pprint.pformat()でリストの中身をフォーマットしてリストの定義コードを再現する

先ほどの辞書のリストname_idをpprint.pformat()でフォーマットすると次のようになります。

▼name_idをpprint.pformat()でフォーマットする

```
In   pprint.pformat(name_id)
Out  "[{'id': 'A101', 'name': '秀和太郎'},\n {'id': 'B101', 'name': '秀和花子'},\n {'id': 'A102', 'name': '東陽次郎'}]"
```

276

4-2 データの保存

読みやすいようにするための改行コードが入っていますが、注目すべき点は、辞書を格納したリストが「文字列」になっていることです。これを利用すれば、「変数を定義コードごと別ファイルに保存する」という今回のテーマが実現できます。先ほどの例では、

```
'name_id = ' + pprint.pformat(name_id)
```

とすれば、'name_id = 'にname_idの中身を「文字列化」したものが連結されるので、name_idの定義コードになります。これをそのまま別ファイルに書き込む、というのが今回のプログラムのポイントです。

▼リストの定義コードを別ファイルに保存する関数

```
In  import pprint

    def save_listdef(fname, lst_name, lst):
        """リストの定義コードをファイルに保存する

        Args:
            fname (str): 保存するファイル名(パス)
            lst_name (list): リストの変数名
            lst (list): dictを要素とするリスト
        """
        # ファイルを書き込みモードで開く
        file = open(fname,                      # 拡張子を含むファイル名
                    'w',                        # 書き込みモードを指定
                    encoding = 'utf-8'          # 文字コードをUTF-8にする
                    )
        # リストの定義コードをファイルに書き込む
        # 1行ずつ改行するように、末尾に改行コードを付けてから連結する
        file.write(lst_name + ' = ' + pprint.pformat(lst) + '\n')
        # ファイルを閉じる
        file.close()
```

この関数を実行すると、パラメーターfnameで指定されたファイル（拡張子含む）が作成され、パラメーターlstで指定されたリストを定義するコードが書き込まれます。リストの変数名はパラメーターlst_nameで指定されたものになります。

今回はPythonのモジュール（.py）を対象にしたので、標準ライブラリのopen()関数を使いました。open()は、テキストデータを保存するためのファイルをFileオブジェクトとして開くための関数です。

ファイルの操作と管理

277

4-2 データの保存

• open() 関数

ファイルを読み込み、Fileオブジェクトにして返します。

書式		open(file, mode='r', encoding=None)
パラメーター	file	対象のファイル名を、拡張子を含めて指定します。ファイルが存在しない場合は新規のファイルが作成されます。ファイル名のみを指定した場合はカレントディレクトリが参照されます。ファイルのパスを指定することも可能です。
	mode='r'	戻り値として返すFileオブジェクトの機能（モード）を指定します。
		・'r'は読み込み専用モード
		・'w'は書き換えモード
		・'a'はファイルの末尾に書き込む追加モード
	encoding=None	文字コードを指定します。

作成したプログラムでは、ファイルを

```
file = open(fname, 'w', encoding = 'utf-8')
```

のように「書き換えモード」で開きます。プログラムを実行するたびに、前回、保存されたデータはすべて新しいデータに書き換えられます。あと、Windowsの場合は文字コードの指定が必須です。PythonはUTF-8が標準ですが、Windowsの場合は、何もしないとCP932という標準の文字コードが適用されてしまいます。そうすると、Pythonでファイルを読み込んだときに確実に文字化けするので、「encoding = 'utf-8'」と指定して、UTF-8でテキストを保存するようにしておきます。

ファイルへの書き込みは、

```
file.write(lst_name + ' = ' + pprint.pformat(lst) + '\n')
```

のように、リストの定義コードを作成してファイルに書き込みます。ファイルは書き換えモードで開いているので、ファイルの中身がすべて書き換えられます。

書式	Fileオブジェクト.write(文字列)

• write() メソッド

Fileオブジェクトに文字列を書き込みます。

4-2 データの保存

●リストの定義コードを別ファイルに保存する

では、リストを定義してsave_listdef()関数を実行してみましょう。

▼リストを定義してsave_listdefを実行

```
In  # 作成するファイルはPythonのモジュールにする
    fname = 'data/module.py'
    # リストを定義するときの変数名
    lst_name = 'name_id'
    # 辞書を要素とするリストを作成
    lst = [ {'name':'秀和太郎', 'id':'A101'},
            {'name':'秀和花子', 'id':'B101'},
            {'name':'東陽次郎', 'id':'A102'} ]
    # 作成するファイル名、リストを定義するときの変数名、
    # リストの定義コードを引数にしてsave_listdef()を実行
    save_listdef(fname, lst_name, lst)
```

▼Pythonモジュールに保存した変数の値を取得する

```
In  # data/module.pyをインポート
    import data.module
    # module.pyのname_idの内容を出力
    print(data.module.name_id)
Out [{'id': 'A101', 'name': '秀和太郎'}, {'id': 'B101', 'name': '秀和花子'},
    {'id': 'A102', 'name': '築地次郎'}]
```

ちなみに、module.pyはどうなっているのか、エディターで開いて確認してみます。

▼module.py

```
name_id = [{'id': 'A101', 'name': '秀和太郎'},
{'id': 'B101', 'name': '秀和花子'},
{'id': 'A102', 'name': '東陽次郎'}]
```

カレントディレクトリの「data」フォルダー以下にPythonモジュール (module.py) を作成したので、

import data.module

でインポートしてから

data.module.name_id

として、モジュールで定義された変数 (リスト) に直接、アクセスしています。

ファイルの操作と管理

279

4-3 globモジュールによるディレクトリの操作

Tips 182 指定したパターンにマッチするファイルやディレクトリの名前を取得する

▶Level ●

これがポイントです！ ▶ **globモジュール**

Pythonに標準で付属しているglobモジュールには、正規表現ライクなワイルドカードによるパターンマッチを用いて、ファイルやディレクトリ（フォルダー）の一覧をリストで取得するためのglob()関数が収録されています。ここでは、次に示す構造のディレクトリを前提として解説を行います。

▼ここで前提とするディレクトリの構造

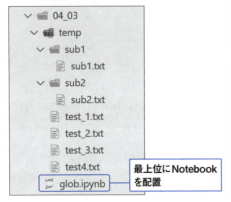

最上位にNotebookを配置

●ワイルドカードの「*」を使う

globモジュールのglob()関数の第1引数にパスの文字列を指定します。この場合、ワイルドカードの「*」などの文字を使用できます。「*」は0文字以上の任意の文字列にマッチします。

▼サブフォルダー以下のすべてのテキストファイルのパスを取得 (glob.ipynb)

```
In  import glob
```

```
    # *は0文字以上の任意の文字列にマッチ
    glob.glob('temp/*.txt')
```
```
Out ['temp\\test4.txt', 'temp\\test_1.txt', 'temp\\test_2.txt', 'temp\\test_3.txt']
```

4-3　globモジュールによるディレクトリの操作

　結果はリストで返されます。文字列として
パスが返されるので、ディレクトリの区切り
文字「\」がエスケープされています。

●任意の1文字列にマッチする「?」を使う
　任意の1文字列にマッチする「?」を使っ
て、ファイル名の文字数を指定してみます。

▼任意の1文字列にマッチする「?」を使う（glob.ipynb）

```
In    # ?は任意の1文字列にマッチ
      glob.glob('temp/?????.txt')
Out   ['temp\\test4.txt']
```

●[ ]を使う
　ワイルドカードの[ ]を使って、数字の1
と2を指定してみます。

▼[ ]を使って複数の条件を設定（glob.ipynb）

```
In    # []はどれかの1文字にマッチ
      glob.glob('temp/?????[1-2].txt')
Out   ['temp\\test_1.txt', 'temp\\test_2.txt']
```

●!（除外）を使う
　!（除外）を使って、数字の1と2以外を指
定してみます。

▼数字の1と2以外を設定（glob.ipynb）

```
In    # []の文字列に!を付けると、[]内の文字以外の文字にマッチ
      glob.glob('temp/?????[!1-2].txt')
Out   ['temp\\test_3.txt']
```

●サブディレクトリのテキストファイルの
　　パスを取得
　*/*を付けることで、すべてのサブフォル
ダーにマッチさせることができます。

▼サブディレクトリのテキストファイルのパスを取得（glob.ipynb）

```
In    # */*を末尾に付けてすべてのサブディレクトリにマッチさせる
      glob.glob('temp/*/*.txt')
Out   ['temp\\sub1\\sub1.txt', 'temp\\sub2\\sub2.txt']
```

ファイルの操作と管理

281

4-3 globモジュールによるディレクトリの操作

●上位フォルダーとすべてのサブフォルダーを含めてマッチさせる

`**/*`を付けて、recursive=Trueを設定することで、上位フォルダーとすべてのサブフォルダーを含めてマッチさせることができます。

▼上位フォルダーとすべてのサブフォルダーのテキストファイルを取得 (glob.ipynb)

```
In   # **/*を末尾に付けてtempとtemp以下のすべてのサブディレクトリにマッチさせる
     glob.glob('temp/**/*.txt', recursive=True)
Out  ['temp\\test4.txt',
      'temp\\test_1.txt',
      'temp\\test_2.txt',
      'temp\\test_3.txt',
      'temp\\sub1\\sub1.txt',
      'temp\\sub2\\sub2.txt']
```

●ディレクトリ名のみを取得

ディレクトリのみを指定すれば、ディレクトリ名だけを取得できます。

▼ディレクトリ名だけを取得 (glob.ipynb)

```
In   glob.glob('temp/*/')
Out  ['temp\\sub1\\', 'temp\\sub2\\']
```

4-4 ファイルの管理

Tips
183
ファイルをコピーする

▶Level ● ○ ○ ○

これが
ポイント
です！
shutil.copy(ファイルのパス, コピー先のパス)

Pythonの標準ライブラリに付属している
shutil (shell utility) モジュールには、ファ
イルのコピーや移動、削除、名前の変更を行
うためのメソッドが用意されています。

●ファイルをコピーする

shutil.copy()関数は、任意のファイルを
指定した場所にコピーします。

・shutil.copy()関数

第1引数に指定したファイルを、第2引数
で指定した場所へコピーします。コピー先の
ファイルのパスを戻り値として返します。

書式　shutil.copy(コピーするファイルのパス, コピー先のパス)

▼カレントディレクトリのdata\test.txtをカレントディレクトリのdata_myフォルダーにコピー

```
In  # shutil、osをインポート
    import shutil, os

    copy_to = shutil.copy(
        os.path.join(os.getcwd(), 'data/test.txt'),
                             # カレントディレクトリのdata\test.txt
        os.path.join(os.getcwd(), 'data_my'))
                             # カレントディレクトリのdata_myフォルダー
    print(copy_to)
Out c:\Document\Python_tips\sampleprogram\chap04\04_03\data_my\test.txt
```

コピー先に同名のファイルがコピーされ
ます。もし、コピー先に同名のファイルが存
在すれば、ファイルの中身がコピー元のデー
タに書き換えられます。

●コピー先のファイル名を指定する

shutil.copy()メソッドの第2引数で、コ
ピー先としてファイルのパスを指定すると、
任意の名前のファイルにコピーすることが
できます。この場合も、コピー先に該当する
ファイルが存在しなければ新規に作成され、
すでに存在する場合は、ファイルの中身がコ
ピー元のデータに書き換えられます。

ファイルの操作と管理

283

4-4 ファイルの管理

▼カレントディレクトリのdata\test.txtをdata_myフォルダーにcopy.txtとしてコピー

```
In   copy_to = shutil.copy(
         os.path.join(os.getcwd(), 'data/test.txt'),
         os.path.join(os.getcwd(), 'data_my/copy.txt'))
     print(copy_to)
Out  c:\Document\Python_tips\sampleprogram\chap04\04_03\data_my/copy.txt
```

Tips 184 フォルダーごとコピーする

▶Level ● ●

これがポイントです！

**shutil.copytree（フォルダーのパス，
コピー先のパス）**

shutil.copytree()関数は、ファイルやフォルダーを指定した場所にコピーします。

・**shutil.copytree() 関数**

第1引数に指定したフォルダーを第2引数で指定した場所へコピーします。コピー先のフォルダーのパスを戻り値として返します。

書式 | shutil.copytree(フォルダーのパス, コピー先のパス)

コピーするフォルダーは、内部のファイルやサブフォルダーを含めてすべての要素が、コピー先として指定されたフォルダーにコピーされます。あくまでコピーを目的とした関数なので、コピー先として指定したフォルダーがすでに存在している場合は、FileExistsErrorというエラーが返され、コピーは行われないので注意してください。

▼カレントディレクトリのdataフォルダーを
カレントディレクトリのdata_copyフォルダーとしてコピー（Notebookを使用）

```
In   # shutil、osをインポート
     import shutil, os


     copy_to = shutil.copytree(
         os.path.join(os.getcwd(), 'data'),
         os.path.join(os.getcwd(), 'data_copy'))
     print(copy_to)
Out  c:\Document\Python_tips\sampleprogram\chap04\04_03\copy\data_copy
```

284

4-4　ファイルの管理

Tips
185
▶Level ●●○

ファイルを移動する

これがポイントです! **shutil.move(ファイルパス, 移動先のパス)**

shutil.move()関数でファイルの移動が行えます。

・shutil.move()関数
第1引数に指定したファイルまたはフォルダーを、第2引数で指定した場所へ移動します。移動後のパスを戻り値として返します。

| 書式 | shutil.move(ファイルのパス, 移動先のパス) |

●ファイルを移動する
ファイルのパスを指定して、別の場所へ移動します。

▼カレントディレクトリのファイルを移動(Notebookを使用)

```
In  # shutil、osをインポート
    import shutil, os
    # カレントディレクトリのdata\test.txtを
    # カレントディレクトリのdata_moveフォルダーに移動
    move_to = shutil.move(
        os.path.join(os.getcwd(), 'data/test.txt'),
        os.path.join(os.getcwd(), 'data_move'))
    print(move_to)
Out c:\Document\Python_tips\sampleprogram\chap04\04_03\move\data_move\test.txt
```

もし、移動先に同じ名前のファイルが存在すると、次のようにエラーになります。

▼移動先に同名のファイルが存在する場合のエラーの例

```
Error                           Traceback (most recent call last)
Cell In[5], line 1
----> 1 move_to = shutil.move(
```

ファイルの操作と管理

285

4-4 ファイルの管理

```
 2     os.path.join(os.getcwd(), 'data/test.txt'),
 3     os.path.join(os.getcwd(), 'data_move'))
 4 print(move_to)
```

```
File ~\AppData\Local\Programs\Python\Python311\Lib\shutil.py:823, in
move(src, dst, copy_function)
 820     real_dst = os.path.join(dst, _basename(src))
 822     if os.path.exists(real_dst):
--> 823         raise Error("Destination path '%s' already exists" %
real_dst)
 824 try:
 825     os.rename(src, real_dst)
```

```
Error: Destination path 'c:\Document\Python_tips\sampleprogram\
chap04\04_03\move\data_move\test.txt' already exists
```

●ファイル名を変更して移動する

移動先としてファイルのパスを設定すると、ファイルが移動してファイル名も変更されます。

▼ファイル名を変更して移動

In　# カレントディレクトリのdata\test.txtを
　　# カレントディレクトリのdata_moveに、ファイル名をmove.txtにして移動

```
move_to = shutil.move(
    os.path.join(os.getcwd(), 'data/test.txt'),
    os.path.join(os.getcwd(), 'data_move/move.txt'))
print(move_to)
```

Out　c:\Document\Python_tips\sampleprogram\chap04\04_03\move\data_move/
　　move.txt

ファイル名に関する注意点として、移動先として指定したフォルダーが実際に存在しない場合は、新規にフォルダーが作成されて、ファイルが移動されます。

4-4　ファイルの管理

Tips
186

▶Level ● ●

フォルダーを移動する

これが
ポイント
です！
shutil.move(フォルダーのパス，移動先のパス)

　shutil.move()関数は、フォルダー内の
ファイル、サブフォルダーを含めて、指定し
た場所へ移動することもできます。

▼カレントディレクトリのフォルダーを移動（Notebookを使用）

```
In   # カレントディレクトリのdataフォルダーをカレントディレクトリのnewfolder以下に移動
move_to = shutil.move(
    os.path.join(os.getcwd(), 'data'),
    os.path.join(os.getcwd(), 'newfolder'))
print(move_to)
Out  c:\Document\Python_tips\sampleprogram\chap04\04_03\move\newfolder\data
```

●移動後の名前を指定する

　移動後のフォルダー名を指定すると、フォ
ルダー名を書き換えて移動します。

▼フォルダー名を変更して移動する

```
In   # カレントディレクトリのfolder1以下のsubfolderフォルダーを
     # カレントディレクトリのfolder2以下にchangenameとして移動
move_to = shutil.move(
    os.path.join(os.getcwd(), 'folder1/subfolder'),
    os.path.join(os.getcwd(), 'folder2/changename'))
print(move_to)
Out  c:\Document\Python_tips\sampleprogram\chap04\04_03\move\folder2\
     changename
```

　移動先の上位のフォルダーが見つからな
い場合は、エラーを通知するFileNotFound
Errorが返されます。

ファイルの操作と管理

287

4-4 ファイルの管理

Tips 187
特定の拡張子を持つファイルを完全に削除する

▶Level ●●

これがポイントです! > **os.unlink(path)、os.rmdir(path)**

osモジュールのos.unlink()関数はファイルを完全に削除し、os.rmdir()は空のフォルダーを完全に削除します。

• **os.unlink(path)**

pathに指定したファイルを完全に削除します。

• **os.rmdir(path)**

pathに指定したフォルダーを完全に削除します。ただし、フォルダーは空であることが必要です。

これらの関数は、対象のファイルやフォルダーを完全に削除します。フォルダーの場合は中身が空であることが条件なので、間違って削除しても特に問題はなさそうですが、ファイルの場合はうっかり削除してしまうと大変です。os.unlink()を使うときは、削除の前にファイル名を確認してから削除するようにした方がよいでしょう。

● **拡張子が「.txt」のファイルを確認してから削除する**

特定の拡張子を持つファイルを一括して削除するには、os.listdir()メソッドで取得したファイル名をforループで取り出し、endswith()メソッドで末尾が.txtかどうかを調べ、そうであればos.rmdir()関数で削除するようにします。ただし、いきなり削除するのではなく、該当するファイル名を出力したあと、確認のメッセージを表示してから削除するようにします。

今回はターミナル上でプログラムを実行したいので、Pythonのモジュールにコーディングすることにします。Pythonのモジュール (.py) を作成し、次のように入力します。

▼指定された拡張子のファイルを削除する (deletefile.py)

```
import os, shutil


def delete_file():
    """指定されたフォルダー内の特定の拡張子のファイルを削除する
    """
    # フォルダーのパスを取得
    path = input('フォルダーのパスを入力してください >')
    # 削除するファイルの拡張子を取得
    extension = input('削除するファイルの拡張子を入力してください>')

    # 指定されたフォルダーが存在する
    if os.path.isdir(path):
```

4-4　ファイルの管理

```python
        # カレントディレクトリのファイル名を取得
        for filename in os.listdir(path):
            # 指定された拡張子のファイルを削除する処理
            if filename.endswith(extension):
                # ファイル名出力
                print(filename)
                # 削除するか確認
                ans = input('削除しますか？(Y)')
                # 'Y'が入力されたら完全に削除する
                if ans == 'Y':
                    os.unlink(os.path.join(path, filename))
                else:
                    print('削除は行われません。')
        # 指定されたパスが存在しない
        else:
            print('指定したフォルダーは存在しません。')

# 実行ブロック
if __name__ == '__main__':
    # delete_file()を実行
    delete_file()
```

　VSCodeの場合は、モジュールの実行環境として仮想環境のPythonインタープリターを選択してから、**実行とデバッグ**パネルの**実行とデバッグ**ボタンをクリックします。

Spyderの場合は、仮想環境に関連付けられた状態で起動しているので、ツールバーの**ファイルを実行**ボタンをクリックします。

▼プログラムの実行例（VSCodeの［ターミナル］）

```
問題   出力   デバッグ コンソール   ターミナル   JUPYTER   ⚙ Python Debug Console   + ∨  □  🗑

PS C:\Document\Python_tips\sampleprogram> & c:/Document/Python_tips/sampl
eprogram/.venv/Scripts/Activate.ps1
(.venv) PS C:\Document\Python_tips\sampleprogram>  & 'c:\Document\Python_
tips\sampleprogram\.venv\Scripts\python.exe' 'c:\Users\comfo\.vscode\exte
nsions\ms-python.python-2023.14.0\pythonFiles\lib\python\debugpy\adapter/
../..\debugpy\launcher' '61182' '--' 'C:\Document\Python_tips\sampleprogr
am\chap04\04_03\delete\deletefile.py'
フォルダーのパスを入力してください >C:\Document\Python_tips\sampleprogram
\chap04\04_03\delete\do_delete
削除するファイルの拡張子を入力してください>.txt
sample.txt
削除しますか？(Y)N
削除は行われません。
test.txt
削除しますか？(Y)Y
(.venv) PS C:\Document\Python_tips\sampleprogram> []
```

フォルダーのパスを入力

ファイルの拡張子を入力

「Y」を入力すると削除が行われ、「これ以上は対象ファイルがない」時点でプログラム終了

ファイルの操作と管理

289

4-4 ファイルの管理

Tips 188
フォルダーの中身ごと完全に削除する

▶Level ●● ○

これがポイントです！

shutil.rmtree('削除するフォルダーのパス')

shutilモジュールのshutil.rmtree()関数は、フォルダーならびにそこに含まれるファイルとサブフォルダーを完全に削除します。

・shutil.rmtree(path)

pathに指定したフォルダーを中身ごと完全に削除します。

▼指定されたフォルダーを確認後、削除する (deletefolder.py)

```python
import os, shutil
def delete_folder():
    """ 指定されたフォルダーを削除する関数
    """
    # フォルダーのパスを取得
    path = input('フォルダーのパスを入力してください >')
    # 指定されたフォルダーが存在する場合の処理
    if os.path.isdir(path):
        # 指定されたパスを出力
        print(path)
        # 削除するか確認
        ans = input('削除しますか？(Y)')
        # 'Y'が入力されたら完全に削除する
        if ans == 'Y':
            shutil.rmtree(path)
            print('削除しました。')
    # 指定されたパスが存在しない場合
    else:
        print('指定したフォルダーは存在しません。')
# 実行ブロック
if __name__ == '__main__':
    # delete_folder()を実行
    delete_folder()
```

▼プログラムの実行例 (VSCodeの [ターミナル])

```
問題   出力   デバッグ コンソール   ターミナル   JUPYTER      Python Debug Console  + ∨  ⊡  🗑  …

フォルダーのパスを入力してください >C:\Document\Python_tips\sampleprogram
\chap04\04_03\delete\folder_01
C:\Document\Python_tips\sampleprogram\chap04\04_03\delete\folder_01
削除しますか？(Y)Y
削除しました。
(.venv) PS C:\Document\Python_tips\sampleprogram> []
```

フォルダーのパスを入力

フォルダーのパスが出力される

「Y」を入力すると削除が行われ、メッセージを表示してプログラムが終了する

4-4 ファイルの管理

Tips 189 ファイルやフォルダーを 安全に削除する

▶Level ●●

これがポイントです！

send2trash.send2trash('ファイルまたはフォルダーのパス')

前回のTipsで紹介したshutil.rmtree()メソッドは、フォルダーごとその中身を完全に削除してしまいます。その点、send2trashライブラリの**send2trash.send2trash()関数**は、引数に指定したファイルやフォルダーをゴミ箱に移動するだけなので安全です。

● Send2trashのインストール (VSCode)
　VSCodeの場合は、NotebookまたはPythonモジュールを開き、プログラムの実行環境として仮想環境のPythonインタープリターを選択した状態で、以下の操作を行ってください。

❶**ファイル**メニューの**新しいターミナル**を選択します。
❷仮想環境に関連付けられた状態で**ターミナル**が起動するので、

pip install send2trash
と入力して**Enter**キーを押します。

● Send2trashのインストール (Anaconda)
　Anaconda NavigatorはSend2trashには対応していないので、**ターミナル**を使って次の手順でインストールします。

❶Anaconda Navigator**Environments**タブをクリックします。
❷仮想環境名の右側に表示されている▶をクリックして**Open Terminal**を選択します。
❸仮想環境に関連付けられた状態で**ターミナル**が起動するので、
　conda install -c conda-forge send2trash
と入力して**Enter**キーを押します。
❹「Proceed ([y]/n)?」と表示されたら、「y」と入力して**Enter**キーを押します。

ファイルの操作と管理

▼ send2trash.send2trash() メソッドでゴミ箱へ移動する例 (Notebook を使用)

```
In  # 削除対象のファイルとフォルダーを作成
    import os
    # カレントディレクトリにファイルを作成する
    testfile = open('sample.txt', 'w')
    testfile.write('ファイルに書き込みます。')
    testfile.close()
    # カレントディレクトリにフォルダーを作成する
    os.makedirs('new')
```

```
In  # ファイルとフォルダーの削除（ゴミ箱へ移動）
    import send2trash
    # カレントディレクトリのファイルを削除（ゴミ箱へ移動）
    send2trash.send2trash('sample.txt')
    # カレントディレクトリのオルダーを削除（ゴミ箱へ移動）
    send2trash.send2trash('new')
```

291

4-4 ファイルの管理

Tips 190 ディレクトリツリーを移動する

▶Level ●●

これがポイントです！ forループでos.walk()を使う

　フォルダー内のすべてのサブフォルダーを調べて、格納されているファイルに対して何らかの操作を行う場合、**os.walk()関数**を使うと、引数に指定したフォルダーに格納されているすべてのサブフォルダーおよびファイルの情報を取得することができます。

　os.walk()メソッドはイテレート可能なオブジェクトを返します。返されるオブジェクトはジェネレーターになっていて、

['第1階層のフォルダー名', [第1階層のサブフォルダー名のリスト], [第1階層のファイル名のリスト]]
⬇
['第2階層のフォルダー名', [第2階層のサブフォルダー名のリスト], [第2階層のファイル名のリスト]]
⬇
['第3階層のフォルダー名', [第3階層のサブフォルダー名のリスト], [第3階層のファイル名のリスト]]

のように、階層ごとに「フォルダー名」、「サブフォルダー名のリスト」、「ファイル名のリスト」を格納したリストが返されるので、forループで順次、ジェネレーターから取得することで、階層ごとのフォルダー名、サブフォルダー名の一覧、ファイル名の一覧が得られます。

　ここでは処理対象として、プログラムで使用するNotebookのカレントディレクトリに右図の構造をした「test」フォルダーを用意しました。

▼Notebookのカレントディレクトリに用意したtestフォルダーの構造

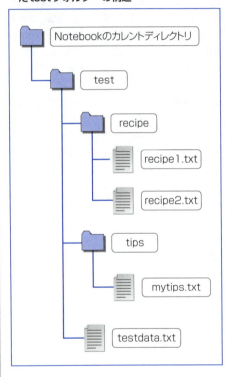

　次で定義しているdisp_dir()関数は、指定したフォルダーの内部を探索し、格納されているすべてのファイルとサブフォルダーの名前を出力します。

4-4　ファイルの管理

▼指定されたディレクトリのすべてのサブフォルダーとファイルを出力する関数（Notebook を使用）

```python
import os


def disp_dir():
    """指定されたディレクトリのサブフォルダー名とファイル名を出力する関数
    """
    # ディレクトリのパスを取得
    dir = input('ディレクトリのパスを入力してください>')
    # ジェネレーターから階層ごとのフォルダー名、ファイル名のリストを取得
    for foldername, subfolders, filenames in os.walk(dir):
        print('・現在のディレクトリ--->' + foldername)
        # 処理中の階層のフォルダー名を取得
        for subfolder in subfolders:
            print(foldername + 'のサブフォルダー:' + subfolder)
        # 処理中の階層のファイル名を取得
        for filename in filenames:
            print(foldername + 'のファイル:' + filename)

        print('----------------------------------------')
```

▼実行例

```
disp_dir()
```
```
ディレクトリのパスを入力してください>test

・現在のディレクトリ--->test
testのサブフォルダー:recipe
testのサブフォルダー:tips
testのファイル:testdata.txt
----------------------------------------
・現在のディレクトリ--->test\recipe
test\recipeのファイル:recipe1.txt
test\recipeのファイル:recipe2.txt
----------------------------------------
・現在のディレクトリ--->test\tips
test\tipsのファイル:mytips.txt
----------------------------------------
```

ディレクトリのパス（ここでは相対パス）を入力

VSCode の Notebook では入力用のパネルが開く

　os.walk()は、引数で指定したディレクトリから階層ごとに階層のフォルダー名、サブフォルダー名とファイル名のリストを返します。そこで、外側のfor文：

for foldername, subfolders, filenames in os.walk(dir):

において、階層ごとにフォルダー（ディレク

トリ）名をfoldername、サブフォルダー名のリストをsubfolders、ファイル名のリストをfilenamesに取り出します。以降、ネストされた1つ目のfor文：

for subfolder in subfolders:
　print(foldername + 'のサブフォルダー:' + subfolder)

293

4-4　ファイルの管理

でサブフォルダー名のリスト要素を順次処理し、続く2つ目のfor文：

```
for filename in filenames:
    print(foldername + 'のファイル:' +
    filename)
```

において、ファイル名のリスト要素を順次処理します。

Tips

191

▶Level ●●

これがポイントです！

ZIPファイルで圧縮する

zipfileモジュール

ZIP（拡張子「.zip」）は、ファイルを圧縮したり複数のファイルを1つにまとめる目的で広く使われているファイル形式です。Pythonでは、標準で付属している**zipfileモジュール**を利用して、ZIPファイルの作成や読み込み、解凍（展開）の操作が行えます。

●ZIPファイルで圧縮する

zipfileモジュールでは、ZIPファイルをZipFileオブジェクトとして扱います。zipfile.ZipFile()コンストラクターでZipFileオブジェクトを生成すると、カレントディレクトリにZIPファイルが作成されます。

▼ZIPファイルを作成して任意のファイルを圧縮する関数（Notebookを使用）

```
In  import os, zipfile


    def create_zip():
        """ZIPファイルを作成して任意のファイルを圧縮する関数
        """
        # ディレクトリのパスを取得
        drc = input('ディレクトリのパスを入力してください ＞')
        # ZIPファイルの名前を取得
        name = input('作成するZIPファイルの名前に.zipを付けて入力してください ＞')
        # ZIP圧縮するファイルのパスを取得
        fpath = input('ZIP圧縮するファイルのパスを入力してください ＞')
        # ディレクトリを移動
        os.chdir(drc)
        # ZIPファイルを作成し書き込みモードで開く
        new_zip = zipfile.ZipFile(name, 'w')
        # ZIPファイルにファイルを追加する
        new_zip.write(fpath, compress_type=zipfile.ZIP_DEFLATED)
        # ZIPファイルを閉じる
        new_zip.close()
        print('ZIPファイルの作成が完了しました。')
```

294

4-4　ファイルの管理

　処理の過程を見ていくと、まずディレクトリのパスとZIPファイル名の入力を求めます。そのあと、指定されたディレクトリに移動します。移動後、

```
new_zip = zipfile.ZipFile(name, 'w')
```

を実行して、指定されたZIPファイルを書き込みモード'w'で開き、ZipFileオブジェクトnew_zipを生成します。このとき、指定されたファイル名のZIPファイルが存在しなければ、新規にファイルが作成されます。
　ZipFileオブジェクトnew_zipを生成したら、

```
new_zip.write(fpath, compress_type=zipfile.ZIP_DEFLATED)
```

を実行して、圧縮したいファイルを追加します。write()メソッドの第1引数に追加するファイル名、第2引数にはcompress_typeオプションを使って圧縮方法を指定します。ZIP_DEFLATEDはdeflateという圧縮アルゴリズムを指定するための定数で、通常はこの定数値を指定します。以上でZIPファイルの作成ならびに圧縮するファイルの追加は完了です。最後にnew_zip.close()でZipFileオブジェクトを閉じます。

▼実行例

| In | `create_zip()` |

Out	ディレクトリのパスを入力してください> `C:\Document\Python_tips\sampleprogram\chap04\04 03\zip`
	作成するZIPファイルの名前に`.zip`を付けて入力してください > `new.zip`
	ZIP圧縮するファイルのパスを入力してください > `document.txt`
	ZIPファイルの作成が完了しました。

処理対象のディレクトリのパスを入力

圧縮対象のファイルは同じディレクトリに存在するので、相対パス（ファイル名）で指定

作成するZIP形式ファイル名

　VSCodeのNotebookでは入力用のパネルが開くので、適宜入力して処理を進めてください。
　実行例では、Notebookのカレントディレクトリにnew.zipを作成し、同じディレクトリに存在するdocument.txtをZIPファイルに追加しています。カレントディレクトリに存在するファイルを追加しましたが、別の場所にあるファイルをフルパスを使って指定した場合は、ディレクトリの構造を保持した状態でファイルが追加されます。

> **さらにワンポイント**
> zipfile.ZipFile()コンストラクターでZIPファイルを開く（または作成）する際に、第2引数として'w'を指定すると、既存の内容はすべて消去され、ファイルの中身が新しく書き換えられることになります。既存のZIPファイルにファイルを追加したいときは、zipfile.ZipFile()の第2引数に'a'を指定して追加モードにしてください。

ファイルの操作と管理

295

4-4 ファイルの管理

Tips
192

▶Level ●●○○

作成済みのZIPファイルに任意のファイルを追加する

これが
ポイント
です！

ZIPファイルを追加モードで開く

作成済みのZIPファイルに任意のファイルを追加するには、ZIPファイルを、追加モード'a'を指定して

zipfile = zipfile.ZipFile(
　　　　'ファイル名.zip', 'a')

のようにして開いたあと、

zipfile.write('追加するファイルパス',
compress_type=zipfile.ZIP_DEFLATED)

のようにwrite()メソッドで、追加するファイルを指定して書き込みの処理を行うようにします。

▼ ZIPファイルに任意のファイルを追加する関数（Notebookを使用）

```
In  import os, zipfile

    def add_tozip():
        """ZIPファイルに任意のファイルを追加する関数
        """
        # ディレクトリのパスを取得
        dir = input('ディレクトリのパスを入力してください >')
        # ZIPファイルの名前を取得
        name = input('ZIPファイルの名前に.zipを付けて入力してください >')
        # ZIP圧縮するファイルのパスを取得
        fpath = input('ZIPファイルに追加するファイルのパスを入力してください >')
        # ディレクトリを移動
        os.chdir(dir)
        # ZIPファイルを追加モードで開く
        zipfile = zipfile.ZipFile(name, 'a')
        # ZIPファイルにファイルを追加する
        zipfile.write(fpath, compress_type=zipfile.ZIP_DEFLATED)
        # ZIPファイルを閉じる
        zipfile.close()
        print('ZIPファイルへの追加が完了しました。')
```

▼実行例

```
In  add_tozip()
```

処理対象のディレクトリのパスを入力

```
Out ディレクトリのパスを入力してください> C:\Document\Python_tips\sampleprogram\
    chap04\04_03\zip2
```

ZIP形式ファイル名

```
    ZIPファイルの名前に.zipを付けて入力してください > new.zip
    ZIPファイルに追加するファイルのパスを入力してください > doc/document1.txt
```

カレントディレクトリの「doc\document1.txt」を相対パスで指定

```
    ZIPファイルへの追加が完了しました。
```

296

4-4　ファイルの管理

VSCodeのNotebookでは入力用のパネルが開くので、適宜入力して処理を進めてください。実行例では、カレントディレクトリの「doc\document1.txt」をZIPファイルに追加しています。この場合、docフォルダーにdocument1.txtが格納された状態でZIPファイルに追加されます。

Tips 193 ZIPファイルの情報を取得する

▶Level ●●

これがポイントです！ → **namelist()、getinfo()**

作成済みのZIPファイルの中身を読み込むには、作成時と同様にZipFileオブジェクトを作成し、以下のメソッドを使って情報を取り出します。

・namelist()メソッド

ZIPファイルに格納されているすべてのファイルとフォルダーの名前を返します。

・getinfo()メソッド

ZIPファイルに格納されているファイルの名前を引数に指定すると、そのファイルに関するZipInfoオブジェクトを返します。ZipInfoオブジェクトには、元のファイルサイズfile_sizeや、圧縮後のファイルサイズcompress_sizeがファイル属性として格納されています。

●ZIPファイルに格納されているファイルの一覧を取得する

ここでは、Notebookのカレントディレクトリに存在する「new.zip」に格納されているファイルのリストを取得してみることにします。

▼ZIPファイルに含まれるすべてのファイルのリストを取得（Notebookを使用）

```
In  import os, zipfile
    # モードの指定を省略すると読み取り専用モードで開く
    zp = zipfile.ZipFile('new.zip')
    # 格納されているファイルのリストを取得
    zp.namelist()
Out ['document1.txt', 'document2.txt']
```

ファイルの操作と管理

297

4-4 ファイルの管理

Tips
194
ZIPファイルを展開する

▶Level ●●

これがポイントです！

ZipFileオブジェクト.extractall(
'展開先のパス')

ZipFileオブジェクトの**extractall()**メソッドは、ZIPファイルに格納されているすべてのファイルやフォルダーを展開します。引数を省略するとカレントディレクトリに

展開され、パスを指定すると指定した場所に展開されます。

ソースコードでは、スラッシュ「/」がディレクトリの区切り文字として解釈されます。

▼カレントディレクトリのnew.zipをdataフォルダー以下に展開する（Notebookを使用）

```
import os, zipfile

# カレントディレクトリのZIPファイルを読み込み専用モードで開く
zip_obj = zipfile.ZipFile('new.zip')
# カレントディレクトリのdataフォルダー以下に展開する
zip_obj.extractall('data/')
```

Tips
195
ZIPファイルの特定の
ファイルのみを展開する

▶Level ●●

これがポイントです！

ZipFileオブジェクト.extract(
'展開するファイル名', '展開先のパス')

extract()メソッドは、ZIPファイルに含まれる特定のファイルだけを展開します。第1引数には展開するファイル、第2引数には

展開先を指定します。第2引数を省略した場合はカレントディレクトリに展開されます。

▼特定のファイルのみを展開する（Notebookを使用）

```
In  import os, zipfile

    # カレントディレクトリのZIPファイルを読み込み専用モードで開く
    zip_obj = zipfile.ZipFile('new.zip')
    # カレントディレクトリのnew.zipのdocument1.txtをextractフォルダー以下に展開する
    zip_obj.extract('document1.txt','extract/')
```

この場合は、zipファイル（new.zip）に含まれるdocument1.txtが、カレントディレクトリのextractフォルダー内に展開されます。extractフォルダーは、もともと存在しないフォルダーなので、ここで新規に作成されます。

●特定のフォルダーに格納されたファイルを展開する

ZIPファイルの中にフォルダーがあり、その中のファイルを展開する場合は、

```
doc/document1.txt
```

のように指定します。

▼new2.zipのdocフォルダー内のdocument1.txtをカレントディレクトリのextract2フォルダーに展開

```
# カレントディレクトリのZIPファイルを読み込み専用モードで開く
zip_obj = zipfile.ZipFile('new2.zip')
# カレントディレクトリのnew2.zipのdocフォルダー以下の
# document1.txtをextract2フォルダー以下に展開する
zip_obj.extract('doc/document1.txt','extract2/')
```

この場合、カレントディレクトリにextract2フォルダーが作成され、この中にdocフォルダーに格納された状態でdocument1.txtが展開されます。

Tips 196

自動バックアッププログラムを作成する

▶Level ●●

これがポイントです！ **os.walk()関数によるフォルダー内の探索**

頻繁に開いて内容を更新するフォルダーがあり、なおかつ更新内容を残しておくためにbackup1.zip、backup2.zip、backup3.zip、...のように古いバージョンを残しつつZIPファイルに内容を保存する必要があるとします。

この場合、**os.walk()関数**を使えば、指定したフォルダーを巡回し、すべてのファイルやサブフォルダーを自動でZIPファイルに追加するプログラムが作れます。ただし、連番を付けたZIPファイル名にする必要があるので、ファイル名を作成する処理を行う部分と、ZIPファイルを作成する処理を行う部分を、それぞれ作成することになります。

今回は新規のモジュールを作成し、モジュール名を「saveto_zip.py」にして、次のコードを入力します。

4-4　ファイルの管理

▼指定したフォルダーを連番付きのZIPファイルにするプログラム（saveto_zip.py）

```python
import zipfile, os  # zipfileとosモジュールのインポート

def save_zip(dir, folder):
    """指定されたフォルダーをZIPファイルにバックアップする関数

    Args:
        dir (str)：バックアップ対象のフォルダーが存在するディレクトリ
        folder (str)：バックアップ対象のフォルダー名
    """
    # カレントディレクトリを移動
    os.chdir(dir)                                                   ❶

    # ZIPファイル末尾に付ける連番
    number = 1    # 初期値は1

    # バックアップ用のZIPファイル名を作成する部分                          ❷
    # ZIPファイル名を作成して、既存のバックアップ用ZIPファイル名を出力
    while True:
        # 「ベースパス_連番.zip」の形式でZIPファイル名を作る
        zip_filename = os.path.basename(folder) + '_' + str(number) + '.zip'
        # 作成したZIPファイル名を出力
        print("zip = " + zip_filename)
        # 作成した名前と同じZIPファイルが存在しなければwhileブロックを抜ける
        if not os.path.exists(zip_filename):
            break
        # ファイルが存在していれば連番を1つ増やして次のループへ進む
        number = number + 1

    # ZIPファイルを作成する部分                                          ❸
    # ZIPファイルの作成を通知
    print('Creating %s...' % (zip_filename))
    # ファイル名を指定してZIPファイルを書き換えモードで開く
    backup_zip = zipfile.ZipFile(zip_filename, 'w')

    # フォルダーのツリーを巡回してファイルを圧縮する
    for foldername, subfolders, filenames in os.walk(folder):
        # 追加するファイル名を出力
        print('ZIPファイルに{}を追加します...'.format(foldername))
        # 現在のフォルダーをZIPファイルに追加する
        backup_zip.write(foldername)
        # 現在のフォルダーのファイル名のリストをループ処理
        for filename in filenames:
            # folderのベースパスに_を連結
            new_base = os.path.basename(folder) + '_'
            # ベースパス_で始まり、.zipで終わるファイル
            # 既存のバックアップ用ZIPファイルはスキップする
            if filename.startswith(new_base) and filename.endswith('.zip'):
```

300

4-4　ファイルの管理

```
                continue  # 次のforループに戻る


                # バックアップ用ZIPファイル以外は新規に作成したZIPファイルに追加する
                backup_zip.write(os.path.join(foldername, filename))
        # ZIPファイルをクローズ
        backup_zip.close()
        print('バックアップ完了')



# プログラムの実行ブロック
if __name__ == '__main__':
    # バックアップするフォルダーのディレクトリを取得
    dir = input('バックアップ対象のディレクトリのパスを入力してください  >')
    # バックアップするフォルダー名を取得
    backup_folder = input('バックアップするフォルダー名を入力してください  >')
    # ZIPファイルへのバックアップ開始
    save_zip(dir, backup_folder)
```

❶では、

os.chdir(dir)

として、モジュールが実行されるカレント
ディレクトリを移動しています。

❷の部分がバックアップ用のZIPファイ
ル名を作る部分です。ローカル変数number
には初期値の1が代入されているので、これ
を使って

```
ベースパス_連番.zip
```

の形式のファイル名にします。ファイル名を
に出力したあと、このファイルがすでに存在
しているかどうか確認し、存在していなけれ
ば❸のZIPファイルを作成するブロックに
進みます。存在していれば連番の値を

```
number = number + 1
```

で1つ増やし、forループの先頭に戻って処
理を繰り返します。すでにバックアップされ
たZIPファイルがいくつか作成済みであれ
ば、

```
zip = mydata_1.zip
zip = mydata_2.zip
zip = mydata_3.zip
```

のように、既存のZIPファイルとこれから作
成されるZIPファイルの名前が出力されま
す。最後に出力されるのが、これから作成さ
れるZIPファイルの名前です。ポイントは、
「最後に出力されるファイル名末尾の連番に
なったところで、ZIPファイルを作成する処
理❸に進む」点です。もちろん、作成済みの
ZIPファイルが存在しなければ、ファイル末
尾の連番が「1」の状態で❸の処理に進みま
す。

❸のZIPファイルを作成する部分では、

```
print('Creating %s...' %
(zip_filename))
```

のように作成するファイル名を出力し、

4-4 ファイルの管理

```
    backup_zip = zipfile.ZipFile(zip_filename, 'w')
```

でZIPファイルを作成し、書き換えモードで
開きます。

```
    for foldername, subfolders, filenames in os.walk(folder):
```

においてos.walk()関数でフォルダー内を探
索、バックアップ対象のフォルダー内のファ
イルのリストを取得し、続いてサブフォル

ダーのファイルのリストを順番に処理して
いきます。

```
    print('ZIPファイルに{}を追加します...'.format(foldername))
```

で追加するフォルダー名を出力し、

ネストしたforループ:

```
    backup_zip.write(foldername)
```

```
        for filename in filenames:
```

で現在のフォルダーのみをZIPファイルに
追加します。

でファイルのリストから順次、ファイル名を
取り出し、

```
    backup_zip.write(os.path.join(foldername, filename))
```

でフォルダー名とファイル名を連結してパ
スを作り、バックアップ用のZIPファイルに
追加します。途中、もしバックアップ用の
ZIPファイルが見つかれば、追加しないよう
に処理をスキップします。現在のフォルダー
内のファイルリストの処理が完了したら、再
び外側のforループに戻って、サブフォル

ダーから順次、ファイルリストを取り出し、
サブフォルダーごとにファイルをZIPファ
イルに追加し、処理を終えます。
　モジュールを実行して結果を見てみま
しょう。ここでは、「programdata」フォル
ダーをバックアップする例です。

▼実行例（ターミナル）

```
バックアップ対象のディレクトリのパスを入力してください >
C:\Document\Python_tips\sampleprogram\chap04\04_03\backup
バックアップするフォルダー名を入力してください >programdata
zip = programdata_1.zip
Creating programdata_1.zip...
ZIPファイルにprogramdataを追加します...
ZIPファイルにprogramdata\testを追加します...
ZIPファイルにprogramdata\test\recipeを追加します...
ZIPファイルにprogramdata\test\tipsを追加します...
バックアップ完了
```

処理対象のディレクトリのパスを入力

バックアップする
フォルダー名を入力

作成されるファイル名

第**5**章
197~210

デバッグ

5-1 例外処理とログの収集（197〜205）

5-2 デバッグ（206〜210）

5-1 例外処理とログの収集

Tips 197 例を発生させる

▶Level ●●

これがポイントです！ **raise文**

Pythonには、あらかじめ様々な例外が登録されていて、不正なコードを実行しようとすると例外を発生させます。例外が発生するかもしれないことが事前にわかれば、tryとexceptブロックで例外を処理してプログラムを止めないようにできます。

このような例外は、**raise文**を使って次のように独自に定義することができます。

・エラーを発生させる

```
raise Exception('メッセージ')
```

コードが実行されると例外が発生し、Exception()関数の引数に指定した文字列がメッセージとして出力されます。セルに次のように入力して実行すると、エラーメッセージがに出力されます。

▼明示的にエラーを発生させる（Notebookを使用）

```
[In]  raise Exception('Error occurred')
[Out] --------------------------------------------------------------
      Exception                              Traceback (most recent
      call last)
      Cell In[2], line 1
      ----> 1 raise Exception('Error occurred')
      Exception: Error occurred
```

このようなraise文をエラーが起こりそうな箇所に埋め込んでおけば、意図しない処理が行われたときに独自のエラーを発生させることができます。

Tips 198 独自の例外を発生させて例外処理を行う

▶Level ●●

これがポイントです！ **「except Exception as 変数：」による例外のキャッチ**

関数に不正な値が渡された場合にif文でこれをチェックし、例外を発生させることができます。次の例は、第1パラメーターで取得した文字列の長さが1ではない場合に例外を発生させます。

5-1 例外処理とログの収集

▼パラメーターに不正な値が渡された場合に例外を発生

```
def draw_square(pattern, width, height):
    if len(pattern) != 1:
        raise Exception('patternは1文字であることが必要です')
```

一方、例外処理は

```
try:
    draw_square(pattern, w, h)   # draw_square()を実行
except Exception as err:
    print('例外が発生しました-> ' + str(err))
```

のように関数を呼び出す側で行います。先の
if文の例外が発生するとExceptionオブ
ジェクトが生成されるので、

```
except Exception as err:
```

で受け取ります。これをプログラミング用語
で「**例外を拾う**」とか「**例外をキャッチする**」
と呼びます。Exception オブジェクトがerr
に代入されるため、

```
str(err)
```

とすれば、Exception オブジェクトに格納
されているメッセージを文字列として取り
出せるので、これを出力してエラーの内容を
伝えます。次に示すのは、プログラムのコメ
ント欄としても利用できる四角い枠を出力
する関数で例外処理を行う例です。

▼パラメーターに不正な値が渡されたときの例外を処理する (Notebookを使用)

```
In  def draw_square(pattern, width, height):
        """四角形を描く関数

        Args:
            pattern (str): パターン文字
            width (int): 幅
            height (int): 高さ

        Raises:
            Exception: patternの文字が1文字ではない
            Exception: widthが2より大きな値ではない
            Exception: heightが2より大きな値ではない
        """
        if len(pattern) != 1:
            raise Exception('patternは1文字であることが必要です')
        if width <= 2:
            raise Exception('widthは2より大きい値であることが必要です')
        if height <= 2:
            raise Exception('heightは2より大きい値であることが必要です')
        # 上辺を描画
        print(pattern * width)
```

305

5-1 例外処理とログの収集

```python
        # 高さを描画
        for i in range(height - 2):
            print(pattern + (' ' * (width - 2)) + pattern)
        # 底辺を描画
        print(pattern * width)

    def run(pattern, width, height):
        """draw_square()を実行する

        Args:
            pattern (str): パターン文字
            width (int): 幅
            height (int): 高さ
        """
        try:
            # draw_square()を実行
            draw_square(pattern, width, height)
        except Exception as err:
            print('例外が発生しました--> ' + str(err))
```

▼実行結果

```
In    run('#', 4, 4)    # 4×4の四角い枠
Out   ####
      #  #
      #  #
      ####
```

```
In    run('#', 1, 4)    # エラーになる値を設定
Out   例外が発生しました--> widthは2より大きい値であることが必要です
```

```
In    run('#', 4, 1)    # エラーになる値を設定
Out   例外が発生しました--> heightは2より大きい値であることが必要です
```

```
In    run('#', 40, 7)   # 40×7の四角い枠
Out   ########################################
      #                                      #
      #                                      #
      #                                      #
      #                                      #
      #                                      #
      ########################################
```

306

5-1　例外処理とログの収集

Tips 199

エラーの発生位置とそこに至る経緯を確認する

▶Level ●●

これがポイントです！ トレースバック、コールスタック

　Pythonは、エラーが発生すると、エラーが発生した経緯をまとめた**トレースバック**という情報を生成します。トレースバックには、

・エラーメッセージ
・エラーが発生した行番号
・エラーが発生するまでの関数呼び出しの記録

が記録されています。3つ目の関数呼び出しの記録のことを特に**コールスタック**といいます。次の例は、意図的にエラーを発生させる関数func2()を定義し、これをfunc1()を介して呼び出すようにしたプログラムです。

▼トレースバックを確認するためのプログラム（Notebookを使用）

```
def func1():
    """func2()を呼び出す関数
    """
    func2()

def func2():
    """例外を発生させる関数

    Raises:
        Exception: エラーメッセージを表示
    """
    raise Exception('Error occurred')
```

▼実行結果

```
func1()
```

```
-------------------------------------------------------------
Exception                                 Traceback (most recent
call last)
Cell In[13], line 1
----> 1 func1()

Cell In[12], line 4, in func1()
      1 def func1():
      2     """func2()を呼び出す関数
      3     """
----> 4     func2()
```

307

```
Cell In[12], line 12, in func2()
      6 def func2():
      7     """例外を発生させる関数
      8
      9     Raises:
     10         Exception: _description_
     11     """
---> 12     raise Exception('Error occurred')

Exception: Error occurred
```

出力されたトレースバックを見ると、func1()➡func2()の順で呼び出しが行われ、func2()を呼び出したところで、例外が発生していることがわかります。プログラムでは様々な場所から関数が呼び出されたり、関数内部から別の関数の呼び出しが行われたりするので、エラーが発生した場合、どこで発生したかを突き止めるのに苦労することがあります。しかし、トレースバックでエラー発生位置や経緯を確認できます。

Tips 200 エラー発生時のトレースバックをファイルに保存する

▶Level ●●

これがポイントです！ **traceback.format_exc()による
トレースバックの文字列化**

エラー発生時に生成されるトレースバックは、例外処理を行わないとコンソールにそのまま出力されますが、tracebackモジュールの**traceback.format_exc()**を実行すると文字列として取得できます。

●トレースバック情報をファイルに書き出す

例外をキャッチしたらトレースバック情報を記録用のファイルに書き出す、という内容の例外処理を作ってみます。

▼例外を発生する関数とこれを呼び出す関数（Notebookを使用）

```
In   def func1():
         """func2()を呼び出す関数
         """
         func2()


     def func2():
         """例外を発生させる関数
         """
         raise Exception('Error occurred')
```

5-1 例外処理とログの収集

　では、次のように入力して、エラー発生時にトレースバック情報をテキストファイルに保存してみましょう。

▼トレースバック情報をテキストファイルに保存する

```
import traceback

try:
    func1()
except:
    err_file = open('error.txt', 'w')
    err_file.write(traceback.format_exc())
    err_file.close()
    print('トレースバックをerror.txtに記録しました。')
```

Out　トレースバックを**error.txt**に記録しました。

　プログラムを実行すると、トレースバック情報が書き込まれたテキストファイル「error.txt」が作成されます。ファイルを開くと、次のようにトレースバックの情報が書き込まれていることが確認できます。

▼「error.txt」の内容

```
Traceback (most recent call last):
  File "C:\Users\comfo\AppData\Local\Temp\ipykernel_27408\2910735824.
py", line 4, in <module>
    func1()
  File "C:\Users\comfo\AppData\Local\Temp\ipykernel_27408\2818201485.
py", line 4, in func1
    func2()
  File "C:\Users\comfo\AppData\Local\Temp\ipykernel_27408\2818201485.
py", line 12, in func2
    raise Exception('Error occurred')
Exception: Error occurred
```

309

5-1 例外処理とログの収集

Tips
201

▶Level ●●

これが
ポイント
です！

ソースコードが正常に使われて
いるかチェックする

assert文によるアサートの設定

アサートとは、ソースコードが期待された
とおりに利用されているかどうか確認する

ためのチェックのことを指します。

• assert文によるチェック

書式	assert 条件式, 条件式がFalseのときに表示するメッセージ

例として、judge = 'OK'という変数があ
り、この変数を用いるプログラムは値が常に
'OK'である前提でコードが書かれていると
します。プログラムが正常に動作するために

は、judgeの値は常に'OK'である必要があ
ります。そこで、judgeにアサートを設定し
ておきます。

▼変数にアサートを設定する（Notebookを使用）

```
In   # アサートでチェックする変数
     judge = ''
     # アサートによるチェックを行う関数
     def check():
         assert judge == 'OK', 'judgeの値は常に"OK"です。'
```

「judge == 'OK'」が条件式です。条件式
が成立しない場合はAssertionErrorという
例外が発生し、'judgeの値は常に"OK"です。
'というメッセージがコンソールに出力され

ます。
アサートを設定したら、続けてアサートを
実行してみます。

▼アサートを設定したあとでアサートを実行してみる

```
In   judge = 'OK'  # 変数の値は'OK'
     check()       # アサートによるチェック
Out  （何も出力されない…）
```

310

5-1 例外処理とログの収集

judgeの値は'OK'のままなのでjudge == 'OK'が成立し、何も起こりません。で は、judgeの値を変更して、もう一度アサートを実行してみましょう。

▼変数の値を変更してからアサートを実行してみる（続き）

```
In    judge = 'NO'  # 変数の値は'NO'
      check()        # アサートによるチェック

Out   ------------------------------------------------------------
      AssertionError                     Traceback (most recent call last)
      <ipython-input-33-c1b9a4f1a8c4> in <module>
            1 judge = 'NO'  # 変数の値は'NO'
      ----> 2 check()         # アサートによるチェック
      <ipython-input-29-b4d97727c14b> in check()
            5 # アサートによるチェックを行う関数
            6 def check():
      ----> 7     assert judge == 'OK', 'judgeの値は常に"OK"です。'
      AssertionError: judgeの値は常に"OK"です。
```

例外AssertionErrorが発生し、アサートに設定しておいたメッセージが表示されました。

このように、アサートは「ソースコードがあるべき姿」を登録しておくために使用します。例ではjudgeの値が常に'OK'であるこ とを前提にしているので、もし、プログラムが期待した動作をしない場合は、アサートを実行してみて、それが失敗すれば、プログラムのどこかで値が書き換えられているという事実を知ることができます。

Tips
202

▶Level ●●○

ログを出力する

これがポイントです！ **loggingモジュール、LogRecordオブジェクト**

コンピューターを使っていると「ログをとる」という言葉をよく耳にします。Windowsにおいても、エラーが発生したときの状況を**エラーログ**としてシステムが記録しています。

このように、**ログ**はシステムやソフトウェアなどのプログラムの実行状況を時系列に沿って記録するので、何がどのようにして起こったのかを知ることができます。Python では、loggingモジュールを使って任意の形式のログを作ることができます。

●LogRecordオブジェクトの設定

ログはLogRecordオブジェクトとして管理されるので、まず、「LogRecordオブジェクトに、どのような情報をどのような形式で記録するのか」をlogging.basicConfig()関数で設定します。

5-1 例外処理とログの収集

▼ベーシックなログ形式の設定

```
logging.basicConfig(# ログのレベルをDEBUG(詳細情報)にする
                    level=logging.DEBUG,
                    # ログの書式設定：イベントの日付と時刻 - ログレベル - メッセージ
                    format=' %(asctime)s - %(levelname)s - %(message)s')
```

logging.basicConfig()の名前付き引数のlevelはログレベルを指定します。logging.DEBUGは、状況にかかわらずログを出力するための定数です。名前付き引数formatは、ログとして出力する文字列の書式を設定します。

```
format=' %(asctime)s - %(levelname)s - %(message)s')
```

このasctimeはログを出力したときの日付と時刻、levelnameは設定されているログレベル、messageはログに設定したメッセージを示します。これによって、

```
2020-01-21 16:47:54,485 - DEBUG - プログラム開始
```

のような形式でログが出力されるようになります。

●ログの出力

ログの出力は、**logging.debug()関数**で行います。この関数は、引数に指定した文字列をそのままログとして出力します。引数に、format()メソッドで書式指定した文字列を、

```
logging.debug('factorial({})が実行されました'.format(num))
```

と指定すると、変数numを使って

```
2020-01-21 16:47:54,532 - DEBUG - factorial(5)が実行されました
```

のようなログが出力されるようになります。

```
2020-01-21 16:47:54,532 - DEBUG -
```

がlogging.basicConfig()関数で設定した書式であり、

```
factorial(5)が実行されました
```

の部分がlogging.debug()で出力した文字列です。

●Notebookにログを出力する

例として、階乗を計算する関数を定義し、計算過程をログとして出力するようにしてみます。階乗とは、対象の数値のその数以下のすべての数を掛け合わせた値のことで、4の階乗は4×3×2×1=24、6の階乗は6×5×4×3×2×1=720となります。

312

5-1 例外処理とログの収集

▼階乗を求める関数の計算過程をログとして出力する（Notebookを使用）

```python
import logging          # loggingモジュールのインポート

logging.basicConfig(
    # ログのレベルをDEBUG(詳細情報)にする
    level=logging.DEBUG,
    # ログの書式設定 --->イベントの日付と時刻 - ログレベル - メッセージ
    format=' %(asctime)s - %(levelname)s - %(message)s')

# 最初のログを出力
logging.debug('プログラム開始')

def get_factorial(num):
    """階乗を計算する関数

    Args:
        num (int): 処理対象の整数値

    Returns:
        int: 階乗した値
    """
    # ログ出力(処理の開始)
    logging.debug('factorial({})が実行されました'.format(num))
    # 掛け算の初期値を設定
    fact = 1
    # 1からnum + 1になるまで繰り返す
    for i in range(1, num + 1):
        # factの値にiの値を掛けて再代入
        fact *= i
        # ログ出力(iの値、factの値)
        logging.debug('i = {}, fact = {}'.format(i, fact))
    # ログ出力(処理終了)
    logging.debug('factorial({})終了'.format(num))
    # 階乗した値を返す
    return fact

# get_factorial()を呼び出して階乗を求める
print(get_factorial(5))

# ログ出力(プログラムの終了)
logging.debug('プログラム終了')
```

　セルのコードを実行すると、次のように出力されます。

デバッグ

313

5-1 例外処理とログの収集

▼実行結果

```
2023-08-29 19:22:49,143 - DEBUG - プログラム開始
2023-08-29 19:22:49,143 - DEBUG - factorial(5)が実行されました
2023-08-29 19:22:49,144 - DEBUG - i = 1, fact = 1
2023-08-29 19:22:49,144 - DEBUG - i = 2, fact = 2
2023-08-29 19:22:49,144 - DEBUG - i = 3, fact = 6
2023-08-29 19:22:49,145 - DEBUG - i = 4, fact = 24
2023-08-29 19:22:49,145 - DEBUG - i = 5, fact = 120
2023-08-29 19:22:49,145 - DEBUG - factorial(5)終了
2023-08-29 19:22:49,147 - DEBUG - プログラム終了
120
```

ソースコードに埋め込んだlogging.debug()関数が、それぞれログを出力しています。関数内部で

```
logging.debug('i = {}, fact = {}'.format(i, fact))
```

としているので、forループで変数iと変数factが変化する様子がログとして出力されています。このため、forループのところを

```
for i in range(num + 1):
```

に書き換えてプログラムをもう一度実行すると、次のようになります。

▼forループのところをfor i in range(num + 1):に書き換えて実行

```
2023-08-29 19:34:30,949 - DEBUG - プログラム開始
2023-08-29 19:34:30,950 - DEBUG - factorial(5)が実行されました
2023-08-29 19:34:30,952 - DEBUG - i = 0, fact = 0
2023-08-29 19:34:30,952 - DEBUG - i = 1, fact = 0
2023-08-29 19:34:30,953 - DEBUG - i = 2, fact = 0
2023-08-29 19:34:30,953 - DEBUG - i = 3, fact = 0
2023-08-29 19:34:30,954 - DEBUG - i = 4, fact = 0
2023-08-29 19:34:30,954 - DEBUG - i = 5, fact = 0
2023-08-29 19:34:30,955 - DEBUG - factorial(5)終了
2023-08-29 19:34:30,955 - DEBUG - プログラム終了
0
```

「for i in range(num + 1):」だと、iが0から始まるので、「fact *= i」の計算を何度行っても結果は0です。このようなミスは、ログをとるようにしておけば発見する手がかりになります。

5-1 例外処理とログの収集

Tips
203
ログレベルを
いろいろ変えてみる

▶Level ●●

これがポイントです！ ▶ **ログレベル、ログ出力関数**

　ログには、5段階のレベルを設定することができます。これを**ログレベル**と呼び、**ログ出力関数**とセットで使うことでログの出力をコントロールできます。

▼ログレベルとログ出力関数

ログレベル	定数	ログ出力関数	説明
DEBUG	logging.DEBUG	logging.debug()	出力の最低レベル。詳細情報用として利用。
INFO	logging.INFO	logging.info()	イベントの記録など、プログラムの要所で動作確認をするときなどに用いる。
WARNING	logging.WARNING	logging.warning()	エラーにはならないが、潜在的にエラーが含まれることが予測される場合に用いる。
ERROR	logging.ERROR	logging.error()	プログラムの処理が失敗するなど、エラーの記録用として用いる。
CRITICAL	logging.CRITICAL	logging.critical()	出力の最高レベル。プログラムが異常終了するなど致命的なエラーを示す場合に用いる。

　ログレベルは、**logging.basicConfig()関数**でLogRecordオブジェクトの設定を行う際に指定します。ログ出力関数は、実際にログ出力する際にそのレベルを同時に設定します。

▼LogRecordオブジェクトをDEBUGに設定してログを出力（Notebookを使用）

```
In    import logging
```

```
      # LogRecordオブジェクトをDEBUGに設定
      logging.basicConfig(
          level=logging.DEBUG,
          format=' %(asctime)s - %(levelname)s - %(message)s')
```

デバッグ

315

5-1 例外処理とログの収集

```
In    logging.debug('プログラム実行中')          # DEBUGレベルのログを出力
Out   2023-08-21 19:29:32,056 - DEBUG - プログラム実行中
```

```
In    logging.info('プログラム実行中')           # INFOレベルのログを出力
Out   2023-08-21 19:29:52,200 - INFO - プログラム実行中
```

```
In    logging.warning('プログラム実行中')         # WARNINGレベルのログを出力
Out   2023-08-21 19:30:13,817 - WARNING - プログラム実行中
```

```
In    logging.error('プログラム実行中')           # ERRORレベルのログを出力
Out   2023-08-21 19:30:28,946 - ERROR - プログラム実行中
```

```
In    logging.critical('プログラム実行中')        # CRITICALレベルのログを出力
Out   2023-08-21 19:30:52,719 - CRITICAL - プログラム実行中
```

LogRecordオブジェクトをDEBUG に設定しているので、どのログ出力関数を使ってもログが出力されます。

次に、LogRecordオブジェクトをERROR に設定してログを出力してみます。

このプログラムは、新規に作成した Notebookに単体で記述することにします。他のセルに入力されているプログラムの影響を受けないようにするためです。

▼ LogRecordオブジェクトをERRORに設定してログを出力（Notebookを使用）

```
In    import logging
      logging.basicConfig(level=logging.ERROR,
                          format=' %(asctime)s - %(levelname)s - %(message)s')
      logging.debug('プログラム実行中')          # DEBUGレベルのログを出力
      logging.info('プログラム実行中')           # INFOレベルのログを出力
      logging.warning('プログラム実行中')         # WARNINGレベルのログを出力
      logging.error('プログラム実行中')           # ERRORレベルのログを出力
Out   2023-08-21 19:41:34,115 - ERROR - プログラム実行中
```

```
In    logging.critical('プログラム実行中')        # CRITICALレベルのログを出力
Out   2023-08-21 19:41:41,719 - CRITICAL - プログラム実行中
```

ERRORレベルとCRITICALレベルのログだけが表示されました。このように、ログを出力する関数を使い分けて配置しておくと、LogRecordオブジェクトのログレベルの設定で、ログの出力をコントロールすることができます。出力する状況に応じて、それぞれのログレベルに対応する関数を配置しておいて、プログラムの開発直後はLogRecordオブジェクトのログレベルをDEBUGにします。

そうするとログ出力関数が何であってもすべてのログが出力されます。あとはプログラムの開発が進むに従ってINFO ➡ WARNING ➡ ERRORとログレベルを変えていけば、プログラムの開発と並行してログの出力を重要なものに絞り込んでいくといった使い方ができます。

316

5-1 例外処理とログの収集

Tips 204 ログを無効化する

▶Level ●●

これがポイントです！ logging.disable(ログレベル定数)

プログラムのデバッグが済めば、ログを出力する必要もなくなります。この場合は、ログの出力コードを消去しなくても、logging.

disable()にログレベルを渡すことでログを無効化できます。

●レベルを指定してログを無効化する

logging.disable()関数の引数にはログレベルを示す定数を指定します。そうすると、指定したログレベルおよびそれより低いログレベルは出力されないようになります。

なお、このプログラムは新規に作成したNotebookに単体で記述することにします。他のセルに入力されているプログラムの影響を受けないようにするためです。

▼ログレベルを順次、無効にしてみる（Notebookを使用）

```
In   import logging
     logging.basicConfig(level=logging.INFO,        # ログレベルをINFOに設定
                   format=' %(asctime)s - %(levelname)s - %(message)s')
     logging.disable(logging.INFO)     # INFOレベルのログを無効にする
     logging.info('プログラム実行中')        # INFOレベルのログは出力されない
     logging.critical('プログラム実行中') # CRITICAL レベルのログは出力される
     2023-08-21 20:09:41,144 - CRITICAL - プログラム実行中
```

```
Out  # CRITICALレベルのログを無効にする
     logging.disable(logging.CRITICAL)
In   logging.critical('プログラム実行中') # CRITICAL レベルのログであっても出力されない
```

Tips 205 ログをファイルに記録する

▶Level ●●

これがポイントです！ logging.basicConfig(filename = 'ファイル名', level=…, format=…)

LogRecordオブジェクトを設定する**logging.basicConfig()**メソッドで名前付

き引数のfilenameを設定すると、ログをファイルに出力するようになります。

317

5-1 例外処理とログの収集

▼ログをファイルに出力する (Notebook を使用)

```python
import logging        # loggingモジュールのインポート
# ログをファイルに出力する
logging.basicConfig(
    filename = 'logfile.txt',
    # ログレベルはDEBUG
    level=logging.DEBUG,
    format=' %(asctime)s - %(levelname)s - %(message)s')
# 最初のログを出力
logging.debug('Program start')


def get_factorial(num):
    """階乗を計算する関数
    Args:
        num (int): 処理対象の整数値
    Returns:
        int: 階乗した値
    """
    # ログ出力(処理の開始)
    logging.debug('factorial({}) was executed'.format(num))
    # 掛け算の初期値を設定
    fact = 1
    # 1からnum + 1になるまで繰り返す
    for i in range(1, num + 1):
        # factの値にiの値を掛けて再代入
        fact *= i
        # ログ出力 (iの値、factの値)
        logging.debug('i = {}, fact = {}'.format(i, fact))
    # ログ出力 (処理終了)
    logging.debug('factorial({}) processing exit'.format(num))
    # 階乗した値を返す
    return fact
# get_factorial()を呼び出して階乗を求める
get_factorial(5)
# ログ出力
logging.debug('Program ends')
```

▼作成されたログファイル (logfile.txt) の内容

```
2023-08-29 21:20:08,135 - DEBUG - Program start
2023-08-29 21:20:08,137 - DEBUG - factorial(5) was executed
2023-08-29 21:20:08,137 - DEBUG - i = 1, fact = 1
2023-08-29 21:20:08,137 - DEBUG - i = 2, fact = 2
2023-08-29 21:20:08,137 - DEBUG - i = 3, fact = 6
2023-08-29 21:20:08,137 - DEBUG - i = 4, fact = 24
2023-08-29 21:20:08,137 - DEBUG - i = 5, fact = 120
2023-08-29 21:20:08,137 - DEBUG - factorial(5) processing exit
2023-08-29 21:20:08,137 - DEBUG - Program ends
```

5-2 デバッグ

Tips 206 ステップ実行➡ステップアウト（VSCode）

▶Level ●●

これがポイントです！ ステップ実行からステップアウト

　ステップ実行とは、プログラムのデバッグ時にソースコードを1行単位、または関数やメソッド単位で実行することを指します。VSCodeでステップ実行を行うには、**エディター**上で任意のソースコードに「**ブレークポイント**」（プログラムを停止させる位置を示すマーク）を設定します。
　ブレークポイントを設定して**実行とデバッグ**ボタンをクリックすると、ブレークポイントのところまで実行されてプログラムが停止します。この時点で**エディター**上部に**デバッグツールバー**が表示され、次の項目を選択してステップ実行を行うことができます。これらの項目は、実行メニューにも表示されます。

▼［デバッグツールバー］

▼ステップ実行の種類

図の番号	名称	説明
①	続行	次のブレークポイントまで実行します。
②	ステップオーバー	1行単位で実行します。関数やメソッドの内部には入りません。
③	ステップインする	1行単位で実行します。関数やメソッドの内部にも入って、1行単位で実行します。
④	ステップアウト	実行中の関数やメソッドが終了するまでステップ実行を継続します。
⑤	再起動	デバッグをやり直します。
⑥	停止	デバッグを終了します。

●ステップ実行からステップアウトでデバッグする

　ソースコードにブレークポイントを設定して、ステップ実行➡ステップアウトでデバッグしてみましょう。ブレークポイントは、forステートメント内部に設定します。

❶Pythonのモジュールを**エディター**で表示した状態で、forステートメント内部の「fact *= i」の左端（行番号の左の空白部分）をポイントすると、薄赤の●印が表示されるので、そのままクリックしてブレークポイントを設定します。

5-2 デバッグ

▼ブレークポイントの設定

```
debug.py ×
chap05 > 05_02 > debug.py > ...
  1  def get_factorial(num):
  2      """階乗を計算する関数
  3
  4      Args:
  5          num (int): 処理対象の整数値
  6
  7      Returns:
  8          int: 階乗した値
  9      """
 10      num = 5
 11      # 掛け算の初期値を設定
 12      fact = 1
 13      # 1～num + 1になるまで繰り返す
 14      for i in range(1, num + 1):
 15          # factの値にiの値を掛けて再代入
●16          fact *= i
 17      # 階乗した値を返す
 18      return fact
 19
 20  # get_factorial()を呼び出して階乗を求める
 21  get_factorial(5)
```

❶ 薄赤の●印が表示されるので、クリックしてブレークポイントを設定する

> **さらにワンポイント**
> **ステップアウト**
> ステップアウトは、実行中の関数やメソッドが終了するまでステップ実行を継続します。

❷ アクティビティバーの**実行とデバッグ**ボタンをクリックし、パネル上の**実行とデバッグ**ボタンをクリックします。

▼デバッグの開始

❷ [実行とデバッグ] ボタンをクリックする

❸ forステートメント内部の「fact *= i」に設定されたブレークポイントで、プログラムの実行が中断します。この段階で、ブレークポイントのソースコードは実行されていません。**実行とデバッグ**パネルの**変数➡Locals**以下にローカル変数と、その値が表示されています。

▼ブレークポイントでプログラムの実行が中断

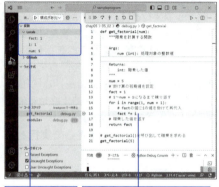

ローカル変数の値が表示される　❸ ブレークポイントでプログラムの実行が中断する

❹ デバッグツールバーの**ステップアウト**ボタンをクリックします。

▼ステップアウトの実行

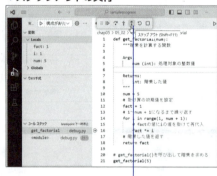

❹ [ステップアウト] ボタンをクリックする

5-2 デバッグ

❺ブレークポイントの行が実行されてfor文の2回目の処理に進み、再びブレークポイントのところでプログラムが停止します。
❻デバッグツールバーの**ステップアウト**ボタンをクリックします。

▼1回目のステップアウト実行後

❺**for文の2回目の処理が開始され、ブレークポイントのところでプログラムが停止する**

❻**[ステップアウト]ボタンをクリックする**

❼ブレークポイントの行が実行されてfor文の3回目の処理に進み、再びブレークポイントのところでプログラムが停止します。
❽デバッグツールバーの**ステップアウト**ボタンを繰り返しクリックして、for文の処理を進めます。

> さらに
> ワンポイント　**デバッグの停止**
> 　デバッグ中のプログラムを終了するには、**デバッグツールバーの停止ボタン**をクリックします。

▼2回目のステップアウト実行後

❼**for文の3回目の処理が開始され、ブレークポイントのところでプログラムが停止する**

❽**[ステップアウト]ボタンを繰り返しクリックして、for文の処理を進める**

❾for文の処理を抜けると、最終行のソースコードでプログラムが停止します。
❿デバッグツールバーの**ステップアウト**ボタンをクリックするとソースコードが実行され、プログラムが終了します。

▼最終行のソースコードで停止したところ

❾**最終行のソースコードでプログラムが停止する**

❿**[ステップアウト]ボタンをクリックするとソースコードが実行され、プログラムが終了する**

321

Tips 207 ステップ実行➡ステップオーバー (VSCode)

▶Level ●●

これがポイントです! ステップオーバー

ソースコードを1行単位で実行したい場合は「ステップオーバー」を使います。ステップオーバーは関数やメソッドの内部には入りません。ただし、関数やメソッド内部にブレークポイントを設定した場合は、内部のソースコードを1行単位で実行します。

●ステップオーバーで実行する

ここでは、関数を呼び出す箇所にブレークポイントを設定し、ステップオーバーで実行してみます。

❶ソースコード末尾の「get_factorial(5)」の左端 (行番号の左の空白部分) をポイントし、薄赤の●印が表示されたタイミングでクリックしてブレークポイントを設定します。
❷実行とデバッグボタンをクリックします。

▼ブレークポイントの設定

❶ソースコード末尾の左端をクリックしてブレークポイントを設定する
❷[実行とデバッグ] ボタンをクリック

❸ブレークポイントの箇所でプログラムが停止します。
❹デバッグツールバーのステップオーバーボタンをクリックすると、ブレークポイントのソースコードが実行され、プログラムが終了します。

▼ステップオーバーの実行

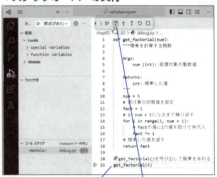

❸ポイントの箇所でプログラムが停止するブレーク
❹[ステップオーバー] ボタンをクリックする

●関数内部にブレークポイントを設定してステップオーバーで実行する

今度は、関数内部にブレークポイントを設定して、ステップオーバーで実行してみましょう。

❶関数内部の1行目のソースコード「num = 5」の箇所にブレークポイントを設定します。
❷実行とデバッグボタンをクリックします。

5-2 デバッグ

▼ブレークポイントの設定

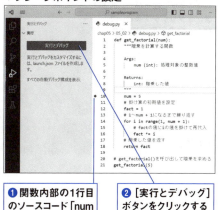

❶ 関数内部の1行目のソースコード「num = 5」の箇所にブレークポイントを設定

❷ [実行とデバッグ] ボタンをクリックする

❸ ブレークポイントの箇所でプログラムが停止します。
❹ デバッグツールバーの**ステップオーバー**ボタンをクリックします。

▼ステップオーバーの実行

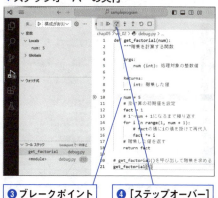

❸ ブレークポイントの箇所でプログラムが停止する

❹ [ステップオーバー] ボタンをクリックする

❺ 次行のソースコードでプログラムが停止します。
❻ デバッグツールバーの**ステップオーバー**ボタンをクリックします。

▼ステップオーバーの実行

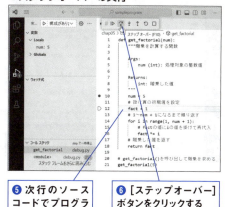

❺ 次行のソースコードでプログラムが停止する

❻ [ステップオーバー] ボタンをクリックする

❼ 次行のfor文の冒頭でプログラムが停止します。
❽ デバッグツールバーの**ステップオーバー**ボタンをクリックします。

▼ステップオーバーの実行

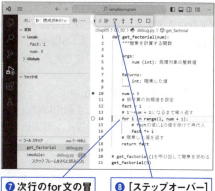

❼ 次行のfor文の冒頭でプログラムが停止する

❽ [ステップオーバー] ボタンをクリックする

❾ for文内部の1行目のソースコードでプログラムが停止します。
❿ デバッグツールバーの**ステップオーバー**ボタンをクリックすると、再びfor文の冒頭の箇所でプログラムが停止します。

5-2 デバッグ

▼ステップオーバーの実行

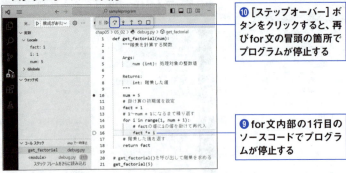

❿ [ステップオーバー] ボタンをクリックすると、再びfor文の冒頭の箇所でプログラムが停止する

❾ for文内部の1行目のソースコードでプログラムが停止する

Tips 208 ステップ実行➡ステップイン (VSCode)

▶Level ●○○○

これがポイントです！ ▶ステップイン

ステップインは、ソースコードを1行単位（または1ステップ単位）で実行しますが、関数やメソッドを呼び出している場合は、その内部に入って1ステップ単位で実行します。

●**ステップインで実行する**
ここでは、関数を呼び出す箇所にブレークポイントを設定し、ステップインで実行してみます。

❶ ソースコード末尾の「get_factorial(5)」の左端（行番号の左の空白部分）をポイントし、薄赤の●印が表示されたタイミングでクリックしてブレークポイントを設定します。
❷ **実行とデバッグ**ボタンをクリックします。

▼ブレークポイントの設定

❶ ソースコード末尾の左端をクリックしてブレークポイントを設定する

❷ [実行とデバッグ] ボタンをクリック

5-2 デバッグ

❸ブレークポイントの箇所でプログラムが停止します。
❹**デバッグツールバー**の**ステップインする**ボタンをクリックします。

> **さらにワンポイント**
> 関数内部にブレークポイントを設定してステップオーバーで実行した場合は、ステップインで実行したときと同じ挙動になります。

▼ステップインの実行

❸ブレークポイントの箇所でプログラムが停止する

❹[ステップインする]ボタンをクリックする

❺関数内部の1行目のソースコードでプログラムが停止します。
❻**ステップインする**ボタンをクリックして1行単位の実行を続けます。

▼ステップイン実行後

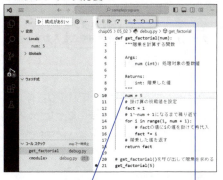

❺関数内部の1行目のソースコードでプログラムが停止する

❻[ステップインする]ボタンをクリックして、1行単位の実行を続ける

5-2 デバッグ

Tips 209 デバッグビューで情報を得る

▶Level ●○○ **これがポイントです！** デバッグビュー

デバッグを開始すると、**実行とデバッグ**サイドバーの表示が**デバッグビュー**に切り替わり、実行中のプログラムの情報が表示されます。

▼デバッグ実行中に表示される [デバッグビュー]

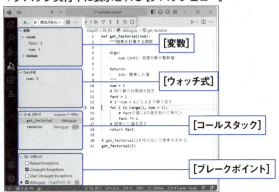

●[変数]
変数のLocalにはローカル変数とその値、Globalにはグローバル変数とその値が表示されます。

▼[変数]

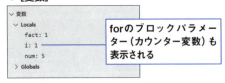

●[ウォッチ式]
ウォッチ式は、特定の変数の値を監視するためのもので、+ボタンをクリックして変数名を入力すると、デバッグ中の変数の値がリアルタイムに表示されます。変数名を組み合わせた式を入力して、その値を監視することもできます。

▼[ウォッチ式]

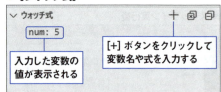

入力した変数名や式は、デバッグを停止しても残り続けるので、不要になったら、右端に表示される×ボタンをクリックして削除します。

▼ウォッチ式の削除

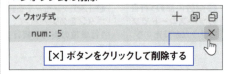

5-2 デバッグ

● [コールスタック]

コールスタックには、関数やメソッドの呼び出し履歴が表示されます。

▼ [コールスタック]

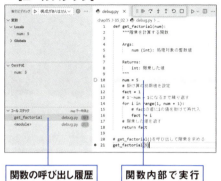

関数の呼び出し履歴が表示される

関数内部で実行が中断している

● [ブレークポイント]

ブレークポイントには、設定したブレークポイントの一覧が表示されます。実行中のソースファイルだけでなく、他のソースファイルで設定したブレークポイントも表示されます。

ブレークポイントのチェックボックスのチェックを外すと、そのブレークポイントが無効になるので、一時的にブレークポイントを飛ばしたいときに便利です。

▼ [ブレークポイント]

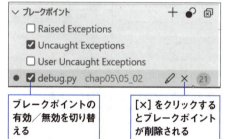

ブレークポイントの有効/無効を切り替える

[×] をクリックするとブレークポイントが削除される

Tips 210 Spyderでデバッグする

これがポイントです！ ブレークポイント、ステップ実行

Spyderでのデバッグ方法について紹介します。

❶ Pythonのモジュールを開き、ブレークポイントを設定する箇所をクリックします。
❷ ファイルをデバッグ開始ボタンをクリックします。

▼ Spyderの [エディターペイン]

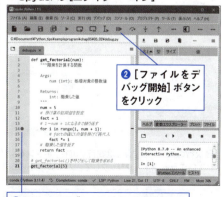

❷ [ファイルをデバッグ開始] ボタンをクリック

❶ クリックしてブレークポイントを設定する

327

5-2 デバッグ

❸ブレークポイントの箇所でプログラムが停止し、**変数エクスプローラー**にローカル変数とその値が表示されます。
❹**現在行を実行**ボタンをクリックします。

> **さらに ワンポイント**
> **変数エクスプローラー**が表示されていない場合は、**表示**メニューの**ペイン**➡**変数エクスプローラー**を選択し、項目名にチェックが付いた状態にします。

▼デバッグ中の画面

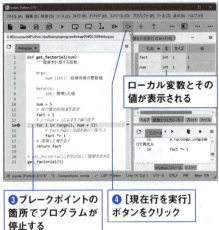

❸ブレークポイントの箇所でプログラムが停止する
❹[現在行を実行]ボタンをクリック

❺ブレークポイントが設定されていた行のコードが実行され、次行のコードでプログラムが停止します。
❻**現在行を実行**ボタンをクリックして、ソースコードの実行を進めます。

▼デバッグ中の画面

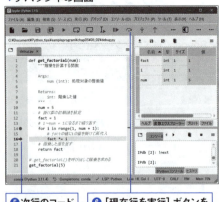

❺次行のコードでプログラムが停止する
❻[現在行を実行]ボタンをクリックして、ソースコードの実行を進める

第 **6** 章

211~240

Excel シートの操作

6-1 ワークシートの操作 (211～220)

6-2 レコード、カラムの操作 (221～226)

6-3 ワークブックの作成と編集 (227～240)

6-1 ワークシートの操作

Tips 211 Excelシートを操作するためのモジュールをインストールする

▶Level ● ●

これがポイントです！ OpenPyXLのダウンロードとインストール

PythonではOpenPyXLをインストールすることで、Excelのブックを操作できるようになります。

●OpenPyXLのインストール（VSCode）
❶PythonモジュールまたはNotebookを開き、仮想環境のインタープリターを選択しておきます。
❷ターミナルメニューの新しいターミナルを選択します。

▼VSCodeでNotebookを開いたところ

❶PythonモジュールまたはNotebookを開き、仮想環境のインタープリターを選択しておく

❷ [ターミナル] メニューの [新しいターミナル] を選択

❸ターミナルに
 pip install openpyxl
と入力してEnterキーを押します。

▼VSCodeの [ターミナル]

pip install openpyxlと入力

●OpenPyXLのインストール（Anaconda）
❶Anaconda NavigatorのEnvironmentsタブをクリックして、仮想環境を選択します。
❷Not Installedを選択し、検索欄に「openpyxl」と入力します。
❸openpyxlのチェックボックスをチェックし、Applyボタンをクリックします。

▼Anaconda Navigatorの [Environments] タブ

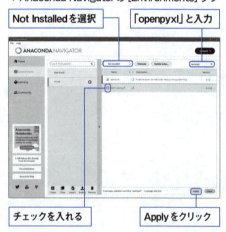

Not Installedを選択　　「openpyxl」と入力

チェックを入れる　　Applyをクリック

❹Install Packagesダイアログが表示されるので、Applyボタンをクリックします。

Tips 212 Excelブックを読み込む

これがポイントです！ openpyxl.load_workbook('ブック名.xlsx')

Excelブックは、openpyxlモジュールのopenpyxl.load_workbook()で開くことができます。

- **openpyxl.load_workbook()関数**

引数に指定したExcelブックを読み込んで、Workbookオブジェクトとして返します。

●Excelブックを読み込む

ソースファイルと同じ場所に保存されている「地形別面積.xlsx」というExcelブックを読み込んでみることにします。

▼Excelブックを読み込む（Notebookを使用）

```
# openpyxlをインポート
import openpyxl
# Excelブックを取得
book = openpyxl.load_workbook('地形別面積.xlsx')
# オブジェクトの種類を表示
print(type(book))
```

セルに入力したプログラムを実行すると、次のように出力されます。

▼プログラムの実行結果

```
<class 'openpyxl.workbook.workbook.Workbook'>
```

Notebookと同じフォルダーに保存されている「地形別面積.xlsx」が読み込まれ、オブジェクトを定義しているクラス名であるopenpyxl.workbook.workbook.Workbookが出力されました。

6-1 ワークシートの操作

Tips
213
▶Level ●●

Excelシートの
タイトル一覧を取得する

これがポイントです！ **Workbook.sheetnames**

　Workbookオブジェクトには、ブックに含まれるすべてのExcelシートのタイトルの取得、アクティブなシートの取得、さらには特定のシートを取得するメソッドが用意されています。

●**使用するExcelのワークシート**

　Excelのワークシートの操作に入る前に、これから使用するサンプルを確認しておきましょう。右の画面のように、一部の県の地形別の面積（km²）が記録されたものを使用します。

▼**サンプルとして使用するワークシート（地形別面積.xlsx）**

▲	A	B	C	D	E	F
1	県名	山地	丘陵地	台地	低地	
2	青森県	4,868	1,570	1,831	1,237	
3	岩手県	11,021	2,089	881	1,261	
4	宮城県	2,158	2,673	652	1,757	
5	秋田県	6,755	1,629	710	2,453	
6	山形県	6,307	841	776	1,393	
7	福島県	10,389	702	1,114	1,437	
8						
9						
10						

●**ブックに含まれるシートのタイトルを取得する**

　ブックに含まれるすべてのシートのタイトルは、Workbookオブジェクトのsheetnamesプロパティで取得できます。

・**Workbook.sheetnames プロパティ**

　ブックに含まれるすべてのシート名をリストに格納して返します。

▼**ブックを読み込んでシートのタイトルを取得する（Notebookを使用）**

```
In  import openpyxl
    # Excelブックを取得
    book = openpyxl.load_workbook('地形別面積.xlsx')
    # すべてのシート名を取得
    sheets_name =book.sheetnames
    # 出力
    print(sheets_name)
```

　セルのコードを実行すると、シートのタイトルのリストが出力されます。

▼**実行結果**

```
Out  ['Sheet1', 'Sheet2', 'Sheet3']
```

332

6-1　ワークシートの操作

Tips
214

▶Level ●●

これが
ポイント
です！

Excelシートを読み込む

Workbook ['ワークシート名']、Workbook. activeプロパティ

ブックに保存されているワークシートを取得する方法には、次の2つがあります。

• **Workbook['ワークシート名']**

Workbookオブジェクトは、ワークシートオブジェクトをdic形式のデータとして保持しています。

> 書式　Worksheetオブジェクト['ワークシート名']

のようにワークシート名をキーにすると、対象のWorksheetオブジェクトを取得することができます。

• **Workbook.active プロパティ**

Workbookオブジェクトのactive属性（プロパティ）を指定すると、Workbookオブジェクトに格納されているワークシート

のうち、アクティブな状態にあるワークシートのWorksheetオブジェクトを返します。

Workbookオブジェクトには、ブックに含まれるワークシートがWorksheetオブジェクトとしてそれぞれ格納されています。Worksheetオブジェクト['ワークシート名']とするとWorksheetオブジェクトを取得できるので、シート名で取得する場合はこの方法を使います。一方、Workbookには、アクティブなワークシートを参照するactive属性（プロパティ）があるので、

> 書式　Workbookオブジェクト.active

とするとアクティブな状態にあるWorksheetオブジェクトが返されます。アクティブなシートを前提にして取得するのであれば、この方法で取得します。

▼ブックに保存されているシートを取得する（Notebookを使用）

```
In  import openpyxl
    # Excelブックを取得
    book = openpyxl.load_workbook('地形別面積.xlsx')
    # 名前を指定してSheet1を取得する
    sheet1 = book['Sheet1']
    # sheet1のオブジェクトの種類を出力
    print(type(sheet1))
    # sheet1に格納されているシートのタイトルを出力
    print(sheet1.title)
    # アクティブなシートのタイトルを出力する
    print(book.active.title)
```

ワークシートのタイトルは、

```
Worksheetオブジェクト.title
```

で取得できます。

```
print(book.active.title)
```

では、アクティブなワークシートから直接、titleを参照してワークシート名を出力するようにしています。

333

6-1 ワークシートの操作

▼実行結果

```
<class 'openpyxl.worksheet.worksheet.Worksheet'>
Sheet1 ──── 名前を指定して取得したワークシートのタイトル
Sheet1 ──── アクティブな状態にあるワークシートのタイトル
```

Tips
215

ワークシートから
セルの情報を取得する

▶Level ●●

これが
ポイント
です！

Worksheetオブジェクト['セル番地']、
Cellオブジェクト.value

WorkbookオブジェクトからWorksheet
オブジェクトを取得したら、列と行を指定し
てセルの情報を取得できます。

・セルの情報を取得する

書式	Worksheetオブジェクト['セル番地']

Worksheetオブジェクトの要素としてセ
ルの情報が格納されているので、ブラケット
演算子で'A1'のようにセル番地を指定する

と、対象のセル情報が**Cellオブジェクト**と
して返されます。Cellオブジェクトには、セ
ルの値を参照するvalueプロパティがある
ので、

・セルの値を取得する

書式	Cellオブジェクト.value

とすることで、セルの値を取得できます。

▼ブックの読み込み➡ワークシートの読み込み➡セルの読み込み（Notebookを使用）

```
In   import openpyxl
     # Excelブックを取得
     book = openpyxl.load_workbook('地形別面積.xlsx')

     # Sheet1を取得する
     sheet = book['Sheet1']

     # 1行目のタイトルを出力
     print('A1セル:' + sheet['A1'].value)
     print('B1セル:' + sheet['B1'].value)
     print('C1セル:' + sheet['C1'].value)
     print('D1セル:' + sheet['D1'].value)
     print('E1セル:' + sheet['E1'].value)
     # 2行目のデータを出力
     print(sheet['A2'].value,
           sheet['B2'].value,
           sheet['C2'].value,
           sheet['D2'].value,
           sheet['E2'].value
           )
```

334

6-1　ワークシートの操作

▼実行結果

```
A1セル：県名
B1セル：山地
C1セル：丘陵地
D1セル：台地
E1セル：低地
青森県　4868　1570　1831　1237
```

Tips 216

Cellオブジェクトから
セル情報を取得する

▶Level ● ●

これがポイントです！ row➡行番号、column➡列名、
coordinate➡セル番地、value➡値

　Cellオブジェクトには、セルの情報を参照するための右表のプロパティ（属性）があります。

▼Cellオブジェクトのプロパティ

プロパティ	説明
row	行を示す整数値。
column	列を示す文字列。
coordinate	セル番地を示す文字列。
value	セルの値。

▼Cellオブジェクトから情報を取り出す（Notebookを使用）

```
In  import openpyxl


book  = openpyxl.load_workbook('地形別面積.xlsx') # Excelブックを取得
sheet = book['Sheet1'] # Sheet1を取得
cel   = sheet['A2']    # セルA2を取得


# 列名、行番号、値を出力
print('列' + str(cel.column) +     # 列名のみを取得
      '，行' + str(cel.row) +       # 行番号のみを取得
      ' : ' + cel.value)           # セルの値を取得


# セル番地、値を出力
print('セル' + cel.coordinate +    # 行列のセル番地を取得
      ' : ' + cel.value)           # セルの値を取得
```

▼実行結果

```
列A，行2 : 青森県
セルA2 : 青森県
```

Excelシートの操作

335

6-1 ワークシートの操作

Tips
217

▶Level ●●○

セル番地を数値で指定する

これが
ポイント
です！

**Worksheet.cell(row＝行番号，
column＝列番号)**

　Excelのセル番地はA1やB1のように、列をAから始まるアルファベット、行を数値で表します。ですが、プログラムにおいて列を文字で指定するのは少々、面倒です。

・**Worksheet.cell()メソッド**
　行番号、列番号でセル番地を指定すると、該当するセルのCellオブジェクトを返します。

| 書式 | Worksheet.cell(row＝行番号, column＝列番号) |

▼数値でセル番地を指定する（Notebookを使用）

```
In   import openpyxl
     book  = openpyxl.load_workbook('地形別面積.xlsx')   # Excelブックを取得
     sheet = book['Sheet1']                            # Sheet1を取得
     print(sheet.cell(row=3,          # 行を指定
                      column=1        # 列を指定
                      ).value)
```

▼実行結果

```
岩手県
```

●forループで特定のセル範囲の値を取得

　cell()メソッドをforループの中で使って、指定した範囲のセルの値を取得します。

▼指定した範囲のセルの値を取得する（Notebookの先ほどのセルの次のセルに入力）

```
In   for i in range(2, 8):            # 2行目から7行目までを繰り返す
         print(i,                     # 行番号
               sheet.cell(row=i,      # 2～7が順番に代入される
                          column=1    # 列は1で固定
                          ).value)
```

▼実行結果

```
2 青森県
3 岩手県
4 宮城県
```

```
5 秋田県
6 山形県
7 福島県
```

336

6-1 ワークシートの操作

forループでは、iに2から7までの値が順に代入されます。これが行番号として使われるわけですが、一方の列番号は1のままです。1列はセル番地だとA列なので、A列の

2行目から7行目、セル番地に直すとA2〜A7の値が取り出されます。range()関数の第3引数を指定して、指定した数だけスキップさせることができます。

▼開始セルから行おきに取り出す（Notebookの次のセルに入力）

```
In  for i in range(2, 8, 2):       # 2行目から7行目までを1行おきに繰り返す
        print(i,                    # 行番号
            sheet.cell(row=i,       # 2〜7の間で1つおきに代入される
                column=1            # 列は1で固定
                ).value)
```

▼実行結果

```
2 青森県
4 宮城県
6 山形県
```

Tips 218 集計表のサイズを取得する

▶Level ● ●

これがポイントです! **Worksheet.max_row、Worksheet.max_column**

Worksheetオブジェクトの**max_row**プロパティで行の数、**max_column**プロパティで列の数を取得できます。それぞれを

取得することで、ワークシート上の集計表のサイズを知ることができます。

▼集計表のサイズを取得する（Notebookを使用）

```
In  import openpyxl
    book = openpyxl.load_workbook('地形別面積.xlsx')  # Excelブックを取得
    sheet = book['Sheet1']                            # Sheet1を取得
    print('最大行数->',
        sheet.max_row,       # 表の行数を取得
        '最大列数->',
        sheet.max_column     # 表の列数を取得
        )
```

▼実行結果

```
最大行数-> 7 最大列数-> 5
```

337

6-1 ワークシートの操作

Tips 219
セル番地の列の文字と番号を変換する

▶Level ●●

これがポイントです! openpyxl.utils.get_column_letter(列番号)、
openpyxl.utils.column_index_from_string('列文字')

openpyxl.utilsクラスの関数で、「列番号から列の文字を取得」および「列の文字から列番号を取得」することができます。

- openpyxl.utils.get_column_letter(列番号)
  列番号に対応する列文字を返します。

- openpyxl.utils.column_index_from_string('列文字')
  列文字に対応する列番号を返します。

▼列番号から列文字を取得、列文字から列番号を取得 (Notebook を使用)

```
In  import openpyxl
    # get_column_letter、column_index_from_stringをインポート
    from openpyxl.utils import get_column_letter, column_index_from_string

    print('列の文字', get_column_letter(1))          # 列番号から列の文字を取得
    print('列番号', column_index_from_string('A'))   # 列の文字から列番号を取得
```

▼実行結果

```
列の文字 A
列番号 1
```

openpyxl.utils.get_column_letter()と書くと長いので、冒頭で

```
from openpyxl.utils import get_column_letter, column_index_from_string
```

としています。これは、

```
from openpyxl.utils
```

から、

```
import get_column_letter, column_index_from_string
```

の2つの関数をインポートすることを示しています。これで、関数名だけを書けば済むようになります。

6-1 ワークシートの操作

●ワークシートの特定の列番号を列文字に
変換する

get_column_letter()は、列番号を返す
メソッドから列文字を取得したい場合に役
立ちます。例えば、max_column()で取得し
た集計表の最終列番号を列文字にするよう
な場合です。

▼集計表の最終列を列文字で取得する（Notebookの次のセルに入力）

```
In  book  = openpyxl.load_workbook('地形別面積.xlsx') # Excelブックを取得
    sheet = book['Sheet1']                           # Sheet1を取得
    print('最終列の列文字->',
          get_column_letter(sheet.max_column))       # 最終列の列文字を取得
```

▼実行結果

```
最終列の列文字-> E
```

Tips 220 ワークシートの特定の範囲の Cellオブジェクトを取得する

▶Level ● ●

これがポイントです！ Worksheet[開始セル：終了セル]

Excelでは、ワークシート上をドラッグし
て複数のセルを範囲指定し、コピーや移動
などの操作が行えます。PythonのWork
sheetオブジェクトにはCellオブジェクト
が格納されているので、ブラケット演算子を
使うことで特定の範囲のCellオブジェクト
のみを取り出せます。

▼ワークシートの特定の範囲のCellオブジェクトを取得する（Notebookを使用）

```
In  import openpyxl, pprint
    book  = openpyxl.load_workbook('地形別面積.xlsx') # Excelブックを取得
    sheet = book['Sheet1']                           # Sheet1を取得

    pprint.pprint(sheet['A2':'E7'])                   # A2～E7のCellオブジェクトを取得
```

Excelシートの操作

339

6-1 ワークシートの操作

▼実行結果

```
((<Cell 'Sheet1'.A2>,
  <Cell 'Sheet1'.B2>,
  <Cell 'Sheet1'.C2>,          2行目のCellオブジェクト
  <Cell 'Sheet1'.D2>,
  <Cell 'Sheet1'.E2>),
 (<Cell 'Sheet1'.A3>,
  <Cell 'Sheet1'.B3>,
  <Cell 'Sheet1'.C3>,          3行目のCellオブジェクト
  <Cell 'Sheet1'.D3>,
  <Cell 'Sheet1'.E3>),
 (<Cell 'Sheet1'.A4>,
  <Cell 'Sheet1'.B4>,
  <Cell 'Sheet1'.C4>,          4行目のCellオブジェクト
  <Cell 'Sheet1'.D4>,
  <Cell 'Sheet1'.E4>),
 (<Cell 'Sheet1'.A5>,
  <Cell 'Sheet1'.B5>,
  <Cell 'Sheet1'.C5>,          5行目のCellオブジェクト
  <Cell 'Sheet1'.D5>,
  <Cell 'Sheet1'.E5>),
 (<Cell 'Sheet1'.A6>,
  <Cell 'Sheet1'.B6>,
  <Cell 'Sheet1'.C6>,          6行目のCellオブジェクト
  <Cell 'Sheet1'.D6>,
  <Cell 'Sheet1'.E6>),
 (<Cell 'Sheet1'.A7>,
  <Cell 'Sheet1'.B7>,
  <Cell 'Sheet1'.C7>,          7行目のCellオブジェクト
  <Cell 'Sheet1'.D7>,
  <Cell 'Sheet1'.E7>))
```

　表形式のデータを扱う場合、1行のデータを**レコード**と呼ぶことがあります。ここでは、

```
sheet['A2':'E7']
```

としましたので、列A～Eの2行目から7行目までの各レコードがタプルのタプルとして返されています。

6-2　レコード、カラムの操作

Tips
221
集計表をデータベースのテーブルとして考える

▶Level ●●○

これがポイントです！ テーブル、レコード、カラム、フィールド

　PythonでExcelのワークシートを扱う場合、集計表をデータベースとして見た方が都合がよいでしょう。というのは、プログラムで集計表を扱うときは、セル単位だけでなく、行単位または列単位でまとめて処理することが多いためです。

●Excelの集計表をデータベースのテーブルとして考える

　Excelで作成した集計表の構造は、データベースの**テーブル**というデータ構造にそのまま当てはまります。

▲	A	B	C	D	E	F
1	県名	山地	丘陵地	台地	低地	
2	青森県	4,868	1,570	1,831	1,237	
3	岩手県	11,021	2,089	881	1,261	
4	宮城県	2,158	2,673	652	1,757	
5	秋田県	6,755	1,629	710	2,453	
6	山形県	6,307	841	776	1,393	
7	福島県	10,389	702	1,114	1,437	
8						
9						
10						

レコード
カラム
テーブル

　集計表全体がテーブル、1行のデータが**レコード**、1列のデータが**カラム**になります。Excelを操作しているときは特に意識することは少ないかもしれませんが、プログラムではデータを行単位あるいは列単位で取り出すことが多く、また処理についても行単位または列単位で行う場合がほとんどです。そのため、データベース的な観点からExcelの集計表の構造を理解しておくことが、プログ

ラミング的に都合がよいのです。

　レコードを構成する要素のことを**フィールド**と呼びます。Excelにおけるセルに相当します。カラム、レコード、フィールドの関係では、「複数のレコードの同じフィールドを集めたものがカラム」ということになります。

341

6-2 レコード、カラムの操作

Tips
222
▶Level ●●

これがポイントです！

1列のデータを取り出す

Worksheet.columns プロパティ

集計表の1列のデータで構成されるカラムには、各行のデータが格納されています。

	カラム	カラム		
県名	山地	丘陵地	台地	低地
青森県	4,868	1,570	1,831	1,237
岩手県	11,021	2,089	881	1,261

このような状態で記録されている列データは、Worksheetオブジェクトのcolumnsプロパティで参照することができます。

• Worksheet.columns プロパティ

集計表（テーブル）の列単位のCellオブジェクトをまとめたGeneratorオブジェクトを返します。

なおGeneratorオブジェクトはそのままでは使えないので、タプルに変換してから使います。

▼ columnsプロパティが返すGeneratorオブジェクトをタプルにする（Notebookを使用）

```
import openpyxl, pprint
book  = openpyxl.load_workbook('地形別面積.xlsx')  # Excelブックを取得
sheet = book['Sheet1']                              # Sheet1を取得

t = tuple(sheet.columns)   # columnsで取得した列オブジェクトをタプルにする
pprint.pprint(t)           # 出力
```

▼実行結果（改行を適宜調整して表示）

```
((<Cell 'Sheet1'.A1>, <Cell 'Sheet1'.A2>, <Cell 'Sheet1'.A3>, <Cell 'Sheet1'.A4>,
  <Cell 'Sheet1'.A5>, <Cell 'Sheet1'.A6>, <Cell 'Sheet1'.A7>),
 (<Cell 'Sheet1'.B1>, <Cell 'Sheet1'.B2>, <Cell 'Sheet1'.B3>, <Cell 'Sheet1'.B4>,
  <Cell 'Sheet1'.B5>, <Cell 'Sheet1'.B6>, <Cell 'Sheet1'.B7>),
 (<Cell 'Sheet1'.C1>, <Cell 'Sheet1'.C2>, <Cell 'Sheet1'.C3>, <Cell 'Sheet1'.C4>,
  <Cell 'Sheet1'.C5>, <Cell 'Sheet1'.C6>, <Cell 'Sheet1'.C7>),
 (<Cell 'Sheet1'.D1>, <Cell 'Sheet1'.D2>, <Cell 'Sheet1'.D3>, <Cell 'Sheet1'.D4>,
  <Cell 'Sheet1'.D5>, <Cell 'Sheet1'.D6>, <Cell 'Sheet1'.D7>),
 (<Cell 'Sheet1'.E1>, <Cell 'Sheet1'.E2>, <Cell 'Sheet1'.E3>, <Cell 'Sheet1'.E4>,
  <Cell 'Sheet1'.E5>, <Cell 'Sheet1'.E6>, <Cell 'Sheet1'.E7>))
```

このように、タプルの中には「列ごとのCellオブジェクトを格納したタプル」が格納されています。ブラケット演算子[ ]を使っ て指定すれば特定の列データを取り出せるので、これをforループで処理することで列に含まれる各セルのデータを取得できます。

6-2 レコード、カラムの操作

▼集計表から特定の列データのみを取り出す

```
In  import openpyxl, pprint
    book  = openpyxl.load_workbook('地形別面積.xlsx') # Excelブックを取得
    sheet = book['Sheet1']                           # Sheet1を取得


    t = tuple(sheet.columns) # columnsで取得した列オブジェクトをタプルにする
    for cell_obj in t[0]:    # 列オブジェクトのタプルから1列目の各セルデータを取り出す
        print(cell_obj.value)
```

▼実行結果

```
県名
青森県
岩手県
宮城県
秋田県
山形県
福島県
```

Tips 223

**すべての列のデータを
列単位で取り出す**

▶Level ●●

**これが
ポイント
です!**

**2重のforループによる列単位での
データ取得**

columnsプロパティが返すGenerator
オブジェクトのタプルには、すべての列単位
のCellオブジェクトが格納されています。

そこで、forループを2重にすることで、す
べての列のデータを列単位で取得すること
ができます。

▼すべての列のデータを列単位で取得する(Notebookを使用)

```
In  import openpyxl, pprint
    book  = openpyxl.load_workbook('地形別面積.xlsx') # Excelブックを取得
    sheet = book['Sheet1']                           # Sheet1を取得


    for cells_obj in tuple(sheet.columns): # 列データのタプルから1列ずつ取り出す
        for  cell_obj in cells_obj:        # 列からcellオブジェクトを取り出す
            print(cell_obj.value)
        print('--- 列のデータ終わり ---')    # 列の区切りを示す
```

343

6-2 レコード、カラムの操作

▼実行結果

県名	1629
青森県	841
岩手県	702
宮城県	--- 列のデータ終わり ---
秋田県	台地
山形県	1831
福島県	881
--- 列のデータ終わり ---	652
山地	710
4868	776
11021	1114
2158	--- 列のデータ終わり ---
6755	低地
6307	1237
10389	1261
--- 列のデータ終わり ---	1757
丘陵地	2453
1570	1393
2089	1437
2673	--- 列のデータ終わり ---

Tips 224

▶Level ●●

1行のレコードを取り出す

これがポイントです！ → **Worksheet.rows プロパティ**

集計表の1行のレコードには、各列のデータが格納されています。

県名	山地	丘陵地	台地	低地	
青森県	4,868	1,570	1,831	1,237	── レコード
岩手県	11,021	2,089	881	1,261	── レコード

このような状態で記録されているレコードは、Worksheetオブジェクトのrowsプロパティで参照することができます。

• **Worksheet.rows プロパティ**

集計表（テーブル）のレコードのCellオブジェクトをまとめたGeneratorオブジェクトを返します。

ただし、rowsプロパティが返すGeneratorオブジェクトはそのままでは使えないので、タプルに変換してから使います。

344

6-2 レコード、カラムの操作

▼rowsプロパティが返すGeneratorオブジェクトをタプルにする（Notebookを使用）

```
In  import openpyxl, pprint
    book  = openpyxl.load_workbook('地形別面積.xlsx')      # Excelブックを取得
    sheet = book['Sheet1']                                 # Sheet1を取得

    t = tuple(sheet.rows)
    print(t)
```

▼実行結果

```
((<Cell 'Sheet1'.A1>, <Cell 'Sheet1'.B1>, <Cell 'Sheet1'.C1>, <Cell
'Sheet1'.D1>, <Cell 'Sheet1'.E1>),
 (<Cell 'Sheet1'.A2>, <Cell 'Sheet1'.B2>, <Cell 'Sheet1'.C2>, <Cell
'Sheet1'.D2>, <Cell 'Sheet1'.E2>),
 (<Cell 'Sheet1'.A3>, <Cell 'Sheet1'.B3>, <Cell 'Sheet1'.C3>, <Cell
'Sheet1'.D3>, <Cell 'Sheet1'.E3>),
 (<Cell 'Sheet1'.A4>, <Cell 'Sheet1'.B4>, <Cell 'Sheet1'.C4>, <Cell
'Sheet1'.D4>, <Cell 'Sheet1'.E4>),
 (<Cell 'Sheet1'.A5>, <Cell 'Sheet1'.B5>, <Cell 'Sheet1'.C5>, <Cell
'Sheet1'.D5>, <Cell 'Sheet1'.E5>),
 (<Cell 'Sheet1'.A6>, <Cell 'Sheet1'.B6>, <Cell 'Sheet1'.C6>, <Cell
'Sheet1'.D6>, <Cell 'Sheet1'.E6>),
 (<Cell 'Sheet1'.A7>, <Cell 'Sheet1'.B7>, <Cell 'Sheet1'.C7>, <Cell
'Sheet1'.D7>, <Cell 'Sheet1'.E7>))
```

　このように、タプルの中にはレコード単位のCellオブジェクトを格納したタプルが格納されています。ブラケット演算子[ ]を使って指定して特定のレコードのデータを取り出せば、これをforループで処理することでレコードに含まれる各セルのデータを取得できます。

▼集計表から特定のレコードのデータのみを取り出す

```
In  import openpyxl, pprint
    book  = openpyxl.load_workbook('地形別面積.xlsx') # Excelブックを取得
    sheet = book['Sheet1']                            # Sheet1を取得
    t = tuple(sheet.rows) # rowsで取得したオブジェクトをタプルにする
    for cell_obj in t[1]: # レコードのタプルから2行目の各セルのデータを取り出す
        print(cell_obj.value)
```

▼実行結果

```
青森県
4868
1570
1831
1237
```

345

Tips 225 すべてのデータをレコード単位で取り出す

これがポイントです! 2重のforループによるレコード単位でのデータ取得

rowsプロパティが返すGeneratorオブジェクトのタプルには、すべてのレコード単位のCellオブジェクトが格納されています。

forループを2重にすることで、すべてのデータをレコード単位で取得することができます。

▼すべてのデータをレコード単位で取得する（Notebookを使用）

```python
import openpyxl, pprint
book  = openpyxl.load_workbook('地形別面積.xlsx')  # Excelブックを取得
sheet = book['Sheet1']                              # Sheet1を取得

for cells_obj in tuple(sheet.rows):        # 1行のレコードを取り出す
    for  cell_obj in cells_obj:            # レコードからCellオブジェクトを取り出す
        print(cell_obj.value)
    print('--- 1行のレコード終わり ---')   # 1行のレコードの区切りを示す
```

▼実行結果

```
県名
山地
丘陵地
台地
低地
--- 1行のレコード終わり ---
青森県
4868
1570
1831
1237
--- 1行のレコード終わり ---
岩手県
11021
2089
881
1261
--- 1行のレコード終わり ---
宮城県
2158
2673
652
1757
--- 1行のレコード終わり ---
秋田県
6755
1629
710
2453
--- 1行のレコード終わり ---
山形県
6307
841
776
1393
--- 1行のレコード終わり ---
福島県
10389
702
1114
1437
--- 1行のレコード終わり ---
```

6-2　レコード、カラムの操作

Tips

226

指定したセル範囲のデータを
取得する

▶Level ●●

これが
ポイント
です！

**Worksheet['セル番地':'セル番地']を
ネストしたforループで処理する**

Worksheetオブジェクトに対して、

書式	Worksheet['開始セル番地':'終了セル番地']

とすると、指定したセル範囲のデータをレ
コード単位で取得することができます。この
場合、レコード単位でCellオブジェクトをタ
プルにしたタプルが返されるので、2重にし
たforループを使ってすべてのデータをレ
コード単位で取り出すことができます。

▼指定した範囲のデータをレコード単位ですべて取り出す（Notebookを使用）

```
In  import openpyxl
    book  = openpyxl.load_workbook('地形別面積.xlsx') # Excelブックを取得
    sheet = book['Sheet1']                          # Sheet1を取得


    for row_obj in sheet['A2':'E7']:        # ❶1行のレコードを取り出す
        for cell_obj in row_obj:            # ❷レコードからセルを取り出す
            print(cell_obj.coordinate,      # セル番地
                  cell_obj.value            # セルの値
                  )
        print('--- 1行のレコード終わり ---')   # 1行のレコードの区切りを示す
```

▼実行結果

```
A2 青森県
B2 4868
C2 1570
D2 1831
E2 1237
--- 1行のレコード終わり ---
A3 岩手県
B3 11021
C3 2089
D3 881
E3 1261
--- 1行のレコード終わり ---
```

```
A4 宮城県
B4 2158
C4 2673
D4 652
E4 1757
--- 1行のレコード終わり ---
A5 秋田県
B5 6755
C5 1629
D5 710
E5 2453
--- 1行のレコード終わり ---
```

347

6-2 レコード、カラムの操作

```
A6  山形県
B6  6307
C6  841
D6  776
E6  1393
--- 1行のレコード終わり ---
A7  福島県
B7  10389
C7  702
D7  1114
E7  1437
--- 1行のレコード終わり ---
```

❶のforループの

```
for row_obj in sheet['A2':'E7']:
```

では、sheet['A2':'E7']でA2からE7まで
のCellオブジェクトのタプルを取得してい
ますが、A2のように2行目以降としたの
は、1行目が列名であるためです。取得した
タプルの要素にはさらにタプルが格納され
ているので、これをrow_objに1つずつ取り
出します。取り出したタプルには、

```
(<Cell 'Sheet1'.A2>,
 <Cell 'Sheet1'.B2>,
 <Cell 'Sheet1'.C2>,
 <Cell 'Sheet1'.D2>,
 <Cell 'Sheet1'.E2>)
```

のように1行ぶんのレコードのCellオブ
ジェクトが格納されています。そこで、ネス
トした❷のforループの

```
for cell_obj in row_obj:
```

でCellオブジェクトを1つずつcell_objに
取り出すことを繰り返すと、1行のレコード
が取得できます。取得が完了すれば外側の
forループに戻るので、次のタプルを同じよ
うに処理すれば、2行目以降のすべてのレ
コードの取得が完了します。

6-3　ワークブックの作成と編集

Tips
227
▶Level ●●

これが
ポイント
です！

新規のワークブックを生成する

openpyxl.Workbook() コンストラクター

openpyxl.Workbook()コンストラクターは、新規のWorkbookオブジェクトを作成します。

▼新規のWorkbookオブジェクトを生成する（Notebookを使用）

```
In   import openpyxl
     book = openpyxl.Workbook()      # Workbookオブジェクトを生成
     print(book.sheetnames)          # 新規ブックに含まれるワークシート名を表示
Out  ['Sheet']
```

```
In   print(book.active.title)        # アクティブなワークシート名を表示
Out  Sheet
```

新規のWorkbookオブジェクトを作成すると、Sheetという名前のワークシートが追加されていることが確認できます。

●作成されたワークシートの名前を独自のものにする

Worksheetオブジェクトのtitleプロパティで独自の名前に変更してみます。

▼ワークシートに独自の名前を付ける

```
In   sheet = book['Sheet']
     sheet.title = 'Sales_2023'      # sheetにはWorksheetオブジェクトが格納されている
     print(book.sheetnames)          # 名前が変更されたか確認する
Out  ['Sales_2023']
```

Excelシートの操作

349

6-3 ワークブックの作成と編集

Tips 228 ワークブックを保存する

▶ Level ●●

これがポイントです！ > **Workbook.save('ファイル名.xlsx')**

Workbookオブジェクトの**save()**メソッドで、現在、編集中のWorkbookオブジェクトをExcelブックとして保存できます。

▼Workbookオブジェクトを XLSX形式のExcelブックとして保存（Notebookを使用）

```
In  import openpyxl
    book = openpyxl.Workbook()      # Workbookオブジェクトを生成
    book.save('example.xlsx')       # 名前を付けて保存する
```

上記のコードが実行されると、カレントディレクトリにexample.xlsxというファイル名でExcelブックが保存されます。save()メソッドの引数にパスを指定することもできるので、

```
book.save('sample/example.xlsx')
```

とすれば、カレントディレクトリに存在するsampleフォルダー内にexample.xlsxが保存されます。

Tips 229 ワークシートを追加する

▶ Level ●●

これがポイントです！ > **Workbook.create_sheet()メソッド**

Workbookオブジェクトの**create_sheet()**メソッドで、現在のWorkbookオブジェクトに新規のワークシートを追加できます。

▼Workbookオブジェクトにワークシートを追加する（Notebookを使用）

```
In  import openpyxl
    book = openpyxl.Workbook()      # Workbookオブジェクトを生成
    book.sheetnames
Out ['Sheet']
```

350

6-3 ワークブックの作成と編集

```
In  book.create_sheet()
Out <Worksheet "Sheet1">
```

```
In  book.get_sheet_names()
Out ['Sheet', 'Sheet1']
```

create_sheet()メソッドは、デフォルトでSheet1という名前のWorksheetオブジェクトを追加します。以降、追加するたびにSheet2、Sheet3、…のように名前が設定されます。

> **さらにワンポイント**
> ワークシートを追加したあとは、save()メソッドで変更内容を保存しておくようにしましょう。

Tips 230 位置と名前を指定して新規ワークシートを追加する

▶ Level ●●

これがポイントです!

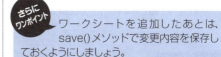
Workbook.create_sheet(
　　index=インデックス, title='タイトル')

Workbookオブジェクトのcreate_sheet()メソッドの名前付き引数を使うと、指定した位置に任意の名前でワークシートを追加できます。

- **Workbook.create_sheet()メソッド**
  indexに挿入する位置を示す、0から始まるインデックス値を指定します。

書式　Workbook.create_sheet(index=インデックス, title='タイトル')

▼位置と名前を指定して新規ワークシートを追加する（Notebookを使用）

```
In  import openpyxl
    book = openpyxl.Workbook()        # Workbookオブジェクトを生成
    book.sheetnames                    # 現在のワークシート名を取得
Out ['Sheet']
```

```
In  # 名前をFirstSheetにして先頭位置に追加する
    book.create_sheet(index=0, title='FirstSheet')
Out <Worksheet "FirstSheet">
```

351

6-3　ワークブックの作成と編集

```
In   book.sheetnames                    # 現在のワークシート名を取得
Out  ['FirstSheet', 'Sheet']
```

```
In   # 名前をSecondSheetにして先頭から2番目の位置に追加する
     book.create_sheet(index=1, title='SecondSheet')
Out  <Worksheet "SecondSheet">
```

```
In   book.sheetnames                    # 現在のワークシート名を取得
Out  ['FirstSheet', 'SecondSheet', 'Sheet']
```

Tips 231　ワークシートを削除する

▶Level ●●

これがポイントです！　**Workbook.remove_sheet(Worksheetオブジェクト)**

　Workbookオブジェクトのremove_sheet()メソッドで、任意のワークシートを削除できます。

・Workbook.remove_sheet()メソッド

書式	Workbook.remove(Worksheetオブジェクト)

　引数にWorksheetオブジェクトを指定するので、Workbook['ワークシート名']を引数にするようにします。

▼ワークシートを削除する（前TipsのNotebookの次のセルに入力）

```
In   book.sheetnames                    # 現在のワークシート名を取得
Out  ['FirstSheet', 'SecondSheet', 'Sheet']
```

```
In   # Sheetを削除
     book.remove(book['Sheet'])
     book.sheetnames                    # 現在のワークシート名を取得
Out  ['FirstSheet', 'SecondSheet']
```

```
In   # SecondSheetを削除
     book.remove(book['SecondSheet'])
     book.sheetnames                    # 現在のワークシート名を取得
Out  ['FirstSheet']
```

352

6-3　ワークブックの作成と編集

Tips
232
▶Level ● ●

セルに値を書き込む

**これが
ポイント
です!**
**Worksheet オブジェクト['セル番地'] =
書き込む値**

セルに値を書き込むには、

> Worksheet オブジェクト['セル番地'] ＝ 書き込む値

のようにします。どことなく辞書のキーに値
を設定する方法に似ています。

▼セルに値を書き込む（Notebook を使用）

```
In  import openpyxl
    book = openpyxl.Workbook()      # Workbookオブジェクトを生成
    book.sheetnames                 # 現在のワークシート名を取得
Out ['Sheet']
```

```
In  # Worksheetオブジェクトを取得
    sheet = book ['Sheet']
    sheet['A1'] = '12月の売上'        # A1セルに書き込む
    sheet['B1'] = 1000              # B1セルに書き込む
    # A1セルを参照
    sheet['A1'].value
Out '12月の売上'
```

```
In  # B1セルを参照
    sheet['B1'].value
Out 1000
```

Excelシートの操作

353

6-3 ワークブックの作成と編集

Tips 233
データ更新用のアップデータプログラムを作る

▶Level ●●

これがポイントです！ 更新対象のセルの検索と値の置き換え

次のようなワークシートがあります。

▼惣菜の単価と売上数、売上額の記録 (惣菜売上.xlsx)

	A	B	C	D	E
1	惣菜名	グラム単価	売上数	売上額	
2	秋刀魚の竜田揚げ	3.56	200	712	
3	きのこの白和え	2.26	350	791	
4	菜の花の辛し和え	2.69	400	1076	
5	和牛の肉ジャガ	3.89	300	1167	
6	野菜のピクルス	2.11	600	1266	
7	鶏つみれ大根	2.85	250	712.5	
8	ぶり大根	2.98	450	1341	
9	秋刀魚の竜田揚げ	3.56	200	712	
10	きのこの白和え	2.26	300	678	
11	菜の花の辛し和え	2.69	600	1614	
12	和牛の肉ジャガ	3.89	1000	3890	
13	野菜のピクルス	2.11	800	1688	
14	鶏つみれ大根	2.85	400	1140	
15	ぶり大根	2.98	560	1668.8	
16	鶏つみれ大根	2.85	380	1083	
17	秋刀魚の竜田揚げ	3.56	200	712	
18	秋刀魚の竜田揚げ	3.56	200	712	
19	きのこの白和え	2.26	300	678	
20	菜の花の辛し和え	2.69	600	1614	
21	和牛の肉ジャガ	3.89	1000	3890	

商品の単価と売上数 (グラム) から売上額が計算されるようになっていますが、一部の

単価が間違っていたとしましょう。そうすると、該当する商品の行を探し出して単価を書き換えなくてはなりません。数十行程度のデータならなんとか作業できそうですが、数百行を超えるデータだとお手上げですので、自動で更新するプログラムを組んでみることにします。

処理すべきことは、

・単価を更新するレコード (行) を検索する。
・該当するレコードの単価のセルを書き換える。

の2点ですので、処理自体はシンプルです。

●自動更新プログラムを作成する

単価が入力されているセルの更新は、「forループで更新対象のレコードを検索し、ネストしたif文で商品名が更新すべき商品名と一致すれば単価を書き換える」という流れになります。

▼指定した商品の単価を更新する関数 (Notebook を使用)

```
import openpyxl

def priceUpdater(unitprice, fname):
    """指定した商品の単価を更新する関数

    Args:
        unitprice (dict): 商品名をキー、新しい単位を値とする辞書
        fname (str): 保存するワークブックの名前
    """
    # Workbookオブジェクトを生成
    book = openpyxl.load_workbook('惣菜売上.xlsx')
    # Worksheetオブジェクトを生成
    sheet = book['Sheet1']
```

354

6-3　ワークブックの作成と編集

```
        # 該当する商品の単価を更新する
        for row_num in range(2, sheet.max_row + 1):              ────────────────●
            # 先頭行を除いて2行目からループを開始
            name = sheet.cell(
                row=row_num,   # 行番号を指定
                column=1       # 商品名が登録されている1列目を指定
                ).value        # 商品名を取得する
            # 商品名がPRICE_UPDATESの商品名と一致したら、PRICE_UPDATESの単価に更新
            if name in unitprice:                                ────────────────●
                sheet.cell(
                    row=row_num,                  # 行番号を指定
                    column=2                      # 単価が登録されている2列目を指定
                    ).value = unitprice[name]     # PRICE_UPDATESのnameキーの値に更新

        # 更新したワークブックを別名で保存
        book.save(fname + '.xlsx')
```

　この関数は、

```
PRICE_UPDATES = {'秋刀魚の竜田揚げ': 3.66,
                 '鶏つみれ大根': 2.78,
                 'きのこの白和え': 2.16}
```

のように、単価を更新する商品名をキーに、
新しい単価を値にした辞書をパラメーター

にとります。
　❶のforループ：

```
for row_num in range(2, sheet.max_row + 1):
```

では、sheet.max_rowで取得した最大行数
に1を足して、最大行数に達するまでの繰り
返し回数を設定しています。ただし、1行目

が列タイトルなので2から始めるようにし
ています。続く、

```
name = sheet.cell(row=row_num, column=1).value
```

で、2行目以降の1列目の値 (惣菜名) を取
得します。
　❷のネストされたif文：

```
if name in unitprice:
```

で辞書PRICE_UPDATESのキー (惣菜名)
に、現在、取り出し中のレコードの値が一致
するかを調べます。一致したら、以下のよう
にレコードの2列目の値 (単価) を PRICE_
UPDATES[name]の値に書き換えます。

```
sheet.cell(row=row_num, column=2).value = unitprice[name]
```

完了したら❶のforループに戻って処理を繰り返し、該当するすべての単価を書き換えます。最後にWorkbookオブジェクトを新しい名前のExcelブックとして保存して、処理を終了します。

Notebook中の関数を定義したセルを実行したあと、その次のセルで、商品単価を修正するための辞書を作成し、更新後の内容を保存するファイル名を指定して、priceUpdater()関数を実行してみます。

▼priceUpdater()関数を実行

```
In   # 変更する商品名と変更後の単価を辞書に登録
     pu = {'秋刀魚の竜田揚げ': 3.66,
           '鶏つみれ大根': 2.78,
           'きのこの白和え': 2.16}
     # 保存するファイル名
     fname = '単価更新9月25日'
     priceUpdater(pu, fname)
```

入力したコードを実行すると、該当の商品の単価が書き換えられ、「単価更新9月25日.xlsx」として保存されます。

Tips 234 数式を入力する

▶Level ●●

これがポイントです！ Worksheet['セル番地'] = '=数式'

Excelの数式は、文字列として書き込むことができます。例えば、

```
sheet['A10'] = '=SUM(A1:A9)'
```

とすると、ワークシートのA10セルに、A1からA9までの値を合計するSUM()関数の式が入力されます。

▼セルに数式を入力する（Notebookを使用）

```
In   import openpyxl
     book = openpyxl.Workbook()        # Excelブックを生成
     sheet = book.active                # アクティブなワークシートを取得
     sheet['A1'] = 500                  # A1セルに値を入力
     sheet['A2'] = 300                  # A2セルに値を入力
     sheet['A3'] = '=SUM(A1:A2)'        # A3セルにSUM()関数を入力
     sheet['A3'].value                  # A3セルの数式を確認
Out  '=SUM(A1:A2)'
```

```
In   book.save('sample.xlsx')           # ブックを保存
```

カレントディレクトリに「sample.xlsx」が保存されるので、これを開くと、次のようにA3セルにA1とA2の合計が表示されます。

▼sample.xlsxをExcelで開いたところ

SUM()関数の数式が入力されている

6-3　ワークブックの作成と編集

Tips
235
▶Level ●●○

これがポイントです！

セルの幅と高さを設定する

column_dimensions プロパティ、
row_dimensions プロパティ

Worksheetオブジェクトには、セルの幅や高さを保持する次のオブジェクトが格納されています。

・**Column_Dimensions オブジェクト**
セルの幅を保持します。width プロパティでセル幅を設定します。

・**Row_Dimensions オブジェクト**
セルの高さを保持します。height プロパティでセルの高さを設定します。

これらのオブジェクトには、column_dimensionsプロパティとrow_dimensionsプロパティでアクセスできます。ただし、セルの各列と各行に対してオブジェクトが用意されるので、column_dimensionsは列文字、row_dimensionsは行番号をそれぞれブラケット演算子[ ]で指定してアクセスします。

・セルの幅を設定する

```
Worksheet.column_dimensions['列文字'].width = 数値
```

・セルの高さを設定する

```
Worksheet.row_dimensions[行番号].height = 数値
```

行の高さは0から409までの整数、または小数を含む値を設定できます。単位は「ポイント(pt)」です。一方、列の幅は0から 255までの整数、または小数を含む値を設定します。

▼セルの幅と高さを設定する（Notebook を使用）

```
In   import openpyxl
     book = openpyxl.Workbook()                    # Workbookオブジェクトを生成
     sheet = book.active                           # アクティブシートを取得
     sheet['A1'] = 'column_dim'                     # A1セルに文字列を入力
     sheet['B2'] = 'row_dim'                        # B2セルに文字列を入力
     sheet.column_dimensions['A'].width = 30        # A列の幅を30に設定
     sheet.row_dimensions[2].height = 100           # 2行目の高さを100に設定
     sheet.column_dimensions['A'].width            # A列の幅を確認
Out  30.0
```

```
In   sheet.row_dimensions[2].height               # 2行目の高さを確認
Out  100.0
```

357

6-3 ワークブックの作成と編集

```
In  book.save('dimensions.xlsx')           # Excelブックとして保存
```

カレントディレクトリに保存されたdimensions.xlsxをExcelで開くと、右の画面のようにセルの幅と高さが設定されていることが確認できます。

▼幅と高さを設定後のワークシート

Tips 236 セルを結合する

これがポイントです！ **Worksheet.merge_cells('セル範囲')**

Worksheetオブジェクトのmerge_cells()メソッドを使うと、複数のセルを1つのセルに結合できます。

・Worksheet.merge_cells() メソッド
引数にセル範囲を指定すると、すべてのセルが左上のセルに結合されます。

引数に'A1:A2'を指定した場合はA1にA2が結合され、'A1:D3'とした場合は、4列3行の12個のセルがA1セルに結合されます。このように、左上にあるセルに結合されるので、値を設定する場合は「結合範囲の左上に存在していたセル番地」を指定するようにします。

▼セルを結合する（Notebookを使用）

```
In  import openpyxl
    book = openpyxl.Workbook()
    sheet = book.active
    sheet.merge_cells('A1:A2')        # セルを結合
    sheet['A1'] = 'A1:A2結合'          # セルに入力
    sheet.merge_cells('B1:C1')        # セルを結合
    sheet['B1'] = 'B1:C1結合'          # セルに入力
    sheet.merge_cells('D1:G3')        # セルを結合
    sheet['D1'] = 'D1:G3結合'          # セルに入力
    book.save('merge-cells.xlsx')
```

▼保存したmerge_cells.xlsxをExcelで開く

Tips 237 セルの結合を解除する

▶Level ●●

これがポイントです! Worksheet.unmerge_cells('結合前のセル範囲')

結合されたセルを解除して元の状態に戻すには、unmerge_cells()メソッドを使います。

- **Worksheet.unmerge_cells()メソッド**
  結合されたセルの元のセル範囲を引数に指定すると、結合を解除して元の状態に戻します。

前回のTipsでは、A1:A2、B1:C1、D1:G3をそれぞれ結合しました。今度は、結合されたセルをすべて元の状態に戻してみます。

▼セルの結合を解除する(Notebookを使用)

```
import openpyxl
# カレントディレクトリのmerge-cells.xlsxを読み込む
book = openpyxl.load_workbook('merge-cells.xlsx')
sheet = book.active
sheet.unmerge_cells('A1:A2')  # 結合を解除
sheet.unmerge_cells('B1:C1')  # 結合を解除
sheet.unmerge_cells('D1:G3')  # 結合を解除
book.save('merge-cells.xlsx')
```

▼保存したmerge_cells.xlsxをExcelで開く

6-3 ワークブックの作成と編集

Tips
238

▶Level ●●

これが
ポイント
です！

ウィンドウを固定する

**Worksheet.freeze_panes =
'固定するセル'**

Excelには、ワークシートのセルをスクロールさせても特定の行や列を固定で表示する機能があります。データが多い場合に見出しの行や列を固定しておくと、スクロールしても常に見出しが表示されるので作業がしやすい、というメリットがあります。

Worksheetオブジェクトのfreeze_panesプロパティに任意のセル番地を代入すると、セルが固定されるようになります。

▼Worksheet.freeze_panes プロパティの設定例

設定例	固定される行または列
Worksheet.freeze_panes = 'A2'	1行目が固定される。
Worksheet.freeze_panes = 'B1'	列Aが固定される。
Worksheet.freeze_panes = 'C1'	列A〜Bが固定される。
Worksheet.freeze_panes = 'C3'	行1〜2、列A〜Bが固定される。

指定したセル自体は固定されず、それより上の行や左の列が固定されるのがポイントです。現在、カレントディレクトリにある「惣菜売上.xlsx」を読み込んで、1行目を固定表示に設定してみます。

▼ワークシートの1行目を固定する（Notebookを使用）

```
In  import openpyxl
    book = openpyxl.load_workbook('惣菜売上.xlsx')
    sheet = book.active
    sheet.freeze_panes = 'A2'
    book.save('惣菜売上-freeze.xlsx')
```

保存したブックをExcelで開くと、1行目が固定表示になっているのが確認できます。

360

6-3 ワークブックの作成と編集

▼固定されたセル

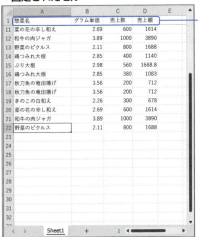

1行目が固定されているので、スクロールしても表示される

Tips 239 レコード単位で書き込む

▶Level ●●●

これがポイントです！ **Worksheet.append() メソッド**

　レコード単位で複数のデータをまとめて入力する場合は、forループで処理します。1行のレコードをタプルにして、これを1つのリストにまとめます。あとはforループでレコードを格納したタプルを取り出し、Worksheetオブジェクトの**append()メソッド**で1行ずつ追加します。

▼レコード単位でデータを追加する関数（Notebookを使用）

```
import openpyxl

def write_cell(rows, fname):
    """レコード単位でデータを追加する

    Args:
        rows (list): レコードデータ（タプル）をまとめたリスト
        fname (str): 作成、保存するブック名
    """
    # ブックを生成
```

361

6-3 ワークブックの作成と編集

```python
    book  = openpyxl.Workbook()
    # アクティブなシートを取得
    sheet = book.active
    # 行（レコード）の数だけ繰り返す
    for row in rows:
        # ワークシートに追加する
        sheet.append(row)
    # ブックを保存
    book.save(fname + '.xlsx')
```

▼write_cell()関数を実行する

In) # レコードのタプルをまとめたリストを作成
```python
rows = [
    ('月', '商品A', '商品B'),        # タイトル行
    (1,   30, 35),                # 12行のレコードデータ
    (2,   10, 30),
    (3,   40, 60),
    (4,   50, 70),
    (5,   20, 10),
    (6,   30, 40),
    (7,   50, 30),
    (8,   65, 30),
    (9,   70, 30),
    (10, 50, 40),
    (11, 60, 50),
    (12, 65, 55),
]
# ファイル名
fname = '月別売上'
# write_cell()を実行
write_cell(rows, fname)
```

▼実行結果（月別売上.xlsxをExcelで開いたところ）

	A	B	C	D	E
1	月	商品A	商品B		
2	1	30	35		
3	2	10	30		
4	3	40	60		
5	4	50	70		
6	5	20	10		
7	6	30	40		
8	7	50	30		
9	8	65	30		
10	9	70	30		
11	10	50	40		
12	11	60	50		
13	12	65	55		
14					

362

6-3 ワークブックの作成と編集

Tips
240
グラフを作成する

▶Level ● ●

これが
ポイント
です！

グラフオブジェクトの生成

openpyxl.chartで定義されているクラスを使って、ワークシートのデータからグラフを作成することができます。グラフを作成する基本的な手順は次のようになります。

・グラフオブジェクトの生成

グラフの種類に対応したオブジェクトを、次表のコンストラクターを使って作成します。

▼グラフオブジェクトを生成するコンストラクター

コンストラクター	グラフの種類
openpyxl.chart.BarChart()	棒グラフ
openpyxl.chart.LineChart()	折れ線グラフ
openpyxl.chart.ScatterChart()	散布図
openpyxl.chart.PieChart()	円グラフ
openpyxl.chart.BubbleChart()	バブルチャート
openpyxl.chart.DoughnutChart()	ドーナツ型円グラフ
openpyxl.chart.StockChart()	箱ひげ図
openpyxl.chart.SurfaceChart()	3-D等高線

・グラフタイトル等の設定

グラフオブジェクトのプロパティを使って、グラフの棒や線のスタイル、グラフのメインタイトル、タテ軸とヨコ軸のタイトルを設定します。

・データ用のReferenceオブジェクトの生成

Reference()コンストラクターの引数に、グラフのデータが入力されているセル範囲を指定して、Referenceオブジェクトを生成します。

**・カテゴリデータ用の
Referenceオブジェクトの生成**

Reference()コンストラクターの引数に、カテゴリデータが入力されているセル範囲を指定して、Referenceオブジェクトを生成します。

**・グラフオブジェクトへのデータ用
Referenceオブジェクトの追加**

add_data()メソッドで、グラフオブジェクトにデータ用Referenceオブジェクトを追加します。

363

6-3　ワークブックの作成と編集

・グラフオブジェクトへのカテゴリ用
　Referenceオブジェクトの追加
　add_data()メソッドで、グラフオブジェクトにカテゴリ用Referenceオブジェクトを追加します。

・位置を指定してグラフを配置する
　Worksheetオブジェクトのadd_chart()

メソッドの引数にグラフオブジェクト、グラフを配置する基準にするセル番地を指定して、ワークシート上にグラフを配置します。

●4種類の棒グラフを作成する
　例として、タテ型とヨコ型の棒グラフ、タテ型とヨコ型の積み上げ棒グラフの4種類を作成します。

▼4種類の棒グラフを作成する（Notebookを使用）

```
import openpyxl
from openpyxl.chart import BarChart, Series, Reference

# ブックを生成
book  = openpyxl.Workbook()
# アクティブなシートを取得
sheet = book.active

# タイトル行と12行のレコードのタブルのリスト
rows = [
    ('月', '商品A', '商品B'),
    (1,  30, 35),
    (2,  10, 30),
    (3,  40, 60),
    (4,  50, 70),
    (5,  20, 10),
    (6,  30, 40),
    (7,  50, 30),
    (8,  65, 30),
    (9,  70, 30),
    (10, 50, 40),
    (11, 60, 50),
    (12, 65, 55),
]

# 行数のぶんだけ繰り返す
for row in rows:
    # ワークシートに追加する
    sheet.append(row)

# 列ごとに棒グラフを作成 ------------------------------------
chart1 = BarChart()               # 棒グラフのオブジェクトを生成
chart1.type  = 'col'              # 列ごとにタテ棒を表示する
chart1.style = 10                 # グラフのスタイルを設定
chart1.title = '年間売上'          # メインタイトル
chart1.y_axis.title = '売上高'     # タテ軸のタイトル
```

364

6-3 ワークブックの作成と編集

```python
chart1.x_axis.title = '月'              # ヨコ軸のタイトル


# データが入力されているセル範囲
data = Reference(sheet,                 # 対象のワークシート
                 min_col=2,             # 開始列
                 min_row=1,             # 開始行
                 max_col=3,             # 終端列
                 max_row=13             # 終端行
                 )


# カテゴリデータのセル範囲
cats = Reference(sheet,                 # 対象のワークシート
                 min_col=1,             # 開始列
                 min_row=2,             # 開始行
                 max_row=13)            # 終端行


# BarChartオブジェクトにデータを追加
chart1.add_data(data, titles_from_data=True)


# BarChartオブジェクトにカテゴリを追加
chart1.set_categories(cats)


# ワークシート上にグラフを追加
sheet.add_chart(
    chart1,  # 対象のワークシート
    'A16')   # グラフエリアの左上隅をA16セルに合わせる


# ヨコ型の棒グラフを作成 ------------------------------------
from copy import deepcopy


chart2 = deepcopy(chart1)               # BarChartオブジェクトをコピー
chart2.type = 'bar'                     # 列ごとにヨコ棒を表示する
chart2.style = 11                       # グラフのスタイルを設定
sheet.add_chart(chart2,                 # ワークシート上にグラフを追加
                'A32')                  # グラフエリアの左上隅をA32セルに合わせる


# 積み上げ型の棒グラフを作成 ------------------------------------
chart3 = deepcopy(chart1)               # BarChartオブジェクトをコピー
chart3.type = 'col'                     # タテ棒を表示する
chart3.style = 12                       # グラフのスタイルを設定
chart3.grouping = 'stacked'             # データをそのまま積み上げる
chart3.overlap = 100                    # 積み上げ棒をぴったり揃える
sheet.add_chart(chart3,                 # ワークシート上にグラフを追加
                'I16')                  # グラフエリアの左上隅をI16セルに合わせる


# 積み上げ型のヨコ棒グラフを作成 ------------------------------------
chart4 = deepcopy(chart1)               # BarChartオブジェクトをコピー
chart4.type = 'bar'                     # ヨコ棒を表示する
chart4.style = 13                       # グラフのスタイルを設定
```

6-3 ワークブックの作成と編集

```
chart4.grouping ='percentStacked'    # データの比率で積み上げる
chart4.overlap = 100                 # 積み上げ棒をぴったり揃える
sheet.add_chart(chart4,              # ワークシート上にグラフを追加
                'I32')               # グラフエリアの左上隅をI32セルに合わせる

# ブックを保存
book.save('BarChart.xlsx')
```

Notebookのセルコードを実行し、カレントディレクトリに作成されたブック(barChart.xlsx)をExcelで開くと、次のように表示されます。

▼作成された4種類の棒グラフ

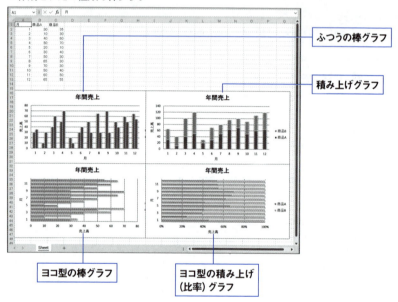

第 **7** 章
241~249

Word ドキュメント

7-1　Word ドキュメントの処理（241～249）

7-1 Wordドキュメントの処理

Tips 241 Wordドキュメントを操作するためのモジュールをインストールする

▶Level ●●

これがポイントです! Python-Docxのダウンロードとインストール

Python-Docxをインストールすることで、Wordで作成したドキュメント(文書)を操作できるようになります。モジュール名はdocxです。

●Python-Docxのインストール(VSCode)

VSCodeでは、**ターミナル**を使ってインストールします。

❶PythonモジュールまたはNotebookを開き、仮想環境のインタープリターを選択しておきます。

❷**ターミナル**メニューの**新しいターミナル**を選択します。

▼VSCodeでNotebookを開いたところ

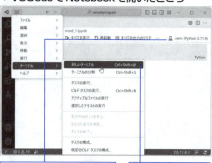

❶PythonモジュールまたはNotebookを開き、仮想環境のインタープリターを選択しておく

❷[ターミナル]メニューの[新しいターミナル]を選択

❸ターミナルに
 pip install python-docx
と入力して**Enter**キーを押します。

▼VSCodeの[ターミナル]

pip install python-docxと入力

●Python-Docxのインストール(Anaconda)

Python-Docxのインストールは、Anaconda Navigatorからコマンド実行用のコンソールを起動し、condaコマンドで行います。

❶Anaconda Navigatorの**Enviroments**タブをクリックします。

❷仮想環境の▶をクリックして**Open Terminal**を選択します。

▼仮想環境からターミナルを起動する

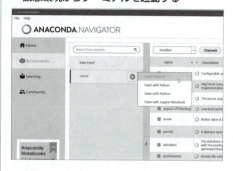

❸ターミナルが起動するので、

7-1　Wordドキュメントの処理

```
conda install -c conda-forge python-docx
```

と入力して**Enter**キーを押します。
❹しばらくすると、

```
Proceed ([y]/n)?
```

と表示されるので、「y」と入力して**Enter**
キーを押します。
❺**done**と表示されたら、インストールの完
了です。

Tips 242

Wordドキュメントを読み込む

▶Level ●●

これがポイントです！ docx.Document()コンストラクター、
Document.paragraphsプロパティ

Word文書の読み込みは、docx.Docume
nt()コンストラクターで行います。

・docx.Document()コンストラクター

docx形式のWordファイル名を引数に指
定して実行すると、対象のWordドキュメン
トを読み込んだDocumentオブジェクトを
返します。

・Document.paragraphsプロパティ

Documentオブジェクトには、Wordド
キュメントのデータがそのまま格納されるの
ではなく、ドキュメントの中の段落がそれぞ
れParagraphオブジェクトに格納され、これ

らをリストにまとめた状態で格納されていま
す。このようなParagraphのリストにアクセ
スするためのプロパティがparagraphsです。
ブラケット演算子[ ]でインデックスを指
定することで、Paragraphオブジェクトに
アクセスし、テキストはtextプロパティで
参照できます。

**●Wordドキュメントを読み込んで段落ご
とのデータを取り出す**

カレントディレクトリに保存されている
「サンプル文書.docx」を読み込んで、1つず
つ段落を取り出してみます。

▼Wordドキュメントから段落を取り出す（Notebookを使用）

```
In  import docx                      # python-docxをインポート
    doc = docx.Document('サンプル文書.docx')
    len(doc.paragraphs)              # paragraphsの要素数を調べる
Out 4 ——— 段落数は4
```

```
In  doc.paragraphs[0].text          # 1番目の段落のテキストを取り出す
Out 'Pythonの特徴'
```

7-1 Wordドキュメントの処理

```
In   doc.paragraphs[1].text          # 2番目の段落のテキストを取り出す
```
```
Out  'Pythonのソースコードの書き方は、オブジェクト指向、命令型、手続き型、関数型などの形式に対応
     していますので、状況に応じて使い分けることができます。'
```

```
In   doc.paragraphs[2].text          # 3番目の段落のテキストを取り出す
```
```
Out  'オブジェクト指向を使えばより高度なプログラミングを行えますが、命令型、手続き型、関数型は名前こ
     そ異なりますが、プログラムを書くための基本なので、まずはこれらの書き方を学んでからオブジェクト
     指向に進むのが一般的です。'
```

```
In   doc.paragraphs[3].text          # 4番目の段落のテキストを取り出す
```
```
Out  'Pythonの用途は広く、PC上で動作する一般的なアプリケーションの開発から、Webアプリ、ゲーム、
     画像処理をはじめとする各種自動処理に使われる一方、統計分析、AI（人工知能）開発のためのディープ
     ラーニング（深層学習）の分野で多く利用されています。'
```

Tips

243

▶Level ●●

段落を構成する要素を取得する

これが
ポイント
です！

Runオブジェクト

Wordドキュメントには、フォントやフォントのサイズ、色などのスタイルが設定されています。同じスタイルが連続して適用されているテキストは1つの**Runオブジェクト**にまとめられ、スタイルが切り替わるたびに

新しいRunオブジェクトが作られます。1つの段落を表すParagraphオブジェクトには、スタイルで分割されたRunオブジェクトが格納されています。

▼Paragraphオブジェクト内のRunオブジェクト

Paragraphオブジェクトには**Run**オブジェクトが含まれています。

| Run | Run | Run | Run |

Runオブジェクトはリストに格納されているので、

```
Paragraph[インデックス].runs[インデックス].text
```

として取り出すことができます。textはRunオブジェクトのテキストを参照するプロパティです。

370

●1つの段落からRunオブジェクトを取り出す

カレントディレクトリに保存されたWordドキュメントの2つ目の段落からRunオブジェクトを取り出します。

▼Wordドキュメント（サンプル文書.docx）

▼Wordドキュメントの2つ目の段落からRunオブジェクトを取り出す（Notebookを使用）

```
In  import docx
    doc = docx.Document('サンプル文書.docx')
    len(doc.paragraphs[1].runs)        # 第2段落のRunオブジェクトの数を取得
Out 6
```

```
In  doc.paragraphs[1].runs[0].text     # 第2段落の1つ目のRunオブジェクト
Out 'Python'
```

```
In  doc.paragraphs[1].runs[1].text     # 第2段落の2つ目のRunオブジェクト
Out 'のソースコードの書き方は、'
```

```
In  doc.paragraphs[1].runs[2].text     # 第2段落の3つ目のRunオブジェクト
Out 'オブジェクト指向、命令型、手続き型、関数型'
```

```
In  doc.paragraphs[1].runs[3].text     # 第2段落の4つ目のRunオブジェクト
Out 'などの形式に対応していますので、'
```

```
In  doc.paragraphs[1].runs[4].text     # 第2段落の5つ目のRunオブジェクト
Out '状況に応じて使い分ける'
```

```
In  doc.paragraphs[1].runs[5].text     # 第2段落の6つ目のRunオブジェクト
Out 'ことができます。'
```

7-1 Wordドキュメントの処理

Tips 244

**Wordドキュメントから
すべてのテキストを取得する**

▶Level ●●

これが
ポイント
です！

**forループによるParagraphオブジェク
トの取り出し**

　DocumentオブジェクトのParagraphs
プロパティでは、**Paragraphオブジェクト**
（個々の段落データ）のリストが得られるの
で、forループで処理してすべての段落を取
り出すことができます。

　次の例は、Wordドキュメントのファイル
名を渡すと、すべての段落からテキストを取
り出して戻り値として返すget_text()関数
です。

▼ファイル名を渡すとすべての段落のテキストを返すget_text()関数 (Notebookを使用)

```
In   import docx

     def get_text(file):
         # Wordドキュメントを開く
         doc = docx.Document(file)
         # テキストを保持するリスト
         all_text = []
         # Paragraphオブジェクトから要素を取り出す
         for para in doc.paragraphs:
             # テキストを取得してall_textに追加
             all_text.append(para.text)
         # 改行を挟んで要素を連結し、戻り値として返す
         return '\n'.join(all_text)
```

▼Wordドキュメントのテキストを取得する

```
In   print(getText.get_text('サンプル文書.docx'))
```

Out　**Python**の特徴

　Pythonのソースコードの書き方は、オブジェクト指向、命令型、手続き型、関数型などの形式に対応し
ていますので、状況に応じて使い分けることができます。

　オブジェクト指向を使えばより高度なプログラミングを行えますが、命令型、手続き型、関数型は名前こ
そ異なりますが、プログラムを書くための基本なので、まずはこれらの書き方を学んでからオブジェクト
指向に進むのが一般的です。

　Pythonの用途は広く、PC上で動作する一般的なアプリケーションの開発から、**Web**アプリ、ゲーム、
画像処理をはじめとする各種自動処理に使われる一方、統計分析、**AI**（人工知能）開発のためのディープ
ラーニング（深層学習）の分野で多く利用されています。

Tips 245 テキストのスタイルを設定する

これがポイントです！ Runオブジェクトのスタイル関連のプロパティ

▶Level ●●

　Runオブジェクトには、スタイルを設定する次表のプロパティがあり、プロパティの値としてTrueを代入して有効に、Falseを代入して無効にできます。

▼Runオブジェクトのスタイル設定用のプロパティ（日本語には適用できないものも含む）

プロパティ	説明
bold	太字
italic	斜体
underline	下線
strike	取り消し線
double_strike	二重取り消し線
all_caps	すべて大文字
small_caps	小型大文字、小文字は2ポイント小さく
outline	文字の輪郭

▼スタイルを適用するWordドキュメント

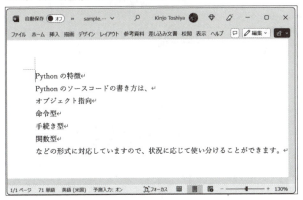

7-1 Wordドキュメントの処理

▼テキストのスタイルを設定する（Notebookを使用）

```
In  import docx
    doc = docx.Document('sample.docx')  # カレントディレクトリのドキュメントを開く
    doc.paragraphs[0].text              # 第1段落
Out 'Pythonの特徴'
```

```
In  doc.paragraphs[2].text              # 第3段落
Out 'オブジェクト指向'
```

```
In  doc.paragraphs[3].text              # 第4段落
Out '命令型'
```

```
In  doc.paragraphs[4].text              # 第5段落
Out '手続き型'
```

```
In  doc.paragraphs[5].text              # 第6段落
Out '関数型'
```

```
In  doc.paragraphs[0].bold = True           # 第1段落に太字を設定
    doc.paragraphs[2].underline = True      # 第3段落にアンダーラインを設定
    doc.paragraphs[3].underline = True      # 第4段落にアンダーラインを設定
    doc.paragraphs[4].underline = True      # 第5段落にアンダーラインを設定
    doc.paragraphs[5].underline = True      # 第6段落にアンダーラインを設定
    doc.save('styled.docx')  # 別名で保存
```

保存したstyled.docxをWordで開くと、次のようにスタイルが設定されているのが確認できます。

▼スタイルを設定して保存したstyled.docx

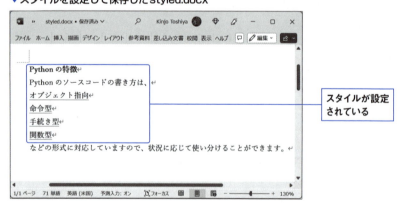

スタイルが設定されている

Tips 246 新規Wordドキュメントを作成してテキストを入力する

これがポイントです！ docx.Document() コンストラクター、Document.add_paragraph('テキスト')

▶Level ●●

Wordドキュメントは、**docx.Document() コンストラクター**で作成します。作成したDocumentオブジェクトに対して **add_paragraph()メソッド**でテキストの段落を追加することができます。

▼ Wordドキュメントを作成して段落を追加する（Notebookを使用）

```
In  import docx
    doc = docx.Document()                                    # 新規ドキュメントを生成
    doc.add_paragraph('Pythonから入力しました。')              # テキストの段落を追加
    doc.save('新規文書.docx')                                 # ドキュメントを保存
```

カレントディレクトリに「新規文書.docx」が作成されます。Wordで開いてみると、次のように段落が入力されています。

▼「新規文書.docx」をWordで開く

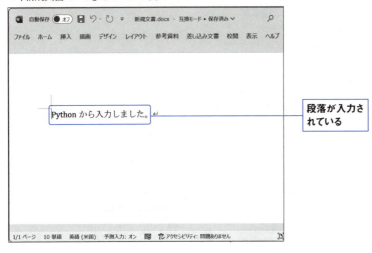

段落が入力されている

Tips 247 Wordドキュメントにテキストを追加する

▶Level ●●

これがポイントです！ Paragraphs.add_run('テキスト')

既存のWordドキュメントを開いてadd_paragraph()メソッドを実行すると、既存の段落の末尾に新規の段落を追加できます。一方、add_paragraph()はParagraphオブジェクトを戻り値として返すので、オブジェクトに対してadd_run()メソッドを実行することで、既存の段落の末尾にテキストを追加できます。

前回のTipsで作成した新規文書.docxを開いて、新しい段落を追加します。

▼既存のドキュメントにテキストの段落を追加する（Notebookを使用）

```
In   import docx
     doc = docx.Document('新規文書.docx')           # 既存のドキュメントを読み込む
     para_1 = doc.add_paragraph('第2段落です。')     # 新規段落を追加
     para_2 = doc.add_paragraph('第3段落です。')     # 新規段落を追加
     # 第2段落にテキストを追加
     para_1.add_run('第2段落にテキストを追加します。')
Out  <docx.text.run.Run object at 0x00FB8910>
```

```
In   doc.save('新規文書.docx')
```

カレントディレクトリに保存されている「新規文書.docx」をWordで開くと、段落が追加されていることが確認できます。

▼「新規文書.docx」をWordで開く

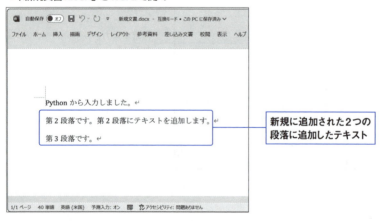

新規に追加された2つの段落に追加したテキスト

7-1 Word ドキュメントの処理

Tips
248
▶Level ●●

見出しを追加する

これがポイントです！

Document.add_heading('テキスト', 見出しのレベル)

Documentオブジェクトの**add_heading()**メソッドで、見出しのスタイルを指定して段落を追加できます。

・見出し用の段落を追加する

書式 Document.add_heading('テキスト', 見出しのレベル)

見出しのレベルは、0がタイトル用の見出し、1～4が文中の大見出しから最小の小見出しまでのレベルです。

▼見出しのスタイルを指定して段落を追加する

```
In  import docx
    doc = docx.Document()              # 新規ドキュメントを生成
    doc.add_heading('見出し 0', 0)     # レベル0の見出しを追加
Out <docx.text.paragraph.Paragraph at 0x212d1f04e08>
```

```
In  doc.add_heading('見出し 1', 1)     # レベル1の見出しを追加
Out <docx.text.paragraph.Paragraph at 0x212d1f37508>
```

```
In  doc.add_heading('見出し 2', 2)     # レベル2の見出しを追加
Out <docx.text.paragraph.Paragraph at 0x212d1f37b48>
```

```
In  doc.add_heading('見出し 3', 3)     # レベル3の見出しを追加
Out <docx.text.paragraph.Paragraph at 0x212d1f3f188>
```

```
In  doc.add_heading('見出し 4', 4)     # レベル4の見出しを追加
Out <docx.text.paragraph.Paragraph at 0x212d1f3f788>
```

```
In  doc.save('見出し.docx')            # ドキュメントを保存
```

カレントディレクトリに保存されている「見出し.docx」をWordで開くと、スタイルが設定された見出しが追加されていることが確認できます。

377

7-1 Wordドキュメントの処理

Tips 249 改ページを入れる

▶Level ●●

これがポイントです! → **Document.add_page_break()**

　Documentオブジェクトの**add_page_break()メソッド**で、任意の段落のあとに改ページを入れることができます。

▼改ページを入れる

```
In  import docx
    doc = docx.Document()                        # 新規ドキュメントを生成
    doc.add_paragraph('1ページです。')            # 1ページ目に段落を追加
Out <docx.text.paragraph.Paragraph at 0x212d2f18808>

In  doc.add_page_break()                         # 改ページを入れる
Out <docx.text.paragraph.Paragraph at 0x212d1f3f988>

In  doc.add_paragraph('2ページです。')            # 2ページ目に段落を追加
Out <docx.text.paragraph.Paragraph at 0x212d1f04ec8>

In  doc.save('改ページ.docx')                    # ドキュメントを保存
```

　カレントディレクトリに保存されている「改ページ.docx」をWordで開くと、1ページ目で改ページが行われていることが確認できます。

▼「改ページ.docx」をWordで開く

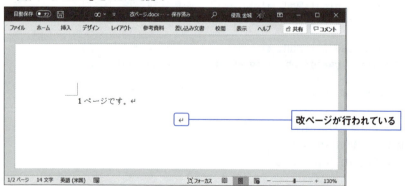

第8章

250~263

インターネット
アクセス

8-1 Webデータの取得 (250〜253)

8-2 Web APIの利用 (254〜260)

8-3 Webスクレイピング (261〜263)

8-1 Webデータの取得

Tips 250 外部モジュール「Requests」を利用してWebに接続する

▶Level ●●

これがポイントです！ **Requestsのダウンロードとインストール**

Pythonの標準ライブラリには、**urllib**というライブラリがあり、インポートするだけでインターネットにアクセスできます。ただし、**Requests**という外部ライブラリを利用した方が、より簡単かつ便利にインターネットにアクセスできます。

●Requestsのインストール（VSCode）
VSCodeでは、**ターミナル**を使ってインストールします。

❶Pythonモジュールまたは Notebookを開き、仮想環境のインタープリターを選択しておきます。
❷**ターミナル**メニューの**新しいターミナル**を選択します。

▼VSCodeでNotebookを開いたところ

❶ PythonモジュールまたはNotebookを開き、仮想環境のインタープリターを選択しておく
❷ [ターミナル]メニューの[新しいターミナル]を選択

❸ターミナルに
pip install requests
と入力して**Enter**キーを押します。

▼VSCodeの[ターミナル]

pip install requestsと入力

●Requestsのインストール（Anaconda）
Anacondaでは、仮想環境を作成した際にRequestsもインストールされている場合があります。インストールされていない場合は、次の手順でインストールしてください。

❶Anaconda Navigatorの**Environments**タブをクリックして、仮想環境を選択します。
❷**Not Installed**を選択し、検索欄に「requests」と入力します。
❸**requests**のチェックボックスをチェックし、**Apply**ボタンをクリックします。

8-1 Webデータの取得

▼ Anaconda Navigator の [Environments] タブ

❸ チェックを入れて、Apply をクリック

❷ Not Installed を選択し、検索欄に「requests」と入力

❹ **Install Packages** ダイアログが表示されるので、**Apply** ボタンをクリックします。

▼ [Install Packages] ダイアログ

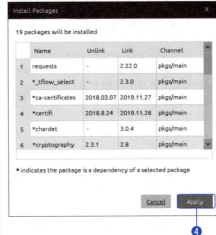

❹

Tips 251　Yahoo! JAPAN に アクセスする

▶Level ●●

これがポイントです!　**requests.get('URL')**

「URLを指定してアクセスする」という最も基本的なことをやってみます。Requestsの **get()** 関数で簡単にアクセスできますが、get() 関数は、アクセス先のWebサーバーからWebページのデータの取得も行います。

● Requestsを利用してWebサイトにアクセスする

Notebookに入力して「Yahoo! JAPAN」にアクセスしてみます。

▼ requests の get() 関数を実行 (Notebook を使用)

```
In  import requests                                       # Requestsのインポート
    rq = requests.get('https://www.yahoo.co.jp')          # get()関数の実行
    print(rq.text)                                        # 戻り値を表示
```

インターネットアクセス

381

8-1 Webデータの取得

```
Out  <!DOCTYPE html>
<html lang="ja">
<head>
<meta charSet="utf-8"/>
<meta http-equiv="X-UA-Compatible" content="IE=edge,chrome=1"/>
<title>Yahoo! JAPAN</title>
<meta name="description" content="あなたの毎日をアップデートする情報ポータル。検索、ニュース、天気、スポーツ、メール、ショッピング、オークションなど便利なサービスを展開しています。"/>
<meta name="robots" content="noodp"/>
<meta name="viewport" content="width=1010"/><link rel="dns-prefetch" href="//..."/>
<link rel="dns-prefetch" href="//yads.c.yimg.jp"/>
......途中省略......
</head>
<body>
<noscript>
<iframe title="PageCount" src="https://b.yjtag.jp/iframe?c=2wzBV9u" width="1" ...>
</iframe>
</noscript>
<script>bucket_id_for_ad = ''; bucket_ids = '';</script>
<script>window.YAHOO = window.YAHOO || {};
         window.YAHOO.JP = window.YAHOO.JP || {};
         window.YAHOO.JP.Fp = window.YAHOO.JP.Fp || {};
...
    auto: true
  });
  ual('ctrl', 'start');
})();</script>
</body>
</html>
```

取得したデータをprint()で出力したところ、大量のデータが表示されました。これがYahoo! JAPANのトップページのデータです。

Tips 252 Webデータがやり取りされる仕組みを理解する

これがポイントです！ リクエストメッセージ、レスポンスメッセージ

Webページの表示は、**HTTP**という通信規約を使って行われるのですが、このときにHTTPのGETというメソッドが使われます。

▼ブラウザーがGETメソッド（リクエスト）を送信してWebページが表示されるまでの流れ

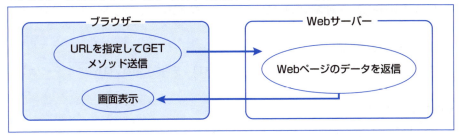

「ブラウザーがGETメソッドをWebサーバーに送信すると、Webページのデータが返ってくる」という流れでブラウザーへの表示が行われます。このやり取りは「リクエスト（要求）メッセージ」と「レスポンス（応答）メッセージ」を使って行われます。

● リクエストメッセージ

次に示すのは、Yahoo! JAPANにアクセスしたときに、ブラウザーから送信されたリクエストメッセージです。

ブラウザーの開発者ツールを使うと、リクエストメッセージのヘッダー部分の内容を確認することができます。

▼ブラウザー（Google Chrome）の開発者ツールで表示した
　リクエストメッセージのヘッダーの一部

▼ Request Headers	
:authority:	www.yahoo.co.jp
:method:	GET
:path:	/
:scheme:	https
Accept:	text/html,application/xhtml+xml,application/xml;q=0.9,image/avif,image/webp,image/apng,*/*;q=0.8,application/signed-exchange;v=b3;q=0.7
Accept-Encoding:	gzip, deflate, br
Accept-Language:	ja,en-US;q=0.9,en;q=0.8
Cache-Control:	max-age=0
Cookie:	B=dts0869gmvdhn&b=4&d=TWE.slxpYF11E8WNYa6ThY6A9iyp9xqtG3bnOPH1&s=tb&i=dwouqua8VPBxN8Tyc92Z;

383

8-1　Webデータの取得

メッセージは、GETメソッドの内容を表す**リクエストライン**、詳細情報を表す**リクエ**　**ストヘッダー**、送信データを添付する**メッセージボディ**の3つの部分で構成されます。

▼リクエストラインの構造

GET（または**POST**）　要求するコンテンツの場所（**URI**）　使用しているプロトコルとバージョン

▼GETメソッドのリクエストライン

`GET https://www.yahoo.co.jp HTTP5/1.1`

メソッド名　｜　要求するコンテンツの場所（URL）　｜　使用しているプロトコルとバージョン

●レスポンスメッセージ

次に示すのは、Webサーバーから返されたレスポンスメッセージのヘッダー部分です。レスポンスメッセージも、応答内容を示す**ステータスライン**、詳細情報を示す**レスポンスヘッダー**、送信データを格納する**メッセージボディ**の3つの部分で構成されます。

▼ブラウザー（Google Chrome）の開発者ツールでレスポンスメッセージのヘッダー部分を整形・表示

▼ Response Headers	
Accept-Ch:	Sec-CH-UA-Full-Version-List, Sec-CH-UA-Model, Sec-CH-UA-Platform-Version, Sec-CH-UA-Arch
Accept-Ranges:	none
Age:	0
Cache-Control:	private, no-cache, no-store, must-revalidate
Content-Encoding:	gzip
Content-Type:	text/html; charset=UTF-8
Date:	Fri, 01 Sep 2023 07:06:30 GMT
Expires:	-1
Permissions-Policy:	ch-ua-full-version-list=*, ch-ua-model=*, ch-ua-platform-version=*, ch-ua-arch=*
Pragma:	no-cache
Server:	nginx
Vary:	Accept-Encoding
X-Content-Type-Options:	nosniff
X-Frame-Options:	SAMEORIGIN
X-Vcap-Request-Id:	5561293b-24ac-4001-4801-3f2d5a30cadf
X-Xss-Protection:	1; mode=block

次に示すのは、レスポンスメッセージと共に返される「ステータスコード」の例です。

▼ブラウザー（Google Chrome）の開発者ツールでステータスコードの箇所を表示したところ

Chromeの開発者ツールでは、リクエストのリクエストラインとレスポンスのステータスラインをまとめて表示するようになっています。

▼ステータスライン

```
HTTPS/1.1 200 OK
```

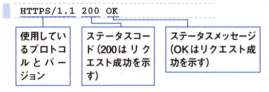

使用しているプロトコルとバージョン / ステータスコード（200はリクエスト成功を示す） / ステータスメッセージ（OKはリクエスト成功を示す）

次に示すのは、レスポンスのメッセージボディです。

▼レスポンスのメッセージボディの一部

ブラウザーはHTMLドキュメントを解析して画面表示を行う

```
1  <!DOCTYPE html>
-  <html lang="ja">
-      <head>
-          <meta charSet="utf-8"/>
-          <meta http-equiv="X-UA-Compatible" content="IE=edge,chrome=1"/>
-          <title>Yahoo! JAPAN</title>
-          <meta name="description" content="あなたの毎日をアップデートする情報ポータル
-          <meta name="robots" content="noodp"/>
-          <meta name="viewport" content="width=1010"/>
-          <link rel="dns-prefetch" href="//s.yimg.jp"/>
-          <link rel="dns-prefetch" href="//yads.c.yimg.jp"/>
-          <meta name="google-site-verification" content="fsLMOiigp5fIpCDMEVodQnQC7
-          <link rel="alternate" href="android-app://jp.co.yahoo.android.yjtop/yaho
-          <link rel="alternate" media="only screen and (max-width: 640px)" href="h
-          <link rel="canonical" href="https://www.yahoo.co.jp/"/>
-          <link rel="shortcut icon" href="https://s.yimg.jp/c/icon/s/bsc/2.0/favic
-          <link rel="icon" href="https://s.yimg.jp/c/icon/s/bsc/2.0/favicon.ico" t
-          <link rel="apple-touch-icon" href="https://s.yimg.jp/c/icon/s/bsc/2.0/y1
-          <meta property="og:title" content="Yahoo! JAPAN"/>
-          <meta property="og:type" content="website"/>
-          <meta property="og:url" content="https://www.yahoo.co.jp/"/>
-          <meta property="og:image" content="https://s.yimg.jp/images/top/ogp/fb_y
-          <meta property="og:description" content="あなたの毎日をアップデートする情報
```

8-1 Webデータの取得

Tips 253 レスポンスメッセージからデータを取り出す

▶Level ●●●

これがポイントです！ Response オブジェクトのプロパティ

Requestsのget()関数は、アクセス先のURLを引数にすることで、Webサーバーから返されたレスポンスメッセージをResponseというオブジェクトに格納し、これを戻り値として返してきます。右表に示したResponseのプロパティで、必要なデータを取り出すことができます。

▼Response オブジェクトのプロパティ

プロパティ	内容
status_code	ステータスコード
headers	ヘッダー情報
encoding	文字コードのエンコード方式
text	メッセージボディ

▼ステータスコードを取得（Notebookを使用）

```
In  rq = requests.get('https://www.yahoo.co.jp')
    print(rq.status_code)
Out 200
```

▼レスポンスのヘッダー情報を取得

```
In  print(rq.headers)
Out {'Server': 'nginx', 'Date': 'Fri, 01 Sep 2023 07:04:41 GMT',
    'Content-Type': 'text/html; charset=UTF-8', 'Accept-Ranges':
    'none', 'Cache-Control': 'private, no-cache, no-store, must-
    revalidate', 'Content-Encoding': 'gzip', 'Expires': '-1',
    'Pragma': 'no-cache', 'Set-Cookie': 'B=8n1q2bhif3389&b=3&s=lp;
    expires=Mon, 01-Sep-2025 07:04:41 GMT; path=/; domain=.yahoo.
    co.jp; Secure, XB=8n1q2bhif3389&b=3&s=lp; expires=Mon, 01-Sep-2025
    07:04:41 GMT; path=/; domain=.yahoo.co.jp; secure; samesite=none',
    'Vary': 'Accept-Encoding', 'X-Content-Type-Options': 'nosniff',
    'X-Frame-Options': 'SAMEORIGIN', 'X-Vcap-Request-Id': 'c2b1246a-
    8804-405f-4ac2-6306bea080a7', 'X-Xss-Protection': '1; mode=block',
    'Age': '0', 'Transfer-Encoding': 'chunked', 'Connection': 'keep-
    alive', 'Accept-CH': 'Sec-CH-UA-Full-Version-List, Sec-CH-UA-
    Model, Sec-CH-UA-Platform-Version, Sec-CH-UA-Arch', 'Permissions-
    Policy': 'ch-ua-full-version-list=*, ch-ua-model=*, ch-ua-
    platform-version=*, ch-ua-arch=*'}
```

▼文字コードのエンコード方式を取得

```
In  print(rq.encoding)
Out UTF-8
```

8-2 Web APIの利用

Tips

254

Web APIで役立つデータを入手する

▶Level ● ●

これが
ポイント
です！

Web APIによるWebサービスの利用

　ここでは、Webサービスを利用したデータの取得について見ていきます。

● Webサービスを利用するためのWeb API

　インターネットを利用したWeb通信網では、当初、Webページのやり取りだけが行われていましたが、さらに便利にデータをやり取りする手段として**Webサービス**が開始されました。Webサービスとは、Webの通信の仕組みを利用して、コンピューター同士で様々なデータをやり取りするためのシステムのことを指します。

　Web上では日々のニュースや気象情報、災害対策、地図、動画、音楽、さらには検索サービスなど、あらゆる情報が配信されています。これらの情報をWebページとして配信するだけでなく、必要な情報のみをデータとして配信しているのがWebサービスです。

　Webサービスでは、ネットワーク上の異なるアプリケーション同士が相互にメッセージを送受信しつつ連携して動作します。ブラウザーを利用してWebページを閲覧す

るのは、いわば「人」対「システム」の関係で成り立っていますが、Webサービスでは「プログラム」対「プログラム」の関係でデータのやり取りが行われます。要求する側のプログラムが何らかのリクエストを送信し、Webサーバーのプログラムがレスポンスを返す、という流れです。

　リクエストを送信するプログラムは、Pythonで作成できます。一方、リクエストに応答するプログラムはWebサーバー側に用意されていて、これを**Web API**と呼びます。APIとは「Application Programming Interface」の略で、ユーザーのプログラムに何らかの機能を提供するための「窓口」となるプログラム（あるいは仕組み）のことを指します。Web APIは、Webを通じて使用できるAPIで、主にWebサービスを運用する企業その他の団体または個人が提供しています。

インターネットアクセス

8-2 Web APIの利用

Tips 255 気象データのWebサービス「OpenWeatherMap」を利用する

▶Level ●●

これがポイントです！　「OpenWeatherMap」の無料アカウントに登録してAPIキーを取得する

「OpenWeatherMap」では、世界の20万を超える地域の気象データを有料／無料で配信するWebサービスを提供しています。無料のWebサービスは有料サービスの簡易版となりますが、日本各地の気象データを市区町村単位で取得できます。

▼OpenWeatherMapのトップページ
（https://openweathermap.org/）

▼OpenWeatherMapのWeather APIのページ（https://openweathermap.org/api）

● 「OpenWeatherMap」の無料アカウントに登録する

OpenWeatherMapの気象データはWeather APIを通じて取得するのですが、APIを利用するためのキーが必要になります。APIキーは、無料のアカウントに登録すれば取得できます。

❶OpenWeatherMapのトップページ（https://openweathermap.org/）上部のメニューバーの**Sign In**をクリックし、**Create an Account.**のリンクをクリックします。

▼アカウントの取得

❷必要事項を入力し、**Create Account**ボタンをクリックして、アカウントを取得します。

388

8-2 Web APIの利用

▼アカウントの取得

●APIキーを取得する

アカウントを取得したら、再びトップページの**Sign In**をクリックし、ユーザー名とパスワードを入力して**Submit**ボタンをクリックするとログインできます。

❶ログイン後に表示されるページのメニューバーの**API keys**をクリックします。

▼ログイン後に表示されるページ

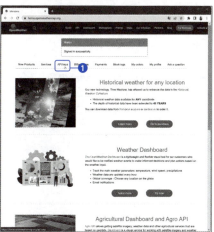

❷アカウントを作成したことで取得できたAPIキーが表示されます。このキーは、Webサービスに接続する際のクエリ情報として、コピー&ペーストするなどして使用します。APIキーは、ログイン後であれば、OpenWeatherMapのページ上部のメニューのアカウント名をクリックし、**My API Keys**を選択して表示することもできます。

▼APIキー

8-2 Web APIの利用

Tips 256 5日間／3時間ごとの気象データを取得するためのURLを作る

▶Level ●● これがポイントです！ **Weather APIを利用するためのクエリ情報を付加したURLの作成**

OpenWeatherMapでは、無料で次表の気象データを取得できます。

▼OpenWeatherMapで取得できる気象データ

データの種類	説明
現在の気象データ	世界の20万を超える地域の現在の気象データ。
5日間/3時間ごとの天気予報	向こう5日間にわたる3時間ごとの予測データ。
ワンコール	1回のAPI呼び出しで、現在から7日間の予測データ、および過去のデータを取得します。 ・7日間の毎日の天気予報（1時間ごと、および48時間ごとの予報） ・過去5日間の気象データ

ここでは、向こう5日間の3時間ごとの気象データを取得する「5 Day / 3 Hour Forecast」を利用することにします。APIを利用するためのガイドは、「https://openweathermap.org/api」のページで**5 Day / 3 Hour Forecast**のAPI docボタンをクリックすると表示されます。英語版ですが、利用するための詳細な解説があります。

●5日間/3時間ごとの気象データを取得するためのURLを作る

「5 Day / 3 Hour Forecast」では、世界の20万地域の向こう5日間、3時間ごとの気象データをJSON形式とXML形式で提供しています。APIコール（APIに接続して情報を取得すること）は、5 Day / 3 Hour ForecastのAPIのURLに「forecast?」とクエリパラメーターで構成されるクエリ情報を追加することで行います。

◀5 Day / 3 Hour ForecastのAPIドキュメント

8-2 Web APIの利用

▼5 Day ／ 3 Hour ForecastのAPIコールの基本フォーマット

```
api.openweathermap.org/data/2.5/forecast?q={city name}&appid={API key}
```

クエリ情報

　URL末尾の「forecast?」以下が、5 Day ／ 3 Hour Forecastのクエリ情報です。「forecast?」以降に、取得したい情報を「キー（パラメーター）＝値」のペアで付加します。これを「クエリパラメーター」と呼びます。

　クエリパラメーターが複数あるときは「&」で連結して、クエリ情報としてまとめて送信できます。次表は、「5 Day ／ 3 Hour Forecast」で使用できるクエリパラメーターです。

▼「5 Day ／ 3 Hour Forecast」で使用できるクエリパラメーター

パラメーター	必須／オプション	説明
q	必須	気象データを取得する地域名（県名、市区町村名など）、または各地域に割り当てられたidを指定します。
appid	必須	取得済みのAPIキーを指定します。
mode	オプション	気象データはデフォルトでJSON形式で返されます。XML形式でデータを取得するには、mode=xmlを指定します。
cnt	オプション	タイムスタンプ（出来事が発生した日時・日付・時刻などを示す文字列）の数を指定します。【例】cnt=3
units	オプション	温度の測定単位。デフォルトはケルビン（絶対温度）です。 ・華氏を指定：units=imperial ・摂氏を指定：units=metric
lang	オプション	使用言語を指定します。「lang=ja」を追加しておくと、気象データが日本語で返されます。

　「appid=」で指定するAPIキー（{API key}の部分）には、取得したAPIキーを指定します。また、「q=」で指定する地域情報（{city name}の部分）は、「Tokyo」「Yokohama」などのアルファベット表記の地域名、または地域名に割り当てられた数字7桁のidで指定します。idは別途調べる必要がありますが、アルファベット表記は多くの地域に対応しているので、こちらを使うのが手軽です。ちなみに、地域名とidの一覧は、「https://bulk.openweathermap.org/sample/」のページに「city.list.json.gz」のリンクがあるので、これをダウンロードして解凍すれば見ることができます。

▼「city.list.json.gz」を解凍した「city.list.json」の一部

```
    {
        "id": 1860256,
        "name": "Kanaya",
        "state": "",
        "country": "JP",
        "coord": {
            "lon": 138.133331,
            "lat": 34.816669
        }
    },
    {
        "id": 1860291,
        "name": "Kanagawa",
        "state": "",
        "country": "JP",
        "coord": {
            "lon": 139.338852,
            "lat": 35.417461
        }
    },
    {
        "id": 1860293,
        "name": "Mitsu-kanagawa",
        "state": "",
        "country": "JP",
        "coord": {
            "lon": 133.933334,
            "lat": 34.799999
        }
    },
    {
        "id": 1860310,
        "name": "Kamonomiya",
        "state": "",
        "country": "JP",
        "coord": {
            "lon": 139.183334,
            "lat": 35.283329
        }
    },
    {
```

391

8-2 Web APIの利用

ただし、20万以上の地域の膨大なデータが収録されているので、テキストエディターなどの検索機能を使って、例えば「Tokyo」のように地域名で検索するとよいでしょう。

東京の気象データを取得するURLは次のようになります。

▼東京の気象データを取得するURL

```
https://api.openweathermap.org/data/2.5/forecast?lang=ja&q=Tokyo&appid={API key}
```

{API key}の箇所は、取得したAPIキーに置き換えてください。これをrequests.get()の引数にすれば、東京の向こう5日間の気象データが取得できます。

 Column　JSONとXML

JSON（JavaScript Object Notation）はJavaScriptのオブジェクトの書き方をもとにしたデータ交換フォーマット（データを定義する方法）です。JavaScriptで使われることを想定したデータ構造なので、JavaScriptと非常に相性がいいのはもちろんですが、JavaScript以外にもPythonやJava、PHPなどの幅広い言語で使われています。

一方、**XML**は、データ定義言語（マークアップ言語）で、Webページの作成に使用されるHTMLと同じように、タグを使ってデータの構造を定義します。JSONが登場するまで、データのやり取りにはXMLが主に使われていましたが、現在はJSONが多く使われています。

8-2 Web APIの利用

Tips 257

「OpenWeatherMap」から現在の気象データを取得する

▶ Level ●

これがポイントです！ **Requestsのget()によるJSONデータの取得とjson()によるデコード処理**

OpenWeatherMapから返されるデータは、通常のテキスト形式ではなく、**JSON**（ジェイソン）と呼ばれるデータ形式となっています（「mode=xml」オプションを指定してXML形式で取得することもできます）。

JSONはJavaScript Object Notationの略で、XMLと同様のテキストベースのデータフォーマットです。名前のとおり、Webアプリの開発に使われるJavaScript言語のデータ形式ではありますが、Java Script専用ではなく、様々なソフトウェアやプログラミング言語の間でのデータの受け渡しに使えるようになっています。

JSONでは、「値を識別するためのキー」と「値」のペアをコロンで対にして記述します。さらに、これらのキーと値のペアをカンマで区切って列挙し、全体は{}で括ります。

▼ JSON形式のデータの例

```
{'name': 'Taro Shuuwa', 'age': 31}
```

キーのデータ型は文字列に限られるため、シングルクォート「'」またはダブルクォート「"」で囲みます。このように、JSONデータはPythonの辞書（dict）と同じ構造なので、Python側からは辞書として問題なく扱えます。

●Requestsのget()とjson()で気象データをゲット！

前回のTipsでは、Weather APIのURLにクエリ情報を連結したリクエスト用のURLを作成しました。

これをRequestsのget()関数の引数にすれば、OpenWeatherMapからJSON形式の気象データを取得できます。ただし、JSONの仕様で、データ内のASCII文字（アルファベットや数字、記号など）以外の文字については、「Unicodeエスケープ」という変換処理が行われています。この処理によって、Unicode（ユニコード）の文字番号が4桁の16進数に置き換えられて、冒頭に「\u」が付けられます。

▼「東京」をUnicodeエスケープした場合

```
\u6771\u4eac
```

JSONデータも、Webページのデータと同じようにレスポンスメッセージのメッセージボディに格納されて送信されますが、Unicodeエスケープされたままだと意味不明の文字が並ぶことになるので、元の文字に戻す「デコード」という処理が必要になります。また、Unicodeエスケープが行われていなかったとしても、取得したJSONデータをテキストとして出力するための処理が必要になります。

Requestsライブラリには、JSONデータを処理するjson()メソッドがあります。json()は、Responseオブジェクトのメソッドなので、次のようにrequests.get()で返されたデータに対してjson()メソッドを実行すると、デコード処理されたJSONデータをテキストとして取得することができます。

インターネットアクセス

393

8-2 Web APIの利用

▼requests.get()で東京都の気象データを取得する

```
data = requests.get(
    'https://api.openweathermap.org/data/2.5/forecast?lang=ja&q=Tokyo&appid={API key}').json()
```

　次に示すコードでは、現在の東京都の気象データを取得してみるため、URLの「forecast?」の部分を、現在の気象データを取得する「weather?」に変えてあります。また、出力するデータを読みやすいかたちにするため、出力にはpprint.pprint()関数を使用しました。

▼現在の東京都の気象データを取得する

```
In   import requests
     import pprint


     # APIキー
     API_KEY = '取得したAPIキーをここに入力してください'
     # OpenWeatherMapのAPIのURL
     URL = 'https://api.openweathermap.org/data/2.5/'
     # 地域を指定
     place = 'Tokyo'
     # 現在の天気を取得
     data = requests.get(URL + 'weather?lang=ja&q=' + place + '&appid=' + API_KEY).json()
     pprint.pprint(data)
```

```
Out  {'base': 'stations',
      'clouds': {'all': 20},
      'cod': 200,
      'coord': {'lat': 35.6895, 'lon': 139.6917},
      'dt': 1693568293,
      'id': 1850144,
      'main': {'feels_like': 306.94,
               'humidity': 78,
               'pressure': 1014,
               'temp': 301.95,
               'temp_max': 303.5,
               'temp_min': 299.68},
      'name': '東京都',
      'sys': {'country': 'JP',
              'id': 2044139,
              'sunrise': 1693512769,
              'sunset': 1693559438,
              'type': 2},
      'timezone': 32400,
      'visibility': 10000,
```

394

8-2 Web APIの利用

```
'weather': [{'description': '薄い雲',
                'icon': '02n',
                'id': 801,
                'main': 'Clouds'}],
'wind': {'deg': 190, 'speed': 8.23}}
```

様々なキーがあるので、キーの一覧を出力してみます。

In # JSONデータのキーを取得
```
data.keys()
```

Out
```
dict_keys(['coord', 'weather', 'base', 'main', 'visibility', 'wind',
          'clouds', 'dt', 'sys', 'timezone', 'id', 'name', 'cod'])
```

現在の天気は、'weather'キーの値であるリスト要素のdictオブジェクトにあります。

```
'weather': [{'id': 801, 'main': 'Clouds', 'description': '薄い雲', 'icon': '02n'}]
```

'weather'キーのリストの先頭要素 (インデックス0) 内のdictオブジェクトの中で、現在の天気のキーは'description'ですので、現在の天気を出力するには次のように書きます。

In # 現在の天気を出力
```
data['weather'][0]['description']
```

Out '薄い雲'

インターネットアクセス

8-2 Web APIの利用

Tips
258

▶Level ●○○○

「OpenWeatherMap」から3時間ごとの天気予報を取得する

これがポイントです！ **get()、json()で取得した気象データから日時と天気を抽出する**

　東京都の5日間/3時間ごとの気象データを取得するためのURLは、Weather APIのURLに「forecast?」以下のクエリ情報を連結したものになります。

▼東京都の5日間/3時間ごとの気象データを取得

```
import requests
import pprint
# APIキー
API_KEY = "取得したAPIキーをここに入力してください"
# OpenWeatherMapのAPIのURL
URL = "https://api.openweathermap.org/data/2.5/"
# 気象データを取得
data = requests.get(URL + 'forecast?q=Tokyo&lang=ja&appid=' + API_KEY).json()
pprint.pprint(data)
```

```
Out {'city': {'coord': {'lat': 35.6895, 'lon': 139.6917},
           'country': 'JP',
           'id': 1850144,
           'name': '東京都',
           'population': 12445327,
           'sunrise': 1693512769,
           'sunset': 1693559438,
           'timezone': 32400},
  'cnt': 40,
  'cod': '200',
  'list': [{'clouds': {'all': 20},
           'dt': 1693569600,
           'dt_txt': '2023-09-01 12:00:00',
           'main': {'feels_like': 306.75,
                    'grnd_level': 1009,
                    'humidity': 80,
                    'pressure': 1014,
                    'sea_level': 1014,
                    'temp': 301.73,
                    'temp_kf': 0.46,
                    'temp_max': 301.73,
                    'temp_min': 301.27},
```

8-2　Web APIの利用

```
                'pop': 0,
                'sys': {'pod': 'n'},
                'visibility': 10000,
        ...
                        'id': 500,
                        'main': 'Rain'}],
                'wind': {'deg': 177, 'gust': 7.02, 'speed': 5.79}}],
        'message': 0}
```

　向こう5日間の3時間ごとの気象データは、辞書の'list'キーの値として、次のようにリスト形式で格納されています。

・'list'キーの値のリストには、3時間ごとの予報データがインデックスの0から順番に格納されています。
・リストの要素はdictオブジェクトになっていて、

「'dt_txt'キーで予報対象の日時」
「'weather'キーで予報データ」

をそれぞれ取り出すことができます。

・前記の'weather'キーの値はリストになっていて、

「インデックス0はdict形式のデータ」
「dictの'description'キーに〈晴れ〉や〈雨〉などの天気を示すデータ」

が格納されています。

▼JSONデータの辞書のキーを取得

```
In  data.keys()
Out dict_keys(['cod', 'message', 'cnt', 'list', 'city'])
```

　では、東京都の向こう5日間の気象データから、3時間ごとの日時と天気の部分のみをすべて抽出してみます。

▼東京都の向こう5日間の3時間ごとの天気を抽出

```
In  # JSONデータの'list'キーの値(リスト)に
    # インデックスの0から3時間ごとの予報データが順番に格納されている
    for i in data['list']:
        # 'dt_txt'キーで予報対象の日時を取得
        print(i['dt_txt'])
        # 'weather'キーの値はリストで、インデックス0の
        # 'description'キーに天気を示すデータが格納されている
        print(i['weather'][0]['description'])

Out 2023-09-01 12:00:00
    薄い雲
    2023-09-01 15:00:00
```

インターネットアクセス

397

8-2 Web APIの利用

```
雲
2023-09-01 18:00:00
雲
2023-09-01 21:00:00
曇りがち
2023-09-02 00:00:00
曇りがち
2023-09-02 03:00:00
薄い雲
2023-09-02 06:00:00
雲
2023-09-02 09:00:00
薄い雲
2023-09-02 12:00:00
雲
2023-09-02 15:00:00
曇りがち
2023-09-02 18:00:00
曇りがち
2023-09-02 21:00:00
厚い雲
2023-09-03 00:00:00
...
2023-09-06 06:00:00
小雨
2023-09-06 09:00:00
小雨
```

Tips 259

向こう5日間の12時間ごとの天気予報を教えるプログラムを作る

▶Level ●●●

これがポイントです！ **Web**スクレイピング

「OpenWeatherMap」のAPIに接続して、指定された地域の向こう5日間の天気予報を取得するプログラムを作成します。このプログラムでは、3時間ごとの予報4回のうち3回をスキップすることで、12時間ごとに天気予報を取り出して出力するようにしています。

8-2 Web APIの利用

▼向こう5日間の12時間ごとの天気予報を教えるプログラム

```
In  import requests

    # 対象の地域を取得(地域名はアルファベット表記)
    place = input('天気予報を知りたい地域をどうぞ>')

    if place:
        API_KEY = '取得したAPIキーをここに入力してください'
        # OpenWeatherMapのAPIのURL
        URL = 'https://api.openweathermap.org/data/2.5/'
        # 地域を指定
        pl = place
        # 天気予報のデータを取得
        data = requests.get(URL + 'forecast?lang=ja&q=' + pl +
        '&appid=' + API_KEY).json()

        # 3時間ごとの予報を取り出す回数のカウンター
        i = 0
        # 冒頭に出力するメッセージ
        forecast = '12時間ごとの天気予報です!\n'
        # 取得したデータに'list'キーが存在すれば予報データをすべて取り出す
        if 'list' in data:
            # 12時間ごとの天気予報を取得する
            for d in data['list']:
                if (i + 1) % 4 == 0:
                    # 'dt_txt'キーで予報対象の日時を取り出す
                    # 'weather'キーのリストのインデックス0に格納されている辞書から
                    # 'description'キーの値(天気予報)を取り出す
                    forecast += '[' + d['dt_txt'] + '] ' \
                              + d['weather'][0]['description'] + '\n'
                i = i + 1
        else:
            # 指定した地域の天気予報が返されない場合
            forecast = '指定した地域には対応していません'

        print(forecast)
```

```
Out  天気予報を知りたい地域をどうぞ>Sendai ──────── 地域名を入力する
     12時間ごとの天気予報です!
     【2023-09-02 00:00:00】厚い雲
     【2023-09-02 12:00:00】雲
     【2023-09-03 00:00:00】曇りがち
     【2023-09-03 12:00:00】小雨
     【2023-09-04 00:00:00】適度な雨
     【2023-09-04 12:00:00】強い雨
     【2023-09-05 00:00:00】厚い雲
     【2023-09-05 12:00:00】小雨
     【2023-09-06 00:00:00】厚い雲
     【2023-09-06 12:00:00】小雨
```

399

Tips 260 MediaWikiから検索情報を取得する

これがポイントです！ MediaWikiのAPIへのアクセス

オンラインの百科事典「Wikipedia」は真の意味での百科事典であり、載っていない用語を探す方が難しいほどです。Wikipediaも「MediaWiki」というWebサービスを提供しています。これを利用すれば、PythonのプログラムからWikipediaにアクセスして、膨大なデータの中から任意のデータを取得し、プログラム側で加工や保存などの処理が行えます。

▼MediaWikiのトップページ (https://www.mediawiki.org/wiki/MediaWiki/ja)

●MediaWikiのAPI

次に示すのは、MediaWikiのAPIにアクセスするためのURLです。

▼MediaWikiのAPIにアクセスするためのURL
```
https://www.mediawiki.org/w/api.php
```

このURLに対して、クエリ情報を追加し、requests.get()でGETリクエストを送信すれば、Wikipediaから情報が返ってきます。

今回は、プログラムを起動してターミナル上で入力したキーワードで検索を行い、検索にマッチしたページがあればHTML形式のファイルとして保存するようにします。あとで結果を見たくなったときは、ファイルをダブルクリックすればブラウザーで中身を見られます。

8-2 Web APIの利用

▼ウィキペディアの検索・保存プログラム（Notebookを使用）

In

```python
# ウィキペディアの検索・保存プログラム

import requests
import sys


# プロンプトを表示して検索キーワードを取得
title = input('何を検索しますか？ >')                                    ①
# MediaWikiのAPIにアクセスするためのURL
url = 'https://ja.wikipedia.org/w/api.php'                            ②


# カテゴリー覧を取得するためのクエリ情報
api_params1 = {                                                        ③
                'action': 'query',
                'titles': title,
                'prop': 'categories',
                'format': 'json'
              }

api_params2 = {                                                        ④
                'action': 'query',
                'titles': title,
                'prop': 'revisions',
                'rvprop': 'content',
                'format': 'xmlfm'
              }

categories = requests.get(url, params=api_params1).json()              ⑤
page_id = categories['query']['pages']                                 ⑥

if '-1' in page_id:                                                    ⑦
    print('該当するページがありません')
else:                                                                  ⑧
    id = list(page_id.keys())                                          ⑨
    if 'categories' in categories['query']['pages'][id[0]]:            ⑩
        categories = categories['query']['pages'][id[0]]['categories'] ⑪
        for t in categories:                                           ⑫
            print(t['title'])
        admit = input('検索結果を保存しますか？(yes) >')                   ⑬

        if admit == 'yes':                                             ⑭
            data = requests.get(url, params=api_params2)               ⑮
        with open(title + '.html', 'w', encoding = 'utf_8') as f:      ⑯
            f.write(data.text)
    else:
        print('保存できるページを検索できませんでした')
```

8-2　Web APIの利用

今回は、2つのクエリ情報を用意しました。検索結果のカテゴリ一覧を取得するためのクエリと、該当するページの本文を取得するためのクエリ情報です。検索する際は、まず検索キーワードに該当するページが属するカテゴリの一覧を表示し、それが要求するものであるかどうか確認してから、ファイルへの保存を行うためです。

❶でプロンプトを表示して検索キーワードを取得します。❷でAPIのURLをurlに格納します。

❸ api_params1 = ……

検索キーワードにマッチしたページが属するカテゴリの一覧を取得するためのクエリ情報です。

```
api_params1 = {
            'action': 'query', ─────── ①
            'titles': title, ─────── ②
            'prop': 'categories', ──── ③
            'format': 'json' ──────── ④
        }
```

① 'action': 'query'

'action'は、APIの種類を指定するためのキーです。MediaWikiのAPIには様々な種類がありますが、最も基本となるキーワード検索には'query'を指定します。

② 'titles': title

'titles'は、検索キーワードになる文字列を指定するためのキーです。❶で取得した文字列titleを値に設定しています。

③ 'prop': 'categories'

'prop'は、調べた結果の何の情報を返すのかを指定します。'categories'を指定した場合は、検索されたページが属するカテゴリの一覧が返されます。

④ 'format': 'json'

'format'は、返されるデータの形式を指定します。HTMLなどのいくつかの形式を指定できますが、ここではJSON形式を指定しました。カテゴリの一覧といっても、ページの情報などのデータが含まれるので、JSONのデータとして取得しておけば、必要な項目のみを取り出しやすいからです。

MediaWikiのAPIでは、実にたくさんのキーと、キーに設定できる値が用意されています。今回使用した'action'キーに設定できる値の詳細は、次に示すページで確認できます。

8-2　Web APIの利用

▼ 'action'キーに設定できる値の詳細ページ

```
https://ja.wikipedia.org/w/api.php
```

　また、'action'キーの値に'query'を設定
した場合、'prop'キーの値によって「何の情
報を取得するのか」を指定しますが、指定で
きる値の詳細は次に示すページで確認でき
ます。

▼ 'action'キーの値に'query'を設定した場合に'prop'キーで指定できる値の詳細ページ

```
https://ja.wikipedia.org/w/api.php?action=help&modules=query
```

　かなりの数の値がありますが、「Wikipedia
を検索して結果を取得する」という基本的
な処理では、titleに検索文字列をセットし、
'action'に'query'を指定、あとは'prop'で取
得する情報を指定して、'format'で任意の形
式のデータとして取得することになります。

❹ api_params2 = ...
　検索キーワードにマッチしたページの
データをHTML形式で取得するためのクエ
リ情報です。

```
api_params2 = {
                'action': 'query',  ─────────────────── ①
                'titles': title,  ───────────────────── ②
                'prop': 'revisions',  ───────────────── ③
                'rvprop': 'content',  ───────────────── ④
                'format': 'xmlfm'  ──────────────────── ⑤
            }
```

① 'action': 'query'
　キーワード検索のための'query'を指定し
ています。

② 'titles': title
　'titles'に設定する検索キーワードとして
❶で取得した文字列titleを設定しています。

③ 'prop': 'revisions'
　'prop'に'revisions'を指定すると、ページ

本文を含むデータを取得できます。どの
データを取得するかは、次の'rvprop'で指定
します。

④ 'rvprop': 'content'
　'prop'に'revisions'を指定した場合は、具
体的に何のデータを取得するのか、'rvprop'
キーで指定します。'content'を指定すると、
検索されたページの本文テキストが返され
ます。

▼ 'action'キーで'query'を設定し、'prop'で'revisions'を指定した場合に、'rvprop'キーで指定でき
る値の詳細ページ

```
https://ja.wikipedia.org/w/api.php?action=help&modules=query+revisions
```

インターネットアクセス

403

8-2 Web APIの利用

⑤ **'format': 'xmlfm'**

'format'に'xmlfm'を指定すると、XML形式のデータをHTML形式に変換したデータを得ることができます。検索されたページはHTMLファイルとして保存したいので、このように設定しておきます。

❺ categories = requests.get(url, params=api_params1).json()

APIのURLと❸で定義したクエリ情報api_params1を引数にしてget()関数を実行します。例えば検索キーワードが「BABYMETAL」の場合は、次のようなJSONデータが返ってきます。

▼返されたカテゴリ一覧の例

```
{'continue':
 {'clcontinue': '2463870|LOUD_PARK出演者',
  'continue': '||'},
  'query': {
   'pages': {
    '2463870': {
      'pageid': 2463870,
      'ns': 0,
      'title': 'BABYMETAL',
      'categories': [
        {'ns': 14, 'title': 'Category:2010年に結成した音楽グループ'},
        {'ns': 14, 'title': 'Category:3人組の音楽グループ'},
        {'ns': 14, 'title': 'Category:BABYMETAL'},
        {'ns': 14, 'title': 'Category:BNFdata識別子が指定されている記事'},
        {'ns': 14, 'title': 'Category:BNF識別子が指定されている記事'},
        {'ns': 14, 'title': 'Category:CDショップ大賞受賞者'},
        {'ns': 14, 'title': 'Category:GND識別子が指定されている記事'},
        {'ns': 14, 'title': 'Category:ISBNマジックリンクを使用しているページ'},
        {'ns': 14, 'title': 'Category:ISNI識別子が指定されている記事'},
        {'ns': 14, 'title': 'Category:LCCN識別子が指定されている記事'}]}}}}
```

検索キーワードがヒットしなかった場合は、次のようなJSONデータが返ります。

8-2 Web APIの利用

▼検索キーワードがヒットしなかった場合

```
{'batchcomplete': '',
  'query': {
    'pages': {
      '-1': {  ——— 該当ページがない場合はページのidが「-1」になる
        'ns': 0,
        'title': '富士山の雪',
        'missing': ''
      }
    }
  }
}
```

　ヒットしない場合は、'pages'キーが保持する辞書データのキーが「−1」になります。

❻page_id = categories['query']['pages']

　❺で取得したJSONデータの'query'➡'pages'キーの値として、ページのidをキーとするカテゴリ情報が格納されているので、これを取得します。

❼if '-1' in page_id:

　❻で取得したカテゴリ情報（'pages'キーの値）のキーに「−1」が含まれていれば「検索キーワードにマッチするページが存在しない」ことになるので、メッセージを表示してプログラムを終了します。

❽else:

　ページidが「−1」ではない、つまり「検索キーワードにマッチしたページが存在する」場合は、カテゴリ一覧の表示と該当ページの保存を行います。

❾id = list(page_id.keys())

　❻で取得したデータはページidをキーとする多重構造になっているので、keys()メソッドでキーのみを取り出します。なお、keys()は見つかったキーを辞書型で返してくるので、list()関数でリストに変換します。

▼page_idの中身の例

```
{'2463870': {
    'pageid': 2463870,
    'ns': 0, 'title': 'BABYMETAL',
    'categories': [
      {'ns': 14, 'title': 'Category:2010年に結成した音楽グループ'},
      {'ns': 14, 'title': 'Category:3人組の音楽グループ'},
      {'ns': 14, 'title': 'Category:BABYMETAL'},
      {'ns': 14, 'title': 'Category:BNFdata識別子が指定されている記事'},
      {'ns': 14, 'title': 'Category:BNF識別子が指定されている記事'},
      {'ns': 14, 'title': 'Category:CDショップ大賞受賞者'},
      {'ns': 14, 'title': 'Category:GND識別子が指定されている記事'},
      {'ns': 14, 'title': 'Category:ISBNマジックリンクを使用しているページ'},
      {'ns': 14, 'title': 'Category:ISNI識別子が指定されている記事'},
      {'ns': 14, 'title': 'Category:LCCN識別子が指定されている記事'}]}}
```

8-2　Web APIの利用

▼list(page_id.keys())の結果

```
['2463870']
```

❿if 'categories' in categories['query'] ['pages'][id[0]]:

カテゴリの情報は、'query'➡'pages'➡'(ページidのキー)'以下の'categories'キーの値として格納されています。ただし、Wikipediaはあいまい語検索に対応してい

て、例えば「ローリング・ストーンズ」でマッチするページを「ローリングストーンズ」で検索した場合、リダイレクトというページ遷移の仕組みを使って該当ページを表示するようにしています。リダイレクトが行われる場合は、次のようにページid以下の情報に'categories'キーが含まれません。

▼あいまい検索にマッチしたときのページid以下の値の例

```
{'196327': {'pageid': 196327, 'ns': 0, 'title': 'ローリングストーンズ'}}
```

また、この状態でページ本体を取得しても、リダイレクトされる前のダミーのページが取得されるので保存する意味がありません。そのため、JSONデータの中に'categories'キーが存在する場合のみ処理を続行し、存在しない場合はelse以下でメッセージを表示してプログラムを終了することにします。

なお、categories['query']['pages'][id[0]]のid[0]は、❾で取得したページidを指定しています。'pages'キー以下にはキーが1つしかないので、id[0]でこれを取り出します。

⓫categories = categories['query'] ['pages'][id[0]]['categories']

'categories'キーの値はリストです。キーが存在すれば、そのリストを取得します。

⓬for t in categories:

'categories'キーのリストから1つずつ要素を取り出します。カテゴリの情報は'title'というキーの値として格納されているので、print(t['title'])ですべてのカテゴリ情報を画面に出力します。

⓭admit = input('検索結果を保存しますか？(yes) >')

検索キーワードにマッチしたページが属

するカテゴリを見て、対象のページを保存するかどうかを確認します。

⓮if admit == 'yes':

「yes」が入力されたら、ページを保存する処理を開始します。

⓯data = requests.get(url, params=api_params2

やっと、❹で作成したクエリ情報の出番が来ました。APIのURLと共にget()の引数に指定して、検索キーワードにマッチするページのテキストを取得します。

⓰with open(title + '.html', 'w', encoding = 'utf_8') as f:
　f.write(data.text)

保存するファイル名は「検索キーワード + .html」とします。ファイルを開いたらtextプロパティで取得したテキストをwrite()メソッドで書き込みます。

● Wikipediaから情報を収集する

Notebookのセルに入力したプログラムを実行してみます。

▼プログラムを実行したところ

```
[Out]  何を検索しますか？ >BABYMETAL          ← 検索キーワードを入力
       Category:2010年に結成した音楽グループ    ← マッチするページが属するカテゴリが表示される
       Category:3人組の音楽グループ
       Category:BABYMETAL
       Category:BNFdata識別子が指定されている記事
       Category:BNF識別子が指定されている記事
       Category:CDショップ大賞受賞者
       Category:GND識別子が指定されている記事
       Category:ISBNマジックリンクを使用しているページ
       Category:ISNI識別子が指定されている記事
       Category:LCCN識別子が指定されている記事
       検索結果を保存しますか？(yes) >yes    ← yesと入力すると、検索されたページのテキスト
                                              が保存される
```

今回は「BABYMETAL」で検索したので、「BABYMETAL.html」というファイルがソースファイルと同じ場所に作成されました。これを直接ダブルクリックしてブラウザーで開くと、次のように表示されます。

▼保存されたファイルを開いたところ

8-3　Webスクレイピング

Tips 261　Webスクレイピングとは

▶Level ●●●　これがポイントです！　**クローリングとスクレイピング**

　Webサイトの情報を配信する仕組みとして、**RSS**というサービスがあります。WebサービスのようにAPIを使って配信するのではなく、XML言語で書かれた「まとめページ」のようなものを公開するサービスです。

　具体的には、ニュースサイトやブログなどに掲載された記事の見出しや要約をまとめ、これをRSS技術を使って**RSSフィード**として配信します。これを利用すれば、Webサイトの更新情報や記事の要約などを素早くチェックすることができます。

　通常、いつも閲覧するページはブラウザーの「ブックマーク」に登録しておいて、定期的にアクセスすることで、更新された最新の情報を読むわけですが、RSSフィードをRSSリーダーと呼ばれる専用のアプリに登録しておくと、各サイトやブログの新着情報を一度にチェックすることができます。

　このようなRSSフィードはXML言語をベースにして書かれているので、これをプログラムから読み込んで利用することはもちろん可能です。ただ、RSSフィードを丸ごと読み込んだあと、「必要な情報を取り出す」処理が必要です。Webサイトからページの情報を丸ごと取得することを**クローリング**と呼ぶのに対し、クローリングして集めたデータから必要なものだけを取り出したり、使いやすいようにデータの形を変えることを**スクレイピング**と呼びます。「削ってはがす」という意味の「scrape」が由来です。

　Tips251で「Yahoo! JAPAN」のトップページのデータを取得しました。これがクローリングです。これに対し、スクレイピングでは、取得してきたデータの中からHTMLの本体を示す<body>タグの中身だけを抜き出して使いやすいように加工する、といったことを行います。

| Column | Webスクレイピングの活用例 |

以下はWebスクレイピングの活用例です。

・ニュースや記事の収集
・オンラインストアの価格情報の収集
・商品やサービスに関するレビューの抽出
・ジョブサイトからの求人情報の収集
・天気情報の収集
・金融データの収集による市場動向のモニタリング
・学術論文や研究データの収集
・Webサイトの構造解析

　Webスクレイピングに関してはクローリングと同様に、Webサイトの利用規約を遵守し、法的、倫理的に問題がないかを確認しておくことが求められます。

8-3 Webスクレイピング

Tips 262 スクレイピング専用のBeautiful Soup4モジュールをインストールする

▶Level ●●●

これがポイントです！ ▶ BeautifulSoup4によるスクレイピング

BeautifulSoup4という外部ライブラリを利用すると、HTMLの特定のタグの中身を取り出せるので、「Webページから必要な情報だけを抜き出す」ことが可能になります。

● BeautifulSoup4のインストール（VSCode）
① PythonモジュールまたはNotebookを開き、仮想環境のインタープリターを選択しておきます。
② **ターミナル**メニューの**新しいターミナル**を選択します。

▼ VSCodeでNotebookを開いたところ

① PythonモジュールまたはNotebookを開き、仮想環境のインタープリターを選択しておく

② [ターミナル] メニューの [新しいターミナル] を選択

③ ターミナルに
pip install beautifulsoup4
と入力して **Enter** キーを押します。

▼ VSCodeの [ターミナル]

pip install beautifulsoup4と入力

● BeautifulSoup4のインストール（Anaconda）
① Anaconda Navigatorの **Environments** タブをクリックして、仮想環境を選択します。
② **Not Installed**を選択し、検索欄に「beautifulsoup4」と入力します。
③ **beautifulsoup4**のチェックボックスをチェックし、**Apply**ボタンをクリックします。

▼ beautifulsoup4の選択

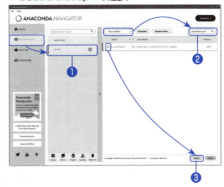

④ Install Packagesダイアログが表示されるので、**Apply**ボタンをクリックします。

409

8-3 Webスクレイピング

Tips 263 「Yahoo!ニュース」のRSSをスクレイピングする

▶Level ●●●

これがポイントです！ → **XMLドキュメント**

Yahoo! JAPANでは、様々なジャンルの最新ニュースをRSSで配信しています。

様々なジャンルのニュースRSSへのリンクが表示されています。リンクをクリックすると、そのジャンルで配信されているRSSを見ることができます。

▼「Yahoo!ニュース」が配信するRSSの一覧ページ (https://news.yahoo.co.jp/rss)

▼「トピックス」カテゴリの「科学」をクリック

8-3　Webスクレイピング

RSSとして配信されているXMLのデータ（**XMLドキュメント**）が表示されました。Microsoft EdgeやGoogle ChromeではXMLがそのまま表示されますが、ブラウザーによってはWebページとして表示してくれるものもあります。

XMLドキュメントの中身を見てみると、「月に新クレーター　露探査機衝突か」や「緊急的な冠水時歩行　動画で解説」という文がニュースの内容を表しています。いわゆる「ヘッドライン」です。さらによく見ると、これらのヘッドラインは<item>タグの中にある<title>タグで囲まれているので、<title>タグの中身だけをスクレイピングすれば、最新ニュースのヘッドラインだけをまとめることができます。

▼「Yahoo！ニュース」が配信するRSSからヘッドラインを抜き出す（Notebookを使用）

```
In   import requests
     from bs4 import BeautifulSoup                                    ❶

     xml = requests.get('https://news.yahoo.co.jp/rss/topics/science.xml')  ❷
     soup = BeautifulSoup(xml.text, 'html.parser')                   ❸
     for news in soup.findAll('item'):                               ❹
         print(news.title.string)                                    ❺
```

❶では、bs4というモジュールからBeautifulSoupクラスをインポートしています。

❷でget()関数を実行しますが、URLは特定のジャンルのRSSにアクセスするためのURLです。これは、「Yahoo！ニュース」が配信するRSSの一覧ページで特定のニュースの[RSS]ボタンをクリックしたときに表示されるページのURLです。前ページ右下に掲載したページのアドレス欄に表示されているのが、そのニュースのRSSのURLです。リクエストを送信すれば、RSSページのXMLデータが丸ごとダウンロードされます。

❸でBeautifulSoupクラスをインスタンス化します。インスタンス化の際は、対象のXMLやHTMLのデータを引数にします。

▼BeautifulSoupクラスのインスタンス化

```
soup = BeautifulSoup(xml.text, 'html.parser')
```

xmlはRequestsのResponseオブジェクトなので、textプロパティでテキストとして取り出す

スクレイピングを行うときに第2引数として指定

❹でBeautifulSoupクラスのfindAll()メソッドによりスクレイピングを行います。取り出したいのは<item>タグの中にある<title>タグで囲まれたヘッドラインの文字列なので、まずはfor文で、XMLデータの中にある<item>タグの中身を1つずつ取り出します。<item>を引数にする際は、< >を外してタグの中身（要素）の部分だけを書きます。

8-3　Webスクレイピング

▼取り出した<item>タグの1つ

```
<item>
<title>月に新クレーター　露探査機衝突か</title>
<link>https://news.yahoo.co.jp/pickup/6474153?source=rss</link>
<pubDate>Sat, 02 Sep 2023 07:04:23 GMT</pubDate>
<comments>https://news.yahoo.co.jp/articles/1315f2010301e9f43cc444461723807b49c4cfb7/
comments</comments>
</item>
```

❺で画面に出力しますが、findAll()メソッドが返すのはBeautifulSoupのTagクラスのオブジェクトです。そこで、Tagクラスのtitleプロパティで<title>～</title>を取り出します。

▼news.titleで<title>タグを取り出す

```
<title>月に新クレーター　露探査機衝突か</title>
```

さらにstringプロパティで<title>タグの中身を取り出します。

▼news.title.stringの結果

```
月に新クレーター　露探査機衝突か
```

これをすべての<item>タグに対して行えば、ニュースのヘッドラインが画面に出力されます。

▼プログラムの実行結果

```
Out  月に新クレーター　露探査機衝突か
     遺体保存のドライアイス　中毒注意
     「群集事故」東京は耐えられるか
     緊急的な冠水時歩行　動画で解説
     10兆円大学ファンド　候補に東北大
     死亡率が10年ぶり増　コロナ影響か
     焼き肉は違う?　夏バテに効く食事
     身長-体重=110が標準?今は間違い
```

「XMLParsedAsHTMLWarning: ...」という警告が出る場合もありますが、プログラム上の問題はないので無視してかまいません。

今回は、RSSで配信されているXMLデータをスクレイピングしてみましたが、ふつうのWebページのHTMLデータをスクレイピングするのも簡単です。欲しい情報がどのタグに埋め込まれているのかを知る必要があるものの、それさえわかれば、本Tipsのソースコードを改良すればうまくいくと思います。

412

第 9 章

264~295

自然言語処理

9-1 テキストの処理 (264～269)

9-2 テキストファイルの処理 (270～281)

9-3 形態素解析入門 (282～289)

9-4 マルコフモデルによる文章の創出 (290～292)

9-5 チャットボットの作成 (293～294)

9-6 形態素解析を利用したテキストマイニング (295)

9-1 テキストの処理

Tips 264 同じ文字列かどうかを調べる

▶Level ● ● ○

これがポイントです！ 等価演算子「==」

「同じ文字列かどうか」を調べるには**等価演算子**の==を使います。左辺と右辺の文字列が同じであればTrue、異なる文字列であればFalseが返されます。

▼同じ文字列かどうかを調べる（Notebookを使用）

```
In   word = 'right'
     word == 'right'   # 同じ文字列
Out  True
```

```
In   word == 'light'   # 異なる文字列
Out  False
```

Tips 265 文字列が含まれるかどうかを調べる

▶Level ● ● ○

これがポイントです！ in演算子

文字列を扱うときに便利な演算子にinがあります。inは、ある文字列がほかの文字列に含まれているかどうかをチェックし、含まれていればTrue、そうでなければFalseを返します。

文字列Aが文字列Bに含まれているかどうかを調べるには、次のように書きます。

・文字列が含まれるかどうかを調べる

文字列A in 文字列B

'right'、'light'のそれぞれに'ight'が含まれているかどうか調べてみます。

414

9-1　テキストの処理

▼文字列が含まれるかどうかを調べる（Notebookを使用）

```
In   word_1 = 'right'
     word_2 = 'light'
     'ight' in word_1   # word_1に'ight'が含まれているか
Out  True
```

```
In   'ight' in word_2   # word_2に'ight'が含まれているか
Out  True
```

```
In   'l' in word_1      # word_1に'l'が含まれているか
Out  False
```

```
In   'r' in word_2      # word_2に'r'が含まれているか
Out  False
```

●指定した文字列が含まれる場合にのみ文章を表示する

inの機能を利用して次のように書くと、sentenceの中に'sky'という文字列が含まれる場合にだけsentenceの内容を表示する、という意味になります。

▼指定した文字列が含まれる場合にのみ文章を表示する

```
In   sentence = 'I saw the sky.'
     if 'sky' in sentence:
         print(sentence)

Out  I saw the sky.
```

日本語でも試してみましょう。

▼指定した文字列が含まれる場合にのみ文章を表示する（日本語）

```
In   sentence = '私は空を見上げた。'
     if '空' in sentence:      # '空'を含んでいればsentenceを出力
         print(sentence)

Out  私は空を見上げた。
```

```
In   if '海' in sentence:      # '海'を含んでいればsentenceを出力
         print(sentence)

Out  （表示されない）
```

自然言語処理

415

9-1 テキストの処理

Tips 266 指定した文字列で始まっているか、または終わっているかを調べる

▶ Level ●●

これがポイントです！ ▶ **startswith()、endswith()**

startswith()は文字列が特定の文字列で始まっているかどうか、endswith()は文字列が特定の文字列で終わっているかどうかを調べるときに使います。

・startswith() メソッド

対象の文字列が引数に指定した文字列で始まっている場合にTrueを返し、そうでない場合はFalseを返します。

書式	文字列.startswith('文字列')

・endswith() メソッド

対象の文字列が引数に指定した文字列で終わっている場合にTrueを返し、そうでない場合はFalseを返します。

書式	文字列.endswith('文字列')

▼指定した文字列で始まっているか、または終わっているかを調べる (Notebook を使用)

```
In  word = 'unundarstandable'
    word.startswith('un')
Out True
```

```
In  word.startswith('in')
Out False
```

```
In  word.endswith('able')
Out True
```

Tips 267 指定した文字列で始まっていないか、または終わっていないかを調べる

▶ Level ●●

これがポイントです！ ▶ **not 文字列.startswith('文字列')、not 文字列.endswith('文字列')**

not演算子を使うことで、TrueとFalseを逆転させることができます。notに続く条件式が真なら偽、偽なら真として扱います。

startswith()は文字列が特定の文字列で始まってるとき、endswith()は文字列が特定の文字列で終わっているときにTrueを返

416

9-1 テキストの処理

しますが、notの条件式にすることで、「特定 | の文字列で終わっていない」ときの処理を
の文字列で始まっていない」あるいは「特定 | 作ることができます。

▼特定の文字列で始まって（終わって）いないかを調べる（Notebookを使用）

```
In   sentence = 'いいえ、私は空を見上げません。'
     if not sentence.startswith('はい'):
         print(sentence)
```

```
Out  いいえ、私は空を見上げません。
```

```
In   if not sentence.endswith('ます'):
         print(sentence)
```

```
Out  いいえ、私は空を見上げません。
```

Tips 268

▶Level ●●○

文章の冒頭と末尾が一致するかどうかを調べる

これがポイントです！ 文字列.startswith('文字列') and
文字列.endswith('文字列')

and演算子は、左辺と右辺の条件が成立したときにTrueを返します。この性質を利用して、startswith()とendswith()をand演算子でつなぎ、文の冒頭と末尾の文字列が一致しているかどうかを調べることができます。

●**文の冒頭と末尾の文字列が一致しているかどうかを調べる**

次に示すのは、文の冒頭が'私は'で始まり、末尾が'です。'で終わっている場合にだけ、対象の文を表示する例です。

▼文の冒頭と末尾の文字列が一致しているかを調べる（Notebookを使用）

```
In   sentence = '私は牛丼とロックが好きなプログラマーです。'
     if sentence.startswith('私は') and sentence.endswith('です。'):
         print(sentence)
```

```
Out  私は牛丼とロックが好きなプログラマーです。
```

もちろん、正規表現を使って同じ処理を行うことができます。むしろ、正規表現の方が様々なパターンが指定できて便利なのですが、冒頭と末尾の文字列の一致を調べるだけなら今回の方法が簡単です。

●**andとnotを組み合わせる**

andとnotを組み合わせると、「一方が成立、もう一方が不成立」であるかどうかをチェックできます。

自然言語処理

417

9-1 テキストの処理

▼「文の冒頭は'私は'で始まり、末尾は'ません。'で終わっていない」かどうかチェック

In `sentence = '私は牛丼とロックがあまり好きではないプログラマーです。'`
　　`if sentence.startswith('私は') and not sentence.endswith('ません。'):`
　　　　`print(sentence)`

Out 私は牛丼とロックがあまり好きではないプログラマーです。

Tips
269

▶Level ●●●

文章の冒頭または末尾が指定した文字列と一致するかを調べる

これが
ポイント
です！

**文字列.startswith('文字列') or
文字列.startswith('文字列')、
文字列.endswith('文字列') or
文字列.endswith('文字列')**

or演算子は、左辺と右辺のどちらかが成立していればTrueを返すので、「指定した文字列のどちらかで文章が始まっている、または終わっている」かどうか調べたいときに便利です。

次に示すのは、sentenceに格納された文章が'僕'または'私'で始まっていれば、その文章を表示する例です。

▼文章が'僕は'または'私は'で始まっていれば、その文章を表示する (Notebook を使用)

In `sentence = '僕はイケてるプログラマーです。'`
　　`if sentence.startswith('私は') or sentence.startswith('僕は'):`
　　　　`print(sentence)`

Out 僕はイケてるプログラマーです。

同じように、文章の末尾を調べることもできます。

▼文章が'です。'または'だよ。'で終わっていれば、その文章を表示する

In `sentence = '僕はイケてるプログラマーだよ。'`
　　`if sentence.endswith('です。') or sentence.endswith('だよ。'):`
　　　　`print(sentence)`

Out 僕はイケてるプログラマーだよ。

418

9-2　テキストファイルの処理

Tips 270

テキストファイルのセンテンスを 1つずつ出力する

▶Level ●●

これが ポイント です！ **open()関数**

open()関数は、テキストファイルを開き、その内容をイテレート可能なFileオブジェクトとして返してきます。次の例は、sample.txtのすべてのテキストをセンテンス（文）単位で出力するプログラムです。

テキストファイルは、エンコーディング方式としてUTF-8で保存されています。

▼テキストファイルの中身を出力する（Notebookを使用）

```
In  file = open('sample.txt', encoding='UTF-8')  # ファイルをオープン
    for line in file:          # 改行を含めてセンテンス単位で取り出す
        print(line, end='')    # print()自身の改行は行わないで出力
    file.close()               # Fileオブジェクトを閉じる
```

▼実行結果

```
Out     Pythonのソースコードの書き方は、オブジェクト指向、命令型、手続き型、関数型などの形
      式に対応していますので、状況に応じて使い分けることができます。
        オブジェクト指向を使えばより高度なプログラミングを行えますが、命令型、手続き型、関
      数型は名前こそ異なりますが、プログラムを書くための基本なので、まずはこれらの書き方を
      学んでからオブジェクト指向に進むのが一般的です。
        Pythonの用途は広く、PC上で動作する一般的なアプリケーションの開発から、Webアプ
      リ、ゲーム、画像処理をはじめとする各種自動処理に使われる一方、統計分析、AI（人工知能）
      開発のためのディープラーニング（深層学習）の分野で多く利用されています。
```

Fileオブジェクトには、テキストデータを読み込む専用のメソッドが用意されていますが、forループを使うと、ファイルの中身を改行を含めたセンテンス単位でブロックパラメーターに取り出せます。ここでは、改行までの一連の文字列を1つのセンテンスとしています。

ただし、いま述べたように改行を含むため、print()でそのまま出力すると改行が2回行われます。そのため、print()の第2引数にend=''を指定して、print()自体が改行を入れないようにしています。

自然言語処理

419

9-2 テキストファイルの処理

Tips 271 ▶Level ●●

ファイルに保存されたすべての センテンスを、末尾の改行を含 まずに出力する

これが ポイント です！ **rstrip() メソッド**

rstrip() メソッドは、文字列の末尾にある 空白や改行を取り除きます。次の列は、セン テンス単位で読み込んだ文字列の末尾の改 行を取り除いてから出力するプログラムで す。

▼テキストファイルから末尾の改行を取り除き、センテンス単位で出力する （Notebook を使用）

```
In   file = open('sample.txt', encoding='UTF-8') # ファイルをオープン
     for line in file:              # 改行を含めてセンテンス単位で取り出す
         line = line.rstrip()       # 末尾の改行を取り除く
         print(line, end ='')       # 出力
     file.close()                   # Fileオブジェクトを閉じる
```

▼実行結果

Out　　Pythonのソースコードの書き方は、オブジェクト指向、命令型、手続き型、関数型などの形 式に対応していますので、状況に応じて使い分けることができます。オブジェクト指向を使え ばより高度なプログラミングを行えますが、命令型、手続き型、関数型は名前こそ異なります が、プログラムを書くための基本なので、まずはこれらの書き方を学んでからオブジェクト指 向に進むのが一般的です。Pythonの用途は広く、PC上で動作する一般的なアプリケーション の開発から、Webアプリ、ゲーム、画像処理をはじめとする各種自動処理に使われる一方、統 計分析、AI（人工知能）開発のためのディープラーニング（深層学習）の分野で多く利用されて います。

9-2 テキストファイルの処理

Tips

272

▶Level ● ●

テキストファイルの空白行を
スキップして出力する

> これが
> ポイント
> です！

ifブロックによる空白行のチェック

テキストファイルに空白行が含まれる場合に、空白行をスキップして表示することを

考えてみます。この場合、**ifブロック**で空白文字をチェックすればうまくいきます。

▼空白行を含むテキストファイル（sample_blank.txt）

Pythonのソースコードの書き方は、状況に応じて使い分けることができます。

オブジェクト指向を使えばより高度なプログラミングを行えます。

命令型、手続き型、関数型は名前こそ異なりますが、プログラムを書くための基本なので、まずはこれらの書き方を学んでからオブジェクト指向に進むのが一般的です。

Pythonの用途は広く、PC上で動作する一般的なアプリケーションの開発から、統計分析、AI開発の分野で多く利用されています。

▼テキストファイルの空白行をスキップして出力（Notebookを使用）

```
In  file = open('sample_blank.txt', encoding='UTF-8')  # ファイルをオープン
    for line in file:                     # 改行を含めてセンテンス単位で取り出す
        line = line.rstrip()              # 末尾の改行を取り除く
        if not line == '':                # 空白行ではない場合に出力
            print(line)
    file.close()                          # Fileオブジェクトを閉じる
```

▼実行結果

```
Out  Pythonのソースコードの書き方は、状況に応じて使い分けることができます。
     オブジェクト指向を使えばより高度なプログラミングを行えます。
     命令型、手続き型、関数型は名前こそ異なりますが、プログラムを書くための基本なので、まず
     はこれらの書き方を学んでからオブジェクト指向に進むのが一般的です。
     Pythonの用途は広く、PC上で動作する一般的なアプリケーションの開発から、統計分析、AI
     開発の分野で多く利用されています。
```

自然言語処理

421

9-2　テキストファイルの処理

●continueを使ってスッキリしたコードにする

先のプログラムでは、

```
if not line == '':
```

を使って「空白でないなら」を条件にしましたが、ややわかりにくいコードです。この場合、continueを使うとソースコードを簡潔にすることができます。

▼continueを使って空白行をスキップする

```
file = open('sample_blank.txt', encoding='UTF-8')
for line in file:
    line = line.rstrip()
    if line == '': # 空白行の場合
        continue     # スキップして次の繰り返しに進む
    print(line)      # 空白ではないセンテンスだけを出力
file.close()         # Fileオブジェクトを閉じる
```

▼実行結果

> [Out] Pythonのソースコードの書き方は、状況に応じて使い分けることができます。
> オブジェクト指向を使えばより高度なプログラミングを行えます。
> 命令型、手続き型、関数型は名前こそ異なりますが、プログラムを書くための基本なので、まずはこれらの書き方を学んでからオブジェクト指向に進むのが一般的です。
> Pythonの用途は広く、PC上で動作する一般的なアプリケーションの開発から、統計分析、AI開発の分野で多く利用されています。

Tips
273
▶Level ●●

特定の文字列を含むセンテンスだけを出力する

これがポイントです！ if '文字列' in 行データ：

テキストファイルから、特定の文字列を含む文だけを抽出することを考えてみます。この場合、in演算子を使って次のようにすることができます。

▼指定した文字列を含む文だけを出力する（Notebookを使用）

```
In  file = open('sample.txt', encoding='UTF-8') # ファイルをオープン
    for line in file: # センテンス単位で取り出す
        line = line.rstrip()  # 末尾の改行を取り除く
        # センテンスの中に指定した文字列が含まれるか？
        if 'オブジェクト' in line:
            print('見つかりました！')
            print(line) # 文字列を含むセンテンスを出力
    file.close()
```

422

9-2 テキストファイルの処理

▼実行結果

Out
見つかりました!
　Pythonのソースコードの書き方は、オブジェクト指向、命令型、手続き型、関数型など
の形式に対応していますので、状況に応じて使い分けることができます。
見つかりました!
　オブジェクト指向を使えばより高度なプログラミングを行えますが、命令型、手続き型、
関数型はプログラムを書くための基本なので、まずはこれらの書き方を学んでからオブ
ジェクト指向に進むのが一般的です。

　「if '文字列' in 行データ:」のように条件
を作ることで、1つの文の中に指定した文字
列が含まれているかをチェックします。

Tips
274
▶Level ●●

特定の文字列を含むセンテンスがあるかどうかだけを調べる

これがポイントです！ **break によるループの強制終了**

　前回のTipsでは、特定の文字列を含むセンテンスをすべて抽出しましたが、「ファイルの中にその単語があるかどうか」だけを知りたいこともあります。この場合は、該当するセンテンスが見つかった時点で、**break**を使ってループを抜けるようにします。

▼特定の文字列を含むセンテンスが見つかった時点で、ループを止める（Notebook を使用）

```
In  file = open('sample.txt', encoding='UTF-8')  # ファイルをオープン
    for line in file:    # センテンス単位で取り出す
        line = line.rstrip()      # 行末尾の改行を取り除く
        if 'オブジェクト' in line:    # センテンスの中に指定した文字列が含まれるか？
            print('見つかりました!')
            print(line)  # 文字列を含センテンスを出力
            break        # ループを抜ける
    file.close()
```

▼実行結果

Out
見つかりました!
　Pythonのソースコードの書き方は、オブジェクト指向、命令型、手続き型、関数型など
の形式に対応していますので、状況に応じて使い分けることができます。

自然言語処理

423

9-2　テキストファイルの処理

Tips 275

段落ごとに連番をふる

▶Level ●●

これがポイントです！ カウンター変数による連番の生成と付加

　文章の段落ごとに連番をふることができれば、文章全体の段落数がわかるだけでなく、「○○番目の段落」のように特定の段落を指し示すことができるようになります。

　ここでは、1つ以上のセンテンスを含むかたまりごとに改行を行うことで、段落の区切りとします。これまでのTipsでは、末尾で改行されている文字列を1つのセンテンスとして扱ってきましたが、段落の場合はセンテンスごとの改行は行われず、段落の終わりで改行が行われます。そうであれば、「改行＝段落の区切り」とすることができます。

　次に示すのは、「青空文庫 (https://www.aozora.gr.jp/)」からダウンロードした夏目漱石の『草枕』の冒頭部分です（本文中のふりがなは削除してあります）。

▼『草枕』の冒頭部分 (kusamakura.txt)

　山路を登りながら、こう考えた。
　智ちに働けば角が立つ。情に棹させば流される。意地を通せば窮屈だ。とかくに人の世は住みにくい。
　住みにくさが高じると、安い所へ引き越したくなる。どこへ越しても住みにくいと悟った時、詩が生れて、画が出来る。
　人の世を作ったものは神でもなければ鬼でもない。やはり向う三軒両隣にちらちらするただの人である。ただの人が作った人の世が住みにくいからとて、越す国はあるまい。あれば人でなしの国へ行くばかりだ。人でなしの国は人の世よりもなお住みにくかろう。
　越す事のならぬ世が住みにくければ、住みにくい所をどれほどか、寛容げて、束の間の命を、束の間でも住みよくせねばならぬ。ここに詩人という天職が出来て、ここに画家という使命が降くだる。あらゆる芸術の士は人の世を長閑にし、人の心を豊かにするが故に尊い。
　住みにくき世から、住みにくき煩わずらいを引き抜いて、ありがたい世界をまのあたりに写すのが詩である、画である。あるは音楽と彫刻である。こまかに云えば写さないでもよい。ただまのあたりに見れば、そこに詩も生き、歌も湧わく。着想を紙に落さぬとも瓔鏘の音は胸裏に起こる。丹青は画架に向って塗抹せんでも五彩の絢爛は自ずから心眼に映る。ただおのが住む世を、かく観じ得て、霊台方寸のカメラに澆季溷濁の俗界を清くうららかに収め得れば足たる。この故に無声の詩人には一句なく、無色の画家には尺縑なきも、かく人世を観じ得るの点において、かく煩悩を解脱するの点において、
　………以下略………

9-2　テキストファイルの処理

このファイルを読み込んで、段落ごとに連番をふって画面に出力するようにしたのが次のプログラムです。

▼段落ごとに連番をふってから出力する（Notebookを使用）

```
In    file = open('kusamakura.txt', encoding='UTF-8')  # ファイルをオープン
      # カウンター変数を初期化
      counter = 0
      # センテンス単位で取り出す
      for line in file:
          counter += 1                              # カウンター変数の値を1増やす
          line = line.strip()                       # 前後の空白と末尾の改行を取り除く
          print(str(counter) + ' : ' + line)  # 番号を付けて段落を出力
      # Fileオブジェクトを閉じる
      file.close()
```

見てのとおり、**カウンター変数**を用意しただけのシンプルな処理です。これで、次のように段落ごとに連番をふった状態で出力が行われます。

▼実行結果

```
Out  1：山路を登りながら、こう考えた。
     2：智に働けば角が立つ。情に棹させば流される。意地を通せば窮屈だ。とかくに人の世は
     住みにくい。
     3：住みにくさが高じると、安い所へ引き越したくなる。どこへ越しても住みにくいと悟っ
     た時、詩が生れて、画が出来る。
     4：人の世を作ったものは神でもなければ鬼でもない。やはり向う三軒両隣りにちらちらす
     るただの人である。ただの人が作った人の世が住みにくいからとて、越す国はあるまい。あ
     れば人でなしの国へ行くばかりだ。人でなしの国は人の世よりもなお住みにくかろう。
     5：越す事のならぬ世が住みにくければ、住みにくい所をどれほどか、寛容げて、束の間の
     命を、束の間でも住みよくせねばならぬ。ここに詩人という天職が出来て、ここに画家とい
     う使命が降くだる。あらゆる芸術の士は人の世を長閑にし、人の心を豊かにするが故に尊
     い。
     .........以下略.........
```

自然言語処理

425

9-2 テキストファイルの処理

Tips 276 文章の中から指定した段落まで抽出して表示する

▶Level ●●

これがポイントです！ カウンター変数による段落数のカウント

　ファイルに保存された文章から特定の段落を抜き出して表示したいとします。この場合、段落番号を指定するのが手っ取り早いですが、そんなときは**カウンター変数**を使うとうまくいきます。

●**ファイルの冒頭から特定の段落までを出力する**

　次に示すのは、「ファイル名と段落番号を指定すると、ファイルの先頭から指定した段落までを出力する」プログラムです。読み出すファイルとして、『草枕』の冒頭を収めたkusamakura.txtを使用します。

▼指定した段落までを表示する関数（Notebook を使用）

```
In  def paragraph(fname, pnum):
        """指定した段落までを表示する

        Args:
            fname (str): ファイル名(パス)
            pnum (int): 段落の番号
        """
        file = open(fname, encoding='UTF-8')  # ファイルをオープン
        counter = 0                           # カウンター変数を初期化
        for line in file:                     # 段落単位で取り出す
            line = line.rstrip()              # 末尾の改行のみを取り除く
            print(line)                       # 段落を出力
            counter += 1                      # カウンター変数の値を1増やす
            if counter == pnum:               # 指定した段落数に達したらループを抜ける
                break
        file.close()                          # Fileオブジェクトを閉じる
```

▼実行用コードと実行結果

```
In  fname = 'kusamakura.txt'       # ファイル名
    pnum = 3                       # 段落番号
    paragraph(fname, pnum)         # ファイル名と段落番号を指定してparagraph()を実行
```

426

9-2 テキストファイルの処理

> [Out]
> 　山路を登りながら、こう考えた。
> 　智に働けば角が立つ。情に棹させば流される。意地を通せば窮屈だ。とかくに人の世は住みにくい。
> 　住みにくさが高じると、安い所へ引き越したくなる。どこへ越しても住みにくいと悟った時、詩が生れて、画が出来る。

　処理を行う部分は、paragraph()関数としてまとめました。実行した結果、3段落目までが出力されました。

● **特定の段落のみを出力する**

　先のプログラムでは、ファイルの冒頭から指定した段落までを出力しましたが、print()関数の位置を変えるだけで、指定した段落だけを表示するようにできます。

▼特定の段落のみを出力する（Notebook を使用）

```
[In]  def disp_paragraph(fname, pnum):
          """特定の段落のみを出力する

          Args:
              fname (str): ファイル名（パス）
              pnum (int): 段落の番号
          """
          file = open(fname, encoding='UTF-8')  # ファイルをオープン
          counter = 0                  # カウンター変数を初期化
          for line in file:           # 段落単位で取り出す
              line = line.rstrip()    # 末尾の改行のみを取り除く
              counter += 1            # カウンター変数の値を1増やす
              if counter == pnum:     # 指定した段落数に達したらループを抜ける
                  print(line)         # 段落を出力 ────────────❶
                  break
          file.close()               # Fileオブジェクトを閉じる
```

▼実行用コードと実行結果

```
[In]  fname = 'kusamakura.txt'       # ファイル名
      pnum = 3                        # 段落番号
      disp_paragraph(fname, pnum)    # ファイル名と段落番号を指定してdisp_paragraph()を実行
```

> [Out]
> 　住みにくさが高じると、安い所へ引き越したくなる。どこへ越しても住みにくいと悟った時、詩が生れて、画が出来る。

　❶のprint()関数は、ifブロック内に配置されています。これによって、段落数が一致した段階でその段落を出力し、breakでループを抜けるようになるので、該当の段落だけが出力されます。

自然言語処理

427

9-2 テキストファイルの処理

Tips 277 英文を読み込んで単語リストを作る

▶Level ●●

これがポイントです! split() メソッドのセパレーターをスペースにして単語ごとに分解

テキスト処理では、長い文章から単語を抜き出してリストにまとめる場面がよく出てきます。文章内でどのような単語が使われているのか調べるために、リストアップするというわけです。英文の場合は単語がスペースで区切られているので、**split()** メソッドで分割すれば、単語のリストが簡単に作れます。

●**英文のテキストファイルを読み込み、すべての単語をリストにする**

次に示すのは、英文のテキストファイルを読み込んで、すべての単語をリストにするプログラムです。リストの中身が確認できるように、print()ですべての単語を出力するようにしています。

▼テキストファイルを読み込んで単語のリストを作成する関数 (Notebook を使用)

```
In  def make_wordlist(file):
        """英文を読み込んで単語リストを作る

        Args:
            file (str): ファイル名(パス)
        Returns:
            list: テキストファイルから抽出した単語のリスト
        """
        # リストを用意
        word_lst = []
        # ファイルをオープン
        file_data = open(file, encoding='UTF-8')
        # 段落を取り出す
        for line in file_data:
            # 単語に分割してリストにする(改行は除く)
            tmp_lst = line.split()                        ①
            # リストから単語を取り出す
            for word in tmp_lst:
                word = word.rstrip('.,:!?)"\'')  # 末尾のピリオド等を取り除く  ②
                word = word.lstrip('("\'')       # 冒頭のクォート等を取り除く  ③
                word_lst.append(word)            # 単語リストに追加する       ④
        return word_lst
```

make_wordlist()は、パラメーターfileで取得したファイルを読み込み、出現するすべての単語をリストにする関数です。外側の

forループの①:

```
tmp_lst = line.split()
```

428

9-2 テキストファイルの処理

では、Fileオブジェクトfile_dataから取り出した段落（改行で終了している文字列）を単語ごとに分割し、これをリストにします。split()メソッドは引数を指定しない場合、セパレーターとして「改行、スペース、タブ」のシーケンスを使うので、スペースで区切られた英文はすべて単語に分割されます。また、同時に末尾の改行も取り除かれます。

ただし、英文にはピリオドやカンマ、クォートなどがあるので、このままでは

```
her.
'without
conversations?
```

のように、単語以外の文字が混ざってしまいます。

そこで、ネストしたforループでこれらの単語以外の文字を取り除きます。❷の

```
word = word.rstrip('.,:!?)'"')
```

で右端のピリオド、カンマ、コロン、感嘆符、疑問符、閉じカッコ、閉じる方のシングル／ダブルクォート（全角）を取り除きます。rstrip()メソッドは、引数を省略すると改行、スペース、タブを取り除きますが、直接、引数を指定して取り除く文字を指定できます。同様に❸の

```
word = word.lstrip('('"')
```

で左端から開きカッコ、開く方のシングル／ダブルクォート（全角）を取り除きます。

なお、文字列の両端から取り除くstrip()メソッドを使えば1回で済ませられますが、左端と右端から取り除く文字がそれぞれわかるように、あえてrstrip()とlstrip()に分けました。

最後に❹の

```
word_lst.append(word)
```

でword_lstに追加し、外側のforループの先頭に戻ります。

● プログラムを実行して単語のリストを作る

ここでは、「不思議の国のアリス（Alice's Adventures in Wonderland）」の冒頭部分をalice.txtに収録したので、これを読み込ませてみることにします。

▼ alice.txtの中身

Alice was beginning to get very tired of sitting by her sister on the bank, and of having nothing to do: once or twice she had peeped into the book her sister was reading, but it had no pictures or conversations in it, 'and what is the use of a book,' thought Alice 'without pictures or conversations?'
......以下省略......

▼ ファイルを指定して単語リストを取得

```
In   make_wordlist('alice.txt')
Out  ['Alice',
     'was',
     'beginning',
     'to',
     'get',
     'very',
     'tired',
     'of',
     'sitting',
     'by',
     'her',
     'sister',
     'on',
     'the',
     'bank',
     ......途中省略......
     'eyes',
     'ran',
     'close',
     'by',
     'her']
```

429

9-2 テキストファイルの処理

Tips 278 英文を読み込んで重複なしの単語リストを作る

▶Level ●●

これがポイントです！
if not 単語 in 単語リスト: による重複チェック

前回のTipsで作成したプログラムは、英文の中に出現するすべての単語をリストにします。このため、すでに登録済みの単語であっても登録が繰り返されるので、出現頻度が高い単語が数多くリストに登録されます。

単語を重複して登録せずに単語のリストを作成したい場合は、ifブロックで重複のチェックを行ってからリストに登録するようにします。

▼重複なしの単語リストを作る関数（Notebookを使用）

```
In  def make_wordlist2(file):
        """英文を読み込んで重複なしの単語リストを作る

        Args:
            file (str): ファイル名（パス）
        Returns:
            list: テキストファイルから抽出した単語のリスト
        """
        word_lst = []                         # リストを用意
        file_data = open(file, encoding='UTF-8') # ファイルをオープン
        for line in file_data:                # 段落を取り出す
            tmp_lst = line.split()            # 単語に分割してリストにする（改行は除かれる）
            for word in tmp_lst:              # リストから単語を取り出す
                word = word.rstrip('.,:!?)'"') # 末尾のピリオド等を取り除く
                word = word.lstrip('("')      # 冒頭のクォート等を取り除く
                if not word in word_lst:      # 単語がすでに登録済みでないかチェック ── ❶
                    word_lst.append(word)     # 単語リストに追加する
        return word_lst
```

▼ファイルを指定して単語リストを取得

```
In  make_wordlist2('alice.txt')
Out ……出力結果省略（重複しない単語リストが出力される）……
```

前回のTipsで作成したプログラムからの変更点は❶のifブロックのみです。

```
if not word in word_lst:
```

でword_lstにすでに登録済みかどうか

チェックし、登録されていなければ

```
word_lst.append(word)
```

でリストに追加します。

430

9-2　テキストファイルの処理

Tips 279

**単語の出現回数を
カウントして頻度表を作る**

▶Level ●●

**これが
ポイント
です！**

**単語が出現するたびに辞書の値に1を
加算する**

　Pythonの**辞書**（dict型）は、キーと値の
ペアを要素として保存します。これを使え
ば、単語をキーに、単語の出現回数を値にす
ることで、

　〈キー〉単語　:　〈値〉出現回数

を要素にした辞書を作ることができます。こ
れが、すなわち頻度表です。
　英単語を取り出す処理は、前回のTipsの
単語リストを作るときと同じです。Fileオブ

ジェクトから取り出した段落（改行までを1
つの段落と考えます）に対して、

```
words = line.split()
```

を実行し、スペースをセパレーターにして単
語に切り分けてリストにします。ここから先
が今回の重要な部分になりますが、まずは単
語が出現するたびに単語が持つ値に1を加
算することを考えます。

```
if word in freq:            辞書freqに単語と同じキーがあるか
    freq[word] += 1         単語をキーにして値に1を加算
```

　ただし、wordの単語が初めて出現したと
きの処理が必要です。これは、

```
else:           該当するキーがなければ
    freq[word] = 1      単語をキーにして値を1にする
```

のようにして、新規のキーと値のペアを作っ
て辞書に格納するようにします。

●英単語の頻度表を作る

　次に示すのが頻度表を作成するプログラ
ムです。頻度表としての辞書を作成する部
分は、get_frequency()関数にまとめまし
た。この関数の実行用コードでは、関数の戻
り値（頻度表としての辞書）を受け取り、for
ループで出力するようにします。

自然言語処理

431

9-2　テキストファイルの処理

▼単語の出現回数をカウントして頻度表を作る関数 (Notebook を使用)

```
In  def get_frequency(file):
        """単語の出現回数をカウントして頻度表を作る

        Args:
            file (str): ファイル名(パス)
        Returns:
            dict: 単語と出現回数
        """
        # 辞書を用意
        freq = {}
        # ファイルをオープン
        file_data = open(file, encoding='UTF-8')
        # 段落を取り出す
        for line in file_data:                        ❶
            words = line.split()  # 単語に分割してリストにする (改行は除かれる)
            # リストから単語を取り出す
            for word in words:                        ❷
                word = word.rstrip('.,:!?)'"')  # 末尾のピリオド等を取り除く
                word = word.lstrip('('"')        # 冒頭のクォートを取り除く
                # 辞書に単語と同じキーがあればキーの値に1加算
                if word in freq:                      ❸
                    freq[word] += 1
                # 該当するキーがなければ単語をキーにして値を1にする
                else:
                    freq[word] = 1
        # 頻度表としての辞書を返す
        return freq
```

　get_frequency()関数では、パラメーターで取得したファイル名を使ってファイルを開き、❶の

```
for line in file_data:
```

でFileオブジェクトから改行を区切りとする段落を取り出し、split()メソッドで単語のリストwordsを作成します。この時点で段落最後の単語の末尾から改行文字が除かれます。

　ネストしたforループ❷の

```
for word in words:
```

で単語のリストから単語を1つ取り出し、rstrip()とlstrip()で前後の余分な文字を取

り除きます。続く❸の

```
if word in freq:
```

で頻度表の辞書freqにwordに該当するキーがあるかどうか調べ、キーが存在すれば

```
freq[word] += 1
```

で値に1を加算します。初めて出現した単語であれば、else:以下の

```
freq[word] = 1
```

でwordをキー、値を1にした「キー：値」のペアを作成して辞書freqに追加します。ここまでの処理を繰り返すことで、すべての段落から抽出した単語の出現回数をカウン

9-2 テキストファイルの処理

トした頻度表が出来上がります。最後に
freqを戻り値として返して、関数の処理が
終了します。

今回も、「不思議の国のアリス（Alice's
Adventures in Wonderland）」の冒頭部分
を収録したalice.txtを読み込ませてみるこ
とにします。

▼alice.txtの中身

Alice was beginning to get very tired of sitting by her sister on the bank, and of having nothing
to do: once or twice she had peeped into the book her sister was reading, but it had no
pictures or conversations in it, 'and what is the use of a book,' thought Alice 'without pictures
or conversations?'
……以下省略……

▼テキストファイルから単語の頻度表を作る

```
In    # ファイルを指定して頻度表の辞書を取得
      freq = get_frequency('alice.txt')

      # 取得した辞書から「英単語（頻度）」の形式で出力する
      for word in freq:   # 辞書のキー（単語）を取り出す
          # キー（単語）と値（頻度）を出力
          print(word + '(' + str(freq[word]) + ')' )
Out   Alice(2)
      was(3)
      beginning(1)
      to(2)
      get(1)
      very(2)
      tired(1)
      of(5)
      sitting(1)
      by(2)
      her(5)
      sister(2)
      on(1)
      the(7)
      bank(1)
      and(4)
      having(1)
      nothing(1)
      do(1)
      once(1)
      or(3)
      ……以下省略……
```

このように表示されれば成功です。各単
語の出現回数が( )の中に表示されているの
が確認できます。

自然言語処理

9-2 テキストファイルの処理

単語の出現回数順に頻度表を並べ替える

▶Level ●●

これがポイントです！ 単語表の単語を頻度順で並べ替える

Pythonの辞書は要素の順番が保証されないので、要素を出力するたびに異なる順番で出力されることがあります。前回のTipsの頻度表を作成するプログラムは頻度表の中身をそのまま出力するだけなので、今回はもう少し工夫したいと思います。

単語を頻度順に並べ替えることができれば、頻出の単語とそうでない単語がひと目でわかるので便利そうです。

●頻度表を頻度順でソートする

頻度表の単語を頻度順に並べ替えるには、頻度表の辞書freqのキー（単語）をその値（頻度）の大きさで降順に並べ替えます。これには、昇順または降順で並べ替えを行うsorted()関数を使って、

```
for word in sorted(
    freq,                    ─ 対象の辞書を指定
    key = freq.get,          ─ get()で値を取得し、これを並べ替えの基準(key)にする
    reverse = True           ─ 降順で並べ替えを指定
    ):
```

のようにして、キーの値である頻度の大きさの降順に並べ替えるようにします。get()は辞書の値を取得するメソッドです。

▼単語の出現回数をカウントして頻度表を作る関数（前回のTipsと同じ）

```
In  def get_frequency(file):
        """単語の出現回数をカウントして頻度表を作る
        
        Args:
            file (str): ファイル名(パス)
        Returns:
            dict: 単語と出現回数
        """
        # 辞書を用意
        freq = {}
        # ファイルをオープン
        file_data = open(file, encoding='UTF-8')
        # 段落を取り出す
        for line in file_data:
            words = line.split()    # 単語に分割してリストにする(改行は除かれる)
```

9-2 テキストファイルの処理

```
                # リストから単語を取り出す
            for word in words:
                word = word.rstrip('.,:!?)"')   # 末尾のピリオド等を取り除く
                word = word.lstrip('("')        # 冒頭のクォートを取り除く
                # 辞書に単語と同じキーがあればキーの値に1加算
                if word in freq:
                    freq[word] += 1
                # 該当するキーがなければ単語をキーにして値を1にする
                else:
                    freq[word] = 1
        # 頻度表としての辞書を返す
        return freq
```

　使用するファイルは、「alice.txt」です。プログラムを実行すると、次のように、単語が出現する回数の降順で表示されます。

▼テキストファイルから単語の出現回数順に並べた頻度表を作る

```
In  # ファイルを指定して頻度表の辞書を取得
    freq = get_frequency('alice.txt')

    for word in sorted(
        freq,                  # 対象の辞書
        key=freq.get,          # 並べ替えの基準 (key) を辞書の値にする
        reverse=True           # 降順で並べ替え
        ):
        # キー (単語) と値 (頻度) を出力
        print(word + '(' + str(freq[word]) + ')')
Out the(7)
    of(5)
    her(5)
    and(4)
    was(3)
    or(3)
    she(3)
    a(3)
    Alice(2)
    to(2)
    very(2)
    by(2)
    sister(2)
    had(2)
    book(2)
    it(2)
    pictures(2)
    conversations(2)
    ......以下省略......
```

自然言語処理

435

9-2 テキストファイルの処理

Tips
281

ファイルのエンコード方式を UTF-8に変換する

▶Level ●●

これが
ポイント
です！ > print()の出力先をFileオブジェクトにする

Python3のエンコード方式は、標準で**UTF-8**です。ただし、print()で出力するときはOS標準のエンコード方式が使われるので、Windowsの**Shift-JIS**（厳密にはCP932）で保存されたファイルであっても、問題なく出力されます。

ただし、プログラムで扱う場合はUTF-8にしておいた方が無難です。UTF-8はWebをはじめ様々なプラットフォームで採用されているので、無用なトラブルを避ける意味もあります。

●print()でファイル出力

print()関数のデフォルトの出力先は「標準出力」です。標準出力はプログラムの実行環境の出力先なので、Pythonの場合はターミナル、またはコンソールでPythonを実行していればコンソールが標準出力になります。

一方、print()の引数でfileオプションを指定すると、出力先をFileオブジェクトに変更することができます。これを利用すると、UTF-8以外で保存されているファイルを開いて、新たにUTF-8として別ファイルに保存し直すことができます。「ファイルのエンコード方式をUTF-8に変換する」というわけです。ほかにwrite()メソッドで書き込む方法もありますが、ここではprint()で書き込んでみることにします。

▼テキストファイルをUTF-8で別ファイルとして保存する関数（Notebookを使用）

```
In   def convert_encode(file, encode):
         """テキストファイルをUTF-8で別ファイルとして保存する

         Args:
             file file (str): ファイル名(パス)
             encode (str): エンコード方式
         """
         # ファイルをオープン
         file_input = open(
             file + '.txt',              # 取得したファイル名に拡張子を追加
             'r',                        # 読み取り専用で開く
             encoding = encode)          # パラメーターで取得したエンコード方式


         # ファイルをオープン（新規作成）
         file_output = open(
             file + '_utf-8.txt',        # ファイル名を作成
             'w',                        # 書き換えモードで開く
```

436

9-2 テキストファイルの処理

```
            encoding = 'utf-8')        # utf-8で保存する


    # 改行までを1つの段落として取り出す
    for line in file_input:
        print(
            line,                    # 段落を書き込む
            file = file_output,      # 出力先をfile_outputにする
            end  = '')               # print()独自の改行は出力しない


    # Fileオブジェクトをクローズ
    file_input.close()
    file_output.close ()
```

▼convert_encode()関数を実行し、UTF-8でエンコードされたファイルを作成

```
In  fname = 'kusamakura'    # 変換するファイル名
    encoding = 'cp932'         # 変換するファイルのエンコード方式
    # 指定したファイルをUTF-8に変換して別名のファイルに保存する
    convert_encode(fname, encoding)
```

Windows標準のエンコード方式はShift-JISを独自に拡張した「CP932」なので、メモ帳などで保存したテキストファイルは、「cp932」のように小文字で指定します。プログラムを実行した結果、「alice.txt」をUTF-8に変換した「alice_utf-8.txt」がカレントディレクトリに作成されます。

📝 **Column エンコードとデコード**

エンコードは、データを他の形式へ変換することを指します。これに対し、**デコード**は、エンコードされたデータを元の形式へ戻すことを指します。

エンコードは、

元のデータ ➡ 変換後のデータ

です。

元のデータがあって、それを別の形式に変換することを指します。

これに対してデコードはエンコードと逆に、

変換後のデータ ➡ 元のデータ

となり、別の形式に変換したデータを元のデータに戻すことを指します。

9-3 形態素解析入門

Tips 282

形態素解析で文章を品詞に分解する

▶Level ●●●

これがポイントです! 文章から形態素への分解

形態素とは文章を構成する要素で、「意味を持つことができる最小単位」のことです。形態素は「単語」だと考えてもよいのですが、名詞をはじめ、動詞や形容詞などの「品詞」として捉えることもできます。例えば「わたしはPythonのプログラムです」という文章は、次のような形態素に分解できます。

わたし	➡	名詞
は	➡	助詞
Python	➡	名詞
の	➡	助詞
プログラム	➡	名詞
です	➡	助動詞

文章を形態素に分解し、品詞を決定することを**形態素解析**と呼びます。形態素にまで分解できれば、名詞をキーワードとして抜き出すなど、文章の分析の幅が広がります。「大マゼラン星雲には宇宙船で行くものだ」と言われたときに「大マゼラン星雲」と「宇宙船」という単語を記憶しておけば、「大マゼラン星雲は好きじゃないけど宇宙船は好き!」という文章が作れます。「○○は好きじゃないけど××は好き!」という文例を

作っておいて、記憶した単語を○○と××に順に割り当てていけば、いろんなパターンの文章が作れます。

●形態素解析モジュール「Janome」の導入

形態素解析は次の2つの手順で行えます。

・janome.tokenizer.Tokenizerクラスのオブジェクトを生成する。
・Tokenizerクラスのオブジェクトからtokenize()メソッドを実行する。

tokenize()メソッドの引数に解析対象の文字列を渡し、形態素解析の結果を取得します。tokenize()は、文章を形態素に分解して解析を行い、それぞれの形態素と解析結果をjanome.tokenizer.Tokenクラスのオブジェクトに格納し、これをリストとして返してきます。

●形態素解析で名詞を抜き出す

それぞれの情報をプログラムで扱うには、個別に情報を取り出すことが必要です。Janomeには次のプロパティが用意されています。

▼解析結果から個々の情報を取り出す

`Token.surface`	形態素の見出しを取得する
`Token.part_of_speech`	品詞の部分を取得する
`Token.infl_type`	活用型の部分を取得する
`Token.base_form`	原形の部分を取得する
`Token.reading`	読みの部分を取得する
`Token.phonetic`	発音の部分を取得する

438

Tips 283 形態素解析モジュール「Janome」の導入

▶Level ●●●

これがポイントです！ pip install janome

プログラムによって日本語の文章を形態素解析するのは非常に難しく、特に単語の**わかち書き**の問題があります。「わかち書き」とは、文章を単語ごとに区切って書くことを指します。英語の文章は単語ごとにスペースで区切られているので、最初から「わかち書き」されている、つまりすでに形態素に分解された状態になっています。

一方、日本語の文章はすべての単語が連続し、見た目からは形態素の区切りを判断することはできません。プログラムによる形態素解析が難しいのはそのためです。これをクリアするには、膨大な数の単語を登録した辞書を用意し、それを参照しながら文法にもとづいて文章を分解していく——というかなり複雑な処理が必要になるのです。

幸いなことに、フリーで公開されている形態素解析プログラムがいくつもあります。中でも有名なのが**MeCab**（和布蕪）というプログラムですが、MeCabの辞書を搭載した形態素解析プログラムがPythonのライブラリとして公開されています。Tomoko Uchida氏が開発した**Janome**です。pipコマンドでインストールしたらすぐに使えます。

MeCabをPythonで使う場合は、MeCab本体をインストールして、Pythonから利用できるように「mecab-python3」をインストールする、という手順を踏むことになります。

● Mecabのインストール（VSCode）

VSCodeでは、**ターミナル**を使ってインストールします。

❶ PythonモジュールまたはNotebookを開き、仮想環境のインタープリターを選択しておきます。
❷ **ターミナル**メニューの**新しいターミナル**を選択します。

▼VSCodeでNotebookを開いたところ

❷ [ターミナル]メニューの [新しいターミナル]を選択

❶ PythonモジュールまたはNotebookを開き、仮想環境のインタープリターを選択しておく

❸ ターミナルに
 pip install janome
と入力して**Enter**キーを押します。

▼VSCodeの [ターミナル]

pip install janome
と入力

439

●「Janome」をインストールする（Anaconda）

Anaconda NavigatorでJanomeのインストールを行います。

❶ Anaconda Navigatorを起動し、**Environments**タブをクリックします。
❷ 仮想環境を選択します。
❸ **Not installed**を選択し、検索欄に「janome」と入力します。
❹ 「Janome」のチェックボックスにチェックを入れます。
❺ **Apply**ボタンをクリックします。

▼Anaconda Navigatorの[Environments]タブ

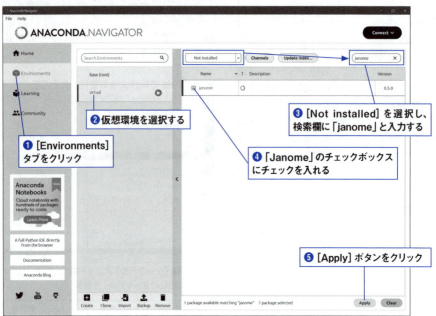

❻Install PackagesダイアログのApplyボタンをクリックします。

▼[Install Packages]ダイアログ

9-3 形態素解析入門

Tips

284

「Janome」で形態素解析を実行する

▶Level ●●●

> これが
> ポイント
> です！

Janome.tokenizer.Tokenizer.tokenize()

Janomeを使って形態素解析を行ってみましょう。

▼形態素解析を行う（Notebookを使用）

```
In   from janome.tokenizer import Tokenizer ──────────❶
     t = Tokenizer() ─────────────────────────────────❷
     tokens = t.tokenize('わたしはPythonのプログラムです') ──❸
     for token in tokens: ────────────────────────────❹
         print(token)
```

```
Out  わたし    名詞,代名詞,一般,*,*,*,わたし,ワタシ,ワタシ
     は   助詞,係助詞,*,*,*,*,は,ハ,ワ
     Python 名詞,固有名詞,組織,*,*,*,*,*,*
     の   助詞,連体化,*,*,*,*,の,ノ,ノ
     プログラム 名詞,サ変接続,*,*,*,*,プログラム,プログラム,プログラム
     です 助動詞,*,*,*,特殊・デス,基本形,です,デス,デス
```

形態素解析は次の2つの手順で行えます。

- **janome.tokenizer.Tokenizer() コンストラクター**
  janome.tokenizer.Tokenizer クラスのオブジェクトを生成します。

- **janome.tokenizer.Tokenizer.tokenize() メソッド**
  引数に解析対象の文字列を指定して実行すると、形態素解析の結果をTokenオブジェクトに格納し、これをまとめたリストを返します。

❶で、janome.tokenizer モジュールからTokenizer クラスをインポートします。
❷においてjanome.tokenizer.Tokenizer クラスのコンストラクターTokenizer() でTokenizer オブジェクトを生成します。

❸でtokenize()メソッドの引数に解析対象の文字列を渡し、形態素解析の結果を取得します。解析結果は、Tokenizerオブジェクトとして返されます。TokenizerオブジェクトはPythonのジェネレーターなので、イテレート（反復処理）を行うと、形態素ごとに解析結果が格納されたTokenオブジェクトが返されます。これを利用して、❹のforループでは、Tokenizerからすべてのトークンオブジェクトを抽出し、出力しています。

tokenize()が返すTokenizerオブジェクトは、ジェネレーターなので反復処理には便利ですが、リストのように特定の要素だけを取り出すことはできません。また、一度イテレートして取り出しを行うと、ジェネレーター内部には何も残らず空の状態になりま

自然言語処理

441

9-3 形態素解析入門

す。これは、メモリを節約するためのジェネレーター特有の仕様なのですが、リストのように要素の一覧を取得したり、特定の要素にアクセスする場合は、ジェネレーターであるTokenizerオブジェクトをリストに変換してから使用することになります。

では、改めてtokenize()で形態素解析を実行し（先のTokenizerオブジェクトにはもはや値が存在しないため）、戻り値のTokenizerオブジェクトをリストに変換したうえで、その中身を確認してみましょう。

▼tokensリストの中身を見る

```
In   tokens = t.tokenize('わたしはPythonのプログラムです')
     tokens = list(tokens)
     tokens
```

```
Out  [<janome.tokenizer.Token object at 0x060A0A10>, ── （形態素）'わたし'
      <janome.tokenizer.Token object at 0x0A80A530>, ── （形態素）'は'
      <janome.tokenizer.Token object at 0x0A80A550>, ── （形態素）'Python'
      <janome.tokenizer.Token object at 0x0A80A570>, ── （形態素）'の'
      <janome.tokenizer.Token object at 0x0A80A590>, ── （形態素）'プログラム'
      <janome.tokenizer.Token object at 0x0A80A5B0>] ── （形態素）'です'
```

オブジェクトのタイプ　　オブジェクトのID

次のように、直接インデックス値を指定すれば、特定の要素のみを出力できます。

▼リストの中の1つ目のTokenオブジェクトを出力してみる

```
In   print(tokens[0])
Out  わたし    名詞,代名詞,一般,*,*,*,わたし,ワタシ,ワタシ
```

'わたしはPythonのプログラムです'の形態素「わたし」の解析結果が、「品詞」「品詞細分類1」「品詞細分類2」「品詞細分類3」「活用形」「活用型」「原形」「読み」「発音」の順で出力されます。

Tokenクラスのプロパティを参照することで、個々の結果を取り出すことができます。

▼形態素「わたし」の分析結果

わたし ──────── （形態素の見出し）
名詞, ──────── 品詞
代名詞, ──────── 品詞細分類1
一般, ──────── 品詞細分類2
*, ──────── 品詞細分類3
*, ──────── 活用形
*, ──────── 活用型
わたし, ──────── 原形
ワタシ, ──────── 読み
ワタシ ──────── 発音

• Token.surface
 形態素の見出しの部分を取得します。

9-3 形態素解析入門

▼リストの1つ目のTokenオブジェクトから形態素の見出しを取り出す

```
In   print(tokens[0].surface)
```
```
Out  わたし
```

　内包表記で、文章の中のすべての形態素の見出しをリストとして取り出すこともできます。いわゆる「分かち書き」した状態です。

▼内包表記を使ってリストの中のすべての形態素の見出しを取り出す

```
In   [token.surface for token in tokens]
```
```
Out  ['わたし', 'は', 'Python', 'の', 'プログラム', 'です']
```

- Token.part_of_speech
「品詞」「品詞細分類1」「品詞細分類2」「品詞細分類3」の部分を取得します。

▼リストの1つ目のTokenオブジェクトから品詞を取り出す

```
In   print(tokens[0].part_of_speech)
```
```
Out  名詞,代名詞,一般,*
```

- Token.infl_type
活用型の部分を取得します。

▼リストの1つ目のTokenオブジェクトから活用型を取り出す

```
In   print(tokens[0].infl_type)
```
```
Out  * ——— 該当なしなので「*」
```

- Token.base_form
原形の部分を取得します。

▼リストの1つ目のTokenオブジェクトから原形を取り出す

```
In   print(tokens[0].base_form)
```
```
Out  わたし
```

- Token.reading
読みの部分を取得します。

▼リストの1つ目のTokenオブジェクトから読みを取り出す

```
In   print(tokens[0].reading)
```
```
Out  ワタシ
```

- Token.phonetic
発音の部分を取得します。

▼リストの1つ目のTokenオブジェクトから発音を取り出す

```
In   print(tokens[0].phonetic)
```
```
Out  ワタシ
```

自然言語処理

443

9-3 形態素解析入門

Tips
285

▶Level ●●●

形態素解析を行う
analyzerモジュールを作る

これが
ポイント
です！

形態素解析からの「見出し」と「品詞情報」
の抽出

形態素解析の処理を1つにまとめた **analyze()関数**を定義します。

Pythonのモジュール（ここでは「analyzer. py」としました）を作成し、次のコードを入力します。

▼ analyzerモジュール（analyzer.py）

```
from janome.tokenizer import Tokenizer # janome.tokenizerをインポート
import pprint

def analyze(text):
    """形態素解析を行う
    Args:
        text (str): 解析対象の文章
        Returns:
            list: 見出しと品詞のペアを格納した多重リスト
    """
    # Tokenizerオブジェクトを生成
    t = Tokenizer()                        ❶
    # 形態素解析を実行
    tokens = t.tokenize(text)              ❷
    # 形態素と品詞を格納するリスト
    result = []c                           ❸

    # リストからTokenオブジェクトを1つずつ取り出す
    for token in tokens:                   ❹
        # 形態素と品詞情報をリストにしてresultに追加
        result.append(
            [token.surface,            # 形態素を取得
             token.part_of_speech])    # 品詞情報を取得
    # 解析結果の多重リストを返す
    return(result)

#==================================================
# プログラムの起点
#==================================================
if __name__ == '__main__':
    print('文章を入力')
    # 文章を取得
    inp = input()
```

444

```
        # 入力された文章を解析
        pprint.pprint(analyze(inp))

        print('\n')
        input('[Enter]キーで終了します。')
```

analyze()関数は、「形態素解析の結果の文字列から形態素の見出しと品詞情報を取り出し、利用しやすいデータ構造として組み立てる」ための処理を行います。

❶においてTokennizerオブジェクトを生成し、❷においてtokenize()メソッドで形態素解析を実施します。tokenize()メソッドは解析結果のTokenオブジェクトを生成するジェネレーターを返してくるので、❹の

forループでTokenオブジェクトを1つずつ取得して、

[token.surface, token.part_of_speech]

のように見出しと品詞を要素とするリストを作成し、❸において作成しておいたリストresultの要素として追加します。

▼解析結果から個々の情報を取り出す

`Tokenオブジェクト.surface`	形態素の見出しを取得する
`Tokenオブジェクト.part_of_speech`	品詞の部分を取得する
`Tokenオブジェクト.infl_type`	活用型の部分を取得する
`Tokenオブジェクト.base_form`	原形の部分を取得する
`Tokenオブジェクト.reading`	読みの部分を取得する
`Tokenオブジェクト.phonetic`	発音の部分を取得する

▼tokensからTokenオブジェクトを1つずつ取り出して形態素と品詞情報を取得する

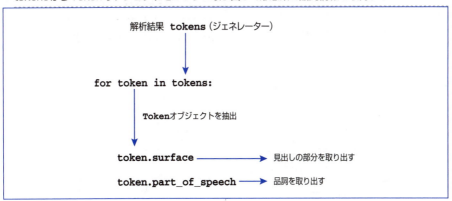

forループによって順次、Tokenオブジェクトを取得し、多重リストresultに追加する処理の全体を見てみましょう。

9-3 形態素解析入門

▼analyze()関数の❹の部分

```
for token in tokens:
    result.append( [token.surface, token.part_of_speech])
```

形態素と品詞情報を要素としたリストを追加する

　1つのTokenオブジェクトから取得した形態素と品詞情報を1つのリストとし、resultリストに追加していきます。結果、次のように「リストを格納したリスト」、つまり多重リストが出来上がります。

▼forループ終了後のresultリストの中身の例

```
[
    ['わたし', '名詞,代名詞,一般,*'],
    ['は', '助詞,係助詞,*,*'],
    ['Python', '名詞,固有名詞,組織,*'],
    ['の', '助詞,連体化,*,*'],
    ['プログラム', '名詞,サ変接続,*,*'],
    ['です', '助動詞,*,*,*']
]
```

● 形態素解析の実行

　analyze()関数は他のプログラムからも利用できるようにモジュール（analyzer.py）にまとめましたが、単独でも実行できるように

```
if __name__ == '__main__':
```

以下に実行コードを書いています。

　VSCodeの場合は、モジュールの実行環境として仮想環境のPythonインタープリターを関連付けた状態で**実行とデバッグ**パネルの**実行とデバッグ**ボタンをクリックしてプログラムを実行してください。次に示すのは、VSCodeの**ターミナル**における実行例です。

▼VSCodeの[ターミナル]における実行例

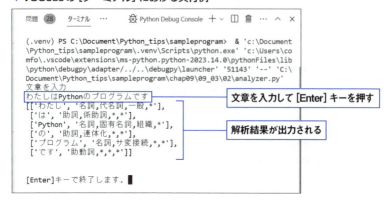

446

9-3 形態素解析入門

Tips
286

テキストファイルから
1行ずつデータを読み込む

▶Level ●●●

これが
ポイント
です!

open() 関数

　特定の品詞のコレクションを外部ファイルとして持たせ、プログラムの実行時に読み込んで使うことを考えた場合、テキストファイルにしておけば手軽に編集できます。これを実現するには、ファイルを開いて中身を読み込み、それをPythonのデータ構造として使えるようにすることが必要です。まずはファイルのオープンですが、これにはopen()関数を使います。

・ファイルをオープンする

```
変数 = open('ファイル名', 'モード', encoding = 'エンコード方式')
```

　open()関数は、'ファイル名'で指定したファイルを開いてFileオブジェクトを戻り値として返します。次表の値は、ファイルオブジェクトのモードを指定するために、第2引数として設定する値です。

▼ファイルオブジェクトのモードを指定する

文字	意味
'r'	読み込み用に開きます (デフォルト)。
'w'	書き込み用に開いてファイルの中身を切り詰めます。指定した名前のファイルが存在しない場合は、新しいファイル が生成されます。
'x'	排他的にファイルを生成 (指定した名前のファイルを新規に作成) して開きます。指定した名前のファイルが存在する場合は生成に失敗します。
'a'	書き込み用に開きますが、ファイルが存在する場合は末尾に追加できる状態にします。
'b'	バイナリモードで開きます。
't'	テキストモードで開きます (デフォルト)。

　この中でよく使用するのは、'r'、'w'、'a'の3つです。ファイルを読み込むだけなら、出来上がった辞書ファイル (.txt) を読み込むことになるので'r'を指定します。ファイルをオープンすると、指定したモードに対応したFileオブジェクトが返されます。以降は、Fileオブジェクトが持つメソッドを呼び出すことで、データの読み書きを行います。

　第3引数の「encoding」は、文字コードのエンコード方式を指定するための名前付きの引数です。ファイルがUTF-8形式で保存されている場合は「encoding = 'utf_8'」のように記述します。なお、この引数を指定しない場合は、OS標準のエンコード方式 (Windowsの場合はShift-JIS) が使われます。

447

9-3 形態素解析入門

●Fileオブジェクトからテキストデータを読み込む

ファイルを読み込むメソッドには、いくつか種類があり、ファイルの中身や使い方に合わせて次表のメソッドを使い分けます。

▼ファイルを読み込むメソッド

メソッド	機能
read()	ファイルの全データを読み込みます。
readline()	ファイルの各行を1行ずつ文字列として読み込みます。
readlines()	ファイルの全データを読み込み、1行ずつの文字列を要素とするリストを返します。

read()から試してみましょう。このメソッドは、ファイルの中身を単一のカタマリとして読み込みます。次の列は、複数行のテキストデータが保存されたファイルを開いてリストに読み込み、これを1行ずつ出力するプログラムです。

▼テキストファイルのデータをまとめて読み込む（Notebookを使用）

```
In  file = open(
        'sample.txt',          # Notebookのカレントディレクトリのsample.txtを開く
        'r',                   # 読み取りモード
        encoding = 'utf_8'     # テキストファイルのエンコーディング方式を指定
        )
    data = file.read()         # ファイル終端までのすべてのデータを取得

    file.close()               # ファイルオブジェクトをクローズ
    lines = data.split('\n')   # 改行で区切った文字列リストを取得
    for line in lines:         # リストから要素を1つずつ取り出す
        print(line)
```

▼実行結果

```
Out     Pythonのソースコードの書き方は、オブジェクト指向、命令型、手続き型、関数型などの形
    式に対応していますので、状況に応じて使い分けることができます。
        オブジェクト指向を使えばより高度なプログラミングを行えますが、命令型、手続き型、関
    数型はプログラムを書くための基本なので、まずはこれらの書き方を学んでからオブジェクト
    指向に進むのが一般的です。
        Pythonの用途は広く、PC上で動作する一般的なアプリケーションの開発から、Webアプ
    リ、ゲーム、画像処理をはじめとする各種自動処理に使われる一方、統計分析、AI（人工知能）
    開発のためのディープラーニング（深層学習）の分野で多く利用されています。
```

read()はファイルのデータをまとめて読み込むので、split()メソッドで改行文字\nのところで分割してからリストに保存します。こうすると、ファイルの1行データがリストの要素として格納されます。

448

9-3　形態素解析入門

次に、readlines()を試してみましょう。このメソッドは、ファイル全体を読み込んで、各行を要素にしたリストとして返します。1行データをそのままリスト要素にするので、行末の改行コード（\n）は付いたままです。

▼テキストファイルから1行ずつリストに読み込む

```
In  # Notebookのカレントディレクトリのrandom.txtを読み取りモードで開く
    file = open('sample.txt', 'r', encoding = 'utf_8')
    # 1行単位のリストを取得
    lines = file.readlines()
    # リスト要素を抽出し、出力する
    for line in lines:
        print (line)
```

▼実行結果

```
Out   Pythonのソースコードの書き方は、オブジェクト指向、命令型、手続き型、関数型などの形
      式に対応していますので、状況に応じて使い分けることができます。

      オブジェクト指向を使えばより高度なプログラミングを行えますが、命令型、手続き型、関
      数型はプログラムを書くための基本なので、まずはこれらの書き方を学んでからオブジェクト
      指向に進むのが一般的です。

      Pythonの用途は広く、PC上で動作する一般的なアプリケーションの開発から、Webアプ
      リ、ゲーム、画像処理をはじめとする各種自動処理に使われる一方、統計分析、AI（人工知能）
      開発のためのディープラーニング（深層学習）の分野で多く利用されています。
```

最後にwithを使う方法を見ておきましょう。withはopen()で開いたファイルをイテレート（反復処理）可能なFileオブジェクトとして返すので、よりスマートにファイル処理が行えます。また、ブロックの終端に達すると、ファイルオブジェクトが自動的にcloseする仕組みが付いています。

ファイルの各行に対して何かの処理をしたい場合に使うと便利です。

▼withステートメントを使う

```
In  # Fileオブジェクトをfileに格納して処理を行う
    with open('sample.txt', 'r', encoding = 'utf_8') as file:
        for line in file:
            print(line)
```

自然言語処理

9-3　形態素解析入門

▼実行結果

Out
> Pythonのソースコードの書き方は、オブジェクト指向、命令型、手続き型、関数型などの形式に対応していますので、状況に応じて使い分けることができます。
>
> オブジェクト指向を使えばより高度なプログラミングを行えますが、命令型、手続き型、関数型はプログラムを書くための基本なので、まずはこれらの書き方を学んでからオブジェクト指向に進むのが一般的です。
>
> Pythonの用途は広く、PC上で動作する一般的なアプリケーションの開発から、Webアプリ、ゲーム、画像処理をはじめとする各種自動処理に使われる一方、統計分析、AI（人工知能）開発のためのディープラーニング（深層学習）の分野で多く利用されています。

Tips 287 OSごとの改行モードの取り扱いを知る

▶Level ●●●

これがポイントです！ > **ユニバーサル改行モード**

テキストファイルで使用する**改行コード**は、OSの種類によって異なります。

▼OSごとの改行コード

OS	改行コード
Windows	CRLF（キャリッジリターン + ラインフィード）
Mac OS X以降、Linux	LF（ラインフィード）
旧Mac OS	CR（キャリッジリターン）

このような違いがあるので、Pythonでは改行コードの違いを吸収するための**ユニバーサル改行モード**が有効になっています。プログラム内部ではLF（'\n'）が改行コードとして扱われているので、テキストファイルを読み込むときにはCRLF（'\r\n'）またはCR（'\r'）が、自動でLF（'\n'）に変換されるようになっています。

一方、ファイルへの書き込みの際にも、プログラムで使用しているLF（'\n'）がOSの種類に応じてCRLF（'\r\n'）またはLF（'\n'）、CR（'\r'）に自動変換されます。

450

9-3 形態素解析入門

Tips 288

文章から名詞を取り出して
ファイルに蓄積する

▶Level ●●●　**これがポイントです！** 形態素解析結果の保存

Web上では、ニュースサイトなど様々なサイトから、あらゆる情報が配信されています。情報を収集することを目的としたテキストマイニングの例として、名詞を個別に収集することを考えてみたいと思います。特定のジャンルに絞って収集を行い、それを蓄積することで辞書的なものが出来上がるはずです。辞書というよりは名詞のコレクションというべきものですが、いずれにしてもその分野で使われている名詞の一覧が手に入ります。さらに、何度も出現する名詞については出現回数も記録することで、最重要単語としてのランキングも行えます。

●名詞を保存するテキストファイルの用意

特定の品詞のコレクションを外部ファイルとして持たせ、プログラムの実行時に読み込んで使うには、テキストファイルが手軽なうえ、編集も楽にできます。事前にソースファイルと同じ場所に「dict」フォルダーを

作成し、内部にdictionary.txtという名前のテキストファイルを作成して、エンコード方式をUTF-8にして保存しておきます。メモ帳をはじめとする多くのテキストエディターでは、保存時にエンコード方式を指定できるようになっています。コレクションを目的としているので、ファイルには何も書き込まず、空の状態にしておきましょう。

●analyzerモジュールの用意

新規のモジュール（ここでは「analyzer.py」としました）を作成し、Tips285「形態素解析を行うanalyzerモジュールを作る」で定義したanalyze()関数と同じ関数を定義します。続いて、新規の関数を1つ追加します。analyze()関数の解析結果（品詞情報）をパラメーターにとり、それが名詞であればTrueを返し、そうでなければFalseを返す処理を行う関数です。

▼ analyzerモジュール（analyzer.py）

```
from janome.tokenizer import Tokenizer # Tokenizerをインポート
import re, pprint                       # reとpprintをインポート

def analyze(text):
    ''' 形態素解析を行う

    Args:
        text (str): 解析対象の文章
    Returns:
        list: 解析結果の多重リスト
    """
    # Tokenizerオブジェクトを生成
    t = Tokenizer()
```

自然言語処理

451

9-3　形態素解析入門

```python
    # 形態素解析を実行
    tokens = t.tokenize(text)
    # 形態素と品詞のリストを格納するリスト
    result = []
    # リストからTokenオブジェクトを1つずつ抽出
    for token in tokens:
        # 形態素と品詞情報のリストを作成してresultに追加
        result.append([token.surface, token.part_of_speech])
    # 解析結果の多重リストを返す
    return(result)


def keyword_check(part):
    """品詞が名詞かどうか調べる

    Args:
        part (str): 形態素解析の品詞の部分
    Returns:
        bool: 名詞であればTrue、そうでなければFalse
    """
    # 名詞,一般
    # 名詞,固有名詞
    # 名詞,サ変接続
    # 名詞,形容動詞語幹
    # のいずれかにマッチすればTrue、それ以外はFalseを返す
    return re.match(
        '名詞,(一般|固有名詞|サ変接続|形容動詞語幹)', part)
```

●文章から名詞を取り出してファイルに蓄積するプログラム

analyzerモジュールとdictionary.txtで材料は揃いました。あとは、文章から名詞を抜き出してテキストファイルに追加するプログラムの作成です。ファイルは1行に1つの名詞という簡単なフォーマットとします。

▼文章から名詞を抽出してファイルに蓄積するプログラム (nouns_collection.py)

```python
import os
import analyzer # analyzerモジュールをインポート


def read_dictionary():                              ──❶
    """辞書ファイルから名詞データを読み込む

    Returns:
        list: 辞書ファイルから抽出した名詞のリスト
    """
    # モジュールのパスを取得してdictionary.txtのフルパスを作成
```

9-3 形態素解析入門

```python
    path = os.path.join(
        os.path.dirname(__file__), 'dics', 'dictionary.txt')  # ❷
    # 辞書ファイルを読み出し専用でオープン
    pfile = open(path, 'r', encoding = 'utf_8')
    # 1行ずつ読み込んでリストの要素にする
    p_lines = pfile.readlines()
    # ファルクローズ
    pfile.close()

    # 辞書ファイルの名詞を保持するリスト
    noun_lst = []                                              # ❸
    # p_linesから1行データを順番に抽出
    for line in p_lines:                                       # ❹
        # 1行のデータの末尾から改行文字を取り除く
        str = line.rstrip('\n')
        # 1行のデータが空文字ではない場合
        if(str!=''):
            # noun_lstに追加する
            noun_lst.append(str)
    # ファイルから抽出した名詞のリストを返す
    return noun_lst


def save(noun_lst):                                            # ❺
    """noun_lstの要素を辞書ファイルに書き込む

    Args:
        noun_lst (list): 登録済みの名詞と新たに登録する名詞のリスト
    """
    # 辞書ファイルに書き込むデータを保持するリスト
    nouns = []
    # noun_lstから名詞データを1つずつ取り出す
    for noun in noun_lst:                                       # ❻
        # 末尾に改行を付けてnounsに追加する
        nouns.append(noun + '\n')
    # モジュールのパスを取得してdictionary.txtのフルパスを作成
    path = os.path.join(
        os.path.dirname(__file__), 'dics', 'dictionary.txt')
    # 辞書ファイルを書き込みモードで開く
    with open(path, 'w', encoding = 'utf_8') as f:             # ❼
        # nounsの1行ごとの名詞データを書き込む
        f.writelines(nouns)


def study_noun(parts, noun_lst):                               # ❽
    """名詞を学習する関数

    Args:
        parts (list): 形態素解析の結果のリスト
        noun_lst (list): 登録済みの名詞のリスト
```

453

9-3 形態素解析入門

```python
    """
    # 多重リスト(形態素解析の結果)の要素を2つのパラメーターに取り出す
    for word, part in parts:                                    ⑨
        # keyword_check()関数の戻り値がTrueの場合
        if (analyzer.keyword_check(part)):                      ⑩
            # フラグを立てておく
            is_new = True
            # noun_lst(登録済みの名詞のリスト)を反復処理
            for element in noun_lst:                            ⑪
                # 新規に名詞と認定された単語が既存の名詞とマッチする場合
                if(element == word):                            ⑫
                    # is_newをFalseにする
                    is_new = False
                    # ループを止める
                    break
            # is_newがTrueの場合は、既存の辞書ファイルに存在しない名詞なので追加する
            if is_new:                                          ⑬
                noun_lst.append(word)
    # save()でnoun_lstを辞書ファイルに書き込む
    save(noun_lst)


#==================================================
# プログラムの起点
#==================================================
if __name__ == '__main__':
    # 辞書ファイルを読み込んで登録済みの名詞のリストを取得
    n_lst = read_dictionary()                                   ⑭

    print('文章を入力')
    # 文章を取得
    inp = input()
    # 入力された文章を解析
    result = analyzer.analyze(inp)                              ⑮
    # 解析結果と登録済みの名詞のリストを引数にして学習関数を呼ぶ
    study_noun(result, n_lst)                                   ⑯

    print('\n')
    input('[Enter]キーで終了します。')
```

● 名詞のコレクション用ファイルの読み込み

上の行から順番に見ていきましょう。analyzerモジュールをインポートしたあと、①のread_dictionary()は、ファイルを開いてデータを読み込む処理を行います。辞書ファイル(名詞を登録するファイル)には、文章から抽出した名詞を蓄積します。ですが、すでに登録済みの名詞を重複して登録

しないようにする必要があります。そこで、一連の処理を行う前に、ファイルに登録されているすべての名詞をnoun_lstに読み込んでおき、新たに抽出された名詞がすでに登録済みでないかどうか調べて、登録されていなければnoun_lstに追加するようにします。すべての名詞の抽出と比較が終了した

454

時点でリストの中身をファイルに書き出せば、既存のデータに新しい名詞が追加される——という仕組みです。

❷では、モジュールと同じディレクトリに作成した「dict」フォルダー以下の辞書ファイル「dictionary.txt」のフルパスを作成しています。Pythonの__file__は、実行中のモジュールのフルパス（絶対パス）を返します。

os.path.dirname(__file__)

とすることで、モジュールのディレクトリの絶対パスを取得できるので、

os.path.join(os.path.dirname(__file__), 'dics', 'dictionary.txt')

のようにos.path.join()関数で、「dics」フォルダー以下の「dictionary.txt」のフルパスを作成し、変数pathに代入します。

続いてpathを使って

pfile = open(path, 'r', encoding = 'utf_8')

のようにして辞書ファイルを読み込み専用でオープンし、

p_lines = pfile.readlines()

で1行ずつ読み込んでリストにします。

❸ではnoun_lstという空のリストを作成しています。readlines()メソッドは各行の末尾に改行（\n）を付けた状態で読み込むので、❹のforループでこれを取り除きます。特に削除しなくても支障はないのですが、文字列だけのプレーンな状態の方がスッキリするので、取り除いておくことにします。p_linesの要素line（1行の文字列）に対して

```
str = line.rstrip('\n')
```

のように、rstrip()メソッドを実行します。rstrip()は、対象の文字列の末尾から引数に指定した文字列を取り除きます。さらに、ファイルのデータの中に空白行が含まれて

いる場合を考慮し、

```
if (str!=''):
```

を条件にして、strの中身が空ではない場合にのみnoun_lstに追加します。空白行がある場合は\nを取り除くと空の文字列になるので、これはリストに加えないようにするためです。forループの処理が完了したら、処理済みの名詞のリストを戻り値として返します。

●コレクション用ファイル（辞書ファイル）への書き込み

❺が、名詞のリストnoun_lstの中身をファイルに書き出す関数です。名詞を学習する関数study_noun()が、既存の名詞のリストに新規の名詞を追加する処理を行うので、study_noun()からこのsave()関数を呼び出してファイルに保存します。

パラメーターのnoun_lstには、既存の名詞と新規に追加された名詞が要素として格納されています。❻のforループで要素をブロックパラメーターnounに1つずつ取り出し、

```
nouns.append(noun + '\n')
```

で末尾に改行文字を付加して、リストnounsに追加します。一連の処理が済んだら、❼のwith以下でファイルへの書き込みを行います。ファイルは書き換えモードで開くので、次ページのwritelines()メソッドで、リストnounsのすべての要素をファイルに書き込んで処理を終了します。withは処理が終了すると自動的にFileオブジェクトを閉じるので、close()メソッドの実行は不要です。

9-3 形態素解析入門

```
with open(path, 'w', encoding = 'utf_8') as f:
    f.writelines(nouns)
```

●**入力された文章から名詞を抽出し、すでに登録済みでないかをチェックする**

❽のstudy_noun()は、新規の名詞を学習する関数です。パラメーターpartsには、呼び出し側からanalyze()関数の形態素解析の結果として

```
[['統計', '名詞,サ変接続,*,*'],
 ['分析', '名詞,サ変接続,*,*']]
```

のように、形態素と品詞情報のリストを1つのリストにまとめた多重リストが渡されます。❾のforループ：

```
'名詞,(一般|固有名詞|サ変接続|形容動詞語幹)'
```

に一致すればTrueを返してきます。正規表現を用いているので、「名詞,」に続く品詞情報が「一般」、「固有名詞」、「サ変接続」、「形容動詞語幹」のいずれかにマッチするという意味になります。さて、keyword_check()の戻り値がTrueであれば名詞であることがわかるので、

```
is_new = True
```

としたあと、⓫のネストしたforループ：

```
for element in noun_lst:
```

に入ります。パラメーターのnoun_lstには登録済みの名詞が格納されているので、名詞を1つずつ取り出します。⓬の

```
if(element == word):
```

でwordに代入されている名詞と登録済みの名詞が一致すれば、すでに登録済みということなので、

```
for word, part in parts:
```

で形態素をword、品詞情報をpartにそれぞれ取り出します。先のリストの例だと、wordに'統計'、partに'名詞,サ変接続,*,*'がそれぞれ代入されます。

❿のifブロック：

```
if (analyzer.keyword_check(part)):
```

において、analyzerモジュールに新たに加えたkeyword_check()関数は、品詞情報が

```
is_new = False
```

にして、breakでネストしたforループを抜けます。

ネストした⓫のforループを抜けた段階で、名詞が登録済みでなければis_newはTrue、名詞が登録済みであればis_newはFalseになっているので、⓭の

```
if is_new:
```

でTrueである（登録済みではない）ことを確認し、

```
noun_lst.append(word)
```

で名詞のリストnoun_lstに追加します。ここまでの処理を❾のforループで繰り返し、新たに抽出されたすべての名詞を処理したあと、最後にnoun_lstを引数にしてsave()関数を実行します。

●プログラムの実行ブロック

プログラムの実行ブロックを見ていきましょう。⓮ではread_dictionary()関数を呼び出し、辞書ファイルに登録済みの名詞のリストをn_lstに代入しています。

ターミナル上で入力された文章を引数にして⓯で形態素解析を実行し、⓰で学習用の関数study_noun()を呼び出します。

study_noun()は新規に登録すべき名詞を見つけ出し、既存の名詞と共にsave()関数を実行してファイルへの保存を完了します。

●プログラムを実行する

「nouns_collection.py」を実行して結果を見てみましょう。

▼ [ターミナル] (VSCode)

文章を入力して [Enter] キーを押す

「[Enter] キーで終了します。」と出力された時点で**Enter**キーを押すと、プログラムが終了します。辞書ファイル「dictionary.txt」を開くと、入力した文章の名詞に相当する単語が登録されていることが確認できます。

▼ 辞書ファイル「dictionary.txt」

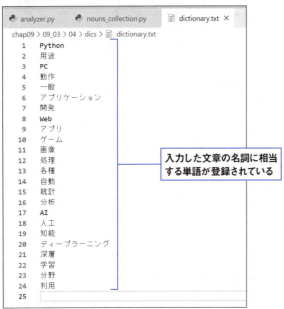

入力した文章の名詞に相当する単語が登録されている

9-3　形態素解析入門

Tips 289
多重forループからの脱出コードを関数化する

▶Level ●●●

これがポイントです！ ヘルパー関数の定義

　前回のTipsで作成したプログラムには、1つだけ気になる点があります。ネストしたforループからの脱出方法です。

▼study_noun()関数

```
def study_noun(parts, noun_lst):
    # 多重リスト(形態素解析の結果)の要素を2つのパラメーターに取り出す
    for word, part in parts:
        # keyword_check()関数の戻り値がTrueの場合
        if (analyzer.keyword_check(part)):
            # フラグを立てておく
            is_new = True
            # noun_lst(登録済みの名詞のリスト)を反復処理
            for element in noun_lst:
                # 新規に名詞と認定された単語が既存の名詞とマッチする場合
                if(element == word):
                    is_new = False    # is_newをFalseにする
                    break             # ループを止める
            # is_newがTrueの場合は、既存の辞書ファイルに存在しない名詞なので追加する
            if is_new:
                noun_lst.append(word)
    # save()でnoun_lstを辞書ファイルに書き込む
    save(noun_lst)
```

　ネストしたforループでは、登録済みの名詞の中にインプットされた名詞と一致するものがあればbreakでループを脱出するのですが、一致する名詞がない場合は次の

```
 if is_new
```

で変数is_newがTrueであれば名詞のリストnoun_lstに追加します。ただ、is_newを「フラグ」として使っているので、あまりスマートな書き方ではありません。

9-3 形態素解析入門

● for...elseで書き換える

フラグを使わないように、for...elseで書き換えてみます。

▼ study_noun()関数 (nouns_collection2.py)

```
def study_noun(parts, noun_lst):
    # 多重リスト(形態素解析の結果)の要素を2つのパラメーターに取り出す
    for word, part in parts:
        # keyword_check()関数の戻り値がTrueの場合
        if (analyzer.keyword_check(part)):
            # noun_lst(登録済みの名詞のリスト)を反復処理
            for element in noun_lst:
                # 新規に名詞と認定された単語が既存の名詞とマッチする場合はループを止める
                if(element == word):
                    break
            # 既存の辞書ファイルに存在しない名詞なので追加する
            else:
                noun_lst.append(word)
    # save()でnoun_lstを辞書ファイルに書き込む
    save(noun_lst)
```

if...elseがそうであるように、通常elseは「条件に合わなければこれを実行せよ」という意味を持ちます。ところがfor...elseはbreakが実行されるとelse以下がスキップされます。結果としてプログラムとしては正しく動作しますが、for...elseが何を意図するものなのか「書いた本人でないとわかりにくい」コードです。

● 名詞が登録済みでないかをチェックする部分を関数化する

最善の方法は、ヘルパー関数を使うことです。

▼ study_noun()関数 (nouns_collection3.py)

```
def study_noun(parts, noun_lst):
    """名詞を学習する関数

    Args:
        parts (list): 形態素解析の結果のリスト
        noun_lst (list): 登録済みの名詞のリスト
    """
    # 多重リスト(形態素解析の結果)の要素を2つのパラメーターに取り出す
```

459

9-3　形態素解析入門

```python
    for word, part in parts:
        # keyword_check()関数の戻り値がTrueの場合
        if (analyzer.keyword_check(part)):
            # ヘルパー関数is_not_exist()を呼ぶ
            if (is_not_exist(word, noun_lst)):
                # リストnoun_lstに存在しない名詞なので追加する
                noun_lst.append(word)
    # save()でnoun_lstを辞書ファイルに書き込む
    save(noun_lst)


def is_not_exist(word, noun_lst):
    """登録候補の名詞がすでに登録されていないかどうか調べる

    Args:
        word (str): 登録候補の名詞
        noun_lst (list): 登録済みの名詞のリスト

    Returns:
        bool: 同じ名詞が存在しなければTrue、存在すればFalse
    """
    # リストnoun_lstを反復処理
    for element in noun_lst:
        if(element == word):
            # noun_lstに同じ名詞があればFalseを返す
            return False
    # 同じ名詞が存在しなければTrueを返す
    return True
```

　ヘルパー関数としてis_not_exist()関数を定義しました。この関数は、study_noun()関数のネストしたforループを移植したものです。処理中の名詞が登録済みと登録候補の名詞を格納したリストの中に存在するかどうかを調べ、存在しなければTrueを返し、すでに存在する名詞であればFalseを返します。結果、study_noun()関数のforループは1つだけになり、ソースコードが読みやすくなっています。

460

9-4　マルコフモデルによる文章の創出

Tips
290
文章のつながり

▶Level ●●

これがポイントです！ 単語がつながるときの法則

　文章を構成する単語がどのようにつながっているかに注目してみましょう。

わたし->は->トーク>が->好き->な->プログラム->の->女の子->です。

　「わたし」の次には「は」があります。「は」の次は「トーク」で、「トーク」の次は「が」というように続いていきます。もう1つ別の文章を見てください。

わたし->が->好き->な->の->は->トーク->と->プリン->です。

　この2つの文章の単語のつながりを1つの表にまとめると、右図のようになります。「わたし」や「トーク」などの複数回登場する単語は1つにまとめ、続く単語が複数あるときはカンマで区切って並べています。

▼単語のつながり

```
わたし……………> は, が
は…………………> トーク
トーク……………> が, と
が…………………> 好き
好き………………> な
な…………………> プログラム, の
プログラム………> の
の…………………> 女の子, は
女の子……………> です
です………………> 。
と…………………> プリン
プリン……………> です
```

自然言語処理

461

●単語がつながっていくときの法則

　この表を見ていると、ある法則が見えてきます。2つの文章で「わたし」の次に続く単語は「は」あるいは「が」ですが、どちらであっても日本語として正しい言葉です。では「は」を選んでみましょう。

> わたし ‥‥-> は

　「は」に続くのは「トーク」だけなのでこれを選択します。

> わたし ‥‥-> は ‥‥-> トーク

　次に続く「が」あるいは「と」では「と」を選択します。

> わたし ‥‥-> は ‥‥-> トーク ‥‥-> と

　「と」のあとは「プリン」➡「です」、「です」➡「。」と一直線に続くので、次の文章が出来上がります。

> わたし ‥‥-> は ‥‥-> トーク ‥‥-> と ‥‥-> プリン ‥‥-> です ‥‥->。

　意味がよくわかりませんが、日本語として間違った文章ではありません。ポイントは、あるパターンに単語を当てはめる方法をとらずに、独立した1つの文章を作り上げているところです。さらには、適度にランダムでもあります。

　文章に登場する単語の順序には法則性があります。例えば「プログラム」の次に「わたし」が来るつながりはあり得ません。したがって、お手本となる文章から単語と一緒に「つながり」に関する情報を抽出することで、この法則性について学習することができます。

　文章を生成するときは、単語と単語を「つながり情報」をもとにつないでいきますが、複数の選択肢があるときはランダムに選択しながら単語をつなぎます。そうすると、単語のつながりは保たれたまま、複数の文章が混ざったような文章になります。

9-4 マルコフモデルによる文章の創出

Tips 291
マルコフ連鎖、
マルコフモデルとは

▶Level ● ● ●

これがポイントです！

3単語プレフィックスのマルコフ辞書

文章中に単語Aが登場したとき、次にどんな単語が登場するかは単語Aによってある程度絞り込めます。ある状態が起こる確率が直前の状態から決まることを**マルコフ連鎖**と呼び、マルコフ連鎖によって状態が遷移することを表した確率モデルを**マルコフモデル**と呼びます。

では、この手法をプログラムに反映することを考えてみたいと思います。単語のつながりを表した「単語のつながり」表を**マルコフ辞書**と呼ぶことにします。また、A‥‥->Bという単語のつながりにおいて、Aを**プレフィックス**（前にある言葉）、Bを**サフィックス**（後ろにある言葉）と呼ぶことにします。

●マルコフモデル式の学習の骨格

マルコフ辞書の学習とは、形態素解析された文章をプレフィックスとサフィックスのペアとして記録することです。

前回のTipsの例では「単語のつながり」におけるプレフィックスを1つの単語としましたが、プログラムでは「連続する2つあるいは3つの単語」をプレフィックスとします。マルコフ連鎖アルゴリズムを使った文章生成では、もとになった文章の単語のつながりが必ず再現されるので、プレフィックスを1単語とした場合、再現される一番短いつながりは2単語になります。が、これだと構成要素が細かすぎて意味の通らない文章となる確率が高くなってしまいます。逆にプレフィックスの単語数が多すぎると、元の文章がそのまま出力されやすくなります。

2単語くらいをプレフィックスとする（一番短いつながりが3単語）と、ランダムでありながらもほどほどに意味が通り、3単語をプレフィックスにすればほどほどにランダムで意味が通る文章になるといわれています。4単語だと文章がほとんど固定され、元の文章がほぼそのままのかたちで出力されてしまいます。

そういうわけで、今回は3単語プレフィックスのマルコフ辞書を採用したいと思います。もし、結果に不満があれば2単語に減らすことは容易ですので、3単語で試すことにしましょう。

自然言語処理

463

9-4 マルコフモデルによる文章の創出

●3単語プレフィックスのマルコフ辞書

前回のTipsに出てきた2つの文章を、3
単語プレフィックスのマルコフ辞書で表し
てみましょう。

▼3単語プレフィックスのマルコフ辞書

プレフィックス			サフィックス	備考
1	2	3		
'わたし'	'は'	'トーク'	…->'が'	
'は'	'トーク'	'が'	…->'好き'	
'トーク'	'が'	'好き'	…->'な'	
'が'	'好き'	'な'	…->'プログラム'	重複
'好き'	'な'	'プログラム'	…->'の'	
'な'	'プログラム'	'の'	…->'女の子'	
'プログラム'	'の'	'女の子'	…->'です'	
'の'	'女の子'	'です'	…->'。'	
'女の子'	'です'	'。'	…->'わたし'	
'です'	'。'	'わたし'	…->'が'	
'。'	'わたし'	'が'	…->'好き'	
'わたし'	'が'	'好き'	…->'な'	
'が'	'好き'	'な'	…->'の'	重複
'好き'	'な'	'の'	…->'は'	
'な'	'の'	'は'	…->'トーク'	
'の'	'は'	'トーク'	…->'と'	
'は'	'トーク'	'と'	…->'プリン'	
'トーク'	'と'	'プリン'	…->'です'	
'と'	'プリン'	'です'	…->'。'	

重複 と記載している箇所は、プレフィック
スが重複しています。この場合は、次のよう
にサフィックスをまとめてしまいます。

▼プレフィックスが重複している箇所

```
'が', '好き', 'な'     …->'プログラム'
'が', '好き', 'な'     …->'の'
```

▼プレフィックスが重複していれば1つにまとめる

```
'が', '好き', 'な'     …->'プログラム', 'の'
```

サフィックスを2つにする

464

9-4 マルコフモデルによる文章の創出

・「わたしが好きなプログラムの女の子です。」

前回のTipsで示した表では、「わたし」と次に続く「は」と「が」が1行にまとめられていましたが、「3単語プレフィックスのマルコフ辞書」の表では、「わたしは」と「わたしが」は別のプレフィックスとして区別されています。

文章を作っていくときは、プレフィックスの3単語に続くサフィックスをランダムに選択します。次の処理では、プレフィックス2とプレフィックス3、サフィックスを新たなプレフィックスとして、それに続くサフィックスを選択していきます。

まずは適当に「わたし が 好き」を選択します。これに続くのは「な」だけなので、次のようになります。

▼1回目
> わたし が 好き な

次は「が 好き な」に続く単語を選択するのですが、選択できるのは「プログラム」と「の」ですので、「プログラム」を選択します。

▼2回目
> が 好き な プログラム

次の処理では「好き な プログラム」に続く単語を選択します。選択できるのは「の」だけです。

▼3回目
> 好き な プログラム の

「な プログラム の」の次は「女の子」のみ選択できます。

▼4回目
> な プログラム の 女の子

「プログラム の 女の子」は「です」のみ選択できます。

▼5回目
> プログラム の 女の子 です

「の 女の子 です」に続くのは「。」です。

▼6回目
> の 女の子 です 。

▼出来上がった文章
> わたしが好きなプログラムの女の子です。

微妙な感じはしますが、意味は通る文章になりました。次のTipsでは、マルコフ辞書クラスの実装を見ていくことにします。

9-4 マルコフモデルによる文章の創出

Tips
292

▶Level ●●●

これが
ポイント
です！

マルコフ辞書の実装

テキストファイルを読み込んで文章の組み替えを行う

マルコフ辞書の実装です。簡潔になるよう、各処理は関数としてモジュールに組み込みました。次に示すのは、プログラムの実行部を含む全コードです。

▼テキストファイルを読み込んで文章の組み換えを行うプログラム (marcov_text.py)

```python
import random
import os, re
from janome.tokenizer import Tokenizer

# マルコフ辞書用のグローバル変数
markov = {}
# 生成した文章を保持するグローバル変数
sentence = ''

def parse(text):                            # ❶
    """形態素解析で形態素を取り出す

    Args:
        text (str): マルコフ辞書のもとになるテキスト
    Returns:
        list: 形態素のリスト
    """
    t = Tokenizer()                 # Tokenizerオブジェクトを生成
    tokens = t.tokenize(text)       # 形態素解析を実行
    result = []                     # 形態素を格納するリスト
    # リストからTokenオブジェクトを抽出
    for token in tokens:
        # 形態素をresultに追加
        result.append(token.surface)
    # 形態素のリストを戻り値として返す
    return(result)

def get_morpheme(filename):                 # ❷
    """ファイルを読み込んで形態素のリストを作成する

    Args:
        filename (str): テキストファイルの相対パス
```

466

9-4　マルコフモデルによる文章の創出

```python
    Returns:
        list: 形態素のリスト
    """
    # カレントディレクトリのパスを取得してテキストファイルのフルパスを作成
    path = os.path.join(
        os.path.dirname(__file__), filename)
    # テキストファイルを読み取り専用でオープン
    with open(path, 'r', encoding = 'utf_8') as f:
        # すべてのテキストをtextに代入
        text = f.read()
    # 文末の改行文字を取り除く
    text = re.sub("\n","", text)
    # 全テキストを引数にしてparse()を実行
    wordlist = parse(text)
    # 形態素のリストを戻り値として返す
    return wordlist

def create_markov(wordlist):                               ❸
    """マルコフ辞書を作成する

    Args:
        wordlist (list): テキストファイルから抽出した形態素のリスト
    """
    p1 = ''   # プレフィックス用の変数
    p2 = ''   # プレフィックス用の変数
    p3 = ''   # プレフィックス用の変数
    # wordlistから形態素を抽出
    for word in wordlist:
        # p1、p2、p3のすべてに値が格納されているか
        if p1 and p2 and p3:
            # markovに(p1, p2, p3)キーが存在するか
            if (p1, p2, p3) not in markov:
                # なければキー：値のペアを追加
                markov[(p1, p2, p3)] = []
            # キーのリストにサフィックスを追加（重複あり）
            markov[(p1, p2, p3)].append(word)
        # 3つのプレフィックスの値を置き換える
        p1, p2, p3 = p2, p3, word

def generate(wordlist):                                    ❹
    """ マルコフ辞書から文章を作り出してsentenceに格納する

        wordlist (list): テキストファイルから抽出した形態素のリスト
    """
    # グローバル変数の使用
    global sentence
    # markovのキーをランダムに抽出し、プレフィックス1～3に代入
    p1, p2, p3  = random.choice(list(markov.keys()))
```

9-4 マルコフモデルによる文章の創出

```python
    # カウンター変数
    count = 0
    # 単語リストの単語の数だけ繰り返す
    while count < len(wordlist):
        # キーが存在するかチェック
        if ((p1, p2, p3) in markov) == True:
            # 文章にする単語を取得
            tmp = random.choice(
                markov[(p1, p2, p3)])
            # 取得した単語をsentenceに追加
            sentence += tmp
        # 3つのプレフィックスの値を置き換える
        p1, p2, p3 = p2, p3, tmp
        count += 1

    # 最初に出てくる句点(。)までを取り除く
    sentence = re.sub('^.+?。', '', sentence)
    # 最後の句点(。)から先を取り除く
    if re.search('.+。', sentence):
        sentence = re.search('.+。', sentence).group()
    # 閉じカッコを削除
    sentence = re.sub('」', '', sentence)
    # 開きカッコを削除
    sentence = re.sub('「', '', sentence)
    # 全角スペースを削除
    sentence = re.sub('　', '', sentence)

def overlap():                                          ⑤
    """ sentenceの重複した文章を取り除く

    """
    # グローバル変数の使用
    global sentence
    # 「。」のところで分割してリストにする
    sentence = sentence.split('。')
    # 分割した要素に空文字があれば取り除く
    if '' in sentence:
        sentence.remove('')
    # 処理した文章を一時的に格納するリスト
    new = []
    # sentenceの要素を取り出し末尾に「。」を付ける
    for str in sentence:
        str = str + '。'
        # 「。」だけの場合は次の処理へ
        if str=='。':
            break
        # 「。」追加後の文章をnewに追加
        new.append(str)
    # newの中身を集合に変換して重複要素を除く
```

9-4　マルコフモデルによる文章の創出

```
        new = set(new)
        # newの要素を連結してsentenceに再代入
        sentence=''.join(new)


#=================================================
# プログラムの実行ブロック
#=================================================
if __name__ == '__main__':
    # テキストファイルのパスを取得
    fname = input('ファイルのパスを入力してください>')
    # ファイルパスを指定して形態素のリストを作る
    word_list = get_morpheme(fname)
    # マルコフ辞書を作成
    create_markov(word_list)
    # sentenceの中身が空になるまで繰り返す
    while(not sentence):
        generate(word_list)  # 文書を生成する
        overlap()            # 重複した文章を取り除く

    # 生成した文章を出力
    print(sentence)

    print('\n')
    input('[Enter]キーで終了します。')
```

●形態素解析とファイルの読み込み

冒頭の形態素解析の部分と、テキストファイルを読み込む処理です。

❶def parse(text):

形態素解析を実行する関数です。Janomeライブラリを使って形態素解析を実行するのですが、今回は分かち書きができればよいので、形態素の部分を取り出してリストにまとめる処理だけを行います。

❷get_morpheme(filename)

ファイルを読み込んで形態素のリストを作成する関数です。

```
with open(path, 'r', encoding = 'utf_8') as f:
```

でテキストファイルを読み込みモードで開き、

```
text = f.read()
```

で一気に読み込みます。
　続いて、

```
text = re.sub("\n","", text)
```

を実行して、読み込んだテキストから文末の改行文字を取り除きます。最後に

```
wordlist = parse(text)
```

469

9-4 マルコフモデルによる文章の創出

で❶のparse()関数を呼び出してtextの中身を形態素に分解したリストを取得し、これを戻り値として返します。

● **マルコフ辞書の作成**

マルコフ辞書を作成する❸のcreate_markov()関数です。

▼ create_markov()関数

```
def create_markov(wordlist):
    p1 = ''    # プレフィックス用の変数
    p2 = ''    # プレフィックス用の変数
    p3 = ''    # プレフィックス用の変数
    # wordlistから形態素を抽出
    for word in wordlist:
        # p1、p2、p3のすべてに値が格納されているか
        if p1 and p2 and p3:
            # markovに(p1, p2, p3)キーが存在するか
            if (p1, p2, p3) not in markov:
                # なければキー：値のペアを追加
                markov[(p1, p2, p3)] = []
            # キーのリストにサフィックスを追加（重複あり）
            markov[(p1, p2, p3)].append(word)
        # 3つのプレフィックスの値を置き換える
        p1, p2, p3 = p2, p3, word
```

マルコフ辞書を格納するmarkovはグローバル変数として初期化されています。3つのプレフィックスを格納するのは変数p1、p2、p3です。

「3単語プレフィックスのマルコフ辞書」では、プレフィックス1、2、3の連なりに対して1まとまりのサフィックスが付いています。これにもとづいて「3単語プレフィックスのマルコフ辞書」表のデータ構造を考えた場合、「3つの要素をキーにした辞書」で表すことができます。キーの値はサフィックスのリストです。

▼ マルコフ辞書のデータ構造

```
{ （プレフィックス1, プレフィックス2, プレフィックス3）：[サフィックスのリスト] }
```

辞書のキーはイミュータブル（書き換え不可）なので、複数の文字列をキーにする場合はタプルにします。右に示す2つの文章をマルコフ辞書にすると次のようになります。

▼ マルコフ辞書にする元の文章

わたしはトークが好きなプログラムの女の子です。
わたしが好きなのはトークとプリンです。

▼ マルコフ辞書の中身

```
markov = {
  ('わたし', 'は', 'トーク'): ['が'],
  ('は', 'トーク', 'が'): ['好き'],
  ('トーク', 'が', '好き'): ['な'],
  ('が', '好き', 'な'): ['プログラム', 'の'],
```

470

9-4 マルコフモデルによる文章の創出

```
    ('好き', 'な', 'プログラム'): ['の'],
    ('な', 'プログラム', 'の'): ['女の子'],
    ('プログラム', 'の', '女の子'): ['です'],
    ('の', '女の子', 'です'): ['。'],
    ('女の子', 'です', '。'): ['わたし'],
    ('です', '。', 'わたし'): ['が'],
    ('。', 'わたし', 'が'): ['好き'],
    ('わたし', 'が', '好き'): ['な'],
    ('が', '好き', 'な'): ['の'],
    ('好き', 'な', 'の'): ['は']
    ('な', 'の', 'は'): ['トーク'],
    ('の', 'は', 'トーク'): ['と'],
    ('は', 'トーク', 'と'): ['プリン'],
    ('トーク', 'と', 'プリン'): ['です'],
    ('と', 'プリン', 'です'): ['。']
    }
```

パラメーターのwordlistには、形態素に分解された単語のリストが格納されているので、forループの

```
for word in wordlist:
```

では、この中から形態素を1つずつブロックパラメーターwordに取り出します。続くifブロック:

```
if p1 and p2 and p3:
```

において、markovの3つのキーすべてに値が格納されているかどうかチェックします。というのは、

```
('わたし', 'は', 'トーク'): ['が']
```

のようにすべてのキー、すなわちプレフィックス1〜3に値が格納されて初めて、サフィックスの'が'をキーの値として代入できるからです。代入は、forブロックの最後に行います。

▼forループ1回目の処理

```
{ ('わたし', (空), (空)): [] }
```

▼forループ2回目の処理

```
{ ('わたし', 'は', (空)): [] }
```

▼forループ3回目の処理

```
{ ('わたし', 'は', 'トーク'): [] }
```

外側のif文にネストされたif文:

```
if (p1, p2, p3) not in markov:
```

について見ていきます。forループが3回繰り返されるとすべてのプレフィックスに単語が格納されるので、次の4回目の繰り返しで外側のifのチェックをパスし、ネストされたif文が評価されます。ここでは、タプル(p1, p2, p3)、つまりプレフィックス1〜3の単語が辞書のキーとして存在していないかどうかチェックします。先のif文のチェックにパスするのは、3つのプレフィックスに単語を登録した直後ですので、当然、そのようなキーは存在しません。そこで、

```
markov[(p1, p2, p3)] = []
```

を実行して、キー:値のペアを作ってmarkovに登録します。

自然言語処理

471

9-4 マルコフモデルによる文章の創出

　ネストしたif文を抜けた段階で、markov
の中身は次のようになっています。

▼forループ４回目のmarkovの状態

```
{ ('わたし', 'は', 'トーク'): [] }
```

　この時点で、forのブロックパラメーター
wordには、単語リストの'わたし', 'は',
'トーク'に続く4番目の要素'が'が入ってい
ます。

```
markov[(p1, p2, p3)].append(word)
```

を実行して、append()メソッドでmarkov
に追加すれば、プレフィックス1～3とサ
フィックスのセットがmarkovに格納され
ます。

**▼forループ４回目の処理におけるサフィック
スの追加**

```
{('わたし', 'は', 'トーク'): ['が']}
```

サフィックスのリストに追加される

forループ最後の処理、

```
p1, p2, p3 = p2, p3, word
```

では、プレフィックス1～3を、forループの
次の処理のための内容に書き換えます。

▼現状

プレフィックス１	プレフィックス２	プレフィックス３	サフィックス
'わたし'	'は'	'トーク'	'が'

▼書き換え後

プレフィックス１	プレフィックス２	プレフィックス３	サフィックス
'は'	'トーク'	'が'	'が'

　次回（5回目）の処理では、プレフィック
ス1～3がすべて埋められているので、外側
のifによるチェックをクリアし、続いてネス
トしたifのチェックもクリアします。

**▼forループ５回目の繰り返し突入時の
markovの中身**

```
{('は', 'トーク', 'が'): ['が']}
```

▼2つ目の「キー：値」の登録

```
{('わたし', 'は', 'トーク'): ['が'], ('は', 'トーク', 'が'): []}
```

ネストしたifを抜けると、

```
markov[(p1, p2, p3)].append(word)
```

　そうすると、ネストしたifの

```
markov[(p1, p2, p3)] = []
```

による「キー：値」の登録が行われます。

472

があるので、単語リストの5番目がサフィックスのリストに追加され、2つ目の辞書データがmarkovに登録されます。

▼2つ目の「キー：値」が登録された直後の markovの中身

```
{
    ('わたし', 'は', 'トーク'): ['が'],
    ('は', 'トーク', 'が'): ['好き']
}
```

▼1回目の処理

```
p1=(空)  p2=(空)  p3='わたし' word='わたし'
```

▼2回目の処理

```
p1=(空)   p2='わたし' p3='は' word='は'
```

▼3回目の処理

```
p1='わたし' p2='は' p3='トーク' word='トーク'
```

順送りするような感じで3つのプレフィックスが埋められます。forループの最初の3回だけはこのようになります。4回目以降は3つのプレフィックスに値が入っている状態になるので、外側のifに続いてネストしたifをクリアし、すぐに辞書データの作成に入ります。

forループによって単語リストのすべての要素に繰り返し処理することで、マルコフ辞書が完成します。

forの1回目から3回目までの処理で、どうやってプレフィックス1〜3(p1、p2、p3)が埋められていったのか不思議に思うかもしれませんが、これは、「p1, p2, p3 = p2, p3, word」のコードによって次のように処理されるからです。

●マルコフ辞書から文章を作り出す

作成したマルコフ辞書を使って文章を作り上げる❹のgenerate()関数について見ていきましょう。

▼generate()関数

```
def generate(wordlist):
    # グローバル変数の使用
    global sentence
    # markovのキーをランダムに抽出し、プレフィックス1〜3に代入
    p1, p2, p3 = random.choice(list(markov.keys()))
    # カウンター変数
    count = 0
    # 単語リストの単語の数だけ繰り返す
    while count < len(wordlist):
        # キーが存在するかチェック
        if ((p1, p2, p3) in markov) == True:
            # 文章にする単語を取得
            tmp = random.choice(
                markov[(p1, p2, p3)])
```

9-4　マルコフモデルによる文章の創出

```
            # 取得した単語をsentenceに追加
            sentence += tmp
        # 3つのプレフィックスの値を置き換える
        p1, p2, p3 = p2, p3, tmp
        count += 1

    # 最初に出てくる句点(。)までを取り除く
    sentence = re.sub('^.+?。', '', sentence)
    # 最後の句点(。)から先を取り除く
    if re.search('.+。', sentence):
        sentence = re.search('.+。', sentence).group()
    # 閉じカッコを削除
    sentence = re.sub('」', '', sentence)
    # 開きカッコを削除
    sentence = re.sub('「', '', sentence)
    # 全角スペースを削除
    sentence = re.sub('　', '', sentence)
```

最初の処理は、

```
    p1, p2, p3  = random.choice(list(markov.keys()))
```

です。markovからランダムにキーを取り出
し、プレフィックスとして登録されている3
つの単語をp1、p2、p3に順に格納します。
keys()メソッドは、辞書のすべてのキーを
dict_keysというオブジェクトに格納して
返してきます。辞書の要素は順番が保証さ
れていないため、キーがバラバラに返され
てきます。ですが、それでは見にくいので順
番どおりに並べ直したものを次に示します。

▼markov.keys()によって返されるdict_
　keysオブジェクト

```
dict_keys(
  [
    ('わたし', 'は', 'トーク'),
    ('は', 'トーク', 'が'),
    ('トーク', 'が', '好き'),
    ('が', '好き', 'な'),
    ('好き', 'な', 'プログラム'),
    ('な', 'プログラム', 'の'),
    ('プログラム', 'の', '女の子'),
    ('の', '女の子', 'です'),
    ('女の子', 'です', '。'),
    ('です', '。', 'わたし'),
    ('。', 'わたし', 'が'),
    ('わたし', 'が', '好き'),
    ('が', '好き', 'な'),
    ('好き', 'な', 'の'),
    ('な', 'の', 'は'),
    ('の', 'は', 'トーク'),
    ('は', 'トーク', 'と'),
    ('トーク', 'と', 'プリン'),
    ('と', 'プリン', 'です')
  ]
)
```

474

9-4 マルコフモデルによる文章の創出

これをlist()メソッドでリストに変換してからrandom.choice()で1つのキーを選びます。キーはタプルなので、その中身をp1、p2、p3に格納します。

▼ ('の', '女の子', 'です')が抽出された場合

```
p1= 'の'
p2= '女の子'
p3= 'です'
```

これでプレフィックス1～3が用意できました。続いて、

```
count = 0
```

で処理回数を数えるカウンター変数を用意し、whileループの

```
while count < len(wordlist):
```

```
if ((p1, p2, p3) in markov) == True:
```

```
tmp = random.choice(markov[(p1, p2, p3)])
```

において、文章を生成するための繰り返し処理に入ります。処理回数は「len(wordlist)」で、単語リストの単語の数だけ繰り返します。繰り返しの回数が多いほど、文章をたくさん作ることができ、そのぶんランダムにチョイスする範囲も広がります。

ただし、単語の数が多い場合は繰り返しがとてつもない回数になることがあるので、マルコフ辞書のもとになるテキストの量が多い場合は、

```
while count < 30:
```

のように20～30回程度に指定してください。なお、10回以下になると1つの文が完成しないうちに終わってしまうことがあるので、それ以上の回数を設定した方が無難です。

whileブロックの最初の処理は、

で、markovの中にプレフィックス1～3のキー (p1、p2、p3) が存在するかどうかチェックします。結果がTrueであれば

を実行し、文章を作るための単語として、先に取得したプレフィックスをキーとして、その値 (サフィックス) を取り出します。サフィックスはリストになっているので、random.choice()メソッドでランダムに1つ取り出します。指定するキーが('の'、'女の子'、'です')の場合は、サフィックスは'。'のみなので、必然的に'。'が抽出されます。

自然言語処理

475

9-4 マルコフモデルによる文章の創出

▼markovのサフィックスのリストからランダムに1つ取得する

```
('の', '女の子', 'です') : ['。']
```

リストの中身は1つしかないので'。'が抽出される

ちなみに、('が', '好き', 'な')がキーとなった場合は、サフィックスが2つあるので、このうちのどちらかが抽出されます。

▼サフィックスのリストからランダムに1つ取得する

```
('が', '好き', 'な') : ['プログラム', 'の']
```

ランダムに1つ抽出

続いて、

```
sentence += tmp
```

を実行し、取得したサフィックスを文章の構成要素としてsentenceに追加します。
　ifブロックの次は、

```
p1, p2, p3 = p2, p3, tmp
```

です。ここで、プレフィックス1～3を次の処理のための内容に書き換えます。最後に

```
count += 1
```

でcountの数を1増やして、whileブロックの1回目の処理を終えます。

●文章が作られていく過程

　マルコフ辞書のデータから文章が作られていく流れを見ていきましょう。generate()関数冒頭の

```
p1, p2, p3 = random.choice(list(markov.keys()))
```

において選択されたキーが('の', '女の子', 'です')だったとします。プレフィックス1～3は次のようになります。

▼('の', '女の子', 'です')が選択された場合のプレフィックス

```
p1= 'の'   p2= '女の子'   p3= 'です'
```

　whileループのifブロックでmarkovに該当するキーがあるかどうかチェックされますが、もちろんキーは存在するので、

476

9-4　マルコフモデルによる文章の創出

```
tmp = random.choice(markov[(p1, p2, p3)])
```

の処理でキーの値（サフィックス）が取り出
されます。

▼ tmp = random.choice(markov[(p1, p2, p3)])

```
markov[(p1, p2, p3) → ('の', '女の子', 'です'): ['。']
```

```
random.choice(['。'])→['。']を取得
```

```
temp = '。'
```

次に、

```
sentence += tmp
```

でsentenceに追加します。

▼この時点でのsentenceの値

```
sentence = '。'
```

ここまででifブロックの処理は終了です。
続く

```
p1, p2, p3 = p2, p3, tmp
```

を実行した結果、3個のプレフィックスは次
のようになります。

▼「p1, p2, p3 = p2, p3, tmp」実行後の
3個のプレフィックス

```
p1='女の子'
p2='です'
p3='。'
```

最後にcountに1加算して、whileの先頭
に戻ります。markovの('女の子', 'です', '。')
のキー: 値のペアは次のようになっています。

▼markovのキー: 値のペア

```
('女の子', 'です', '。'): ['わたし']
```

2回目の繰り返しでifのチェックをクリア
し、サフィックスを抽出します。

▼2回目の「tmp = random.choice(markov[(p1, p2, p3)])」の結果

```
markov[(p1, p2, p3) → ('女の子', 'です', '。'): ['わたし']
```

```
random.choice(['わたし'])→['わたし']を取得
```

```
temp = 'わたし'
```

sentenceに追加します。

▼2回目の「sentence += tmp」

```
sentence = '。わたし'
```

2回目の繰り返しのプレフィックスは次の

ようになります。

▼「p1, p2, p3 = p2, p3, tmp」実行後の3個
のプレフィックス

```
p1='です'
p2='。'
p3='わたし'
```

自然言語処理

477

9-4 マルコフモデルによる文章の創出

次回は「('です', '。', 'わたし')」をキーとする「('です', '。', 'わたし'): ['が']」が候補になり、whileのsentenceの値は「。わたしが」となります。

次に示すのは、「whileの1回目の処理から最後までにsentenceの値がどう変化していくか」をまとめたものです。

▼マルコフ辞書のもとになる文章

> わたしはトークが好きなプログラムの女の子です。
> わたしが好きなのはトークとプリンです。

▼最初に抽出されたキー（プレフィックス）

> ('の', '女の子', 'です') →値（サフィックス）の'。'からsentenceに追加される

▼文章が作られていく流れ

```
count=  0 sentence= 。
count=  1 sentence= 。わたし
count=  2 sentence= 。わたしが
count=  3 sentence= 。わたしが好き
count=  4 sentence= 。わたしが好きな
count=  5 sentence= 。わたしが好きなプログラム
count=  6 sentence= 。わたしが好きなプログラムの
count=  7 sentence= 。わたしが好きなプログラムの女の子
count=  8 sentence= 。わたしが好きなプログラムの女の子です
count=  9 sentence= 。わたしが好きなプログラムの女の子です。
count= 10 sentence= 。わたしが好きなプログラムの女の子です。わたし
count= 11 sentence= 。わたしが好きなプログラムの女の子です。わたしが
count= 12 sentence= 。わたしが好きなプログラムの女の子です。わたしが好き
count= 13 sentence= 。わたしが好きなプログラムの女の子です。わたしが好きな
count= 14 sentence= 。わたしが好きなプログラムの女の子です。わたしが好きなプログラム
count= 15 sentence= 。わたしが好きなプログラムの女の子です。わたしが好きなプログラムの
count= 16 sentence= 。わたしが好きなプログラムの女の子です。わたしが好きなプログラムの女の子
count= 17 sentence= 。わたしが好きなプログラムの女の子です。わたしが好きなプログラムの女の子です
count= 18 sentence= 。わたしが好きなプログラムの女の子です。わたしが好きなプログラムの女の子です。
count= 19 sentence= 。わたしが好きなプログラムの女の子です。わたしが好きなプログラムの女の子です。わたし
count= 20 sentence= 。わたしが好きなプログラムの女の子です。わたしが好きなプログラムの女の子です。わたしが
count= 21 sentence= 。わたしが好きなプログラムの女の子です。わたしが好きなプログラムの女の子です。わたしが好き
```

形態素の数は22ですので、計22回の反復処理が行われます。

途中、6回目（count= 4）のところでは、サフィックスの値が2つあるので、このどちらかが選択されます。

例では'プログラム'が選択されたことで、元の文章と流れが変わりました。

▼6回目で使用されているプレフィックスとサフィックス

> ('が', '好き', 'な'): ['プログラム', 'の'],

'プログラム'が抽出された

9-4　マルコフモデルによる文章の創出

　最終的に次のような文章が出来上がりました。

▼完成した文章

。わたしが好きなプログラムの女の子です。わたしが好きなプログラムの女の子です。わたしが好き

不要　　　　　　　　　　　　　　　　　　　　　　　　　　　　　　　　　　　　不要

●生成された文章の加工

　出来上がった文章を見てみると、冒頭に「。」があり、最後は「わたしが好き」で切れてしまっています。この部分を取り除く処理を、whileループが終了したところで行います。

▼出来上がった文章を加工する

```
sentence = re.sub('^.+?。', '', sentence)   # 最初に出てくる句点 (。) までを取り除く
if re.search('.+。', sentence):              # 最後の句点 (。) から先を取り除く
    sentence = re.search('.+。', sentence).group()
sentence = re.sub('」', '', sentence)         # 閉じカッコを削除
sentence = re.sub('「', '', sentence)         # 開きカッコを削除
sentence = re.sub('　', '', sentence)         # 全角スペースを削除
```

　最初に出てくる句点 (。) までの削除は、

```
sentence = re.sub('^.+?。', '', sentence)
```

のように、正規表現の「^.+?。」を使いました。ifブロックの

```
sentence = re.search('.+。', sentence).group()
```

では、正規表現の'.+。'で最後に見つかった(。)までの文章を取り出します。

　「今日はありがとう。楽しかった」というカギカッコ付きの会話文の場合、

```
楽しかった」
```

で始まってしまう場合や

```
「今日はありがとう。
```

で終わってしまう場合があるので、文章の中のすべてのカギカッコ「」を取り除きます。
　さらに、段落のある文章では字下げのための全角スペースが入ることがあるので、これが文章中に紛れ込まないように、文章から全角スペースを取り除きます。以上の処理によって、先の文章は次のようになります。

自然言語処理

479

9-4 マルコフモデルによる文章の創出

▼加工前の文章

。わたしが好きなプログラムの女の子です。わたしが好きなプログラムの女の子です。わたしが好き

▼加工後

わたしが好きなプログラムの女の子です。わたしが好きなプログラムの女の子です。

●重複した文章を取り除く

最後にあと1つ処理をしなくてはなりません。実行するタイミングによっては、偶然に同じ文章が重複して生成されることがあります。重複した文章を取り除くのが❺のoverlap()関数です。

▼overlap()関数

```
def overlap():
    # グローバル変数の使用
    global sentence
    # 「。」のところで分割してリストにする
    sentence = sentence.split('。')
    # 分割した要素に空文字があれば取り除く
    if '' in sentence:
        sentence.remove('')
    # 処理した文章を一時的に格納するリスト
    new = []
    # sentenceの要素を取り出し末尾に「。」を付ける
    for str in sentence:
        str = str + '。'
        # 「。」だけの場合は次の処理へ
        if str=='。':
            break
        # 「。」追加後の文章をnewに追加
        new.append(str)
    # newの中身を集合に変換して重複要素を除く
    new = set(new)
    # newの要素を連結してsentenceに再代入
    sentence=''.join(new)
```

流れとしては、生成された文章をいったん「。」のところで分割してリストにします。リストにしておけば、set()関数で集合に変換することで、重複している要素が自動的に取り除かれます。集合は同じ要素を1つしか持てないためです。

要素に空文字があればこれを取り除き、forループで、再びすべての要素の末尾に「。」を追加します。たまに「。」だけの要素が紛れ込むことがあるので、その場合は先に進まずに次の繰り返しに移ります。

append()ですべての要素をリストnew
に追加したらforループを終了します。その
あと、リストnewを集合に変換して重複し
ている要素を取り除きます。最後のjoin()メ
ソッドでnewのすべての要素を1つの文字
列として連結し、sentenceに代入すれば完
了です。

●プログラムを実行して文章を作ってみる

文書を生成するgenerate()関数とover
lap()関数は、whileブロックの中で実行しま
す。というのは、実行するタイミングやマル
コフ辞書のもとになった文章の量によって
は、1つも文章が生成されないことがあるた
めです。sentenceの中身が空であれば、空
でなくなるまでgenerate()とoverlap()を
実行して文章を作り上げます。

▼プログラムの実行ブロック

```
if __name__ == '__main__':
    # テキストファイルのパスを取得
    fname = input('ファイルのパスを入力してください>')
    # ファイルパスを指定して形態素のリストを作る
    word_list = get_morpheme(fname)
    # マルコフ辞書を作成
    create_markov(word_list)
    # sentenceの中身が空になるまで繰り返す
    while(not sentence):
        generate(word_list)  # 文書を生成する
        overlap()            # 重複した文章を取り除く

    # 生成した文章を出力
    print(sentence)

    print('\n')
    input('[Enter]キーで終了します。')
```

出力用のコード「print(sentence)」があ
るので、モジュール自体を実行すれば、作成
された文章がターミナルに出力されます。
読み込むテキストファイルについては、モ
ジュールのカレントディレクトリ以下のパ
スで指定するようにしました。今回は、「青
空文庫」(https://www.aozora.gr.jp/) か
らダウンロードした太宰治『走れメロス』の
一節を、カレントディレクトリ (モジュール
のディレクトリ) 以下に作成した「file」フォ
ルダー内のtext.txtにコピーして、これを使
いました。

9-4　マルコフモデルによる文章の創出

▼『走れメロス』の一節（カレントディレクトリの「file」以下「text.txt」の内容）

「おめでとう。私は疲れてしまったから、ちょっとご免こうむって眠りたい。眼が覚めたら、すぐに市に出かける。大切な用事があるのだ。私がいなくても、もうおまえには優しい亭主があるのだから、決して寂しい事は無い。おまえの兄の、一ばんきらいなものは、人を疑う事と、それから、嘘をつく事だ。おまえも、それは、知っているね。亭主との間に、どんな秘密でも作ってはならぬ。おまえに言いたいのは、それだけだ。おまえの兄は、たぶん偉い男なのだから、おまえもその誇りを持っていろ。」
　花嫁は、夢見心地で首肯いた。メロスは、それから花婿の肩をたたいて、
「仕度の無いのはお互さまだ。私の家にも、宝といっては、妹と羊だけだ。他には、何も無い。全部あげよう。もう一つ、メロスの弟になったことを誇ってくれ。」
　花婿は揉み手して、てれていた。メロスは笑って村人たちにも会釈して、宴席から立ち去り、羊小屋にもぐり込んで、死んだように深く眠った。
　眼が覚めたのは翌る日の薄明の頃である。メロスは跳ね起き、南無三、寝過したか、いや、まだまだ大丈夫、これからすぐに出発すれば、約束の刻限までには十分間に合う。きょうは是非とも、あの王に、人の信実の存するところを見せてやろう。そうして笑って磔の台に上ってやる。メロスは、悠々と身仕度をはじめた。雨も、いくぶん小降りになっている様子である。身仕度は出来た。さて、メロスは、ぶるんと両腕を大きく振って、雨中、矢の如く走り出た。

　プログラムを実行すると、次のような文章が出力されました。

▼実行結果の一例

ファイルのパスを入力してください>`file\text.txt`

眼が覚めたら、すぐに市に出かける。大切な用事があるのだから、決して寂しい事は無い。おまえの兄は、たぶん偉い男なのだから、おまえもその誇りを持っていろ。花嫁は、夢見心地で首肯いた。メロスは笑って村人たちにも会釈して、宴席から立ち去り、羊小屋にもぐり込んで、死んだように深く眠った。メロスは、それから花婿の肩をたたいて、仕度の無いのはお互さまだ。私の家にも、宝といっては、妹と羊だけだ。他には、何も無い。全部あげよう。もう一つ、メロスの弟になったことを誇ってくれ。花婿は揉み手して、宴席から立ち去り、羊小屋にもぐり込んで、死んだように深く眠った。眼が覚めたのは翌る日の薄明の頃である。身仕度は出来た。さて、メロスは、ぶるんと両腕を大きく振って、雨中、矢の如く走り出た。

Enterキーで終了します。
　若干、元の文章に比べて文字の量が減りました。3単語のプレフィックスを使用しているので、派手な組み替えは行われていません。とはいえ、花婿も羊小屋で眠りについてしまい、メロスは彼の目覚めを見届けてから走り出すという展開に変わっています。

　タイミングによっては、文章の量が減ることもありますが、実行するたびに様々なパターンが生成されるので、何度か試してみてください。

9-4 マルコフモデルによる文章の創出

 Column もとになる文章量が少ないと、文章が作れないことがある

注意点として、マルコフ辞書のもとになる文章の量が少ない場合は、完全な文が出来上がらないことがあります。

▼もとにした文章

> わたしはトークが好きなプログラムの女の子です。
> わたしが好きなのはトークとプリンです。

▼最初に抽出されたキー（プレフィックス）

> ('です', '。', 'わたし') →値（サフィックス）の'が'から sentence に追加される

▼文章が作られていく流れ

```
count--> 0 sentence== が
count   > 1 sentence== が好き
count--> 2 sentence== が好きな
count--> 3 sentence== が好きなの
count--> 4 sentence== が好きなのは
count--> 5 sentence== が好きなのはトーク
count--> 6 sentence== が好きなのはトークと
count--> 7 sentence== が好きなのはトークとプリン
count--> 8 sentence== が好きなのはトークとプリンです
count--> 9 sentence== が好きなのはトークとプリンです。
```

countが9のときに作られたプレフィックスは('プリン', 'です', '。')になりますが、このようなキーはmarkovに存在しないため、ここで処理が終了します。

▼出来上がった文章

> が好きなのはトークとプリンです。

途中から始まっていますが、最初の句点（。）までは取り除くようにしているので、文章自体がなくなってしまいます。

9-5 チャットボットの作成

Tips 293

▶Level ●●●

チャットボットを作成する

これがポイントです！ 小説を題材にマルコフ連鎖で生成した文章で応答する

前回のTipsでは、マルコフ連鎖を使って小説の一部の文章を丸ごと変換してみましたが、今回は、それをチャットプログラムの応答に使ってみようという試みです。マルコフ連鎖によって生成した辞書からランダムに応答を返すようにしてみます。

ユーザーの入力に対してマルコフ連鎖で生成した文章を返すのですが、もとになる文章によっては面白いやり取りができるかもしれません。

●Markovクラスの作成

マルコフ連鎖に関連する処理を1つのクラスにまとめました。それに伴って、Janomeによる形態素解析の部分は、analyzerモジュールに移すことにします。

▼Markovクラス (markov_bot.py)

```python
import os
import random
import re

import analyzer  # analyzerモジュールのインポート

class Markov:
    """マルコフ連鎖で文章を生成するクラス
    """
    def __init__(self, filename):                                    ❶
        """テキストファイルのデータをインスタンス変数に格納

        Args:
            filename (str): テキストファイルのパス
        """
        print('テキストを読み込んでいます...')
        # カレントディレクトリのパスにテキストファイルのパスを連結
        path = os.path.join(
            os.path.dirname(__file__), filename)                     ❷
        # 読み取り専用でファイルをオープン
        with open(path, 'r', encoding = 'utf_8') as f:
            self.text = f.read()  # 全データをself.textに格納

    def make(self):                                                  ❸
        """マルコフ連鎖を利用して文章を生成する
```

484

9-5 チャットボットの作成

```
    Returns:
        str: マルコフ連鎖を利用して生成した文章
    """
    # 文末の改行文字を取り除く
    self.text = re.sub('\n', '', self.text)
    # 文章を形態素に分解したリストを取得
    wordlist = analyzer.parse(self.text)                          ④


    markov = {} # マルコフ辞書の用意
    p1 = ''        # プレフィックス用の変数
    p2 = ''        # プレフィックス用の変数
    p3 = ''        # プレフィックス用の変数


    # 形態素のリストから1つずつ抽出
    for word in wordlist:                                         ⑤
        # p1、p2、p3に値が格納されているか
        if p1 and p2 and p3:
            # markovに(p1, p2, p3)キーが存在しなければキー：値のペアを追加
            if (p1, p2, p3) not in markov:
                markov[(p1, p2, p3)] = []
            # キーのリストにサフィックスを追加
            markov[(p1, p2, p3)].append(word)
        # 3つのプレフィックスの値を置き換える
        p1, p2, p3 = p2, p3, word


    # 生成した文章を保持する変数
    sentence = ''
    # markovのキーをランダムに抽出し、プレフィックス1~3に代入
    p1, p2, p3  = random.choice(list(markov.keys()))


    # カウンター変数を初期化
    count = 0
    # マルコフ辞書を利用して文章を作り出す
    # 単語リストの単語の数だけ繰り返す
    while count < len(wordlist):                                  ⑥
        # キーが存在するかチェック
        if ((p1, p2, p3) in markov) == True:
            # 文章にする単語を取得
            tmp = random.choice(markov[(p1, p2, p3)])
            # 取得した単語をsentenceに追加
            sentence += tmp
        # プレフィックスの値を置き換える
        p1, p2, p3 = p2, p3, tmp
        count += 1


    # 最初に出現する句点（。）までを取り除く
    sentence = re.sub("^.+?。", "", sentence)
    # 最後の句点（。）から先を取り除く
    if re.search('.+。', sentence):
```

9-5 チャットボットの作成

```python
            sentence = re.search('.+。', sentence).group()
            # 閉じカッコを削除
            sentence = re.sub("」", "", sentence)
            # 開きカッコを削除
            sentence = re.sub("「", "", sentence)
            # 全角スペースを削除
            sentence = re.sub("　", "", sentence)

            # 生成した文章を戻り値として返す
            return sentence


#=======================================================
# プログラムの実行ブロック
#=======================================================
if __name__ == '__main__':
    fname = input('ファイルのパスを入力してください>')
    # Markovクラスをインスタンス化
    markov = Markov(fname)                                    ⑦
    # make()メソッドで文章を生成
    text = markov.make()                                     ⑧
    # 文末の「。」で切り分けてリストにする
    ans = text.split('。')                                    ⑨
    # 空の要素を取り除く
    if '' in ans:                                            ⑩
        ans.remove('')

    print ('会話をはじめましょう。')
    # 対話処理を実行
    while True:                                              ⑪
        message = input('>')
        # 'close'と入力されたらプログラムを終了
        if message == 'close':
            input('[Enter]キーで終了します。')
            break
        # ユーザーの発言が入力されたら応答を返す
        if ans:
            # ansの中からランダムに1つの文章を抽出
            print(random.choice(ans))                        ⑫
```

❶ def __init__(self, filename):
テキストファイルの読み込みを行います。

❷ path = os.path.join(os.path.dirname
(__file__), filename)
カレントディレクトリのパスを取得し、テキストファイルのパスと連結します。

❸ def make(self):
make()メソッドは、テキストファイルから読み込んだデータから、マルコフ連鎖を利用して新しい文章を生成する処理を行います。

486

④ wordlist = analyzer.parse(self.text)

インスタンス変数self.textには、テキストファイルから読み込んだすべてのデータが、改行文字を取り除いた状態で格納されています。analyzerモジュールのparse()関数を実行して、形態素に分解します。形態素はリストに格納されますが、テキストデータの量によっては要素（形態素）がかなりの数になります。

⑤ for word in wordlist:

形態素のリストwordlistから1つずつ抽出し、3個のプレフィックスとサフィックスで構成されるマルコフ辞書を作成します。

⑥ while count < len(wordlist):

⑤で作成したマルコフ辞書を使って、文章の生成を行います。形態素のリストwordlistの要素の数だけ処理を繰り返します。

●プログラムの実行部

プログラムの実行部を見ていきましょう。⑦においてmarkovクラスをインスタンス化し、make()メソッドを実行（⑧）して、生成された文章を取得します。取得した文章は文字列のかたまりとして返されるので、⑨の

```
ans = text.split('。')
```

で、文末の句点「。」のところで切り分けてリストにします。続く⑩の

```
if '' in ans:
    ans.remove('')
```

で、切り分けたリストの中に空の要素が紛れ込んでいた場合は取り除きます。

⑪のwhileループ：

```
while True:
```

以下で対話処理を開始します。入力用のプロンプトが表示され、入力➡応答が繰り返し実行されます。応答を出力する⑫の

```
print(random.choice(ans))
```

では、ansの中からランダムに1つの文章を抽出してから画面に出力します。

●analyzerモジュール

Janomeを利用した形態素解析を実行するanalyzerモジュールです。

▼analyzer.py

```
from janome.tokenizer import Tokenizer


def parse(text):
    """形態素解析で形態素に分解する

    Args:
        text (str): テキストデータ
    Returns:
```

9-5 チャットボットの作成

```
        list: 形態素のリスト
    """
    t = Tokenizer()
    tokens = t.tokenize(text)
    result = []
    for token in tokens:
        result.append(token.surface)

    return(result)
```

● **プログラムを実行して応答を見る**

実際にテストしてみましょう。読み込む
ファイルはテキストファイルであれば何で
もよいのですが、日本語以外の文章があまり
含まれていないものがよいでしょう。また、
ある程度の文章量がないと生成される文章
にバリエーションが出ませんので、今回は
「青空文庫」からダウンロードした夏目漱石
『坊ちゃん』のテキストファイルbocchan.
txtを使用することにします。ほぼすべてが
日本語の文章ですし、文章量も十分ありま
す。さらに、主語が一人称（「おれ」）の作品
なので、対話している雰囲気が期待できま
す。

なお、本書では文字コードの変換方法を
UTF-8で統一しているので、ダウンロード
したファイルをUTF-8で保存し直しておき
ます。本書の例では、カレントディレクトリ
に「text」フォルダーを作成し、この中に
「bocchan.txt」を保存しました。

markov_bot.pyを実行し、ファイル名を
入力します。ファイルを読み込んで「形態素
解析」 ➡ 「マルコフ連鎖の処理」が完了する
まで時間がかかるので、その間は「テキスト
を読み込んでいます…」と表示されます。し
ばらく待っていると「会話をはじめましょ
う。」に続いてプロンプト「>」が表示される
ので、適当に文章を入力してみます。

9-5 チャットボットの作成

▼プログラムの実行例

```
ファイルのパスを入力してください>text/bocchan.txt
テキストを読み込んでいます...
会話をはじめましょう。
>こんにちは、坊ちゃん
芸者をつれて、こんな芸人じみた下駄を穿ねるなんて不人情な事をしましたとまた一杯しぼって飲
んだ
>何飲んでるんですか
赤シャツ自身は苦しそうに袴も脱けたものだ
>酔っぱらっちゃったんですかね
口取に蒲鉾はついてるが、どす黒くて竹輪の出来損ないである
>つまみがあんまりよくなかったんですね
なんでバッタなんか、おれの裄を着ていた
>その人も飲んだんですか
云でたぞなもしと忠告した
>ほう、飲みすぎはいけませんものね
嘘を吐いて来たが、とっさの場合返事をしかねて茫然としている
>飲んでないふりしたかったんでしょうね
赤シャツの片仮名はみんなあの雑誌から出るんだそうだが実は一間ぐらいな、ちょろちょろした流
れで、土手に沿うて十二丁ほど下ると相生村へ出る
>その人も飲んだんですか
おれは今度も手を叩きつけてやった
>ひどく酔ってたんですね
だから清の墓は小日向の養源寺にある
>ええっ!そんな...
なあるほどこりゃ奇絶ですね
>close ──────────────┐  closeと入力してプログラムを
[Enter]キーで終了します。        │  終了します
```

　坊ちゃんの雰囲気はよく出ていますが、出
来上がった文章をまったくランダムに抽出
しているので、支離滅裂な応答が返ってき
ています。次のTipsでは、もう少しましな
会話になるように、markov_botモジュール
に少し手を加えることにします。

9-5 チャットボットの作成

Tips 294

入力した文字列に反応するようにする

▶Level ●●●

これがポイントです！ **インプット文字列の解析**

前回のTipsで作成したmarkov_botモジュールは、生成された文章の中からランダムに返すので、どんな応答があるのか実行してみるまでわかりません。そこで、「インプット文字列から形態素解析で名詞を抜き出し、その名詞を含む文章を取り出して応答として返す」ように改造します。

●markov_botモジュールの改造

改造する箇所は、markov_botモジュールのプログラムの基点となる部分だけです。具体的には、whileブロックにおいて、インプット文字列の処理を行うようにしています。ここでは前回のTipsで作成したmarkov_botモジュールを書き換えたmarkov_bot2.pyを新たに作成しました。

▼markov_bot2.py

```python
import os
import random
import re
from itertools import chain # itertoolsモジュールからchainをインポート ── 新規追加
import analyzer # analyzerモジュールのインポート

class Markov:
    """マルコフ連鎖で文章を生成するクラス
    """
    def __init__(self, filename):
        """テキストファイルのデータをインスタンス変数に格納

        Args:
            filename (str): テキストファイルのパス
        """
        print('テキストを読み込んでいます...')
        # カレントディレクトリのパスにテキストファイルのパスを連結
        path = os.path.join(
            os.path.dirname(__file__), filename)
        # 読み取り専用でファイルをオープン
        with open(path, 'r', encoding = 'utf_8') as f:
            self.text = f.read() # 全データをself.textに格納

    def make(self):
        """マルコフ連鎖を利用して文章を生成する

        Returns:
```

490

```
            str: マルコフ連鎖を利用して生成した文章
    """
    # 文末の改行文字を取り除く
    self.text = re.sub('\n', '', self.text)
    # 文章を形態素に分解したリストを取得
    wordlist = analyzer.parse(self.text)

    markov = {}  # マルコフ辞書の用意
    p1 = ''      # プレフィックス用の変数
    p2 = ''      # プレフィックス用の変数
    p3 = ''      # プレフィックス用の変数

    # 形態素のリストから1つずつ抽出
    for word in wordlist:
        # p1、p2、p3に値が格納されているか
        if p1 and p2 and p3:
            # markovに(p1, p2, p3)キーが存在しなければキー：値のペアを追加
            if (p1, p2, p3) not in markov:
                markov[(p1, p2, p3)] = []
            # キーのリストにサフィックスを追加
            markov[(p1, p2, p3)].append(word)
        # 3つのプレフィックスの値を置き換える
        p1, p2, p3 = p2, p3, word

    # 生成した文章を保持する変数
    sentence = ''
    # markovのキーをランダムに抽出し、プレフィックス1～3に代入
    p1, p2, p3  = random.choice(list(markov.keys()))

    # カウンター変数を初期化
    count = 0
    # マルコフ辞書を利用して文章を作り出す
    # 単語リストの単語の数だけ繰り返す
    while count < len(wordlist):
        # キーが存在するかチェック
        if ((p1, p2, p3) in markov) == True:
            # 文章にする単語を取得
            tmp = random.choice(markov[(p1, p2, p3)])
            # 取得した単語をsentenceに追加
            sentence += tmp
        # プレフィックスの値を置き換える
        p1, p2, p3 = p2, p3, tmp
        count += 1

    # 最初に出現する句点（。）までを取り除く
    sentence = re.sub("^.+?。", "", sentence)
    # 最後の句点（。）から先を取り除く
    if re.search('.+。', sentence):
        sentence = re.search('.+。', sentence).group()
```

9-5 チャットボットの作成

```python
        # 閉じカッコを削除
        sentence = re.sub("」", "", sentence)
        # 開きカッコを削除
        sentence = re.sub("「", "", sentence)
        # 全角スペースを削除
        sentence = re.sub("　", "", sentence)

        # 生成した文章を戻り値として返す
        return sentence


#===================================================
# プログラムの実行ブロック
#===================================================
if __name__ == '__main__':
    fname = input('ファイルのパスを入力してください>')
    # Markovクラスをインスタンス化
    markov = Markov(fname)
    # make()メソッドで文章を生成
    text = markov.make()
    # 文末の「。」で切り分けてリストにする
    ans = text.split('。')
    # 空の要素を取り除く
    if '' in ans:
        ans.remove('')

    print ('会話をはじめましょう。')
    # 対話処理を実行
    while True:
        line = input(' > ')
        # プログラムを終了する処理
        if line == 'close':
            input('[Enter]キーで終了します。')
            break
        # インプット文字列を形態素解析
        parts = analyzer.analyze(line)
        # インプット文字列の名詞にマッチしたマルコフ連鎖文を格納するリスト
        m = []
        # 解析結果の形態素と品詞に対して反復処理
        for word, part in parts:
            # インプット文字列に名詞があればそれを含むマルコフ連鎖文を検索
            if analyzer.keyword_check(part):
                # マルコフ連鎖で生成した文章を1つずつ処理
                for element in ans:
                    # 形態素の文字列がマルコフ連鎖の文章に含まれているか検索する
                    # 最後を'.*'にすると「花」のように検索文字列だけにもマッチ
                    # するので、'.+'として検索文字列だけにマッチしないようにする
                    #
                    find = '.*' + word + '.+'
                    # マルコフ連鎖文にマッチさせる
```

①
②
③
④
⑤
⑥

9-5 チャットボットの作成

```
                tmp = re.findall(find, element)          ❼
                if tmp:
                    # マッチする文章があればリストmに追加
                    m.append(tmp)                         ❽
            # findall()はリストを返してくるので多重リストをフラットにする
            m = list(chain.from_iterable(m))              ❾

            if m:                                          ❿
                # インプット文字列の名詞にマッチしたマルコフ連鎖文からランダムに選択
                print(random.choice(m))
            else:
                # マッチするマルコフ連鎖文がない場合
                print(random.choice(ans))                 ⓫
```

❶でインプット文字列を形態素解析にかけます。❷は、インプット文字列にマッチする文章を格納するためのリストです。

❸のforループで解析結果を形態素と品詞情報に分解し、keyword_check()関数で品詞情報がマッチしたら（❹）、ネストされたforループ❺に進みます。

forループのブロックパラメーターelementに、マルコフ連鎖によって生成された文章のリストansから1つずつ文章を取り出し、インプット文字列の名詞がその中に含まれているかを調べます。

▼検索に使用する正規表現（❻）

```
find = '.*' + word + '.+'
```

wordの中には、インプット文字列の名詞の部分が入っているので、これを正規表現の '.*'（0文字以上の文字列）と '.+'（1文字以上の文字列）で挟んで、wordを含む文章全体を抽出します。コメントにも書いていますが、最後を '.*' にしなかったのは、wordの名詞のみにマッチするのを避けるためです。文章を生成するタイミングでまれに名詞のみの文が紛れ込むことがあるので、それをチョイスしないようにします。

❼で検索文字列findが、ブロックパラメーターelementにマッチすれば、文全体を❷で初期化したリストmに追加します。ここまでの処理を繰り返し、インプット文字列の名詞にマッチするすべてのマルコフ連鎖文をmに格納します（❽）。

インプット文字列の中に複数の名詞が含まれていた場合は、外側のfor（❸）の先頭に戻って、次の名詞を含むマルコフ連鎖文が検索され、リストmに追加されていきます。

findall()関数は、結果をリストで返してきます。これをリストmに追加していくと、リストのリスト、すなわち多重リストになります。

自然言語処理

493

9-5 チャットボットの作成

▼m.append(re.findall(find, element))の結果の一例

```
[
  ['赤シャツがおれに聞いた'],
  ['赤シャツも真面目に謹聴していると、さあ君もやりたまえ糸はありますかと来た'],
  ['ある日の事赤シャツが送別の辞を述べた'],
  ['どうもあのシャツはただの曲者くせものだと考えた'],
  ......
]
```

　ランダムに抽出する処理に備えて、❾で内部のリストから文字列のみを取り出して外側のリストの要素にします。これには、冒頭でインポートしたitertoolsモジュールのchain.from_iterable()メソッドを使います。

▼❾における多重リストのフラット化

```
m = list(chain.from_iterable(m))
```

▼実行例

```
[
  '赤シャツがおれに聞いた',
  '赤シャツも真面目に謹聴していると、さあ君もやりたまえ糸はありますかと来た',
  'ある日の事赤シャツが送別の辞を述べた',
  'どうもあのシャツはただの曲者くせものだと考えた',
  ......
]
```

　最後に❿で、リストmに格納されたマルコフ連鎖文から1つ取り出して画面に出力すれば、応答の完了です。インプット文字列の名詞にマッチする文章がない場合は、⓫でansに格納されているマルコフ連鎖文全体からランダムに抽出し、応答として返します。

●analyzerモジュール

　analyzerモジュールでは、形態素に分解するparse()関数に加えて、形態素の品詞情報を取得するanalyze()関数、形態素の品詞が名詞かどうか調べるkeyword_check()を定義します。

▼analyzer.py

```
import re
from janome.tokenizer import Tokenizer


def parse(text):
    """形態素解析で形態素に分解する

    Args:
        text (str): テキストデータ
    Returns:
        list: 形態素のリスト
    """
    t = Tokenizer()
```

494

9-5　チャットボットの作成

```python
    tokens = t.tokenize(text)
    result = []
    for token in tokens:
        result.append(token.surface)

    return(result)

def analyze(text):
    """形態素解析を行う

    Args:
        text (str): 解析対象の文章
    Returns:
        list: 解析結果の多重リスト
    """
    # Tokenizerオブジェクトを生成
    t = Tokenizer()
    # 形態素解析を実行
    tokens = t.tokenize(text)
    # 形態素と品詞のリストを格納するリスト
    result = []
    # リストからTokenオブジェクトを1つずつ抽出
    for token in tokens:
        # 形態素と品詞情報のリストを作成してresultに追加
        result.append([token.surface, token.part_of_speech])
    # 解析結果の多重リストを返す
    return(result)

def keyword_check(part):
    """品詞が名詞かどうか調べる

    Args:
        part (str): 形態素解析の品詞の部分
    Returns:
        bool: 名詞であればTrue、そうでなければFalse
    """
    # 名詞,一般
    # 名詞,固有名詞
    # 名詞,サ変接続
    # 名詞,形容動詞語幹
    # のいずれかにマッチすればTrue、それ以外はFalseを返す
    return re.match(
        '名詞,(一般|固有名詞|サ変接続|形容動詞語幹)', part)
```

●入力した内容にマルコフ辞書が反応するか確かめる

　では、実際にテストしてみましょう。
「markov_bot2.py」をエディターで開いた
状態から、プログラムを実行します。

9-5 チャットボットの作成

▼実行結果

ファイルのパスを入力してください>text\bocchan.txt
テキストを読み込んでいます...
会話をはじめましょう。
 ＞こんちは、坊ちゃん
清が笹飴を笹ごと食う夢を見た
 ＞へんな夢ですね
十六七の時ダイヤモンドを拾った夢を見た
 ＞へえ、すごい夢を見ましたね
嘘をつくのは小供の時から、よく夢を見ると、いつしか艫の方が好きなのだろう
 ＞船が好きなんですか？
船頭は真き込らしている
 ＞船頭さんがいるんですね
船頭は真き込らしている
 ＞わかりました、他には誰が乗ってるんです？
しかし自分の許嫁が他人に心を移したのは、
 ＞許嫁の人が浮気しちゃったのですね
一人は女らしい
＞え？女の人と？
おれの生涯のうちで一番うらなり君の、良教師で好人物な事を附加し方を持つべきだ
 ＞その人はうらなり君って教師ともお付き合いがあったんですね
ついでだからその結果を云うと教師になる気はない
 ＞はあ、そうなんですか
増給を断わる奴が世の中にたった一人飛び出して来た
 ＞結局、教師にならなかったんですね
教師も生徒も帰ってしまった
 ＞そりゃ、みんな帰っちゃいますよ
そんな夜遊びとは夜遊びが違う
 ＞えー、教師にならずに夜遊びしてたんですか
三日目にはもう休もうかと思ったら遅刻したが実を云うと教師になる気でいた
 ＞いったい、どっちなんですか
宿屋だけに手紙で知らせろ
 ＞手紙を書いて質問しろと
しかし別段困った質問も掛け出したが、おれは思わずどきりとした
 ＞いや、まだ書いてませんが
続いて山嵐の返事を待ってる
＞close
[Enter]キーで終了します。

　こちらが入力した単語をうまく拾ってく
れているようで、前回よりはかなりまともな
対話ができました。
　ほかにも会話文の多い小説などを試して
みるのもよいでしょう。

9-6 形態素解析を利用したテキストマイニング

Tips
295

▶Level ●●●

これがポイントです！

テキストファイルを読み込んで名詞の頻度表を作る

形態素解析によるわかち書き

9

自然言語処理

　今回は、テキストファイルに収録された文章から名詞だけを抽出し、出現回数をカウントすることで、名詞についての頻度表を作ってみることにします。

●**形態素解析を行うanalyzerモジュール**

　モジュール「analyzer.py」を作成し、形態素解析を行うanalyze()関数と、品詞が名詞かどうか調べるkeyword_check()関数を定義します。

▼ analyzer モジュール（analyzer.py）

```python
import re
from janome.tokenizer import Tokenizer

def analyze(text):
    """形態素解析を行う

    Args:
        toxt (str): 解析対象の文章
    Returns:
        list: 解析結果の多重リスト
    """
    # Tokenizerオブジェクトを生成
    t = Tokenizer()
    # 形態素解析を実行
    tokens = t.tokenize(text)
    # 形態素と品詞のリストを格納するリスト
    result = []
    # リストからTokenオブジェクトを1つずつ抽出
    for token in tokens:
        # 形態素と品詞情報のリストを作成してresultに追加
        result.append([token.surface, token.part_of_speech])
    # 解析結果の多重リストを返す
    return(result)

def keyword_check(part):
    """品詞が名詞かどうか調べる

    Args:
        part (str): 形態素解析の品詞の部分
    Returns:
```

497

9-6 形態素解析を利用したテキストマイニング

```
                bool: 名詞であればTrue、そうでなければFalse
        """
        # 名詞,一般
        # 名詞,固有名詞
        # 名詞,サ変接続
        # 名詞,形容動詞語幹
        # のいずれかにマッチすればTrue、それ以外はFalseを返す
        return re.match(
            '名詞,(一般|固有名詞|サ変接続|形容動詞語幹)', part)
```

●名詞の頻度表を作る

次に、名詞の頻度表を作成し、画面に出力する処理を「frequency_table.py」に記述します。

▼名詞の頻度表を作成して画面に出力するプログラム (frequency_table.py)

```
import os
import re
import analyzer # analyzerモジュールをインポート


def make_freq(file):
    """テキストファイルを読み込んで形態素解析結果を返す

    Args:
        file (str): テキストファイルのパス
    Returns:
        list: 解析結果を格納した多重リスト
    """
    print('テキストを読み込んでいます...')
    # カレントディレクトリのパスにテキストファイルのパスを連結
    path = os.path.join(
        os.path.dirname(__file__), file)
    # 読み取り専用でファイルをオープン
    with open(path, 'r', encoding = 'utf_8') as f:
        text = f.read() # 全データをtextに格納
    # 文末の改行文字を取り除く
    text = re.sub('\n', '', text)
    # 頻度表としての辞書
    word_dic = {}
    # 形態素解析の結果をリストとして取得
    analyze_list = analyzer.analyze(text)───────────────❶

    # 多重リストの要素を2つのパラメーターに取り出す
    for wd, part in analyze_list:───────────────────────❷
        # keyword_check()関数の戻り値がTrueの場合
        if (analyzer.keyword_check(part)):
            # 辞書に語と同じキーがあればキーの値に1加算
```

498

9-6　形態素解析を利用したテキストマイニング

```python
            if wd in word_dic:
                word_dic[wd] += 1
            else:
                # 該当するキーがなければ単語をキーにして値を1にする
                word_dic[wd] = 1

    # 頻度表としての辞書を返す
    return(word_dic)

def show(word_dic):
    """頻度表を出力する

    Args:
        word_dic (dict): 頻度表としての辞書
    """
    # 頻度表の辞書から頻度順に抽出する
    for word in sorted(                        # ❸
        word_dic,                # 対象の辞書
        key = word_dic.get,      # 並べ替えの基準(key)を辞書の値にする
        reverse = True           # 降順で並べ替え
        ):
        # キー(単語)と値(頻度)を出力
        print(word + '(' + str(word_dic[word]) + ')')


#================================================
# プログラムの実行ブロック
#================================================
if __name__ == '__main__':
    file_name = input('ファイルパスを入力してください>>>')
    # 頻度表を取得する
    freq = make_freq(file_name)
    # 頻度表を出力
    show(freq)

    input('[Enter]キーで終了します。')
```

❶の

```python
analyze_list = analyzer, analyze(text)
```

で、analyzerモジュールのanalyze()関数を実行して形態素解析の結果を取得しています。返されるのは多重リストなので、❷のforループ：

```python
for wd, part in analyze_list:
```

で形態素をwdに、品詞情報をpartに取り出します。あとは、頻度表を保持する辞書word_dicの中にwordに該当するキーがあれば値を1増やし、該当するキーが存在しなければ

499

9-6 形態素解析を利用したテキストマイニング

```
word_dic[wd] = 1
```

で新しいキーと値のペアを辞書に登録します。この処理は、前に英単語の頻度表を作成したときと同じです。

一方、頻度表を出力するshow()関数では、❸の

```
for word in sorted(word_dic, key = word_dic.get, reverse = True):
```

で、word_dicの値（頻度）順に並べ替えてからブロック内のprint()で出力するようにしています。

●**プログラムを実行して頻度表を出力してみる**

読み込むファイルは、夏目漱石『坊っちゃん』の冒頭部分を収録したbocchan.txtを使用しました。次に示すのは「frequency_table.py」の実行結果です。

▼**実行結果**

ファイルパスを入力してください>>>bocchan.txt	婆さん（3）
テキストを読み込んでいます...	気性（3）
おやじ（12）	学校（2）
勘太郎（9）	腰（2）
母（7）	親類（2）
兄（7）	ナイフ（2）
手（6）	指（2）
清（6）	庭（2）
人（5）	木（2）
袖（5）	質屋（2）
弱虫（4）	四つ（2）
時分（3）	垣（2）
通り（3）	向う（2）
親指（3）	力（2）
菜園（3）	自分（2）
栗（3）	角（2）
山城（3）	古川（2）
頭（3）	井戸（2）
裃（3）	水（2）
人参（3）	仕掛（2）
乱暴（3）	礎（2）
顔（3）	台所（2）
駄目（3）	眉間（2）
下女（3）	......以下省略......
	[Enter]キーで終了します。

500

GUI

10-1　Tkinterライブラリ（296〜307）

10-2　Qt DesignerでGUIを開発（308〜325）

10-1 Tkinterライブラリ

Tips 296 プログラムの「画面」を作る（Tkinterライブラリ）

▶Level ●●

これがポイントです！ Tk()メソッド

Pythonには、GUI（Graphical User Interface）のアプリケーションを作るためのライブラリ **Tkinter** が標準で用意されています。Tkinterとは、Tool Kit Interfaceの略で、インポートするだけですぐに使うことができます。

● 「Tkinter」をインポートしてGUIの土台となる画面を表示してみる

まずは、Tkinterをインポートしてプログラムの土台となる画面を表示してみましょう。「import tkinter as tk」とありますが、これはTkinterをインポートしたあとで「tk」という略字を使って利用できるようにするものです。毎回tkinter.～のように書くのは面倒なので、キーワードの「as」を使ってtkという別名を付けたというわけです。

▼ベースの画面を表示する（Notebookを使用）

```
In  import tkinter as tk    # tkinterをインポートしてtkという名前で使えるようにする

    base = tk.Tk()           # Tkクラスをインスタンス化する
    base.mainloop()          # ウィンドウの状態を維持
```

▼実行結果

GUIの土台となる部分が表示された

TkinterのTkクラスは、GUIのベースになる画面を作るためのものです。一般的に**ウィンドウ**と呼ばれる画面です。Tkinterで

は、この画面の上にボタンやメニューなどの「GUI部品」を配置していくことで、アプリの操作画面（GUI）を作っていきます。

プログラムの最後に書いてある

　base.mainloop()

のmainloop()メソッドは、生成した画面（Tkオブジェクト）を維持するためのものです。

　base = tk.Tk()

では画面を表示するTkオブジェクトが生成されるだけなので、画面（ウィンドウ）の**閉じる**ボタンがクリックされるまで表示し続けるのが、mainloop()メソッドの役割です。

10-1 Tkinterライブラリ

Tips 297 ウィンドウのサイズを指定する

▶Level ● ●

これがポイントです！ **geometry() メソッド**

Tkクラスをインスタンス化しただけでは、前回のTipsのように小さなウィンドウが表示されます。画面のサイズを指定するにはgeometry()というメソッドを使います。

• **geometry()**
ウィンドウの縦横のサイズを設定します。引数は「200x100」のように数字と数字の間にアルファベットのxを入れます。指定した数字をピクセル (px) 単位と見なして、ウィンドウのサイズを設定します。

書式 | Tkオブジェクト.geometry('横サイズ x 縦サイズ')

title() メソッドを使って、ウィンドウのタイトルも設定することにしましょう。

• **title()**

書式 | Tkオブジェクト.title('タイトルとして表示する文字列')

▼メインウィンドウを作る（Notebook を使用）

```python
import tkinter as tk

root = tk.Tk()                     # メインウィンドウを作成
root.geometry('500x400')           # ウィンドウのサイズを設定
root.title('Python--tkinter : ')   # ウィンドウのタイトルを設定
root.mainloop()                    # ウィンドウの状態を維持
```

G U I

503

10-1　Tkinterライブラリ

　セルに入力したプログラムを実行してみると、横長の画面が表示されるはずです。先述のとおり、プログラムの最後に書いてある「root.mainloop()」は、画面を維持するためのものです。

▼実行結果

ウィンドウサイズは横500×縦400ピクセル

> **さらにワンポイント**　TkinterはGUI開発の定番ともいえるライブラリで、GUIアプリの開発で広く用いられています。一方、実際のUI画面を表示しながら開発できるPyQt5も、開発効率のよさで人気です。PyQt5を用いた開発はTips308以降で紹介しています。

10-1　Tkinterライブラリ

Tips
298

▶Level ●●○

これが
ポイント
です！

ウィンドウにボタンを配置する

pack ()、grid ()、place ()

　何かの処理を開始する「きっかけ」を作る
ための手段として、最も手軽なのがボタンで
す。

• 画面に部品を置いてみる
　Tkinterには、ボタンやチェックボックス、
さらには文字を表示するためのラベルなど、
GUIアプリでおなじみの部品が用意されて
います。Tkinterでは、これらの部品のこと
を**ウィジェット**（Widgets）と呼び、次の3
つのメソッドのいずれかを使ってウィンド
ウに配置します。

• pack()
　ウィンドウの上部から順番にウィジェッ
トを配置します。

書式	ウィジェット.pack()

• grid()
　格子（グリッド）を想定し、row（行）と
column（列）の位置を指定してウィジェッ
トを配置します。

書式	ウィジェット.grid(row=何行目かを示す数値, column=何列目かを示す数値)

• place()
　xとyの座標を使ってウィジェットを配置
します。単位はピクセルです。

書式	ウィジェット.place(x=ウィンドウ左端からの位置, y=ウィンドウ上端からの位置)

●ボタンを作ってpack()メソッドで配置してみる
　TkinterのButtonはボタンのためのクラ
スなので、これをインスタンス化すればボタ
ンを作ることができます。

505

10-1 Tkinterライブラリ

▼ボタンの作成

```
変数 = tkinter.Button(親要素, text='ボタンに表示する文字列')
```

ボタンを3つ作ってpack()メソッドで配置してみましょう。

▼ボタンを上から順に3つ配置する(Notebookを使用)

▼実行結果

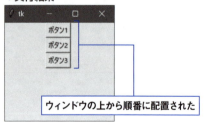

ウィンドウの上から順番に配置された

ボタンを作成して変数に代入し、「button.pack()」のように書いて配置してもよいのですが、

```
tkinter.Button(root, text='ボタン1').pack()
```

と書けば、ボタンの作成と配置を1行で書くことができます。

Tips 299 ボタンを配置する位置を指定する

これがポイントです！ pack() メソッド

pack() メソッドには、「ウィンドウのどこに置くのか」を指定するためのsideというオプションがあります。メソッドの引数に「side = 定数」と書くことで、位置を指定します。

定数というのは、「値が決まっている変数」のことです。Tkinterでは、これらの4つの定数を使って配置する位置を指定するようになっています。

▼pack() メソッドのsideオプションに指定できる定数

tkinter.TOP	上から並べる（デフォルト）
tkinter.LEFT	左から並べる
tkinter.RIGHT	右から並べる
tkinter.BOTTOM	下から並べる

▼ボタンを配置する位置を指定する（Notebookを使用）

```
import tkinter as tk

# メインウィンドウを作成し、ウィンドウサイズを設定
root = tk.Tk()
root.geometry('200x200')
# pack()はデフォルトで上部から並べる
button1 = tk.Button(root, text='ボタン1').pack()
# ボタンを左に配置
button2 = tk.Button(root, text='ボタン2').pack(side=tk.LEFT)
# ボタンを右に配置
button3 = tk.Button(root, text='ボタン3').pack(side=tk.RIGHT)
# ウィンドウの状態を維持
root.mainloop()
```

▼実行結果

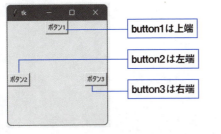

10-1 Tkinterライブラリ

Tips 300 ボタンを作ってgrid()メソッドで配置する

▶Level ●●　これがポイントです！　**grid()メソッドによる配置**

ウィジェットを格子状に並べて配置する**grid()メソッド**を使って、ボタンを3個配置してみます。

▼グリッド上にボタンを配置する（Notebookを使用）

```python
import tkinter as tk

# メインウィンドウを作成し、ウィンドウサイズを設定
root = tk.Tk()
root.geometry('200x200')

# 1行目の1列目にボタンを配置
button1 = tk.Button(
    root, text='ボタン1').grid(row=0, column=0)
# 1行目の2列目にボタンを配置
button2 = tk.Button(
    root, text='ボタン2').grid(row=0, column=1)
# 2行目の2列目にボタンを配置
button3 = tk.Button(
    root, text='ボタン3').grid(row=1, column=1)
# ウィンドウの状態を維持
root.mainloop()
```

▼実行結果

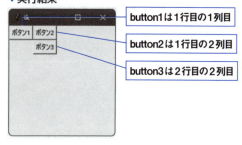

button1は1行目の1列目
button2は1行目の2列目
button3は2行目の2列目

Tips 301 place()メソッドで位置を指定して配置する

▶Level ● ●

これがポイントです! place()メソッドにおける座標の指定

place()メソッドを使うと、x座標とy座標を指定して配置することができます。

▼ピクセル単位で位置を指定する（Notebookを使用）

```python
import tkinter as tk

# メインウィンドウを作成し、ウィンドウサイズを設定
root = tk.Tk()
root.geometry('200x200')

# ウィンドウの左上隅に配置
button1 = tk.Button(
    root, text='ボタン1').place(x=0, y=0)
# 左端から50px、上端から50pxの位置に配置
button2 = tk.Button(
    root, text='ボタン2').place(x=50, y=50)
# 左端から100px、上端から100pxの位置に配置
button3 = tk.Button(
    root, text='ボタン3').place(x=100, y=100)
# ウィンドウの状態を維持
root.mainloop()
```

▼実行結果

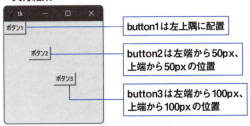

button1は左上隅に配置

button2は左端から50px、上端から50pxの位置

button3は左端から100px、上端から100pxの位置

10-1 Tkinterライブラリ

Tips 302 ボタンがクリックされたときに処理を行う

▶Level ●●

これがポイントです！ commandオプション

ボタンは、「クリックしたときに何かを行う」ためのウィジェットです。これまでのTipsでボタンを配置してみましたが、クリックしても何も起こりませんでした。今回は、ボタンをクリックしたときの処理です。

●ボタンがクリックされたときの反応を作る
Tkinterのボタン (Buttonオブジェクト) を生成する際に、「command」というオプションを指定すると、作成済みの関数を呼び出すことができます。

・ボタンをクリックしたときに関数を呼び出す
```
tkinter.Button(親要素, text='表示する文字列', command=関数名)
```

通常、関数を呼び出すときは関数名のあとに()を付けますが、commandオプションで指定するときは()を付けません。

●push()関数をボタンクリックで呼び出す
画面に文字を出力するpush()という関数を定義して、ボタンがクリックされたときに呼び出すようにしてみましょう。

▼ボタンクリックでpush()関数を呼び出す (Notebookを使用)

```
import tkinter as tk

def push():
    """メッセージを出力する
    """
    print('押しましたね')

# メインウィンドウを作成し、ウィンドウサイズを設定
root = tk.Tk()
root.geometry('200x200')
# push()関数を実行するボタンを配置
button = tk.Button(
    root,
    text='押してね',
    command=push        ← push()関数を呼び出す
    ).pack()
# ウィンドウの状態を維持
root.mainloop()
```

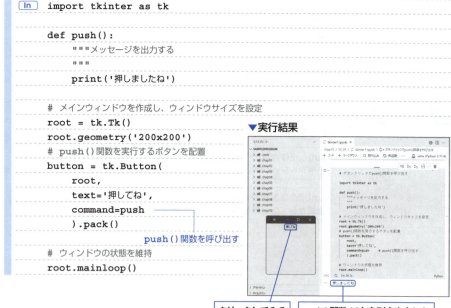

▼実行結果

クリックしてみる / push()関数が文字列を出力した

10-1 Tkinter ライブラリ

Tips 303

チェックボタンで選択できるようにしよう

▶Level ●●

これがポイントです！ > **Checkbutton クラス**

　Tkinterのウィジェットには、複数の選択肢の中から好きなだけ選択するための**チェックボタン**があります。一般的にチェックボックスと呼ばれているものです。

●**チェックボタンを配置して選択結果を処理**
　チェックボタンは、TkinterのCheckbuttonクラスをインスタンス化することで作成できます。

・チェックボタンの作成

```
tkinter.Checkbutton(親要素,
                    text='表示する文字列',
                    variable=BooleanVarオブジェクト)
```

・**BooleanVar クラス**
　TrueかFalseだけの値を保持するオブジェクトを作成します。オブジェクトの値はget().メソッドで取得できます。

　チェックボタンがチェックされているかどうかを調べる手段として、BooleanVarオブジェクトを使います。variableオプションにBooleanVarオブジェクトをセットしておけば、チェックボタンがチェックされた

ときにBooleanVarオブジェクトにTrueが格納されます。あとはget()メソッドでチェックボタンのBooleanVarオブジェクトの値を調べれば、チェックされているかどうかがわかるという仕組みです。

●**チェックされたかどうかを通知する**
　チェックボタンを4つ配置して、どれがチェックされたのかを通知するプログラムを作成してみることにします。

▼チェックされた項目を通知するプログラム（Notebook を使用）

```
import tkinter as tk

# メインウィンドウを作成し、ウィンドウサイズを設定
root = tk.Tk()
root.geometry('300x150')

# チェックボタンに表示する文字列
item  = ['腕時計', '手帳', '預金通帳', '傘']
# BooleanVarオブジェクトを格納するための辞書
check = {}

# チェックボタンの作成と配置
# itemリストの要素の数だけ処理を繰り返す
```

GUI

511

10-1 Tkinterライブラリ

```python
for i in range(len(item)):
    # BooleanVarオブジェクトを作成してリストcheckに格納
    check[i] = tk.BooleanVar()
    # チェックボタンの作成と配置
    tk.Checkbutton(
        root,                     # 親要素を指定
        variable = check[i],      # variableに辞書checkのi番目の要素を指定
        text = item[i]            # textにリストitemのi番目の要素を指定
        ).pack(anchor=tk.W)       # 左寄せで配置する

def choice():
    """チェックボタンの状態を通知する関数
    """
    # 辞書checkの要素の数だけ繰り返す
    for i in check:
        # checkのキーiのBooleanVarオブジェクトに対してTrue／Falseを調べる
        if check[i].get() == True:
            # リストitemのインデックスiを出力
            print(item[i] + 'をお忘れなく')

# ボタンの作成と配置
button = tk.Button(
    root,
    text = '明日の持ちもの',
    command = choice ─────────── クリック時にchoice()関数を呼ぶ
    ).pack()

# ウィンドウの状態を維持
root.mainloop()
```

●チェックボタンの作成と配置

チェックボタンに表示する文字列として、次のリストを用意しました。

▼チェックボタンに表示する文字列のリスト

```python
item  = ['腕時計', '手帳', '預金通帳', '傘']
```

リストにしたのは、このあとのforループで一気にチェックボタンを作成できるようにするためです。forループでは、リストitemの要素数をlen()関数で調べ、要素の数だけ処理を繰り返します。

for内部では、まずBooleanVarオブジェクトを作成し、キーをiの値にして辞書checkに追加します。

▼BooleanVarオブジェクトの作成

```python
check[i] = tk.BooleanVar() ➡{0 : BooleanVar}のようになる
```

続いてチェックボタンの作成です。Checkbutton()のvariableオプションでcheck[i]を指定し、textにはitem[i]を指定します。最後にpack()メソッドを使って配置しますが、ここではanchorというオプションを使って配置しています。

四角いイメージで親要素を表していますが、左上隅に配置するには「anchor=tkinter.NW」、中央に配置するには「anchor=tkinter.C」のように指定します。例では、「anchor=tk.W」を指定して、すべてのチェックボタンを左寄せで配置するようにしました。

▼anchorオプションの指定方法（NWなどの文字は定数を表す）

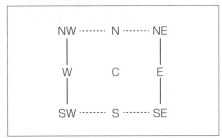

●チェックボタンの状態を通知する関数

チェックボタンの状態を調べて、どの項目がチェックされているかを通知する関数choice()を作成しました。この関数は、このあと作成するボタンをクリックしたときに呼び出されます。

▼choice()関数

```
def choice():
    # 辞書checkの要素の数だけ繰り返す
    for i in check:
        # checkのキーiのBooleanVarオブジェクトに対してTrue/Falseを調べる
        if check[i].get() == True:
            # リストitemのインデックスiを出力
            print(item[i] + 'をお忘れなく')
```

関数内部では、forで辞書checkの要素の数だけ処理を繰り返します。for内部のifでは、「check[i].get() == True」でキーにiを指定して、その値であるBooleanVarオブジェクトをget()メソッドで取り出します。1つ目のチェックボタンがチェックされていれば、check[0]のBooleanVarオブジェクトはTrueを保持しているので、この場合はprint()関数でitem[0]の値を出力します。

▼実行結果

チェックを入れてボタンをクリック　チェックされた項目の内容が表示される

513

10-1 Tkinterライブラリ

Tips 304

▶Level ●●

ラジオボタンを使って1つだけ選択できるようにしよう

これがポイントです！ > valueオプション、variableオプション

チェックボタンはいくつでも選択が可能でした。これに対し、複数の選択肢の中から1つだけを選択できるのが**ラジオボタン**です。

●ラジオボタンで1つだけ選択可にする

ラジオボタンは2つ以上の選択が不可なので、「どれか1つだけ選択してもらう」場合に使います。

・ラジオボタンの作成

```
tkinter.Radiobutton(親要素,
                    text='表示する文字列',
                    value=ラジオボタンを識別するためのint型の値
                    variable=IntVarオブジェクト)
```

・IntVarクラス

int型の値を保持できるオブジェクトを作成します。オブジェクトの値はget()メソッドで取得できます。

●どのラジオボタンがオンにされたかを調べる

ラジオボタンには、選択されたことを示すためのvalueとvariableという2つのオプションを設定します。valueオプションでは、それぞれのラジオボタンにint型の通し番号を割り当てます。1つ目のラジオボタンは0、2つ目は1という具合です。

一方、variableにはIntVarクラスのオブ

ジェクトを設定し、すべてのラジオボタンに対して同じオブジェクトを割り当てます。そうすると、ラジオボタンが選択された場合に、そのボタンのvalueの値がIntVarオブジェクトに格納されます。例えばvalueの値が1のラジオボタンが選択されたのであれば、IntVarオブジェクトには1が格納されます。したがって、オブジェクトに対してget()メソッドを実行すれば、どのラジオボタンがオンになっているかがわかる──仕組みです。

例として、「4つのラジオボタンのどれかをオンにしてボタンをクリックすると、選択した内容を通知する」ようにしてみましょう。

▼4つのラジオボタンから1つだけ選択してもらう（Notebookを使用）

```
In   import tkinter as tk

     # メインウィンドウを作成し、ウィンドウサイズを設定
     root = tk.Tk()
     root.geometry('300x150')

     # ラジオボタンに表示する文字列を用意
```

10-1 Tkinterライブラリ

```python
item = ['庭の掃除', '窓ふき', '車の洗車', '床のワックスがけ']
# IntVarオブジェクトを作成
val = tk.IntVar()


# ラジオボタンの作成と配置
# itemリストの要素の数だけ処理を繰り返す
for i in range(len(item)):
    tk.Radiobutton(
        root,                   # 親要素を指定
        value = i,              # valueの値をiにする
        variable = val,         # variableにIntVarオブジェクトを指定
        text = item[i]          # textにリストitemのi番目の要素を指定
        ).pack(anchor=tk.W)     # 左寄せで配置する


def choice():
    """ラジオボタンの状態を通知する関数
    """
    # IntVarオブジェクトの値を取得
    ch = val.get()
    # リストitemのインデックスをchに指定して要素を出力
    print('明日は' + item[ch] + 'をやりましょう')


# ボタンの作成と配置
button = tk.Button(
    root,
    text = '明日やること',
    command = choice ─────────── クリック時にchoice()関数を呼ぶ
    ).pack()


# ウィンドウの状態を維持
root.mainloop()
```

▼実行結果

ラジオボタンのどれか
1つをオンにする

オンになっている項目の
内容が表示される

515

10-1　Tkinter ライブラリ

Tips

305 メニューを配置する

▶Level ●●

これが
ポイント
です！

Menu()、configure()

　GUIアプリに欠かせないのがメニューです。TkinterのMenuクラスは、ウィンドウ上部にメニューを配置し、任意の数だけアイテム（メニュー項目）を追加できるオブジェクトを作成します。

● [ファイル] メニューを作ってウィンドウ
に配置する
　ウィンドウ上にメニューを配置するには、

　まず、メニューの土台となるメニューバーをMenu()を使って生成します。引数には、メインウィンドウ（Tkオブジェクト）を指定します。これによってメニューバーの親要素がメインウィンドウになります。

・メニューバーの作成

```
tkinter.Menu(親要素)
```

▼メニューバーの作成
```
root = tk.Tk()
menubar = tk.Menu(root) ── Menuオブジェクトを生成
```

　続いてconfigure()メソッドで、ウィンドウのメニューバーとしてmenubarを設定します。

・configure()
　ウィジェットの属性の値を設定します。

書式　ウィジェット.configure(オプション＝値)

▼ウィンドウにメニューバーを配置する
```
root.configure(menu=menubar) ── menuオプションを設定して、Menuオブジェクトをメニュー
                                  バーとして配置（rootはTkオブジェクトを格納している変数）
```

　次に、メニューとそのアイテムを配置します。

・add_cascade()
　メニューバー（Menuオブジェクト）にメニュー（別のMenuオブジェクト）を配置します。

書式　Menuオブジェクト.add_cascade()

　メニュー自体もMenuオブジェクトです。Menu()の引数をメニューバーに設定して新しいMenuオブジェクトを作ります。このオブジェクトをadd_cascade()メソッドでメニューバーに組み込みます。

10-1 Tkinterライブラリ

▼[ファイル]メニューを作成してメニューバーに組み込む

```
filemenu = tk.Menu(menubar)          メニューバーを引数にしてMenuオブジェクトを生成
menubar.add_cascade(label='ファイル', menu=filemenu)     [ファイル]メニュー
                                                          をメニューバーに配置
```

ここまでで、右図のように**ファイル**メニューが表示されるようになります。

次に、**ファイル**メニューをクリックしたときに表示されるアイテムを追加していきます。以下のコードを、**ファイル**メニューを組み込むコードの次に入力します。

▼[ファイル]メニューの配置

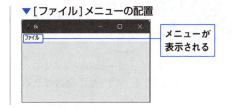

メニューが表示される

▼関数やメソッドを実行できるアイテムを追加する

```
filemenu.add_command(label='閉じる')
```

これで、メニューをクリックしたときに**閉じる**アイテムが表示されるようになります。

▼[閉じる]アイテムの追加

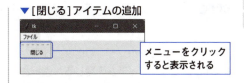

メニューをクリックすると表示される

▼メニューのアイテムを追加するメソッド

add_checkbutton()	チェックボタンを表示。二者択一の情報を設定するために使います。
add_command()	commandオプションで指定した関数やメソッドを実行します。
add_radiobutton()	ラジオボタン付きのメニューアイテムを表示します。
add_separator()	区切り線を表示します。

●メニューを配置するプログラム（Notebookを使用）

```
# メインウィンドウを作成し、ウィンドウサイズを設定
root = tk.Tk()
root.geometry('300x150')
# Menuオブジェクトを生成
menubar = tk.Menu(root)
# ウィンドウにメニューバーを配置する
root.configure(menu=menubar)
# メニューバーを引数にしてMenuオブジェクトを生成
filemenu = tk.Menu(menubar)
# [ファイル]メニューをメニューバーに配置
menubar.add_cascade(label='ファイル', menu=filemenu)
# 関数やメソッドを実行できるアイテムを追加する
filemenu.add_command(label='閉じる')
# ウィンドウの状態を維持
root.mainloop()
```

517

10-1　Tkinterライブラリ

Tips
306
▶Level ●●

これが
ポイント
です！

メッセージボックスの表示

askyesno() メソッド

Tkinterには、メッセージボックス（ポップアップする画面）を作るための関数があるので、これを使ってみましょう。

- **askyesno()**

  tkinterのmessageboxモジュールの関数で、**はい／いいえ**ボタンが配置されたメッセージボックスを表示します。**はい／いいえ**ボタンがクリックされると、それぞれTrue／Falseが返されます。

書式	tkinter.messagebox.askyesno('タイトル', 'メッセージ')

ここでは、メインウィンドウにメニューを配置し、メニューアイテムの**閉じる**が選択されたときに呼ばれる関数として、次のcallback()を定義することにしました。

この関数では、ifブロックの条件式でmessagebox.askyesno()を実行して、メッセージボックスを表示するようにしています。

▼ [閉じる] アイテムが選択されたときに呼ばれる関数

```
def callback():
    if messagebox.askyesno(─────── メッセージボックスを表示して戻り値を調べる
            'Quit?',  ─────────── タイトル
            '終了する?' ─────────── 表示するメッセージ
        ):
        root.destroy()  ─────────── ウィンドウを破棄する。このときWM_DELETE_
                                    WINDOWが発生
```

ifの条件式は「messagebox.askyesno(…)」です。条件式で直接、メッセージボックスを作成して画面に表示します。そうすると、メッセージボックス上のボタンがクリックされたときにTrueかFalseが返ってくるので、Trueならばifブロックの処理を行います。なお、**いいえ**ボタンがクリックされたときは特に何もすることがないので、elseブロックは書いていません。**いいえ**ボタンで何かの処理を行う場合は、else:以下に処理を

書くようにします。

- **destroy()**
  ウィジェットを破棄します。

書式	破棄するウィジェット.destroy()

518

10-1　Tkinterライブラリ

● [×]（[閉じる] ボタン）がクリックされたことを検知する

メニューアイテムの設定をする前に、ついでなので、メインウィンドウの**×**（**閉じるボタン**）がクリックされたときにもメッセージボックスが表示されるようにしましょう。これは、次のように書くことで実現できます。

▼ [閉じる] ボタンがクリックされたら callback() 関数を呼ぶ

```
root.protocol('WM_DELETE_WINDOW', callback)
```

Tkinterは**プロトコルハンドラー**と呼ばれるメカニズムをサポートしています。**プロトコル**は、アプリケーションとウィンドウ間のやり取りの手順を指します。「WM_DELETE_WINDOW」は、ウィンドウを閉じる直前に、ウィンドウが閉じられることを通知する役目を持つプロトコルです。protocol()メソッドの第1引数に'WM_DELETE_WINDOW'、第2引数に関数やメソッドを指定することで、画面を閉じる直前に関数／メッセージが呼び出されるようになります。

●プログラムの作成

「メニューアイテムが選択されると画面を閉じる」プログラムを作成します。

▼ [閉じる] アイテムが選択されたときに呼ばれる関数 (Notebook を使用)

```
In    from tkinter import messagebox


      def callback():
          """ [閉じる] アイテムが選択されたときに呼ばれる関数
          """
          # メッセージボックスを表示し、[はい] ボタンクリック時に終了処理を行う
          if messagebox.askyesno('Quit?', '終了する？'):
              # メインウィンドウを破棄 (プログラム終了)
              root.destroy()
          # [いいえ] ボタンをクリックしたら何もしない
```

▼画面を生成してメニューを配置する

```
In    import tkinter as tk

      # メインウィンドウを作成し、ウィンドウサイズを設定
      root = tk.Tk()
      root.geometry('300x150')
      # ウィンドウが閉じられる直前にcallback()関数を呼ぶ
      root.protocol('WM_DELETE_WINDOW', callback)

      # メニューバーのためのMenuオブジェクトを作成
      menubar = tk.Menu(root)
```

519

10-1 Tkinterライブラリ

```
# ウィンドウのメニューバーとして登録
root.configure(menu=menubar)
# メニューのためのMenuオブジェクトを生成
# 引数はメニューバー
filemenu = tk.Menu(menubar)
# [ファイル]メニューをメニューバーに配置
menubar.add_cascade(label='ファイル', menu=filemenu)
# [閉じる]アイテムを配置
filemenu.add_command(label='閉じる', command=callback)

# ウィンドウの状態を維持
root.mainloop()
```

▼実行結果

[閉じる]アイテムを選択するか
[閉じる]ボタンをクリックする

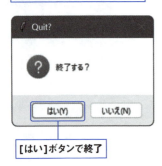

[はい]ボタンで終了

10-1 Tkinterライブラリ

Tips 307

明日の予定を決めてくれる
プログラムを作る

▶Level ● ●

これが
ポイント
です！

グローバル変数の利用

明日の予定が決められない……そんなときに何をするのか決めてくれるプログラムを作ってみましょう。

●予定を決める関数を用意しよう

リストに埋め込んだ7つの予定の中からランダムに1つを抽出してくれる関数を用意しましょう。モジュール「tomorrows_action」を作成して、次のコードを入力します。

▼明日の予定を決める関数（Notebookを使用）

```
In   import random

     # グローバル変数の定義
     # 応答エリアのオブジェクトを保持
     response_area = None


     def wakuwaku():
         """予定のリストからランダムに抽出する
         """
         play =  [
             '小っちゃな映画館を探して映画を観に行く',
             'おしゃれなカフェでまったりする',
             '絶叫マシンの遊園地ではしゃぐ',
             '上演中の劇場を探して舞台を観る',
             '路線バスで旅をする',
             'モヤモヤする街を散策する',
             'ざわめく街の酒場を彷徨う']
         # playリストからランダムに抽出
         tomorrow = random.choice(play)
         # 明日の予定をラベルに表示
         response_area.configure(text=tomorrow)
```

グローバル変数はモジュールの直下、つまり関数やクラスの外部で定義した変数で、モジュール内のすべての関数やクラスから利用するためのものです。

wakuwaku()関数は、リストplayからランダムに1つ抽出し、これを「ラベル」というウィジェットに表示します。

521

10-1 Tkinterライブラリ

▼抽出した要素をラベルに表示するコード

```
response_area.configure(text=tomorrow)
```

configure()メソッドは、ウィジェットの属性を設定します。tomorrowには抽出された要素が代入されているので、これをラベルのtextオプションの値とします。これで、wakuwaku()関数が実行されると、リストplayからランダムに抽出された要素（文字列）がラベルに表示され、結果がわかるという仕掛けです。

●プログラムの画面を作ろう

次に、プログラムの画面（GUI）を描画する関数を定義しましょう。

画面に何もないと寂しいので、グラフィックス（画像）を表示することにします。その下に明日の予定を表示するためのラベル、さらにその下にwakuwaku()関数を実行するためのボタンを配置します。先ほどのセルの次のセルに入力しましょう。

▼画面を描画する関数

```
In  import random as tk


    def run():
    """画面を描画する
    """
    # グローバル変数を使用するための記述
    global response_area                                    ❶
    # メインウィンドウを作成
    root = tk.Tk()
    # ウィンドウのタイトルを設定
    root.title('明日の予定 : ')
    # フォントとフォントサイズを指定するためのタプルを用意
    font = ('Helevetica', 14)


    # キャンバスの作成
    canvas = tk.Canvas(                                     ❷
        root,              # 親要素をメインウィンドウに設定
        width = 550,       # 幅を設定
        height = 200,      # 高さを設定
        relief=tk.RIDGE,   # 枠線を表示
        bd=2               # 枠線の幅を設定
        )
    # キャンバスをウィンドウ上に配置
    canvas.pack()
    # イメージを用意
    img = tk.PhotoImage(file = 'img1.gif')                  ❸
    # キャンバス上にイメージを配置
    canvas.create_image(
        0,                 # x座標
        0,                 # y座標
        image = img,       # 配置するイメージを指定
        anchor = tk.NW     # 配置の起点となる位置を左上隅に指定
```

522

10-1　Tkinter ライブラリ

```
        )
    # 応答エリアを作成
    response_area = tk.Label(                              ❹
        root,               # 親要素をメインウィンドウに設定
        width=50,           # 幅を設定
        height=10,          # 高さを設定
        bg='pink',          # 背景色を設定
        font=font,          # フォントを設定
        relief=tk.RIDGE,    # 枠線の種類を設定
        bd=2                # 枠線の幅を設定
        )
    # 応答エリアをメインウィンドウ上に配置
    response_area.pack()

    # ボタンの作成
    button = tk.Button(                                    ❺
        root,                        # 親要素をメインウィンドウに設定
        font=font,                   # フォントを設定
        text='明日はどーする？',     # ボタンに表示するテキスト
        command=wakuwaku            # クリック時にwakuwaku()関数を呼ぶ
        )
    # メインウィンドウ上に配置
    button.pack()

    # # ウィンドウの状態を維持
    root.mainloop()
```

● グローバル変数を使用するための記述
（❶のコード）

　関数定義の冒頭で、response_areaという グローバル変数を用意しました。これは、 Labelというウィジェットを代入するための ものです。グローバル変数の値を参照する だけなら、特に何の用意も不要なのですが、 値を代入するにはglobalというキーワード を使って次のように書いておくことが必要 です。

▼ グローバル変数を使うための記述

```
global response_area
```

▼ キャンバスの作成（❷以下のコード）

```
canvas = tk.Canvas(
    root,               ── 親要素をメインウィンドウに設定
    width = 550,        ── 幅をピクセル単位で設定
    height = 200,       ── 高さをピクセル単位で設定
```

● Canvasウィジェットの作成と配置

　グラフィックスを表示するには、その土台 となるCanvasというウィジェット（GUI部 品）を作成し、その上にグラフィックスを乗 せて表示することになります。**Canvasウィ ジェット**は、矩形（長方形）、直線、楕円な どの図形のほかに、イメージ、文字列、任 意のウィジェットを表示できる便利な ウィジェットです。このウィジェットは Canvas() で生成します。

523

10-1 Tkinter ライブラリ

```
    relief=tk.RIDGE,     ──── 枠線の種類をRIDGE（土手）に設定
    bd=2                 ──── 枠線の幅をピクセル単位で設定
    )
canvas.pack()            ──── Canvasをウィンドウ上に配置
```

▼Canvasウィジェットのオプション

オプション	説明
bg または background	背景の色を指定します。
bd または borderwidth	ボーダーの幅をピクセル単位で指定します。デフォルトでは0。reliefを指定するときはこの値を指定する必要があります。
relief	周りの形を指定します。tkinter.FLAT(デフォルト)、tkinter.RAISED、tkinter.SUNKEN、tkinter.GROOVE、tkinter.RIDGE があります。
width	幅をピクセル単位で指定します。
height	高さをピクセル単位で指定します。

▼reliefオプションに設定できる定数

定数	説明
tkinter.FLAT	平たん
tkinter.RAISED	出っぱり
tkinter.SUNKEN	引っ込み
tkinter.GROOVE	溝
tkinter.RIDGE	土手

●グラフィックスを用意してキャンバス上に配置

Tkinter標準のGIF形式とPPM形式の画像ファイルを表示するには、tkinter.PhotoImage()で読み込んで、表示用のオブジェクトを生成します。続いて、Canvasのcreate_image()メソッドでキャンバス上に配置します。

▼Canvasにグラフィックスを配置する（❸以下のコード）

```
img = tk.PhotoImage(file = 'img1.gif')  ──── モジュールと同じフォルダーにある
                                             img1.gifを読み込む

canvas.create_image(
    0,                          ──── x座標
    0,                          ──── y座標
    image = img,                ──── 配置するイメージオブジェクトを指定
    anchor = tk.NW              ──── 配置の起点となる位置を左上隅に指定
    )
```

524

10-1 Tkinterライブラリ

　imageオプションだけを指定すると、グ
ラフィックスの右下の角がキャンバスの中
央に表示されます。イメージの左上の角を
キャンバスの左上角にぴったり寄せる場合
は、anchorオプションにtkinter.NWを設
定します。

●応答エリアを作成する（❹以下のコード）
　wakuwaku()関数の結果を表示する部分
を作ります。Labelウィジェットは文字列を
表示できるので、これを使うことにしましょ
う。

▼応答エリアを作成

```
response_area = tk.Label(
    root,                    親要素をメインウィンドウに設定
    width=50,                幅を設定
    height=10,               高さを設定
    bg='pink',               背景色を設定
    font=font,               フォントをタプルfontの値を使って設定
    relief=tk.RIDGE,         枠線の種類を設定
    bd=2                     枠線の幅を2ピクセルに設定
    )
response_area.pack()         ウィンドウ上のグラフィックスの下に配置
```

　Labelの生成方法は、これまでのCanvas
などとほとんど同じです。Label独自の背
景色を設定するbgオプションに'pink'を設
定しています。bgには、'red'などカラーを
表す定数（文字列）を使って背景色を指定し
ます。
　一方、fontでは表示する文字のフォント
を指定します。フォントの情報は関数定義の

冒頭付近でタプルとして変数fontに代入し
ているので、これをfontオプションの値と
して設定しています。

●ボタンの作成（❺以下のコード）
　wakuwaku()関数を呼び出すためのボタ
ンを作成して、配置します。

▼ボタンの作成

```
button = tk.Button(
    root,                    親要素をメインウィンドウに設定
    font=font,               タプルfontの値を使用してフォントを設定
    text='明日はどーする？',  ボタンに表示するテキスト
    command=wakuwaku         クリック時にwakuwaku()関数を呼ぶ
    )
button.pack()                メインウィンドウ上に配置
```

●**プログラムを実行してみよう**

駆け足で見てきましたが、処理としては「ボタンをクリックすると、リストの中からランダムに抽出した要素を画面に表示する」というシンプルなものです。さっそくrun()関数を実行して結果を見てみましょう。

```
In  run()
```

▼実行結果

ボタンをクリックする

明日はこうしましょう

10-2 Qt DesignerでGUIを開発

Tips

308

PyQt5ライブラリと Qt DesignerでGUIアプリを開発!

▶Level ● ◯ ◯

これが ポイント です！

PyQt5とQt Designer

クロスプラットフォーム（異なる環境上で動作すること）のGUI開発用のフレームワークの定番「Qt（キュート）」をPythonに移植したのが「PyQt（パイキュート）」です。

Qtは高品位なGUI部品（ウィジェット）を備え、OpenGLやXMLに対応するなどの特徴があり、UIデザイナー「Qt Designer」を用いるのがスタンダードな開発スタイルです。

●PyQt5

C++で開発されているQtをPythonから利用できるようにした、いわゆる「Pythonバインディング」（「Pythonに移植した」ともいう）の最新バージョンです。

●Qt Designer

Qt専用のUIデザイナーです。WYSIWYG*のアプリなので、画面の見た目そのままにドラッグ＆ドロップで画面開発が行えます。

●Qt DesignerでPythonアプリを作る手順

Qt Designerは、AndroidなどのスマホアプリのUI画面や、その他のアプリのUI画面のデータとして使われている、XML形式で画面データを出力します。クロスプラットフォームのQtなので、どのような環境にも対応するためです。ただ、このままだとPythonで使えないので、XML形式の画面データをPythonのコードに変換（コンバート）してから利用することになります。

●Qt DesignerでPythonアプリを作る流れ

①Qt Designerで画面を作って、XMLデータをui形式のファイルに出力する。

②出力されたui形式ファイルをPyQtのコマンドでPythonのコードに変換（コンバート）する。画像などのリソースを使用する場合は、リソースファイルのコンバートも行う。

③Python形式にコンバートされたモジュールをプログラム側でインポートして使う。

以上で、プログラムにGUIのきれいな画面を組み込み、GUIアプリを作ることができます。もちろん、「ボタンがクリックされたら××」などのイベントドリブン的な処理は、Qt Designerで画面を作るときに設定できます。

＊WYSIWYG

「What You See Is What You Get」の略で、見たとおりのものが得られることを指す。DTPソフトだと、Illustrator、InDesignなどがWYSIWYGである。Web系では、Dreamweaver、ホームページ・ビルダーなど。

527

10-2 Qt DesignerでGUIを開発

▼Qt Designer

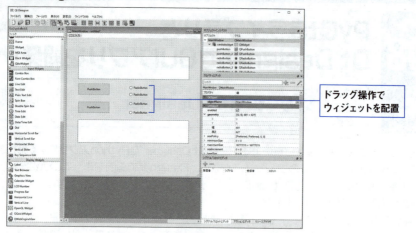

ドラッグ操作で
ウィジェットを配置

●これから作成する「チャットボットアプリ」の概要

題材として、「9-5 チャットプログラムの作成」で作ったプログラムの一部を流用し、これをGUI化した「チャットボットアプリ」を作成します。任意のテキストファイルを読み込み、これをもとにマルコフ連鎖による文章を生成し、応答フレーズとして用意します。ユーザーが入力欄に入力してボタンをクリックすると、マルコフ連鎖によって生成された文章群の中から抽出して、これを応答メッセージとしてGUI画面に出力します。このとき、ユーザーが入力した名詞が含まれていれば、これと一致する名詞を内包しているフレーズをピックアップすることで、会話っぽさを演出します。

・「チャットボットアプリ」で用意するファイル

以下のファイルは、専用のフォルダーを作成して、すべてこのフォルダー内に保存します。

GUI画面に関するファイル
・**qt_gui.ui**
Qt Designerで作成したGUI画面です。中身はXML形式のソースコードです。
・**qt_gui.py**
qt_gui.uiのXMLをPythonのソースコードにコンバート（変換）したファイルです。
・**qt_resource.qrc**
GUI画面で使用するイメージなどのリソースファイルです。Qt Designerによって自動生成されます。
・**qt_resource_rc.py**
qt_resource.qrcのXMLをPythonのソースコードにコンバート（変換）したファイルです。

10-2 Qt DesignerでGUIを開発

・mainwindow.py

qt_gui.pyのUi_MainWindowクラスのオブジェクトを生成し、GUI画面を構築する処理を行います。また、GUI画面上に配置した**話す**ボタンがクリックされたとき、および**閉じる**メニューが選択されたときにコールバックされるイベントハンドラーが定義されます。

チャットの処理に関するファイル

・chatbot.py

応答に使用する文章群の生成と、文章群から応答フレーズを抽出する処理を行います。チャットボットプログラムの本体となるChatBotクラスを定義します。

・makemarkov.py

マルコフ連鎖を利用して応答フレーズを生成するMakeMarkovクラスを定義します。オブジェクトの生成時に初期化の処理として、応答フレーズのもとになるテキストファイルを読み込みます。マルコフ連鎖を利用して文章を作り出す処理は、make()メソッドで行います。

・analyzer.py

形態素解析を実行して形態素に分解する処理、形態素ごとの品詞名を抽出する処理、名詞チェックの処理を行います。

Pythonコードへのコンバートを行うファイル

・do_convert.py

qt_gui.uiをPythonのコードに変換するためのプログラムが記述されています。このファイルを実行すると、コンバート後のqt_gui.pyが生成されます。

チャットボットアプリの起動ファイル

・main.py

このファイルを実行することで、チャットボットアプリが起動します。GUI画面のMainWindowクラスのオブジェクトを生成して表示を行い、プログラムが終了するまで画面を維持します。

・main.pyw

ファイルの中身はmain.pyとまったく同じです。拡張子を.pywにすることで、このファイルをダブルクリックしてチャットボットアプリを直接、起動できるようになります。

データファイル

・bocchan.txt

チャットボットの応答フレーズのもとになるテキストデータを収録したファイルです。「9-5　チャットプログラムの作成」では、『青空文庫』からダウンロードした夏目漱石の『坊っちゃん』の一部を使用しましたが、それと同じものを用意します。

10-2 Qt DesignerでGUIを開発

Tips **309**

「PyQt5」と「pyqt5-tools」をインストールしよう

▶ Level ●○○

これがポイントです！ **VSCodeの仮想環境に「PyQt5」と「pyqt5-tools」をインストール**

　仮想環境に「PyQt5」と「pyqt5-tools」をインストールしましょう。「pyqt5-tools」にはQT Designerが同梱されています。なお、Anacondaを使用している場合は、Anacondaのインストール時に「PyQt5」と「Qt Designer」が一緒にインストールされてるため、ここで紹介する操作は不要です。VSCodeを使用している場合に、ここで紹介する方法でインストールを行ってください。

●仮想環境に関連付けられた状態の
　[ターミナル]を起動

　VSCodeでPythonのモジュールを表示し、**ステータスバーのボタン**をクリックして仮想環境を選択します。続いて**ターミナル**メニューの**新しいターミナル**を選択し、**ターミナル**を表示しましょう。

▼仮想環境に関連付けられた[ターミナル]を開く

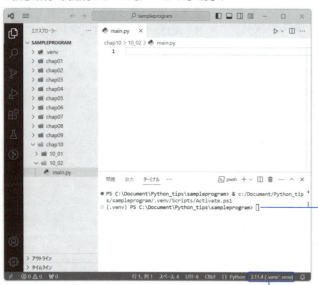

2：[ターミナル]メニューの[新しいターミナル]を選択し、仮想環境に関連付けられた状態でターミナルを起動する

1：ここをクリックしてPythonの仮想環境を選択する

530

10-2 Qt DesignerでGUIを開発

● 「PyQt5」をインストールする
　ターミナルに次のようにpipコマンドを入力して、「PyQt5」をインストールします。
　pip install pyqt5

▼ [ターミナル]

● 「pyqt5-tools」をインストールする
　ターミナルに次のようにpipコマンドを入力して、「pyqt5-tools」をインストールします。
　pip install pyqt5-tools

▼ [ターミナル]

10-2 Qt DesignerでGUIを開発

Tips 310 Qt Designerを起動する

▶Level ●○○

これがポイントです! Qt Designerの実行ファイル「designer.exe」

QT Designerの実行ファイルの名前は「designer.exe」です。VSCodeとAnacondaではインストールされている場所が異なるので、それぞれについて説明します。

● VSCodeの場合

「designer .exe」は、仮想環境のフォルダー以下の次のディレクトリに格納されています。

「仮想環境のフォルダー」 ➡ 「Lib」 ➡ 「site-packages」 ➡ 「qt5_applications」 ➡ 「Qt」 ➡ 「bin」 ➡ 「designer.exe」

本書では「sampleprogram」以下に仮想環境「.venv」を作成したので、このフォルダーを別途(エクスプローラーなどで)開きます。

▼VSCodeの[エクスプローラー]

仮想環境のフォルダーを開く

▼Windowsのエクスプローラーで仮想環境以下「designer.exe」が格納されたフォルダーを開いたところ

QT Designerの実行ファイル

「.venv(仮想環境のフォルダー)」 ➡ 「Lib」 ➡ 「site-packages」 ➡ 「qt5_applications」 ➡ 「Qt」 ➡ 「bin」を開く

「designer.exe」を直接、ダブルクリックするとQT Designerが起動します。今後のために、ショートカットアイコンを作成しておきましょう。Windowsの場合は「designer.exe」を右クリックして**スタートメニューにピン留めする**を選択し、スタートメニューに登録してもよいでしょう。

● Anacondaの場合

Qt DesignerはAnacondaをインストールする際に、Anacondaのインストールフォルダー以下にインストールされるようになっています。場所はAnacondaのインストールフォルダー以下、

10-2 Qt DesignerでGUIを開発

「Aanaconda3」➡「Library」➡「bin」➡「designer.exe」

です。「Anaconda3」からたどっていけば、「Library」➡「bin」フォルダー内にQt Designerの実行ファイル「designer.exe」があります。Windowsなら「Anaconda3」フォルダーは、ユーザー用のフォルダー直下（Anacondaを特定のユーザーのみで使用する場合）、あるいはCドライブ直下の「Program Files」または「Program Files (x86)」（Anacondaをすべてのユーザーで使用する場合）にあります。Macの場合は「Application フォルダー」内にあります。

「designer.exe」を見つけたら、まずはそのショートカットを作成して、任意の場所に置いておきましょう。

● Qt Designerの起動

「designer.exe」またはそのショートカットをダブルクリックすると、Qt Designerが起動します。

▼ Qt Designerを初めて起動したときの画面

フォームを作成／表示するためのダイアログ

　新しいフォームダイアログが中央に表示され、Qt Designerが起動しました。Qt Designerの初期画面では、このようにフォーム（GUIの土台となる部品です）を作成するためのダイアログが表示され、ここでフォームを作成するか、もしくは作成済みのフォームを読み込むかを指定して、作業を開始するようになっています。

　終了は、**閉じる**ボタンをクリックするか、**ファイル**メニューの**終了**を選択することで行えます。

Tips 311 メインウィンドウを作成して保存する

▶Level ●

これがポイントです！ ウィジェット

PyQt5では、UI画面上のボタンやラベルなどの部品のことを総称して「ウィジェット（widget）」と呼びます。Qt Designerでは、まずUI画面の土台となる画面（「フォーム」と呼ばれる）を作成し、その上にウィジェットをドラッグ＆ドロップで配置する、という流れで画面開発を行います。

● メインウィンドウを作成する

Qt Designerの起動直後の画面中央には、**新しいフォーム**ダイアログが表示されます。このダイアログは、UI画面の土台である「フォーム」を作成、または既存のフォームを呼び出すためのものです。Qt Designerでは、このダイアログを使ってフォームを用意してから、ウィジェットの配置などの作業に取りかかるようになっています。

ダイアログの左側のペインに **templates¥forms** というカテゴリがあるので、これを展開し、[Main Window] を選択して、**作成**ボタンをクリックします。

● メインウィンドウの種類

プレーン（まっさら）な状態のフォームを作成するには、**Main Window** または **Widget** のどちらかを選択します。Main Windowを選択した場合はメニューバー付きのフォームが作成され、Widgetを選択した場合はメニューバーなしのフォームが作成されます。

● フォームのサイズを調整する

メインウィンドウ用のフォームは、境界線上をドラッグしてサイズを調整できます。ドラッグ操作で設定するのが難しい場合は、**プロパティエディタ**を使うと便利です。次表に示す項目で、それぞれの値を設定するようにしてください。ここでは、サイズを幅860×高さ605（単位はピクセル）になるようにしました。

▼メインウィンドウのプロパティ設定

プロパティ名	設定値
objectName	MainWindow
geometry 幅	860
高さ	605

[Main Window]を選択

[作成]ボタンをクリック

▼ メインウィンドウのサイズ調整

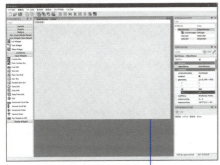

フォームの境界線上をドラッグしてサイズを調整する

▼ [プロパティエディタ] でプロパティを設定する

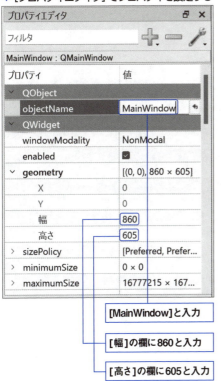

[MainWindow] と入力

[幅] の欄に 860 と入力

[高さ] の欄に 605 と入力

10-2 Qt Designer で GUI を開発

● メインウィンドウを保存しよう

作成したフォームを保存するには、**ファイル**メニューの**保存**を選択します。

▼ Qt Designer の [ファイル] メニュー

名前を付けてフォームを保存ダイアログが表示されます。開発するプログラム専用のフォルダーを作成し、これを保存先に指定してください。このあと、コンバートやPython プログラムとの連携をしやすいようにするためです。ここでは「qt_gui」としました。最後に**保存**ボタンをクリックします。

▼ [名前を付けてフォームを保存] ダイアログ

10-2 Qt DesignerでGUIを開発

　以上で、メインウィンドウ（フォーム）が拡張子「.ui」のファイルとして保存されます。以降、メインウィンドウの保存を行えば、メインウィンドウ上に配置したボタンやラベルなどのウィジェット、さらにはウィジェットの各種設定など、メインウィンドウに対して行った設定のすべてが一緒に保存されるようになります。

　ちなみに、どのようなデータとして保存されているのか、ファイルの中身を見てみることにしましょう。先ほど保存した「qt_gui.ui」をテキストエディターで開くと、次のように表示されました。

▼「qt_gui.ui」をVSCordのエディターで開いたところ

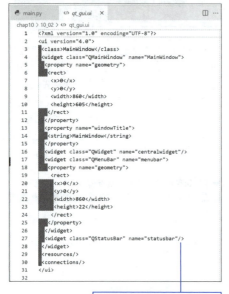

XMLのタグが記述されている

　XMLのタグが記述されています。タグとは、ドキュメントの情報（ボタンの配置などの情報）を＜ ＞の記号を使って表した、XMLのコードのことです。

536

Tips 312 リストとテキストエディットを配置してプロパティを設定する

▶Level ●○○ **これがポイントです!** List Widget、Text Edit

プログラムからの応答の表示と、会話のログを表示するウィジェットとして、リスト (List Widget) を配置することにします。テキストを表示するにはラベル (Label) を使う方法もありますが、リストはテキストがあふれたときのスクロール機能を簡単に搭載できるので、こちらを使うことにしました。

●ログ表示用のリストの配置とプロパティの設定

Qt Designerの画面左側には、ウィジェットを配置するための**ウィジェットボックス**が表示されています。ここからドラッグ＆ドロップすれば、任意のウィジェットをフォーム上に配置できます。配置したウィジェットは、ドラッグ操作でサイズや位置を調整できるので、「**ウィジェットボックスからフォーム上にドラッグ＆ドロップ➡ドラッグ操作でサイズと位置の調整**」という流れが、ウィジェット配置の基本操作になります。

ウィジェットボックスの [Item Widgets (Item-Based)] カテゴリにある **List Widget**を、フォーム (メインウィンドウ) 上へドラッグ＆ドロップしてください。

▼List Widgetの配置

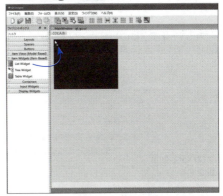

配置したら、次のようにプロパティを設定します。

・配置する位置は、左上隅の位置がフォームの左端 (X=0) から10ピクセル、上端 (Y=0) から0の位置
・サイズは幅340×高さ500 (ピクセル)
・QWidgetプロパティでテキストのスタイルを設定
・QAbstractScrollBarAreaプロパティでスクロールバーを設定

10-2 Qt DesignerでGUIを開発

▼Listウィジェットのプロパティ設定

プロパティ名			設定値
QObject	objectName		listLog
QWidget	geometry	X	10
		Y	0
		幅	340
		高さ	500
	font	ポイントサイズ	10
QAbstract ScrollBarArea	verticalScrollBarPolicy		scrollBarAlwaysOn(メニューから選択)
	horizontalScrollBarPolicy		scrollBarAlwaysOn(メニューから選択)

▼プロパティ設定後のListウィジェット

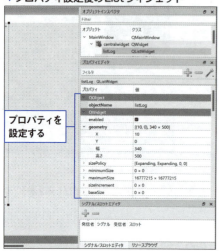

●プログラムからの応答を表示するテキストエディットの配置とプロパティの設定

フォームの右側のエリアに、プログラムからの応答を表示するためのテキストエディットを配置します。**ウィジェットボックス**の**Input Widgets**カテゴリにある**Text Edit**を、フォーム(メインウィンドウ)上へドラッグ&ドロップしてください。

そのあと、次のようにプロパティを設定します。

・配置する位置は、左上隅の位置をフォームの左端(X=0)から360、上端(Y=0)から200の位置
・サイズは幅490×高さ300(ピクセル)
・QWidgetプロパティでテキストのスタイルを設定
・QAbstractScrollBarAreaプロパティでスクロールバーを設定

▼フォーム右側に配置したText Editのプロパティ設定

プロパティ名			設定値
QObject	objectName		textEdit
QWidget	geometry	X	360
		Y	200
		幅	490
		高さ	300
	font	ポイントサイズ	10
	palette		設定例を参照
QAbstract ScrollBarArea	verticalScrollBarPolicy		scrollBarAsNeeded(メニューから選択)
	horizontalScrollBarPolicy		scrollBarAsNeeded(メニューから選択)

10-2 QtDesignerでGUIを開発

● 背景色の設定

QWidgetのpaletteは、ウィジェットのテキストや背景色を設定するプロパティです。**プロパティエディタ**で**pallet**の設定欄をダブルクリックします。

▼ [プロパティエディタ]

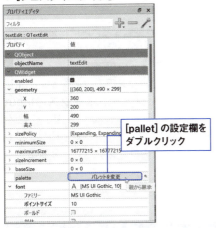

[pallet]の設定欄を
ダブルクリック

パレットを編集ダイアログが表示されます。左側のペインの**色役割**で**Base**の**アクティブ**に表示されているバーの部分をダブルクリックします。

▼ [パレットを編集] ダイアログ

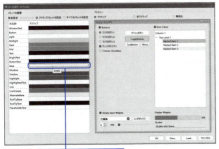

[Base]の[アクティブ]に表示されているバーの部分をダブルクリック

色を選択ダイアログが表示されるので、背景色に適用したい色を選択して**OK**ボタンをクリックします。

▼ [色を選択] ダイアログ

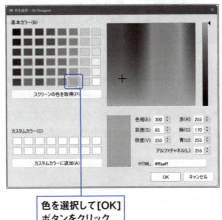

色を選択して[OK]
ボタンをクリック

最後に**パレットを編集**ダイアログの**OK**ボタンをクリックしたら、背景色の設定は完了です。

▼ プロパティ設定後のテキストエディット

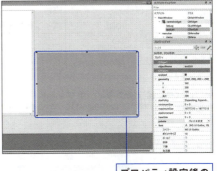

プロパティ設定後の
テキストエディット

539

Tips 313 ラインエディットを配置してプロパティを設定する

▶Level ● ○ ○ ○ これがポイントです！ ▶ Line Editの配置とプロパティの設定

ユーザーからのメッセージを入力するためのラインエディット（Line Edit）を配置します。ここにメッセージを入力してボタンをクリックすると、プログラムからの応答が返ってくる——という仕掛けにします。テキストボックス用のウィジェットには、「Text Edit」、「Plain Text Edit」、「Line Edit」の3種類がありますが、ユーザーからの入力は1行のみの入力エリアがあればよいので、「Line Edit」を配置することにします。

● ラインエディットの配置

テキストボックス用のウィジェット**Line Edit**は、**ウィジェットボックス**のInput Widgetsカテゴリにあります。これをフォームの下側へドラッグ＆ドロップして配置し、次のようにプロパティを設定します。

▼Line Editのプロパティ設定

プロパティ名			設定値
QObject	objectName		lineEdit
QWidget	geometry	X	10
		Y	520
		幅	680
		高さ	40
	font	ポイントサイズ	14
QLineEdit	text		空欄にする
	alignment	横方向	左端揃え（メニューから選択）
		縦方向	中央揃え（縦方向）（メニューから選択）

▼プロパティ設定後のラインエディット

プロパティを設定する

Tips 314 プログラム実行用のボタンを配置してプロパティを設定する

▶Level ●○○

これがポイントです！ Push Buttonの配置とプロパティの設定

UI画面を持つプログラムは、イベントドリブン型のプログラムです。イベントドリブン（イベント駆動）というのは、「ある出来事（イベント）をきっかけに」プログラムが動く仕組みのことを指します。

ボタンが「クリックされた」(clicked)というイベントを発生させるもとになる「Push Button」というウィジェットを配置します。

● プッシュボタンの配置とプロパティの設定

ウィジェットボックスのButtonsカテゴリにPush Buttonのアイコンがありますので、これをクリックしてフォームの下部へドラッグ＆ドロップし、次のようにプロパティの設定を行います。

▼Push Buttonのプロパティ設定

プロパティ名			設定値
QObject	objectName		buttonTalk
QWidget	geometry	X	690
		Y	520
		幅	160
		高さ	40
	font	ポイントサイズ	14
QAbstractButton	text		話す

▼プロパティ設定後のプッシュボタン

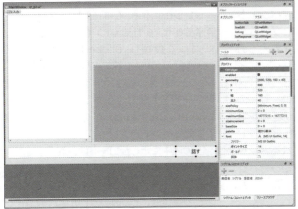

10-2 Qt DesignerでGUIを開発

Tips 315 ボタンクリックでプログラムを駆動する仕組みを作る

これがポイントです！ シグナルとスロットの設定

▶Level ●

「フォーム上に配置したボタンがクリックされたら、プログラム本体にあるメソッドを呼び出す」仕組みを作ります。これは、UI画面のコードに次図の記述を盛り込むことが目的です。

▼ボタンがクリックされたらイベントハンドラーbuttonTalkSlot()を呼び出す

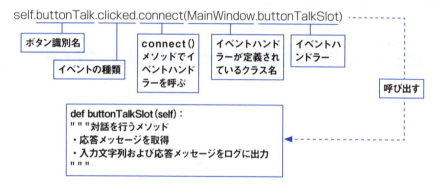

UI画面を持つプログラムは、イベントドリブン（イベント駆動）型のプログラムです。イベントドリブン型の中核を支えるのが、イベントとイベントハンドラーです。**イベント**とは、「ボタンがクリックされた」「メニューが選択された」など、主にユーザーの操作によって発生する「出来事」のことを指します。**イベントハンドラー**とは、イベントが発生すると自動的に呼び出されるメソッドのことを指します。この2つを組み合わせることで、イベントドリブン型のプログラムが動くようになります。

Qt Designerでは、クリック時に発生する「clicked」というイベントをボタンに対して設定し、clickedが発生したら、connect()メソッドを実行して任意のイベントハンドラーを呼び出す――という一連のコードを生成できるようになっています。clicked、connect()はPyQt5で定義されているイベントとメソッドです。

上の図中に示したコードは、Qt Designerが出力するXMLのコードをPythonのコードにコンバートしたあとのものなので、このあとの操作は、上の図中のPythonのコードのもとになるXMLのコードを生成するための作業になります。

10-2 Qt DesignerでGUIを開発

● [話す] ボタンのシグナル／スロットを設定する

Qt Designerでは、イベントのことを**シグナル**、シグナルによってコールバックされるイベントハンドラーを**スロット**と呼びます。前ページの図中のソースコードだと、シグナルがclicked、スロットがbuttonTalkSlot()になります。connect()は、「シグナルとスロットを仲介するメソッド」すなわち「ボタンクリックによって発生するclickedからコールバックされるメソッド」です。イベントハンドラーはPython側のプログラムで定義するので、ここでは呼び出すイベントハンドラーとしてbuttonTalkSlot()の名前のみを登録しておくことにします。

シグナル／スロットを設定できるように、Qt Designerの編集画面を「シグナル／スロットの編集」モードに切り替えます。ツールバーにある**シグナル／スロットを編集**ボタンをクリックしましょう。

▼「シグナル／スロットの編集」モードへの切り替え

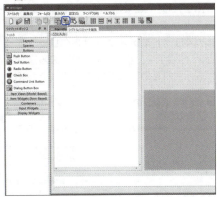

画面が**シグナル／スロットの編集**モードに切り替わりました。**話す**ボタン上にマウスポインターを移動するとボタンが赤く表示されるので、そこからボタンの外へドラッグします。ドラッグ中は赤い矢印が出現するので、この矢印がフォーム上を指す位置でマウスボタンを離してください。この操作は「シグナルをどこで受信するか」を設定するためのものであり、フォームを受信者とすることで、シグナルがフォームに向けて送信されるようになります。

矢印の指す位置がシグナルの受信者として設定されますが、フォームだけでなく他のウィジェットも設定できるので、ここでは矢印が他のウィジェットを指さないように注意してください。

▼ [話す] ボタンのシグナル／スロットを設定

ボタンを、矢印の先がフォーム上を指す位置までドラッグする

シグナル／スロット接続を設定ダイアログが表示されるので、左側のペインで**clicked()**を選択し、続いて右側のペイン下の**編集**ボタンをクリックします。

10-2 Qt DesignerでGUIを開発

▼［シグナル／スロット接続を設定］ダイアログ

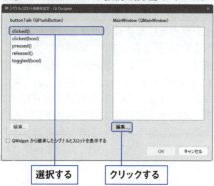

MainWindowのシグナル／スロットダイアログが表示されます。**スロット**の田ボタンをクリックするとスロット名が入力できるようになるので、「buttonTalkSlot()」と入力します。入力が済んだら**OK**ボタンをクリックしましょう。

▼［MainWindowのシグナル／スロット］ダイアログ

スロット名は、すなわちイベントハンドラー名のことです。先にも述べましたが、buttonTalkSlot()はPythonのプログラム側で作成するMainWindowクラスのメソッド（イベントハンドラー）の名前です。

再び**シグナル／スロット接続を設定**ダイアログが表示されるので、左側のペインで**clicked()**が選択された状態のまま、右側のペインで先ほど入力した**buttonTalkSlot()**を選択し、**OK**ボタンをクリックします。

▼［シグナル／スロット接続を設定］ダイアログ

以上で、**話す**ボタンのシグナル／スロットの設定は完了です。「フォーム上のボタンのclickedイベント（シグナル）をフォームで受信し、buttonTalkSlot()（スロット）が呼び出される」ことを示す矢印が描画されていることが確認できます。画面右下の**シグナル／スロットエディタ**タブをクリックすると、シグナル、受信者、スロットの設定状況が表示されるので、確認してみてください。

▼［話す］ボタンのシグナル／スロットの設定完了後の画面

Tips 316 ラベルを配置してプロパティを設定する

▶Level ●

これがポイントです！ Label Widgetの配置とプロパティの設定

ラベル（Label Widget）を配置します。ラベルには、テキストだけでなくイメージを表示することができます。

ウィジェットの編集作業になるので、ツールバーの**ウィジェットの編集**ボタンをクリックしてQT Designerの画面を切り替えておきましょう。

● リストを配置してプロパティを設定する

ウィジェットボックスのDisplay Widgetsカテゴリから、**Label**をメインウィンドウ右上の領域にドラッグ＆ドロップし、プロパティを設定します。

▼イメージ表示用のラベルの配置

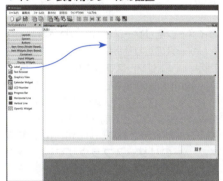

▼ラベルのプロパティ設定

プロパティ名			設定値
QObject	objectName		labelShowImg
QWidget	geometry	X	350
		Y	0
		幅	500
		高さ	200
	font	ポイントサイズ	14
QLabel	text		空欄にする
	alignment		横方向　中央揃え（横方向）
			縦方向　中央揃え（縦方向）

10-2 Qt DesignerでGUIを開発

Tips 317 リソースからイメージを読み込んでウィジェットに表示する

▶Level ●○○

これがポイントです！ リソースファイルの用意とイメージの表示

UI画面に表示するイメージとして、PNG形式のPythonのロゴを用意しました。このような、プログラムで使うデータのことを**リソース**と呼びます。プログラムで利用しやすいように、イメージファイルを専用のリソースファイルにまとめてから、フォーム上に配置したラベルに表示することにします。

●イメージをリソースとして取り込む

リソースの取り込みは、**リソースブラウザ**で行います。**リソースブラウザ**は初期状態でQt Designerの画面右下にタブ表示のかたちで配置されていて、**リソースブラウザ**タブをクリックすることで前面に表示できます。このタブが表示されていない場合は、**表示**メニューの**リソースブラウザ**を選択してチェックが付いている状態にすると表示されます。

さらにワンポイント リソースを取り込む際は、対象のウィジェットを選択した状態で行ってください。アクティブになっているウィジェットに対してリソースが設定されるようになっているためです。

リソースブラウザの上部に**リソースを編集**ボタン があるので、これをクリックしましょう。

▼[リソースを編集]ダイアログの表示

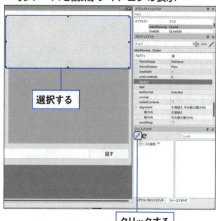

選択する

クリックする

リソースを編集ダイアログが表示されるので、**新しいリソースファイル**ボタン をクリックします。

▼[リソースを編集]ダイアログ

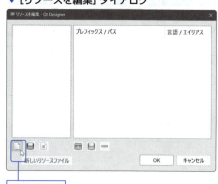

クリックする

546

新しいリソースファイルダイアログが表示されるので、今回のプログラム用に作成したフォルダーを保存先として選択し、ファイル名（ここでは「qt_resource」としました）を入力して**保存**ボタンをクリックします。リソースファイルは拡張子が「.qrc」のファイルとして保存されます。

▼ [新しいリソースファイル] ダイアログ

続いてリソースの取り込みを行います。**リソースを編集**ダイアログの右側のペイン下にある**プレフィックスを追加**ボタン をクリックすると、上部のペインに入力欄が表示されるので、プレフィックス（ここでは「re」としました）を入力します。

▼ プレフィックスの設定

> **さらに ワンポイント**　プレフィックスは、リソースの接頭辞として追加される文字列で、任意の文字列（アルファベット）を設定できます。

10-2 Qt DesignerでGUIを開発

続いて右側のペイン下の**ファイルを追加**ボタン をクリックします。

▼ [ファイルを追加] ダイアログの表示

　クリックする

ファイルを追加ダイアログが表示されるので、イメージファイルを選択して**開く**ボタンをクリックします。

▼ [ファイルを追加] ダイアログ

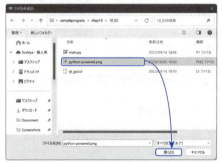

再び**リソースを編集**ダイアログが表示されます。イメージのファイル名が表示されていることを確認し、**OK**ボタンをクリックしましょう。以上でリソースの準備は完了です。

10-2 Qt DesignerでGUIを開発

▼ [リソースを編集] ダイアログ

クリックする

▼ イメージの選択

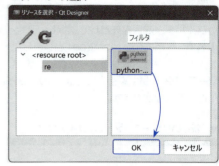

● ラベルにイメージを表示する

ラベルにリソースファイルのイメージを表示します。対象のラベルを選択した状態で、**プロパティエディタ**の**QLabel**カテゴリ以下、**pixmap**の ▼ をクリックして**リソースを選択**を選択します。

▼ [リソースを選択] ダイアログを表示する

選択する

▼ ラベル上に表示されたイメージ

イメージが表示された

リソースを選択ダイアログが表示されます。左側のペインで登録済みのプレフィックスを選択し、右側のペインでPythonのロゴのイメージファイルを選択して、**OK**ボタンをクリックします。

10-2 Qt DesignerでGUIを開発

Tips 318 メニューを設定する

▶Level ●

これがポイントです！ メニューの配置とメニューアイテムの設定

Qt Designerでフォームを作成する際に「Main Window」を選択すると、メニューが配置されたフォームが作成されます。ここでは、メニューバーを編集して**ファイル**メニューを作成し、メニューアイテムとして**閉じる**という項目を設定します。

● [ファイル] メニューを配置してメニューアイテムを設定する

メニューバーには「ここに入力」という文字列が見えています。これをダブルクリックして、「ファイル」と入力し、Enter (またはreturn) キーを押しましょう。

▼ [ファイル] メニューの設定

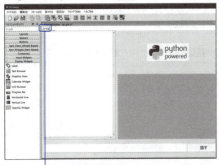

「ファイル」と入力する

ファイルというトップレベルのメニューが設定されます。続いてメニューアイテムを設定します。**ファイル**メニューを展開すると「ここに入力」の文字があるのでこれをダブルクリックし、「閉じる」と入力して Enter (またはreturn) キーを押します。

これでメニューの外観は決まったので、最後にメニューアイテムの**閉じる**の識別名を設定しておきます。**閉じる**を選択した状態で、**プロパティエディタ**の**objectName**の入力欄に「menuClose」と入力します。

▼メニューアイテムとプロパティの設定

「閉じる」と入力する　　「menuClose」と入力する

メニューアイテムのプロパティを設定する場合、確実にメニューアイテム**閉じる**を選択するには、**オブジェクトインスペクタ**（ウィジェットなどのオブジェクトを操作する画面）で「menubar」➡「menu」以下のメニューアイテムを直接、クリックして選択するとうまくいきます。

さらにワンポイント メニューアイテムに直接、日本語が入力できない場合は、**プロパティエディタ**の**Qaction**以下の**text**の入力欄で入力してください。

Tips 319 メニューアイテムの選択でプログラムを駆動する仕組みを作る

これがポイントです！ メニューアイテムのシグナル/スロットの設定

フォーム上に配置した**ファイル**メニューの**閉じる**が選択されたときに、プログラム本体にあるイベントハンドラーclose()を呼び出す仕組みを作ります。これは、UI画面のコードに次図の記述を盛り込むことが目的です。

▼ [ファイル] メニューの [閉じる] が選択されたら close() を呼び出す

● [閉じる] が選択されたときのシグナル/スロットを設定する

メニューアイテムのシグナル/スロットの設定は、ボタンに設定したときの「シグナル/スロットの編集」モードを使った操作ではなく、**シグナル/スロットエディタ**で行います。現在の画面が「シグナル/スロットの編集」モードの場合は、ツールバーの**ウィジェットを編集**ボタンをクリックして、通常の「ウィジェットを編集」モードにしておくようにします。

画面右下のエリアに**シグナル/スロットエディタ**タブがあるので、これをクリックします。続いて上部の田ボタンをクリックします。

▼ 新規の「シグナル/スロット」の追加

クリックする

10-2 Qt DesignerでGUIを開発

　新規の「シグナル/スロット」が追加され、＜発信者＞、＜シグナル＞、＜受信者＞、＜スロット＞と表示されています。＜発信者＞をダブルクリックするとドロップダウンメニューを展開する▼が表示されるのでこれをクリックし、**menuClose**を選択します。「menuClose」は、メニューアイテム**閉じる**の識別名（オブジェクト名）です。

▼オブジェクト名の選択

[menuClose]を選択

＜発信者＞をダブルクリックすると＜オブジェクト＞という表示に切り替わり▼が表示されるので、これをクリック

　次に、＜シグナル＞をダブルクリックして▼をクリックし、**triggered()** を選択します。「triggered()」は、メニューアイテムが選択されたときに発生するイベント（シグナル）です。

▼シグナルの選択

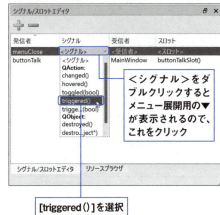

＜シグナル＞をダブルクリックするとメニュー展開用の▼が表示されるので、これをクリック

[triggered()]を選択

　＜受信者＞をダブルクリックして▼をクリックし、**MainWindow**を選択します。

▼受信者の選択

1：＜受信者＞をダブルクリックすると展開用の▼が表示されるので、これをクリック

2：[MainWindow]を選択

　＜スロット＞をダブルクリックして▼をクリックし、**close()** を選択します。close()は、PyQt5のQWidgetクラスで定義されているメソッドです。

10-2 Qt DesignerでGUIを開発

▼スロットの選択

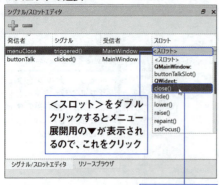

[close()]を選択

●close()メソッド

QCloseEventというイベント（シグナル）を発生させ、ウィジェットを閉じます。QCloseEventはイベントハンドラーQWidget.closeEvent()をコールバックするようにひもづけられていて、その際に引数としてQCloseEventクラスのオブジェクトが渡されます。

書式	QWidget.close()
戻り値	ウィジェットが閉じられた場合はTrue、そうでない場合はFalseを返します。

●QWidget.closeEvent()

QCloseEventが発生したときにコールバックされるイベントハンドラー（スロット）です。オーバーライドして任意のコードを記述することで、ウィジェットを閉じる直前に何らかの処理を行うことができます。なお、このイベントハンドラーはデフォルトで、

QCloseEvent.accept()

を実行し、イベントQCloseEventを受け入れます（ウィジェットは閉じられます）。ウィジェットを閉じないようにする必要がある場合は、イベントハンドラーをオーバーライドし、

QCloseEvent.ignore()

を実行してイベントを無効にする、といった使い方ができます。

書式	QWidget.closeEvent （QCloseEventオブジェクト）
パラメーター	QCloseEventクラスのオブジェクト。QCloseEventはウィジェットが閉じられるときに発生するイベントを表現するクラスで、イベントを受け入れてウィジェットを閉じるかどうかを示す情報が含まれている。

以上のように、close()は、PyQt5のQWidgetクラスで定義されているメソッドなので、**話す**ボタンや2つのラジオボタンのように、Pythonのプログラム側でイベントハンドラーを用意する必要はありません。メニューアイテムのシグナルtriggeredに対するスロットとして登録しておくだけでOKです。

以上でメニューアイテムの**閉じる**に対するシグナル/スロットの設定は完了です。

▼設定完了後の[シグナル/スロットエディタ]

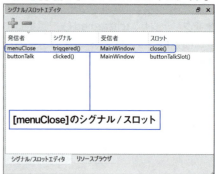

[menuClose]のシグナル/スロット

10-2 Qt DesignerでGUIを開発

Tips 320
XMLデータをPythonモジュールにコンバートする（コマンドラインツール「pyuic5」）

▶Level ●○○

これがポイントです！ コマンドラインツールpyuic5によるコンバート

開発したUI画面のデータは、XMLのコードとしてUI形式のファイルに保存されています。ここでは、コマンドラインツールでPythonのコードにコンバート（変換）する方法を紹介します。

●VSCode

「pyuic5」でのコンバートは、VSCodeの**ターミナル**で行います。仮想環境に連動した**ターミナル**では直接「pyuic5」を実行することができますが、コンバートするUI形式ファイルが格納されているフォルダーにcdコマンドで事前に移動しておくことが必要です。本書のサンプルデータでは「sampleprogram」フォルダー以下に仮想環境を作成し、現在開発中のプログラムを「chap10」➡「10_02」以下に格納するようにしています。UI形式ファイル「qt_gui.ui」もこのフォルダーに格納されています。仮想環境に連動した**ターミナル**では、仮想環境が保存されているフォルダーがカレントディレクトリになっているので、ディレクトリを移動してから「pyuic5」を実行するようにします。

❶開発中のプログラムを保存するフォルダー以下にPythonモジュールを作成し、Pythonインタープリターとして仮想環境のものを選択しておきます。ここではあとあと必要になる「main.py」を作成しています。

❷**ターミナル**メニューの**新しいターミナル**を選択します。

❸仮想環境に連動した**ターミナル**が開きます。このとき、カレントディレクトリは仮想環境が保存されているフォルダーになっています。本書の例では、

C:\Document\Python_tips\sampleprogram>

のように「sampleprogram」フォルダーがカレントディレクトリになっています。

▼仮想環境に連動した[ターミナル]を開く

❷[ターミナル]メニューの[新しいターミナル]を選択

❶「sampleprogram」フォルダー以下にモジュールを作成し、開発環境のPythonインタープリターを選択しておく

553

10-2 Qt DesignerでGUIを開発

▼仮想環境に連動した[ターミナル]

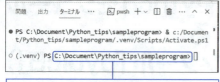

❸仮想環境が保存されている「sampleprogram」フォルダーがカレントディレクトリになっている

❹エクスプローラーでプログラムのフォルダーを右クリックして**パスのコピー**を選択します。

▼パスのコピー

❹プログラムのフォルダーを右クリックして[パスのコピー]を選択

❺ターミナルで
cd + 半角スペース
と入力し、続けて**ctrl+V**キーを押して❹でコピーしたパス：

C:\Document\Python_tips\sampleprogram\chap10\10_02

を貼り付けて

cd C:\Document\Python_tips\sampleprogram\chap10\10_02

とし、**Enter**キーを押します。なお、上記のパスは本書の例ですので、お使いの環境のパスに置き換えて操作してください。

❻ディレクトリを移動した状態で、
pyuic5 -o qt_gui.py qt_gui.ui
と入力して**Enter**キーを押します。コンバート後のモジュール名は「qt_gui.py」で、コンバート対象のファイル名が「qt_gui.ui」です。

▼pyuic5を実行して「qt_gui.ui」から「qt_gui.py」を作成

「pyuic5 -o qt_gui.py qt_gui.ui」と入力

　pyuic5の実行後、プログラムのフォルダー以下にPythonモジュール「qt_gui.py」が作成されます。モジュールを開くと、XMLをPythonプログラムに変換したコードが確認できます。

▼Pythonプログラムに変換されたコード

プログラムのフォルダー以下にPythonモジュール「qt_gui.py」が作成される

Pythonプログラムに変換されたコード

554

10-2 Qt DesignerでGUIを開発

● Spyderの場合

　Spyderの場合は、Anaconda Navigatorから仮想環境のターミナルを起動して操作します。

❶ Anaconda NavigatorのEnvironmentsタブをクリックし、仮想環境の▶をクリックしてOpen Terminalを選択します。

▼仮想環境のターミナルを起動する

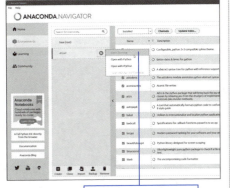

[Open Terminal] を選択

❷ Spyderのファイルペインでプログラムのフォルダーを表示し、これを右クリックして絶対パスをコピーを選択して、プログラムのフォルダーのパスをコピーします。

▼Spyderの [ファイル] ペイン

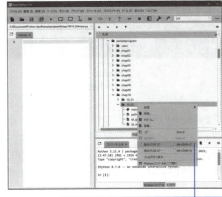

プログラムのフォルダーを右クリックして [絶対パスをコピー] を選択

❸ ❶で起動したターミナルで
cd + 半角スペース
と入力し、続けてctrl+Vキーを押して❷でコピーしたパス：
C:\Document\Python_tips\sampleprogram\chap10\10_02
を貼り付けて
cd C:\Document\Python_tips\sampleprogram\chap10\10_02
とし、Enterキーを押します。なお、上記のパスは本書の例ですので、お使いの環境のパスに置き換えて操作してください。

▼ターミナルでcdコマンドを実行

cdコマンドでディレクトリを移動する

❹ディレクトリを移動した状態で、
pyuic5 -o qt_gui.py qt_gui.ui
と入力してEnterキーを押します。コンバート後のモジュール名は「qt_gui.py」で、コンバート対象のファイル名が「qt_gui.ui」です。

10-2 Qt DesignerでGUIを開発

▼pyuic5を実行して「qt_gui.ui」から「qt_gui.py」を作成

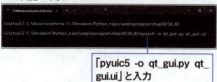

「pyuic5 -o qt_gui.py qt_gui.ui」と入力

pyuic5の実行後、プログラムのフォルダー以下にPythonモジュール「qt_gui.py」が作成されます。モジュールを開くと、XMLをPythonプログラムに変換したコードが確認できます。

▼Pythonプログラムに変換されたコード

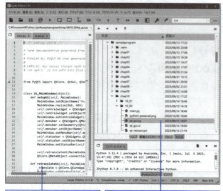

Pythonプログラムに変換されたコード

プログラムのフォルダー以下にPythonモジュール「qt_gui.py」が作成される

> **さらにワンポイント**
> ここでは、コマンド入力でコンバートする方法を紹介しましたが、コンバート専用のプログラムを作成してコンバートする方法もあります。これについては次のTipsで紹介します。

Tips 321 コンバート専用のプログラムを作る

これがポイントです! PyQt5のcompileUi()関数によるコンバート

前回のTipsでは、コマンドラインツールによるPythonスクリプト（コード）へのコンバートについて紹介しましたが、操作が少々面倒です。PyQt5にはUI形式ファイルをコンバートできるcompileUi()という関数が備わっています。これを使ってコンバートするプログラムを作れば、プログラムを実行するだけでコンバートできるので便利です。

開発中のプログラムを保存するフォルダー内にモジュール「do_convert.py」を作成し、次のように入力します。

▼VSCodeの［エクスプローラー］

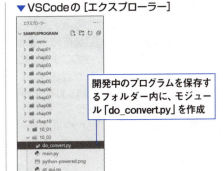

開発中のプログラムを保存するフォルダー内に、モジュール「do_convert.py」を作成

▼UI形式ファイルをPythonのモジュールにコンバートするプログラム（do_convert.py）

```python
import os
from PyQt5 import uic

# qt_gui.uiのフルパスを取得
path_ui = os.path.join(os.path.dirname(__file__), 'qt_gui.ui')
# Qt Designerの出力ファイルを読み取りモードでオープン
fin = open(path_ui, 'r', encoding='utf-8')
# qt_gui.pyのフルパスを取得
path_py = os.path.join(os.path.dirname(__file__), 'qt_gui.py')
# Python形式ファイルを書き込みモードでオープン
fout = open(path_py, 'w', encoding='utf-8')
# コンバートを開始
uic.compileUi(fin, fout)
# 2つのファイルをクローズ
fin.close()
fout.close()
```

プログラムを実行すると、「qt_gui.ui」をPythonにコンバートした「qt_gui.py」が、変換元のファイルと同じ場所に生成されます。なお、生成されたPythonモジュールは、このプログラムを実行するたびに上書きされるので、「UI画面の開発・編集中はこのプログラムを開いておいて、変更があった場合にその都度プログラムを実行してコンバートする」という便利な使い方ができます。

Tips 322 リソースファイル(.qrc)を Pythonにコンバートする

▶Level ●

これがポイントです！ リソースファイルのPythonモジュールへのコンバート

Qt Designerでリソースファイルを作成すると、拡張子が「.qrc」のファイルが、UI画面のデータファイルと同じ場所に作成されます。これまでの操作で、このファイルにはラベルに表示するイメージが登録されているのですが、このままの状態ではPythonのプログラムから利用できません。そこで、pyrcc5というコマンドラインツールを使ってPythonのモジュールにコンバートすることにします。

前回のTipsでUI形式ファイルをPythonモジュールにコンバートしましたが、そのときと同じ要領でターミナルを起動し、cdコマンドでプログラムのフォルダーに移動した状態にしておいてください。

▼プログラムのフォルダー以下の「qt_resource.ui」

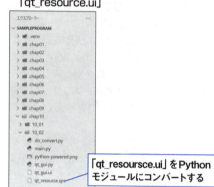

「qt_resoursce.ui」をPythonモジュールにコンバートする

▼仮想環境のターミナル

```
● PS C:\Document\Python_tips\sampleprogram> & c:/Document/Python_tips/sampleprogram/.venv/Scripts/Activate.ps1
  (.venv) PS C:\Document\Python_tips\sampleprogram> cd C:\Document\Python_tips\sampleprogram\chap10\10_02
  (.venv) PS C:\Document\Python_tips\sampleprogram\chap10\10_02>
```

cdコマンドでプログラムのフォルダーに移動しておく

▼ pyrcc5コマンドの書式

書式	pyrcc5 -o コンバート後のファイル名.py リソースファイル名.qrc

　ここで1点、注意があります。前回のTipsでQt Designerでリソースファイルを作成したときに、ファイル名を「qt_resource」としました。実際に作成されるファイルは「qt_resource.qrc」ですが、UI形式ファイルをコンバートしたPythonモジュールでは、リソースファイルのインポート文が、

```
import qt_resource_rc
```

となっていて、リソースファイル名に接尾辞「_rc」が付いています。このため、これからコンバートして生成するPythonモジュールの名前をこれに合わせて、

```
qt_resource_rc.py
```

とする必要があります。
　cdコマンドで移動後のターミナルで、

```
pyrcc5 -o qt_resource_rc.py qt_resource.qrc
```

と入力してEnterキーを押します。

▼ pyrcc5で、リソースファイルをPythonモジュールにコンバート

```
PS C:\Document\Python_tips\sampleprogram> & c:/Document/Python_tips/sampleprogram/.venv/Scripts/Activate.ps1
(.venv) PS C:\Document\Python_tips\sampleprogram> cd C:\Document\Python_tips\sampleprogram\chap10\10_02
(.venv) PS C:\Document\Python_tips\sampleprogram\chap10\10_02> pyrcc5 -o qt_resource_rc.py qt_resource.qrc
```

「pyrcc5 -o qt_resource_rc.py qt_resource.qrc」と入力

　コマンド実行後、「qt_resource_rc.py」がプログラムのフォルダー内に生成されていることが確認できます。

▼ pyrcc5コマンドにより生成されたPython形式のリソースファイル

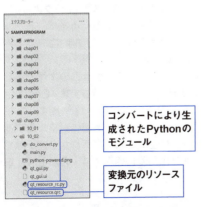

コンバートにより生成されたPythonのモジュール

変換元のリソースファイル

10-2 Qt DesignerでGUIを開発

Tips 323

GUIプログラムの起点になる
モジュールを作成する

▶Level ●●●

これが
ポイント
です！

GUI画面の構築とメッセージループによる
画面の維持

チャットボットアプリのGUI化に伴い、qt_gui.uiをコンバートしたqt_gui.pyが作成されました。ただし、このファイルには、「GUI画面をどのように描画するか」を具体的に記述したコードのみが収録されています。これをプログラム的な流れでデスクトップ上に描画するには、qt_gui.pyで定義されているUi_MainWindowクラスをインスタンス化し、実行する処理をどこかに書かなくてはなりません。つまり、「アプリの起点となるプログラム」が必要になります。

●プログラムの起点、GUI画面の構築、チャットプログラム本体とこれに関連する処理

ここでは、用途別に以下のモジュールを作成してプログラミングを行うことにします。これまでに、GUI版チャットボット専用のフォルダーを作成し、必要なファイルをまとめて保存するようにしています。

・現状で専用フォルダーに保存されているファイル

これまでの作業により、現在、チャットボット専用のフォルダーには、

・main.py（中身が空のモジュール）
・qt_gui.py（qt_gui.uiをコンバートしたモジュール）
・qt_resource_rc.py（qt_resource.qrcをコンバートしたモジュール）
・do_convert.py（qt_gui.uiのコンバートを行うプログラム）
・qt_gui.ui（QT Designerで出力）

・qt_resource.qrc（QT Designerで出力）
・python-powered.png（画面に表示する元のイメージ）

の7ファイルが保存されています。

・Tips323・324で作成するファイル
・main.py

プログラムの起点となるモジュールです。以前のTipsでモジュールのみを作成し、中身は空の状態です。まだ作成していない場合は、ここで作成しておいてください。アプリケーションオブジェクトを構築するQApplicationクラスとMainWindowクラスのオブジェクトを生成し、GUI画面の表示を行います。具体的な描画に関する処理は、次のmainwindow.pyで行います。

・mainwindow.py

GUI画面の描画を行うMainWindowクラスを定義します。このクラスは、GUI画面のためのモジュール「qt_gui.py」を読み込んで画面を構築する処理を行います。メインウィンドウで設定したシグナル/スロットのスロットにあたるイベントハンドラーの定義もここで行います。

・chatbot.py

チャットボットプログラムの本体であるChatBotクラスを定義します。ChatBotクラスのdialogue()メソッドは、「ユーザーの入力を形態素解析し、マルコフ連鎖により生成された文章群から適切な文を呼び出して応答を返す」のが主な仕事です。

560

10-2 Qt DesignerでGUIを開発

- makemarkov.py
  マルコフ連鎖を利用して応答フレーズを生成するMakeMarkovクラスを定義します。オブジェクトの生成時に初期化の処理として、応答フレーズのもとになるテキストファイルを読み込みます。マルコフ連鎖を利用して文章を作り出す処理は、make()メソッドで行います。
- analyzer.py
  形態素解析を実行して形態素に分解する処理、形態素ごとの品詞名を抽出する処理、名詞チェックの処理を行います。
- bocchan.txt
  「青空文庫（https://www.aozora.gr.jp/）」からダウンロードした、『坊っちゃん』（夏目漱石）のテキストファイルです。文字コードの変換方式を「UTF-8」で保存し直しています。

▼プログラムのフォルダー以下に新規ファイルを用意

ファイルを新たに用意
- main.py
- mainwindow.py
- chatbot.py
- makemarkov.py
- analyzer.py
- bocchan.txt

●プログラムの起点となる、「main.py」モジュール

　チャットボットのGUI化に伴い、画面を構築するMainWindowクラスを新設します。プログラムの起動時にMainWindowクラスをインスタンス化し、画面表示を行わせる処理が必要になるためです。この点がCUI版との大きな違いです。ここでは、プログラムの起点となる処理をまとめたモジュール「main.py」に次のように入力します。

▼「main.py」のソースコード

```python
import sys
import mainwindow
from PyQt5 import QtWidgets

# モジュールが直接実行された場合に以下の処理を行う
if __name__ == "__main__":
    # QApplication()のコマンドライン引数を使用してアプリケーションオブジェクトを生成
    app = QtWidgets.QApplication(sys.argv)
    # 画面を構築するMainWindowクラスのオブジェクトを生成
    win = mainwindow.MainWindow()
    # メインウィンドウを画面に表示
    win.show()
    # イベントループを開始、プログラムが終了されるまでイベントループを維持
    # 終了時に0が返される
    ret = app.exec()
    # exec_()の戻り値をシステムに返してプログラムを終了
    sys.exit(ret)
```

10-2 Qt DesignerでGUIを開発

冒頭に、

```
if __name__ == "__main__":
```

という記述がありますが、これは「このモジュールが直接、実行された場合に以下のコードを実行する」という意味になります。__name__はPythonの定義済み変数です。その値は、モジュールがインポートによって読み込まれた場合はモジュール名になり、モジュールを直接実行した場合は"__main__"になります。そのことを利用して、プログラムの起点となるソースコードは、「モジュールが直接、実行された場合」のみに実行されるようにします。もちろん、ifブロックにしなくてもプログラムは動きますが、慣習的にこのような書き方が使われます。

プログラムを起動する順番としてはまず、

```
app = QtWidgets.QApplication(sys.argv)
```

でQtWidgets.QApplicationクラスのオブジェクトを生成します。QApplicationはGUIアプリを制御する根幹となるクラスで、コマンドライン引数を指定してインスタンス化を行います。コマンドライン引数とは、コマンドラインでアプリを実行する際に渡すことが可能な引数のことで、sys.argvで取得できます。ただ、これはQApplicationクラスの仕様として指定しているだけで、実際にプログラムを実行する際にこの引数で何かをすることはありません。

続いて、MainWindowクラスのオブジェクトを生成し、GUI画面を表示します。MainWindowは、Qt Designerで作成したGUI画面を読み込んで画面を構築するクラスで、このあと作成します。

```
win = mainwindow.MainWindow()    # MainWindowをインスタンス化
win.show()                       # メインウィンドウを画面に表示
```

今回のプログラムでは、終了の操作が行われるまで画面が閉じないようにする必要があります。このことを「メッセージループ」と呼び、メッセージループ上でプログラムを実行するのがQApplicationクラスのexec()メソッドです。

```
ret = app.exec()
```

UI画面上で閉じるボタンがクリックされるなど、プログラムを終了する操作が行われると、exec()は戻り値として0を返し、UI画面を閉じます。そこで、次の

```
sys.exit(ret)
```

では、exec()の戻り値を引数にしてsys.exit()関数を実行してプログラムを終了するようにしています。

ただ、実際にはメッセージループが終了し、exec()メソッドが戻り値を返した時点でプログラムが終了するので、sys.exit()関数がなくても問題はありません。ですが、明示的にプログラムを終了してメモリ解放を行うことを示すため、PyQt5のドキュメントにもsys.exit()関数による終了処理が明記されているので、それにならって記述しておくことにしました。

さらにワンポイント

app.exec()は、app.exec_()のようにアンダースコアを付けて書くこともできます。

Python2の頃に"exec"が予約語として使われていたため、"exec_"を使う必要があったのですが、Python3からは予約語でなくなったため、現在はどちらの記述も可能になっています。

10-2 Qt DesignerでGUIを開発

●UI画面を構築する「mainwindow.py」モジュール

Qt Designerで開発したGUI画面は、Pythonのモジュール「qt_gui.py」にUi_MainWindowクラスとして保存されています。このUi_MainWindowをインスタンス化して画面の構築を行うMainWindowクラスを定義します。

次ページからのコードリストが、MainWindowクラスの定義コードです。メインウィンドウ用のQtWidgets.QMainWindowクラスを継承したサブクラスとして定義します。細かくコメントを入れているのでコードの量が多く見えますが、実際のコードの量はそれほど多くありません。

- **__init__()メソッド**
  初期化を行う__init__()で、

・Ui_MainWindowオブジェクトを生成
・ChatBotオブジェクトを生成
・setupUi()で画面を構築
・初期メッセージをラベルに出力

の4つの処理を行います。

- **イベントハンドラーbuttonTalkSlot()**
  buttonTalkSlot()は、画面上の**話す**ボタンをクリックしたときに呼ばれるイベントハンドラーです。ここでは、

・ラインエディットのテキストを取得
・ラインエディットが未入力の場合は「なに?」と表示
・ラインエディットに入力されていたら、インプット文字列を引数にしてdialogue()を実行し、応答メッセージを取得

・応答メッセージをテキストエディットに出力
・プロンプト記号にインプット文字列を連結してログ用のリストに出力
・応答メッセージをログ用のリストに出力
・QLineEditクラスのclear()メソッドでラインエディットのテキストをクリア

の7処理を行います。

- **イベントハンドラーcloseEvent()**
  ウィジェット(メインウィンドウ)の**閉じる**ボタンをクリック、または**閉じる**メニューを選択したときに発生するイベントでコールされるイベントハンドラーです。具体的には、ウィジェットを閉じるclose()メソッドの実行時に、QtWidgets.QMainWindowクラスで定義済みのcloseEvent()がコールされる仕組みになっているので、このcloseEvent()をオーバーライド(上書き)して、次の処理を行うようにします。

・メッセージボックスを表示する
・**Yes**がクリックされたらイベントを続行してウィジェットを閉じる
・**No**がクリックされたらイベントを取り消してウィジェットを閉じないようにする

10-2 Qt DesignerでGUIを開発

▼MainWindowクラスの定義 (mainwindow.py)

```python
from PyQt5 import QtWidgets
import qt_gui
import chatbot


class MainWindow(QtWidgets.QMainWindow):
    """QtWidgets.QMainWindowを継承したサブクラス

    Attributes:
        ui (obj:Ui_MainWindow): Ui_MainWindowオブジェクトを保持する
        cbot(obj:ChatBot): ChatBotオブジェクトを保持する
    """
    def __init__(self):
        """初期化処理
        """
        # スーパークラスの__init__()を呼び出す
        super().__init__()
        # Ui_MainWindowオブジェクトを生成
        self.ui = qt_gui.Ui_MainWindow()
        # ChatBotオブジェクトを生成
        self.cbot = chatbot.ChatBot()
        # setupUi()で画面を構築。MainWindow自身を引数にすることが必要
        self.ui.setupUi(self)
        # 初期メッセージをテキストエディットに出力
        self.ui.textEdit.setText('会話をはじめましょう。')


    def buttonTalkSlot(self):
        """ [話す]ボタンのイベントハンドラー

        ChatBotクラスのdialogue()を実行して応答メッセージを取得
        """
        # ラインエディットのテキストを取得
        value = self.ui.lineEdit.text()

        if not value:
            # ラインエディットが未入力の場合は「なに?」と表示
            self.ui.textEdit.setText('なに?')
        else:
            # 入力されていたら対話オブジェクトを実行
            # インプット文字列を引数にしてdialogue()を実行し、応答メッセージを取得
            response = self.cbot.dialogue(value)
            # 応答メッセージをテキストエディットに出力
            self.ui.textEdit.setText(response)
            # プロンプト記号にインプット文字列を連結してログ用のリストに出力
            self.ui.listLog.addItem('> ' + value)
            # 応答メッセージをログ用のリストに出力
            self.ui.listLog.addItem(response)
            # QLineEditクラスのclear()メソッドでラインエディットのテキストをクリア
            self.ui.lineEdit.clear()
```

564

10-2　Qt DesignerでGUIを開発

```python
def closeEvent(self, event):
    """ウィジェットを閉じるclose()メソッドの実行時に、CloseEventによって呼ばれる

    Overrides:
    ・メッセージボックスを表示する
    ・[Yes]がクリックされたら、イベントを続行してウィジェットを閉じる
    ・[No]がクリックされたら、イベントを取り消してウィジェットを閉じないようにする

    Args:
        event(QCloseEvent): 閉じるイベント発生時に渡されるQCloseEventオブジェクト
    """
    # メッセージボックスを表示
    reply = QtWidgets.QMessageBox.question(
        self,
        '確認',
        'プログラムを終了しますか?',
        # Yes|Noボタンを表示する
        buttons = QtWidgets.QMessageBox.Yes |
                  QtWidgets.QMessageBox.No)

    # [Yes]クリックでウィジェットを閉じ、[No]クリックで閉じる処理を無効にする
    if reply == QtWidgets.QMessageBox.Yes:
        event.accept()  # イベント続行
    else:
        event.ignore()  # イベント取り消し
```

　初期化メソッドの__init__()では、冒頭で
スーパークラスのQtWidgets.QMain
Windowクラスの__init__()を呼び出す
ようにしています。

　続いてUi_MainWindow()で、メインウィ
ンドウのUi_MainWindowクラスをインス
タンス化し、setupUi()メソッドでGUI画面
の構築を行います。

● GUI画面（メインウィンドウ）が表示されるまでの流れ

ここで、メインウィンドウが表示されるまでの流れを確認しておきましょう。

▼GUI画面が表示される流れ

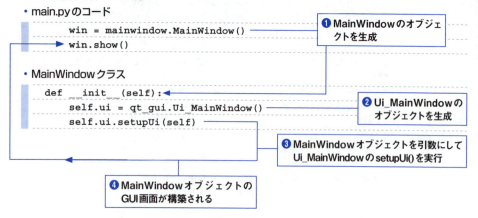

プログラムの起点であるmain.pyの

```
win = mainwindow.MainWindow()
```

でMainWindowをインスタンス化するとMainWindowクラスの__init__()が実行され、UI画面を構築するモジュールqt_gui.pyのUi_MainWindowクラスのインスタンス化が行われます。続いて、このオブジェクトに対してsetupUi()メソッドが実行されますが、引数はselfなので、現在のMainWindowオブジェクトがsetupUi()によってセットアップ（GUI画面の構築）されることになります。MainWindowクラスはQtWidgets.QMainWindowを継承しているので、setupUi()ではモジュールqt_gui.pyにおいてインポートされたQtCore、QtGui、QtWidgetsクラスのメソッドを使ってUI画面を構築できる、という仕組みです。

以上でUI画面が構築され、一方のmain.pyの

```
win.show()
```

の記述によって、メインウィンドウがディスプレイ上に出現することになります。

●対話処理を行うbuttonTalkSlot()

MainWindowクラスで定義されているbuttonTalkSlot()は、**話す**ボタンがクリックされたときにコールバックされるイベントハンドラーです。

10-2　Qt DesignerでGUIを開発

▼ [話す] ボタンをクリックすると呼ばれるイベントハンドラー

```python
def buttonTalkSlot(self):
    # ラインエディットのテキストを取得
    value = self.ui.lineEdit.text()                          ❶

    if not value:
        # 入力エリアが未入力の場合は「なに?」と表示
        self.ui.textEdit.setText('なに?')                     ❷
    else:
        # 入力されていたら対話オブジェクトを実行
        # インプット文字列を引数にしてdialogue()を実行し、応答メッセージを取得
        response = self.cbot.dialogue(value)                 ❸
        # 応答メッセージをテキストエディットに出力
        self.ui.textEdit.setText(response)                   ❹
        # プロンプト記号にインプット文字列を連結してログ用のリストに出力
        self.ui.listLog.addItem('> ' + value)                ❺
        # 応答メッセージをログ用のリストに出力
        self.ui.listLog.addItem(response)                    ❻
        # QLineEditクラスのclear()メソッドでラインエディットのテキストをクリア
        self.ui.lineEdit.clear()                             ❼
```

　この部分でチャットボットとの対話が実現されます。話しかけるためのテキストは、ラインエディットのオブジェクトlineEditに対してtext()メソッドを実行することで取り出せます（❶）。

　次のifブロックでは、valueの中身が空だったとき（テキストを入力しないで**話す**ボタンをクリックしたとき）に「なに?」とテキストエディットに表示する処理を行います（❷）。テキストエディットのオブジェクトtextEditに対してsetText()メソッドを実行すれば、引数に指定した'なに?'が出力されます。

　一方、ラインエディットにテキストが入力されていれば、else:以下の処理が行われます。ユーザーの発言valueを引数にして、チャットボットの本体クラスChatBotにあるdialogue()メソッドを呼び出すと応答フレーズが返ってくるので、これをresponseに格納します（❸）。

　続いて、応答フレーズをテキストエディットに出力し（❹）、プロンプト用テキストを冒頭にくっつけてユーザーの発言をログ表示用のリストに出力します（❺）。応答フレーズは、そのままログ表示用のリストに出力します（❻）。

　最後に、ラインエディットに入力されているテキストを削除して（❼）、buttonTalkSlot()の処理は終了です。

●閉じるイベントQCloseEvent発生時にコールバックされるcloseEvent()

　ファイルメニューの**閉じる**アイテムが選択されたときのtriggeredイベント（シグナル）に対応するイベントハンドラー（スロット）としてclose()を設定しました。close()はQWidgetクラスで定義されていて、対象のウィジェットを閉じる処理を行います。

　一方、画面を閉じる直前にQCloseEventというイベントが発生し、QCloseEventのスロットとしてひもづけられているcloseEvent()が即座にコールバックされます。この流れを図にして整理しておきましょう。

10-2 Qt DesignerでGUIを開発

▼ウィジェットを閉じるイベント発生から実際に閉じられるまでの流れ

[閉じる] アイテムが選択される ➡ triggeredイベント発生！

close()がコールバックされる ➡ QCloseEvent発生！

closeEvent()がコールバックされる
（パラメーターにQCloseEventオブジェクトが渡される）
デフォルトでQCloseEvent.accept()を実行し、QCloseEventを受け入れる

ウィジェットが閉じられる

close()が呼ばれてから実際にウィジェットが閉じられるまでに、closeEvent()が呼び出されますが、このイベントハンドラーはQCloseEvent.accept()を実行して「イベントを続行する」ことしかしません。なぜ間に「何もしないイベントハンドラー」が入っているかというと、ウィジェットを閉じる前に何か処理ができるようにするためです。closeEvent()をオーバーライドすることで、画面を閉じる前の処理を書くことができるのです。よく、画面を閉じようとすると「ファイルを上書き保存しますか？」というダイアログが表示されることがありますが、そういった用途で利用できます。

一方、メインウィンドウ用のウィジェットには**閉じる**ボタンが付いていますが、このボタンをクリックしたときもclose()が呼ばれるようになっています。closeEvent()の処理は**閉じる**アイテムが選択されたときだけでなく、**閉じる**ボタンがクリックされたときにも行われることになります。

closeEvent()の最初の処理として、QtWidgets.QMessageBox.question()メソッドでメッセージボックスを表示し、**Yes**ボタンがクリックされたらプログラムを終了する、ということを行います。

▼メッセージボックスの表示

```
reply = QtWidgets.QMessageBox.question(
            self, '確認', 'プログラムを終了しますか?',
        buttons = QtWidgets.QMessageBox.Yes |
                QtWidgets.QMessageBox.No
        )
```

◎ question() 関数の書式

書式	QMessageBox.question(実行元のオブジェクト, 'タイトル用のテキスト', 'メッセージ用のテキスト', buttons = StandardButtons(Yes | No), defaultButton = NoButton)

10-2 Qt DesignerでGUIを開発

　question()では、名前付き引数buttonsでメッセージボックスのボタンの種類を指定するようになっています。次表に示すのは、表示可能な主なボタンを表示するための定数です。

▼メッセージボックス上のボタンの種類を設定する定数

定数名	説明
QMessageBox.Ok	**OK**ボタン
QMessageBox.Open	**開く**ボタン（英語表記となる、以下同）
QMessageBox.Save	**保存**ボタン
QMessageBox.Cancel	**キャンセル**ボタン
QMessageBox.Close	**閉じる**ボタン
QMessageBox.Yes	**はい**ボタン
QMessageBox.No	**いいえ**ボタン

　ここでは行いませんが、名前付き引数defaultButtonを使って、どのボタンをアクティブにするかを設定できます。メッセージボックスの**No**ボタンをアクティブにする場合は、引数の最後に

```
defaultButton = QtWidgets.QMessageBox.No
```

と書きます。

　メッセージボックスのボタンがクリックされたときの処理としては、question()関数はクリックされたボタンのオブジェクトを戻り値として返すので、

```
if reply == QtWidgets.QMessageBox.Yes:
```

で、**Yes**がクリックされたことを検知し、

```
event.accept()
```

で閉じるイベントQCloseEventを有効にし、ウィジェット（メインウィンドウ）を閉じます。これはcloseEvent()のデフォルトの処理ですね。一方、**No**がクリックされたときは、else以下で、

```
event.ignore()
```

のようにQCloseEventクラスのignore()でイベントを取り消します。イベントが取り消されたことにより、ウィジェット（メインウィンドウ）は閉じられません。

10-2　Qt DesignerでGUIを開発

Tips

324

▶Level ●●●

これが
ポイント
です！

応答フレーズを生成する
仕組みをプログラムに組み込む

[話す] ボタンクリック時の処理を実装する

　GUIのチャットボットアプリに、応答フレーズを生成するための以下のモジュールを組み込みます。

・chatbot.py
　応答に使用する文章群の生成と、文章群から応答フレーズを抽出する処理を行います。チャットボットプログラムの本体となるChatBotクラスを定義します。

・makemarkov.py
　テキストファイルから読み込んだ文章から、マルコフ連鎖を利用して応答フレーズを生成するMakeMarkovクラスを定義します。

・analyzer.py
　形態素解析を実行する関数と、形態素が名詞かどうかを判定する関数を定義します。

●chatbot.py
　「9-5　チャットボットの作成」では、markov_bot2.pyにMarkovクラスを定義し、テキストファイルの読み込みからマルコフ連鎖による文章の生成、インプット文字列の名詞に合致する文章の抽出までを行うようにしました。今回は、テキストファイルの読み込みからマルコフ連鎖による文章の生成までを専用のMakeMarkovクラスに切り離し、インプット文字列に合致する応答フレーズを抽出する部分をChatBotクラスとして定義することにします。
　__init__()による初期化処理、dialogue()メソッドによる応答フレーズの生成は、「9-5チャットボットの作成」のmarkov_bot2.pyのソースコードを流用しています。

▼ChatBotクラス (chatbot.py)

```python
import random
import re
from itertools import chain  # itertoolsモジュールからchainをインポート
import analyzer    # analyzerモジュールをインポート
import makemarkov # makemarkovモジュールをインポート


class ChatBot(object):
    """応答に使用する文章の生成、応答のための処理を行う

    Attributes:
        sentences(strのlist): マルコフ連鎖を利用して生成した文章のリスト
    """
    def __init__(self):
        """MakeMarkovオブジェクトを生成し、文章の生成と前処理を行う
        """
        # MakeMarkovオブジェクトを生成
```

570

10-2 Qt DesignerでGUIを開発

```python
        markov = makemarkov.MakeMarkov()
        # マルコフ連鎖で生成された文章群を取得
        text = markov.make()
        # 各文章の末尾の改行で分割してリストに格納
        self.sentences = text.split('。')
        # リストから空の要素を取り除く
        if '' in self.sentences:
            self.sentences.remove('')


    def dialogue(self, input):
        """ マルコフ連鎖によって生成された文章群から
            ユーザーの発言に含まれる名詞を含むものを抽出して応答メッセージとして返す

        Args:
            input(str)    :ユーザーによって入力された文字列
        Returns:
            str: 応答メッセージ
        """
        # インプット文字列を形態素解析
        parts = analyzer.analyze(input)
        # 応答フレーズを格納するリスト
        m = []
        # 解析結果の形態素と品詞に対して反復処理
        for word, part in parts:
            # インプット文字列に名詞があればそれを含むマルコフ連鎖文を検索
            if analyzer.keyword_check(part):
                # マルコフ連鎖で生成した文章を1つずつ処理
                for element in self.sentences:
                    # 形態素の文字列がマルコフ連鎖の文章に含まれているか検索する
                    # 最後を'.*'にすると「花」のように検索文字列だけにもマッチ
                    # するので、'.+'として検索文字列だけにマッチしないようにする
                    find = '.*' + word + '.+'
                    # マルコフ連鎖文にマッチさせる
                    tmp = re.findall(find, element)
                    if tmp:
                        # マッチする文章があればリストmに追加
                        m.append(tmp)
        # findall()はリストを返してくるので多重リストをフラットにする
        m = list(chain.from_iterable(m))

        if m:
            # インプット文字列の名詞にマッチしたマルコフ連鎖文からランダムに選択
            return random.choice(m)
        else:
            # マッチするマルコフ連鎖文がない場合
            return random.choice(self.sentences)
```

10-2 Qt DesignerでGUIを開発

● makemarkov.py

テキストファイルの読み込みからマルコフ連鎖による文章の生成までを行うMakeMarkovクラスを定義します。「9-5 チャットボットの作成」で作成したmarkov_bot2.pyのMarkovクラスのソースコードをそのまま流用しています。

▼ MakeMarkovクラス (makemarkov.py)

```python
import os
import re
import random
import analyzer  # analyzerモジュールのインポート


class MakeMarkov(object):
    """マルコフ連鎖を利用して応答フレーズを生成するクラス

    Attributes:
        text (str): テキストファイルから読み込んだデータを保持する
    """
    def __init__(self):
        """ 応答フレーズのもとになるテキストファイルを読み込む
        """
        # ファイル名
        filename = 'bocchan.txt'
        # カレントディレクトリのパスにテキストファイルのパスを連結
        path = os.path.join(
            os.path.dirname(__file__), filename)
        # 読み取り専用でファイルをオープン、全データをself.textに格納
        with open(path, 'r', encoding = 'utf_8') as f:
            self.text = f.read()

    def make(self):
        """ マルコフ連鎖を利用して文章を作り出す
        """
        # 文末の改行文字を取り除く
        self.text = re.sub('\n', '', self.text)
        # 形態素の部分をリストとして取得
        wordlist = analyzer.parse(self.text)

        markov = {}   # マルコフ辞書の用意
        p1 = ''       # プレフィックス用の変数
        p2 = ''       # プレフィックス用の変数
        p3 = ''       # プレフィックス用の変数

        # 形態素のリストから1つずつ取り出す
        for word in wordlist:
```

```python
        # p1、p2、p3に値が格納されているか
        if p1 and p2 and p3:
            # markovに(p1, p2, p3)キーが存在しなければキー：値のペアを追加
            if (p1, p2, p3) not in markov:
                markov[(p1, p2, p3)] = []
            # キーのリストにサフィックスを追加
            markov[(p1, p2, p3)].append(word)
        # 3つのプレフィックスの値を置き換える
        p1, p2, p3 = p2, p3, word


    # 生成した文章を保持する変数
    sentence = ''


    # markovのキーをランダムに抽出し、プレフィックス1〜3に代入
    p1, p2, p3 = random.choice(list(markov.keys()))


    # カウンター変数を初期化
    count = 0
    # マルコフ辞書を利用して文章を作り出す
    # 単語リストの単語の数だけ繰り返す
    while count < len(wordlist):
        # キーが存在するかチェック
        if ((p1, p2, p3) in markov) == True:
            # 文章にする単語を取得
            tmp = random.choice(markov[(p1, p2, p3)])
            # 取得した単語をsentenceに追加
            sentence += tmp
        # プレフィックスの値を置き換える
        p1, p2, p3 = p2, p3, tmp
        count += 1


    # 最初に出現する句点(。)までを取り除く
    sentence = re.sub("^.+?。", "", sentence)
    # 最後の句点(。)から先を取り除く
    if re.search('.+。', sentence):
        sentence = re.search('.+。', sentence).group()
    # 閉じカッコを削除
    sentence = re.sub("」", "", sentence)
    # 開きカッコを削除
    sentence = re.sub("「", "", sentence)
    # 全角スペースを削除
    sentence = re.sub("　", "", sentence)


    # 生成した文章を戻り値として返す
    return sentence
```

10-2 Qt DesignerでGUIを開発

●analyzer.py

形態素解析に関する処理を行うanalyzer.pyは、「9-5　チャットボットの作成」で作成したanalyzer.pyのコードをそのまま流用します。

▼analyzer.py

```python
import re
from janome.tokenizer import Tokenizer

def parse(text):
    """形態素解析で形態素に分解する

    Args:
        text (str): テキストデータ
    Returns:
        list: 形態素のリスト
    """
    t = Tokenizer()
    tokens = t.tokenize(text)
    result = []
    for token in tokens:
        result.append(token.surface)

    return(result)

def analyze(text):
    """形態素解析を行う

    Args:
        text (str): 解析対象の文章
    Returns:
        list: 解析結果の多重リスト
    """
    # Tokenizerオブジェクトを生成
    t = Tokenizer()
    # 形態素解析を実行
    tokens = t.tokenize(text)
    # 形態素と品詞のリストを格納するリスト
    result = []
    # リストからTokenオブジェクトを1つずつ抽出
    for token in tokens:
        # 形態素と品詞情報のリストを作成してresultに追加
        result.append([token.surface, token.part_of_speech])
    # 解析結果の多重リストを返す
    return(result)
```

Column Qt Designerの公式マニュアル

Qt Designerの公式サイトでは、Qt Designerの使い方をまとめた「Qt Designer Manual」(英語)を公開しています。

▼「Qt Designer Manual」

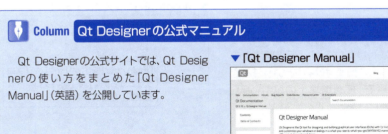

(https://doc.qt.io/qt-5/qtdesigner-manual.html)

Tips 325 GUIプログラムをダブルクリックで起動できるようにする

▶Level ●●

これがポイントです！ 拡張子が「.pyw」のファイルのpythonw.exeへの関連付け

Pythonのプログラムはコンパイルが不要で手軽に実行できるのがメリットでもあるので、毎回ソースファイルを開いて実行するのは面倒です。もちろん、Pythonのモジュール（.py）はPythonの実行プログラムpython.exeに関連付けられているので、直接ダブルクリックして起動できます。ただし、python.exeはコンソールアプリ用の実行プログラムなので、GUIを持つアプリはpythonw.exeという、ファイル名の末尾にwが付いた実行プログラムに関連付けることが必要です。

●プログラムをダブルクリックで起動できるようにする

まず、GUIアプリのモジュール（.py）のコピーを作成し、拡張子を「.pyw」に書き換えます。チャットボットプログラムの場合は、起点となる「main.py」のコピーを作成し、「main.pyw」のように拡張子の部分を書き換えます。

次に、この拡張子を持つファイルのpythonw.exeへの関連付けを行います。ここで1つ気を付けたいのが、「仮想環境上のpythonw.exeに関連付ける」ということです。次の手順で、仮想環境上のpythonw.exeへの関連付けを行ってください。

❶ GUIアプリの起動用モジュールの拡張子を「.pyw」に書き換えたものを用意します。「main.py」をコピーして「main.pyw」にしたものを用意します。

▼「main.pyw」の作成

「main.py」のコピーを作成し、拡張子を「.pyw」に変更する

❷ プログラムのフォルダーを**エクスプローラー**で開き、「main.pyw」を右クリックして**プログラムから開く➡別のプログラムを選択**を選択します。

▼Windowsの［エクスプローラー］

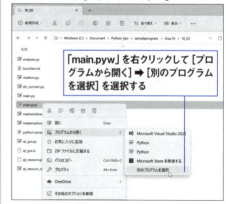

「main.pyw」を右クリックして［プログラムから開く］➡［別のプログラムを選択］を選択する

10-2 Qt DesignerでGUIを開発

❸ **PCでアプリを選択する**を選択します。

▼ファイルを開く方法の選択

❹ **プログラムから開く**ダイアログが表示されるので、以下を参考に「pythonw.exe」を選択して**開く**ボタンをクリックします。

・**VSCodeの場合**
仮想環境のフォルダー内の「Scripts」フォルダーを開き、「pythonw.exe」を選択します。

・**Anacondaの場合**
Anacondaのインストールフォルダー「anaconda3」を開き、「envs」フォルダーを開きます。内部に仮想環境名のフォルダーがあるので、これを開いて「pythonw.exe」を選択します。

▼[プログラムから開く] ダイアログ

> **さらにワンポイント**
> Anacondaをユーザー限定でインストールした場合、「anaconda3」はユーザー用フォルダーの内部にあります。

❺ ダイアログの**常に使う**ボタンをクリックします。

▼ファイルを開く方法の選択

以上で仮想環境上の「pythonw.exe」への関連付けが行われます。以後は、.pywファイルのアイコン（ここでは「main.pyw」）をダブルクリックすれば、チャットボットプログラムが起動して画面が表示されます。

10-2 Qt DesignerでGUIを開発

▼実行中のチャットボットプログラム
（main.pywを直接ダブルクリックしてプログラムを起動）

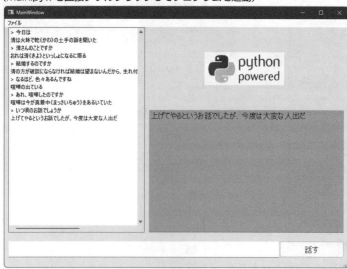

第11章
326~373

NumPy、Pandas、scikit-learn

11-1　NumPyライブラリを使う（326~347）

11-2　Pandasライブラリ（348~355）

11-3　相関分析（356~357）

11-4　scikit-learn（358~367）

11-5　scikit-learnによるテキストマイニング（368~373）

11-1 NumPyライブラリを使う

Tips 326 NumPyで配列（ベクトル）を作成する

▶Level ●●

これがポイントです！ NumPyのインストールとndarrayオブジェクト（配列）の生成

Pythonがデータサイエンスの分野で注目されるようになったのは、数値計算ライブラリ「**NumPy**」によるところが大きいといえます。

NumPyはndarrayと呼ばれる多次元配列型をデータ構造の基本としているので、ベクトルや行列演算が容易です。

●**NumPyのインストール（VSCode）**

VSCodeの場合は、**ターミナル**でpipコマンドを使ってインストールします。

❶プログラムを保存するフォルダー内にNotebookを作成し、仮想環境のPythonのインタープリターを選択しておきます。

▼Notebookの作成とPythonインタープリターの選択

Notebookを作成し、仮想環境のPythonインタープリターを選択しておく

❷**ターミナル**メニューの**新しいターミナル**を選択して、仮想環境に関連付けられた状態の**ターミナル**を起動します。

❸［ターミナル］が起動したら、

```
pip install numpy
```

と入力して Enter キーを押します。

▼仮想環境へのNumPyのインストール

「pip install numpy」と入力

●**NumPyのインストール（Anaconda）**

Anacondaの場合は、Anaconda Navigatorを使ってインストールします。

❶Anaconda Navigatorの**Environment**タブをクリックします。
❷仮想環境を選択します。
❸**Not Installed**を選択します。
❹「numpy」と入力します。
❺検索結果の一覧で、「numpy」のチェックボックスをクリックします。
❻**Apply**ボタンをクリックします。

11-1 NumPyライブラリを使う

▼ Anaconda Navigator

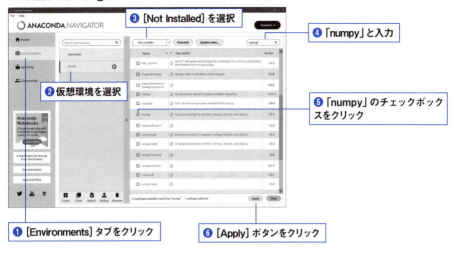

❶ [Environments] タブをクリック
❷ 仮想環境を選択
❸ [Not Installed] を選択
❹ 「numpy」と入力
❺ 「numpy」のチェックボックスをクリック
❻ [Apply] ボタンをクリック

❼ Install Packagesダイアログが表示されるので、**Apply**ボタンをクリックします。

▼ [Install Packages] ダイアログ

❼ [Apply] ボタンをクリック

● NumPyの配列を作成

　線形代数では、「要素を縦または横に一列に並べたもの」をベクトルと呼びます。これは、プログラミングにおける**1次元の配列**です。

　NumPyの配列(ベクトル)はndarrayクラスのオブジェクトとして表現されます。生成は、array()コンストラクターで行います。

　array()コンストラクターの引数として、ブラケット[]の中にカンマで区切って要素を書いていきます。

　dtypeオプションでデータ型を指定することもできますが、省略した場合は要素に適したデータ型が選定されます。

・配列を作成

　Notebookを作成し、NumPyの配列を作ってみます。NumPyは慣用的に

　　import numpy as np

と記述してインポートします。

Attention　本章でのプログラミングは、すべてNotebookを使用して行います。

11-1 NumPyライブラリを使う

▼int型の配列を作成

```
In   import numpy as np

     x = np.array([1, 2, 3, 4, 5])
     print(x)
     print(x.dtype)

Out  [1 2 3 4 5]
     int32
```

▼float型の配列を作成

```
In   x = np.array([1.0, 2.0, 3.0, 4.0, 5.0])
     print(x)
     print(x.dtype)

Out  [1. 2. 3. 4. 5.]
     float64
```

・dtypeオプションでデータ型を指定する

dtypeオプションでデータ型を指定して
配列を作成してみます。

▼float32型を指定

```
In   x = np.array([1, 2, 3, 4, 5], dtype=np.float32)
     print(x)
     print(x.dtype)

Out  [1. 2. 3. 4. 5.]
     float64
```

データ型は文字列で指定することもできます。

▼float32型を文字列で指定

```
In   x = np.array([1, 2, 3, 4, 5], dtype='float32')
     print(x)
     print(x.dtype)

Out  [1. 2. 3. 4. 5.]
     float32
```

582

11-1 NumPyライブラリを使う

Tips
327
ベクトルのスカラー演算

▶Level ●●

これが
ポイント
です！
四則演算子によるベクトルのスカラー演算

　線形代数では、「大きさのみで表され、方向を持たない量」のことを**スカラー**と呼びます。すなわち、0や1、2などの独立した単一の値がスカラーです。

　Pythonのリストにおいてすべての要素を2倍にすることを考えた場合、forなどで処理を繰り返す必要がありますが、ndarrayオブジェクトとして作成したベクトルは、ループを使わずに一括処理が行えます。これは、NumPyの**ブロードキャスト**と呼ばれる仕組みによって実現されます。

●NumPyのブロードキャスト

　NumPyでは、ブロードキャストの仕組みを使うことで、成分ごとの演算を行います。ベクトル／行列同士の対応する次元（行と行、列と列）が次の要件のどちらかを満たしていれば、その2つのベクトル／行列同士の成分ごとの演算が可能です。

・次元が等しい。
・一方のベクトルまたは行列がスカラーである（スカラー演算）。

●ベクトルに対するスカラー演算

　ベクトルに対して四則演算子でスカラー演算を行ってみます。

▼ベクトルを作成
```
In   import numpy as np
     x = np.array([1, 2, 3, 4, 5])
     x
Out  array([1, 2, 3, 4, 5])
```

▼足し算
```
In   x + 10
Out  array([11, 12, 13, 14, 15])
```

▼引き算
```
In   x - 1
Out  array([0, 1, 2, 3, 4])
```

▼掛け算
```
In   x*10
Out  array([10, 20, 30, 40, 50])
```

NumPy、Pandas、scikit-learn

583

11-1　NumPyライブラリを使う

▼割り算

```
In   x/2
Out  array([ 0.5,  1. ,  1.5,  2. ,  2.5])
```

▼割り算の結果を整数だけにする

```
In   x//2
Out  array([0, 1, 1, 2, 2], dtype=int32)
```

▼剰余

```
In   x%2
Out  array([1, 0, 1, 0, 1], dtype=int32)
```

●NumPyのデータ型

NumPy独自の主なデータ型です。

▼NumPyの主なデータ型

データ型	説明
int8	符号あり8ビット整数型
int16	符号あり16ビット整数型
int32	符号あり32ビット整数型
int64	符号あり64ビット整数型
uint8	符号なし8ビット整数型
uint16	符号なし16ビット整数型
uint32	符号なし32ビット整数型
uint64	符号なし64ビット整数型
float16	半精度浮動小数点型
float32	単精度浮動小数点型
float64	倍精度浮動小数点型
float128	四倍精度浮動小数点型

✒ Column　ベクトル

　ベクトルは、プログラミングにおいて配列として表現されます。Pythonではリスト、NumPyではndarrayオブジェクトとして扱います。1次元の配列がベクトルで、2次元化することで行列が表現できます。さらに3次元化すれば、「行列の配列」が表現できます。

　この場合の表現として**テンソル**という用語が用いられることがあります。1次元配列は「1階テンソル」、2次元配列は「2階テンソル」、3次元配列は「3階テンソル」に該当します。

11-1 NumPyライブラリを使う

Tips 328　ベクトルの累乗、平方根を求める

▶Level ●○○

これがポイントです！ power()、sqrt()

累乗は**power**(配列, 指数)で求めます。また、演算子の******で求めることも可能です。

平方根は**sqrt(x)**で求めることができます。

▼ベクトルの成分の累乗を求める

```
In   import numpy as np
     x = np.array([1, 2, 3, 4, 5])
     np.power(x, 2)
Out  array([ 1,  4,  9, 16, 25], dtype=int32)
```

```
In   x**2
Out  array([ 1., 4., 9., 16., 25.])
```

▼ベクトルの成分の平方根を求める

```
In   x = np.array([1, 2, 3, 4, 5])
     np.sqrt(x)
Out  array([ 1.    , 1.41421356, 1.73205081, 2.    , 2.236606798])
```

Tips 329　ベクトルのサイン、コサイン、タンジェントを求める

▶Level ●●○

これがポイントです！ sin()、cos()、tan()

三角関数のサイン、コサイン、タンジェントを計算するには、**sin()**、**cos()**、**tan()**を使います。引数には、degree（度）ではなくradian（ラジアン）を指定します。

▼sin、cos、tanの計算

```
In   import numpy as np
     x = np.array([0, 1])
```

```
In   np.sin(x)
Out  array([ 0. , 0.84147098])
```

585

11-1 NumPyライブラリを使う

```
In   np.sin(np.pi * 0.5)     # π/2のときのサインの値は1
Out  1.0
```

```
In   np.cos(x)
Out  array([ 1.       ,  0.54030231])
```

```
In   np.cos(np.pi * 0.5)     # 0になる
Out  6.123233995736766e-17
```

```
In   np.tan(x)
Out  array([ 0.       ,  1.55740772])
```

```
In   np.tan(np.pi * 0.5)     # 無限に発散する
Out  16331239353195370.0
```

```
In   np.pi   # 円周率
Out  3.141592653589793
```

Tips 330

サイン、コサイン、タンジェントの逆関数を求める

▶Level ●●○

これがポイントです！ > **arcsin()、arccos()、arctan()**

　三角関数の逆関数は、関数名の頭にarcが付きます。逆関数なので、例えばarcsinは、

$$y = \sin(x)$$

のときのxの値を、

$$x = \arcsin(y)$$

として求めることができます。出力される値はdegree（度）ではなくradian（ラジアン）になります。

▼sinの逆関数の計算

```
In   import numpy as np
     x = np.array([0.5, 1]
     np.arcsin(np.sin(x))
Out  array([ 0.5, 1. ])
```

▼cosの逆関数

```
In   np.arccos(np.cos(x))
Out  array([ 0.5,  1. ])
```

11-1 NumPyライブラリを使う

▼tanの逆関数

```
In   np.arctan(np.tan(x))
Out  array([ 0.5,  1. ])
```

Tips

331

▶Level ● ● ○

これがポイントです！

ラジアンと度を相互変換する

radians()、deg2rad()、rad2deg()

NumPyで実装されている三角関数系の関数は、基本的にラジアンで操作します。
度に $\frac{\pi}{180}$ を掛けるとラジアンに変換でき、ラジアンに $\frac{180}{\pi}$ を掛けると度に変換できますが、NumPyにはこれらの変換処理を行う次の関数が用意されています。

- radians()、deg2rad()
  度をラジアンに変換します。
- rad2deg()
  ラジアンを度に変換します。

▼ラジアンと度を相互変換する

```
In   import numpy as np
     x = np.array([90, 180, 270])
```

▼ラジアンに変換

```
In   np.radians(x)
Out  array([ 1.57079633, 3.14159265, 4.71238898])
```

▼ラジアンに変換

```
In   np.deg2rad(x)
Out  array([ 1.57079633, 3.14159265, 4.71238898])
```

▼ラジアンを度に変換

```
In   np.rad2deg(np.deg2rad(x))
Out  array([ 90., 180., 270.])
```

11-1 NumPyライブラリを使う

Tips 332

切り捨て、切り上げ、
四捨五入を行う

▶ Level ●●

これがポイントです! floor()、trunc()、ceil()、round()、
around()、rint()、fix()

NumPyには、切り捨て、切り上げ、四捨五入
を求めるメソッドとして、次のものがあります。

- **floor()**
  小数部を切り捨てて、値が小さい方の整数にします。
- **trunc()**
  単純に小数部を切り捨てます。
- **ceil()**
  小数部を切り上げます。

- **round()**
  小数部を四捨五入します。
- **around()**
  小数部を四捨五入します。
- **rint()**
  小数部を四捨五入します。
- **fix()**
  0に近い方向で整数をとります。

▼切り捨て、切り上げ、四捨五入を行う

```
In  import numpy as np
    x = np.array([-1.8, -1.4, -1.0, -0.6, -0.2, 0., 0.2, 0.6, 1.0, 1.4, 1.8])
```

```
In  np.floor(x)    # 切り捨て (値が小さい方の整数にする)
Out array([-2., -2., -1., -1., -1.,  0.,  0.,  0.,  1.,  1.,  1.])
```

```
In  np.trunc(x)    # 切り捨て (小数部分を切り捨てる)
Out array([-1., -1., -1., -0., -0.,  0.,  0.,  0.,  1.,  1.,  1.])
```

```
In  np.ceil(x)     # 切り上げ (大きい方の整数にする)
Out array([-1., -1., -1., -0., -0.,  0.,  1.,  1.,  1.,  2.,  2.])
```

```
In  np.round(x)    # 四捨五入
Out array([-2., -1., -1., -1., -0.,  0.,  0.,  1.,  1.,  1.,  2.])
```

```
In  np.around(x)   # 四捨五入
Out array([-2., -1., -1., -1., -0.,  0.,  0.,  1.,  1.,  1.,  2.])
```

```
In  np.rint(x)     # 四捨五入
Out array([-2., -1., -1., -1., -0.,  0.,  0.,  1.,  1.,  1.,  2.])
```

```
In  np.fix(x)      # 0に近い方の整数をとる
Out array([-1., -1., -1., -0., -0.,  0.,  0.,  0.,  1.,  1.,  1.])
```

11-1 NumPyライブラリを使う

Tips
333

平均、分散、最大値、最小値を求める

▶Level ●●

これがポイントです！ **max()、min()、mean()、var()、std()**

　平均や分散、最大値、最小値など、基本的な統計量を求める次の関数が用意されています。

- **max()**
  配列要素の最大値を求めます。
- **min()**
  配列要素の最小値を求めます。
- **mean()**
  配列要素の平均値を求めます。
- **var()**
  配列要素の分散を求めます。

- **std()**
  配列要素の標準偏差を求めます。
- **argmax()**
  最大値の要素のインデックスを返します。
- **argmin()**
  最小値の要素のインデックスを返します。

▼最大値、最小値、分散、標準偏差を求める

```
In   import numpy as np
     x = np.array([35, 40, 45, 50, 55, 60])
     print('最大値 : ', np.max(x))
     print('最小値 : ', np.min(x))
     print('平均値 : ', np.mean(x))
     print('分 散 : ', np.var(x))
     print('標準偏差: ', np.std(x))
```

```
Out  最大値 :  60.0
     最小値 :  35.0
     平均値 :  47.5
     分 散 :  72.9166666667
     標準偏差:  8.5391256383
```

●不偏分散、不偏標準偏差を求める

　統計的推定や検定を行う場合、母集団を推定する手段として不偏分散、あるいは不偏分散から求めた不偏標準偏差が使われます。分散はデータと平均値の差の2乗（偏差平方）の合計値（偏差平方和）をデータの個

数で割って求めますが、不偏分散は、偏差平方和を「データの個数－1」で割って求めます。この場合は、var()やstd()の引数として

```
ddof=1
```

589

11-1　NumPyライブラリを使う

を指定します。ddofは、偏差平方和を割る
ときの分母（データの個数）から減ずる値を
指定するためのオプションです。

▼不偏分散、不偏標準偏差を求める

```
In   print('不偏分散　　: ', np.var(x, ddof=1))
     print('不偏標準偏差: ', np.std(x, ddof=1))
Out  不偏分散　　:  87.5
     不偏標準偏差:  9.35414346693
```

Tips
334　ベクトル同士の四則演算

▶Level ● ●

これが
ポイント
です！
ベクトル成分ごとの演算

　ベクトル同士を四則演算子で演算すると、
同じ次元の成分同士の演算が行われます。
ndarrayオブジェクトで表現するベクトル
は1次元配列なので、

　　array([1., 3., 5.])

は、ベクトルの記法で表すと

───────────────

　　(1　3　5)

───────────────

となります。

　このように横方向に並んだものを特に**行
ベクトル**と呼びます。この例だと、成分が3
つあるので「3次元行ベクトル」になりま
す。1が「第1成分」、3が「第2成分」、5が
「第3成分」です。
　さて、ベクトル同士の演算は、「次元数が
同じである」ことが条件です。次元数が異な
るベクトル同士を演算すると、どちらかの成
分が余ってしまうのでエラーになります。
　ベクトル同士の演算は、次のように行われ
ます。

───────────────────────────────

　　$(a_1\ \ a_2\ \ a_3) + (b_1\ \ b_2\ \ b_3) = (a_1+b_1\ \ a_2+b_2\ \ a_3+b_3)$

───────────────────────────────

　ブロードキャストの仕組みによって、同じ
次元の成分同士が計算されます。

590

11-1 NumPy ライブラリを使う

●ベクトル同士の加算と減算

ベクトル同士の計算は、列ベクトルでも行ベクトルでも計算のやり方は同じですので、ここでは列ベクトルを例にします。

$$u = \begin{pmatrix} u_1 \\ u_2 \\ u_3 \end{pmatrix} = \begin{pmatrix} 1 \\ 5 \\ 9 \end{pmatrix}, \quad v = \begin{pmatrix} v_1 \\ v_2 \\ v_3 \end{pmatrix} = \begin{pmatrix} 1 \\ 0 \\ 3 \end{pmatrix}$$

としたとき、次の「ベクトルの加算」、「ベクトルの減算」が成り立ちます。

$$u + v = \begin{pmatrix} u_1 + v_1 \\ u_2 + v_2 \\ u_3 + v_3 \end{pmatrix} = \begin{pmatrix} 1 + 1 \\ 5 + 0 \\ 9 + 3 \end{pmatrix} = \begin{pmatrix} 1 \\ 5 \\ 12 \end{pmatrix} \qquad u - v = \begin{pmatrix} u_1 - v_1 \\ u_2 - v_2 \\ u_3 - v_3 \end{pmatrix} = \begin{pmatrix} 1 - 1 \\ 5 - 0 \\ 9 - 3 \end{pmatrix} = \begin{pmatrix} 0 \\ 5 \\ 6 \end{pmatrix}$$

▼ベクトル同士を演算する

```
In   import numpy as np
     vec1 = np.array([10, 20, 30])
     vec2 = np.array([40, 50, 60])
```

▼ベクトル同士の足し算

```
In   vec1 + vec2
Out  array([50, 70, 90])
```

▼ベクトル同士の引き算

```
In   vec1 - vec2
Out  array([-30, -30, -30])
```

▼ベクトル同士の割り算

```
In   vec1/vec2
Out  array([ 0.25, 0.4 , 0.5 ])
```

本来、ベクトル同士では割り算は行えませんが、ndarray オブジェクトで表現するベクトルは、次元数が同じであればブロードキャストの仕組みが働いて、同じ次元の成分同士で割り算が行われます。

591

Tips 335 ベクトルの要素同士の積を求める

これがポイントです! ベクトルのアダマール積

ベクトルの掛け算については、行ベクトルと列ベクトル、列ベクトルと行ベクトルの計算が可能ですが、行ベクトル同士、および列ベクトル同士の掛け算はできません。

列ベクトルと行ベクトルの掛け算は次のようになります。

$$u = \begin{pmatrix} u_1 \\ u_2 \\ u_3 \end{pmatrix} = \begin{pmatrix} 1 \\ 5 \\ 9 \end{pmatrix}, \quad v' = (v_1 \ v_2 \ v_3) = (1 \ 0 \ 3)$$

$$u \cdot v' = \begin{pmatrix} u_1 \\ u_2 \\ u_3 \end{pmatrix} (v_1 \ v_2 \ v_3) = \begin{pmatrix} u_1 \times v_1 & u_1 \times v_2 & u_1 \times v_3 \\ u_2 \times v_1 & u_2 \times v_2 & u_2 \times v_3 \\ u_3 \times v_1 & u_3 \times v_2 & u_3 \times v_3 \end{pmatrix} = \begin{pmatrix} 1 & 0 & 3 \\ 5 & 0 & 15 \\ 9 & 0 & 27 \end{pmatrix}$$

行ベクトルと列ベクトルの掛け算は次のようになります。

$$v' \cdot u = (v_1 \ v_2 \ v_3) \begin{pmatrix} u_1 \\ u_2 \\ u_3 \end{pmatrix} = v_1 \times u_1 + v_2 \times u_2 + v_3 \times u_3 = 1 \times 1 + 0 \times 5 + 3 \times 9 = 28$$

一方、ndarrayオブジェクトで表現するベクトルは1次元配列なので、行、列の概念がありません。足し算や引き算のように同じ次元数のベクトル同士を掛け算すると、同じ次元の成分同士が掛け算されます。これをベクトルの**アダマール積**と呼びます。アダマール積は、ブロードキャストの仕組みによって実現されます。

▼ベクトル同士のアダマール積

$(a_1 \ a_2 \ a_3) \odot (b_1 \ b_2 \ b_3) = (a_1 \cdot b_1 \ a_2 \cdot b_2 \ a_3 \cdot b_3)$

▼ベクトル同士のアダマール積を求める

```
import numpy as np
vec1 = np.array([10, 20, 30])
```

11-1　NumPyライブラリを使う

```
        vec2 = np.array([40, 50, 60])
        vec1 * vec2        # アダマール積を求める
Out  array([ 400, 1000, 1800])
```

Tips 336 ベクトルの内積を求める

▶Level ●●○

これがポイントです！ → dot(ベクトル1, ベクトル2)

　ベクトル同士の成分の積の和を**内積**と呼びます。

$a = \begin{pmatrix} 2 \\ 3 \end{pmatrix}$ と $b = \begin{pmatrix} 4 \\ 5 \end{pmatrix}$ の内積は、

$$a \cdot b = \begin{pmatrix} 2 \\ 3 \end{pmatrix} \cdot \begin{pmatrix} 4 \\ 5 \end{pmatrix} = 2 \times 4 + 3 \times 5 = 23$$

のように、第1成分同士、第2成分同士を掛けて和を求めます。
　3次元ベクトル：

$a = \begin{pmatrix} 4 \\ 5 \\ -6 \end{pmatrix}$ と $b = \begin{pmatrix} -2 \\ 3 \\ -1 \end{pmatrix}$ の内積は、

$$a \cdot b = \begin{pmatrix} 4 \\ 5 \\ -6 \end{pmatrix} \cdot \begin{pmatrix} -2 \\ 3 \\ -1 \end{pmatrix} = 4 \times (-2) + 5 \times 3 + (-6) \times (-1) = 13$$

のように、同じ成分同士を掛けて和を求めます。

●ベクトルの内積を求める
　ndarrayオブジェクトには、ベクトルの内積を求めるdot()メソッドが用意されています。

▼ベクトルの内積を求める
```
In   import numpy as np
     vec1 = np.array([2, 3])
     vec2 = np.array([4, 5])
     np.dot(vec1, vec2)        # vec1とvec2の内積を求める
Out  23
```

```
In   vec3 = np.array([4, 5, -6])
     vec4 = np.array([-2, 3, -1])
Out  np.dot(vec3, vec4)        # vec2とvec3の内積を求める
     13
```

NumPy, Pandas, scikit-learn

593

11-1 NumPyライブラリを使う

Tips
337
多次元配列で行列を表現する

▶Level ● ● ○

これが
ポイント
です！
array（2重構造のリスト）

NumPyの配列は多次元配列に対応しています。1次元の配列は「ベクトル (vector)」で、2次元の配列は「行列 (matrix)」になります。

●行列を作成する

array()コンストラクターの引数としてリストを指定すると、1次元配列、つまりベクトルになります。これに対し、2重構造のリストを指定すると行列が作成されます。次に示すのは、(3行，3列) の行列を作成する例です。

▼行列を作成する

```
In   import numpy as np
     # （3行,3行）の行列を作成
     mtx = np.array([
         [1, 2, 3],
         [4, 5, 6],
         [7, 8, 9]
         ])
     mtx
Out  array([[1, 2, 3],
            [4, 5, 6],
            [7, 8, 9]])
```

594

11-1 NumPyライブラリを使う

Tips 338 行列の基礎知識

▶Level ●●

これがポイントです！ **行列の構造、行列を使う目的**

ここでは、線形代数のキホンになる**行列**について見ていきます。行列とは、数の並びのことで、次のようにタテとヨコに数を並べることで表現します。

$$\begin{pmatrix} 1 & 5 \\ 10 & 15 \end{pmatrix} \quad \begin{pmatrix} 1 & 5 & 7 \\ 8 & 3 & 9 \end{pmatrix} \quad \begin{pmatrix} 6 & 8 \\ 4 & 2 \\ 7 & 3 \end{pmatrix} \quad \begin{pmatrix} 8 & 1 & 6 \\ 9 & 7 & 5 \\ 4 & 2 & 3 \end{pmatrix}$$

　　①　　　　②　　　　③　　　　④

このように ( ) の中に数を並べると、それが行列になります。ヨコの並びを**行**、縦の並びを**列**と呼び、行、列とも数をいくつ並べてもかまいません。

①は2行2列の行列、②は2行3列の行列、③は3行2列の行列、④は3行3列の行列です。

●行列の構造
行列の構造を見ていきます。

・正方行列
タテに並んだ数の個数とヨコに並んだ数の個数が同じとき、特に「正方行列」といいます。①の2行2列、④の3行3列の行列が正方行列です。

・行ベクトルや列ベクトルのかたちをした行列
数学には数字の組を表す**ベクトル**があります。数列は行、列ともに数をいくつ並べてもかまいませんが、ベクトルは、次のように数字の組が1行または1列のどちらかだけになります。

$$\begin{pmatrix} 5 & 8 & 2 & 6 \end{pmatrix}⑤ \qquad \begin{pmatrix} 3 \\ 5 \\ 4 \end{pmatrix}⑥$$

⑤は行ベクトルですが、1行4列の行列と見なすことができます。また、⑥は列ベクトルですが、3行1列の行列と見なすことができます。

・行列の行と列
次に行列の中身について見ていきましょう。

NumPy, Pandas, scikit-learn

595

11-1 NumPyライブラリを使う

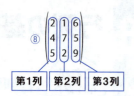

同じ数列を左右に並べてありますが、⑦のように行を数える場合は上から第1行、第2行、第3行となり、⑧のように列を数える場合は左から第1列、第2列、第3列となります。

・**行列の中身は「成分」**

行列に書かれた数字のことを**成分**と呼びます。⑦の1行、3列目の6は、第1行、第3列の成分です。これを

6は(1, 3)成分である

のように、(行, 列)の形式で表します。

・**対角線上に並んだ成分は「対角成分」、対角成分以外が0の行列は「対角行列」**

数列は、行と列に加えて対角線で結ばれる成分も扱います。これを**対角成分**と呼びます。対角成分は(1, 1)、(2, 2)、(3, 3)のように行と列の数が等しい成分です。⑦の数列では(1, 1)成分の2、(2, 2)成分の7、(3, 3)成分の9が対角成分です。

正方行列には、「対角成分以外がすべて0」というものがあります。次の2つの数列

$$\begin{pmatrix} 3 & 0 \\ 0 & 5 \end{pmatrix} \quad \begin{pmatrix} 3 & 0 & 0 \\ 0 & 1 & 0 \\ 0 & 0 & 7 \end{pmatrix}$$

は、どちらも対角成分以外がすべて0です。このような数列を**対角行列**といいます。

●**行列を使う目的**

行列は、そもそも

$$\begin{cases} x_1 + 2x_2 = -1 \\ 3x_1 + 4x_2 = 5 \end{cases}$$

のような式を計算するためのものです。この式を数列で表すと

$$\begin{pmatrix} 1 & 2 \\ 3 & 4 \end{pmatrix} \begin{pmatrix} x_1 \\ x_2 \end{pmatrix} = \begin{pmatrix} -1 \\ 5 \end{pmatrix}$$

となり、

$$\begin{cases} x_1 + 2x_2 \\ 3x_1 + 4x_2 \end{cases}$$

については、

$$\begin{pmatrix} 1 & 2 \\ 3 & 4 \end{pmatrix} \begin{pmatrix} x_1 \\ x_2 \end{pmatrix}$$

で表されるので、数列の計算ルールに従えば方程式の計算が行えるのです。

11-1 NumPyライブラリを使う

Tips 339 行列のスカラー演算を行う

▶Level ●●

これがポイントです！ ブロードキャストによるスカラー演算

ベクトル（配列）と同じように、行列に対して**スカラー演算**を行うと、行列のすべての成分に対して演算が行われます。この処理についても**ブロードキャスト**によって実現されます。

▼行列のスカラー演算

```
In   import numpy as np
     mtx = np.array([[1, 2, 3],          # 3×3の行列を作成
                     [4, 5, 6],
                     [7, 8, 9]],
                    dtype = np.float64)
```

```
In   mtx + 10        # 足し算
Out  array([[ 11., 12., 13.],
            [ 14., 15., 16.],
            [ 17., 18., 19.]])
```

```
In   mtx - 10        # 引き算
Out  array([[-9., -8., -7.],
            [-6., -5., -4.],
            [-3., -2., -1.]])
```

```
In   mtx*2           # 乗算
Out  array([[  2.,  4.,  6.],
            [  8., 10., 12.],
            [ 14., 16., 18.]])
```

```
In   mtx/2           # 除算
Out  array([[ 0.5, 1. , 1.5],
            [ 2. , 2.5, 3. ],
            [ 3.5, 4. , 4.5]])
```

```
In   mtx%2           # 剰余
Out  array([[ 1., 0., 1.],
            [ 0., 1., 0.],
            [ 1., 0., 1.]])
```

NumPy, Pandas, scikit-learn

597

11-1 NumPyライブラリを使う

Tips 340 行列の成分にアクセスする

▶Level ●●

これがポイントです！ [行開始インデックス：行終了インデックス，
列開始インデックス：列終了インデックス]

　行列の要素へのアクセスには、リストと同じようにブラケット演算子[]を使って次のように指定します。

　開始インデックスは0から始まります。終了インデックスは、指定したインデックスの直前までが参照されるので注意してください。

【行開始インデックス ： 行終了インデックス，列開始インデックス ： 列終了インデックス】

▼行列の成分へのアクセス

```
In   import numpy as np
     mtx = np.array([[1, 2, 3],    # 3×3の行列を作成
                     [4, 5, 6],    # dtypeを指定しない場合は
                     [7, 8, 9]]    # 成分の値に対応した型になる
                    )
In   mtx.dtype            # データの型を確認
Out  dtype('int32')
```

```
In   mtx[0]               # 1行目のすべての成分
Out  array([1, 2, 3])
```

```
In   mtx[0,]              # 1行目のすべての成分
Out  array([1, 2, 3])
```

```
In   mtx[0, :]            # 1行目のすべての成分
Out  array([1, 2, 3])
```

```
In   mtx[:, 0]            # 1列目のすべての成分
Out  array([1, 4, 7])
```

```
In   mtx[1, 1]            # 2行、2列の成分
Out  5
```

```
In   mtx[0:2, 0:2]        # 1行～2行、1列～2列の部分行列を抽出
Out  array([[1, 2],
            [4, 5]])
```

598

11-1 NumPyライブラリを使う

Tips
341
▶Level ●●

行列の成分を行ごと、列ごとに集計する

これがポイントです！ axis = 0で列ごとの集計、axis = 1で行ごとの集計

sum()やmean()などの集計用の関数は、何も指定しなければすべての成分に対して処理が行われます。

▼行列の成分の集計

```
In   import numpy as np
     mtx = np.array([[10, 20, 30],   # 3×3の行列を作成
                     [40, 50, 60],
                     [70, 80, 90]]
                    )
In   np.max(mtx)              # 全成分の最大値
Out  90

In   np.min(mtx)              # 全成分の最小値
Out  10

In   np.sum(mtx)              # 全成分の合計
Out  450

In   np.mean(mtx)             # 全成分の平均
Out  50.0
```

全成分ではなく、列ごと、あるいは行ごとに集計を行う場合は、引数のaxisオプションを使います。

axis = 0で列ごとの集計
axis = 1で行ごとの集計

▼行列の列ごと、行ごとの集計

```
In   np.sum(mtx, axis=0)  # 列ごとの合計
Out  array([120, 150, 180])

In   np.mean(mtx, axis=0)  # 列ごとの平均
Out  array([ 40., 50., 60.])

In   np.sum(mtx, axis=1)  # 行ごとの合計
Out  array([ 60, 150, 240])

In   np.mean(mtx, axis=1)  # 行ごとの平均
Out  array([ 20., 50., 80.])
```

NumPy, Pandas, sciki-learn

599

11-1 NumPyライブラリを使う

Tips 342 行列の要素同士を加算、減算する

▶Level ●●

これがポイントです！ ブロードキャストによる加算と減算

　行列のすべての成分に対して演算が行われる仕組みを**ブロードキャスト**と呼びます。

　行列に対してスカラー演算を行うと、ブロードキャストの仕組みによってすべての成分に同じ演算が適用されます。このようなブロードキャストの仕組みを使って行列の足し算、引き算が行えます。

●**行列の足し算と引き算**

　行列は、それぞれが区別できるように

$$A=\begin{pmatrix}1 & 2 \\ 3 & 4\end{pmatrix} \qquad B=\begin{pmatrix}4 & 3 \\ 2 & 1\end{pmatrix}$$

と表すことで、A と B の足し算を $A+B$、引き算を $A-B$ と表せます。行列の足し算と引き算は、「同じ行と列の成分同士を足し算または引き算」します。

　先の A と B を足し算すると

$$A+B=\begin{pmatrix}1 & 2 \\ 3 & 4\end{pmatrix}+\begin{pmatrix}4 & 3 \\ 2 & 1\end{pmatrix}=\begin{pmatrix}1+4 & 2+3 \\ 3+2 & 4+1\end{pmatrix}=\begin{pmatrix}5 & 5 \\ 5 & 5\end{pmatrix}$$

となります。一方、引き算 $A-B$ は、

$$A-B=\begin{pmatrix}1 & 2 \\ 3 & 4\end{pmatrix}-\begin{pmatrix}4 & 3 \\ 2 & 1\end{pmatrix}=\begin{pmatrix}1-4 & 2-3 \\ 3-2 & 4-1\end{pmatrix}=\begin{pmatrix}-3 & -1 \\ 1 & 3\end{pmatrix}$$

となります。

▼**行列の成分同士の足し算、引き算**

```
In   import numpy as np
     a = np.array([[1, 2],      # 2×2の行列を作成
                   [3, 4]])
     b = np.array([[4, 3],      # 2×2の行列を作成
                   [2, 1]])
```

```
In   a + b                      # 成分同士の足し算
Out  array([[5, 5],
            [5, 5]])
```

```
In   a - b                      # 成分同士の引き算
Out  array([[-3, -1],
            [ 1,  3]])
```

11-1 NumPyライブラリを使う

Tips 343 行列の要素同士の積を求める

▶Level ●●○

これがポイントです！ 行列のアダマール積

ブロードキャストの要件を満たす場合に、行列の要素同士の積（**アダマール積**）を求め ることができます。

▼行列同士のアダマール積

$$
\begin{pmatrix} a_1 & a_2 \\ a_3 & a_4 \end{pmatrix} \odot \begin{pmatrix} b_1 & b_2 \\ b_3 & b_4 \end{pmatrix} = \begin{pmatrix} a_1 \cdot b_1 & a_2 \cdot b_2 \\ a_3 \cdot b_3 & a_4 \cdot b_4 \end{pmatrix}
$$

▼行列同士のアダマール積を求める

```
In   import numpy as np
     a = np.array([[2, 3],      # 2×2の行列を作成
                   [2, 3]])
     b = np.array([[3, 4],      # 2×2の行列を作成
                   [5, 6]])
```

```
In   a*b                        # アダマール積を求める
Out  array([[ 6, 12],
            [10, 18]])
```

✒ **Column** 行列の定数倍

スカラー演算のうち、行列にある数を掛け算することを「行列の定数倍」と呼びます。ある数を掛けて行列のすべての成分を〇〇倍します。次の行列：

$$
A = \begin{pmatrix} 1 & 2 \\ 3 & 4 \end{pmatrix}
$$

を3で定数倍すると、

$$
3A = 3\begin{pmatrix} 1 & 2 \\ 3 & 4 \end{pmatrix} = \begin{pmatrix} 3 \times 1 & 3 \times 2 \\ 3 \times 3 & 3 \times 4 \end{pmatrix} = \begin{pmatrix} 3 & 6 \\ 9 & 12 \end{pmatrix}
$$

となります。また、すべての成分が同じ数の分母を持つ分数の場合、次のように分母を定数として行列の外に出すと、スッキリと表現できます。

$$
\begin{pmatrix} \dfrac{1}{2} & \dfrac{2}{2} \\ \dfrac{3}{2} & \dfrac{4}{2} \end{pmatrix} = \dfrac{1}{2}\begin{pmatrix} 1 & 2 \\ 3 & 4 \end{pmatrix}
$$

NumPy, Pandas, scikit-learn

601

Tips 344 行列の積を求める

▶Level ●●
これがポイントです！ **dot(行列, 行列)**

　行列の定数倍は、ある数を行列のすべての成分に掛けるので簡単でしたが、行列同士の掛け算（積）は、成分同士をまんべんなく掛け合わせなければならないので少々複雑です。

●**基本的な積の計算**
　積の計算の基本は、「行の順番の数と列の順番の数が同じ成分同士を掛けて足し上げる」ことです。1行目と1列目の成分、2行目と2列目の成分を掛けてその和を求める、という具合です。次の(1, 2)行列と(2, 1)行列の場合は、

$$(2\ 3)\begin{pmatrix}4\\5\end{pmatrix} = 2\times 4 + 3\times 5 = 23$$

となり、(1, 3)行列と(3, 1)行列の場合は、

$$(1\ 2\ 3)\begin{pmatrix}4\\5\\6\end{pmatrix} = 1\times 4 + 2\times 5 + 3\times 6 = 32$$

となります。
　次に、(1, 2)行列と(2, 2)行列の積です。この場合は、

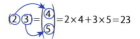

のように、右側の行列を列に分けて計算します。これは

$$(1\ 2)\begin{pmatrix}3\\5\end{pmatrix} と (1\ 2)\begin{pmatrix}4\\6\end{pmatrix} を計算して、結果を (13\ 16) と並べる$$

ということです。

11-1　NumPyライブラリを使う

次に(2, 2)行列と(2, 2)行列の積を計算してみましょう。次のように色枠で囲んだ成

分で掛け算するのがポイントです。

$$\begin{pmatrix} 1 & 2 \\ 3 & 4 \end{pmatrix}\begin{pmatrix} 5 & 6 \\ 7 & 8 \end{pmatrix} = \begin{pmatrix} 1\times5+2\times7 & 1\times6+2\times8 \\ 3\times5+4\times7 & 3\times6+4\times8 \end{pmatrix} = \begin{pmatrix} 19 & 22 \\ 43 & 50 \end{pmatrix}$$

この計算では、左側の行列は行に分け、右側の行列は列に分けて、行と列を組み合わせて掛け算します。分解すると、

$(1\ 2)\begin{pmatrix} 5 \\ 7 \end{pmatrix}$と$(1\ 2)\begin{pmatrix} 6 \\ 8 \end{pmatrix}$を計算して結果を横に並べたあと、

$(3\ 4)\begin{pmatrix} 5 \\ 7 \end{pmatrix}$と$(3\ 4)\begin{pmatrix} 6 \\ 8 \end{pmatrix}$を計算して結果をその下に並べる

ということをやって、(2, 2)行列のかたちにしています。

さらに、(2, 3)行列と(3, 2)行列の積を計算してみましょう。今度は、右側の(3, 2)行列の成分が文字式になっています。赤枠で囲んだ成分で掛け算するのは先ほどと同じですが、結果の成分が文字式になります。

$$\begin{pmatrix} 2 & 3 & 4 \\ 5 & 6 & 7 \end{pmatrix}\begin{pmatrix} a & d \\ b & e \\ c & f \end{pmatrix} = \begin{pmatrix} 2a+3b+4c & 2d+3e+4f \\ 5a+6b+7c & 5d+6e+7f \end{pmatrix}$$

(3, 3)行列と(3, 3)行列の積を見てみましょう。

$$\begin{pmatrix} 2 & 3 & 4 \\ 5 & 6 & 7 \\ 8 & 9 & 10 \end{pmatrix}\begin{pmatrix} a & d & g \\ b & e & h \\ c & f & i \end{pmatrix} = \begin{pmatrix} 2a+3b+4c & 2d+3e+4f & 2g+3h+4i \\ 5a+6b+7c & 5d+6e+7f & 5g+6h+7i \\ 8a+9b+10c & 8d+9e+10f & 8g+9h+10i \end{pmatrix}$$

このように、行列の積ABは、(n,m)行列と(m,l)行列の積です。左側の行列Aの列の数mと、右側の行列Bの行の数mとが等しく、mだというのがポイントです。また、(n,m)行列と(m,l)行列の積は(n,l)行列になるという法則があります。

あと、色枠で示したように、行列の積ABを求めるときは、Aのi行とBのj列を組み合わせて計算します。

603

11-1　NumPyライブラリを使う

迷いやすいのが、$(n, 1)$行列と$(1, m)$行列の積です。例えば、$(3, 1)$行列と$(1, 3)$行列の積は、

$$
\begin{array}{c}
② \\
③ \\
④
\end{array}
\begin{pmatrix} a & b & c \end{pmatrix}
\begin{pmatrix}
2a & 2b & 2c \\
3a & 3b & 3c \\
4a & 4b & 4c
\end{pmatrix}
$$

のようになります。行列の積では、左側の行列を行ごと、右側の行列を列ごとに分けるの

で、行成分と列成分がそれぞれ1個ずつの成分になります。

注意点として、行列の積ABにおいて左側の行列Aの列の数と右側の行列Bの行の数が違うときは、積ABを求めることができません。$(3, 2)$行列と$(3, 3)$行列の積は計算が不可能です。

●行列の積を求めてみる

NumPyの**dot()メソッド**は、引数に指定した行列同士の積を求めます。

▼行列同士の積を求める

```
In   import numpy as np
     a = np.array([[1, 2],    # 2×2の行列を作成
                   [3, 4]]
                   )
     b = np.array([[5, 6],    # 2×2の行列を作成
                   [7, 8]]
                   )
```

```
In   np.dot(a, b)             # 行列の積を求める
Out  array([[19, 22],
            [43, 50]])
```

Tips 345　ゼロ行列と単位行列の積の法則

▶Level ●●

これがポイントです！ ゼロ行列、対角行列、単位行列

行列の計算を行うときの重要な法則に「ゼロ行列と単位行列の積の法則」があります。

・ゼロ行列

すべての成分が0の行列を**ゼロ行列**と呼び、O(オー)の記号を使って表します。例えば、$(2, 3)$型のゼロ行列は次のようになります。

$$
O = \begin{pmatrix} 0 & 0 & 0 \\ 0 & 0 & 0 \end{pmatrix}
$$

・対角行列

数列は、行と列に加えて対角線で結ばれる成分も扱います。これを**対角成分**と呼びます。対角成分は、(行，列)で表した場合、$(1, 1)$、$(2, 2)$、$(3, 3)$のように行、列の数が等しい行列にのみ存在します。

604

11-1　NumPyライブラリを使う

例えば次の行列：

$$\begin{pmatrix} 2 & 1 & 6 \\ 4 & 7 & 5 \\ 5 & 2 & 9 \end{pmatrix}$$

の場合は、(1, 1)成分の2、(2, 2)成分の7、(3, 3)成分の9が対角成分です。

　行数と列数が同じ正方行列には、「対角成分以外がすべて0」というものがあります。次の2つの数列：

$$\begin{pmatrix} 3 & 0 \\ 0 & 5 \end{pmatrix} \quad \begin{pmatrix} 3 & 0 & 0 \\ 0 & 1 & 0 \\ 0 & 0 & 7 \end{pmatrix}$$

は、どちらも対角成分以外がすべて0です。このような数列を**対角行列**といいます。

・**単位行列**

　対角成分がすべて1である対角行列を特に**単位行列**と呼び、Eの記号を使って表します。(3, 3)型の場合は、

$$E = \begin{pmatrix} 1 & 0 & 0 \\ 0 & 1 & 0 \\ 0 & 0 & 1 \end{pmatrix}$$

のようになります。

●**ゼロ行列と単位行列の積の法則**

　さて、ゼロ行列Oと単位行列Eの積については、

$$AO=O$$
$$OA=O$$
$$AE=EA=A$$

という法則があります。Aは任意の行列です。ゼロ行列Oの積の法則は直感的にわかりますが、単位行列Eの積の法則については、本当に「$AE=EA=A$」となるのか確認してみましょう。任意の行列Aを

$$A = \begin{pmatrix} 2 & 3 & 4 \\ 5 & 6 & 7 \\ 8 & 9 & 1 \end{pmatrix}$$

とします。

$$AE = \begin{pmatrix} 2 & 3 & 4 \\ 5 & 6 & 7 \\ 8 & 9 & 1 \end{pmatrix}\begin{pmatrix} 1 & 0 & 0 \\ 0 & 1 & 0 \\ 0 & 0 & 1 \end{pmatrix}$$

$$= \begin{pmatrix} 2 \times 1 + 3 \times 0 + 4 \times 0 & 2 \times 0 + 3 \times 1 + 4 \times 0 & 2 \times 0 + 3 \times 0 + 4 \times 1 \\ 5 \times 1 + 6 \times 0 + 7 \times 0 & 5 \times 0 + 6 \times 1 + 7 \times 0 & 5 \times 0 + 6 \times 0 + 7 \times 1 \\ 8 \times 1 + 9 \times 0 + 1 \times 0 & 8 \times 0 + 9 \times 1 + 1 \times 0 & 8 \times 0 + 9 \times 0 + 1 \times 1 \end{pmatrix} = \begin{pmatrix} 2 & 3 & 4 \\ 5 & 6 & 7 \\ 8 & 9 & 1 \end{pmatrix} = A$$

　$AE=A$になりました。同じように$EA=A$も成り立ちます。aが実数のとき、0と1との積を計算すると、

11-1 NumPyライブラリを使う

$$a \cdot 0 = 0 \cdot a = 0 \quad a \cdot 1 = 1 \cdot a = a$$

の法則があります。これと先ほどのゼロ行列
Oと単位行列Eの積の法則を比べると、ゼロ
行列Oは実数の積における0、単位行列Eは
実数の積における1の役割を果たしている
ことがわかります。

● **プログラムで試してみる**

NumPyには、ゼロ行列を作成する
zeros()メソッド、単位行列を作成する
identity()メソッドが用意されています。こ
れらのメソッドを使って行列の積の法則を
確認してみます。

▼ゼロ行列と単位行列の積の法則

```
In   import numpy as np
     a = np.array([[2, 3, 4],              # 3×3の正方行列を作成
                   [5, 6, 7],
                   [8, 9, 1]])
     zero = np.zeros((3, 3))               # 3×3のゼロ行列
     unit = np.identity(3)                 # 3×3の単位行列
```

```
In   zero
Out  array([[ 0.,  0.,  0.],
            [ 0.,  0.,  0.],
            [ 0.,  0.,  0.]])
```

```
In   unit
Out  array([[ 1.,  0.,  0.],
            [ 0.,  1.,  0.],
            [ 0.,  0.,  1.]])
```

```
In   a*zero                               # AO = Oの法則
Out  array([[ 0.,  0.,  0.],
            [ 0.,  0.,  0.],
            [ 0.,  0.,  0.]])
```

```
In   np.dot(a, unit)                      # AE = EA = Aの法則
Out  array([[ 2.,   3.,   4.],
            [ 5.,   6.,   7.],
            [ 8.,   9.,   1.]])
```

606

11-1　NumPyライブラリを使う

Tips 346

行と列を入れ替えて転置行列を作る

▶Level ●●

これがポイントです！ transpose（行列）

行列の行と列を入れ替えたものを**転置行列**と呼びます。行列Aが

$$A = \begin{pmatrix} 1 & 2 & 3 \\ 4 & 5 & 6 \end{pmatrix}$$

のとき、転置行列^tAは

$$^tA = \begin{pmatrix} 1 & 4 \\ 2 & 5 \\ 3 & 6 \end{pmatrix}$$

となります。転置行列はtの記号を使って^tAのように表します。

● **転置行列の演算に関する法則**

転置行列には、次のような法則があります。重回帰分析の計算のときにも出てくるので、チェックしておきましょう。

▼転置行列の演算に関する法則

$$^t(^tA) = A$$
$$^t(A+B) = {}^tA + {}^tB$$
$$^t(AB) = {}^tB{}^tA$$

3つ目の法則は、行列の積の転置は転置行列の積になることを示していますが、積の順番が入れ替わることに注意が必要です。なお、A、Bは正方行列でなくても、和や積が計算できるのであれば、これらの法則が成り立ちます。

● **transpose() で転置行列を求める**

NumPyのtranspose()メソッドで転置行列を求めることができます。

▼転置行列を求める

```
In   import numpy as np
     a = np.array([[1, 2, 3],      # 2×3の行列を作成
                   [4, 5, 6]])
```

```
In   np.transpose(a)              # 転置行列を求める
Out  array([[1, 4],
            [2, 5],
            [3, 6]])
```

NumPy、Pandas、scikit-learn

607

11-1　NumPyライブラリを使う

Tips 347　逆行列を求める

▶Level ●●

これがポイントです！ linalg.inv（行列）

　行列は足し算、引き算、掛け算は可能ですが、割り算は定義されていません。しかし、行列での割り算は可能です。実数の場合、1に3を掛けると3になります。これを元の1に戻したいときは「3で割る」のですが、$\frac{1}{3}$を掛けることでも元の1にすることもできます。この場合、「3で割る」ではなく「$\frac{1}{3}$を掛ける」という考え方をします。

　割り算の代わりに逆数を掛けることで、割り算と同様の結果を求めることができるのです。逆数とは、その数に掛けると1になる数で、3の逆数は$\frac{1}{3}$、$\frac{a}{b}$の逆数は$\frac{b}{a}$です。

　実数の1に相当する行列は単位行列です。2列2行の2次行列の場合は、

$$\begin{pmatrix} 1 & 0 \\ 0 & 1 \end{pmatrix}$$

が相当します。で、ある2次行列をこのかたちに戻したい場合、実数のときと同じように「逆数を掛ける」に近い考え方をします。そこで、行列に逆数を掛ける手段として使うのが**逆行列**です。

●逆行列を作ってみる

　逆行列は、次のように定義されます。

・**逆行列の定義**

　正方行列Aに対して、

$$AB=E \quad BA=E$$

を満たすような行列Bが存在するとき、BをAの「逆行列」といい、

$$A^{-1}$$

と表します。

　逆行列の定義中のEは、対角成分がすべて1、それ以外は0の正方行列（列と行の数が同じ行列）である「単位行列」です。

・**2次行列の逆行列を求める式**

　2次行列（行と列の数が2の行列）である$A=\begin{pmatrix} a & b \\ c & d \end{pmatrix}$の逆行列$A^{-1}$は、

$$A^{-1} = \frac{1}{ad-bc}\begin{pmatrix} d & -b \\ -c & a \end{pmatrix}$$

で表されます。

11-1　NumPyライブラリを使う

逆行列の例を見てみましょう。例えば、

$$A=\begin{pmatrix}1 & 2\\3 & 4\end{pmatrix} の逆行列とは、\begin{pmatrix}1 & 2\\3 & 4\end{pmatrix}と掛け算をすると\begin{pmatrix}1 & 0\\0 & 1\end{pmatrix}になる2次行列A^{-1}$$

のことなので、Aの逆行列は

$$A^{-1}=\frac{1}{ad-bc}\begin{pmatrix}d & -b\\-c & a\end{pmatrix}=\frac{1}{1\times4-2\times3}\begin{pmatrix}4 & -2\\-3 & 1\end{pmatrix}=-\frac{1}{2}\begin{pmatrix}4 & -2\\-3 & 1\end{pmatrix}=\begin{pmatrix}-2 & 1\\1.5 & -0.5\end{pmatrix}$$

です。実際に逆行列の定義式$AB=E$、$BA=E$となるのか確かめてみましょう。Bは逆行列のことなのでA^{-1}と置くと、

$$AA^{-1}=\begin{pmatrix}1 & 2\\3 & 4\end{pmatrix}\begin{pmatrix}-2 & 1\\1.5 & -0.5\end{pmatrix}=\begin{pmatrix}1\times(-2)+2\times1.5 & 1\times1+2\times(-0.5)\\3\times(-2)+4\times1.5 & 3\times1+4\times(-0.5)\end{pmatrix}=\begin{pmatrix}1 & 0\\0 & 1\end{pmatrix}=E$$

となり、確かにA^{-1}は逆行列です。掛け算には交換法則が成り立つので、$A^{-1}A$として左右を入れ替えても単位行列のEになります。

　このように、「逆行列を掛ける」ということは、「実数に逆数を掛けて1の状態に戻す」ことに相当します。つまり、「1×3=3」を元の1に戻すために掛けた数である3で「割り算」するのと同じことを、逆行列によって実現できました。

● 逆行列の行列式とその法則

　逆行列A^{-1}の成分の分母の式、つまり

$$A^{-1}=\frac{1}{ad-bc}\begin{pmatrix}d & -b\\-c & a\end{pmatrix} の「ad-bc」$$

を2次行列Aの「行列式」といい、$|A|$または$detA$で表します。

11-1 NumPyライブラリを使う

$$A = \begin{pmatrix} a & b \\ c & d \end{pmatrix}$$

のとき、行列式は、

$$|A| = \begin{vmatrix} a & b \\ c & d \end{vmatrix} = ad - bc$$

です。
　行列式については、次の法則が成り立ちます。

▼行列式についての法則

　　$|A| \neq 0$ のとき、Aの逆行列A^{-1}が存在する。
　　$|A| = 0$ のとき、Aの逆行列A^{-1}は存在しない。
　　$|AB| = |A||B|$ ──── 積の行列式は行列式の積
　　$|{}^t A| = |A|$ ──── 転置行列と元の行列の行列式は等しい
　　$|E| = 1, |O| = 0$

●プログラムで逆行列を求める
　NumPyの**linalg.inv()**メソッドで逆行列を求めることができます。

▼逆行列を求める

```
In  import numpy as np
    a = np.array([[1, 2],    # 2×2の行列を作成
                  [3, 4]])
    inv = np.linalg.inv(a)   # 逆行列を求める
    print(inv)
Out [[-2.   1. ]
     [ 1.5 -0.5]]
```

```
In  np.set_printoptions(suppress=True)  # 指数表記を禁止する
    np.dot(a, inv)  # AB=E、BA=Eとなるのか確かめる
Out array([[1., 0.],
           [0., 1.]])
```

11-2 Pandasライブラリ

Tips
348
データフレームを作成する

▶Level ●●

これがポイントです！ Pandasの DataFrame() メソッド

Pandas（パンダス）は、NumPyを拡張して、さらに直感的な操作でデータを扱えるようにしたライブラリ（外部モジュール）です。

● Pandasのインストール (VSCode)
VSCodeの場合は、次の手順でインストールします。

❶ Notebookを作成し、仮想環境のPythonインタープリターを選択します。
❷ **ターミナル**メニューの**新しいターミナル**を選択します。
❸ 仮想環境に関連付けられた**ターミナル**が起動するので、
　pip install pandas
　と入力して**Enter**キーを押します。

● Pandasのインストール (Anaconda)
Anacondeの場合は、次の手順でインストールします。

❶ Anaconda Navigatorの**Environments**タブをクリックして、仮想環境名を選択します。
❷ **Not Installed**を選択して、検索欄に

「pandas」と入力します。
❸ **pandas**のチェックボックスをチェックし、**Apply**ボタンをクリックします。
❹ **Install Packages**ダイアログが表示されるので、**Apply**ボタンをクリックします。

● Pandasのデータフレーム
Pandasには表形式でデータを管理できる**データフレーム**の機能が備わっています。データフレームは行列と同じようにタテ・ヨコにデータが並ぶ構造をしていますが、数値だけでなく文字列などの任意のデータが扱えます。また、行列のように「数値の並び」を表すのではなく、行と列で構成されたデータ構造を表します。Excelの集計表やデータベースのテーブルのような構造です。

● データフレームを作成する
データフレームは、DataFrame()メソッドで作成します。

・ DataFrame() メソッド
列データを辞書で設定し、複数の列で構成されるデータフレームを作成します。

| 書式 | ```
pandas.DataFrame(
                { '列名1' : [値1, 値2, ...],
                  '列名2' : [値1, 値2, ...],
                  '列名3' : [値1, 値2, ...] },
                index = ['行名1', 行名2, 行名3, ...]
                )
``` |
|---|---|
```

11-2　Pandasライブラリ

データフレームのデータは、Pythonの辞書を使って設定します。辞書データはそのまま各列のデータになります。次に示すのは、3列×5行のデータフレームの作成例です。

▼3列×5行のデータフレームを作成する

```
In   import pandas as pd
     df = pd.DataFrame(
                 {'A': [10, 20, 30, 40, 50],                        # 列Aとその値
                  'B': [0.8, 1.6, 2.4, 4.3, 7.6],                   # 列Bとその値
                  'C': [-1, -2.6, -3.5, -4.3, -5.1] },              # 列Cとその値
                  index = ['row1', 'row2', 'row3', 'row4', 'row5'] # 行名を設定
     )
     df
Out         A     B     C
     row1  10   0.8   -1.0
     row2  20   1.6   -2.6
     row3  30   2.4   -3.5
     row4  40   4.3   -4.3
     row5  50   7.6   -5.1
```

Tips 349 データフレームの列を取得する

▶Level ●●

これがポイントです！ データフレーム ['列名']

データフレームの列の取り出しは、

データフレーム ['列名']

で行います。複数の列を同時に取り出すには、

データフレーム [['列名1', '列名2', '列名3', ...]]

のようにブラケットの中身を列名のリストにします。

612

11-2 Pandasライブラリ

▼データフレームの列の取得

```
In   df
```
```
Out        A    B     C
     row1  10   0.8  -1.0
     row2  20   1.6  -2.6
     row3  30   2.4  -3.5
     row4  40   4.3  -4.3
     row5  50   7.6  -5.1
```

```
In   df['Bdf['A']                # 列Aを取得
```
```
Out  row1    10
     row2    20
     row3    30
     row4    40
     row5    50
     Name: A, dtype: int64
```

```
In   df['B']                     # 列Bを取得
```
```
Out  row1  0.8
     row2  1.6
     row3  2.4
     row4  4.3
     row5  7.6
     Name: B, dtype: float64
```

```
In   df['C']                     # 列Cを取得
```
```
Out  row1  -1.0
     row2  -2.6
     row3  -3.5
     row4  -4.3
     row5  -5.1
     Name: C, dtype: float64
```

```
In   df[['A', 'C']]              # A列、B列を取得
```
```
Out  row1    10    -1.0
     row2    20    -2.6
     row3    30    -3.5
     row4    40    -4.3
     row5    50    -5.1
```

11-2　Pandasライブラリ

Tips
350
データフレームから
行を抽出する

▶Level ●●

これが
ポイント
です！
データフレーム[
開始インデックス : 終了インデックス]

データフレームから特定の区間の行を抽出するには、

書式　データフレーム[開始行インデックス : 終了行の1つあとのインデックス]

のように、開始位置と終了位置を示すインデックスを指定します。インデックスは0からカウントされます。終了位置を示すインデックスは、終了行ではなくその1つあとの行を指定する必要があるので要注意です。

・インデックスを指定してデータフレームの行をスライスする

▼データフレームの行の取得

```
In   df
```
```
Out        A     B     C
     row1  10   0.8  -1.0
     row2  20   1.6  -2.6
     row3  30   2.4  -3.5
     row4  40   4.3  -4.3
     row5  50   7.6  -5.1
```

```
In   df[1 : 4]                  # 2行目から4行目まで（インデックス　1～3）を抽出
```
```
Out        A     B     C
     row2  20   1.6  -2.6
     row3  30   2.4  -3.5
     row4  40   4.3  -4.3
```

```
In   df[: 2]                    # 先頭の行から2行目まで（インデックス　0～1）を抽出
```
```
Out        A     B     C
     row1  10   0.8  -1.0
     row2  20   1.6  -2.6
```

●行名で抽出する

「index =」でインデックスに行名を設定た場合は、直接、インデックスを指定して抽出できます。

11-2 Pandasライブラリ

▼行名で抽出する

```
In   df['row1' : 'row3']          # row1からrow3までを抽出
Out        A     B     C
     row1  10   0.8  -1.0
     row2  20   1.6  -2.6
     row3  30   2.4  -3.5
```

Tips 351 データフレームに行を追加する

▶Level ●●

これがポイントです！ データフレーム.append(データフレーム)

データフレームに行データを追加する場合は、追加する行をデータフレームとして作成し、**pandas.contact()メソッド**で追加します。

行データの追加ですので、追加するデータフレームの列名を同じにしておく必要があります。列名が異なると新規の列として追加されるので注意してください。

書式 pands.concat([データフレーム, 追加するデータフレーム])

●行データの追加

ここではindexオプションで行名を設定します

しますが、設定を省略した場合は0から始まるインデックスが行名として設定されます。

▼データフレームに行データを追加する

```
In   import pandas as pd
     df1 = pd.DataFrame(
         {
         'A': [10, 20, 30, 40, 50],         # 列Aとその値
         'B': [0.8, 1.6, 2.4, 4.3, 7.6],    # 列Bとその値
         'C': [-1, -2.6, -3.5, -4.3, -5.1] }, # 列Cとその値
         index = ['row1', 'row2', 'row3', 'row4', 'row5']) # 行名を設定

     df2 = pd.DataFrame(
         {
         'A': [60, 70, 80, 90, 100],          # 列Aとその値
         'B': [10.2, 11.6, 12.4, 14.3, 17.6], # 列Bとその値
         'C': [-6, -12.6, -13.5, -14.3, -15.1] }, # 列Cとその値
         index = ['row6', 'row7', 'row8', 'row9', 'row10']) # 行名を設定
```

11-2 Pandasライブラリ

▼df1にdf2を追加する

```
In   pd.concat([df1, df2])
Out  A        B      C
     row1    10    0.8    -1.0
     row2    20    1.6    -2.6
     row3    30    2.4    -3.5
     row4    40    4.3    -4.3
     row5    50    7.6    -5.1
     row6    60    10.2   -6.0
     row7    70    11.6   -12.6
     row8    80    12.4   -13.5
     row9    90    14.3   -14.3
     row10   100   17.6   -15.1
```

データフレームを作成する際に「indes=」で行インデックス（行名）を設定していないときは、0から始まるインデックスが割り当てられます。この場合、追加するデータフレームの行インデックスが連続するように

して追加するには、concat()の引数に

```
ignore_index=True
```

を指定します。

▼行名を省略したデータフレームを作成

```
df1 = pd.DataFrame(
        {
            'A': [10, 20, 30, 40, 50],              # 列Aとその値
            'B': [0.8, 1.6, 2.4, 4.3, 7.6],         # 列Bとその値
            'C': [-1, -2.6, -3.5, -4.3, -5.1] },)   # 列Cとその値
df2 = pd.DataFrame(
        {
            'A': [60, 70, 80, 90, 100],             # 列Aとその値
            'B': [10.2, 11.6, 12.4, 14.3, 17.6],    # 列Bとその値
            'C': [-6, -12.6, -13.5, -14.3, -15.1] },) # 列Cとその値
```

▼行インデックスが連続するようにして行データを追加する

```
In   pd.concat([df1, df2],ignore_index=True)   # 行インデックスを連続させる
Out          A      B      C
     0      10    0.8    -1.0
     1      20    1.6    -2.6
     2      30    2.4    -3.5
     3      40    4.3    -4.3
     4      50    7.6    -5.1
     5      60    10.2   -6.0
     6      70    11.6   -12.6
     7      80    12.4   -13.5
     8      90    14.3   -14.3
     9      100   17.6   -15.1
```

616

11-2 Pandasライブラリ

Tips 352

データフレームに列を追加する

これがポイントです! データフレーム['列名'] = 列データ

▶Level ●●

データフレームへの列の追加は、次のように行います。

・列データの追加

書式 データフレーム['列名'] = [データ, データ, ...]

▼列データの追加

```
In   import pandas as pd
     df = pd.DataFrame(
             {'A': [10, 20, 30, 40, 50],        # 列Aとその値
              'B': [0.8, 1.6, 2.4, 4.3, 7.6],   # 列Bとその値
              'C': [-1, -2.6, -3.5, -4.3, -5.1] },  # 列Cとその値
              index = ['r1', 'r2', 'r3', 'r4', 'r5']  # 行名を設定
     )
     df['D'] = [1, 2, 3, 4, 5]
     df
Out       A    B     C    D
     r1   10   0.8  -1.0  1
     r2   20   1.6  -2.6  2
     r3   30   2.4  -3.5  3
     r4   40   4.3  -4.3  4
     r5   50   7.6  -5.1  5
```

Tips 353

CSVファイルをデータフレームに読み込む

これがポイントです! read_csv()

▶Level ●●

Pandasには、表形式のデータをDataFrameオブジェクトとして読み込むための関数が用意されています。

NumPy, Pandas, scikit-learn

11-2　Pandasライブラリ

▼カンマ区切りのCSVファイル、タブ区切りのテキストファイルを読み込む関数

関数	説明
read_csv()	カンマ区切りのファイルを読み込む。
read_table()	タブ区切りのファイルを読み込む。

　read_csv()とread_table()は、データの区切り文字が異なるだけで、内部では同じ処理を使っています。そのため、パフォーマンスに差はなく、引数の指定方法も同じです。

▼read_csv()とread_table()の主なオプション（名前付き引数）

```
pandas.read_csv(filepath_or_buffer,
                sep=',',
                delimiter=None,
                header='infer',
                names=None,
                index_col=None,
                dtype=None,
                skiprows=None,
                skipfooter=None,
                nrows=None,
                quotechar='"',
                escapechar=None,
                comment=None,
                encoding=None)
```

▼read_csv()とread_table()の主なオプション

オプション	説明
filepath_or_buffer	読み込み元のファイルのパス、またはURLを指定。
sep	区切り文字。read_csvはデフォルトで','、read_tableはデフォルトで'\t'。
delimiter	sep の代わりに delimiter 引数でも区切り文字を指定可能（デフォルトはNone）。
header	ヘッダー行の行数を整数で指定。デフォルトは'infer'（自動的に推定）。
names	ヘッダー行をリストで指定。デフォルトはNone。
index_col	行のインデックスに用いる列番号。デフォルトはNone。
dtype	各列のデータ型。デフォルトはNone。例：{'a': np.float64, 'b': np.int32}
skiprows	先頭から読み込みをスキップする行数。デフォルトはNone。
skipfooter	末尾から読み込みをスキップする行数。デフォルトはNone。
nrows	読み込む行数。デフォルトはNone。
quotechar	ダブルクォートなどでクォートされている場合のクォート文字（デフォルトは' " '）。
escapechar	エスケープされている場合のエスケープ文字。デフォルトはNone。
comment	コメント行の行頭文字を指定。指定した文字で始まる行は無視される。デフォルトはNone。
encoding	文字コード。'utf−8'、'cp932'、'shift_jis'、'euc_jp'などを指定。デフォルトはNone。

618

11-2　Pandasライブラリ

　30日間の毎日の最高気温および各日の清涼飲料の売上数がまとめられた次のCSV ファイルを、データフレームに読み込んでみます。

▼data.csv（エンコード方式をUTF-8で保存）

```
最高気温,清涼飲料売上数
26,84
25,61
26,85
24,63
25,71
24,81
26,98
26,101
25,93
27,118
27,114
26,124
28,156
28,188
27,184
```

```
28,213
29,241
29,233
29,207
31,267
31,332
29,266
32,334
33,346
34,359
33,361
34,372
35,368
32,378
34,394
```

▼ CSVファイルをデータフレームに読み込む

```
In   import pandas as pd
     # data.csvをエンコード方式utf-8で読み込む
     df = pd.read_csv('data.csv', encoding='utf-8')
     # データフレームを出力
     print(df)
```

▼出力結果

Out	最高気温	清涼飲料売上数
0	26	84
1	25	61
2	26	85
3	24	63
4	25	71
5	24	81
6	26	98
7	26	101
8	25	93
9	27	118
10	27	114
11	26	124
12	28	156
13	28	188
14	27	184

15	28	213
16	29	241
17	29	233
18	29	207
19	31	267
20	31	332
21	29	266
22	32	334
23	33	346
24	34	359
25	33	361
26	34	372
27	35	368
28	32	378
29	34	394

619

11-2 Pandasライブラリ

Tips 354 基本統計量を求める

▶Level ●●

これがポイントです!

平均：mean()、中央値：median()、分散：var()、標準偏差：std()

Pandasには、統計の基礎データとなる基本統計量を求めるメソッドがひととおり用意されていて、データフレームに対して実行することができます。CSVファイル「data.csv」をデータフレームに読み込んで、基本統計量を求めてみることにします。

▼PandasのインポートとCSVファイルの読み込み

```
In   import pandas as pd
     df = pd.read_csv('data.csv', encoding='utf-8')
```

●平均を求める

データフレームの各列の平均値は、mean()メソッドで求めます。

▼各列の平均を求める

```
df.mean()
```

▼実行結果

```
最高気温        28.766667
清涼飲料売上数   209.733333
dtype: float64
```

メソッドの戻り値はpandas.Seriesクラスのオブジェクトに格納されています。個々の結果を取り出すには、ブラケットを使って対象の列名を指定します。

▼特定の列の結果のみを参照する

```
In   m = df.mean()
     m['最高気温']
```

▼実行結果

```
Out  28.766666666666666
```

●中央値を求める

median()メソッドは、中央値を返します。

▼中央値を求める

```
In   df.median()
```

▼実行結果

```
Out  最高気温        28.0
     清涼飲料売上数   197.5
     dtype: float64
```

●分散を求める

var()メソッドは分散を返します。デフォルトで返されるのは不偏分散です。

▼不偏分散を求める

```
In   df.var()
```

▼実行結果

```
Out  最高気温           11.219540
     清涼飲料売上数   13568.133333
     dtype: float64
```

不偏推定量を用いない分散を求める場合は、ddof=0を指定します。

620

▼不偏推定量を用いない分散を求める

```
In   df.var(ddof=0)
```

▼実行結果

```
Out   最高気温            10.845556
      清涼飲料売上数      13115.862222
      dtype: float64
```

●標準偏差を求める

std()メソッドは標準偏差を返します。デフォルトで返されるのは不偏分散から求めた不偏標準偏差です。

▼不偏標準偏差を求める

```
In   df.std()
```

▼実行結果

```
Out   最高気温              3.349558
      清涼飲料売上数        116.482331
      dtype: float64
```

不偏推定量を用いない標準偏差を求める場合は、ddof=0を指定します。

▼不偏推定量を用いない標準偏差を求める

```
In   df.std(ddof=0)
```

▼実行結果

```
Out   最高気温              3.293259
      清涼飲料売上数        114.524505
      dtype: float64
```

基本統計量を一括で求める

Pandasの describe() メソッドは、次の基本統計量を求めます。

・データの個数
・平均値
・最大値と最小値
・標準偏差
・第1四分位数（25%）
・第2四分位数（50%）
・第3四分位数（75%）

データを値の大きさの順に並べて4等分したとき、区切りの位置にある値が四分位数です。

第1四分位数は4等分した最下位の区切りの値、第2四分位数はその次の区切りの値になります。第3四分位数は最上位の区切りの値を示します。

▼PandasのインポートとCSVファイルの読み込み

```
In  import pandas as pd
    df = pd.read_csv('data.csv', encoding='utf-8')
```

▼基本統計量を求める

```
In  df.describe()
```

▼実行結果

```
Out          最高気温      清涼飲料売上数
    count   30.000000    30.000000
    mean    28.766667   209.733333
    std      3.349558   116.482331
    min     24.000000    61.000000
    25%     26.000000    98.750000
    50%     28.000000   197.500000
    75%     31.750000   333.500000
    max     35.000000   394.000000
```

11-3 相関分析

Tips
356

▶Level ● ● ●

これが
ポイント
です！

グラフを描いて
データ間の関連性を知る

散布図による相関関係の確認

　世の中には「新聞広告をすると売上が伸びる」、「今年の夏は暑いのでアイスクリームがよく売れる」のように、それぞれがまったく別の事象でありながら、実は密接に結び付けられているデータが多く存在します。

　2つのデータの関連性を統計的に解析し、それを数値化するのが「相関分析」です。相関分析を行えば、2つのデータの結び付きの強さを示す「相関係数」がわかります。相関係数を見れば、係数という客観的な数値で関係の強さがわかります。

●単回帰式と「正の相関」「負の相関」「相関なし」の関係

　相関関係とは、2つのデータの間に何らかの法則がある関係のことです。「1つのデータが増えると、もう1つのデータも増える」、「1つのデータが増えると、もう1つのデータは減る」といった場合、2つのデータは相関関係にあることになります。

　このような相関関係が見られる場合、両者は比例関係にあると推定されます。比例関係は、データyとデータxにおいて、

▼単回帰式

$y=ax+b$

という1次式で表し、この式を「単回帰式」と呼びます。yが「目的変数」でxが「説明変数」です。bが「切片」(xが0のときのyの値)、aは直線の傾きを表す「説明変数xの係

数」です。aの値がプラスのときは「xが増えるとyも増える」関係、aの値がマイナスのときは「xが増えるとyは減る」関係にあります。前者を**正の相関**と呼び、後者を**負の相関**と呼びます。

　さらに正の相関にも負の相関にも該当しない場合もあるので、相関関係には正の相関、負の相関、**相関なし**（無相関）の3つのパターンがあることになります。

●相関係数とは

　相関分析では、相関の強さと、正の相関（プラス）なのか負の相関（マイナス）なのかを、−1から+1の範囲の値で表します。これが「相関係数」です。

・相関係数が0〜1の範囲

　正の相関となり、2つのデータが増減する方向は同じです。値が1に近いほど相関が強いことを示し、+1で完全な比例関係になります。

・相関係数が0の場合

　まったく相関がないことになります。

・相関係数が−1〜0の範囲

　負の相関となり、2つのデータが増減する方向が逆になります。相関係数の値が−1に近いほど、負の相関が強いことになります。

NumPy, Pandas, scikit-learn

11-3 相関分析

▼相関係数

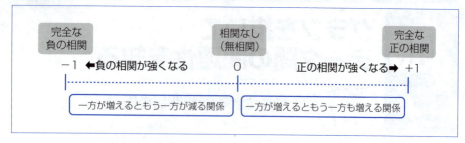

●散布図で相関関係を見る

2つのデータの相関関係は、**散布図**を使って視覚的に表すことができます。散布図を作成するときに注意する点として、2つのデータの間に因果関係が存在する場合は、「原因となるような項目」を横軸に、「結果となるような項目」を縦軸にします。原因につられて（グラフの右へ移動するに従って）結果としてのもう1つのデータがどのように変化するのか、その度合いがわかりやすくなるためです。

ここでは、夏の期間の毎日の気温と清涼飲料水の売上データの散布図を見てみましょう。まず、グラフ描画ライブラリのMatplotlibをインストールします。

●Matplotlibのインストール (VSCode)

VSCodeの場合は、**ターミナル**でpipコマンドを使ってインストールします。

❶プログラムを保存するフォルダー内にNotebookを作成し、仮想環境のPythonのインタープリターを選択しておきます。

❷ターミナルメニューの**新しいターミナル**を選択して、仮想環境に関連付けられた状態の**ターミナル**を起動します。

❸**ターミナル**が起動したら、
pip install matplotlib
と入力して**Enter**キーを押します。

●Matplotlibのインストール (Anaconda)

Anacondaでは、Anaconda Navigatorを使ってインストールします。

❶Anaconda Navigatorの**Environments**タブをクリックします。
❷仮想環境を選択します。
❸**Not Installed**を選択し、「matplotlib」と入力します。
❹検索結果の一覧で、「matplotlib」のチェックボックスをクリックし、**Apply**ボタンをクリックします。
❺**Install Packages**ダイアログが表示されるので、**Apply**ボタンをクリックします。

▼「清涼飲料水売上.csv」をデータフレームに読み込んで出力

```
In   import pandas as pd
     from matplotlib import pyplot as plt

     # CSVファイルの読み込み
     df = pd.read_csv('清涼飲料水売上.csv', encoding='utf-8')
```

11-3 相関分析

```
plt.plot(df['最高気温'],        # x軸は気温
         df['清涼飲料売上数'],    # y軸は売上数
         'o'                    # ドットをプロット
         )
plt.xlabel('temperature')      # x軸ラベル
plt.ylabel('sales')            # y軸ラベル
```

▼作成された散布図

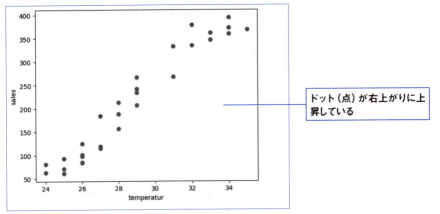

ドット（点）が右上がりに上昇している

- **plot()メソッド**

散布図を描きます。第1引数にヨコ軸（x）に割り当てるデータ、第2引数にタテ軸（y）に割り当てるデータを指定すると、xとyが交わるポイントにプロット（点）を描画していきます。なお、2列で構成されるデータフレームを引数にすると、1列目をx、2列目をyのデータとしてプロットします。

なお、第3引数にはプロットの種類など散布図のフォーマットを指定できます。'o'は丸いドットでプロットする指定です。

> **書式** plot(x軸に割り当てるデータ, y軸に割り当てるデータ [, フォーマット])

気温が高い日ほど売上数が増えています。散布図では、気温（x軸）とその日の清涼飲料水の売上数（y軸）が交差する部分にプロットされています。このように「右肩上がり」に点が並んだ場合は、「一方の値が増えると、もう一方の値も増える」関係になります。これは正の相関です。

これとは逆に「右肩下がり」に点が並んだ場合は、「一方の値が増えると、もう一方の値は減る」関係になります。これは負の相関です。さらに、点がバラバラに分布した場合は「2つのデータに目立った関係はない」ことになり、相関なし（無相関）となります。

11-3 相関分析

Tips 357 2つのデータの関係の強さを表す値を求める

▶Level ●●●

これがポイントです！ 相関係数の計算

　相関関係の強さを数値で表したのが**相関係数**（r）です。rは英語のcorrelationのことを示します。相関係数は、常に−1から1までの値をとります。

▼相関係数r

　　$-1 \leq r \leq 1$

　相関係数の符号が正（＋）のときは正の相関関係があることになり、負（−）のときは負の相関関係があります。
　一方、相関関係の強さは、相関係数の絶対値$|r|$で評価します。この値がどれくらいならば「相関あり」といえるのか、明確な基準はないものの、一般的に次表を目安にして相関の強弱を判断します。

▼相関の強弱の目安

相関係数（絶対値）	相関の強さ
〜0.3未満（$|r|$ <0.3）	ほとんど相関なし
0.3〜0.5未満（0.3≦ $|r|$ <0.5）	弱い相関がある
0.5〜0.7未満（0.5≦ $|r|$ <0.7）	相関がある
0.7以上（0.7≦ $|r|$）	強い相関がある

　相関係数（r）を求める式は、かなり複雑な構造をしています。

・**相関係数（r）を求める式**
　xとyそれぞれの標本標準偏差をu_x、u_yとし、xとyの共分散をu_{xy}とすると、相関係数rは、

$$r = \frac{x と y の共分散（u_{xy}）}{x の標本標準偏差（u_x） \times y の標本標準偏差（u_y）} = \frac{u_{xy}}{u_x \cdot u_y}$$

となります。またはxとyの偏差積和をs_{xy}、xの偏差平方和をs_{xx}、yの偏差平方和をs_{yy}とすると、

11-3 相関分析

$$r = \frac{x と y の偏差積和〔s_{xy}〕}{\sqrt{x の偏差平方和〔s_{xx}〕} \times \sqrt{y の偏差平方和〔s_{yy}〕}} = \frac{s_{xy}}{s_x \cdot s_y}$$

となります。

Numpyには、相関係数を求めるcorrcoef()関数があります。

• corrcoef()関数

相関係数を求めます。最も一般的なピアソンの積率相関係数です。

書式	corrcoef(データ1, データ2)

「清涼飲料水売上.csv」をデータフレームに読み込んで、気温と清涼飲料水の売上数の相関係数を求めてみます。

▼データの読み込み

```
In   import pandas as pd
     import numpy as np

     # CSVファイルの読み込み
     df = pd.read_csv('清涼飲料水売上.csv', encoding='utf-8')
     # 1列目のデータを取得
     x  = df['最高気温']
     # 2列目のデータを取得
     y  = df['清涼飲料売上数']
```

▼気温と清涼飲料水の売上数の相関係数を求める

```
In   np.corrcoef(x, y)
```

```
Out  array([[ 1.        ,  0.97024837],
            [ 0.97024837,  1.        ]])
```

相関係数は「0.97024837」と表示されました。「相関の強弱の目安」の表では0.7以上あれば強い相関があることになるので、気温と販売数の関係には十分に強い相関関係があることがわかりました。

11-4 scikit-learn

Tips 358 線形単回帰分析とは

▶Level ●●●

これがポイントです！ **回帰式** *y=ax+b*

「清涼飲料水売上.csv」には、夏の日の30日間にわたる気温と清涼飲料水の売上数がまとめられています。前回のTipsで気温と売上数には強い相関関係が見られたので、ここでは「気温が1度上昇すると、売上がどのくらい増えるのか」を線形回帰分析で明らかにしましょう。

●回帰式における回帰係数と定数項を求める

相関関係のある2つのデータを用いてデータの傾向をつかむには、2つのデータの散布図に描かれたプロットの中心を通るような直線を引きます。

▼散布図に直線を引く

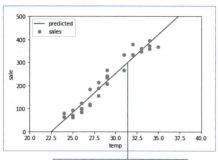

プロットの中心を通る直線を引くことで、データの傾向を知る

このような直線のことを**回帰直線**と呼び、回帰直線でモデル化する分析を**線形回帰分析**と呼びます。線形回帰分析を行うための回帰直線は、

・2つのデータの平均値が交差する部分を通る
・各点とのズレが最小となる位置を通る

ことが必要です。1つ目の条件は特に難しいことはないのですが、2つ目の条件を満たすにあたって単回帰式が使われます。

・単回帰式

　　$y=ax+b$

xは「説明変数」、yは「目的変数」です。気温と清涼飲料水の売上数の関係では、気温がx、清涼飲料水の売上数がyになります。bは「切片」で、xが0のときのyの値です。aは「回帰係数」と呼ばれ、直線の傾きを表します。この1次式を満たす(x, y)が表す点は、座標平面上で直線上にあるとされます。ですが、これはあくまで「理想」であって、実際には次図のように、黒点が直線の上に並ぶことはない場合がほとんどです。

▼回帰直線とのズレ

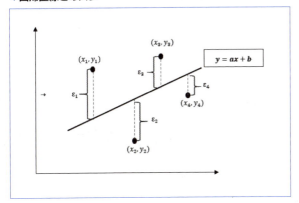

シンプルに黒点を4個だけにしましたが、バラバラに散らばっているので、どれも直線から外れてしまっています。なお、ズレの量であるεをy軸の方向にとってありますが、これはx_iに対するy_iのバラツキを対象にしたいからです。

この、直線とのズレであるε_iを「残差」といいます。残差ε_iについて、

$$\varepsilon_1 + \varepsilon_2 + \varepsilon_3 + \cdots$$

のようにε_iを合計した値が最小になるようにすればよさそうですが、これでは上方向(プラス)の残差と下方向(マイナス)の残差との間で打ち消し合いが起こってしまいます。そこで、

$$\varepsilon_1^2 + \varepsilon_2^2 + \varepsilon_3^2 + \cdots + \varepsilon_n^2$$

のように、それぞれの残差を2乗したε_i^2の合計を最小にすることを考えます。つまり、

$$y=ax+b$$

の式において残差ε_i^2の合計が最小になるaとbを、数学の「最小二乗法」で求めます。

yを予測値としてyの上に^(ハット)を付けて

$$\hat{y}=ax+b$$

とした場合、実測値yと予測値$\hat{y}$との違いをεとすると、

$$\varepsilon=\hat{y}-y$$

となり、このεは単回帰式から得られる目的変数yの予測値と実測値とのズレ(誤差)と考えられます。この誤差εを「残差」と呼びます。データのi番目の個体について、目的変数yの実測値y_iと単回帰式から得られる予測値$\hat{y}$との残差をε_iとすると、

$$\varepsilon_i = y_i - \hat{y} = y_i - (ax_i+b)$$

> **さらにワンポイント**
> εは「イプシロン」と呼ばれるギリシャ文字で、ローマ字のeに相当します。Errorの頭文字に相当するので、誤差を表す記号としてよく使われます。

となります。そうすると、次のように計算すれば残差の和（総量）がわかります。

$$\varepsilon_1 + \varepsilon_2 + \cdots + \varepsilon_n$$

しかし、先ほども述べたように、これではプラスの誤差とマイナスの誤差が打ち消し合ってしまい、0になるので、そうならないように残差を2乗した和（残差平方和）を求めます。

$$残差平方和 = \varepsilon_1^2 + \varepsilon_2^2 + \cdots + \varepsilon_n^2$$

残差平方 ε_i^2 の合計を $\Sigma \varepsilon_i^2$ とすると、残差平方和 $\Sigma \varepsilon_i^2$ が小さければ、単回帰式はデータの中の y をよく説明していることになります。そこで、この $\Sigma \varepsilon_i^2$ をできるだけ小さくするように a と b を決定しよう、というのが線形単回帰分析の決定方法で、これに使われる方法が最小二乗法というわけです。

統計モデルを $\hat{y} = ax+b$ とすると、実データと統計モデルとの差の2乗（残差平方 ε_i^2）の合計 $\Sigma \varepsilon_i^2$ は、

$$\sum \varepsilon_i^2 = \sum \{y_i - (ax_i + b)\}^2$$

と表せます。式の中の x_i、y_i は実測データで、未知数は a、b です。

この $\Sigma \varepsilon_i^2$ が最小になるような a と b を求めるのが最小二乗法の目的なのですが、この式を偏微分の連立方程式：

$$\left. \begin{array}{l} \dfrac{\partial \varepsilon_i^2}{\partial a} = 0 \\[2mm] \dfrac{\partial \varepsilon_i^2}{\partial b} = 0 \end{array} \right\}$$

にして解けば、$\Sigma \varepsilon_i^2$ が最小になる a と b がわかります。こうして求めたのが次の式です。

▼回帰係数 a（直線の傾きに相当）を求める式

$$a = \frac{n \cdot \left(\sum_{i=1}^{n} x_i y_i\right) - \left(\sum_{i=1}^{n} x_i\right)\left(\sum_{i=1}^{n} y_i\right)}{n \cdot \left(\sum_{i=1}^{n} x_i^2\right) - \left(\sum_{i=1}^{n} x_i\right)^2}$$

この式は、次のように表せます。

$$a = \frac{\sum (x_i - \bar{x})(y_i - \bar{y})}{\sum (x_i - \bar{x})^2} = \frac{x \, と \, y \, の偏差積和}{x \, の偏差平方和} = \frac{s_x s_y}{s_{xx}}$$

▼偏差積和 $s_x s_y$

$$(x - \bar{x})(y - \bar{y}) \, の合計$$

x と y の偏差の積と、それを足し上げた偏差積和 $s_x s_y$ を計算します。偏差積和は共分散を求めるときの分子にあたる部分です。偏差積和 $s_x s_y$ をサンプルサイズ−1で割ったものが共分散 u_{xy} です。$\bar{x}$ は x の平均、$\bar{y}$ は y の平均を示します。

▼偏差平方和 s_{xx}

$$(x - \bar{x})^2 \, の合計$$

x について偏差平方を求め、これを足し上げた偏差平方和 s_{xx} を計算します。偏差平方和 s_{xx} をデータの個数で割ったものが分散です。

一方、定数項 b は次の式で求められます。

▼定数項 b を求める式

$$b = \bar{y} - \bar{x}a$$

Tips 359 線形単回帰分析を実行する

▶Level ●●●

これがポイントです！ sklearn.linear_model.LinearRegression クラス

Pythonの機械学習ライブラリのscikit-learnを用いて線形回帰モデルを作成し、単回帰分析を行う手順を紹介します。

●scikit-learnのインストール（VSCode）
VSCodeの場合は、**ターミナル**でpipコマンドを使ってインストールします。

❶プログラムを保存するフォルダー内にNotebookを作成し、仮想環境のPythonのインタープリターを選択しておきます。
❷**ターミナル**メニューの**新しいターミナル**を選択して、仮想環境に関連付けられた状態の**ターミナル**を起動します。

▼Pythonインタープリターの選択と[ターミナル]の起動

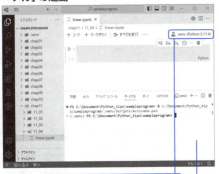

❶Notebookを作成し、仮想環境のPythonインタープリターを選択しておく

❷[ターミナル]メニューの[新しいターミナル]を選択して、仮想環境に関連付けられた状態の[ターミナル]を起動

❸**ターミナル**に
pip install scikit-learn
と入力して**Enter**キーを押します。

●scikit-learnのインストール（Anaconda）
Anacondaの場合は、Anaconda Navigatorを使ってインストールします。

❶Anaconda Navigatorの**Environments**タブをクリックします。
❷仮想環境を選択します。
❸**Not Installed**を選択します。
❹「scikit-learn」と入力します。
❺検索結果の一覧で、「scikit-learn」のチェックボックスをクリックします。
❻**Apply**ボタンをクリックします。

▼Anaconda Navigator

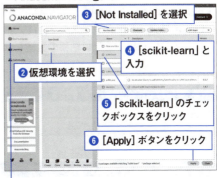

❸[Not Installed]を選択
❹[scikit-learn]と入力
❷仮想環境を選択
❺「scikit-learn」のチェックボックスをクリック
❻[Apply]ボタンをクリック
❶[Environments]タブをクリック

11-4 scikit-learn

❼ **Install Packages**ダイアログが表示されるので、**Apply**ボタンをクリックします。

▼ [Install Packages] ダイアログ

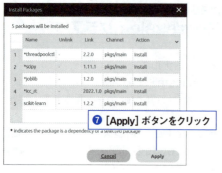

❼ [Apply] ボタンをクリック

● scikit-learnの線形回帰クラス

scikit-learn には、線形回帰による予測を行うクラスとしてlinear_model.LinearRegression が用意されています。

- sklearn.linear_model.LinearRegression() コンストラクター

LinearRegressionクラスのインスタンスを生成します。

書式	`sklearn.linear_model.LinearRegression(fit_intercept=True,`
	`                                      normalize=False,`
	`                                      copy_X=True,`
	`                                      n_jobs=1)`

パラメーター	fit_intercept	Falseに設定すると、切片を求める計算を行いません。デフォルトはTrue。
	normalize	Trueに設定すると、説明変数を事前に正規化します。デフォルトはFalse。
	copy_X	メモリ内でデータを複製してから実行するかどうか。デフォルトはTrue。
	n_jobs	計算に使うジョブの数。-1に設定すると、すべてのCPUを使って計算します。デフォルト値は1。

- sklearn.linear_model.LinearRegression クラスのプロパティ

次表のプロパティで分析結果の数値を参照できます。

プロパティ	参照する値
coef_	回帰係数。
intercept_	切片の値。

- sklearn.linear_model.LinearRegression クラスのメソッド

次表のメソッドで分析を行います。

メソッド	説明
fit(X, y[, sample_weight])	線形回帰モデルの当てはめを実行。
get_params([deep])	推定に用いたパラメーターを取得。
predict(X)	作成したモデルを利用して予測を実行。
score(X, y[, sample_weight])	決定係数R2を出力。
set_params(**params)	パラメーターを設定。

線形回帰分析を次のfit()メソッドで行ってみることにしましょう。

・fit()メソッド
線形回帰分析を行います。

書式	fit(X, y[, sample_weight=None])	
パラメーター	X	トレーニングデータ。説明変数です。次元を持つ行列を指定します。
	y	目標値。必要に応じてXのdtypeにキャストされます。
	sample_weight=None	各サンプルの個別の重み。

sklearnのLinearRegressionクラスのfit()メソッドは、第1引数に行列（2次元配列）を設定します。単回帰分析では説明変数が1つですが、複数の説明変数を設定する「重回帰分析」にも対応するためです。そこで、CSV形式ファイルからデータフレームにデータを読み込んだあと、次のようにして「最高気温」の列データを2次元配列（ndarray）として取得するようにします。

▼データフレームのデータをndarrayとして変数x、yに代入

```
df = pd.read_csv('清涼飲料水売上.csv', encoding='utf-8')
# 説明変数のデータをxに代入
x= df.loc[:, ['最高気温']].values
# 日的変数のデータをyに代入
y  = df['清涼飲料売上数'].values
```

pandas.DataFrameのlocは、データフレームから特定の行、列のデータにアクセスするためのプロパティです。

・locプロパティの書式（2通りの方法）

書式	DataFrameオブジェクト.loc[行の開始インデックス：行の終了インデックス,'列ラベル(列名)']
	DataFrameオブジェクト.loc[行の開始インデックス：行の終了インデックス, 列の開始インデックス：列の終了インデックス]

行の範囲は、Pythonのスライスの仕組みを使って切り出します。

```
df.loc[:, ['最高気温']]
```

の記述によって「最高気温」の列のすべての行データがDataFrameオブジェクトとして抽出されるので、さらにvaluesプロパティを適用してデータのみを2次元配列として取得するようにしています。したがってxのデータ型はndarrayです。yは1次元配列のndarrayです。

11-4 scikit-learn

▼xを出力すると2次元配列であることが確認できる

```
array([[26],           [28],
       [25],           [29],
       [26],           [29],
       [24],           [29],
       [25],           [31],
       [24],           [31],
       [26],           [29],
       [25],           [32],
       [27],           [33],
       [27],           [34],
       [26],           [33],
       [28],           [34],
       [28],           [35],
       [27],           [32],
                       [34]], dtype=int64)
```

▼yは1次元配列

```
array([ 84,  61,  85,  63,  71,  81,  98, 101,  93, 118, 114, 124, 156,
       188, 184, 213, 241, 233, 207, 267, 332, 266, 334, 346, 359, 361,
       372, 368, 378, 394], dtype=int64)
```

　では、Notebookを作成し、次のように入力して線形単回帰分析を行ってみましょう。Notebookと同じフォルダーに「清涼飲料水売上.csv」(エンコード方式UTF-8) が格納されていることとします。

▼線形単回帰分析を実行

```
import pandas as pd
import numpy as np
from sklearn import linear_model

df = pd.read_csv('清涼飲料水売上.csv', encoding='utf-8')
# 説明変数のデータをxに代入
x= df.loc[:, ['最高気温']].values
# 目的変数のデータをyに代入
y  = df['清涼飲料売上数'].values
# 分析モデル(LinearRegressionオブジェクト)を生成
model = linear_model.LinearRegression()
# 線形回帰分析を実行
model.fit(x, y)
# 係数aと切片bを取得
print(model.coef_, model.intercept_)
```

▼実行結果

```
Out  [ 33.74080525] -760.877164225
```

634

・回帰係数a

回帰直線の傾きを表す回帰係数aは33.74080525です。これは、回帰直線の係数aと切片bを求めるときの残差の2乗和です（残差平方和）。すなわち、

$$\sum {\varepsilon_i}^2 = \sum \{y_i - (ax_i + b)\}^2$$

を最小にする連立方程式の解になります。

・切片b

−760.877164225になりました。

今回求めた回帰係数aは「33.7408 0525」、切片（定数項）bは「−760.8771 64225」でしたので、これを単回帰式に当てはめると

$$y = 33.741x - 760.877$$

となります。

直線の傾きを示す回帰係数aは「33.741」という正の値なので、「最高気温が高くなれば売上数が増加する」という正の相関があることになります。

一方、y軸との切片を表す定数項bの値は「−760.877」という負の値です。これは「x軸の最高気温が0度のときはyの値が大きくマイナスになる」ことを示しています。

実測データの最高気温の最小値は24℃、最大値は35℃なので、この間では気温が1℃上昇すると、計算上33.741個ずつ売上数が増えることになります。この値は、単回帰式の直線の傾きを示す回帰係数の値です。

●最高気温が30℃、31℃、さらに36℃のときの売上数を予測する

先の回帰式のxに最高気温を代入すれば、清涼飲料水の売上数が予測できますが、LinearRegressionクラスのpredict()メソッドで予測できるので、これを使ってみましょう。

▼最高気温が30度、36度のときの売上数をそれぞれ予測する

```
In    # 最高気温が30度、36度のときの売上数をそれぞれ予測する
      # 説明変数は2次元配列であることが必要
      x1 = [[30]]
      x2 = [[36]]
      print(model.predict(x1))  # 気温が30度のときの売上予測
      print(model.predict(x2))  # 気温が36度のときの売上予測
```

▼実行結果

```
Out   [ 251.34699314]
      [ 453.79182461]
```

結果、気温が30度のときの売上数予測は約251、36度のときの売上数予測は約454になりました。

●回帰直線を散布図上に表示する

散布図を描画して、これに分析結果を使って回帰直線を引いてみましょう。

11-4 scikit-learn

▼散布図を描画して回帰直線を引く

```
from matplotlib import pyplot as plt
%matplotlib inline
xx = np.arange(20, 40)                       # 20～40の等差数列を生成
yy = model.predict(xx[:, np.newaxis])        # 回帰分析結果でxxに対するy値を予測する
plt.plot(xx, yy, label='predicted')          # 回帰直線をプロット
plt.plot(x, y, 'o', label='sales')           # x、yの散布図をプロット
plt.xlabel('temp')        # x軸のラベル
plt.ylabel('sale')        # y軸のラベル
plt.xlim(20, 40)          # x軸の範囲を設定
plt.ylim(0, 500)          # y軸の範囲を設定
plt.legend()              # 凡例を表示
plt.show()
```

実測データの最高気温の最小値は24℃、最大値は35℃なので、この間では気温が1℃上昇すると、計算上33.741個ずつ売上数が増えることを示しています。

▼実行結果

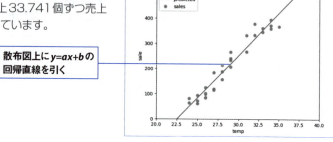

散布図上に $y=ax+b$ の回帰直線を引く

●決定係数 R^2

「回帰モデルがデータにどの程度フィットしているか」、言い換えると「単回帰式がどの程度の確率で信頼できるのか」を評価する指標となるのが**決定係数**（R^2）です。決定係数の値が1に近づくほど、回帰モデル（直線）がデータによくフィットしていることになります。

・決定係数

$$R^2 = \frac{s_{\hat{y}\hat{y}}}{s_{yy}}$$

▼決定係数 R^2 を求める

```
model.score(x[:, np.newaxis], y)
```

▼実行結果

```
0.941381899468
```

R^2 の値は $0 \leq R^2 \leq 1$ の値をとるので、1に近いほど回帰式の精度がよいことになります。今回は「0.9414」ですので、精度はかなり高いことになります。

11-4 scikit-learn

Tips
360
線形重回帰分析とは

▶Level ●●●

> これが
> ポイント
> です！
>
> 回帰式 $y = a_1 x_1 + a_2 x_2 + a_3 x_3 + \ldots + b$

予測に使うデータ（説明変数）が2つ以上の場合の**重回帰分析**について見ていきます。

小売りチェーンの20店舗について、店舗ごとの年間売上高と次の項目をまとめたデータがあります。

・近隣の競合店の数
・サービスの満足度（5段階評価の顧客アンケートの結果を数値化）
・商品の充実度（5段階評価の顧客アンケートの結果を数値化）

▼小売りチェーン20店舗の単年度の売上額と競合店、サービス満足度、商品の充実度のデータ
（「sales.csv」をデータフレームに読み込んで出力）

```
In    import pandas as pd
      # ファイルを読み込んでdfに格納
      df = pd.read_csv('sales.csv', encoding='uft-8')
      print(df)
```

```
Out         店舗    売上額   競合店   満足度   商品の充実度
      0     赤坂店   7990    0      4       4
      1     溜池店   8420    1      4       5
      2     広尾店   3950    3      2       3
      3     麻布店   6870    2      4       4
      4     麻布十番  4520    3      3       2
      5     恵比寿店  3480    2      3       3
      6     高輪店   8900    0      4       4
      7     西五反田  6280    1      3       3
      8     東五反田  8180    1      3       4
      9     不動前店  5330    1      3       3
      10    飯倉店   3090    2      2       3
      11    渋谷店   8600    0      3       4
      12    中目黒店  3880    1      3       2
      13    南青山店  7400    3      4       3
      14    北青山店  4540    3      3       3
      15    芝公園店  3450    2      3       3
      16    泉岳寺店  2350    3      2       2
      17    乃木坂店  8510    1      4       4
      18    表参道店  4450    3      3       3
      19    神宮前店  5320    2      3       2
```

NumPy, Pandas, scikit-learn

637

11-4 scikit-learn

●説明変数が複数の場合の重回帰分析

前回のTipsでの分析は、「気温」に対する「売上数」のように、1つの要因からデータの予測を行うものでした。

▼気温と売上高の関係

・売上高 ← 目的変数 (y)
・気温 ← 説明変数 (x)

▼単回帰分析の式

$$y=ax+b$$

xは「説明変数」、yは「目的変数」で、xが原因でyが結果です。aは直線の傾きを表す「回帰係数」で、bの「定数項 (切片)」はxが0のときのyの値でした。「予測したいデータ」と「予測に使うデータ」の2つがあれば、単回帰分析を行うことができました。今回

は、予測したいデータは「売上高」の1つだけですが、予測に使うデータが2つ以上あるので、単回帰分析は使えません。

単回帰分析の考え方をさらに発展させ、2つ以上の要因 (説明変数) を使ってデータを予測するのが「重回帰分析」です。この手法を用いれば、次のような複数の要因からある結果 (予測値) を導くことができます。

・「気温」「湿度」➡ 売上高
・「気温」「降水確率」➡売上高
・「取扱商品数」「店舗面積」➡ 売上高
・「キャンペーンの実施日数」「値引き率」「チラシの配布枚数」➡ 売上高
・「イベントの開催日数」「会場の面積」「駅からの距離」➡ 来場者数

分析を行う際の「予測に使用するデータ」は、理論上、いくつあってもかまいません。

●重回帰分析の式

単回帰分析の式「$y=ax+b$」に対し、重回帰分析では説明変数xの数が増えるので、式の中の「ax」の組み合わせが増えます。説明変数をx_1、x_2、x_3・・・としたときの重回帰分析の式は次のようになります。

▼重回帰分析の回帰式

$$y=a_1x_1+a_2x_2+a_3x_3+\cdots+b$$

このように、予測に使うデータが増えたぶんだけ、式を構成する要素が増えていきます。競合店の数と顧客満足度で売上高を予測する場合は、次のようになります。

売上高 $= a_1 \times$ 競合店の数 $+ a_2 \times$ 顧客満足度 $+ b$

重回帰式の定数項、係数は、次の式で求めます。

11-4 scikit-learn

・重回帰式の定数項を求める式

3つの変量 (x, y, z) を持つサイズnの
データについて、zを目的変数、xとyを説明
変数、cを定数項とした重回帰式：

$$z=ax+by+c \quad (a,b,c は定数)$$

において、定数項cは次の式で求められます
（上線は平均を示す）。

$$c=\bar{z} - a\bar{x} - b\bar{y}$$

・重回帰式の係数a、bを求める式

3つの変量 (x, y, z) を持つサイズnの
データについて、zを目的変数、xとyを説明
変数、cを切片とした重回帰式：

$$z=ax+by+c \quad (a,b,c は定数)$$

において、回帰係数a、bは次の式で求めら
れます。

・xの偏差平方和	s_{xx}
・yの偏差平方和	s_{yy}
・xとyの偏差積和	s_{xy}
・xとzの偏差積和	s_{xz}
・yとzの偏差積和	s_{yz}

$$\begin{pmatrix} a \\ b \end{pmatrix} = \begin{pmatrix} s_{xx} & s_{xy} \\ s_{xy} & s_{yy} \end{pmatrix}^{-1} \begin{pmatrix} s_{xz} \\ s_{yz} \end{pmatrix}$$

ここまでをまとめると、次のようになりま
す。

・重回帰分析の回帰式

3つの変量 (x, y, z) を持つサイズnの
データについて、zを目的変数、xとyを説明
変数、cを定数項とした重回帰式：

$$z=ax+by+c \quad (a,b,c は定数)$$

において、回帰係数a、bは次の式で求めら
れます。

$$\begin{pmatrix} a \\ b \end{pmatrix} = \begin{pmatrix} s_{xx} & s_{xy} \\ s_{xy} & s_{yy} \end{pmatrix}^{-1} \begin{pmatrix} s_{xz} \\ s_{yz} \end{pmatrix}$$ の式で求められます。

$$c=\bar{z} - a\bar{x} - b\bar{y}$$

NumPy, Pandas, scikit-learn

11-4 scikit-learn

Tips 361

重回帰分析にかける変量の相関を調べる

▶Level ●●●

これがポイントです！ **cor(対象のデータ)**

重回帰分析を行うにあたって、説明変数として考えている要因のそれぞれが、目的変数と実際にどれくらいの相関があるのかを調べることが大切です。

「sales.csv」には3項目の要因がまとめられているので、これらの相関係数をまとめて調べることにします。

▼3項目の要因の相関係数を調べる

```
In   import pandas as pd
     import numpy as np
     from sklearn import linear_model

     # ファイルを読み込んでdfに格納
     df = pd.read_csv('sales.csv', encoding='uft-8')

     # 競合店の数と売上額の相関係数を求める
     print('競合店\n', np.corrcoef(df['競合店'], df['売上額']))
     # 顧客満足度と売上額の相関係数を求める
     print('満足度\n', np.corrcoef(df['満足度'], df['売上額']))
     # 商品充実度と売上額の相関係数を求める
     print('商品の充実度\n', np.corrcoef(df['商品の充実度'], df['売上額']))
```

▼実行結果

```
Out  競合店
     [[ 1.          -0.6692924]
      [-0.6692924  1.         ]]
     満足度
     [[1.          0.77567537]
      [0.77567537 1.         ]]
     商品の充実度
     [[1.          0.78037688]
      [0.78037688 1.         ]]
```

「競合店」が「−0.6692924」のように負の相関になっていて、値が少ないほど売上が伸びる関係にあることがわかります。「満足度」は「0.77567537」、「商品の充実度」

は「0.78037688」で正の相関なので、値が増えるほど売上が伸びる関係です。

640

11-4 scikit-learn

Tips 362

▶Level ●●●

売上と相関がある３つの要因から売上額を予測する

**これが
ポイント
です！**

**sklearn.linear_model.
LinearRegression クラス**

重回帰分析では、理論上、説明変数の数はいくつでもかまいません。それなら、説明変数が多ければ、より正確な予測ができそうですが、そういうことはありません。説明変数自体が意味のあるものでなければ、数を増やしても意味がないのです。

予測したいデータと予測に使うデータ（説明変数）に相関の強さがあることが前提ですので、予測の精度を高めるためには「本当に必要なデータ」だけを選び、必要のないデータを見極めて、それらを切り捨てることがポイントです。

また、「予測に使うデータ（説明変数）同士の関連性が強すぎてはならない」ことにも注意しましょう。説明変数同士の相関が強すぎると、分析から得られた係数の符号が逆転してしまうことがあります。

とはいえ、分析を行う「sales.csv」のデータの説明変数の相関はすべて良好な値になっているので、すべての説明変数を使って分析してみることにします。

● **データにあるすべての説明変数を重回帰
分析にかける**

重回帰分析も単回帰分析と同様に、LinearRegressionオブジェクトに対して**fit()** メソッドを実行することで行います。

▼すべての説明変数を使って重回帰分析を行う

```
In  import pandas as pd
    import numpy as np
    from sklearn import linear_model

    # ファイルを読み込んでdfに格納
    df = pd.read_csv('sales.csv', encoding='utf-8')

    x = df.iloc[:, 2:5].values                    # 競合店、満足度、商品の充実度の列
    y = df['売上額'].values                       # 売上額の列
    model = linear_model.LinearRegression()       # LinearRegressionオブジェクトを生成
    model.fit(x, y)                               # 線形重回帰分析を実行

    print('回帰係数:', model.coef_)               # 係数aを取得
    print('切片    :', model.intercept_)          # 切片bを取得
    print('決定係数:', model.score(x, y))         # 決定係数を取得
```

641

NumPy, Pandas, scikit-learn

11-4 scikit-learn

▼実行結果

Out 回帰係数: [-534.36299509 1413.39831276 942.08283685]
切片 : -782.952671465
決定係数: 0.802449336563

●係数と切片の確認

予測に使うデータ（説明変数）ごとの係数（回帰係数）を確認し、これを回帰式

$$y=a_1x_1+a_2x_2+a_3x_3+\cdots+b$$

のa_1やa_2の部分に当てはめます。

売上高 = -782.952671465
       + (-534.36299509)× 競合店のデータ
       + 1413.39831276 × サービス満足度のデータ
       + 942.08283685   × 商品の充実度のデータ

決定係数R^2の値は0.802449336563です。3つの説明変数で、約80パーセントの確率で説明ができることが示されています。

●重回帰式による予測値と実測値を散布図上で比較する

取得した重回帰式が言い当てているかどうか、散布図と直線を使って確認してみます。x軸、y軸ともに実測値（売上額）をとった直線をプロットします。続いて、x軸を実測値、y軸を予測値にとったドットをプロットします。予測した値が実測値とピッタリであれば、すべてのドットが直線上に乗るはずです。

▼散布図を描画して回帰直線を引く

```
In  from matplotlib import pyplot as plt
    %matplotlib inline
    predict = model.predict(x)
    # x=yの直線を描画
    plt.plot(np.linspace(min(y),max(y)),   # x軸: yの値
             np.linspace(min(y),max(y))    # y軸: yの値
             )
    # 実測値をヨコ軸、予測値をタテ軸にとった散布図を描画
    plt.plot(y,                            # x軸: yの値
             predict,                      # y軸: 予測値
             'o'
             )
    plt.xlabel('y')                        # x軸ラベル
    plt.ylabel('predict(y)')               # y軸ラベル
    plt.show()
```

NumPyのlinspace()関数は、等差数列を生成します。

- **numpy.linspace()関数**

| 書式 | numpy.linspace(start, stop, num=50, endpoint=True, retstep=False, dtype=None) |

▼実行結果

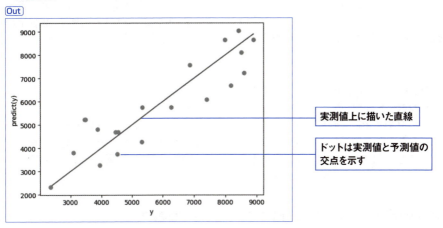

実測値上に描いた直線

ドットは実測値と予測値の交点を示す

　予測なので実測値との間に誤差がありますが、予測値の分布は実測値におおむね沿った（フィットした）ものとなっています。

11-4 scikit-learn

Tips 363 住宅の販売価格を重回帰分析で予測する

▶Level ●●

これがポイントです！ 「California Housing」データセット、LinearRegressionオブジェクト

scikit-learnには、カリフォルニア州の住宅価格に関するデータセット「California Housing」が用意されていて、プログラムから読み込んで利用することができます。デー

タセットは8項目、20640件のテーブルデータ（表形式データ）と「調査対象住宅が属する地区における住宅価格の中央値（10万ドル単位）」のデータで構成されます。

● 「California Housing」データセットをダウンロードして中身を確認する

実際に「California Housing」データセットをデータフレームに読み込んで、どのようなデータが収録されているのか見てみることにしましょう。sklearn.datasetsから

fetch_california_housingをインポートし、fetch_california_housing()を実行すると、ダウンロードすることができます。

▼California Housingをダウンロードしてデータフレームに格納する

```
In  import pandas as pd
    # 「California Housing」データセットをインポート
    from sklearn.datasets import fetch_california_housing

    # データセットをダウンロードして、ndarrayを要素としたdictオブジェクトに格納
    housing = fetch_california_housing()
    # データセットをデータフレームに読み込む
    # dictオブジェクトhousingから、dataキーを指定して8項目のデータを抽出
    # dictオブジェクトhousingから、feature_namesキーを指定して列名を抽出
    df_housing = pd.DataFrame(
        housing.data, columns=housing.feature_names)
    # 目的変数housing.targetを「Price」列としてデータフレームに追加
    df_housing['Price'] = housing.target
    # データフレームを出力
    df_housing
```

644

11-4　scikit-learn

▼出力されたデータフレーム（途中を省略）

	MedInc	HouseAge	AveRooms	AveBedrms	Population	AveOccup	Latitude	Longitude	Price
0	8.3252	41.0	6.984127	1.023810	322.0	2.555556	37.88	-122.23	4.526
1	8.3014	21.0	6.238137	0.971880	2401.0	2.109842	37.86	-122.22	3.585
2	7.2574	52.0	8.288136	1.073446	496.0	2.802260	37.85	-122.24	3.521
3	5.6431	52.0	5.817352	1.073059	558.0	2.547945	37.85	-122.25	3.413
4	3.8462	52.0	6.281853	1.081081	565.0	2.181467	37.85	-122.25	3.422
...	...	...	...	...	...	...	...	...	...
0635	1.5603	25.0	5.045455	1.133333	845.0	2.560606	39.48	-121.09	0.781
0636	2.5568	18.0	6.114035	1.315789	356.0	3.122807	39.49	-121.21	0.771
0637	1.7000	17.0	5.205543	1.120092	1007.0	2.325635	39.43	-121.22	0.923
0638	1.8672	18.0	5.329513	1.171920	741.0	2.123209	39.43	-121.32	0.847
0639	2.3886	16.0	5.254717	1.162264	1387.0	2.616981	39.37	-121.24	0.894

640 rows × 9 columns

　カリフォルニアの住宅価格のデータセットは、米国カリフォルニア州の延べ20640地区における8項目のデータと、地区ごとの住宅価格の中央値（10万ドル単位）のデータで構成されています。

▼California Housing の8項目のデータ（説明変数）

カラム（列）名	相関の強さ	内容
MedInc	世帯ごとの所得	各地区における、世帯ごとの所得の中央値。単位は1万ドル。
HouseAge	住宅の築年数	各地区における、住宅の築年数の中央値。
AveRooms	部屋の平均数	各地区における、平均の部屋数。
AveBedrms	寝室の平均数	各地区における、平均の寝室数。
Population	人口	各地区の人口。
AveOccup	世帯人数の平均	各地区における、世帯人数の平均。
Latitude	平均緯度	各地区の中心点の緯度。
Longitude	平均経度	各地区の中心点の経度。

▼California Housing の目的変数

項目名	内容
Price	各地区の住宅価格の中央値（10万ドル単位）。

●すべての項目（説明変数）について相関係数を確認する

　PandasのDataFrame.corr()を使って、目的変数「Price」との相関係数を確認してみましょう。

11-4 scikit-learn

▼データフレームに行データを追加する

```
In   # 'Price'との相関係数を出力
     df_housing.corr()['Price'].sort_values()
```

```
Out  Latitude     -0.144160
     AveBedrms    -0.046701
     Longitude    -0.045967
     Population   -0.024650
     AveOccup     -0.023737
     HouseAge      0.105623
     AveRooms      0.151948
     MedInc        0.688075
     Price         1.000000
     Name: Price, dtype: float64
```

プラスの値が「正の相関関係」を示し、マイナスの値が「負の相関関係」を示します。目的変数「Price」との正の相関関係が最も強いのがMedInc（所得の中央値）で、所得が上がれば住宅価格も上がることになります。

一方、目的変数「Price」との負の相関関係はLatitude（平均緯度）が最も強くて「−0.144160」。南へ下がるにつれて住宅価格が上がる傾向が少しあるようです。その他は軒並み係数の絶対値が小さく、0.1に満たない値になっています。

●データを前処理して線形重回帰分析を実施する

新しいNotebookを作成して、データセットの読み込みから線形重回帰分析までを実施しましょう。最初にデータセットをデータフレームに読み込み、次の2つの処理を行います。

・訓練データとテストデータへの分割

重回帰分析のモデルで学習したあとで、どのくらいの精度で予測できているかをテストするため、元のデータを8：2の割合で分割します。scikit-learnのtrain_test_split()関数で、ランダムに、かつ簡単に分割

処理が行えます。

・データの標準化

説明変数ごとのデータに対して、

$$標準化データ＝\frac{X−平均値}{標準偏差}$$

という計算を行って、各説明変数のデータを平均＝0、標準偏差1の分布になるようにスケーリングします。このことを「標準化」と呼びます。元の分布の形を変えずに、各説明変数間のスケール（値の範囲）を揃えるのが目的です。scikit-learnのStandardScalerクラスを使えば、簡単に求めることができます。

▼データセットを読み込んで前処理する（以下、新規のNotebookに記述する）

```
In   import pandas as pd
     import numpy as np
     from sklearn.datasets import fetch_california_housing
     from sklearn.model_selection import train_test_split
```

11-4 scikit-learn

```python
from sklearn.preprocessing import StandardScaler

# データセットをダウンロードして、ndarrayを要素としたdictオブジェクトに格納
housing = fetch_california_housing()
# dictオブジェクトhousingから、dataキーを指定して8項目のデータを抽出
# dictオブジェクトhousingから、feature_namesキーを指定して列名を抽出
df_housing = pd.DataFrame(
    housing.data, columns=housing.feature_names)
# 説明変数のデータをNumPy配列に格納
X = df_housing.values
# 目的変数のデータをNumPy配列に格納
y = housing.target

# 説明変数のデータと目的変数のデータを8:2の割合で分割する
X_train, X_test, y_train, y_test = train_test_split(
    X, y, test_size=0.2, random_state=0)

# 標準化を行うStandardScalerを生成
scaler = StandardScaler()
# 訓練データを標準化する
X_train_std = scaler.fit_transform(X_train)
# 訓練データの標準化に使用したStandardScalerでテストデータを標準化する
X_test_std = scaler.transform(X_test)
```

　線形重回帰のモデル（LinearRegressionオブジェクト）を作成し、fit()メソッドで学習を開始します。

▼線形重回帰のモデルで学習する

```python
In  from sklearn.linear_model import LinearRegression
    # 重回帰モデルを作成
    model = LinearRegression()
    # モデルの訓練（学習）
    model.fit(X_train_std, y_train)
```

　学習が完了したら、学習済みモデルから係数と定数項を抽出してみましょう。

▼学習済みモデルから係数と定数項を抽出して出力

```python
In  print('係数', model.coef_)
    print('定数項', model.intercept_)
```

NumPy, Pandas, scikit-learn

11-4 scikit-learn

```
Out  係数 [ 0.82624793  0.1171006  -0.24891059  0.29038746 -0.00864349
         -0.03056429 -0.90042112 -0.87058566]
     定数項 2.072498958938836
```

では、「学習したモデルがどのくらいの精度で、各地区の住宅価格を予測できるのか」を検証します。ここでは、次の評価指標を用いることにしました。

根をとります。平方根をとらないMSE（平均二乗誤差）もありますが、誤差を元の10万ドル単位で知りたいので、平方根をとるRMSEを用いることにしました。

◎ RMSE（二乗平均平方根誤差）

i番目の実測値（正解値）y_iとi番目の予測値$\hat{y}_i$の差を2乗した総和を求め、これをデータの数で割って平均を求め、その平方

▼ RMSE（二乗平均平方根誤差）

$$RMSE = \sqrt{\frac{1}{n}\sum_{i=1}^{n}(y_i - \hat{y}_i)^2}$$

▼訓練データとテストデータそれぞれのRMSEを求める

```
In  from sklearn.metrics import mean_squared_error
    import numpy as np

    # 訓練データを学習済みモデルに入力して予測値を取得
    y_train_pred = model.predict(X_train_std)
    # テストデータを学習済みモデルに入力して予測値を取得
    y_test_pred = model.predict(X_test_std)

    # mean_squared_error()でMSEを求め、平方根をとってRSMEを求める
    print('RSME(train): %.4f' % (
        np.sqrt(mean_squared_error(y_train, y_train_pred))))
    print('RSME(test) : %.4f' % (
        np.sqrt(mean_squared_error(y_test, y_test_pred))))
```

```
Out  RSME(train): 0.7235
     RSME(test) : 0.7273
```

住宅価格の中央値は10万ドル単位でしたので、訓練データで予測したときの平均誤差は約7万2千ドル、テストデータで予想したときの誤差も約7万2千ドルとなりました。

648

11-4 scikit-learn

Tips 364

住宅の販売価格をサポートベクターマシンで予測する

▶Level ●○○

これがポイントです！ サポートベクターマシン回帰、LinearRegressionオブジェクト

scikit-learnには、「サポートベクターマシン」の回帰モデルを生成するsvm.SVRクラスがあります。サポートベクターマシンは、本来、分類問題のためのアルゴリズムですが、データを分類するための「分類境界」を回帰直線として利用することで、予測（回帰）が行える仕組みです。

● 「California Housing」データセットでサポートベクターマシン回帰を実施

「California Housing」データセットをデータフレームに読み込んで、前処理までを行います。前回のTipsと同じコードです。

▼データセットを読み込んで前処理する（以下、新規のNotebookに記述する）

```
In   import pandas as pd
     import numpy as np
     from sklearn.datasets import fetch_california_housing
     from sklearn.model_selection import train_test_split
     from sklearn.preprocessing import StandardScaler

     # データセットをダウンロードして、ndarrayを要素としたdictオブジェクトに格納
     housing = fetch_california_housing()
     # dictオブジェクトhousingから、dataキーを指定して8項目のデータを抽出
     # dictオブジェクトhousingから、feature_namesキーを指定して列名を抽出
     df_housing = pd.DataFrame(
         housing.data, columns=housing.feature_names)
     # 説明変数のデータをNumPy配列に格納
     X = df_housing.values
     # 目的変数のデータをNumPy配列に格納
     y = housing.target

     # 説明変数のデータと目的変数のデータを8:2の割合で分割する
     X_train, X_test, y_train, y_test = train_test_split(
         X, y, test_size=0.2, random_state=0)

     # 標準化を行うStandardScalerを生成
     scaler = StandardScaler()
     # 訓練データを標準化する
     X_train_std = scaler.fit_transform(X_train)
     # 訓練データの標準化に使用したStandardScalerでテストデータを標準化する
     X_test_std = scaler.transform(X_test)
```

649

11-4 scikit-learn

サポートベクターマシンの回帰モデル
（SVRオブジェクト）を作成し、fit()メソッ
ドで学習を開始します。

▼サポートベクターマシンの回帰モデルで学習する

```
In  from sklearn.svm import SVR

    # ガウスカーネルのサポートベクター回帰モデルを生成
    # kernel='rbf'を指定する
    model = SVR(kernel='rbf')
    # 学習開始
    model.fit(X_train_std, y_train)
```

サポートベクターマシンの回帰モデル
（SVRオブジェクト）では、2次元空間上の
決定境界を回帰直線と見なして学習するに
は、
　model = SVR(kernel='linear')
のように、kernelオプションに'linear'を設
定して線形回帰のモデルにします。一方、
kernelオプションには、線形以外を設定す
ることが可能なので、ここでは、より精度の
高い予測を行うためにkernel='rbf'として

「ガウス分布」を指定しました。簡単にいう
と、「データを、ガウス分布する高次元の空
間に写像して、決定境界を描画する」という
イメージなので、より複雑な曲線にでき、
精度の向上が期待できます。もちろん、ここ
での決定境界は回帰を表すものになります。

　学習が終了したら、前回のTipsと同じよ
うに、訓練データ、テストデータのそれぞれ
についてRMSEを求めてみましょう。

▼訓練データとテストデータそれぞれのRMSEを求める

```
In  from sklearn.metrics import mean_squared_error
    import numpy as np

    # 訓練データを学習済みモデルに入力して予測値を取得
    y_train_pred = model.predict(X_train_std)
    # テストデータを学習済みモデルに入力して予測値を取得
    y_test_pred = model.predict(X_test_std)

    # mean_squared_error()でMSEを求め、平方根をとってRSMEを求める
    print('RSME(train): %.4f' % (
        np.sqrt(mean_squared_error(y_train, y_train_pred))))
    print('RSME(test) : %.4f' % (
        np.sqrt(mean_squared_error(y_test, y_test_pred))))
```

650

11-4 scikit-learn

```
Out  RSME(train): 0.5714
     RSME(test) : 0.5752
```

住宅価格の中央値は10万ドル単位です
ので、訓練データで予測したときの平均誤
差は約5万7千ドル、テストデータで予想し
たときの誤差も約5万7千ドルになりまし
た。線形重回帰モデルよりも1万5千ドルほ
ど誤差が減少しました。

Tips 365 勾配ブースティング決定木回帰で住宅価格を予測する

▶Level ● ●

これがポイントです！ 決定木、勾配ブースティング決定木

予測問題の最後に、勾配ブースティング
決定木 (Gradient Boosting Decision
Tree：GBDT) を用いた回帰モデルについ
て紹介します。勾配ブースティング決定木
は、決定木を利用したアルゴリズムです。

●勾配ブースティング決定木 (GBDT)

「決定木」と呼ばれるアルゴリズムは、「木
構造 (tree structure)」を使って説明変数
と目的変数との関係をモデル化します。本物
の木のように、太い枝から細かく枝分かれし
ていく構造をしていることから、このような
名前が付けられています。

勾配ブースティング決定木 (GBDT) で
は、学習アルゴリズムにあまり高性能なもの
を使わず、その代わりに「予測値の誤差を、
新しく作成した学習アルゴリズムが次々に
引き継いで誤差を小さくしていく」手法が用
いられます。

●scikit-learnのsklearn.ensemble. GradientBoostingRegressor

scikit-learnのsklearn.ensemble.
GradientBoostingRegressorで、勾配
ブースティング決定木の回帰モデルを作成
します。

◎sklearn.ensemble.GradientBoostingRegressor

書式	sklearn.ensemble.GradientBoostingRegressor (
	    loss = 'squared_error', learning_rate = 0.1,
	    n_estimators = 100, subsample = 1.0,
	    criterion = 'friedman_mse', min_samples_split = 2,
	    min_samples_leaf = 1, min_weight_fraction_leaf = 0.0,
	    max_leaf_nodes = None, max_depth = 3, random_state =None,
	    n_iter_no_change = None, tol = 0.0001[, 以下省略])

NumPy, Pandas, scikit-learn

11-4 scikit-learn

パラメーター	loss	損失関数を指定します。 'squared_error'（平均二乗誤差） 'absolute_error'（平均絶対誤差） 'huber'（平均二乗誤差と平均絶対誤差の組み合わせ） 'quantile'（分位点回帰による誤差） デフォルトは'squared_error'（平均二乗誤差）です。
	learning_rate	学習率。デフォルトは「0.1」。
	n_estimators	決定木の数。学習回数に相当するので、通常、数値が大きいほどパフォーマンスが向上します。デフォルトは「100」。
	subsample	個々の基本学習器のフィッティングに使用されるサンプルの割合。1.0 より小さい場合、確率的勾配ブースティングになります。デフォルトは「1.0」。
	criterion	各ノードにおいて誤差を計算する方法。フリードマンによる改善スコアを含む平均二乗誤差の'friedman_mse'、平均二乗誤差の'squared_error'が設定できます。デフォルトは'friedman_mse'です。
	min_samples_split	決定ノードを分割するために必要なサンプルの最小数。デフォルトは「2」。
	min_samples_leaf	決定ノードに必要なサンプルの最小数。デフォルトは「1」。
	min_weight_fraction_leaf	決定ノード重みの合計の最小値。デフォルトは「0.0」。
	max_leaf_nodes	決定ノードの最大数。デフォルトのNoneでは、決定ノードの数は無制限になります。
	max_depth	ツリー（決定木）の最大深度（int）。None の場合、すべての決定ノードが展開されます。デフォルトは「3」。
	random_state	ブースティングの反復ごとに生成される乱数のシード値（種）を設定します。デフォルトはNone。
	n_iter_no_change	早期学習停止（アーリーストッピング）を発動する際の監視対象の学習回数を指定します。デフォルトはNoneです。
	tol	早期停止（アーリーストッピング）の許容範囲とする誤差を指定します。n_iter_no_changeの回数だけ学習を繰り返してもtolの値より誤差が小さくならなければ、学習が停止されます。デフォルトは「0.0001」。

● GradientBoostingRegressor()の
パラメーターチューニングのポイント

GradientBoostingRegressor()には様々なパラメーターがあって、どう使えばよいか迷うところですが、主なパラメーターの設定値の目安についてまとめておきます。

・learning_rate（学習率）

学習率を小さくし、決定木の数を増やすことで継続的に精度を上げることが期待で

きますが、そのぶん収束までに時間がかかるようになります。最初はデフォルトの0.1から始め、0.05や0.01などの小さい値を試すとよいでしょう。

・n_estimators（決定木の数）

いわゆる学習回数ですが、デフォルトの100から始めて、結果を観察しながら大きな値を試します。

652

・n_iter_no_change（監視回数）

アーリーストッピングにおける監視対象のround数ですが、一般的に50程度がよいとされています。ただし、学習が進まないのになかなか停止しない場合は値を小さくし、逆に学習の途上で早期に停止してしまう場合は値を大きくする、といった措置を行います。

・max_depth／max_leaf_nodes

決定木の深さや分岐を制御できるので、これらを設定することでモデルの複雑さを調整できます。

●「California Housing」データセットで GBDT回帰を実施

「California Housing」データセットを読み込んで、訓練データとテストデータの分割処理のみを行います。GBDTのような決定木を用いるモデルでは、標準化などの前処理が不要です。

▼データセットを読み込んで、訓練データとテストデータに分割する
（以下、新規のNotebookに記述する）

```
In   import pandas as pd
     import numpy as np
     from sklearn.datasets import fetch_california_housing
     from sklearn.model_selection import train_test_split
     from sklearn.preprocessing import StandardScaler

     # データセットをダウンロードして、ndarrayを要素としたdictオブジェクトに格納
     housing = fetch_california_housing()
     # dictオブジェクトhousingから、dataキーを指定して8項目のデータを抽出
     # dictオブジェクトhousingから、feature_namesキーを指定して列名を抽出
     df_housing = pd.DataFrame(
         housing.data, columns=housing.feature_names)
     # 説明変数のデータをNumPy配列に格納
     X = df_housing.values
     # 目的変数のデータをNumPy配列に格納
     y = housing.target

     # 説明変数のデータと目的変数のデータを8:2の割合で分割する
     X_train, X_test, y_train, y_test = train_test_split(
         X, y, test_size=0.2, random_state=0)
```

GBDTの回帰モデル（GradientBoosting Regressorオブジェクト）を作成し、fit()メソッドで学習を開始します。学習率を設定し、その他はすべてデフォルト値で学習を行ってみます。

11-4 scikit-learn

▼GBDTの回帰モデルで学習する

```
In  from sklearn.ensemble import GradientBoostingRegressor

    # 学習率のみ0.9に設定してGBDT回帰の予測モデルを生成
    model = GradientBoostingRegressor(learning_rate=0.9)
    # 訓練データを設定して学習を開始
    model.fit(X_train, y_train)
```

学習が終了したら、訓練データとテストデータのそれぞれのRMSEを求めてみましょう。

▼訓練データとテストデータそれぞれのRMSEを求める

```
In  from sklearn.metrics import mean_squared_error
    import numpy as np

    # 訓練データ、テストデータをそれぞれモデルに入力して予測値を取得
    y_train_pred = model.predict(X_train)
    y_test_pred = model.predict(X_test)
    # 訓練データ、テストデータのRSMEを求める
    print('RSME(train): %.4f' %(
        np.sqrt(mean_squared_error(y_train, y_train_pred))))
    print('RSME(test) : %.4f' %(
        np.sqrt(mean_squared_error(y_test, y_test_pred))))
```

```
Out  RSME(train): 0.3981
     RSME(test) : 0.4947
```

訓練データで予測したときの平均誤差は約3万9千ドル、テストデータで予測したときの平均誤差はこれまでのベストの約4万9千ドルになりました。

654

11-4 scikit-learn

Tips 366

ワインの品質をサポートベクターマシンで分類する

これがポイントです！ 「Wine」データセット、SVCオブジェクト

▶Level ●●

scikit-learnには、マルチクラス（多クラス）の分類問題用のデータセットとして「Wine」が収録されています。13の説明変数と、3種類のワインを示す0、1、2のラベルで構成される表形式データセットです。レコードの件数は178件です。

▼13の説明変数

・Alcohol：アルコール度数
・Malicacid：リンゴ酸
・Ash：灰分（かいぶん）
・Alcalinity_of_ash：灰分のアルカリ度
・Magnesium：マグネシウム
・Total_phenols：全フェノール含量
・Flavanoids：フラボノイド

・Nonflavanoid_phenols：非フラボノイドフェノール
・Proanthocyanins：プロアントシアニン
・Color_intensity：色の濃さ
・Hue：色相
・OD280_OD315_of_diluted_wines：希釈ワイン溶液のOD280／OD315
・Proline：プロリン

▼目的変数（ワインの種類）

クラス1：値（ラベル）は「0」（59件）
クラス2：値（ラベル）は「1」（71件）
クラス3：値（ラベル）は「2」（48件）

●「Wine」データセットを読み込んでサポートベクターマシンで分類

「Wine」データセットを読み込んで、前処理までを行います。

▼データセットを読み込んで前処理する（以下、新規のNotebookに記述する）

```
In  mport sklearn.datasets
    from sklearn.model_selection import train_test_split
    from sklearn.preprocessing import StandardScaler


    wine = sklearn.datasets.load_wine()
    # 説明変数のデータをNumPy配列に格納
    X = wine.data
    # 目的変数のデータをNumPy配列に格納
    y = wine.target


    # 説明変数のデータと目的変数のデータを8:2の割合で分割する
    X_train, X_test, y_train, y_test = train_test_split(
        X, y, test_size=0.2, random_state=0)
```

NumPy, Pandas, scikit-learn

655

11-4 scikit-learn

```
# 標準化を行うStandardScalerを生成
scaler = StandardScaler()
# 訓練データを標準化する
X_train_std = scaler.fit_transform(X_train)
# 訓練データの標準化に使用したStandardScalerでテストデータを標準化する
X_test_std = scaler.transform(X_test)

print('X_train',X_train_std.shape)
print('y_train',y_train.shape)
print('X_test',X_test_std.shape)
print('y_test',y_test.shape)
```

```
Out  X_train (142, 13)
     y_train (142,)
     X_test (36, 13)
     y_test (36,)
```

サポートベクターマシンの分類モデル
(SVRオブジェクト) を作成し、fit()メソッ
ドで学習を開始します。

▼サポートベクターマシンの分類モデルで学習する

```
In  from sklearn.svm import SVC

    # ガウスカーネルのサポートベクターマシンの分類モデルを生成
    # kernel='rbf'を指定する
    model = SVC(kernel='rbf')
    # 学習開始
    model.fit(X_train_std, y_train)
```

サポートベクターマシンの分類モデル
(SVCオブジェクト) では、より精度の高い
分類を行うためにkernel='rbf'として「ガウ
ス分布」を指定しました。

学習が終了したら、sklearn.metrics.
accuracy_score()を使って、訓練データと
テストデータのそれぞれの正解率を求めて
みましょう。

▼訓練データとテストデータそれぞれの正解率を求める

```
In  from sklearn.metrics import accuracy_score

    # 訓練データ、テストデータをそれぞれモデルに入力して予測値を取得
    y_train_pred = model.predict(X_train_std)
    y_test_pred = model.predict(X_test_std)
    print(accuracy_score(y_train, y_train_pred))
    print(accuracy_score(y_test, y_test_pred))
```

```
Out  0.9929577464788732
     1.0
```

訓練データの正解率は、約99パーセント、テストデータの正解率は100パーセントになりました。

Tips 367 ワインの品質をランダムフォレストで分類する

これがポイントです！ **RandomForestClassifier オブジェクト**

「Wine」データセットを用いたワインの品質分類を、決定木モデルを基盤とする「ランダムフォレスト」で行ってみます。

● 「Wine」データセットを読み込んでランダムフォレストで分類

ランダムフォレストでは、標準化などの前処理は不要です。「Wine」データセットを読み込んで訓練データとテストデータに分類したら、すぐに学習を開始できます。

▼データセットを読み込んで訓練データとテストデータに分類
（以下、新規のNotebookに記述する）

```
In  import sklearn.datasets
    from sklearn.model_selection import train_test_split
    from sklearn.preprocessing import StandardScaler

    wine = sklearn.datasets.load_wine()
    # 説明変数のデータをNumPy配列に格納
    X = wine.data
    # 目的変数のデータをNumPy配列に格納
    y = wine.target

    # 説明変数のデータと目的変数のデータを8:2の割合で分割する
    X_train, X_test, y_train, y_test = train_test_split(
        X, y, test_size=0.2, random_state=0)
```

ランダムフォレストの分類モデル（RandomForestClassifierオブジェクト）を作成し、fit()メソッドで学習を開始します。

11-4 scikit-learn

▼ランダムフォレストの分類モデルで学習する

```
In    from sklearn.ensemble import RandomForestClassifier
```

```
      #  ランダムフォレストの分類モデルを生成
      model = RandomForestClassifier()
      #  学習開始
      model.fit(X_train, y_train)
```

学習が終了したら、sklearn.metrics.
accuracy_score()を使って、訓練データと
テストデータのそれぞれの正解率を求めて
みましょう。

▼ 訓練データとテストデータそれぞれの正解率を求める

```
In    #  訓練データ、テストデータをそれぞれモデルに入力して予測値を取得
      y_train_pred = model.predict(X_train)
      y_test_pred = model.predict(X_test)
      print(accuracy_score(y_train, y_train_pred))
      print(accuracy_score(y_test, y_test_pred))
```

```
Out   1.0
      0.9722222222222222
```

訓練データの正解率は100パーセント、
テストデータの正解率は約97パーセントに
なりました。

11-5 scikit-learnによるテキストマイニング

Tips
368
▶Level ●●●

これが
ポイント
です！
Bag-of-words

テキストデータの前処理①

機械学習では、数値やカテゴリデータのほかにテキスト形式のデータを扱うことがあります。当然ですが、テキストデータをそのまま使うことはできないので、計算ができるように、何らかの意味を持つ数値への変換が行われます。このTipsからは、自然言語処理のテクニックを用いたテキストデータの前処理について見ていきます。

●Bag-of-words

テキストデータの前処理として最もシンプルな方法に、「文章を単語のレベルで分割し、各単語の出現数をカウントする」という「Bag-of-words」があります。具体的には、n個のテキストがあり、その中に出現する単語の種類がk個ある場合、それぞれのテキストをサイズがkの配列に変換し、その要素を単語の出現回数とします。これによりn個のテキストは、

データ数（n）×単語の出現回数k

の行列に（2次元配列として）変換されます。実際にどうなるのかは、次のプログラムを見てください。

●Bag-of-wordsでテキストデータを変換する

Bag-of-wordsの処理は、scikit-learnのCountVectorizerで行うことができます。

▼Bag-of-wordsでテキストデータを変換（bag-of-words.ipynb）

```
In  from sklearn.feature_extraction.text import CountVectorizer

    # 英文を要素にしたリストを作成
    corpus = [
        'This is the first document.',
        'This document is the second document.',
        'And this is the third one.',
        'Is this the first document?'
    ]
    # CountVectorizerをインスタンス化
    vectorizer = CountVectorizer()
    # Bag-of-wordsを実行
    X = vectorizer.fit_transform(corpus)
    # 戻り値をNumPy配列に変換して出力
    X.toarray()
```

NumPy, Pandas, scikit-learn

659

11-5 scikit-learnによるテキストマイニング

```
Out  array([[0, 1, 1, 1, 0, 0, 1, 0, 1],
            [0, 2, 0, 1, 0, 1, 1, 0, 1],
            [1, 0, 0, 1, 1, 0, 1, 1, 1],
            [0, 1, 1, 1, 0, 0, 1, 0, 1]], dtype=int64)
```

▼単語にマッピングされたラベル（インデックス）を出力

```
In   vectorizer.vocabulary_
```

```
Out  {'this': 8,
      'is': 3,
      'the': 6,
      'first': 2,
      'document': 1,
      'second': 5,
      'and': 0,
      'third': 7,
      'one': 4}
```

　Bag-of-wordsによる変換で出力された(4行, 9列)の2次元配列には、4つの文に対応する4個の配列が格納されています。配列の要素数はすべて9個で、これは4つの文すべてに出現する単語の種類と同じ数です。1つ目の配列を見ると、[0, 1, 1, 1, 0, 0, 1, 0, 1] となっています。これは、「1、2、3、6、8のラベルが付けられた単語が含まれている」ことを示しています。ラベルの数値は配列のインデックスに対応するので、インデックス0の要素の0は'and'が0個、インデックス1の要素の1は'document'が1個含まれていることを示しています。

 Column 日本語の場合はどうする？

　英文のように単語間がスペースで区切られたテキストデータは、そのままの状態で処理することができます。一方、日本語の場合は単語間の区切りがないので、事前に「分かち書き」という、単語に分解するための処理が必要になります。Pythonには、分かち書きを行い、さらに各単語の品詞情報を調べる「形態素解析」を行うためのライブラリが公開されています。

11-5 scikit-learnによるテキストマイニング

Tips 369

Level ●●●

Bag-of-wordsで前処理してニュース記事を分類する

これがポイントです！ Bag-of-wordsによる変換処理

20のトピックに関する約18000件のニュースグループ投稿が収録された「The 20 newsgroups text dataset」が公開されており、scikit-learnライブラリを利用してダウンロードすることができます。ここでは、20のトピック（カテゴリ）のうち11カテゴリのみを利用して、テキストデータの10クラスの分類を行ってみます。

● 「The 20 newsgroups text dataset」のトピックを分類

「The 20 newsgroups text dataset」の20のトピック（カテゴリ）のうち11カテゴリのみを利用して、テキストデータの10クラスの分類を行ってみます。テキストデータについてはBag-of-wordsによる変換処理を行います。

▼「The 20 newsgroups text dataset」のダウンロード

```
In   from sklearn.datasets import fetch_20newsgroups

     categories = [
         'alt.atheism',
         'comp.graphics',
         'comp.os.ms-windows.misc',
         'comp.sys.ibm.pc.hardware',
         'comp.sys.mac.hardware',
         'comp.windows.x',
         'misc.forsale',
         'rec.autos',
         'rec.motorcycles',
         'rec.sport.baseball',
         'rec.sport.hockey'
         ]
     remove = ('headers', 'footers', 'quotes')
     # 学習データ
     train_data = fetch_20newsgroups(
         subset='train', remove=remove, categories=categories)
     # 検証データ
     test_data = fetch_20newsgroups(
         subset='test', remove=remove, categories=categories)
```

▼Bag-of-wordsによるテキストデータの変換

```
In   count_vect = CountVectorizer()
     X_train_bagwords = count_vect.fit_transform(train_data.data)
     X_test_bagwords = count_vect.transform(test_data.data)
```

11-5 scikit-learnによるテキストマイニング

●線形サポートベクターマシンの分類モデル

最初に、線形サポートベクターマシンのモデルで分類予測を行ってみます。

▼線形サポートベクターマシンのモデルで分類予測

```
In   import numpy as np
     from sklearn.svm import LinearSVC

     #  線形サポートベクターマシンの分類器
     model = LinearSVC(max_iter=30000, dual=True)
     model.fit(X_train_bagwords, train_data.target)
     predicted = model.predict(X_test_bagwords)
     np.mean(predicted == test_data.target)
```

▼線形サポートベクターマシンで検証データを分類したときの正解率

```
     0.652327221438646
```

●ランダムフォレストの分類モデル

次にランダムフォレストの分類モデルで分類予測を行ってみます。

▼ランダムフォレストのモデルで分類予測（処理完了までに10分程度を要する）

```
In   from sklearn.ensemble import RandomForestClassifier

     #  ランダムフォレスト分類のモデルを作成
     rf_model = RandomForestClassifier(n_estimators=500)
     rf_model.fit(X_train_bagwords, train_data.target)
     predicted = rf_model.predict(X_test_bagwords)
     np.mean(predicted == test_data.target)
```

▼ランダムフォレストで検証データを分類したときの正解率の例

```
     0.7101551480959097
```

●勾配ブースティング決定木の分類モデル

勾配ブースティング決定木の分類モデルで分類予測を行ってみます。

▼勾配ブースティング決定木のモデルで分類予測（処理完了までに20分程度を要する）

```
from sklearn.ensemble import GradientBoostingClassifier

# 勾配ブースティング決定木のモデルを作成
# 最大深度を3、決定木を500、0.5の割合で確率的勾配降下法、学習率を0.1
gb_model = GradientBoostingClassifier(
    max_depth=3, n_estimators=500, subsample=0.5,
    learning_rate=0.1)
gb_model.fit(X_train_bagwords, train_data.target)
predicted = gb_model.predict(X_test_bagwords)
np.mean(predicted == test_data.target)
```

▼勾配ブースティング決定木で検証データを分類したときの正解率の例

```
0.7070992007522332
```

Tips
370 テキストデータの前処理②

これが
ポイント
です！ **n-gram**

▶Level ●●

Bag-of-wordsでは単語の単位で分割しましたが、n-gramと呼ばれる手法では「連続する単語のつながり」で分割します。Bag-of-wordsでは単語単位の分割なので、「単語同士の近さ」「単語の順番」というものが考慮されません。これらをできるだけ考慮したのが、n-gramという手法です。

●n-gram
n-gramのnは連続する単語の数を示していて、1文字をもとにインデックスを作成する方法をユニグラム（実質的にBag-of-words）、2文字の並びをもとにインデックスを作成する方法をバイグラム、3文字の並びをもとにインデックスを作成する方法をトリグラムと呼びます。

・1文字：ユニグラム
・2文字：バイグラム
・3文字：トリグラム

2-gram（バイグラム）では、'This is the first document.'という文から「This-is」「is-the」「the-first」「first-document」という4パターンの単語のつながりを抽出して、インデックスの割り当てが行われます。

663

11-5　scikit-learnによるテキストマイニング

●n-gramでテキストデータを変換する

n-gramの処理は、scikit-learnのCount Vectorizerで行えます。

▼n-gramでテキストデータを変換する

```
In  from sklearn.feature_extraction.text import CountVectorizer
    # 英文を要素にした配列を作成
    corpus = [
        'This is the first document.',
        'This document is the second document.',
        'And this is the third one.',
        'Is this the first document?'
    ]
    # CountVectorizerをインスタンス化
    vectorizer = CountVectorizer(
        analyzer='word',       # 単語単位のn-gramsを指定
        ngram_range=(2, 2)) # 2-grams(バイグラム)にする
    # 変換後の行列を取得
    X = vectorizer.fit_transform(corpus)
    # 戻り値はscipy.sparseの疎行列なのでNumPy配列に変換して出力
    X.toarray()
```

▼出力

```
array([[0, 0, 1, 1, 0, 0, 1, 0, 0, 0, 0, 1, 0],
       [0, 1, 0, 1, 0, 1, 0, 1, 0, 0, 1, 0, 0],
       [1, 0, 0, 1, 0, 0, 0, 0, 1, 1, 0, 1, 0],
       [0, 0, 1, 0, 1, 0, 1, 0, 0, 0, 0, 0, 1]], dtype=int64)
```

▼2単語のつながりにマッピングされたインデックスを出力

```
In  vectorizer.vocabulary_
```

```
Out  {'this is': 11,
      'is the': 3,
      'the first': 6,
      'first document': 2,
      'this document': 10,
      'document is': 1,
      'the second': 7,
      'second document': 5,
      'and this': 0,
      'the third': 8,
      'third one': 9,
      'is this': 4,
      'this the': 12}
```

664

11-5 scikit-learnによるテキストマイニング

Tips 371

テキストデータの前処理③

▶Level ●●

これが
ポイント
です！ **tf-idf**

tf-idfは、文書に含まれる単語が「その文書内でどれくらい重要か」を表す値です。文書の中の「ある単語」が「どれくらいの頻度で出現するか」を表すtf（単語頻度）値と、すべての文書の中で「その単語を含む文書」が「どれくらい少ない頻度で存在するか」を表すidf（逆文書頻度）値を掛け合わせて求めます。

●tf-idf

tf-idfのtfは「term frequency：単語頻度」、idfは「inverse document frequency：逆文書頻度」をそれぞれ表します。レアな単語が何回も出てくるようなら、文書を分類する際にその単語の重要度を上げる、というものです。具体的には、Bag-of-wordsで作成した単語のカウント行列からtfを計算し、これにidfを掛けることで、単語の重要度を含んだ数値に変換します。

tf-idf値＝（文書の中の単語の出現頻度）×
（すべての文書におけるある単語のレア度）

$$tf = \frac{\text{文書Aにおける単語Xの出現回数}}{\text{文書Aにおけるすべての単語の出現回数}}$$

$$idf = \log\left(\frac{\text{すべての文書の数}}{\text{単語Xを含む文書の数}}\right)$$

$$\text{tf-idf} = tf \times idf$$

シンプルな例として、次のような名詞のみを組み合わせた3つの文書があるとします。

文書A	'Orange Orange Orange Grape Banana'
文書B	'Orange Apple Apple Melon'
文書C	'Orange Melon Strawberry'

次の表は、文書A～Cに含まれるすべての単語を列に、文書A、B、Cを行にして、各文書ごとに単語の出現回数を記入したものです。

NumPy, Pandas, scikit-learn

11-5 scikit-learnによるテキストマイニング

▼各文書における単語の出現回数 (Bag-of-words)

	Orange	Grape	Banana	Apple	Melon	Strawberry
文書A	3	1	1	0	0	0
文書B	1	0	0	2	1	0
文書C	1	0	0	0	1	1

　各文書における単語の出現回数をもとにtf値を計算します。「文書A」における「Orange」の出現回数は3なので、これを「文書A」に出現する単語の数「5」で割ります。

文書Aの「Orange」のtf値＝出現回数 (3) ÷文書Aの単語の数 (5) ＝0.6

　同じようにして、すべての文書について、各単語の出現回数をその文書の単語の数で割ってすべてのtf値を求めたのが次の表です。

▼各文書における単語の出現頻度 (tf値)

	Orange	Grape	Banana	Apple	Melon	Strawberry
文書A	0.60	0.20	0.20	0	0	0
文書B	0.25	0	0	0.50	0.25	0
文書C	0.33	0	0	0	0.33	0.33

　次にidf値を計算します。各単語について、すべての文書の数 (3) をその単語が出現する文書の数で割った値を、自然対数に変換します。

▼各単語のidf値

Orange	$\log_e (3 \div 3) = 0$
Grape	$\log_e (3 \div 1) = 1.10$
Banana	$\log_e (3 \div 1) = 1.10$
Apple	$\log_e (3 \div 1) = 1.10$
Melon	$\log_e (3 \div 2) = 0.41$
Strawberry	$\log_e (3 \div 1) = 1.10$

ネイピア数eを底とする自然対数に変換します

　各文書における単語のtf値と、その単語のidf値を掛け算して、if-idf値を求めます。文書AのOrangeの場合は0.60×0＝0、Grapeの場合は0.20×1.10＝0.22です。すべての文書において各単語のtf-idf値を求めたのが次の表です。

11-5　scikit-learnによるテキストマイニング

▼各単語の重要度（tf-idf）

	Orange	Grape	Banana	Apple	Melon	Strawberry
文書A	0	0.22	0.22	0	0	0
文書B	0	0	0	0.55	0.10	0
文書C	0	0	0	0	0.14	0.37

●tf-idfでテキストデータを変換する

　scikit-learnのTfidfVectorizerクラスの fit_transform()メソッドは、文書のリストから一気にtf-idfを計算します。idfを計算する際は、結果が0にならないように、定数「1」がidfの分子と分母に加算され、さらに対数変換した値に加算されるようになっています。

▼scikit-learnのTfidfVectorizerクラスにおけるidfの計算式

$$idf = \log\left(\frac{1 + \text{すべての文書の数}}{1 + \text{単語Xを含む文書の数}}\right) + 1$$

▼tf-idfでテキストデータを変換する

```
In   from sklearn.feature_extraction.text import TfidfVectorizer
     # 英文を要素にしたリストを作成
     corpus = [
         'This is the first document.',
         'This document is the second document.',
         'This is the second document.',
         'Is this the first document?'
     ]
     # TfidfVectorizerをインスタンス化
     vectorizer = TfidfVectorizer()
     # リストに格納された4文書についてtf-idfを求める
     X = vectorizer.fit_transform(corpus)
     # 単語のリストをインデックス順に出力
     print(vectorizer.get_feature_names_out())
     # 戻り値はscipy.sparseの疎行列（大部分の要素が0の行列）なので、NumPy配列に変換して出力
     print(X.toarray())
```

```
Out  ['document' 'first' 'is' 'second' 'the' 'this']
     [[0.39896105 0.60276058 0.39896105 0.         0.39896105
     0.39896105]
      [0.65644042 0.         0.32822021 0.49588351 0.32822021
     0.32822021]
      [0.39896105 0.         0.39896105 0.60276058 0.39896105
     0.39896105]
      [0.39896105 0.60276058 0.39896105 0.         0.39896105
     0.39896105]]
```

11-5 scikit-learnによるテキストマイニング

▼各単語の重要度（tf-idf：小数点以下4桁まで表示）

	document	first	is	second	the	this
文書1	0.3989	0.6027	0.3989	0.	0.3989	0.3989
文書2	.6564	0.	0.3282	0.4958	0.3282	0.3282
文書3	0.3989	0.	0.3989	0.6027	0.3989	0.3989
文書4	0.3989	0.6027	0.3989	0.	0.3989	0.3989

次に、'This document is the second document.'の文を、Bag-of-wordsとtf-idfでそれぞれ変換してみます。

```
In   from sklearn.feature_extraction.text import CountVectorizer

     # 英文を要素にしたリストを作成
     corpus = [ 'This document is the second document.' ]
     # CountVectorizerをインスタンス化
     vectorizer = CountVectorizer()
     # Bag-of-wordsを実行
     X = vectorizer.fit_transform(corpus)
     # 単語のリストを出力
     print(vectorizer.get_feature_names_out())
     # 戻り値をNumPy配列に変換して出力
     print(X.toarray())
     # TfidfVectorizerをインスタンス化
     vectorizer = TfidfVectorizer()
     # tf-idfを求める
     X = vectorizer.fit_transform(corpus)
     # 戻り値をNumPy配列に変換して出力
     print(X.toarray())
```

```
Out  ['document' 'is' 'second' 'the' 'this']
     [[2 1 1 1 1]]
     [[0.70710678 0.35355339 0.35355339 0.35355339 0.35355339]]
```

インデックスの0は'document'に割り当てられていて、tf-idfは0.70…と他より大きな値になっています。これは、登場回数が2回であるためです。

668

11-5 scikit-learnによるテキストマイニング

Tips 372

tf-idfで前処理してニュース記事を分類する

▶Level ●●

これがポイントです! 「The 20 newsgroups text dataset」をtf-idfで変換

20のトピックに関する約18000件のニュースグループ投稿が収録された「The 20 newsgroups text dataset」の20のトピック（カテゴリ）のうち11カテゴリのみを利用して、テキストデータの分類を行ってみます。テキストデータの前処理としては、tf-idfによる変換処理を行います。

● 「The 20 newsgroups text dataset」のトピックを分類

「The 20 newsgroups text dataset」をダウンロードし、tf-idfでテキストデータを変換します。変換後は、線形サポートベクターマシン、ランダムフォレスト、勾配ブースティング決定木——の各分類モデルで学習してみることにします。

▼「The 20 newsgroups text dataset」のダウンロード

```
In   from sklearn.feature_extraction.text import TfidfVectorizer
     from sklearn.datasets import fetch_20newsgroups

     categories = [
         'alt.atheism',
         'comp.graphics',
         'comp.os.ms-windows.misc',
         'comp.sys.ibm.pc.hardware',
         'comp.sys.mac.hardware',
         'comp.windows.x',
         'misc.forsale',
         'rec.autos',
         'rec.motorcycles',
         'rec.sport.baseball',
         'rec.sport.hockey']
     remove = ('headers', 'footers', 'quotes')
     # 学習データ
     train_data = fetch_20newsgroups(
         subset='train', remove=remove, categories=categories)
     # テストデータ
     test_data = fetch_20newsgroups(
         subset='test', remove=remove, categories=categories)
```

▼tf-idfによるテキストデータの変換

```
In   # TfidfVectorizerをインスタンス化
     tf_vec = TfidfVectorizer()
```

NumPy, Pandas, scikit-learn

669

11-5　scikit-learnによるテキストマイニング

```
# 学習データのtf-idfを求める
X_train_tfidf = tf_vec.fit_transform(train_data.data)
# テストデータのtf-idfを求める
X_test_tfidf = tf_vec.transform(test_data.data)
```

●線形SVMの分類モデル

最初に、線形サポートベクターマシンのモデルで分類を行ってみます。

▼線形サポートベクターマシンのモデルで分類

```
In  import numpy as np
    from sklearn.svm import LinearSVC

    # 線形サポートベクターマシンの分類モデルを生成
    model = LinearSVC(max_iter=30000)
    # 学習開始
    model.fit(X_train_tfidf, train_data.target)
    # 学習後のモデルでtf-idf変換後のテストデータを分類する
    predicted = model.predict(X_test_tfidf)
    # 正解ラベルと照合して正解率を求める
    np.mean(predicted == test_data.target)
```

▼線形サポートベクターマシンで検証データを分類したときの正解率

```
0.7536436295251528
```

●ランダムフォレストの分類モデル

次にランダムフォレストの分類モデルで分類予測を行ってみます。

▼ランダムフォレストのモデルで分類予測

```
In  from sklearn.ensemble import RandomForestClassifier

    # ランダムフォレスト分類のモデルを生成
    rf_model = RandomForestClassifier(n_estimators=500)
    # 学習開始
    rf_model.fit(X_train_tfidf, train_data.target)
    # 学習後のモデルでtf-idf変換後のテストデータを分類する
    predicted = rf_model.predict(X_test_tfidf)
    # 正解ラベルと照合して正解率を求める
    np.mean(predicted == test_data.target)
```

▼ランダムフォレストで検証データを分類したときの正解率

```
0.7113305124588623
```

11-5 scikit-learnによるテキストマイニング

●勾配ブースティング決定木の分類モデル

勾配ブースティング決定木の分類モデルで分類予測を行ってみます。

▼勾配ブースティング決定木のモデルで分類予測

```python
from sklearn.ensemble import GradientBoostingClassifier

# 勾配ブースティング決定木のモデルを作成
# 最大深度を3、決定木を500、0.5の割合で確率的勾配降下法、学習率0.1
gb_model = GradientBoostingClassifier(
    max_depth=3, n_estimators=500, subsample=0.5,
    learning_rate=0.1)
# 学習開始
gb_model.fit(X_train_tfidf, train_data.target)
# 学習後のモデルでtf-idf変換後のテストデータを分類する
predicted = gb_model.predict(X_test_tfidf)
# 正解ラベルと照合して正解率を求める
np.mean(predicted == test_data.target)
```

▼勾配ブースティング決定木で検証データを分類したときの正解率

```
0.6866478608368595
```

Tips 373

テキストデータの前処理④

これがポイントです！

Embedding Word2Vec

▶Level ●●●

テキストデータの単語やカテゴリ変数の単語を実数ベクトルに変換する手法のことを「Embedding」と呼びます。Bag-of-Wordsでは「単語同士の近さ」に関する情報が抜け落ちるという問題点がありましたが、単語同士の意味の近さを捉えてベクトル化することで、この問題に対処します。

●Embedding

Embeddingは、テキストデータだけでなくカテゴリ変数に対しても用いることがで

きます。Embeddingを行う学習済みモデルとして公開されている「Word2Vec」は、単語のベクトル表現（「分散表現」と呼ばれる）を取得する（word to vector）ことから、このような名前が付けられました。gensimライブラリにWord2Vecが搭載されているので、簡単な例で試してみましょう（事前にgensimライブラリを、scikt-learn〈Tips359〉などと同様の手順でインストールしておく必要があります）。

671

11-5 scikit-learnによるテキストマイニング

▼テキストデータを単語単位で分割（word2vec.ipynb）

```
In   corpus = [
         'This is the first document.',
         'This document is the second document.',
         'And this is the third one.',
         'Is this the first document?']
     sentence = [d.split() for d in corpus]    # 文章を単語に分けてリストにする
     sentence
```

```
Out  [['This', 'is', 'the', 'first', 'document.'],
      ['This', 'document', 'is', 'the', 'second', 'document.'],
      ['And', 'this', 'is', 'the', 'third', 'one.'],
      ['Is', 'this', 'the', 'first', 'document?']]
```

▼Word2Vecで単語のベクトル表現を取得する

```
In   # Word2Vec
     from gensim.models import word2vec

     # モデルを生成
     model = word2vec.Word2Vec(
         sentence,
         vector_size=10,  # 単語ベクトルの次元数
         min_count=1,     # n回未満登場する単語を破棄
         window=2         # 学習に使う前後の単語数
         )
     # 'This'の単語ベクトルを出力
     print(model.wv['This'])
```

```
Out  [-0.08157917   0.04495798  -0.04137076   0.00824536   0.08498619
      -0.04462177   0.045175     -0.0678696   -0.03548489   0.09398508]
```

▼'document'に近い順に単語を抽出する

```
In   model.wv.most_similar(positive='document')
```

```
Out  [('third', 0.5111281871795654),
      ('document?', 0.38619056344403229),
      ('this', 0.300275593996048),
      ('first', 0.1417798399925232),
      ('document.', 0.05755424126982689),
      ('Is', -0.027790984138846397),
      ('This', -0.05889715999364853),
      ('And', -0.09835175424814224),
      ('second', -0.10117148607969284),
      ('one.', -0.25342023372650146)]
```

672

第12章
374~396

Pythonで
ディープラーニング

12-1 MNISTデータセットの手書き数字をディープラーニング
（374~384）

12-2 ファッションアイテムの画像認識（385~387）

12-3 畳み込みニューラルネットワークを利用した画像認識
（388~392）

12-4 一般物体認識のためのディープラーニング（393~396）

12-1 MNISTデータセットの手書き数字をディープラーニング

Tips
374
▶Level ●●

これが
ポイント
です！

Pythonでディープラーニングとはどういうことなのか

機械学習とディープラーニング

　Pythonが定番の開発言語として使われている分野に**ディープラーニング**があります。近年、注目されている**AI（人工知能）**を実現するための技術の１つですが、Pythonはディープラーニング用の外部ライブラリが充実しているので、開発言語としてほぼ定番化しています。

●ディープラーニング（深層学習）とは

　AIの定義を見てみると、「AIとは、コンピューターを使って学習・推論・判断など人間の知能の働きを人工的に実現したもの」とされています。この定義どおりにコンピューターに物事を理解してもらうためには、人間が学習するプロセスと同様に、情報を与えて学習させる必要があります。このようにコンピューターに学習させることを総称して「機械学習（マシンラーニング）」と呼び、その中でも、より人間の脳に近い学習を行わせる手法のことを、ディープラーニングあるいは**深層学習**と呼んでいます。ディープラーニングは、データの予測や分類をはじめ、画像認識や物体認識、音声認識などの分野で活用されています。具体的には、スパムメールの検知、クレジットカードの不正利用の検知、さらには株式取引や商品レコメンデーション、医療診断、自動運転技術などに使われています。

●Pythonでどうやって
ディープラーニングするのか

　ディープラーニングの手法の１つに、人間の脳細胞を模した**ニューラルネットワーク**があります。Pythonには、ニューラルネットワークを含む、機械学習のための様々なライブラリが公開されています。

　本書では、機械学習ライブラリの**Keras**（ケラス）を利用して、ディープラーニングのプログラムを開発します。Kerasは、機械学習ライブラリで定番の**TensorFlow**（テンソルフロー）を「関数呼び出しだけで実現する」ために開発された、TensorFlowのラッパーライブラリです。Kerasを用いることで、Pythonの学習途上にある方でも、いとも簡単にディープラーニングを実践することができます。

Tips 375 ディープラーニングの考え方をすばやく学ぶ

これがポイントです! 動物の脳細胞（ニューロン）を模したニューラルネットワーク

▶Level ●●

　ディープラーニングをより具体的にいうと「深いネットワークで学習すること」です。ディープラーニングを定義付ける要素の1つに、ニューラルネットワークがあります。たんに**機械学習**というのであれば、ニューラルネットワーク以外の、例えば統計学を用いた手法なども入ってくるので、より範囲が広がりますが、ディープラーニングは「深いネットワーク」なので、まずはニューラルネットワークがいったい何なのかを押さえておけば、ディープラーニングの実体が見えてきます。

●ニューラルネットワークの人工ニューロン
　ニューラルネットワークをひと言で表現すると、「動物の脳細胞を模した人工ニューロンをつないでネットワークにしたもの」です。動物の脳は、膨大な演算を瞬時に行う巨大なコンピューターよりもはるかに優れているといわれます。動物の神経回路は、コンピューターのデジタル信号よりも伝送効率で劣るアナログ信号が用いられているにもかかわらずです。

　動物の脳は、神経細胞の巨大なネットワークです。神経細胞そのものは**ニューロン**と呼ばれていて、生物学的に表現すると次図のような形状をしています。

▼神経細胞

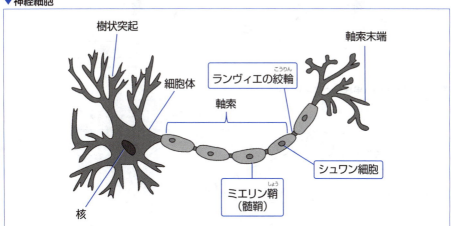

出典：『物体・画像認識と時系列データ処理入門　TensorFlow/Keras/TFLearnによる実装ディープラーニング』
　　　（チーム・カルポ、秀和システム、2019年）

12-1 MNISTデータセットの手書き数字をディープラーニング

これが単体のニューロンで、その先端部分には、他のニューロンからの信号を受け取る「樹状突起」があり、「シナプス」と呼ばれるニューロン同士の結合部を介して他のニューロンと接続されています。樹状突起から取り込んだ信号は、軸索と呼ばれる伝送部を通りながら変換され、軸索末端からシナプスによって接続された別のニューロンに伝達されます。例えば、視覚情報を扱うための膨大な数のニューロンが複雑に絡み合ったネットワークがあるとしましょう。ある物体を見たときの視覚的な情報がネットワークに入力されると、ニューロンを通るたびに信号が変化し、最終的に「その物体が何であるか」を認識する信号が出力されます。大雑把にいうと、動物の脳はこのようなニューロンのネットワークを流れる信号により、外部や内部の情報を処理しています。

このような神経細胞（ニューロン）をコンピューター上で「ソフトウェア的に」表現できないものかと考案されたのが、**人工ニューロン**です。人工ニューロンは他の（複数の）ニューロンからの信号を受け取り、内部で変換処理（**活性化関数**）を実行して、その結果を他のニューロンに伝達します。

人工ニューロンは、ディープラーニングの用語で「単純パーセプトロン」という呼び方をします。ニューラルネットワークは単純パーセプトロンを層にしたものなので、「多層パーセプトロン」（MLP：Multi-Layer Perceptron）という呼び方もされます。

▼ニューロンから発せられる信号の流れ

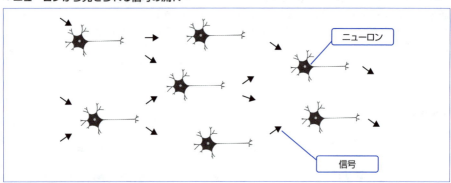

▼人工ニューロン（単純パーセプトロン）

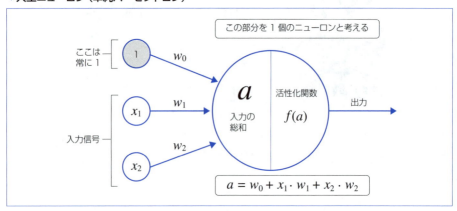

動物のニューロンは、何らかの刺激が電気的な信号として入ってくると、この電位を変化させることで「活動電位」を発生させる仕組みになっています。活動電位とは、いわゆる「ニューロンが発火する」という状態を作るためのものであり、「活動電位にするか、しないか」を決める境界、つまり「閾値」を変化させることで、発火する／しない状態にします。

人工ニューロンでは、このような仕組みを実現する手段として、他のニューロンからの信号（前ページ下図の1, x_1, x_2）に「重み」（図の w_0, w_1, w_2）を適用（実際には掛け算）し、「重みを通した入力信号の総和」（$a = w_0 + x_1 \cdot w_1 + x_2 \cdot w_2$）に活性化関数（図の $f(a)$）を適用することで、1個の「発火／発火しない」信号を出力します。出力する信号の種類は1個だけですが、同じものを複数のニューロンに出力します。図では出力する信号が1個になっていますが、実際には矢印がもっとたくさんあって、複数のニューロンに出力されるイメージです。

一気にお話ししてしまいましたが、ニューロン、ニューラルネットワークの基本的な動作はこれだけです。つまり、

> 入力信号 ➡ 重み・バイアス ➡ 活性化関数 ➡ 出力（発火する／しない）

という流れを作ることで、ニューロンのネットワークを人工的に再現します。ここで、発火するかどうかは常に「活性化関数の出力」によって決定されるので、もとをたどれば「発火するかどうかは活性化関数に入力される値次第」ということになります。ですので、やみくもに発火させず、正しいときにのみ発火させるように、信号の取り込み側には**重み**や**バイアス**という調整値が付いています。バイアスとは「重みだけを入力するための値」のことで、他の入力信号の総和が0または0に近い小さな値になるのを防ぐ、「底上げ」としての役目を持ちます。

● 「学習する」とは、重み・バイアスを適切な値に更新するということ

ここまでを整理すると、人工ニューロンの動作の決め手は「重み・バイアス」と「活性化関数」ということになります。活性化関数には様々なものがあり、一定の**閾値**を超えると発火するもの、発火ではなく「発火の確率」を出力するもの、といった違いもあります。一方、重み・バイアスについては、値は定まっておらず、プログラム側で適切な値を探すことになります。「他のニューロンからの出力に重み（図の w_1, w_2）を掛けた値」と「バイアス（図の w_0）の値」の合計値が入力信号となるので、重み・バイアスを適切な値にしなければ、活性化関数の種類が何で

▼ニューラルネットワーク

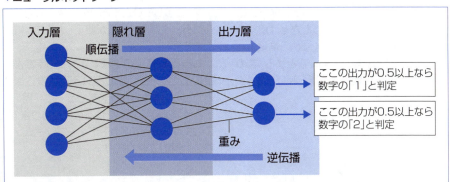

あっても人工ニューロンは正しく動作することができません。

前ページの図の入力層は、入力データのグループです。例えば、手書き数字「1」または「2」の画像データ（28×28ピクセル）を入力する場合は、784個（画素）のデータが並ぶことになります。このグループを**入力層**と呼びます。これに接続されるニューロンのグループが**隠れ層**です。図では、ここに**出力層**の2個のニューロンが接続されているので、仮に出力層の上段のニューロンが発火した場合は手書き数字の画像が「1」、下段のニューロンが発火した場合は手書き数字の画像が「2」だと判定することにしましょう。発火する閾値は0.5とし、0.5以上であれば発火として扱います。一方、活性化関数はどんな値を入力しても「0か1」もしくは「0～1の範囲に収まる値」を出力するので、手書き数字が1の場合に上段のニューロンが発火すれば正解、2の場合に下段のニューロンが発火しても正解です。

しかし、当初の重みとバイアスは場当たり的に決めたものなので、上段のニューロンが発火してほしい（手書き数字は「1」）のに0.1と出力され、逆に下段のニューロンが0.9になったりします。そこで、順方向への値の伝播で上段のニューロンが出力した0.1と正解の0.5以上の値との誤差を測り、この誤差がなくなるように「出力層に接続されている重みとバイアスの値」を修正します。さらに、修正した重みに対応するように「隠れ層に接続されている重みとバイアスの値」を修正します。出力するときとは反対の方向に向かって、誤差をなくすように重みとバイアスの値を計算していくことから、このことを専門用語で**誤差逆伝播**と呼びます。

●**順方向で出力し、間違いがあれば逆方向に向かって修正して1回の学習を終える**

機械学習やディープラーニングでいうところの「学習」とは、

> 順方向に向かっていったん出力を行い、誤差逆伝播で重みとバイアスを修正する

ことです。ただし、学習を1回行っただけでは不十分です。「まったく同じ手書き数字の画像」をもう一度ネットワークに入力すれば、上段のニューロンが間違いなく発火するはずですが、ちょっと書き方を変えた（1を少し斜めにするなど）画像が入力された場合、下段のニューロンが発火するかもしれません。あるいは「どのニューロンも発火しない」、逆に「両方とも発火してしまう」といった場合もあります。なぜなら、このニューラルネットワークは「学習したときに使った画像しか認識できない」からです。

なので、いろいろな書き方の「1」の画像を何枚も入力して重みとバイアスを修正し、どんな書き方であっても「1」と認識できるように学習させることが必要です。そうすれば、いろいろな人が書いた「1」を入力しても常に上段のニューロンのみが発火するようになるはずです。同様に、いろいろな書き方の「2」の画像を何枚も入力して、下段のニューロンのみが発火するように学習させます。こうしてひととおりの画像の入力が済んだら、「1回目の学習が終了した」ことになります。

もちろん、1回の学習ですべての手書き数字の1と2を言い当てられるとは限らないので、同じ画像のセットをもう一度学習（順伝播➡誤差逆伝播）させることもあります。このような処理こそが、ディープラーニングでの「学習」の実体です。

12-1 MNISTデータセットの手書き数字をディープラーニング

●ニューラルネットワークのプログラミング

　機械学習用ライブラリKerasには、ディープラーニングを学習するためのデータがいくつか用意されています。ディープラーニングの学習ではもはや定番といってもよい「MNIST（エムニスト）」もその1つで、様々な人が書いた数字の画像が60000枚、テスト用として10000枚収録されています。

　次の図は、MNISTデータセットを用いてディープラーニングを行う場合の、ニューラルネットワークの構造を示したものです。

▼2層構造のニューラルネットワーク

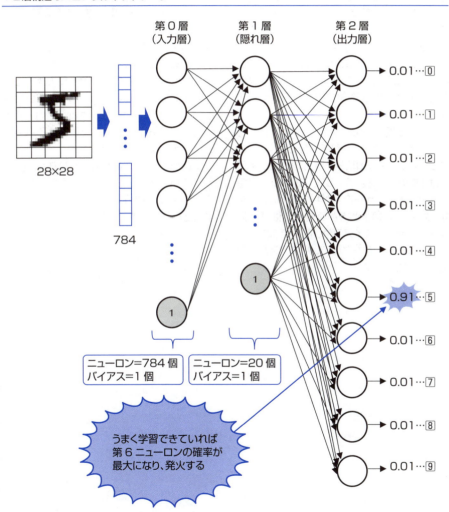

12-1 MNISTデータセットの手書き数字をディープラーニング

MNISTの1枚の画像は、28×28（ピクセル）のグレースケールのデータです。これを、2次元配列を使って（28行, 28列）の行列として表現しています。プログラミングする際は、この行列を要素数784（28×28）のフラットな1次元配列に変換して、第1層のニューロン群に入力します。これらのニューロンは行列を使ってプログラミングするのですが、具体的には2次元の配列を使って表現します。フラットにしたデータの配列と第1層のニューロン群の2次元配列を演算するようにプログラミングすることで、「第1層への入力」を実現します。第2層への入力も同じように、第1層のニューロン群の2次元配列と第2層のニューロン群の2次元配列との演算をプログラミングします。

前ページの図では、手書き数字の「5」を入力したときのイメージを示しています。各ニューロンから矢印が伸びていますが、矢印には「重み」が含まれていて、この重みの値がすなわち「ニューロンが持つ値」になります。丸の中に「1」と書かれたものはバイアスを示します。バイアスは、重みの値だけを出力するための存在なので、バイアスからの出力は常に「1」です。

「入力したデータに重みを掛けて（ニューロンと演算して）足し合せ、さらにバイアスの値を足す」ということを第1層と第2層のすべてのニューロンで行い、最終的に第2層（出力層）の10個のうちのどれかを発火させるようにします。すべての重みとバイアスが最適な値だと、いろんなパターンの手書きの「5」を入力しても、常に上から6番目（0から始まるため）のニューロンが発火します。最初は、すべての重みとバイアスの値をランダムに設定します。ですので、最初の出力はデタラメです。そこで、このときの間違いを正すように、すべての重みとバイアスの値を修正するようにプログラミングします。ですが、1回の修正で全部の重みとバイアスを最適値にするのは困難な場合がほとんどなので、もう一度入力し、出力の誤差を測って重みとバイアスを更新する——という処理を繰り返します。

プログラミングするだけでかなり大変そうですが、Kerasを使えば各層のプログラミングは、たった1行のソースコードで済ますことができます。

12-1 MNISTデータセットの手書き数字をディープラーニング

Tips 376

ディープラーニング用ライブラリ「TensorFlow」をインストールする

▶Level ●●

これがポイントです！ 機械学習ライブラリ「TensorFlow」

Pythonは、AI開発の分野で人気の言語だけあって、ディープラーニングを含む機械学習用のライブラリがとても充実しています。どのライブラリも魅力的なのですが、本書では、安定した人気があり、とても使いやすい**Keras**（ケラス）というライブラリを使うことにします。Kerasは、機械学習で有名な**TensorFlow**（テンソルフロー）というライブラリをシンプルなコードで使いこなすための**ラッパーライブラリ**です。TensorFlowはディープラーニングに特化した高機能なライブラリですが、高機能であるがゆえに、使いこなすには専門的な知識が求められます。ニューラルネットワークの根本となる部分、つまり数学の知識を駆使した計算式の部分から作り上げるスタイルを採用しているからです。

そこで、「ディープラーニングの概要がわかる人であれば、数学的な知識がなくても手軽にディープラーニングができる」ように開発されたのがKerasです。ニューラルネットワークのある部分をPythonの標準機能だけで書いたら10行のコードになったとします。それがTensorFlowを使うと5〜6行、Kerasだと半分以下の3行未満で済んでしまう——というイメージです。

●TensorFlowを仮想環境にインストールする

TensorFlowのメジャーバージョンアップの際に、Keras本体がTensorFlowのライブラリの一部として取り込まれました。そのため、TensorFlowをインストールするだけでKerasが使えるようになっています。

●TensorFlowのインストール（VSCode）

VSCodeでは、**ターミナル**でpipコマンドを使ってインストールします。

❶プログラムを保存するフォルダー内にNotebookを作成し、仮想環境のPythonのインタープリターを選択しておきます。
❷**ターミナル**メニューの**新しいターミナル**を選択して、仮想環境に関連付けられた状態の**ターミナル**を起動します。
❸**ターミナル**に
   pip install tensorflow
   と入力して**Enter**キーを押します。

Python でディープラーニング

681

12-1 MNISTデータセットの手書き数字をディープラーニング

▼仮想環境に関連付けられた状態の[ターミナル]でpipコマンドを実行

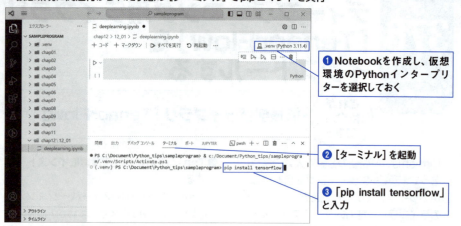

❶ Notebookを作成し、仮想環境のPythonインタープリターを選択しておく

❷ [ターミナル]を起動

❸「pip install tensorflow」と入力

●TensorFlowのインストール（Anaconda）

Anaconda Navigatorを起動し、**Environments**タブをクリックして作成済みの仮想環境を選択し、右側のペイン上部のメニューから**Not installed**を選択します。検索欄に「tensorflow」と入力し、検索結果の一覧で**tensorflow**のチェックボックスにチェックを入れ、**Apply**ボタンをクリックします。

▼「TensorFlow」のインストール

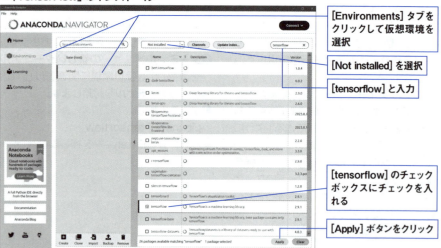

[Environments] タブをクリックして仮想環境を選択

[Not installed] を選択

[tensorflow] と入力

[tensorflow] のチェックボックスにチェックを入れる

[Apply] ボタンをクリック

ダイアログが起動するので、**Apply**ボタンをクリックします。

12-1　MNISTデータセットの手書き数字をディープラーニング

Tips 377

手書き数字「MNISTデータセット」の中身を見る

▶Level ●●

これがポイントです！ 手書き数字の画像を60000枚収録した「MNIST」データセット

Kerasにはディープラーニング用の学習教材がいくつか付属しています。その中の**手書き数字**の画像データ「MNIST」を読み込んで、データの中身を見てみることにしましょう。Notebookを作成し、次のコードを入力して実行してみます。

▼MNISTデータセットをプログラムに読み込む

```
In    # MNISTデータセットをインポート
      from tensorflow.keras.datasets import mnist

      # MNISTデータセットをダウンロードして変数に代入する
      (x_train, y_train), (x_test, y_test) = mnist.load_data()
```

上記のコードをセルに入力して実行すると、仮想環境のフォルダー内の所定の場所にMNISTデータセットがダウンロードされます。一度ダウンロードすれば、次回からはダウンロード済みのMNISTデータが使われるようになります。

MNISTデータセットには、学習に使用する訓練データと正解ラベル（手書き数字が何の数字なのかを示す0〜9の値）、学習結果を評価するためのテストデータと正解ラベルが格納されているので、それぞれを次の変数に格納しました。

x_train	訓練用の画像
y_train	訓練用の正解ラベル
x_test	テスト用の画像
y_test	テスト用の正解ラベル

それぞれの変数に格納されているのは、NumPy配列のデータです。NumPyの配列はPythonのリストをそのままNumPyに移植したものなので構造はリストと同じですが、NumPyのメソッドはもちろん、Kerasのメソッドでの処理も可能です。では、データの構造がどのような形状になっているのか、次のコードを入力して確かめてみましょう。

```
In    # MNISTデータセットの形状を調べる
      print(x_train.shape)    # 訓練データ
      print(y_train.shape)    # 訓練データの正解ラベル
      print(x_test.shape)     # テストデータ
      print(y_test.shape)     # テストデータの正解ラベル
Out   (60000, 28, 28)
      (60000,)
      (10000, 28, 28)
      (10000,)
```

Pythonでディープラーニング

683

12-1 MNISTデータセットの手書き数字をディープラーニング

shapeは、NumPy配列の形状（各次元の要素数）を取得するためのプロパティです。

(60000, 28, 28)

は、カッコの中に数値が3つ並んでいるので、この配列が3次元であることを示しています。(28行, 28列)の2次元配列が60000セット格納されていることになります。この(28行, 28列)の2次元配列は数学の行列を表現していて、28×28ピクセルの1枚の画像データに相当します。行列の各要素（成分）はグレースケールの色調を示す0から255までの値です。では、実際にどんなデータが格納されているのか確認してみましょう。

```
In  # 訓練データを出力する
    print(x_train)

Out [[[0 0 0 ... 0 0 0]
     [0 0 0 ... 0 0 0]
     [0 0 0 ... 0 0 0]
     ...
     [0 0 0 ... 0 0 0]
     [0 0 0 ... 0 0 0]
     [0 0 0 ... 0 0 0]]

    [[0 0 0 ... 0 0 0]
     [0 0 0 ... 0 0 0]
     [0 0 0 ... 0 0 0]
     ...
     [0 0 0 ... 0 0 0]
     [0 0 0 ... 0 0 0]
     [0 0 0 ... 0 0 0]]]
```

60000枚の画像データなので、出力が省略されています。これでは何もわからないので、1枚ぶんのデータだけを出力してみます。

```
In  # x_trainに格納されている1枚目の画像データを出力
    print(x_train[0])
```

次に示すのは、出力されたデータをテキストエディターにコピーし、余分な改行を取り除いたものです。

▼x_trainに格納されている1つ目の画像データ（テキストエディターで表示）

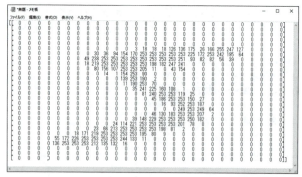

12-1 MNISTデータセットの手書き数字をディープラーニング

　MNISTの手書き数字は、黒の下地に白の数字を描いたものなので、黒を示す0の並びの中にグレースケールの色調を示す数値が収められています。この数字の並びを見渡すと、なんとなく数字の「5」に見えます。そこで、グラフィックを処理する **Matplotlib** ライブラリを利用し、このデータを画像として出力してみましょう。Matplotlibのインストールについては、Tips356または398を参照してください。

▼1枚目の画像をMatplotlibで出力する

```
In  # 手書き数字を画像として出力する
    import matplotlib.pyplot as plt

    # 先頭のNumpy配列をグレースケール画像として読み込み、出力する。
    plt.imshow(x_train[0].reshape(28, 28), cmap='gray')
    plt.show()
```

▼実行結果

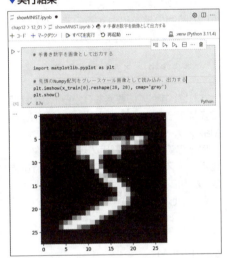

　28×28ピクセルのグレースケールの画像が出力されました。この画像が本当に数字の「5」なのかは、正解ラベルを見るとわかります。正解ラベルは

　(60000,)

の1次元配列ですので、先頭の要素を取り出せば、この画像が何の数字なのかわかります。

```
In  # 1枚目の画像の正解ラベルを出力する
    print(y_train[0])

Out 5
```

　y_trainには、訓練用の画像データの正解ラベルとして、0〜9のどれかの値が60000個格納されています。先頭要素は5と出力されたので、先ほど出力した画像は数字の「5」で間違いありません。

12-1　MNISTデータセットの手書き数字をディープラーニング

Tips
378
▶ Level ● ●

これが
ポイント
です！

MNISTデータセットをMLPに入力できるように前処理する

MNISTの前処理

　手書き数字の1枚の画像データは、(28行，28列)の2次元配列です。これを、ニューラルネットワークに入力できるように、要素数784(28×28)の1次元配列に変換します。2次元配列のままでも問題はないのですが、計算が容易になるよう、28行の要素(1行につき28列の要素)を先頭行から順に連結して、1次元の配列にします。

　さて、NumPy配列はndarrayクラスのオブジェクトで、このクラスには配列の形状(次元の数も含む)を変更するreshape()メソッドがあるので、これを使うことにします。実際のMNISTの**訓練データ**は、(28行，28列)の2次元配列を60000セット格納した(60000, 28, 28)の3次元配列になっているので、

```
x_train = x_train.
    reshape(60000, 784)
```

として、(60000, 784〈=28×28〉)の2次元配列に変換します。

　それから、各要素(1ピクセルに相当)のグレースケールの階調を示す0から255までの値を255.0で割って、0から1.0の範囲に収まるように変換します。これは、各ニューロンに設定する活性化関数が0から1.0の範囲の値を出力するので、入力するデータもこれに合わせるためです。

```
x_train = x_train/255
```

とすれば、すべての要素を0から1.0の範囲に変換できます。この処理のことを「Min-Maxスケーリング」と呼びます。

　以上の処理を、学習用の訓練データと評価用のテストデータの両方に対して行います。新規にNotebookを作成し、次のように入力しましょう。

▼MNISTデータの読み込みと前処理 (「mlp_mnist.ipynb」セル1)

```
In    from tensorflow.keras.datasets import mnist # MNISTデータセットをインポート

      # MNISTデータセットを読み込む
      (x_train, y_train), (x_test, y_test) = mnist.load_data()

      # データの前処理
      # (60000,28,28)の3次元配列を(60000,784(=28×28))の2次元配列に変換
      x_train = x_train.reshape(60000, 784)
      # (10000,28,28)の3次元配列を(10000,784(=28×28))の2次元配列に変換
      x_test = x_test.reshape(10000, 784)
      # 画素のデータをグレースケールの階調の最大値255.0で割って、0から1.0の範囲にする
      x_train = x_train/255.0
      x_test = x_test/255.0
```

686

●正解ラベルの前処理

現状で、正解ラベルを格納したy_trainの中身は次のようになっています。

▼y_trainの中身
```
print(y_train)      # 出力：[5 0 4 ... 5 6 8]
```

先頭の5は訓練データの最初の手書き数字が「5」であることを示し、次の0は次の画像が数字の「0」であることを示しています。途中が省略されていますが、このように正解を示す数値が配列要素として60000個格納されています。

今回のニューラルネットワークの出力層のニューロン数は10です。この10という数は、「手書き数字が何の数字なのか」を示す正解ラベルの0〜9に対応しています。0から9、つまり全部で10種類なので、10個のクラスのマルチクラス分類となります。

10個のニューロンの出力は、当初、でたらめな値になりますが、学習を繰り返すことで次の図のように手書き数字を認識するようになります。

▼出力層のニューロンの出力と分類結果の関係（学習が進んだあと）

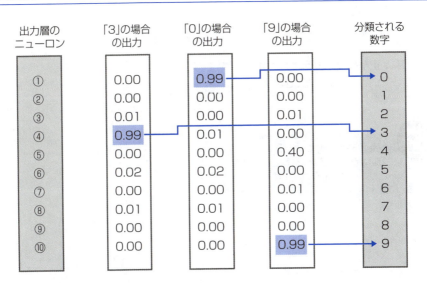

図では、現在の正解ラベルの値を出力層の信号に合わせて、(10行，1列)の行列として表していますが、プログラム的には要素数が10の配列です。例えば、正解ラベルが3の場合は、

[0,0,0,1,0,0,0,0,0,0]

のような配列にします。4番目の要素の1は正解が3であることを示します。

12-1 MNISTデータセットの手書き数字をディープラーニング

このように、「1つの要素だけがHigh（1）
で、ほかはLow（0）」のようなデータの並び
にすることを**ワンホット表現**と呼びます。

次に示すのは、ワンホット表現に変換する
コードです。先のコードの次のセルに入力し
てください。

▼正解ラベルをワンホット表現の配列にする（「mlp_mnist.ipynb」セル2）

```
In   from tensorflow.keras import utils # utilsをインポート

     # 出力層のニューロンの数（クラスの数）
     num_classes = 10
     # 訓練データとテストデータの正解ラベルをワンホット表現に変換
     y_train = utils.to_categorical(y_train, num_classes)
     y_test = utils.to_categorical(y_test, num_classes)
```

変換後のy_trainの1番目の要素を出力し
てみると、

```
[0. 0. 0. 0. 0. 1. 0. 0. 0. 0.]
```

のように、正解の「5」を示すワンホット表
現になっていることが確認できます。

> **さらに**
> **ワンポイント**
> 活性化関数が出力するのは0～1.0
> の範囲の値ですが、極値として0や
> 1になるだけで、実際に0や1そのものを出
> 力することはありません。0.01～0.99の
> ようなイメージです。

688

Tips 379 MLPの隠れ層をプログラミングする

▶Level ●●

これがポイントです！ 入力層のデータとの行列計算

　入力層から隠れ層までの構造を図で表すと次図のようになります。入力層には、$x_1^{(0)}$ から $x_{784}^{(0)}$ までの出力、そしてバイアスのためのダミーデータ「1」があります。

▼入力層➡隠れ層

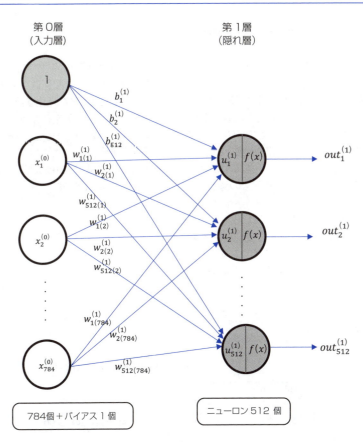

12-1 MNISTデータセットの手書き数字をディープラーニング

バイアスをb、重みをwとして、次図のように添字を付けています。

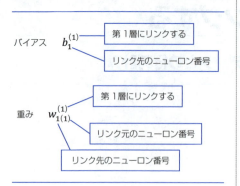

上付きの(1)は「第1層にリンクしている」ことを示しています。下付きの1は「リンク先が第1ニューロン」だということを示し、その右隣りの(1)は「リンク元が前層の第1ニューロン」だということを示します。$w_{1(1)}^{(1)}$は、「第1層の第1ニューロンの重みであり、リンク元は第0層の第1ニューロン」だということになります。

● **ニューロンへの入力や出力は行列計算で一気にやる**

入力層の$x_1^{(0)}$に着目すると、その出力先は512個のニューロンになっているので、それぞれ512通りの重みを掛けた値が第1層のニューロンに入力されることになります。入力層には$x_1^{(0)}$から$x_{784}^{(0)}$までの784個の値があるので、この計算を784回行います。そして、第1層の個々のニューロンは入力された値の合計を求めてバイアスの値を加算します。

訓練データの画像は60000枚もあるので、延々と計算を繰り返すことになります。for文を使えばなんとかなりそうな気もしますが、プログラミングするのが大変そうです。

そこで使われるのが、数学でいうところの**行列**です。NumPy配列は行列の計算に対応しているので、2次元化することで、数字が縦横に並んだ行列を表現することができます。今回の入力データは、784個の画素からなる画像データが60000セットの2次元配列で、すでに(60000行, 784列)の行列になっています。

▼入力データ

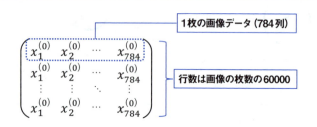

12-1 MNISTデータセットの手書き数字をディープラーニング

これに掛け算をする第1層のニューロンの重み行列は、(784行, 512列)になります。行列の掛け算は少々複雑で、「行の順番と列の順番の数が同じ要素(成分)同士を掛けて足し上げる」ということをします。これを行列の**積**と呼びます。XとYという行列同士の掛け算であれば、まずは

「Xの1行目の要素とYの1列目の要素を順番に掛け算してその和を求める」

という具合です。例えば、(2, 3)行列と(3, 2)行列の積は、

$$\begin{pmatrix} 2 & 3 & 4 \\ 5 & 6 & 7 \end{pmatrix} \begin{pmatrix} a & d \\ b & e \\ c & f \end{pmatrix} = \begin{pmatrix} 2a+3b+4c & 2d+3e+4f \\ 5a+6b+7c & 5d+6e+7f \end{pmatrix}$$

のように計算します。このため、行列Xの列数と行列Yの行数は同じであることが必要です。MNISTの前処理後の入力データは(60000行, 784列)の行列なので、(784行, 1列)の行列との積の計算ができます。この場合、出力される行列は(60000行, 1列)になります。ここで、先のニューラルネットワークの図をもう一度見てみましょう。第0層(入力層)のデータの個数は784で、これは入力データの行列(60000行, 784列)の列の数と同じです。すなわち、入力層のデータをニューロンとして考えると、「ニューラルネットワークのニューロンの数は行列の列数と等しい」という法則のようなものがあることがわかります。そうであれば、前の層の出力に掛け合わせる重み行列の列の数を「設定したいニューロンの数」にすればよいので、(784行, 512列)の重み行列を用意すれば、ひとまず512個のニューロンで構成される第1層(隠れ層)のかたちが出来上がります。このときの積の結果は、(60000行, 512列)の行列になるので、同じ形状のバイアス行列を用意して行列同士の足し算を行えば、バイアス値の入力までを済ませることができます。

▼入力層からの入力に第1層(隠れ層)の重みとバイアスを適用する

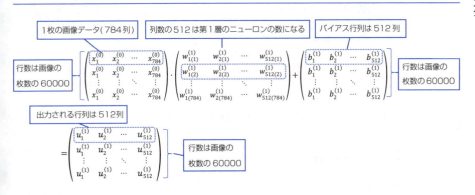

細々とした行列計算の式ですが、Kerasを使えば1行のコードで済むので、眺める程度にしておいてください。ただ、「重みwとバイアスbについては、文字と添え字で示している行列の各要素に、ランダムに生成した値が入る」ということだけ覚えておいてください。

さて、これで第1層のニューロンへの入力が完了したので、あとは各ニューロン内で活性化関数を適用して、

12-1 MNISTデータセットの手書き数字をディープラーニング

$$\begin{pmatrix} relu(u_1^{(1)}) & relu(u_2^{(1)}) & \cdots & relu(u_{512}^{(1)}) \\ relu(u_1^{(1)}) & relu(u_2^{(1)}) & \cdots & relu(u_{512}^{(1)}) \\ \vdots & \vdots & \ddots & \vdots \\ relu(u_1^{(1)}) & relu(u_2^{(1)}) & \cdots & relu(u_{512}^{(1)}) \end{pmatrix} = \begin{pmatrix} out_1^{(1)} & out_2^{(1)} & \cdots & out_{512}^{(1)} \\ out_1^{(1)} & out_2^{(1)} & \cdots & out_{512}^{(1)} \\ \vdots & \vdots & \ddots & \vdots \\ out_1^{(1)} & out_2^{(1)} & \cdots & out_{512}^{(1)} \end{pmatrix}$$

の計算を行います。relu( )とあるのは、ReLUという関数を適用することを示しています。**ReLU関数**は、入力値が0以下のとき0になり、1より大きいときは入力値をそのまま出力するだけなので、計算が速いうえに、学習効果が高いという特徴があります。

▼ReLU関数の出力を示すグラフ

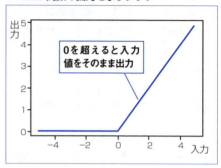

●第1層（隠れ層）のプログラミング

隠れ層のプログラミングなので、MNISTデータの前処理を行うソースコードの次に入力する必要があります。前処理で作成されたデータが入力層のデータになるので、前回のTipsで入力した次のセルに以下のコードを入力することにします。

▼ニューラルネットワーク（モデル）の基盤オブジェクトの生成と第1層の作成（「mlp_mnist.ipynb」セル3）

```
from tensorflow.keras.models import Sequential
from tensorflow.keras.layers import Dense

# ニューラルネットワークのもとになるオブジェクトを生成
model = Sequential()

# 第1層の作成
model.add(Dense(512,                  # 第1層のニューロン数は512
                input_shape=(784,),   # 第0層のデータ形状は要素数784の1次元配列
                activation='relu'     # 活性化関数はReLU
               ))
```

12-1　MNISTデータセットの手書き数字をディープラーニング

　keras.models.Sequentialは、ニューラルネットワーク (モデル) の基盤になるオブジェクトのためのクラスです。Kerasでは、このオブジェクトを生成し、必要な層を追加するかたちで、ネットワークを構築します。ネットワークの層はkeras.layers.Denseクラスのオブジェクトなので、このオブジェクトを生成し、Sequentialクラスのadd()メソッドでネットワーク上に配置します。
　Dense()コンストラクターは、

```
Dense(ニューロン数, activation='活性化関数')
```

のように第1引数でニューロンの数を指定し、名前付き引数activationで活性化関数を指定するだけで、ニューラルネットワークの層を生成します。ただし、直前に位置する層が入力層の場合にのみ、input_shapeで入力データの形状を指定することが必要です。入力例では(784,)のように行列の構造を示す書き方をしていますが、1次元配列なので、

```
input_shape=784
```

としてもOKです。
　これだけのコードで、第1層の行列計算や活性化関数の適用が行われます。重みとバイアスの初期値は、デフォルトでは−1.0〜1.0の一様乱数で初期化されます。

12-1 MNISTデータセットの手書き数字をディープラーニング

Tips
380
▶ Level ●●

ドロップアウトを実装する

これがポイントです! **Dropout()関数による処理結果の破棄**

ニューラルネットワークでの学習を何度も繰り返すと、当然ですが手書きの数字を正確に言い当てられるようになります。しかし、たとえ膨大な数のデータを学習したとしても、同じデータを繰り返し学習すると弊害が起きてしまうことがあります。これを**過剰適合***と呼びます。同じデータを何度も学習することで、学習に使用したデータに適合しすぎて、未知のデータを正確に認識できなくなることがあるのです。正確さを求めるあまり、データが少しブレた（手書き数字のある一片の太さが変わるなど）だけで、正確に認識できなくなったりします。

過剰適合を防ぐために考案されたのが、特定の層のニューロンのうち、半分（50パーセント）あるいは4分の1（25パーセント）など任意の割合でランダムに選んだニューロンを無効にして学習する、**ドロップアウト**と呼ばれる処理です。学習を繰り返すたびに異なるニューロンがランダムに無効化されるので、あたかも構造の違う複数のネットワークで学習させたような効果が期待できます。

●ドロップアウトをプログラミングする

ドロップアウトは、「層と層の間に配置」します。ドロップアウトそのものの処理は、keras.layers.Dropout()で実装でき、名前付き引数rateにドロップアウト率を設定するようにします。

▼第1層の次にドロップアウトを実装する（「mlp_mnist.ipynb」セル4）

```
In   from tensorflow.keras.layers import Dropout
     model.add(Dropout(rate=0.25))          #  ドロップアウト率を25パーセントにする
```

ここではドロップアウト率を25パーセントにしたので、512ニューロンからランダムに128個のニューロンを除いた実質384個のニューロンで学習することになります。

***過剰適合** overfitting。**過学習**とも呼ばれる。

694

Tips 381 MLPの出力層をプログラミングする

これがポイントです！ マルチクラス分類に最適なソフトマックス関数の適用

▶Level ●●

隠れ層から出力層までの構造は次図のようになります。隠れ層からの出力は $out_1^{(1)}$ から $out_{512}^{(1)}$ まであり、これにバイアスと重みを適用して10個のニューロンから出力します。

▼隠れ層➡出力層

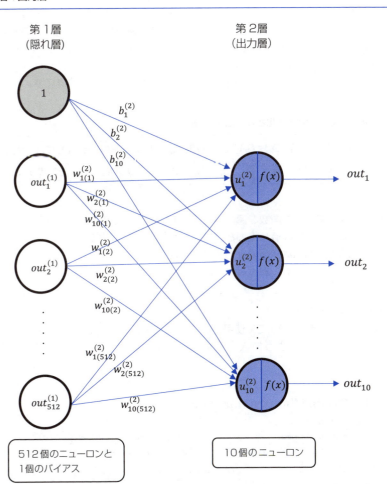

12-1　MNISTデータセットの手書き数字をディープラーニング

●ソフトマックス関数

　ソフトマックス関数はマルチクラス分類の出力層で用いられる活性化関数であり、各クラスの確率として0から1.0の間の実数を出力します。出力した確率の総和は1になります。例えば、3つのクラスがあり、1番目が0.26、2番目が0.714、3番目が0.026だったとします。この場合、1番目のクラスが正解である確率は26%、2番目のクラスは71.4%、3番目のクラスは2.6%である、というように確率的な解釈ができます。

▼ソフトマックス関数

$$y_i = \frac{\exp(x_i)}{\displaystyle\sum_{k=1}^{n} \exp(x_k)}$$

　$\exp(x)$はe^xを表す指数関数であり、eは2.7182...のネイピア数です。この式では、出力層のニューロンが全部でn個（クラスの数n）あるとして、i番目の出力y_iを求めることを示しています。ソフトマックス関数の分子は入力信号x_iの指数関数、分母はすべての入力信号の指数関数の和になります。

　今回の出力層のニューロン数は10個なので、nの数は10になります。次に示すのは、あくまで例ですが、出力層でソフトマックス関数適用後の出力値と、ワンホット表現に変換した正解ラベルをそれぞれベクトルにして、上下に並べてみたものです。

▼出力層の出力値とワンホット化された正解ラベル

```
[0.1, 0.1, 0.1, 0.1, 0.1, 0.1, 0.1, 0.1, 0.1, 0.1, ]   10個のニューロンの出力値
[1,   0,   0,   0,   0,   0,   0,   0,   0,   0,   ]   ワンホット化した正解ラベル
```

　当初は、ソフトマックス関数を適用しても、このようにでたらめな値が出力されます。次のTipsでは、出力層からの出力値と正解ラベルの誤差（ベクトル要素ごとの誤差）を測定し、重みとバイアスの値を修正する「バックプロパゲーション」について紹介します。

●出力層のプログラミング

　出力層を作成します。これまでに使用しているNotebookに、次のように入力しましょう。

▼第2層（出力層）の作成（「mlp_mnist.ipynb」セル5）

```
In   model.add(Dense(
        num_classes,          # 第2層のニューロン数はクラスの数（10）
        activation='softmax'  # 活性化関数はSoftmax
     ))
```

696

12-1 MNISTデータセットの手書き数字をディープラーニング

Tips
382
▶Level ●●

バックプロパゲーションを実装する

これがポイントです! 〉**誤差逆伝播による重みとバイアスの更新**

　前回のTipsで出力層までがプログラミングできました。最後に、誤差を測定して重みやバイアスを修正する処理を実装します。この処理のことを**バックプロパゲーション**（**誤差逆伝播**）といいます。「入力とは逆方向に向かって誤差を修正していく」という意味です。

●誤差が逆方向に伝播される流れ

　ニューラルネットワーク（MLP）では、隠れ層や出力層にそれぞれ重みとバイアスが存在します。バックプロパゲーションの処理としては、最終の出力と正解値との誤差の勾配（グラフにしたときの誤差を示す曲線の勾配とお考えください）が最も小さくなるように出力層の重みとバイアスを更新しながら、その直前の層にも「誤差を最小にする情報」を伝達して、さらに直前の層の重みとバイアスを更新することになります。

●ニューラルネットワークの損失関数

　ニューラルネットワーク（多層パーセプトロン）における出力値の誤差を測定する損失関数には、「交差エントロピー誤差関数」が用いられます。

◎シグモイド関数を用いる場合の損失関数

　シグモイド関数を活性化関数にした場合、出力と正解値との誤差を最小にするための損失関数として用いられる交差エントロピー誤差関数は、交差エントロピー誤差を$E(W)$とすると次の式で表されます。

▼シグモイド関数を用いる場合の交差エントロピー誤差関数

$$E(W) = -\sum_{i=1}^{n} (t_i \log f(\boldsymbol{x_i}) + (1 - t_i) \log(1 - f(\boldsymbol{x_i})))$$

　ここで求める誤差$E(W)$は「最適な状態からどのくらい誤差があるのか」を表していることになります。

Pythonでディープラーニング

697

12-1 MNISTデータセットの手書き数字をディープラーニング

◎ソフトマックス関数を用いるときの
交差エントロピー誤差関数

マルチクラス分類の活性化関数として用いられるソフトマックス関数について、次のように定義します。t番目の正解ラベル（分類先のクラス）を$t^{(t)}$、t番目に相当する出力を$o^{(t)}$とし、ニューロンへの入力値を$u_i^{(t)}$と表しています。cは分類先のクラスを表す離散値です。

▼ソフトマックス関数

$$softmax\left(u_i^{(t)}\right) = \frac{\exp\left(u_i^{(t)}\right)}{\sum_{c=1}^{n} \exp\left(u_c^{(t)}\right)}$$

ソフトマックスを用いる場合の交差エントロピー誤差関数は、次のようになります。交差エントロピー誤差をE、t番目の正解ラベルを$t^{(t)}$、t番目の出力を$o^{(t)}$としています。cは分類先のクラスを表す変数です。

▼ソフトマックス関数を用いる場合の交差エントロピー誤差関数

$$E = -\sum_{t=1}^{n} t_c^{(t)} \log o_c^{(t)}$$

●重みの更新式

交差エントロピー誤差を最小化するには、「重み（w）で偏微分して0になる値」を求めなければならないので、反復学習により、パラメーターを逐次的に更新する「勾配降下法」が用いられます。途中経過は省略しますが、最終的に重み（パラメーター）の更新式は次のようになります。

▼出力層の重み$w_{j(i)}^{(L)}$の更新式

$$w_{j(i)}^{(L)} := w_{j(i)}^{(L)} - \eta\left(\left(o_j^{(L)} - t_j\right) f'\left(u_j^{(L)}\right) o_i^{(L-1)}\right)$$

$w_{j(i)}^{(L)}$は出力層（L）のj番目のニューロンにリンクする重み、（i）は1つ前の層のリンク元のニューロン番号です。出力層（L）のj番目のニューロンの「出力値」を$o_j^{(L)}$とし、これに対応するj番目の正解ラベル（分類先のクラス）をt_jとしています。$u_j^{(L)}$は出力層（L）のj番目のニューロンへの「入力値」を示します。

698

$f'(u_j^{(L)})$は、活性化関数 $f(u_j^{(L)})$ の導関数ですので、活性化関数がシグモイド関数またはソフトマックス関数の場合は、

$$f'(x) = (1 - f(x))f(x)$$

になります。

上記の重みの更新式は、見出しに「出力層の」と付いていましたが、これは、誤差を測定するための正解ラベル t_j が出力層にしか存在しないためです。ここで、簡単にするために式の一部を

$$\left(o_j^{(L)} - t_j\right) f'\left(u_j^{(L)}\right) = \delta_j^{(L)}$$

のように δ（デルタ）の記号で置き換えて、出力層以外も含むすべての層の重みの更新式として次のようにします。

▼重み $w_{j(i)}^{(L)}$ の更新式

$$w_{j(i)}^{(L)} := w_{j(i)}^{(L)} - \eta\left(\delta_j^{(L)} o_i^{(L-1)}\right)$$

そうすると、$\delta_j^{(L)}$ の部分を出力層の場合とそれ以外の層の場合とで、次のように分けて定義することができます。

▼$\delta_i^{(l)}$ の定義を場合分けする（⊙は行列のアダマール積を示す）

・l が出力層のとき

$$\delta_i^{(l)} = \left(o_i^{(l)} - t_i\right) \odot \left(1 - f\left(u_i^{(l)}\right)\right) \odot f\left(u_i^{(l)}\right)$$

・l が出力層以外の層のとき

$$\delta_i^{(l)} = \left(\sum_{j=1}^{n} \delta_j^{(l+1)} w_{j(i)}^{(l+1)}\right) \odot \left(1 - f\left(u_i^{(l)}\right)\right) \odot f\left(u_i^{(l)}\right)$$

出力層の誤差を求める $(o_i^{(l)} - t_i)$ の部分が、出力層以外では直後の層についての

$$\left(\sum_{j=1}^{n} \delta_j^{(l+1)} w_{j(i)}^{(l+1)}\right)$$

の計算に置き換えられています。

このように、出力層から順に誤差を測定し、層を遡って重みの値を更新していく処理が「誤差逆伝播（バックプロパゲーション）」です。

▼2層のMLPにおける誤差逆伝播

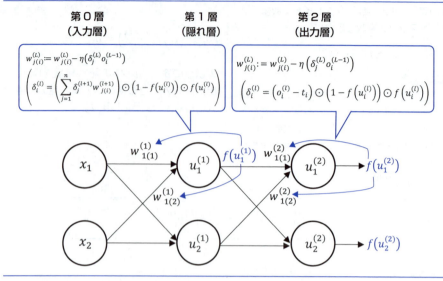

※図を簡単にするために各層のニューロンの数を2としています。

● バックプロパゲーションを
プログラミングする

前回までのTipsで出力層までのコードが入力済みですので、その次のセルに次のコードを入力します。

▼バックプロパゲーションを実装する (「mlp_mnist.ipynb」セル6)

```
from tensorflow.keras.optimizers import SGD
model.compile(
    loss='categorical_crossentropy',  # 誤差関数を交差エントロピー誤差にする
    optimizer=SGD(),                   # 学習方法をSGDにする
    metrics=['accuracy'])              # 学習評価には正解率を使う
```

以上でニューラルネットワークの実装が完了したので、最後にSequentialオブジェクトに対してcompile()メソッドを実行することで、プログラム的に完成させます。このとき、名前付き引数lossで誤差を求める関数の種類を指定し、optimizerで学習方法を指定することで、バックプロパゲーションが組み込まれます。学習方法とは、先述した重みの更新式のことです。これまでに見てきた数式は**勾配降下法**と呼ばれ、この場合は、

```
optimizer=SGD()
```

のようにします。

> **さらに ワンポイント　アダマール積**
> アダマール積は、同じサイズの行列に対して成分ごとに積をとることで求める、行列の積の一種です。

12-1 MNISTデータセットの手書き数字をディープラーニング

Tips 383 作成したニューラルネットワークの構造を出力する

▶Level ●●

これがポイントです！ summary()メソッドによるサマリーの出力

　ニューラルネットワーク (MLP) が完成したので、どのような構造になっているのかを見てみることにします。

　Sequential クラスには、作成したネットワークの概要を出力するsummary()メソッ
ドがあるので、これを使って出力してみましょう。前回のTipsで入力したバックプロパゲーションの実装コードの次のセルに、次のように入力して実行します。

▼ニューラルネットワークの構造を出力（「mlp_mnist.ipynb」セル7）

```
In    model.summary()
```

▼出力結果

```
Out   Model: "sequential"
      _____
      Layer (type)                 Output Shape              Param #
      ==============================================================
      dense (Donse)                (None, 512)               401920

      dropout (Dropout)            (None, 512)               0

      dense_1 (Dense)              (None, 10)                5130
      ==============================================================
      Total params: 407050 (1.55 MB)
      Trainable params: 407050 (1.55 MB)
      Non-trainable params: 0 (0.00 Byte)
```

　dense(Dense)は隠れ層です。隠れ層から出力する行列は(None, 512)の形状になっています。列の512は隠れ層のニューロンの数と同数であり、Noneは訓練データ
をまるごと入力した場合には画像データの枚数の60000列になるので、(60000, 512)となります。バイアスと重みの数を示すParamは401920、これは

入力層から入力するデータの個数×隠れ層のニューロン数＋バイアス
＝784×512+512
＝401920

であるからです。

701

dropout(Dropout)はドロップアウトの処理で、出力される行列は隠れ層と同じ形状をしています。

dense_1(Dense)が出力層です。出力層から出力される行列は(None, 10)で、列の10は出力層のニューロンの数と同数です。訓練データをまるごと入力した場合は、Noneの部分に画像データの枚数の60000が入り、(60000, 10)になります。バイアスと重みの数を示すParamは5130、これは

隠れ層のニューロン数×出力層のニューロン数＋バイアス数
＝512×10＋10＝5130

であるからです。

 Column MNISTデータの学習結果を評価する

Tips384で使用するfit()メソッドは、学習を行いつつ、テストデータによる評価も同時に行いますが、ここでは、評価専用のメソッドを使って評価する方法を紹介します。

Sequentialクラスのevaluate()メソッドは、第1引数にテスト用のデータ、第2引数に正解ラベルを指定すると、学習済みのニューラルネットワークに入力して、精度と損失をリストとして返してきます。

▼テストデータで評価する

```
# テストデータを使って学習結果を評価する
score = model.evaluate(x_test, y_test, verbose=0)
# テストデータの誤り率を出力
print('Test loss:', score[0])
# テストデータの正解率を出力
print('Test accuracy:', score[1])
```

```
Test loss: 0.24084779620170593
Test accuracy: 0.9325000047683716
```

出力されたのは、10000枚のテストデータを学習済みモデルに入力して得られた精度と損失です。

12-1　MNISTデータセットの手書き数字をディープラーニング

Tips
384
▶Level ●●

これが
ポイント
です！ fit() メソッド

MNISTデータを
ディープラーニングする

　ニューラルネットワークで順伝播を行い、バックプロパゲーションによる重みの学習を行うには、Sequentialクラスの**fit()メ**ソッドを使います。

●ミニバッチ学習法

　今回は学習データとして60000枚の画像を使いますが、このような大量のデータを一度に入力するとメモリオーバーになる恐れがあり、そうはならなくても処理が非常に重くなります。これを避けるため、学習データを10～数百個程度のミニバッチに分割し、ミニバッチ単位で入力してバックプロパゲーションによる学習を行う方法が用いられます。これを「ミニバッチ学習法」と呼びますが、1回の学習につき、ミニバッチの数だけの学習が行われるため、ミニバッチにおける処理は「ステップ」と呼んで区別します。60000枚の画像を50枚ずつのミニバッチにした場合は、1回の学習につき、60000÷50=1200ステップの処理が行われることになります。

●確率的勾配降下法

　学習データを用いて学習を繰り返した場合、データ（ここでは画像）の並びが同じだと、勾配降下法による誤差の最小値の探索が「見かけ上の最小値」の付近でウロウロして、いつまでたっても「真の最小値」に到達しない、という現象が起こることがあります。この現象は「局所解に捕まる」という言い方をされます。バックプロパゲーションによって修正されていく誤差をグラフにした

場合、きれいなすり鉢状の曲線（すり鉢の底が誤差の最小値）になることはまれで、いびつな形をした曲線になる場合がほとんどです。そうすると、すり鉢の底に見えるような凹の形をした部分が何か所か現れたりします。これが「見かけ上の最小値」となり、この部分で最適解を見つけようとしても、いつまでたっても最適解（真の最小値）に到達しない、「局所解に捕まる」現象が発生します。

　これを回避するため、ミニバッチに分割するときは毎回、データ全体からランダムに抽出するようにします。1回の学習ごとにミニバッチの中身が変わるので、局所解に捕まったとしても次回の学習で抜け出せる可能性があります。このように、毎回、ランダムにミニバッチを生成して勾配計算による最小化（最適化）を行うことを「確率的勾配降下法」と呼びます。

　fit()メソッドのverboseオプションで1を指定すると、学習の進捗状況として、1回の学習ごとに損失や正解率が出力されるようになります。あと、validation_dataオプションでテストデータを指定していることからわかるように、fit()メソッドは学習だけでなく、学習途上の評価までも行います。1回の学習ごとにテストデータをニューラルネットワークに入力して出力値と正解ラベルを照合し、**正解率**と**損失（誤り率）**を測定します。これらの測定値は、verbose=1を指定したことで出力が行われます。

703

12-1 MNISTデータセットの手書き数字をディープラーニング

●fit()メソッドで学習する部分のプログラミング

fit()メソッドの第1引数に学習（訓練）データを指定し、第2引数に正解ラベルを指定します。確率的勾配降下法を行うためのミニバッチのサイズはbatch_sizeオプションで指定します。epochsオプションでは学習する回数を指定します。これまでに使用しているNotebookの8番目のセルに、次のように入力しましょう。

▼ディープラーニングにおける学習を開始（「mlp_mnist.ipynb」セル8）

```
history = model.fit(x_train,          # 訓練データ
                    y_train,          # 正解ラベル
                    batch_size=50,    # ミニバッチのサイズ
                    epochs=5,         # 学習する回数
                    verbose=1,        # 学習の進捗状況を出力する
                    validation_data=(
                        x_test, y_test) # テストデータの指定
                    )
```

●これまでに入力したソースコード

以下に、Tips378から本Tips（Tips384）に至るまでにNotebookに入力したコードを掲載します。

▼本TipsまでにNotebookに入力したコード（mlp_mnist.ipynb）

```
セル1 from tensorflow.keras.datasets import mnist # MNISTデータセットをインポート

    # MNISTデータセットを読み込む
    (x_train, y_train), (x_test, y_test) = mnist.load_data()

    # データの前処理
    # (60000,28,28)の3次元配列を(60000,784(=28×28))の2次元配列に変換
    x_train = x_train.reshape(60000, 784)
    # (10000,28,28)の3次元配列を(10000,784(=28×28))の2次元配列に変換
    x_test = x_test.reshape(10000, 784)
    # 画素のデータをグレースケールの階調の最大値255で割って、0から1.0の範囲にする
    x_train = x_train/255.0
    x_test = x_test/255.0
```

```
セル2 # 正解ラベルをワンホット表現に変換
    from tensorflow.keras import utils # utilsをインポート

    # 出力層のニューロンの数（クラスの数）
    num_classes = 10
    # 訓練データとテストデータの正解ラベルをワンホット表現に変換
    y_train = utils.to_categorical(y_train, num_classes)
    y_test = utils.to_categorical(y_test, num_classes)
```

12-1　MNISTデータセットの手書き数字をディープラーニング

セル3 # ニューラルネットワークの作成

```python
from tensorflow.keras.models import Sequential
from tensorflow.keras.layers import Dense

# ニューラルネットワークのもとになるオブジェクトを生成
model = Sequential()
# 第1層の作成
model.add(Dense(512,                          # 第1層のニューロン数は512
                input_shape=(784,),           # 第0層のデータ形状は要素数784の1次元配列
                activation='relu'             # 活性化関数はReLU
                ))
```

セル4 # 第1層の次にドロップアウトを実装する

```python
from tensorflow.keras.layers import Dropout

# ドロップアウト率を25パーセントにする
model.add(Dropout(rate=0.25))
```

セル5 # 第2層（出力層）の作成

```python
model.add(Dense(
    num_classes,                   # 第2層のニューロン数はクラスの数（10）
    activation='softmax'           # 活性化関数はSoftmax
    ))
```

セル6 # バックプロパゲーションを実装する

```python
from tensorflow.keras.optimizers import SGD

model.compile(
    loss='categorical_crossentropy',   # 誤差関数を交差エントロピー誤差にする
    optimizer=SGD(),                   # 学習方法をSGDにする
    metrics=['accuracy'])              # 学習評価には正解率を使う
```

セル7 # ニューラルネットワークの構造を出力

```python
model.summary()
```

12-1　MNISTデータセットの手書き数字をディープラーニング

セル8 # ディープラーニングを実行する

```
history = model.fit(x_train,           # 訓練データ
                    y_train,           # 正解ラベル
                    batch_size=50,     # ミニバッチのサイズ
                    epochs=5,          # 学習する回数
                    verbose=1,         # 学習の進捗状況を出力する
                    validation_data=(
                        x_test, y_test) # テストデータの指定
                    )
```

●MNISTデータのディープラーニングを
実行する

最後のセルまでのコードを実行すると、
ニューラルネットワークを利用したディー
プラーニングが開始されます。

▼実行結果

Out
```
Epoch 1/5
1200/1200 [=====....] - 3s 2ms/step - loss: 0.7686 - accuracy:
0.8034 - val_loss: 0.3961 - val_accuracy: 0.8964
Epoch 2/5
1200/1200 [=====....] - 3s 2ms/step - loss: 0.3984 - accuracy:
0.8878 - val_loss: 0.3189 - val_accuracy: 0.9122
Epoch 3/5
1200/1200 [=====....] - 3s 2ms/step - loss: 0.3388 - accuracy:
0.9039 - val_loss: 0.2835 - val_accuracy: 0.9211
Epoch 4/5
1200/1200 [=====....] - 3s 2ms/step - loss: 0.3054 - accuracy:
0.9132 - val_loss: 0.2600 - val_accuracy: 0.9273
Epoch 5/5
1200/1200 [=====....] - 3s 2ms/step - loss: 0.2771 - accuracy:
0.9219 - val_loss: 0.2408 - val_accuracy: 0.9325
```

1回の学習ごとに精度が向上し、反対に損
失がどんどん低下していくのがわかります。
すべてのテストデータを使って評価した結
果は、精度が93パーセントとなりました。

12-2 ファッションアイテムの画像認識

Tips

385

▶Level ●

これが
ポイント
です！

Fashion-MNISTデータセットを用意する

10種類のファッションアイテムを収録したFashion-MNISTデータセット

Kerasにはディープラーニング用の教材として、**Fashion-MNIST**（ファッション商品の画像データセット）が収録されています。このデータセットには、Tシャツ/トップス、ズボン、プルオーバー、ドレス、コート、サンダル、シャツ、スニーカー、バッグ、アンクルブーツなど、10種類のファッションアイテムのグレースケールの画像が、訓練用として60000枚、テスト用として10000枚収録されています。

▼ラベルと実際のファッションアイテムの対応表

ラベル	対応するアイテム
0	Tシャツ/トップス
1	ズボン
2	プルオーバー
3	ドレス
4	コート
5	サンダル
6	シャツ
7	スニーカー
8	バッグ
9	アンクルブーツ

● Fashion-MNISTを用意する

Kerasを利用してFashion-MNISTをダウンロードします。Jupyter NotebookのNotebookのセルに次のコードを入力します。

▼Fashion-MNISTデータセットをダウンロードして変数に代入する（Notebookを使用）

```
In    from tensorflow.keras.datasets import fashion_mnist
      (x_trains, y_trains), (x_tests, y_tests) = fashion_mnist.load_data()
```

Pythonでディープラーニング

12-2　ファッションアイテムの画像認識

　このコードを実行すると、Fashion-MNISTが仮想環境のフォルダー以下の所定の場所にダウンロードされるので、次回からはダウンロード済みのFashion-MNISTの

データが使われるようになります。では、次のコードを入力して、データの数を調べてみましょう。

▼MNISTデータセットのデータの数を調べる

```
print(len(x_trains))    # 出力：60000
print(len(y_trains))    # 出力：60000
print(len(x_tests))     # 出力：10000
print(len(y_tests))     # 出力：10000
```

　それぞれの変数には、次のデータが配列として格納されています。

・x_trains（訓練データ）
　ファッションアイテムの画像が60000。

・y_trains（訓練データ）
　x_trainsの各アイテムの正解ラベル（0〜9の値）が60000。

・x_tests（テストデータ）
　ファッションアイテムの画像が10000。

・y_tests（テストデータ）
　x_testsの各アイテムの正解ラベル（0〜9の値）が10000。

　ファッションアイテムの画像は、28×28（784）ピクセルのデータです。画像1枚のデータを2次元配列の要素として格納し、さらに3次元の要素として、60000セットが格納されています。(60000, 28, 28)の多次元配列です。なお、配列の次元数は、ディープラーニングの用語で「〇階テンソル」という呼び方をします。3次元配列の場合は**3階テンソル**、2次元配列（行列）の場合は**2階テンソル**という具合です。本書でも、以降はこのように表記することにします。では、x_trainsの中身を出力してみましょう。

▼x_trainsに格納されている画像データを出力

In　`print(x_trains)`

▼実行結果

```
Out  [[[0 0 0 ... 0 0 0]
      [0 0 0 ... 0 0 0]
      [0 0 0 ... 0 0 0]
      ...
      [0 0 0 ... 0 0 0]
      [0 0 0 ... 0 0 0]
      [0 0 0 ... 0 0 0]]

     [[0 0 0 ... 0 0 0]
      [0 0 0 ... 0 0 0]
      [0 0 0 ... 0 0 0]
      ...
      [0 0 0 ... 0 0 0]
      [0 0 0 ... 0 0 0]
      [0 0 0 ... 0 0 0]]

     [[0 0 0 ... 0 0 0]
      [0 0 0 ... 0 0 0]
      [0 0 0 ... 0 0 0]
      ...
      [0 0 0 ... 0 0 0]
      [0 0 0 ... 0 0 0]
      [0 0 0 ... 0 0 0]]

     [[0 0 0 ... 0 0 0]
      [0 0 0 ... 0 0 0]
      [0 0 0 ... 0 0 0]
      ...
      [0 0 0 ... 0 0 0]
      [0 0 0 ... 0 0 0]
```

12-2 ファッションアイテムの画像認識

```
      [0 0 0 ... 0 0 0]]


    [[0 0 0 ... 0 0 0]
     [0 0 0 ... 0 0 0]
     [0 0 0 ... 0 0 0]
     ...
     [0 0 0 ... 0 0 0]
     [0 0 0 ... 0 0 0]
     [0 0 0 ... 0 0 0]]


     ...


    [[0 0 0 ... 0 0 0]
     [0 0 0 ... 0 0 0]
     [0 0 0 ... 0 0 0]
     ...
     [0 0 0 ... 0 0 0]
     [0 0 0 ... 0 0 0]
     [0 0 0 ... 0 0 0]]]
```

データの量が膨大なので、省略した形式で出力されますが、並んでいる数字は0～255までのグレースケールの階調を表す値です。1枚の画像の横方向のピクセル値28個を1階テンソル（1次元配列）の要素とし、これを28個ぶんまとめて2階テンソル（2次元配列）にしています。さらに、60000個の2階テンソルを3階テンソルの要素としてまとめています。2階テンソルの要素が1枚の画像データで、その中には28個の1階テンソルが格納されている状態です。

では、どのような画像なのか、その画像の正解ラベルと共に、Matplotlibのグラフ機能を使って描画してみることにします。

▼先頭から3枚目までのアイテムの画像と正解ラベルを出力する

```python
In   # アイテムの画像と正解ラベルを出力する
%matplotlib inline
import numpy as np
import matplotlib.pyplot as plt

plt.figure(1, figsize=(12, 3.2))
plt.subplots_adjust(wspace=0.5)
plt.gray()
for id in range(3):
    # 描画エリアを横3列にして、左端から順に描画する
    plt.subplot(1, 3, id + 1)
    # 784個のRGB値を(28, 28)の2階テンソルに変換する
    img = x_trains[id, :, :].reshape(28, 28)
    # カラーパレットをグレースケールにして画像をプロット
    plt.imshow(x_trains[id], cmap=plt.cm.Greys)

    # 画像のラベル（正解値）をプロット
    plt.text(28, 28, "%d" % y_trains[id],
             color='blue', fontsize=20)
    plt.xlim(0, 27)  # x軸を0~27の範囲
    plt.ylim(27, 0)  # y軸を27~0の範囲
plt.show()
```

12-2 ファッションアイテムの画像認識

▼出力された3枚の画像

　28×28ピクセルの小さな画像なので、荒い画質になっています。少々見づらいと思いますが、次図のような感じでアイテムの画像が格納されています。

▼Fashion-MNISTに収録されているファッションアイテムの一部

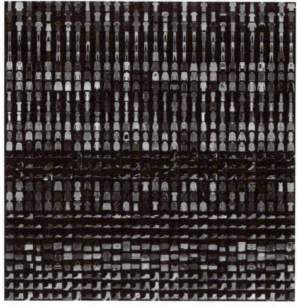

(Fashion-MNISTサンプル「Zalandoresearch/fashion-mnist」より)

12-2 ファッションアイテムの画像認識

Tips 386

▶Level ●○○○

Fashion-MNISTを前処理する

これが
ポイント
です！

NumPy配列の形状の変換と
グレースケール値の変換

　ファッションアイテムの画像と正解ラベルについて、ニューラルネットワーク（MLP）に入力できるように前処理を行います。訓練データは(60000, 28, 28)の3階テンソルなので、これを(60000, 784)の2階テンソルに変換します。テストデータも(10000, 28, 28)の3階テンソルを(10000, 784)の2階テンソルに変換します。

　続いて、ファッションアイテムの画像データはグレースケールの色調を示す0から255までの値なので、ニューラルネットワークの活性化関数の特徴に合わせて0から1.0の範囲に変換します。以上で画像データの前処理は完了です。

　正解ラベルについては、個々の0〜9の値を、Kerasのnp_utils.to_categorical()関数を使って「クラス数10のワンホット表現」に変換します。

▼ Fashion-MNISTデータセットの読み込みと前処理（「fashionmnist.ipynb」のセル1）

```
In   from tensorflow.keras.datasets import fashion_mnist
     from tensorflow.keras import utils

     # データを変数に格納する
     (x_train, y_train), (x_test, y_test) = fashion_mnist.load_data()

     # データの前処理
     # (60000, 28, 28)の3階テンソルを(60000, 784)の2階テンソルに変換
     x_train = x_train.reshape(60000, 784)
     # (10000, 28, 28)の3階テンソルを(10000, 784)の2階テンソルに変換
     x_test = x_test.reshape(10000, 784)

     # データを255.0で割って0から1.0の範囲に変換
     x_train = x_train/255.0
     # データを255.0で割って0から1.0の範囲に変換
     x_test = x_test/255.0

     # 正解ラベルのクラス数
     num_classes = 10
     # 訓練データの正解ラベルをワンホット表現に変換
     y_train = utils.to_categorical(y_train, num_classes)
     # テストデータの正解ラベルをワンホット表現に変換
     y_test = utils.to_categorical(y_test, num_classes)
```

Pythonでディープラーニング

711

12-2 ファッションアイテムの画像認識

Tips
387
▶Level ●

これが
ポイント
です！

Fashion-MNISTをディープラーニングする

3層構造のニューラルネットワークによるディープラーニング

Kerasを利用して、Fashion-MNISTをディープラーニングするためのニューラルネットワーク (MLP) を作成します。Sequential()コンストラクターで、ニューラルネットワークのもとになるSequentialクラスのオブジェクトを生成し、model.add()で各層

の追加を行うのは、MNISTデータセットのときと同じです。今回は隠れ層を1層追加し、3層構造のニューラルネットワークにしました。前回のTipsで入力した、前処理を行うコードの次のセルに、次のコードを入力します。

▼3層構造のニューラルネットワークを作成する (「fashionmnist.ipynb」のセル2)

```
In   from tensorflow.keras.models import Sequential
     from tensorflow.keras.layers import Dense, Dropout
     from tensorflow.keras.optimizers import Adam

     # ニューラルネットワークモデルの基盤を生成
     model = Sequential()

     # 第1層の作成
     model.add(Dense(
         512,                    # 第1層のニューロン数は512
         input_shape=(784,),     # 入力データの形状は要素数784の1階テンソル
         activation='relu'       # 活性化関数はReLU
         ))
     # 第1層の次に25%のドロップアウトを配置
     model.add(Dropout(rate=0.25))

     # 第2層の作成
     model.add(Dense(
         512,                    # 第2層のニューロン数は512
         input_shape=(784,),     # 第0層のデータ形状は要素数784の1階テンソル
         activation='relu'       # 活性化関数はReLU
         ))
     # 第2層の次に25%のドロップアウトを配置
     model.add(Dropout(rate=0.25))

     # 第3層 (出力層) の作成
     model.add(Dense(
         num_classes,            # 第3層のニューロン数は10
         activation='softmax'    # 活性化関数はソフトマックス
```

12-2　ファッションアイテムの画像認識

```
    ))

# バックプロパゲーションを実装してコンパイル
model.compile(
    loss='categorical_crossentropy',  # 誤差関数を交差エントロピー誤差にする
    optimizer=Adam(),                  # 学習方法をSGDの進化版Adamにする
    metrics=['accuracy'])              # 学習評価には正解率を使う
```

●学習を実行し、テストデータで検証する

学習の実行は、Sequentialクラスのfit()メソッドで行います。epochsで学習を繰り返す回数、batch_sizeでミニバッチのサイズを指定します。verboseオプションで1を指定すると、学習の進捗状況として、1回の学習ごとに損失や正解率が出力されるようになります。

fit()メソッドは、戻り値として学習過程の情報を返すので、変数historyに代入するようにしました。

セルの冒頭に記述した%%timeはマジックコマンドと呼ばれるもので、セルの冒頭に記述することでセル内のプログラムの処理時間を計測してくれます。

▼ディープラーニングを実行して結果を出力

```
In  %%time

    # 学習を実行する
    history = model.fit(
        x_train,               # 訓練データ
        y_train,               # 正解ラベル
        batch_size=50,         # ミニバッチのサイズ
        epochs=10,             # 学習する回数
        verbose=1,             # 学習の進捗状況を出力する
        validation_data=(
            x_test, y_test)    # テストデータの指定
        )
```

▼実行結果

```
Out  Epoch 1/10
     1200/1200 [======...] - 9s 7ms/step - loss: 0.5165 - accuracy: 0.8135
      - val_loss: 0.4262 - val_accuracy: 0.8425
     Epoch 2/10

     1200/1200 [======...] - 9s 8ms/step - loss: 0.3984 - accuracy: 0.8536
      - val_loss: 0.3879 - val_accuracy: 0.8588
     Epoch 3/10
     1200/1200 [======...] - 10s 9ms/step - loss: 0.3653 - accuracy: 0.8658
      - val_loss: 0.3506 - val_accuracy: 0.8734
     Epoch 4/10
     1200/1200 [======...] - 10s 9ms/step - loss: 0.3454 - accuracy: 0.872
```

Pythonでディープラーニング

713

12-2　ファッションアイテムの画像認識

```
 - val_loss: 0.3595 - val_accuracy: 0.8718
Epoch 5/10
1200/1200 [======...] - 10s 9ms/step - loss: 0.3335 - accuracy: 0.8757
 - val_loss: 0.3465 - val_accuracy: 0.8729
Epoch 6/10
1200/1200 [======...] - 10s 8ms/step - loss: 0.3202 - accuracy: 0.8819
 - val_loss: 0.3435 - val_accuracy: 0.8752
Epoch 7/10
1200/1200 [======...] - 10s 9ms/step - loss: 0.3084 - accuracy: 0.8855
 - val_loss: 0.3313 - val_accuracy: 0.8774
Epoch 8/10
1200/1200 [======...] - 10s 9ms/step - loss: 0.2985 - accuracy: 0.8886
 - val_loss: 0.3470 - val_accuracy: 0.8757
Epoch 9/10
1200/1200 [======...] - 10s 8ms/step - loss: 0.2934 - accuracy: 0.8904
 - val_loss: 0.3320 - val_accuracy: 0.8809
Epoch 10/10
1200/1200 [======...] - 11s 9ms/step - loss: 0.2873 - accuracy: 0.8938
 - val_loss: 0.3318 - val_accuracy: 0.8816
CPU times: total: 3min 34s
Wall time: 1min 40s
```

　学習回数を10回にした結果、テストデータの精度は88パーセントになりました。

●損失、正解率をグラフにする
　学習の過程で得た損失や正解率などの時系列データは、変数historyに代入されているので、これを使って「損失と正解率がどう変化しているか」をグラフにしてみましょう。訓練データの損失（誤り率）の時系列データはhistory.history['loss']で参照でき、テストデータの損失の時系列データはhistory.history['val_loss']で参照できます。また、訓練データの正解率の時系列データはhistory.history['acc']で、テストデータの正解率の時系列データはhistory.history['val_acc']でそれぞれ参照できます。

▼損失（誤り率）と正解率をグラフにする

```
In    import numpy as np
      import matplotlib.pyplot as plt

      # 訓練データの損失（誤り率）をプロット
      plt.plot(
          history.history['loss'],
          label='training',
          color='black')
      # テストデータの損失（誤り率）をプロット
      plt.plot(
          history.history['val_loss'],
          label='test',
          color='red')
      plt.ylim(0, 1)        # y軸の範囲
      plt.legend()          # 凡例を表示
      plt.grid()            # グリッド表示
      plt.xlabel('epoch')   # x軸ラベル
      plt.ylabel('loss')    # y軸ラベル
      plt.show()

      # 訓練データの正解率をプロット
      plt.plot(
          history.history['accuracy'],
          label='training',
          color='black')
      # テストデータの正解率をプロット
      plt.plot(
          history.history['val_accuracy'],
          label='test',
          color='red')
      plt.ylim(0.5, 1)       # y軸の範囲
      plt.legend()           # 凡例を表示
      plt.grid()             # グリッド表示
      plt.xlabel('epoch')    # x軸ラベル
      plt.ylabel('accuracy') # y軸ラベル
      plt.show()
```

12-2 ファッションアイテムの画像認識

▼出力

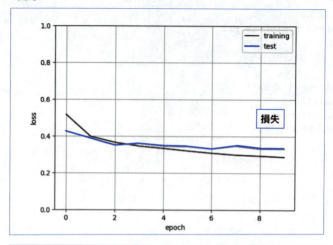

損失

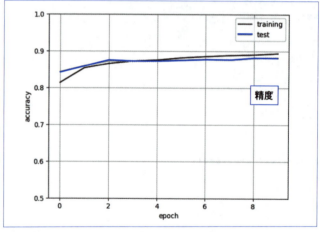

精度

　精度（正解率）については、最初の方こそ速やかに上昇していますが、2回目を過ぎたあたりからかなり緩やかになっています。テストデータによる評価はほとんど停滞しています。一方、損失については、訓練データが緩やかに減少しているものの、テストデータによる評価では4回目以降はほぼ停滞していることがわかります。訓練データの損失は減少を続けているので、学習回数を増やすことで、精度・損失ともにもう少しよい数値が得られそうです。

12-3 畳み込みニューラルネットワークを利用した画像認識

Tips 388 畳み込みニューラルネットワークとは

これがポイントです！ ニューラルネットワークに「特徴検出器」を導入する

　画像の特徴を抽出する「畳み込み層」を備えたニューラルネットワークのことを**畳み込みニューラルネットワーク**（**CNN**：Convolution Neural Network）と呼びます。畳み込み層には、画像の特徴を検出するフィルター機能が備わっていて、画像データを2次元の平面として捉えることで、よりディープに学習するのが特徴です。

●2次元フィルターで画像の特徴を検出する

　ニューラルネットワークで手書き数字の画像認識を行う際に、(28, 28)の2階テンソルの画像データをフラットな1階テンソル（要素数784）に変換してから入力し、学習を行いました。

▼2次元の画像データを1次元の配列に変換してから入力

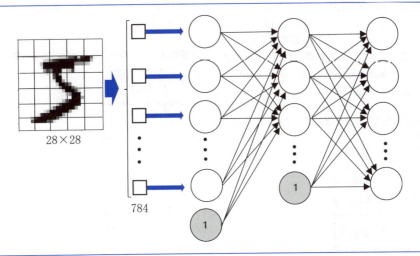

　ただしこの方法では、1次元化したことで2次元の情報が失われてしまいます。横並びの情報だけになってしまい、元の画像の縦方向の情報がない状態です。そこで、元の2次元の情報を取り込むための試みとして**畳み込み演算**があります。

12-3 畳み込みニューラルネットワークを利用した画像認識

▼1個のニューロンに2次元空間の情報を学習させる「畳み込み演算」

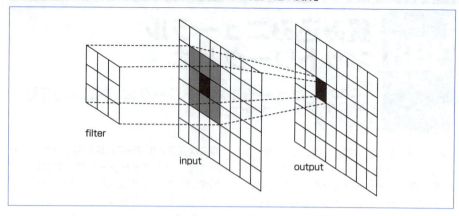

　畳み込み演算では、2次元空間の情報を取り出す方法として**フィルター**という処理が使われます。ここでのフィルターという用語は、「画像に対して特定の演算を加えることで画像を加工するもの」を指すので、以降は**2次元フィルター**と呼ぶことにします。2次元フィルターなので、フィルター自体は2階テンソル（行列）で表されます。例えば、上下方向のエッジ（色の境界のうち、上下に走る線）を検出する(3行, 3列)のフィルターは次図のようになります。

▼上下方向のエッジを検出する3×3のフィルター

0	1	1
0	1	1
0	1	1

　フィルターを用意したら、画像の左上隅に重ね合わせて、画像の値とフィルターとの積の和を求め、元の画像の中心に書き込みます。この作業を、フィルターをずらす（スライドさせる）操作をしながら画像全体に対して行います。これが「畳み込み演算（Convolution）」です。

　フィルターを適用した結果、「上下方向のエッジが存在する領域」が検出され、エッジが強く出ている領域の数値が高くなっています。なお、フィルターの構造を次図のようにすれば、左右方向のエッジを検出することができます。

▼横のエッジを検出する3×3のフィルター

1	1	1
1	1	1
0	0	0

　画像のある領域に着目したとき、畳み込み演算についての式を一般化すると次のようになります。画像の位置 (i,j) のピクセル値を $x(i,j)$、フィルターを $h(i,j)$、畳み込み演算で得られる値を $c(i,j)$ としています。

▼畳み込み演算を一般化した式

$$c(i,j) = \sum_{i,j}^{n} x(i,j) \cdot h(i,j)$$

12-3 畳み込みニューラルネットワークを利用した画像認識

▼畳み込み演算による処理

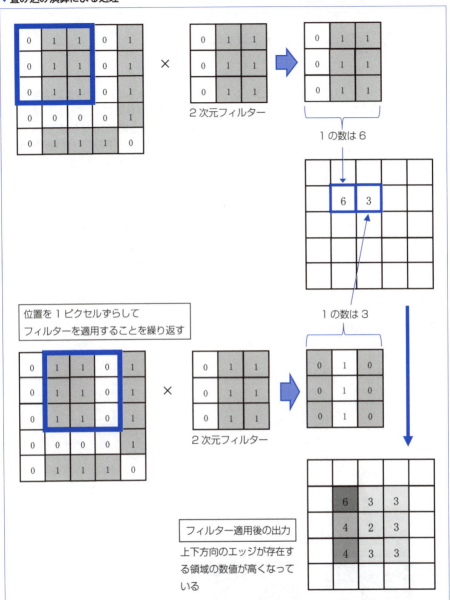

例で用いた3×3のフィルターの場合、畳み込み演算で得られる値 $c(i,j)$ は次の式で求められます。

12-3 畳み込みニューラルネットワークを利用した画像認識

▼3×3のフィルターの畳み込み演算の式

$$c(i,j) = \sum_{u=-1}^{1} \sum_{v=-1}^{1} x(i+u,\ j+v) \cdot h(u+1,\ v+1)$$

　フィルターのサイズは、中心を決められるように奇数の幅であることが必要です。奇数であれば、3×3だけでなく、5×5や7×7のサイズにすることもできます。

　実際に用いるフィルターは、次の例のように「すべての要素の合計が0」になるようにします。

▼縦エッジのフィルター

$$\begin{pmatrix} -2 & 1 & 1 \\ -2 & 1 & 1 \\ -2 & 1 & 1 \end{pmatrix}$$

▼横エッジのフィルター

$$\begin{pmatrix} 1 & 1 & 1 \\ 1 & 1 & 1 \\ -2 & -2 & -2 \end{pmatrix}$$

　このようにすることで、縦または横のエッジがない部分は0になり、エッジが検出された部分は0以上の値になります。これをMNISTの手書き数字の「7」に適用すると、下図のようになります。

　ここでは1つの例として、意図的に縦エッジと横エッジを認識するフィルターにしましたが、実際に学習を行う場合は、フィルターに使われる値は「重み」としてランダムな値が設定されます。ですので実際は、学習が進むにつれて、ニューラルネットワーク自らが独自のフィルターを生成することになります。

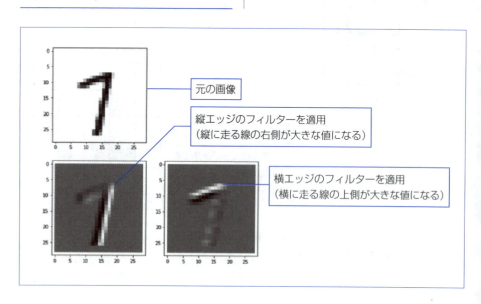

元の画像

縦エッジのフィルターを適用
（縦に走る線の右側が大きな値になる）

横エッジのフィルターを適用
（横に走る線の上側が大きな値になる）

Tips 389 ゼロパディングとは

これがポイントです！ 小さくなった画像をゼロパディングで元のサイズに戻す

入力データの幅をw、高さをhとして、幅がfw、高さがfhのフィルターを適用すると、

```
出力の幅   = w - fw + 1
出力の高さ = h - fh + 1
```

のように、元の画像よりも小さくなります。そのため、複数のフィルターを連続して適用すると、出力される画像がどんどん小さくなります。このような、フィルター適用による画像のサイズ減を防止するのが、**ゼロパディング**という手法です。ゼロパディングでは、あらかじめ元の画像の周りをゼロで埋めてからフィルターを適用します。こうすることで、出力される画像は元の画像と同じサイズになります。そして、何もしないときと比べて、画像の端の情報がよく反映されるようになるというメリットもあります。

▼フィルターを適用すると、元の画像よりも小さいサイズになる

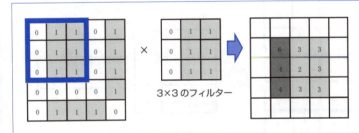

▼画像の周りを0でパディング（埋め込み）する

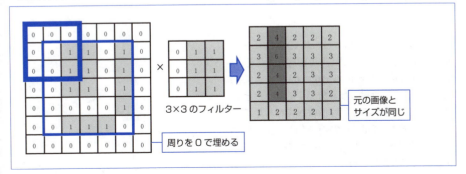

フィルターのサイズが3×3のときは幅1のパディング、5×5の場合は幅2のパディングを行うとうまくいきます。

Tips 390 プーリングとは

▶Level ●●

これがポイントです! 画像のゆがみやズレによる影響を回避する

　畳み込みニューラルネットワークでは、その性能を引き上げるための様々な手法が考案されています。これらの性能アップの手法の中で最も効果的だとされているのが、畳み込み層や出力層の間に挿入する**プーリング層**です。

　プーリングの手法には**最大プーリング**や**平均プーリング**などがありますが、中でも最大プーリングがシンプルかつ最も効率的だとされています。最大プーリングでは、2×2や3×3などの領域を決め、その領域の最大値を出力とします。これを領域のサイズだけずらし（**ストライド**）、同じように最大値を出力していきます。

▼2×2の最大プーリングを行う

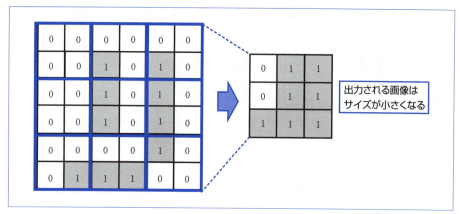

出力される画像はサイズが小さくなる

　この図の例では、6×6=36の画像に2×2のプーリングを適用しています。その結果、出力は元の画像の4分の1のサイズになっています。サイズが4分の1になったということは、そのぶんだけ情報が失われたことになります。では、この画像を1ピクセル右にスライドして2×2の最大プーリングを適用してみましょう。

12-3 畳み込みニューラルネットワークを利用した画像認識

▼元の画像を1ピクセル右にスライドして、2×2の最大プーリングを行う

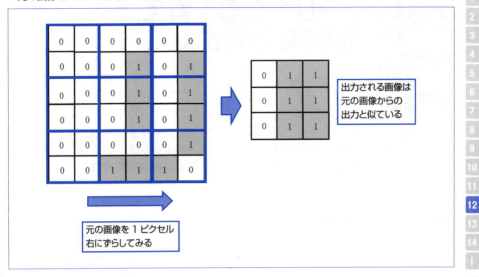

　1ピクセル右にずらした画像からの出力は、スライドする前の画像の出力と形が似ています。これが最大プーリングのポイントです。人間の目で見て同じような形をしていても、少しのズレがあるとネットワークにはまったく別の形として認識されます。しかし、プーリングを適用すると、多少のズレであれば吸収してくれることが期待できます。

　このようにプーリングは、入力画像の小さなゆがみやズレ、変形による影響を受けにくくするというメリットがあります。プーリング層の出力は2×2の領域からの最大値だけなので、出力される画像は4分の1のサイズになります。しかし、このことによって多少のズレは吸収されてしまう、というわけです。

Tips 391 プーリング層を備えたCNNを構築する

▶Level ●●

これがポイントです！ 入力データの4階テンソル化

ここで作成するCNNは、畳み込み層を2層続けて配置します。第1層と第2層を畳み込み層とし、第3層をプーリング層とします。第4層で再び畳み込み層を配置し、第5層としてプーリング層、50%のドロップアウトを経て第6層に全結合層、第7層に全結合の出力層を配置します。

▼畳み込みネットワークの概要

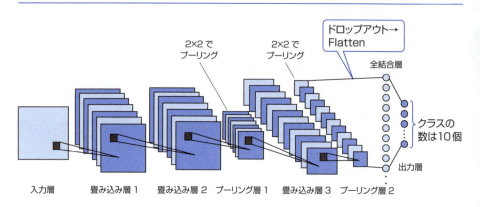

各層の構造は、次のようになります。

●入力層

| 出力 | (28, 28, 1)の3階テンソルをデータの数だけ出力。 |

●第1層：畳み込み層1

重みの数	3×3×16＝144個
バイアスの数	16個
ニューロン数	16（フィルター数）
活性化関数	ReLU
出力	1ニューロンあたり(28, 28, 1)の3階テンソルを16個出力。これをデータの数だけ繰り返す。

●第2層：畳み込み層2

重みの数	16（前層のニューロン数）×3×3×32＝4608個
バイアスの数	32個
ニューロン数	32（フィルター数）
活性化関数	ReLU
出力	1ニューロンあたり(28, 28, 1)の3階テンソルを32個出力。これをデータの数だけ繰り返す。

12-3 畳み込みニューラルネットワークを利用した画像認識

●第3層：プーリング層1

重みの数	なし
バイアスの数	なし
ユニット数	32（前層のニューロン数と同じ）
出力	1ユニットあたり(14, 14, 1)の3階テンソルを32個出力。これをデータの数だけ繰り返す。

●第4層：畳み込み層3

重みの数	32（前層のニューロン数）×3×3×64＝18432個
バイアスの数	64個
ニューロン数	64（フィルター数）
活性化関数	ReLU
出力	1ニューロンあたり(14, 14, 1)の3階テンソルを64個出力。これをデータの数だけ繰り返す。

●第5層：プーリング層2

重みの数	なし
バイアスの数	なし
ユニット数	64（前層のニューロン数と同じ）
出力	1ユニットあたり(7, 7, 1)の3階テンソルを64個出力。これをデータの数だけ繰り返す。

●ドロップアウト

ドロップアウト率	50%
出力	(7, 7, 1)の3階テンソルを64個出力。これをデータの数だけ繰り返す。

●Flatten層

重みの数	なし
バイアスの数	なし
ユニット数	7×7×64＝3136
出力	ユニット数と同じ要素数(3136)の1階テンソルを出力。これをデータの数だけ繰り返す。

●第6層：全結合層

重みの数	3136×128＝401408個
バイアスの数	128個
ニューロン数	128
活性化関数	ReLU
出力	要素数(128)の1階テンソルを出力。これをデータの数だけ繰り返す。

●第7層：出力層

重みの数	128×10＝1280個
バイアスの数	10個
ニューロン数	10
活性化関数	ソフトマックス
出力	要素数(10)の1階テンソルを出力。これをデータの数だけ繰り返す。

　全部で7層構造のかなりディープなネットワークです。では、プログラミングに取りかかることにしましょう。

●入力層をプログラミングする

　KerasでFashion-MNISTデータを読み込むと、訓練デ　タの60000枚の画像は

```
(60000, 28, 28)
```

の3階テンソルに格納されています。1枚の画像は(28, 28)なのでそのまま畳み込み層に出力すればよいのですが、Kerasの畳み込み層を生成するConv2D()メソッドは、

```
(データのサイズ，行データ，列データ，
チャンネル)
```

という形状をした4階テンソルを入力するようになっています。チャンネルは画像のピクセル値を格納するための次元で、カラー画像に対応できるように用意されたものです。カラー画像の場合は1ピクセルあたりR（赤）、G（緑）、B（青）の3値（RGB値）の情報を持つためです。

12-3 畳み込みニューラルネットワークを利用した画像認識

これに対応するため、1ピクセルあたり1値のグレースケールであっても、

```
(60000, 28, 28, 1)
```

のように4階テンソルにする必要があります。MNISTデータがカラー画像であった場合は、

```
(60000, 28, 28, 3)
```

のように最下位の要素数を3にして、RGB値を格納します。

3階テンソルから4階テンソルへの変換は、NumPyのreshape()で行います。

```
x_train.reshape(60000, 28, 28, 1)
```

とすれば、(60000, 28, 28)の形状はそのままで、4階テンソル化されます。

▼Fashion-MNISTデータセットの読み込みと前処理（cnn_fashionmnist.ipynb）

> セル1

```python
from tensorflow.keras.datasets import fashion_mnist
from tensorflow.keras import utils

# データを変数に格納する
(x_train, y_train), (x_test, y_test) = fashion_mnist.load_data()

# 訓練データ
# (60000,28,28)の3階テンソルを(60000,28,28,1)の4階テンソルに変換
x_train = x_train.reshape(60000, 28, 28, 1)
# 0から1.0の範囲にスケーリング
x_train = x_train/255.0

# テストデータ
# (10000,28,28)の3階テンソルを(10000,28,28,1)の4階テンソルに変換
x_test = x_test.reshape(10000, 28, 28, 1)
# 0から1.0の範囲にスケーリング
x_test = x_test/255.0

# 正解ラベルのクラス数
num_classes = 10
# 正解ラベルをワンホット表現に変換
y_train = utils.to_categorical(y_train, num_classes)
y_test = utils.to_categorical(y_test, num_classes)
```

12-3 畳み込みニューラルネットワークを利用した画像認識

●第1層：畳み込み層1をプログラミングする

畳み込み層には、(3行，3列)の2次元フィルターをConv2D()メソッドで設定します。

Conv2D()関数を呼び出すときは、引数でフィルターの数、フィルターのサイズを指定し、padding='same'とすることでゼロパディングを行うようにします。あとは、input_shapeオプションで入力データのサイズを指定すればOKです。入力データは、

```
(画像の行データ， 画像の列データ， チャンネル)
```

の3階テンソルが画像の枚数だけあります。先に見たように1つの画像データは

```
(28, 28, 1)
```

ですので、これをそのまま指定します。あと、フィルターの数がニューロン数になります。

▼Conv2D()メソッドで第1層の畳み込み層を作る

セル2
```
from tensorflow.keras.models import Sequential
from tensorflow.keras.layers import Conv2D

# Sequentialオブジェクトの生成
model = Sequential()

# （第1層）畳み込み層1
# ニューロン数：16
# 出力：1ニューロンあたり(28, 28, 1)の3階テンソルを16個出力
model.add(Conv2D(
    filters=16,                  # フィルターの数は16
    kernel_size=(3, 3),          # 3×3のフィルターを使用
    input_shape=(28, 28, 1),     # 入力データのサイズ
    padding='same',              # ゼロパディングを行う
    activation='relu'            # 活性化関数はReLU
    ))
```

引数の設定は、コメントを見てもらえればわかると思います。filtersで2次元フィルターの数、kernel_sizeでフィルターのサイズを

```
kernel_size=(3, 3)
```

のように指定します。この場合、プログラム内部でフィルター1枚あたり、ランダムな値で初期化された3×3＝9個の重みが用意されます。フィルターの数は10なので、計90個の重み、それから各フィルターに0で初期化されたバイアスが1つずつ、計10個用意されます。

727

padding='same'でゼロパディングを行い、input_shapeで入力データのサイズを指定します。4次元化された入力データのうち、3階テンソルまでが1枚の画像になるので、

```
input_shape=(28, 28, 1)
```

とします。フィルターを通した出力に適用する活性化関数として、

```
activation='relu'
```

として、ReLU関数を指定しています。

ReLU(Rectified Linear Unit、Rectifier：正規化線形関数)は、入力が0を超えていれば入力された値をそのまま出力し、0以下であれば0を出力します。

▼ReLU関数

$$ReLU(x) = \begin{cases} x & (x > 0) \\ 0 & (x \leqq 0) \end{cases}$$

●第2層：畳み込み層2をプログラミングする

ディープラーニングとして層を深くするために、第2層でもう一度畳み込みを行います。畳み込み演算はフィルターの数だけ出力するので、フィルターの数32がニューロン数です。結果、第2層からは、

```
(データ数, 28 (タテ), 28 (ヨコ), 1 (チャンネル))
```

の形状の値が32個出力されます。これは、32枚のフィルターを適用したことで1枚の画像が32枚になったとお考えください。したがって、1画素につき32チャンネルの情報を持つことになります。以上の処理が、データの数のぶんだけ繰り返されます。

▼第2層の畳み込み層2

```
セル3
#  (第2層) 畳み込み層2
#  ニューロン数：32
#  出力：1ニューロンあたり(28, 28, 1)の3階テンソルを32個出力
model.add(Conv2D(
    filters=32,            # フィルターの数は32
    kernel_size=(3, 3),    # 3×3のフィルターを使用
    padding='same',        # ゼロパディングを行う
    activation='relu'      # 活性化関数はReLU
    ))
```

12-3 畳み込みニューラルネットワークを利用した画像認識

●第3層：プーリング層をプログラミングする

第3層はプーリング層です。前層の出力数が32なので、プーリング層のニューロン数も32です。プーリングについては、対象のウィンドウサイズを2×2にします。パディングを行うようにしますが、MaxPooling2D

オブジェクトが行うのは、プーリング対象のウィンドウに対してのパディングです。結果、28×28のデータが14×14になって出力されます。出力データとしては、

```
(データ数， 14（タテ）， 14（ヨコ）， 1（チャンネル））
```

の形状の値が32個出力されることになります。以上の処理が、画像の枚数だけ繰り返さ

れます。

▼第3層：プーリング層

セル4

```
# （第3層）プーリング層1
# ニューロン数：32
# 出力：1ユニットあたり(14, 14, 1)の3階テンソルを32個出力
from tensorflow.keras.layers import MaxPooling2D

model.add(
    MaxPooling2D(pool_size=(2, 2)))  # 縮小対象の領域は2×2
```

●第4層：畳み込み層を配置する

第4層で3回目の畳み込み演算を行います。畳み込み演算はフィルターの数だけ出力するので、フィルターの数64がニューロン数です。結果、第4層からは、

```
(データ数， 14（タテ）， 14（ヨコ）， 1（チャンネル））
```

の形状の値が64個出力されます。これは、64枚のフィルターを適用したことで1枚の画像が64枚になったことを意味します。したがって、1画素につき64チャンネルの情報を持ちます。

畳み込み演算は、これまでもそうでしたが、縦横ともにストライド（移動量）1です。バイアスもニューロンの数（フィルターの枚数）と同じく64個用意して初期化します。最後にReLU関数を適用して活性化します。

12-3 畳み込みニューラルネットワークを利用した画像認識

▼第4層：畳み込み層3

セル5

```
#  （第4層）畳み込み層3
#  ニューロン数：64
#  出力：1ニューロンあたり(14, 14, 1)の3階テンソルを64個出力
model.add(Conv2D(
    filters=64,            # フィルターの数は64
    kernel_size=(3, 3),    # 3×3のフィルターを使用
    padding='same',        # ゼロパディングを行う
    activation='relu'      # 活性化関数はReLU
    ))
```

●第5層：プーリング層を配置する

第5層はプーリング層です。前層の画像1枚あたりの出力数が64なので、プーリング層のニューロン数も64です。プーリングについては、ウィンドウサイズを2×2にしま

す。パディングは、プーリング対象のウィンドウに対して行われるので、結果として14×14のデータが7×7になって出力されます。出力データとしては、

```
(データ数，　7（タテ），　7（ヨコ），　1（チャンネル）)
```

の形状の値が64個出力されることになります。以上の処理が、データの数だけ繰り返されます。

なお、第5層の処理が終わったところで、50パーセントのドロップアウトを行います。

▼第5層：プーリング層の配置とドロップアウトの設定

セル6

```
from tensorflow.keras.layers import Dropout

#  （第5層）プーリング層2
#  出力：1ユニットあたり(7, 7, 1)の3階テンソルを64個出力
model.add(
    MaxPooling2D(pool_size=(2, 2)))  # 縮小対象の領域は2×2

#  50%のドロップアウト
#  出力：1ユニットあたり(7, 7, 1)の3階テンソルを64個出力
model.add(Dropout(0.5))
```

12-3 畳み込みニューラルネットワークを利用した画像認識

●Flatten層のプログラミング

最終的な目的は「手書き数字の画像を読み取って、0〜9に対応した10個のクラスに分類する」ことなので、ソフトマックス関数を10個のクラスに適用して分類を行うことになります。そのため、プーリング層からの出力：

> **(7, 7, 1)の3階テンソル × 64**

を、

> **(データ数, 画像1枚あたりのデータ)**

の2階テンソルに変換します。このようにデータをフラット化する処理を行う層のこ

とをFlatten層と呼びます。

3階テンソルを実質フラット化して2階テンソルに変換するには、

> ```
> model.add(Flatten())
> ```

のように、Flatten()で生成されるFlattenオブジェクトをSequentialオブジェクトに追加するだけで済みます。結果、前層のニューロン数が64だったのに対し、Flatten層のニューロン数は、

> **7×7×64＝3136**

になります。

▼Flatten層を配置する

セル7
```
from tensorflow.keras.layers import Flatten

# Flaten層
# ニューロン数＝7×7×64
# (画像の枚数, 7(タテ),7(ヨコ),64(チャンネル))を
# (画像の枚数, 7×7×64=3136)の2階テンソルに変換
model.add(Flatten())
```

●第6層：全結合層を配置する

Flatten層の7×7×64個のニューロンにリンクする128個のニューロンを用意します。

▼第6層：全結合層を配置する

セル8
```
# (第6層) 全結合層
from tensorflow.keras.layers import Dense

# ニューロン数：128
# 出力：要素数(128)の1階テンソルを出力
model.add(Dense(
    128,               # ニューロン数
    activation='relu'  # 活性化関数はReLU
    ))
```

12-3 畳み込みニューラルネットワークを利用した画像認識

●第7層：出力層を配置する

10クラスのマルチクラス分類なので、出力層のニューロン数は10で、ソフトマックス関数による活性化を行うことにします。

▼第7層：出力層を配置する

セル9

```python
# （第7層）出力層
# ニューロン数：10
# 出力：要素数 (10) の1階テンソルを出力
model.add(Dense(
    10,                      # 出力層のニューロン数は10
    activation='softmax'     # 活性化関数はソフトマックス
    ))
```

●バックプロパゲーションを設定してCNN をコンパイルする

バックプロパゲーションに用いる誤差関数と最適化アルゴリズムを設定して、Sequentialオブジェクトをコンパイルします。

▼Sequentialオブジェクトをコンパイルする

セル10

```python
from tensorflow.keras.optimizers import Adam

# Sequentialオブジェクトをコンパイルする
model.compile(
    loss='categorical_crossentropy',  # 損失の基準は交差エントロピー誤差
    optimizer=Adam(),                 # 最適化アルゴリズムはAdam
    metrics=['accuracy'])             # 学習評価として正解率を指定
```

12-3 畳み込みニューラルネットワークを利用した画像認識

●畳み込みニューラルネットワークの構造を出力する

これまでに入力した畳み込みニューラルネットワークのサマリを出力してみましょう。

▼サマリを出力

セル11

```
model.summary()    # サマリを表示
```

▼出力

Out

```
Model: "sequential"


Layer (type)                 Output Shape              Param #
=================================================================
conv2d (Conv2D)              (None, 28, 28, 16)        160
conv2d_1 (Conv2D)            (None, 28, 28, 32)        4640
max_pooling2d(MaxPooling2D)  (None, 14, 14, 32)        0
conv2d_2 (Conv2D)            (None, 14, 14, 64)        18496
max_pooling2d_1(MaxPoolin g2D) (None, 7, 7, 64)        0
dropout (Dropout)            (None, 7, 7, 64)          0
flatten (Flatten)            (None, 3136)              0
dense (Dense)                (None, 128)               401536
dense_1 (Dense)              (None, 10)                1290
=================================================================
Total params: 426122 (1.63 MB)
Trainable params: 426122 (1.63 MB)
Non-trainable params: 0 (0.00 Byte)
```

Pythonでディープラーニング

733

12-3 畳み込みニューラルネットワークを利用した画像認識

Tips

392

▶Level ● ●

これが
ポイント
です！

CNNでFashion-MNISTを
ディープラーニングする

fit()メソッドによる学習の実行

　ここでは、畳み込みニューラルネットワークでの学習を実行する方法を紹介します。前Tipsで作成したCNNを実行するので、入力済みのセルのあとに次のコードを入力します。学習を繰り返す回数を5回、ミニバッチのサイズを50とします。学習を繰り返すたびに、フィルターに設定された値や各層の重みが最適な値に更新されていくはずです。

▼畳み込みニューラルネットワークで学習を行う（cnn_fashionmnist.ipynb）

セル12

```
history = model.fit(
    x_train,           # 訓練データ
    y_train,           # 正解ラベル
    epochs=5,          # 学習回数
    batch_size=50,     # 勾配計算に用いるミニバッチのサイズ
    verbose=1,         # 学習の進捗状況を出力する
    validation_data=(
        x_test, y_test   # テストデータの指定
        )
    )
```

▼実行結果

Out

```
Epoch 1/5
1200/1200 [===...] - 43s 35ms/step - loss: 0.4451 - accuracy: 0.8372
  - val_loss: 0.3282 - val_accuracy: 0.8798
Epoch 2/5
1200/1200 [===...] - 42s 35ms/step - loss: 0.2896 - accuracy: 0.8935
  - val_loss: 0.2665 - val_accuracy: 0.9037
Epoch 3/5
1200/1200 [===...] - 43s 35ms/step - loss: 0.2488 - accuracy: 0.9089
  - val_loss: 0.2351 - val_accuracy: 0.9117
Epoch 4/5
1200/1200 [===...] - 42s 35ms/step - loss: 0.2225 - accuracy: 0.9181
  - val_loss: 0.2310 - val_accuracy: 0.9176
Epoch 5/5
1200/1200 [===...] - 43s 36ms/step - loss: 0.2024 - accuracy: 0.9233
  - val_loss: 0.2232 - val_accuracy: 0.9194
```

12-3 畳み込みニューラルネットワークを利用した画像認識

テストデータの正解率は92パーセント近くに達しました。畳み込み層を配置しないニューラルネットワークを使用したときよりも、精度が4ポイントほど上昇しました。これは、おそらく人間の認識率を上回るでしょう。では、損失（誤り率）と正解率が学習ごとにどのように変化したか、訓練データとテストデータのそれぞれについてグラフにしてみます。

▼損失と正解率（精度）の推移をグラフにする

セル13

```python
# 損失（誤り率）、正解率をグラフにする
import numpy as np
import matplotlib.pyplot as plt

# 訓練データの損失（誤り率）をプロット
plt.plot (history.history['loss'],
          label='training',
          color='black')
# テストデータの損失（誤り率）をプロット
plt.plot (history.history['val_loss'],
          label='test',
          color='red')
plt.ylim (0, 1)            # y軸の範囲
plt.legend ()             # 凡例を表示
plt.grid ()               # グリッド表示
plt.xlabel ('epoch')     # x軸ラベル
plt.ylabel ('loss')      # y軸ラベル
plt.show ()


# 訓練データの正解率をプロット
plt.plot (history.history['accuracy'],
          label='training',
          color='black')
# テストデータの正解率をプロット
plt.plot (history.history['val_accuracy'],
          label='test',
          color='red')
plt.ylim (0.5, 1)             # y軸の範囲
plt.legend ()                # 凡例を表示
plt.grid ()                  # グリッド表示
plt.xlabel ('epoch')        # x軸ラベル
plt.ylabel ('accuracy')     # y軸ラベル
plt.show ()
```

12-3 畳み込みニューラルネットワークを利用した画像認識

▼出力されたグラフ

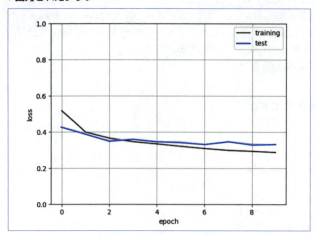

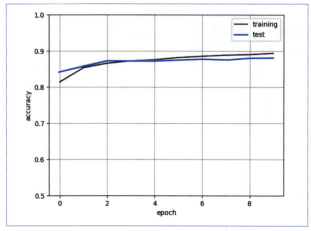

　グラフをよく見てみると、訓練データの損失（黒の線）は4回目以降もわずかに下がり、正解率（黒の線）はほんのわずかですが上昇しています。これは過剰適合が起こっていることを示しています。訓練データにだけフィットする現象です。

12-4 一般物体認識のためのディープラーニング

Tips 393 カラー画像を10のカテゴリに分類

Level ● ○ ○

これがポイントです! カラー画像を60000枚収録したCIFAR-10データセット

物体認識 (object recognition) とは、「画像に写っているものが何であるか」を言い当てる処理のことで、何を目的とするかによって**特定物体認識**と**一般物体認識**に分類されます。

特定物体認識は「ある特定の物体と同一の物体が画像中に存在するかどうか言い当てる処理」(identification)、一方の一般物体認識は「飛行機、自動車、犬などの一般的な物体のカテゴリを言い当てる処理」(classification) です。

特定物体認識は、コンピューターの進歩で比較的容易に実現できるようになり、商用利用もされているようです。これに対し、実現が難しいのが一般物体認識です。

一般物体認識が難しいとされる根本的な要因は、**セマンティックギャップ** (コンピューターと人間とのギャップ) にあるといわれています。例えば、「自動車」というカテゴリの中には、様々な形や色の自動車が含まれます。人間は、自動車とはいかなるものか、という概念を持っているので、どんな色や形でも自動車と言い当てられます。しかしながらコンピューターは、自動車についてのそういった本質的な概念を持ちません。

● 一般物体認識のデータセット「CIFAR-10」

一般物体認識用のデータセットとして、Alex Krizhevsky氏によって整備された**CIFAR-10**があります。CIFAR-10には、約8000万枚の画像のライブラリである「80 Million Tiny Images」からピックアップした約6万枚の画像と正解ラベルが収録されていて、Kerasから利用することができます。

● CIFAR-10の概要

・32ピクセル×32ピクセルの画像が60000枚。
・画像はRGBの3チャンネルカラー画像。
・画像は10クラスに分類される。
・正解ラベルは、次の10個。

⓪ airplane (飛行機)
① automobile (自動車)
② bird (鳥)
③ cat (ネコ)
④ deer (鹿)
⑤ dog (イヌ)
⑥ frog (カエル)
⑦ horse (馬)
⑧ ship (船)
⑨ truck (トラック)

Pythonでディープラーニング

737

12-4 一般物体認識のためのディープラーニング

・50000枚（各クラス5000枚）の訓練用データと10000枚（各クラス1000枚）のテストデータに分割されている。
・BMPやPNGといった画像ファイルではなく、ピクセルデータ配列としてPythonから簡単に読み込める形式で提供されている。

▼CIFAR-10の画像の一部
（「Alex Krizhevsky's home page」より）

 Column CIFAR-10を公開しているサイト

CIFAR-10のデータセットは、

```
https://www.cs.toronto.edu/~kriz/
cifar.html
```

で公開されていて、同ページのリンクをクリックすることでダウンロードできます。

▼CIFAR-10のダウンロードページ

なお、次のTipsでは、プログラム上からダウンロードする方法を紹介しています。

12-4 一般物体認識のためのディープラーニング

Tips 394

KerasでCIFAR-10を
ダウンロードする

▶Level ●○○

これがポイントです！ CIFAR-10データセットをダウンロード
して画像を出力する

keras.datasetsからcifar10というモ
ジュールをインポートすることで、CIFAR-
10をダウンロードして、いつでも使えるよ
うにすることができます。ここではCIFAR-
10をダウンロードして、どのような画像に
なっているのか、出力して確認してみましょ
う。出力にあたっては、カテゴリごとに10
枚ずつランダムに抽出して表示することに
します。

▼ CIFAR-10の画像を、カテゴリごとに10枚ずつランダムに抽出して表示する
（Jupyter Notebook を使用）

セル1

```python
from tensorflow.keras.datasets import cifar10

# CIFAR-10データセットをロード
(X_train, y_train), (X_test, y_test) = cifar10.load_data()
# データの形状を出力
print('X_train:', X_train.shape, 'y_train:', y_train.shape)
print('X_test :', X_test.shape,  'y_test :', y_test.shape)
```

Out

```
X_train: (50000, 32, 32, 3) y_train: (50000, 1)
X_test : (10000, 32, 32, 3) y_test : (10000, 1)
```

セル2

```python
import numpy as np
import matplotlib.pyplot as plt

# 画像を描画
num_classes = 10   # 分類先のクラスの数
pos = 1            # 画像の描画位置を保持する変数

# クラスの数だけ繰り返す
for target_class in range(num_classes):
    # 各クラスに分類される画像のインデックスを保持するリスト
    target_idx = []

    # クラスiが正解の場合の正解ラベルのインデックスを取得する
    for i in range(len(y_train)):
        # i行、0列の正解ラベルがtarget_classと一致するか
        if y_train[i][0] == target_class:
```

Pythonでディープラーニング

739

12-4 一般物体認識のためのディープラーニング

```
                        # クラスiが正解であれば、正解ラベルのインデックスをtarget_idxに追加
            target_idx.append(i)

    np.random.shuffle(target_idx)    # クラスiの画像のインデックスをシャッフル
    plt.figure(figsize=(20, 20))     # 描画エリアを横20インチ、縦20インチにする

    # シャッフルした最初の10枚の画像を描画
    for idx in target_idx[:10]:
        plt.subplot(10, 10, pos)     # 10行、10列の描画領域のpos番目の位置を指定
        plt.imshow(X_train[idx])     # Matplotlibのimshow()で画像を描画
        pos += 1

plt.show()
```

プログラムを実行すると、次のように100枚（10カテゴリ×10枚）の画像がカテゴリごとにまとめられて出力されます。

▼出力結果の例

訓練データとテストデータの画像は、

```
X_train: (50000, 32, 32, 3)
X_test : (10000, 32, 32, 3)
```

のように、4階テンソルに格納されています。1枚の画像は32×32なので(32行, 32列)になり、これにRGBのための3チャンネルを追加して、(32行, 32列, 3チャンネル)の3階テンソルになります。これを4階テンソルにすることで、50000枚および10000枚の画像データが格納されています。正解ラベルは、

```
y_train: (50000, 1)
y_test : (10000, 1)
```

のように2階テンソルに格納されています。

　プログラムでは、多重のforループを使って10個のクラスのそれぞれに分類された画像のインデックスをすべて取得し、各クラスごとにランダムに抽出した10枚の画像を出力するようにしています。プログラムを繰り返し実行すれば、様々な画像を見ることができます。

Tips 395 CIFAR-10のCNNをプログラミングする

これがポイントです！ 畳み込みニューラルネットワークで一般物体認識を行う

CIFAR-10を用いた一般物体認識を行うためのCNN（畳み込みニューラルネットワーク）をプログラミングします。

●第0層：入力層のプログラミング

CIFAR-10を読み込んで、データの前処理を行います。

▼入力層

| 出力 | 1画像あたり(32, 32, 3)の3階テンソルを出力。50000枚の画像（訓練データの場合）が入力された場合、出力の形状は
　　(50000, 32, 32, 3)
となる。 |

▼入力層から出力される4階テンソル

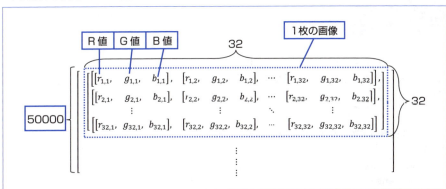

▼CIFAR-10の読み込みとデータの前処理 (cnn_cifar-10.ipynb)

セル1
```
from tensorflow.keras.datasets import cifar10

# CIFAR-10データを読み込む
(X_train, y_train), (X_test, y_test) = cifar10.load_data()
```

セル2
```
from tensorflow.keras import utils

# 訓練データのピクセル値を0～1の範囲にスケーリング
X_train = X_train/255.0
# テストデータのピクセル値を0～1の範囲にスケーリング
X_test = X_test/255.0
```

12-4 一般物体認識のためのディープラーニング

```
# 正解ラベルを10クラスのワンホット表現に変換
classes = 10
Y_train = utils.to_categorical(y_train, classes)
Y_test = utils.to_categorical(y_test, classes)
```

●第1層：畳み込み層1のプログラミング
第1層に畳み込み層を配置します。

▼第1層の畳み込み層

フィルターの数	32
フィルターのサイズ	3×3
重みの数	3（前層のニューロン数）×（3×3）×32＝864個
バイアスの数	32個
ニューロン数	32（フィルター数と同じ）
活性化関数	ReLU
出力	1枚の画像(32, 32)に対してフィルターの数32個のピクセル値を出力。50000枚の画像（訓練データの場合）が入力された場合、出力の形状は、(50000, 32, 32, 32)となる。

カラー画像なので1ピクセルあたりRGBの3値があります。次ページの図で確認しておきましょう。

▼第1層：畳み込み層1のコード (cnn_cifar-10.ipynb)

セル3

```
from tensorflow.keras.models import Sequential
from tensorflow.keras.layers import Conv2D

# CNNモデルの基盤を構築
model = Sequential()

# （第1層）畳み込み層1
model.add(
    Conv2D(
        filters=32,                # フィルターの数は32
        kernel_size=(3, 3),        # 3×3のフィルターを使用
        input_shape=(32, 32, 3),   # 入力データの形状
        padding='same',            # ゼロパディングを行う
        activation='relu'          # 活性化関数はReLU
        ))
```

742

▼入力層➡畳み込み層1

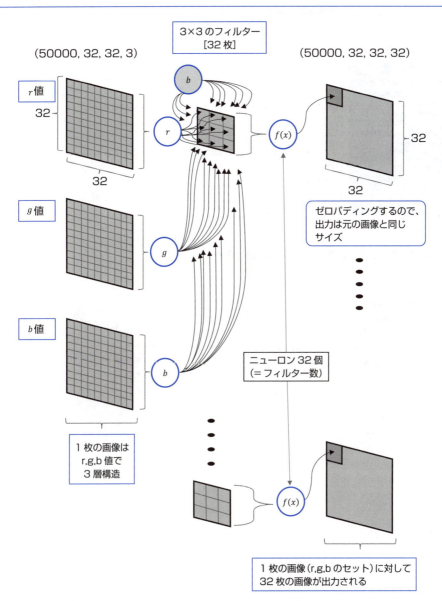

12-4　一般物体認識のためのディープラーニング

●第2層：畳み込み層2のプログラミング
第2層にも畳み込み層を配置します。

▼第2層の畳み込み層

フィルターの数	32
フィルターのサイズ	3×3
重みの数	32（前層のニューロン数）×（3×3）×32＝9216個
バイアスの数	32個
ニューロン数	32（フィルター数と同じ）
活性化関数	ReLU
出力	1枚の画像（32，32）に対してフィルターの数32個のピクセル値を出力。50000枚の画像（訓練データの場合）が入力された場合、出力の形状は、(50000，32，32，32)となる。

▼第2層：畳み込み層2のコード (cnn_cifar-10.ipynb)

```
セル4

#  （第2層）畳み込み層2
model.add(
    Conv2D(
        filters=32,            # フィルターの数は32
        kernel_size=(3, 3),    # 3×3のフィルターを使用
        padding='same',        # ゼロパディングを行う
        activation='relu'      # 活性化関数はReLU
        ))
```

▼畳み込み層1 ➡ 畳み込み層2

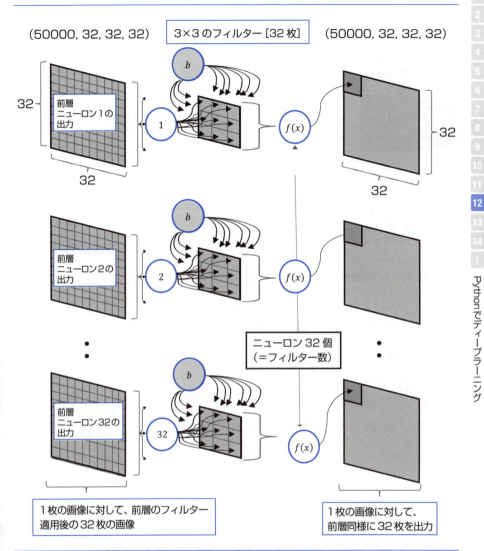

12-4 一般物体認識のためのディープラーニング

●第3層：プーリング層1のプログラミング

第3層には、プーリング層と25パーセントのドロップアウトを配置します。

▼第3層：プーリング層1

ユニット数	32（前層のニューロン数と同じ）
ウィンドウサイズ	2×2
出力	1ユニットあたり(16, 16)の2階テンソルを32個出力(16, 16, 32)。50000枚の画像（訓練データの場合）が入力された場合、出力の形状は、(50000, 16, 16, 32)となる。

▼ドロップアウト

ドロップアウト率	25%
出力	(16, 16)の2階テンソルを32個出力(16, 16, 32)。50000枚の画像（訓練データの場合）が入力された場合、出力の形状は(50000, 16, 16, 32)。

▼第3層：プーリング層1とドロップアウトのコード (cnn_cifar-10.ipynb)

セル5

```
# （第3層）プーリング1：ウィンドウサイズは2×2
from tensorflow.keras.layers import MaxPooling2D, Dropout

model.add(MaxPooling2D(pool_size=(2, 2)))

# ドロップアウトは25%
model.add(Dropout(0.25))
```

▼畳み込み層2 ➡ プーリング層1

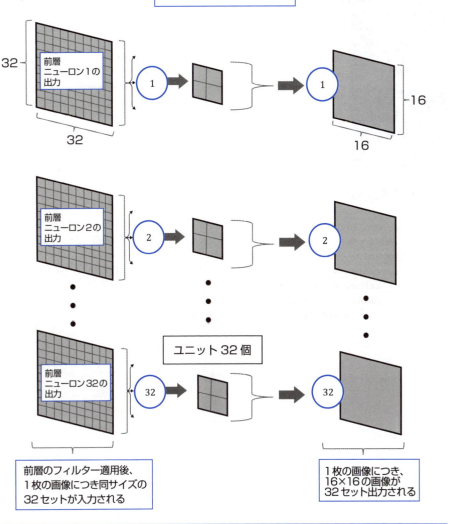

12-4　一般物体認識のためのディープラーニング

●第4層：畳み込み層3のプログラミング
第4層として畳み込み層を配置します。

▼第4層：畳み込み層3

フィルターの数	64
フィルターのサイズ	3×3
重みの数	32（前層のユニット数）×3×3×64＝18432個
バイアスの数	64個
ニューロン数	64（フィルター数と同じ）
活性化関数	ReLU
出力	1画像（16, 16）に対してフィルターの数64個のピクセル値を出力。50000枚の画像（訓練データの場合）が入力された場合、出力の形状は、(50000, 16, 16, 64)となる。

▼第4層：畳み込み層3のコード (cnn_cifar-10.ipynb)

セル6

```
# （第4層）畳み込み層3
model.add(
    Conv2D(
        filters=64,          # フィルターの数は64
        kernel_size=(3, 3),  # 3×3のフィルターを使用
        padding='same',      # ゼロパディングを行う
        activation='relu'    # 活性化関数はReLU
    ))
```

12-4 一般物体認識のためのディープラーニング

▼プーリング層1 ➡ ドロップアウト ➡ 畳み込み層3

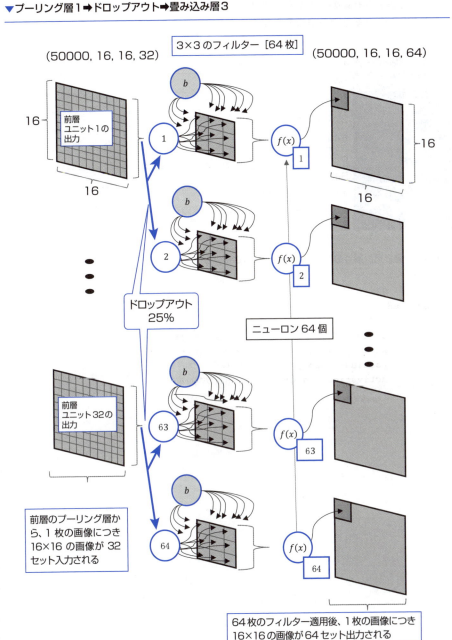

12-4　一般物体認識のためのディープラーニング

●第5層：畳み込み層4のプログラミング

第5層にも引き続き畳み込み層を配置します。

▼第5層：畳み込み層4

フィルターの数	64
フィルターのサイズ	3×3
重みの数	32（前層のユニット数）×3×3×64＝18432個
バイアスの数	64個
ニューロン数	64（フィルター数）
活性化関数	ReLU
出力	1画像（16, 16）に対してフィルターの数64個のピクセル値を出力。50000枚の画像（訓練データの場合）が入力された場合、出力の形状は、(50000, 16, 16, 64)となる。

▼第5層：畳み込み層4のコード（cnn_cifar-10.ipynb）

セル7

```python
# （第5層）畳み込み層4
model.add(
    Conv2D(
        filters=64,            # フィルターの数は64
        kernel_size=(3, 3),    # 3×3のフィルターを使用
        padding='same',        # ゼロパディングを行う
        activation='relu'      # 活性化関数はReLU
    ))
```

750

12-4　一般物体認識のためのディープラーニング

▼畳み込み層3➡畳み込み層4

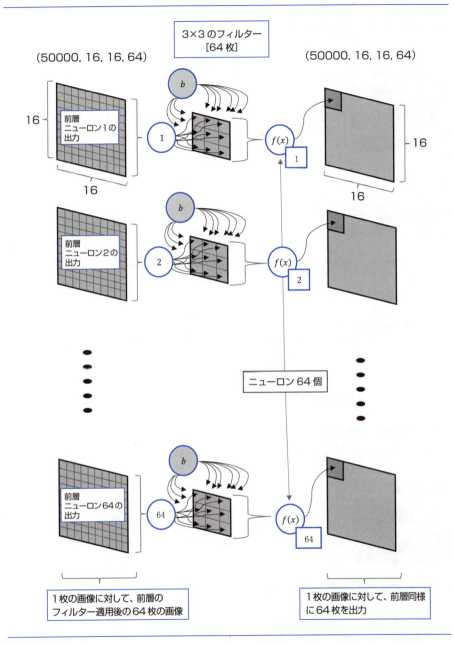

12-4　一般物体認識のためのディープラーニング

● 第6層：プーリング層2のプログラミング

第6層には、プーリング層と25パーセントのドロップアウトを配置します。

▼ 第6層：プーリング層2

ユニット数	64（前層のニューロン数と同じ）
ウィンドウサイズ	2×2
出力	1ユニットあたり(8, 8)の2階テンソルを64個出力(8, 8, 64)。50000枚の画像（訓練データの場合）が入力された場合、出力の形状は(50000, 8, 8, 64)となる。

▼ ドロップアウト

ドロップアウト率	25%
出力	(8, 8)の2階テンソルを64個出力(8, 8, 64)。50000枚の画像（訓練データの場合）が入力された場合、出力の形状は(50000, 8, 8, 64)となる。

▼ 第6層：プーリング層2とドロップアウトのコード (cnn_cifar-10.ipynb)

セル8

```
#  （第6層）プーリング層2：ウィンドウサイズは2×2
model.add(
    MaxPooling2D(
        pool_size=(2, 2)
    ))
```

```
#  ドロップアウトは25%
model.add(Dropout(0.25))
```

● Flatten層のプログラミング

ここで、Flatten層を配置します。

▼ Flatten層

ユニット数	8×8×64＝4096
出力	ユニット数と同じ要素数(4096)の1階テンソルを出力。50000枚の画像（訓練データの場合）が入力された場合、出力の形状は(50000, 4096)となる。

▼ Flatten層のコード (cnn_cifar-10.ipynb)

セル9

```
#  Flatten層：4階テンソルから2階テンソルに変換
from keras.layers import Flatten
model.add(Flatten())
```

▼畳み込み層4 ➡ プーリング層2

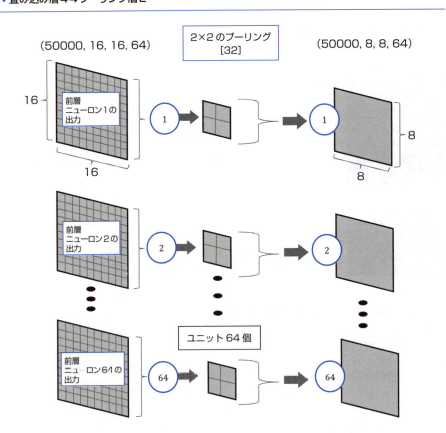

12-4　一般物体認識のためのディープラーニング

●第7層：全結合層のプログラミング

　第7層に全結合層とドロップアウトを配置します。

▼第7層：全結合層

重みの数	4096×512＝2097152個
バイアスの数	512個
ニューロン数	512
活性化関数	ReLU
出力	要素数（512）の1階テンソルを出力。50000枚の画像（訓練データの場合）が入力された場合、出力の形状は（50000, 512）となる。

▼ドロップアウト

ドロップアウト率	50%
出力	要素数（512）の1階テンソルを出力。50000枚の画像（訓練データの場合）が入力された場合、出力の形状は（50000, 512）となる。

▼第7層：全結合層のコード（cnn_cifar-10.ipynb）

セル10

```python
# （第7層）全結合層
model.add(
    Dense(512,                  # ニューロン数は512
        activation='relu'))     # 活性化関数はReLU


# ドロップアウトは50%
model.add(Dropout(0.5))
```

12-4 一般物体認識のためのディープラーニング

●第8層：出力層のプログラミング

第8層として出力層を配置します。これ
で、畳み込みニューラルネットワークの構造
の部分は完成です。

▼第8層：出力層

重みの数	512×10＝5120個
バイアスの数	10個
ニューロン数	10
活性化関数	ソフトマックス
出力	要素数（10）の1階テンソルを出力。50000枚の画像（訓練データの場合）が入力された場合、出力の形状は（50000, 10）となる。

▼第8層：出力層のコード (cnn_cifar-10.ipynb)

セル11
```
#  （第8層）出力層
model.add(
    Dense(classes,                  # 出力層のニューロン数はclasses（値は10）
        activation='softmax'))      # 活性化関数はソフトマックス
```

●最適化アルゴリズムを設定して
Sequentialオブジェクトをコンパイル

最後にSequentialオブジェクトをコンパ
イルします。

▼Sequentialオブジェクトのコンパイル (cnn_cifar-10.ipynb)

セル12
```
# Sequentialオブジェクトのコンパイル
from tensorflow.keras.optimizers import Adam

model.compile(
    loss='categorical_crossentropy',  # 損失関数は交差エントロピー誤差
    optimizer=Adam(),                 # 最適化をAdamアルゴリズムで行う
    metrics=['accuracy']              # 学習評価として正解率を指定
    )
```

完成したところで、サマリを出力しておき
ましょう。

▼モデルのサマリを表示 (cnn_cifar-10.ipynb)

セル13
```
model.summary()
```

12-4 一般物体認識のためのディープラーニング

▼出力されたサマリ

```
Out
Model: "sequential"


Layer (type)                Output Shape            Param #
=================================================================
 conv2d (Conv2D)            (None, 32, 32, 32)      896

 conv2d_1 (Conv2D)          (None, 32, 32, 32)      9248

 max_pooling2d(MaxPooling2D) (None, 16, 16, 32)     0

 dropout (Dropout)          (None, 16, 16, 32)      0

 conv2d_2 (Conv2D)          (None, 16, 16, 64)      18496

 conv2d_3 (Conv2D)          (None, 16, 16, 64)      36928

 max_pooling2d_1(MaxPoolin g2D) (None, 8, 8, 64)    0

 dropout_1 (Dropout)        (None, 8, 8, 64)        0

 flatten (Flatten)          (None, 4096)            0

 dense (Dense)              (None, 512)             2097664

 dropout_2 (Dropout)        (None, 512)             0

 dense_1 (Dense)            (None, 10)              5130
=================================================================
Total params: 2168362 (8.27 MB)
Trainable params: 2168362 (8.27 MB)
Non-trainable params: 0 (0.00 Byte)
```

12-4 一般物体認識のためのディープラーニング

▼プーリング層2➡ドロップアウト➡Flatten層➡全結合層➡ドロップアウト➡出力層

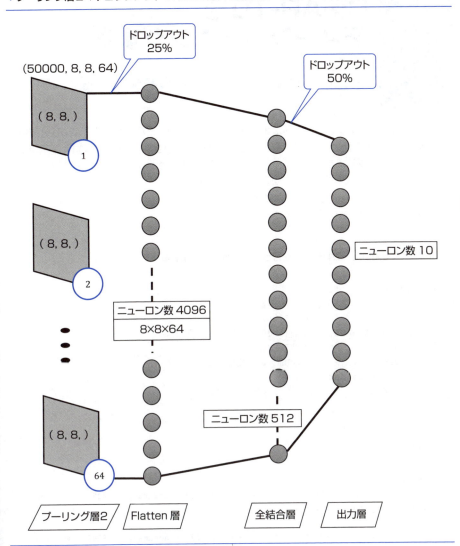

12-4　一般物体認識のためのディープラーニング

Tips
396
CIFAR-10を ディープラーニングする

▶Level ●○○

これがポイントです! ＞ **CNNでCIFAR-10を学習する**

　前回のTipsで作成した畳み込みニューラルネットワークを使って、CIFAR-10をディープラーニングします。

　ミニバッチのサイズを50、学習の回数を30にして学習させてみます。データサイズが大きく、学習回数も多いうえにネットワー

クの層も深いので、完了までに30分前後かかると思います。これまでのTipsで使用しているNotebook（cnn_cifar-10.ipynb）の14番目のセルに、次のように入力して実行してみます。

▼CIFAR-10を用いた一般物体認識を行う (cnn_cifar-10.ipynb)

セル14

```
history = model.fit(
    X_train,            # 訓練データ
    Y_train,            # 正解ラベル
    batch_size=50,      # 勾配計算に用いるミニバッチのサイズ
    epochs=30,          # 学習回数
    verbose=1,          # 学習の進捗状況を出力する
    validation_data=(
        X_test, Y_test) # テストデータの指定
    )
```

▼実行結果

Out

```
Epoch 1/30
1000/1000 [===...] - 92s 91ms/step - loss: 1.5291 - accuracy: 0.4376 - val_loss:
1.1644 - val_accuracy: 0.5861
Epoch 2/30
1000/1000 [===...] - 93s 93ms/step - loss: 1.0810 - accuracy: 0.6142 - val_loss:
0.9402 - val_accuracy: 0.6708
Epoch 3/30
1000/1000 [===...] - 92s 92ms/step - loss: 0.9147 - accuracy: 0.6757 - val_loss:
0.8326 - val_accuracy: 0.7051
Epoch 4/30
1000/1000 [===...] - 92s 92ms/step - loss: 0.8098 - accuracy: 0.7141 - val_loss:
0.7630 - val_accuracy: 0.7254
Epoch 5/30
1000/1000 [===...] - 92s 92ms/step - loss: 0.7463 - accuracy: 0.7364 - val_loss:
0.7187 - val_accuracy: 0.7523
```

758

12-4　一般物体認識のためのディープラーニング

```
......途中省略......
Epoch 29/30
1000/1000 [===...] - 95s 95ms/step - loss: 0.3054 - accuracy: 0.8935 - val_loss:
0.7107 - val_accuracy: 0.7967
Epoch 30/30
1000/1000 [===...] - 94s 94ms/step - loss: 0.3080 - accuracy: 0.8914 - val_loss:
0.6574 - val_accuracy: 0.8031
```

　テストデータを用いたテストで、約80%の正解率になりました。10000枚のうちの約8000枚を10のカテゴリに分類できたことになります。イヌとネコ、自動車とトラックのように、人間が見ても間違えそうな画像も多くあるので、なかなか頑張っているのではないでしょうか。

●誤差と精度をグラフにする
　学習過程をグラフにしてみましょう。

▼学習過程をグラフにする (cnn_cifar-10.ipynb)

セル15

```python
import matplotlib.pyplot as plt

def plot_history(history):
    plt.figure(figsize=(8, 10))
    plt.subplots_adjust(hspace=0.3)
    # 精度の履歴をプロット
    plt.subplot(2, 1, 1)
    plt.plot(history.history['acc'],"-",label="accuracy")
    plt.plot(history.history['val_acc']," ",label="val_acc")
    plt.title('model accuracy')
    plt.xlabel('epoch')
    plt.ylabel('accuracy')
    plt.legend(loc="lower right")

    # 損失の履歴をプロット
    plt.subplot(2, 1, 2)
    plt.plot(history.history['loss'],"-",label="loss",)
    plt.plot(history.history['val_loss'],"-",label="val_loss")
    plt.title('model loss')
    plt.xlabel('epoch')
    plt.ylabel('loss')
    plt.legend(loc='upper right')
    plt.show()

# 学習の過程をグラフにする
plot_history(history)
```

12-4 一般物体認識のためのディープラーニング

▼出力されたグラフ

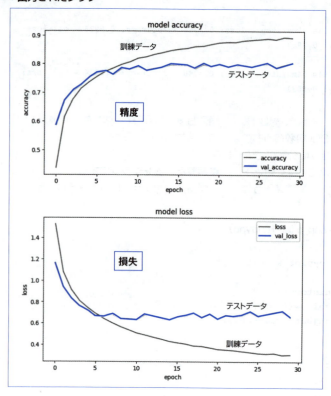

　精度、損失とも、訓練データは学習回数と共に改善されていますが、テストデータの精度は、10回目以降は若干の上下を繰り返すものの、ほぼ横ばいです。損失についても、10回目以降は上下を繰り返すものの明らかに改善している様子は見てとれません。いずれにしても、訓練データのグラフから徐々に離されているので、訓練データにのみフィットする過剰適合が起きているのが明白です。学習回数は20回程度で十分かもしれません。

第 **13** 章

397~435

Matplotlibによる
データの視覚化

13-1 折れ線グラフの描画 (397～399)

13-2 散布図 (400～401)

13-3 棒グラフの描画 (402～405)

13-4 円グラフの描画 (406～409)

13-5 タイトル、軸ラベルの表示 (410～411)

13-6 グラフ領域を分割して複数のグラフを出力 (412～416)

13-7 グラフ要素の操作 (417～425)

13-8 ヒストグラム (426～428)

13-9 3Dグラフのプロット (429～431)

13-10 画像のプロット (432～433)

13-11 Seabornを利用したグラフ作成 (434～435)

13-1 折れ線グラフの描画

Tips 397

「matplotlib.pyplot」を
インポートしてグラフを描画する

▶Level ●●
**これが
ポイント
です！** > **matplotlib.pyplotでラインを描画する**

Matplotlibの**pyplot**（matplotlib.
pyplot）は、**グラフの描画（プロット）** を行うためのPythonモジュールです。具体的には、グラフを描画するための関数群が収録されていて、pyplotモジュールをインポートすることで、これらの関数を呼び出せるようになります。

グラフを描画する方法には、

・グラフの土台になるオブジェクトを生成し、pyplotのメソッドを使って折れ線や棒などのグラフ要素、さらに軸のラベルなどのグラフに必要な要素を描画する方法
・pyplotモジュールの関数群を直接、呼び出してグラフ要素を描画する方法

の2通りがあります。シンプルにグラフを描画するなら、後者のpyplotモジュールの関数群を直接呼び出す方法がおすすめです。何より、グラフの土台になるオブジェクトが内部的に生成されるので、オブジェクトの存在を気にすることなく、グラフの描画そのものに集中できるのがメリットです。

●**Matplotlibのインストール（VSCode）**
VSCodeは、**ターミナル**でpipコマンドを使ってインストールします。

❶プログラムを保存するフォルダー内にNotebookを作成し、仮想環境のPythonのインタープリターを選択しておきます。
❷**ターミナル**メニューの**新しいターミナル**を選択して、仮想環境に関連付けられた

状態の**ターミナル**を起動します。
❸ターミナルに
pip install matplotlib
と入力して**Enter**キーを押します。

●**Matplotlibのインストール（Anaconda）**
Anaconda Navigatorでインストールします。

❶Anaconda Navigatorの**Environments**タブをクリックして、中央付近のペイン（画面）で仮想環境を選択します。
❷**Not installed**を選択し、検索欄に「matplotlib」と入力します。
❸検索結果の一覧から「matplotlib」のチェックボックスにチェックを入れ、画面下部の**Apply**ボタンをクリックします。
❹**Install Packages**ダイアログの**Apply**ボタンをクリックします。

●**pyplotモジュールを用いて
グラフを描画して出力する流れ**
pyplotモジュールを用いてグラフを描画（プロット）し、画面に出力する基本的な流れは次の図のようになります。最初にimport文でmatplotlib.pyplotをインポートして、「plt」という名前で呼び出せるようにするのですが、この名前は任意の名前でもかまいません。ただ、pyplotモジュールを使うときはpltとするのが慣例です。一種のエイリアスですが、pyplotで**plt**とするのと同様に、NumPyの場合は**np**とするなど、そ

762

のエイリアスが何のモジュールを使用しているのかわかるようにするための措置です。

▼matplotlib.pyplotでグラフを出力する基本的な流れ

importのas句で「plt」を指定しているので、

```
plt.plot()
```

のように書いて、pyplotモジュールの関数群を呼び出せます。

・matplotlib.pyplot.plot()
グラフ要素をプロットします。

書式	matplotlib.pyplot.plot(x, y, 　　　　　　　　　　　[fmt], 　　　　　　　　　　　linewidth=None, 　　　　　　　　　　　linestyle=None, 　　　　　　　　　　　color=None, 　　　　　　　　　　　label=None, 　　　　　　　　　　　marker=None, 　　　　　　　　　　　markersize=None, 　　　　　　　　　　　markeredgewidth=None, 　　　　　　　　　　　markeredgecolor=None, 　　　　　　　　　　　markerfacecolor=None, 　　　　　　　　　　　antialiased=None)		
パラメーター	x, y	データポイントの水平（x軸）、垂直（y軸）の値。x値はオプションなので、指定されていない場合は0から始まる [0, ..., N-1] のリストがデフォルトで設定されます。	
	[fmt]	オプション。グラフのフォーマットを直接、フォーマッター（フォーマット設定用文字列）で指定します。ただし、どのフォーマットを指定するのか明確に示せないので、キーワード引数（オプション）を使用するのが便利です。	
	linewidth	オプション。ラインの太さをポイント（pt）単位で指定します。	
	linestyle	オプション。ラインのスタイルとして、'solid'(実線)、'dashed'(破線)、'dashdot'(破線＆点線)、'dotted'(点線)を指定します。デフォルトは'solid'です。	

13-1 折れ線グラフの描画

	パラメーター	color	オプション。ラインの色を指定します。
		label	オプション。凡例を表示する際に、ラインに関連付けられたラベル用テキストを指定します。
		marker	オプション。x値とy値の交点に打つマーカーの形状を指定します。
		markersize	オプション。マーカーのサイズをpt単位で指定します。
		markeredgewidth	オプション。マーカーのエッジライン(枠線)の幅をpt単位で指定します。
		markeredgecolor	オプション。マーカーのエッジラインのカラーを指定します。
		markerfacecolor	オプション。マーカーを塗りつぶす色を指定します。
		antialiased	オプション。ラインを滑らかにするかどうかを指定します。デフォルトはNoneですが、この状態でアンチエイリアスが有効(True)になっています。

・matplotlib.pyplot.xlabel()、
 matplotlib.pyplot.ylabel()

　x軸またはy軸のラベルとして、引数に指定した文字列を描画します。アルファベットと記号の一部、数字を指定できます。

・matplotlib.pyplot.show()

　グラフエリア(グラフの土台となるオブジェクト)にプロットされたすべての要素を出力します。

● x軸、y軸の値を指定してラインを描画する

　x軸とy軸の値を指定してラインを描画してみましょう。

▼y軸の値を設定して直線を描画する
 (lineplot1.ipynb)

```
inport matplotlib.pyplot as plt
%matplotlib inline

plt.plot(
    [1, 2, 3, 4],   # xの値
    [1, 4, 9, 16])  # yの値

# y軸のラベルをプロット
plt.ylabel('y-label')
# x軸のラベルをプロット
plt.xlabel('x-label')
# グラフを表示
plt.show()
```

▼実行結果(転記)

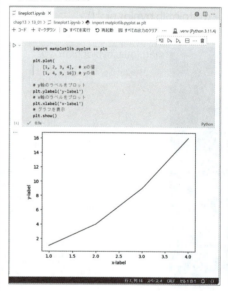

　セルのコードを実行すると、グラフが出力されます。

13-1　折れ線グラフの描画

Tips
398

▶Level ●●●

これが
ポイント
です！

pyplot.plot()のラインスタイルを設定するオプション

ラインをグラフにプロットする場合、次のオプション（キーワード引数）を使って、ラインの色や幅、さらに線種を指定できます。

▼pyplot.plot()のラインスタイルを設定するオプション

オプション	説明
color	ラインの色を指定します。色の指定は、16進数のRGB値またはRGB文字列や、カラーを表す文字列などを使って行います。
linewidth	ラインの幅をポイント（pt）単位で指定します。
linestyle	ラインのスタイルとして、'solid'(実線)、'dashed'(破線)、'dashdot'(破線＆点線)、'dotted'(点線)を指定します。デフォルトは'solid'です。

●colorオプションによる色の設定

colorについては、RGB値やRGB文字列などで指定できるほか、既定のカラー指定文字列も使えます。その場合は指定できる色味が限られるものの、直感的な指定ができるので便利です。1文字で指定する方法と、カラーを表す文字列（単語）で指定する方法があります。どちらも文字列扱いになるので、colorの値として設定するときは「'b'」のようにシングルクォート（'）またはダブルクォート（"）で囲んでください。

▼colorオプションで使用できるカラー指定文字（全8色）

文字	説明
b	青
g	緑
r	赤
c	ターコイズブルー（暗め）

文字	説明
m	ミディアムバイオレット
y	オリーブグリーン（明るめ）
k	ブラック
w	ホワイト

Matplotlibによるデータの視覚化

765

13-1 折れ線グラフの描画

次表は、カラー指定文字列の一覧です。

▼colorオプションで使用できるカラー指定文字列（単語）

black	gray	silver	rpsybrown	firebrick
red	darksalmon	sienna	sandybrown	bisque
tan	moccasin	gold	darkkhaki	olivedrab
chartreuse	palegreen	darkgreen	seagreen	lightseagreen
paleturquoise	darkcyan	darkturquoise	deepskyblue	royalblue
navy	blue	mediumpurple	darkorchid	plum
palevioletred	fuchsia	pink	deeppink	hotpink
magenta	purple	orangered	tomat	saddlebrown
yellow	greenyellow	darkseagreen	limegreen	lime
turquoise	teal	cyan	steelblue	indigo

実際の色をお見せできないのですが、単語を見れば実際にどんな色なのかイメージできるものも多いと思います。

● **linestyleオプションによるラインのスタイル設定**

次表は、ラインのスタイルを指定するlinestyleオプションの値です。

▼キーワードlinestyleで指定できるラインのスタイル

スタイル設定文字列	説明
'-' または 'solid'	実線。linestyleのデフォルト値です。
'--' または 'dashed'	破線。
'-.' または 'dashdot'	一点鎖線。
':' または 'dotted'	点線。
'None'	何も描かない。

● **幅と色を指定してラインを描画する**

前回のTipsと同じラインをプロットしますが、今回はライン幅を太め（5pt）、色を赤、ラインの形状を点線としてプロットしてみます。

▼ライン幅を5pt、色を赤にして、点線でプロットする（lineplot.ipynb）

```
In   import matplotlib.pyplot as plt
     %matplotlib inline


     plt.plot([1, 2, 3, 4],         # xの値
```

```
                [1, 4, 9, 16],          # yの値
                linestyle='dotted',     # ラインを点線にする
                linewidth=5,            # ライン幅は5pt
                color='red'             # ラインの色は赤
                )
        plt.ylabel('y-label')           # y軸のラベルをプロット
        plt.xlabel('x-label')           # x軸のラベルをプロット
        plt.show()                      # グラフを表示
```

▼実行結果

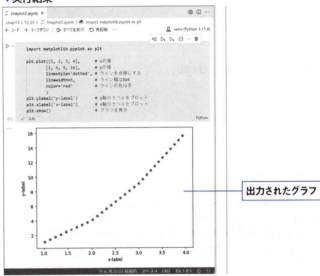

出力されたグラフ

Column 凡例の表示

　次のTips399ではx値およびy値として、Pythonのリストではなく NumPyの配列を使用しました。x値とy値をそのままプロットしたラインに加えて、y値を2、3、4で割った値をそれぞれプロットした3本のラインを表示しています。

　また、Tips399では凡例（グラフ要素の説明）を表示するようにしました。凡例を表示する場合は、ラインをプロットする際に、キーワード引数labelの値にテキストを設定しておきます。そうすることで、そのラインに凡例用としてテキストが関連付けられます。ただし、あくまでラインに関連付けられただけなので、最後にplt.legend()で凡例をプロットする必要があります。pyplot.legend()は凡例をプロットする関数です。

13-1 折れ線グラフの描画

Tips 399 複数のラインを表示する

▶Level ●●

これがポイントです！ pyplot.plot()の繰り返し実行による複数ラインの描画

pyplot.plot()を繰り返し実行すると、グラフ上に複数のラインを表示することができます。

▼4種のラインを描画して凡例を表示する (lineplot3.ipynb)

```
import numpy as np # NumPyをインポート
import matplotlib.pyplot as plt

# xの値
x = np.array([1, 2, 3, 4])
# yの値
y = np.array([1, 4, 9, 16])
# ラベル用テキストを関連付けてラインをプロット
plt.plot(x, y, linestyle="solid", label='Normal')
plt.plot(x, y/2, linestyle="dashed", label='Divided by 2')
plt.plot(x, y/3, linestyle="dashdot", label='Divided by 3')
plt.plot(x, y/4, linestyle="dotted", label='Divided by 4')
# 凡例をプロット
plt.legend()
# グラフを表示
plt.show()
```

▼出力されたグラフ

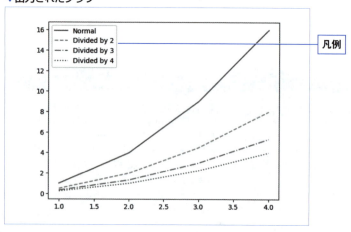

凡例

13-2 散布図

Tips

400

散布図を作成する

これがポイントです! ▶ **pyplot.plot()のmarkerオプション**

▶Level ●●

散布図は、すべてのデータについて、タテ軸（y）とヨコ軸（x）の交わるところに点をプロットしたグラフです。データの分布状況を表すときによく使われます。

散布図として**点**（**マーカー**）をプロットするには、pyplot.plot()のキーワード引数markerでその形状を指定するだけです。ただし、散布図の場合はタテ軸、ヨコ軸のスケール（範囲）の設定が重要なので、データの分布に合わせてpyplot.axis()で設定しておくようにします。

・**pyplot.axis([xの最小，xの最大，yの最小，yの最大])**

x軸、y軸の最小値および最大値をリスト形式で指定します。

●**マーカーの形を指定して散布図を作成する**

プロット関数pyplot.plot()のキーワード引数markerを使うと、x値とy値が交わるところ（交点）にマーカーを表示できます。これを利用すれば、簡単に散布図を作ることができます。

▼pyplot.plot()のmarkerオプションで指定できるマーカーの種類

マーカー指定文字	説明
"."	ポイント（点）
","	ピクセル（ディスプレイの1画素に点を描画）
"o"	サークル（円）
"v"	下向きの三角形
"^"	上向きの三角形
"<"	左向きの三角形
">"	右向きの三角形
"1"	下向きの三角形
"2"	上向きの三角形
"3"	左向きの三角形
"4"	右向きの三角形
"8"	八角形
"s"	四角形
"p"（小文字）	五角形
"P"（大文字）	太字のプラス記号
"*"	星
"h"	六角形（上端凸）
"H"	六角形（上端フラット）
"+"	プラス記号

マーカー指定文字	説明
"x"	バツ印
"X"	太字のバツ印
"D"	ダイヤモンド
"d"	細身のダイヤモンド
"l"	パイプライン（縦棒）
"_"（アンダースコア）	ライン

※マーカー指定文字はシングルクォートまたはダブルクォートで囲んでください。

散布図を作成する際に、x軸とy軸のスケールを指定することで、データの分布をグラフ中心部に集中させたり、逆にグラフ全体に分布させるなど、見せ方を変えることができます。x軸とy軸のスケールは、pyplot.axis()関数でまとめて設定できます。この場合、

769

13-2 散布図

```
pyplot.axis([xの最小値, xの最大値, yの最小値, yの最大値])
```

のように、リストの要素としてx軸から最小値、最大値の順で指定します。

マーカーの形をサークルに指定して、散布図を作成してみます。ただし、マーカーを指定しただけだと、右図のようにライン上にマーカーがプロットされるので、ラインを非表示にする必要があります。

▼ライン上にプロットされたマーカー

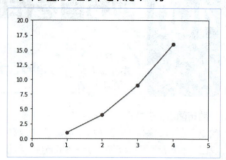

linestyleオプションで'None'を指定するとラインを非表示にできるので、マーカーの指定と併せて設定しておくようにします。

▼散布図の作成 (scatterplot1.ipynb)

```
In  import matplotlib.pyplot as plt

    plt.plot([1, 2, 3, 4],          # xの値
             [1, 4, 9, 16],         # yの値
             marker='o',            # マーカーの形状はサークル (円)
             linestyle='None')      # ラインは非表示

    plt.axis([0,                    # x軸の最小値
              5,                    # x軸の最大値
              0,                    # y軸の最小値
              20])                  # y軸の最大値

    plt.show()
```

▼出力されたグラフ

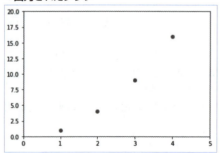

13-2 散布図

Tips 401

マーカーのスタイルを設定して2色のダイヤモンド型にする

▶Level ●●

これがポイントです！ **pyplot.plot()のマーカー専用のオプション**

pyplot.plot()には、マーカー専用のオプションが用意されています。

▼pyplot.plot()のマーカー専用のオプション

マーカー専用のオプション	説明
markersize	マーカー全体のサイズを指定します（pt単位）。
markerfacecolor	マーカーを塗りつぶす色を指定します。
markeredgewidth	マーカーのエッジ（輪郭）の幅を指定します（pt単位）。
markeredgecolor	マーカーのエッジの色を指定します。

●マーカーのスタイルを設定して描画する

マーカーのスタイルをダイヤモンド型にして、2色で塗り分けるようにしてみます。

▼マーカーのスタイルを設定する（scatterplot2.ipynb）

```
In  import matplotlib.pyplot as plt

    plt.plot([1, 2, 3, 4],                    # xの値
             [1, 4, 9, 16],                   # yの値
             marker='d',                      # マーカーの形状は細身のダイヤモンド型
             markersize=16,                   # マーカー全体のサイズ
             markerfacecolor='white',         # マーカーの色は白
             markeredgewidth=4,               # マーカーエッジの幅
             markeredgecolor='red',           # マーカーエッジを赤にする
             linestyle='None')                # ライン非表示

    plt.axis([0, 5, 0, 20])                   # 軸のスケール
    plt.show()
```

セルのコードを実行すると、2色で塗り分けられたダイヤモンド型のマーカーが計4個、グラフ上に描画されます。

Matplotlibによるデータの視覚化

771

13-3 棒グラフの描画

Tips
402
▶Level ● ● ●

棒グラフを作成する

これがポイントです！ **matplotlib.pyplot.bar()による棒グラフの作成**

棒グラフは、x軸、y軸の2つの値ではなく、y値のみを指定し、その値の大きさを**バー**（**棒**）の長さで表現します。

・matplotlib.pyplot.bar()
棒グラフをプロットします。

書式	bar(x, 　　height, 　　width=0.8, 　　bottom=None, 　　align='center', 　　color, edgecolor, linewidth, tick_label, 　　xerr, yerr, ecolor, capsize)

パラメーター		
	x	x軸上の並び順を指定します。y値が[10, 20, 30]の場合は[1, 2, 3]とすれば、y値を表現したバーが順番に並びます。[3, 2, 1]とした場合は、y値の第3要素、第2要素、第1要素の順でバーが並びます。x値で指定した並び順は、tick_labelで設定したラベルの並び順にも影響します。x値を省略した場合は、y値の要素の順番でバーが並びます（x値を省略する場合は、すべての引数をキーワードで指定することが必要）。
	height	バーの高さを指定します。
	width	バーの太さを設定します。デフォルト値は0.8。
	bottom	バーの下側の余白（積み上げ棒グラフを出力する際に設定）。
	align	棒の位置を指定します。 'edge'：縦棒グラフの場合は左端、横棒グラフの場合は下端 'center'：（デフォルト）縦棒グラフの場合は水平方向の中央、横棒グラフの場合は垂直方向の中央
	color	バーの色。
	edgecolor	バーの枠線の色。
	linewidth	バーの枠線の太さ。
	tick_label	x軸のラベル。
	xerr	x軸方向のエラーバー（誤差範囲）を出力する場合に設定します。
	yerr	y軸方向のエラーバー（誤差範囲）を出力する場合に設定します。
	ecolor	エラーバーの色を設定します。
	capsize	エラーバーのキャップ（傘）のサイズを指定します。

13-3 棒グラフの描画

●バーだけの棒グラフを作成する

バーの高さ（y値）、バーの並び順（x値）、各バーのx軸上のラベルを設定し、グラフタイトルおよびx軸、y軸のラベルと共に棒グラフを出力してみます。

・pyplot.bar()で設定するオプション

- x = x軸上の並び順のリスト
- height = バーの高さのリスト
- tick_label = 各バーのx軸上に表示するラベルのリスト

▼棒グラフの描画 (bargraph.ipynb)

```python
import matplotlib.pyplot as plt

y = [15, 30, 45, 10, 5]       # y値（バーの高さ）
x = [1, 2, 3, 4, 5]           # x軸上の並び順
label = [                     # 各バーのx軸上のラベル
    'Apple', 'Banana', 'Orange', 'Grape', 'Strawberry'
]
plt.bar(x=x,                  # x軸上の並び順を設定
        height=y,             # バーの高さを設定
        tick_label=label)     # 各バーのx軸上のラベルを設定
plt.title('Sales')            # タイトルをプロット
plt.xlabel('Fruit')           # x軸、y軸のラベルをプロット
plt.ylabel('amount of sales')

plt.show()
```

▼出力されたグラフ

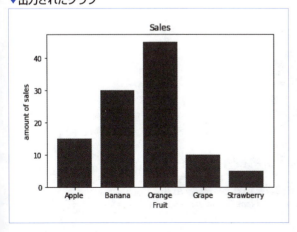

Tips 403 バーの間の隙間をなくす

これがポイントです！ ▶ pyplot.bar() の width オプション

pyplot.bar()のバーの幅を設定するwidthはデフォルトで0.8（全体を1としたときの割合）になっているので、隣のバーとの間に余白ができます。これを1.0に設定するとバーの幅がエリアいっぱいになり、結果としてバー間の隙間がなくなります。ヒストグラムでよく使われるテクニックです。

・pyplot.bar() の width オプション

・width＝バーの幅を設定する値 (0～1.0)

▼バー間の隙間をなくす (bargraph.ipynb)

```
import matplotlib.pyplot as plt

y = [15, 30, 45, 10, 5]      # y値（バーの高さ）
x = [1, 2, 3, 4, 5]          # x軸上の並び順
label = [                    # 各バーのx軸上のラベル
    'Apple', 'Banana', 'Orange', 'Grape', 'Strawberry']
plt.bar(x=x,                 # x値を設定
        height=y,            # バーの高さを設定
        tick_label=label,    # 各バーのx軸上のラベルを設定
        width=1.0)           # バーの幅を1.0にして隙間をなくす
plt.show()
```

▼出力されたグラフ

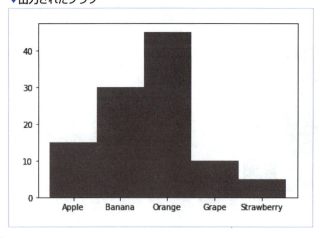

Tips 404 バーのカラーとエッジラインのスタイルを設定する

▶Level ●●

これがポイントです！ pyplot.bar()のcolorオプション、edgecolorオプション、linewidthオプション

バー本体のカラー、および輪郭を示すエッジラインの幅やカラーは、次のオプションで設定することができます。

・pyplot.bar()のオプション

- color＝バーのカラーを指定する値（カラー指定文字列、RGB値、RGB文字列）
- edgecolor＝バーのエッジラインのカラーを指定する値
- linewidth＝エッジラインの幅(pt)

▼バーのカラー、エッジラインの幅とカラーを個別に設定する

```
import matplotlib.pyplot as plt

plt.bar(x=x,                 # x値を設定
        height=y,            # バーの高さを設定
        tick_label=label,    # 各バーのx軸上のラベルを設定
        color="pink",        # バーの色はピンク
        edgecolor='red',     # エッジラインの色はレッド
        linewidth=5)         # エッジラインの幅は5

plt.show()
```

▼出力されたグラフ

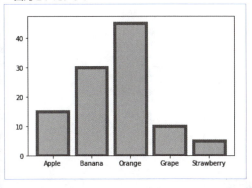

13-3 棒グラフの描画

Tips 405 エラーバーを表示する

▶Level ●●

これがポイントです！ **pyplot.bar()のyerrオプション、ecolorオプション、capsizeオプション**

棒グラフにおいて、**測定値の誤差（エラー）**を示す場合に、バーの上端にエラーの範囲を示す小さなバー（**エラーバー**）が使われます。pyplot.bar()のキーワード引数yerr、xerrでy軸（グラフの高さ）とx軸（バーの幅）のエラーバーの表示が行え、さらにecolorでエラーバーの色、capsizeでバーの先端に描画する**停止線（キャップ）**のサイズが設定できます。

・pyplot.bar()のエラーバー関連のオプション

- yerrまたはxerr＝各バーのエラーバーとして表示する値のリスト
- ecolor＝エラーバーのカラーを指定する値
- capsize＝エラーバー先端のキャップのサイズ（pt）

▼エラーバーを表示する

```
In  import matplotlib.pyplot as plt

    err = [i * 0.08 for i in y]   # エラー値
    plt.bar(x=x,                   # x軸
            height=y,              # バーの高さ
            tick_label=label,      # 各バーのx軸上のラベルを設定
            yerr=err,              # エラーバーを表示
            ecolor='black',        # エラーバーの色は黒
            capsize=5)             # キャップサイズは5
    plt.show()
```

▼出力されたグラフ

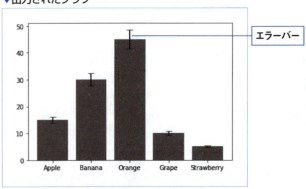

エラーバー

13-4 円グラフの描画

Tips
406

▶Level ●●

**これが
ポイント
です！** 〉**pyplot.pie() による円グラフの作成**

円グラフを作成する

円グラフは、データの構成比を表す目的で使われるグラフです。円全体を100%として、項目の構成比を扇形の面積で表します。原則として、構成比の大きいものから順に、円の12時の位置から時計回りに並べます。円グラフは、pyplotパッケージのpie()で作成できます。

・matplotlib.pyplot.pie()
指定した値を用いて円グラフをプロットします。

● pyplot.pie() で円グラフを作成する
棒グラフは、x軸、y軸の2つの値ではなく、x値のみを指定し、その値の大きさをバー（棒）の長さで表現します。

・matplotlib.pyplot.pie()
円グラフをプロットします。

書式	pie(x, 　　　explode=None, 　　　labels=None, 　　　colors=None, 　　　autopct=None, 　　　pctdistance=0.6, 　　　shadow=False, 　　　labeldistance=1.1, 　　　startangle=None, 　　　radius=1, 　　　counterclock=True, 　　　wedgeprops=None, 　　　textprops=None, 　　　rotatelabels=False)	
パラメーター	x	グラフ要素の値のシーケンス（リスト）。
	explode	オプション。グラフの各要素を中心から切り離す距離をリストで指定します。
	labels	各要素のラベルとして表示するテキストのリスト。

Matplotlibによるデータの視覚化

777

13-4 円グラフの描画

パラメーター		
	colors	オプション。グラフ要素のカラーを指定する値のリスト。指定しない場合は、自動的にカラーが割り当てられます。
	autopct	オプション。構成割合をパーセンテージで表示。デフォルトはNone。
	pctdistance	オプション。autopctで設定した構成割合を出力する位置。円の中心0.0から円周1.0を目安に指定。デフォルト値は0.6。
	shadow	オプション。Trueで影を表示。デフォルトはFalse。
	labeldistance	オプション。ラベルを表示する位置。円の中心0.0と円周1.0を目安にして指定。デフォルトは1.1。
	startangle	オプション。円グラフの要素の開始位置を指定します。デフォルトのNoneは0度（3時の位置）から要素の描画を開始します。
	radius	オプション。円の半径。デフォルト値は1。
	counterclock	オプション。Falseに設定すると時計回りで出力。デフォルトのTrueは反時計回りで出力。
	wedgeprops	オプション。グラフ要素のエッジに関する指定。エッジのラインの太さや色を wedgeprops = {'linewidth': 太さ (pt), 　　　　　　　　'edgecolor':'カラー指定文字' } のように設定できます。デフォルト値は None。
	textprops	オプション。テキストに関するプロパティ。デフォルト値は None。
	rotatelabels	オプション。Trueを設定すると、ラベルをスライスの角度に合わせて回転させます。デフォルトはFalse。

●シンプルな円グラフを作成する

円グラフを作成し、グラフ要素にラベルと、それぞれの構成割合を出力してみます。

・pyplot.pie()で設定するオプション

・x = グラフ要素の値
・labels= グラフ要素に表示するラベル用テキストのリスト
・autopct = '%.＜小数点以下の桁数＞f%%'

 Column フォーマット指定子

プログラムにおいて出力時の書式を指定する際に、**フォーマット指定子**という文字が使われます。小数点以下の桁数を指定する書式は、

書式　　%.＜小数点以下の桁数＞f

のようになっていて、%の次にピリオドがあることに注意してください。%はフォーマット指定子を指定するためのエスケープ文字で、fは実数を指定するための指定子です。autopctの値として設定する場合において、あとに続く「%%」は、%でエスケープしたのち、構成割合をパーセンテージで表示するためのものです。

13-4 円グラフの描画

▼円グラフの作成 (pie_chart.ipynb)

```
In  import matplotlib.pyplot as plt

    # グラフ要素の値
    values = [100, 200, 300, 400, 500]
    # グラフ要素のラベル
    labels = ['Apple', 'Banana', 'Grape', 'Orange', 'Pineapple']

    plt.pie(x=values,              # グラフ要素の値を設定
            labels=labels,         # グラフ要素のラベルを設定
            autopct='%.2f%%')      # 構成割合として小数点以下2桁までを表示
    plt.axis('equal')              # グラフを真円にする
    plt.show()
```

▼表示されたグラフ

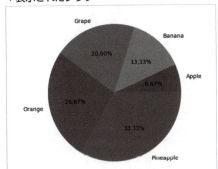

　Jupyter Notebookの古いバージョンでは、matplotlib.pie()でプロットしたグラフをそのまま出力すると、縦につぶれた楕円になることがありました。この場合、x軸、y軸の最小値および最大値を設定するmatplotlib.axis()の引数に、

```
plt.axis('equal')
```

のように'equal'を設定して、x軸とy軸の比率を等しくするようにします。念のために、ここでも同じ措置をして、真円で表示されるようにしています。

Tips 407 円グラフの開始角度を90度にして時計回りに表示する

▶Level ● ●

これがポイントです！ ▶ startangle、counterclockオプション

　pyplot.pie()のstartangleオプションで円グラフの開始位置、counterclockオプションで円グラフの要素の表示順（時計回りまたは反時計回り）を設定できます。

13-4 円グラフの描画

- **pyplot.pie() の startangle、counterclock オプション**

  - startangle＝グラフ要素の描画を開始する角度（0、90、180、270など）
  - counterclock＝Falseで時計回りに描画、Trueで反時計回りに描画

●円グラフを90度の位置から時計回りに描画する

pie()関数のstartangleオプションの値を90、counterclockオプションをFalseに設定して、円グラフを90度の位置から時計回りに描画してみます。

▼円グラフを90度の位置から時計回りに描画（pie_chart.ipynb）

```
import matplotlib.pyplot as plt

values = [100, 200, 300, 400, 500]  # 要素の値
labels = ['Apple', 'Banana', 'Grape', 'Orange', 'Pineapple'] # 要素のラベル

plt.pie(x=values,                   # グラフ要素の値を設定
        labels=labels,              # グラフ要素のラベルを設定
        autopct='%.2f%%',           # 構成割合として小数点以下2桁までを表示
        startangle=90,              # 90度（12時）の位置から開始
        counterclock=False          # 時計回りにする
        )
plt.axis('equal')                   # グラフを真円にする
plt.show()
```

▼出力されたグラフ

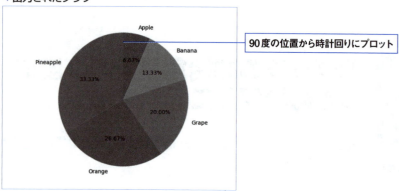

90度の位置から時計回りにプロット

13-4 円グラフの描画

Tips
408

▶Level ●●●

これが
ポイント
です！

円グラフの要素のカラー、エッジラインの幅とカラー、ラベルテキストのカラーを設定する

colors、wedgeprops、labeldistance、textprops オプション

円グラフの各要素の色は、何も指定しないとすべてpyplot.pie()のデフォルトで設定されている色が使用されます。任意のカラーを設定したい場合は、colorsオプションを使います。

●要素のカラー、エッジライン、
　ラベルテキストのスタイルを設定する

colorsオプションを使用する場合は、あらかじめ、要素の数だけカラーの指定値をリストにまとめておいて、colorsの値として設定するようにします。

要素の枠線（エッジライン）の幅や色はwedgepropsで指定でき、ラベルテキストの表示位置はlabeldistance、カラーなどのスタイルはtextpropsで指定できます。

・pyplot.pie()のオプション

・colors＝グラフ要素のカラーを個別に指定する値（リスト）
・wedgeprops＝｛'linewidth': エッジの太さ(pt),
　　　　　　　　　'edgecolor':'エッジのカラー指定文字'｝
・labeldistance＝円周上を1.0とするラベルの配置位置（0〜1.0未満は円の内側に表示）
・textprops=｛'color': 'ラベルテキストのカラー指定文字',
　　　　　'weight': 'bold'｝◀太字にする

---

labeldistanceの値を1.0にすると円周上にラベルが表示され、1.0を超えた値を設定すると円周の外側に、1.0未満の値を設定すると円周の内側にラベルが表示されます。

Matplotlibによるデータの視覚化

13-4 円グラフの描画

▼要素のカラー、エッジライン、ラベルテキストのスタイルを設定（pie_chart.ipynb）

```
import matplotlib.pyplot as plt

values = [100, 200, 300, 400, 500] # 要素の値
labels = ['Apple', 'Banana', 'Grape', 'Orange', 'Pineapple']# 要素のラベル

# 要素のカラーを指定するリスト
setcolors = ['red', 'violet', 'fuchsia', 'deeppink', 'orange']

plt.pie(x=values,                   # グラフ要素の値を設定
        labels=labels,              # グラフ要素のラベルを設定
        colors=setcolors,           # グラフ要素のカラーを設定
        wedgeprops={
            'linewidth': 3,         # エッジラインの幅は3
            'edgecolor':'white'     # エッジラインの色はホワイト
        },
        labeldistance=0.5,          # ラベルを円周内の50%の位置に表示
        textprops={
            'color': 'white',       # ラベルテキストのカラーはホワイト
            'weight': 'bold'}       # 太字にする
        )
plt.axis('equal')                   # グラフを真円にする
plt.show()
```

▼出力されたグラフ

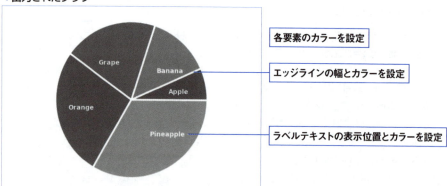

各要素のカラーを設定

エッジラインの幅とカラーを設定

ラベルテキストの表示位置とカラーを設定

Tips 409 円グラフの特定の要素を切り出して目立たせる

▶Level ●●

これがポイントです！ pyplot.pie()のexplodeオプション

explodeは、各要素を円の中心から切り離す距離を指定するためのオプションです。これを使って、円グラフの特定の要素を切り出して目立たせることができます。

・pyplot.pie()のexplodeオプション

・explode = 各要素の、円の中心からの配置位置を示す値のリスト

円グラフの要素数が5の場合、

```
explode=[1, 0, 0, 0, 0]
```

のように設定すると、1番目のグラフ要素（Apple）の中心が円周上に配置されます。リスト要素のインデックスは、反時計回りにグラフの要素に対応します。2番目の要素（Banana）を円周上に切り離す場合は、

```
explode=[0, 1, 0, 0, 0]
```

のように指定します。

▼explodeで1が設定された要素の配置

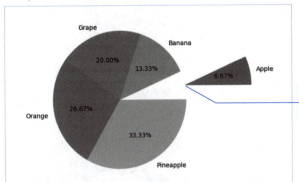

1の場合は、要素の中心が円周上になる

13-4 円グラフの描画

●円グラフの特定の要素を切り出す

円グラフの要素を少しだけ切り出して表示する場合は、explodeに設定する値を1.0未満の値にします。次に示すのは、円グラフの3番目の要素（Appleから反時計回りに3つ目のGrape）の中心位置を、円の中心から0.3に設定した例です。

▼特定の要素を切り出して目立たせる (pie_chart.ipynb)

```
import matplotlib.pyplot as plt
setcolors = ['red', 'violet', 'fuchsia', 'deeppink', 'orange']

values = [100, 200, 300, 400, 500]      # 要素の値
labels = ['Apple', 'Banana', 'Grape', 'Orange', 'Pineapple']# 要素のラベル

plt.pie(x=values,                       # グラフ要素の値を設定
        labels=labels,                  # グラフ要素のラベルを設定
        autopct='%.2f%%',               # 構成割合として小数点以下2桁までをプロット
        colors=setcolors,               # グラフ要素のカラーを設定
        explode=[0, 0, 0.3, 0, 0]       # 3番目の要素の中心位置を円の中心から0.3にする
        )
plt.axis('equal')                       # グラフを真円にする
plt.show()
```

▼出力されたグラフ

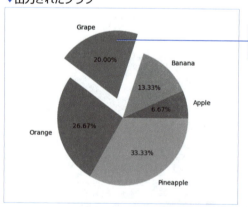

Appleから反時計回りに3番目のグラフ要素を切り出す

13-5 タイトル、軸ラベルの表示

Tips

410

▶Level ●●

これがポイントです！ **matplotlib.pyplot.title()、**
matplotlib.pyplot.xlabel()

グラフタイトルと軸ラベルを表示する

グラフタイトルやx軸、y軸のラベルの表示は、次の関数で行います。

・matplotlib.pyplot.title()

グラフのタイトルをプロットします。

書式	title(s, loc='center')	
パラメーター	s	タイトルとして表示するテキスト。
	loc	オプション。タイトルの表示位置を指定します。'center' (中央)、'left' (左寄せ)、'right' (右寄せ) が指定できます。デフォルトは 'center' です。

・matplotlib.pyplot.xlabel()

x軸のラベルをプロットします。

書式	xlabel(label, labelpad=None)	
パラメーター	label	ラベルとして表示するテキスト。
	labelpad	x軸との余白をポイント (pt) 単位で指定します。

・matplotlib.pyplot.ylabel()

y軸のラベルをプロットします。

書式	ylabel(label, labelpad=None)	
パラメーター	label	ラベルとして表示するテキスト。
	labelpad	y軸との余白をポイント (pt) 単位で指定します。

●テキストの書式設定

グラフタイトルや軸ラベルを表示する関数はテキストを扱うので、テキストの書式を設定するmatplotlib.text.Textクラスのプロパティが使えます。ただし、プロパティを直接設定するのではなく、プロパティをオプション (キーワード引数) として使用したうえで値を設定します。

13

Matplotlibによるデータの視覚化

785

13-5 タイトル、軸ラベルの表示

▼matplotlib.text.Textクラスのプロパティを設定するオプション

オプション	説明
backgroundcolor	背景色を設定します。
color	テキストカラーを設定します。
family	フォントファミリー（あるフォントについて正体、イタリック体、ボールド体などをまとめたもの）を指定します。'serif'、'sans-serif'、'fantasy'、'monospace'が指定できます。
position	(x, y)のようにタプル形式でx, yの座標を指定します。x軸の右端は1、左端は0、y軸の上端は1、下端は0です。
rotation	反時計回りにテキストの回転角度を指定します。
size	フォントサイズをポイント(pt)単位で指定します。
style	フォントスタイルとして'normal'（デフォルト）、'italic'、'oblique'が設定できます。
weight	フォントのウェイト（太さ）を設定します。

●グラフタイトル、軸ラベルの
　スタイルを設定して表示する

　グラフタイトルを中央、左端、右端の3か所に表示し、x軸、y軸のラベルを表示し、それぞれのスタイルもいくつか設定してみることにします。

▼title()関数で使用するオプション

オプション	説明
loc	loc='center'（中央）、'left'（左寄せ）、'right'（右寄せ）のいずれかを設定します。デフォルト値は'center'です。

▼グラフタイトル、軸ラベルを表示する (ttle_label.ipynb)

```
In  import matplotlib.pyplot as plt

    plt.plot(range(10))                   # y値を0～9にしてラインをプロット

    plt.title('Center Title',             # メインタイトルのテキスト
              color='red',                # テキストのカラー
              size=20,                    # フォントサイズは20pt
              family='fantasy',           # フォントファミリー
              backgroundcolor='gold'      # 背景色を設定
              )

    plt.title('Left Title',               # サブタイトルのテキスト
              loc='left',                 # 左寄せで表示
              color='blue')               # テキストのカラー

    plt.title('Right Title',              # サブタイトルのテキスト
              loc='right',                # 右寄せで表示
```

786

13-5 タイトル、軸ラベルの表示

```
            color='green')       # テキストのカラー

plt.xlabel('x-label',            # x軸ラベルのテキスト
           color='red',          # テキストカラーは赤
           size=16,              # フォントサイズは16pt
           weight='bold',        # 太字で表示
           family='fantasy'      # フォントファミリー
           )

plt.ylabel('y-label',            # y軸ラベルのテキスト
           color='red',          # テキストカラーは赤
           size=16,              # フォントサイズは16pt
           style='italic',       # イタリックにする
           )

plt.show()
```

▼出力されたグラフ

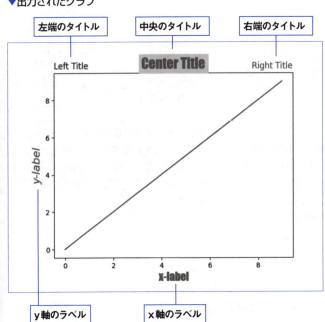

13-5 タイトル、軸ラベルの表示

Tips 411

▶Level ●●

x軸とy軸に独自の目盛ラベルを表示する

これが ポイント です！ **pyplot.xticks()、pyplot.yticks()による目盛りラベルの表示**

x軸、y軸には、プロットする値に応じて自動的に目盛ラベルが表示されますが、pyplotモジュールのxticks()、yticks()を使って、任意の位置に独自の目盛ラベルを表示することができます。

・matplotlib.pyplot.xticks()
・matplotlib.pyplot.yticks()

書式	xticks(locs, labels, ＊＊kwargs) yticks(locs, labels, ＊＊kwargs)	
パラメーター	locs	目盛ラベルを配置する位置を示すx軸上またはy軸上の値のリスト。
	labels	目盛ラベルのリスト。
	＊＊kwargs	オプション。matplotlib.text.Textクラスのプロパティをオプションで指定して、テキストのスタイルを設定します。

第1引数で、目盛ラベルを表示する位置を、軸の値を使って指定します。第2引数で目盛ラベルのテキストをリストで指定しますが、リスト内のテキストの並びは第1引数の軸位置のリストに対応します。plt.xticks([0, 5], ['scale1', 'scale2'])とした場合は、x値が0の目盛ラベルとしてscale1、5の目盛ラベルとしてscale2が表示されます。

●位置とテキストを指定して
目盛ラベルを表示する

表示する位置とテキストを指定して、x軸とy軸の両方に任意の目盛ラベルを表示してみます。

▼x軸、y軸の目盛ラベルを表示する (ttle_label.ipynb)

```
In  import matplotlib.pyplot as plt

    plt.plot([1, 2, 3, 4, 5, 6],               # xの値
             [8.6, 5.3, 10.2, 16.1, 22.3, 24.6],# yの値
             marker='o',                        # サークル型のマーカー
             )
    plt.title('Average Temperature', size=18)  # タイトル
    plt.xlabel('Month', size=14)               # x軸のラベルをプロット
    plt.ylabel('Temperature', size=14)         # y軸のラベルをプロット
```

788

13-5 タイトル、軸ラベルの表示

```
plt.xticks([1, 2, 3, 4, 5, 6],                # 目盛ラベルを配置するx軸の位置
           ['Jan.', 'Feb.', 'Mar.', 'Apr.', 'May', 'Jun.'], # xの目盛ラベル
           size=14)
plt.yticks([0, 5, 10, 15, 20, 25],            # 目盛ラベルを配置するy軸の位置
           ['0℃', '5℃', '10℃', '15℃', '20℃', '25℃'],   # yの目盛ラベル
           size=12)
plt.show()
```

▼出力されたグラフ

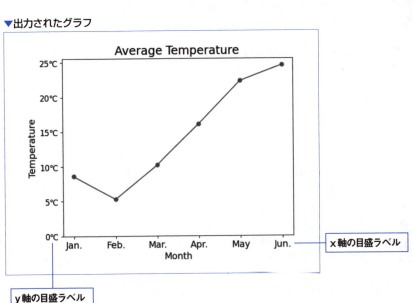

13-6　グラフ領域を分割して複数のグラフを出力

Tips

412

タテ２段で２つのグラフを表示する

▶Level ●●

これがポイントです！ subplot()関数のオプション

　グラフ要素をプロットするplotの前にsubが付いたmatplotlib.pyplot.subplot()は、名前から想像できるように、「プロットの補助をする」関数です。具体的には、「グラフを表示する領域を分割して、プロットすべき領域を返す」という処理を行います。

・matplotlib.pyplot.subplot()

書式	subplot (nrows, ncols, index, facecolor)	
パラメーター	nrows	タテ方向に分割する数（整数値）。
	ncols	ヨコ方向に分割する数（整数値）。
	index	プロットする位置を示す、1から始まるインデックス（整数値）。
	facecolor	キーワード引数。プロットエリアを塗りつぶすカラーを指定します。

　subplot()では、まずnrowsでタテ方向の行数、ncolsでヨコ方向の列数を指定してグリッド（マス目）を作ります。それから、グリッドのどの位置にプロットするのかをindexで指定します。例えば、

```
plt.subplot(2, 2, 1)
```

とした場合は、2行×2列でマス目が4つのグリッドが設定され、インデックスの1、つまり1行目の1列目のマスがプロットの対象になります。1行目の2列目のマスなら

```
plt.subplot(2, 2, 2)
```

となり、2行目の1列目のマスなら

```
plt.subplot(2, 2, 3)
```

となります。このように、インデックス値は1行目の1列目を1として1つずつ増加し、1行目が終わった時点でさらに1つ増加すると、2行目の1列目に進みます。

　なお、これまで見たようにsubplot()は、分割された領域の中のプロットする領域を返すので、実際にグラフを描画するには、直後にplot()でx値、y値を指定してグラフをプロットします。

790

●タテ2段で2つのグラフを表示する

プロットするエリアをタテ方向に2つに分割し、2つのグラフをプロットしてみます。

▼タテ方向に2つに分割してグラフをプロットする（multiple_graphs.ipynb）

```
import matplotlib.pyplot as plt
import numpy as np

t = np.arange(0.0, 2.0, 0.01)        # 0～2.0の範囲で0.01刻みの等差数列
s1 = np.sin(2*np.pi*t)               # (2×円周率×t)の正弦
s2 = np.sin(4*np.pi*t)               # (4×円周率×t)の正弦

# 2行×1列の上段を指定、描画エリアをピンクにする
plt.subplot(2, 1, 1, facecolor='pink')
plt.plot(t, s1)
# 2行×1列の下段を指定、描画エリアを白にする
plt.subplot(2, 1, 2, facecolor='white')
plt.plot(t, s2)
plt.show()
```

▼出力されたグラフ

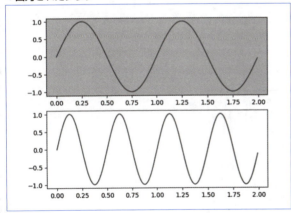

Tips 413 ヨコ2段で2つのグラフを表示する

Level ●●

これがポイントです！ subplot()関数のオプション

前回のTipsに引き続きsubplot()関数を使用して、ヨコ方向に2つに分割し、2つのグラフをプロットしてみます。

▼ヨコ方向に2つに分割してグラフをプロットする (multiple_graphs.ipynb)

```
import matplotlib.pyplot as plt
import numpy as np

t = np.arange(0.0, 2.0, 0.01)       # 0〜2.0の範囲で0.01刻みの等差数列
s1 = np.sin(2*np.pi*t)              # (2×円周率×t)の正弦
s2 = np.sin(4*np.pi*t)              # (4×円周率×t)の正弦

plt.subplot(1, 2, 1, facecolor='pink')   # 1行×2列の左側を指定
plt.plot(t, s1)
plt.subplot(1, 2, 2, facecolor='white')  # 1行×2列の右側を指定
plt.plot(t, s2)
plt.show()
```

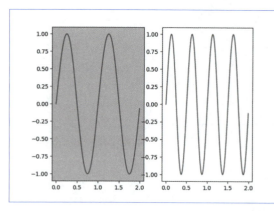

◀出力されたグラフ

さらにワンポイント　右側のグラフのy軸目盛ラベルが左側のグラフに重なってしまっていますが、解決策については、Tips416で紹介します。

Tips 414 4つのマス目に4種類のグラフを表示する

▶Level ● ●

これがポイントです! subplot()関数のオプション

今度は領域を2行×2列の4つの領域に分割し、それぞれにグラフをプロットしてみます。

▼4つに分割してグラフをプロットする (multiple_graphs.ipynb)

```
import matplotlib.pyplot as plt
import numpy as np

t = np.arange(0.0, 2.0, 0.01)        # 0～2.0の範囲で0.01刻みの等差数列
s1 = np.sin(2*np.pi*t)               # (2・円周率・t)の正弦
s2 = np.sin(4*np.pi*t)               # (4・円周率・t)の正弦
s3 = np.sin(6*np.pi*t)               # (6・円周率・t)の正弦
s4 = np.sin(8*np.pi*t)               # (8・円周率・t)の正弦

plt.subplot(2, 2, 1, facecolor='pink')    # 2行×2列の第1行、第1列を指定
plt.plot(t, s1)
plt.subplot(2, 2, 2, facecolor='white')   # 2行×2列の第1行、第2列を指定
plt.plot(t, s2)
plt.subplot(2, 2, 3, facecolor='silver')  # 2行×2列の第2行、第1列を指定
plt.plot(t, s3)
plt.subplot(2, 2, 4, facecolor='pink')    # 2行×2列の第2行、第2列を指定
plt.plot(t, s4)
plt.show()
```

▼出力されたグラフ

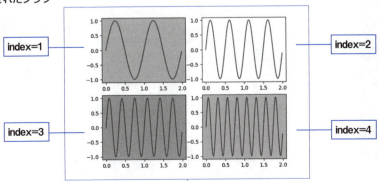

13-6 グラフ領域を分割して複数のグラフを出力

Tips 415 グラフエリアのサイズを指定して3種類のグラフをプロットする

▶Level ●● これがポイントです！ **matplotlib.pyplot.figure()**

これまでplot()関数を使って様々なグラフを描いてきましたが、この関数は「グラフの土台となるオブジェクトにグラフ要素を描画する」という処理を行います。プログラムを作成するときはまったく意識することがありませんでしたが、実はplot()関数を実行すると「内部的にFigureオブジェクトが生成される」のです。本来ならば「Figureオブジェクトを生成し、そのオブジェクトに対してplot()を実行する」手順になるところ、プログラミングをラクにするためオブジェクト生成の過程を省略できるようになっています。

したがって、plot()関数でグラフ要素をプロットするときは、内部的に用意されたFigureオブジェクトを使用していることになります。このような理由から、グラフが描画される領域の大きさは、いつも一緒だったのです。

●サイズ指定されたFigureオブジェクトを明示的に生成する

Figureオブジェクトを、サイズなどを指定して明示的に生成するには、matplotlib.pyplot.figure()関数を使います。

・matplotlib.pyplot.figure()
グラフの土台となるFigureオブジェクトを生成します。

書式	figure(num=None, 　　　figsize=None, 　　　dpi=None, 　　　facecolor=None, 　　　edgecolor=None)
パラメーター	num	Figureオブジェクトを識別するための、1から始まるidを設定します。何も設定しない場合は、自動的に1が設定され、Figureオブジェクトを生成するたびに1ずつ増加するidが付与されます。
	figsize	オプション。(横サイズ, 縦サイズ)のようにタプルまたはリストの形式で指定します。サイズの単位はインチです。デフォルトは[6.0, 4.0]（横6インチ、縦4インチ）です。
	dpi	オプション。解像度を指定します。デフォルトは72.0 (dpi) です。
	facecolor	オプション。Figureオブジェクト全体を塗りつぶすカラーを指定します。デフォルトは(1, 1, 1, 0)のホワイトです。
	edgecolor	オプション。枠線（エッジライン）のカラーを指定します。デフォルトは(1, 1, 1, 0)のホワイトです。ホワイトに設定されているのは、Figureオブジェクトのエッジラインは表示しないことを前提にしているための措置です。

13-6　グラフ領域を分割して複数のグラフを出力

figure()でFigureオブジェクトを作成したあとは、plot()関数で任意のグラフ要素をプロットできます。

●サイズ指定されたFigureにカテゴリ変数を使って3種類のグラフをプロットする

カテゴリごとに分類されたデータは、カテゴリを表すテキストをリストにすることで、それぞれのデータ量をグラフ化することができます。この場合、x軸をカテゴリにして、y軸でデータ量を表すようにします。

ここでは同じデータを用いて、plot()で折れ線グラフ、bar()で棒グラフ、scatter()で散布図をプロットしてみます。散布図はplot()でも描けますが、散布図専用の関数としてscatter()が用意されています。

・matplotlib.pyplot.scatter

マーカーをプロットして、散布図を描きます。

書式	scatter(x, y, 　　　　s=None, 　　　　c=None, 　　　　marker=None, 　　　　alpha=None, 　　　　linewidths=None, 　　　　edgecolors=None, 　　　　**kwargs)	
パラメーター	x, y	x軸とy軸の値。
	s	オプション。マーカーのサイズを指定します。
	c	オプション。マーカーのカラーを指定します。
	marker	オプション。マーカーの形状を指定します。マーカーの形状については、Tips400の表「pyplot.plot()のmarkerオプションで指定できるマーカーの種類」を参照してください。
	alpha	オプション。マーカーの透過度 (0.0〈透明〉〜1.0〈不透明〉) を指定します。
	linewidths	オプション。マーカーのエッジラインの太さを指定します。
	edgecolors	オプション。エッジラインのカラーを指定します。
	**kwargs	matplotlib.collections.Collectionクラスのプロパティをキーワードで設定できます。

▼サイズ設定済みのFigureにカテゴリ変数を使ってグラフを描画 (multiple_graphs.ipynb)

```
In  import matplotlib.pyplot as plt
    import numpy as np


    names = ['groupA', 'groupB', 'groupC']  # カテゴリ
    values = [1, 10, 100]                    # カテゴリごとの値


    plt.figure(1,                            # Figureオブジェクトのid
              figsize=(9, 3))               # 横9インチ、縦3インチにする
```

795

13-6 グラフ領域を分割して複数のグラフを出力

```
plt.subplot(1, 3, 1)                    # 左側に棒グラフをプロット
plt.bar(names, values)
plt.subplot(1, 3, 2)                    # 中央に折れ線グラフをプロット
plt.plot(names, values)
plt.subplot(1, 3, 3)                    # 右側に散布図をプロット
plt.scatter(names, values)
plt.suptitle('Three kinds of graphs')   # Figureの中心にタイトルを表示

plt.show()
```

▼出力されたグラフ

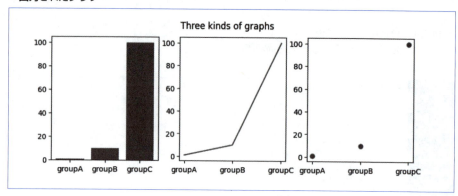

横のサイズ＝9インチ
縦のサイズ＝3インチ

13-6　グラフ領域を分割して複数のグラフを出力

Tips 416

サブプロットエリアの配置を
調整する

▶Level ●●

これが
ポイント
です！ **subplots_adjust()関数**

　subplot()でグラフエリア (Figureオブ
ジェクト) をサブプロットエリアに分割して
複数のグラフを描画する場合、グラフ同士が
くっつきすぎて見づらくなることがありま
す。そのような場合は、subplots_adjust()
を使うことで、サブプロットエリアの上下や
左右にスペースを設定して、グラフ同士の距
離を調整できます。

・**matplotlib.pyplot.subplots_adjust()**
　subplot()で分割したグラフエリアのレイ
アウトを調整します。

書式	subplots_adjust(left=None, bottom=None, right=Nono, top=None, wspace=None, hspace=None)	
パラメーター	left	Figureオブジェクトの左端のスペース (サブプロットエリアを配置できない) を設定します。
	bottom	Figureオブジェクトの下端のスペース (サブプロットエリアを配置できない) を設定します。
	right	Figureオブジェクトの右端のスペース (サブプロットエリアを配置できない) を設定します。
	top	Figureオブジェクトの上端のスペース (サブプロットエリアを配置できない) を設定します。
	wspace	左右のサブプロットエリア間のスペースを設定します。
	hspace	上下のサブプロットエリア間のスペースを設定します。

　それぞれ引数の値はNoneとなっていま
すが、デフォルトで次表の値が与えられてい
ます。この値が推奨値にもなっているので、
値を大きく変えないように注意が必要です。

Matplotlibによるデータの視覚化

13-6　グラフ領域を分割して複数のグラフを出力

▼ subplots_adjust()の引数のデフォルト値

left	0.125	Figureオブジェクトの左端のスペース
right	0.9	Figureオブジェクトの右端のスペース
bottom	0.1	Figureオブジェクトの下端のスペース
top	0.9	Figureオブジェクトの上端のスペース
wspace	0.2	左右のサブプロット間のスペース
hspace	0.2	上下のサブプロット間のスペース

（単位：インチ）

● 2つに分割したグラフエリアのレイアウトを調整する

2つのグラフを横に並べて配置し、グラフエリア（Figureオブジェクト）の上端にスペースを設定すると共に、2つのグラフ（サブプロットエリア）を横方向に少し離してみることにします。

subplot()で分割したグラフエリア全体のタイトルはmatplotlib.pyplot.suptitle()で表示できます。また、各サブプロットエリアについては、matplotlib.pyplot.title()でタイトルを表示できるので、全体のタイトルに加え、個々のグラフのタイトルも表示することにします。

▼ グラフ間のスペースを空けてレイアウトを調整する（multiple_graphs.ipynb）

```
import matplotlib.pyplot as plt
import numpy as np

def damped (t):                             # 減衰振動を返す関数
    s1 = np.cos(2*np.pi*t)
    e1 = np.exp(-t)
    return s1 * e1

def undamped (t):                           # 未処理の振動を返す関数
    return np.cos(2*np.pi*t)

t = np.arange(0.0, 5.0, 0.1)                # 0.0～5.0まで0.1刻みの等差数列

plt.figure(1,                               # Figureオブジェクトのid
           figsize=(10, 6))                 # 横10インチ、縦6インチにする

plt.suptitle('Figure title', fontsize=16)   # Figureオブジェクトのタイトル

plt.subplot(1, 2, 1)                        # 左側のエリアをプロット対象にする
plt.plot(t, damped(t))                      # damped()の戻り値をラインにプロット
plt.xlabel('time (s)', size=12)             # x軸ラベル
plt.ylabel('Oscillation', size=12)          # y軸ラベル
plt.title('Damped Oscillation')             # サブプロットエリアのタイトル

plt.subplot(1, 2, 2)                        # 右側のエリアをプロット対象にする
plt.plot(t, undamped(t), '--')              # undamped()の戻り値をラインにプロット
```

```
plt.xlabel('time (s)', size=12)      # x軸ラベル
plt.ylabel('Oscillation', size=12)   # y軸ラベル
plt.title('Undamped')                # サブプロットエリアのタイトル

plt.subplots_adjust(wspace=0.4,      # サブプロットエリアの横方向のスペース
                    top=0.85)        # Figureとオブジェクトの上端スペース

plt.show()
```

▼出力されたグラフ

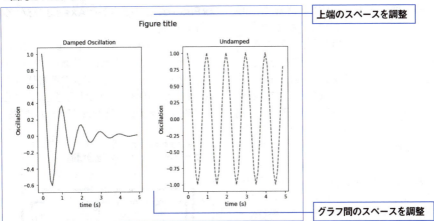

上端のスペースを調整

グラフ間のスペースを調整

ちなみに、subplots_adjust()でレイアウト調整を行わなかった場合は、次図のようになります。右側のグラフのy軸ラベルが左側のグラフに重なってしまいました。

▼レイアウト調整なしの場合

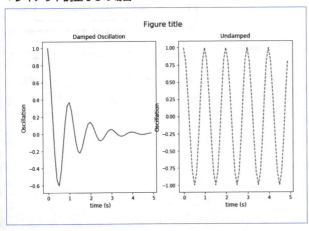

13-7 グラフ要素の操作

Tips 417 グラフオブジェクトを生成して操作する

▶Level ●●

これがポイントです！ ▶figure()、add_subplot()

グラフ要素をプロットするmatplotlib.pyplotモジュールのplot()関数やsubplot()関数は、グラフの土台になるオブジェクトやグラフ要素のオブジェクトを内部的に生成するので、オブジェクトの操作を気にすることなくグラフの描画が行えます。とはいえ、より細かく指示してダイナミックに描画処理を行うには、明示的にグラフオブジェクトを生成し、個々のオブジェクトに対して操作を行うことが求められます。

関数だと引数の設定のみに注目していればよいのに対し、「どのオブジェクトに対して操作をするのか」を考える手間がありますが、操作の対象が明確になるぶん、きめ細かな設定が可能になります。

・matplotlib.pyplot.figure()

グラフの土台になるmatplotlib.figure.Figureクラスのオブジェクトを生成し、オブジェクトの参照情報を戻り値として返します。

・matplotlib.figure.Figure.add_subplot()メソッド

Figureオブジェクトにサブプロット（matplotlib.axes.Axesクラスのオブジェクト）を追加し、オブジェクトの参照情報を戻り値として返します。

・matplotlib.axes.Axes.plot()メソッド

サブプロット（Axesオブジェクト）に対してグラフ要素をプロットします。

●FigureオブジェクトとAxesオブジェクトの生成

matplotlib.pyplotモジュールで作成されるグラフは、次図のように、Figureクラスのオブジェクトに実際のグラフを描画するAxesクラスのオブジェクトが含まれ、さらにx軸、y軸を管理するAxisが含まれます。

▼Figureを頂点とするグラフオブジェクトの階層構造

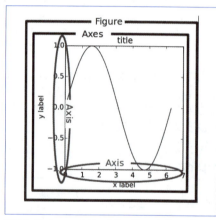

(Matplotlib documentation : https://matplotlib.org/)

subplot()でグラフエリアを分割した場合は、次図のように、Figureオブジェクトの内部に複数のAxesオブジェクトが生成されます。

13-7 グラフ要素の操作

▼グラフエリア (Figure) を分割すると、複数のAxesが生成される

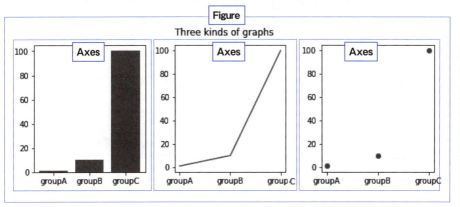

● Figureを生成し、add_subplot()で
Axesオブジェクトを配置する

　「まずFigureオブジェクトを生成し、そこにAxesオブジェクトを追加する」という基本的なやり方により、ここでは1つのFigure上に2×2のグラフエリアを設定し、4種類のグラフを描画してみることにします。

　matplotlib.pyplot.figure()はFigureオブジェクトを生成し、オブジェクトの参照を戻り値として返すので、これを変数に格納します。あとは、この変数に対してadd_subplot()メソッドを実行して、Axesオブジェクトを追加します。

・matplotlib.figure.Figure.add_subplot()
　Figureにサブプロット (Axesオブジェクト) を追加します。

書式	add_subplot(*rgs, **kwargs)	
パラメーター	*rgs	サブプロットの位置を表す3桁の整数、またはカンマで区切った3つの整数を指定します。1番目がサブプロットのグリッドの行数、2番目がグリッドの列数、3番目がサブプロットの位置を示す整数です。サブプロットの位置は1から始まり、1行目の列方向に1ずつ加算され、1行目の列が終了すると2行目に移動して同じように列方向に1ずつ加算されます。
	**kwargs	オプション。Axesクラスのプロパティを同名のキーワード引数で設定します。

▼ライブラリのインポートとデータの用意 (figure_axes.ipynb)

```
import numpy as np
import matplotlib.pyplot as plt

x1 = np.linspace(0.0, 5.0)            # 0.0～5.0の等差数列 (要素数50)
y1 = np.cos(2 * np.pi * x1) * np.exp(-x1)   # x1の減衰振動のシミュレーション
x2 = np.linspace(0.0, 3.0)            # 0.0～3.0の等差数列 (要素数50)
y2 = np.cos(2 * np.pi * x2) * np.exp(-x2)   # x2の減衰振動のシミュレーション
```

13-7 グラフ要素の操作

▼Figureを生成し、add_subplot()でAxesオブジェクトを配置
（「figure_axes.ipynb」の2番目のセル）

```
In  fig = plt.figure()                          # Figureを生成
    # 左上にx1、y1のラインをプロット
    ax1 = fig.add_subplot(221)                  # (221)にAxesを追加
    ax1.plot(x1, y1)                            # ラインをプロット
    ax1.set_title('scatter plot')               # タイトル
    ax1.set_ylabel('Damped oscillation')        # y軸のラベル

    # 右上にx1、y1のマーカーをプロット
    ax2 = fig.add_subplot(222)                  # (222)にAxesを追加
    ax2.scatter(x1, y1, marker='o')             # 散布図
    ax2.set_title('scatter plot')               # タイトル

    # 左下にx2、y2のラインをサブプロット
    ax3 = fig.add_subplot(223)                  # (223)にAxesを追加
    ax3.plot(x2, y2)                            # ラインをプロット
    ax3.set_xlabel('time (s)'),                 # x軸のラベル
    ax3.set_ylabel('Damped oscillation')        # y軸のラベル

    # 右下にx2、y2のマーカーをサブプロット
    ax4 = fig.add_subplot(224)                  # (224)にAxesを追加
    ax4.scatter(x2, y2, marker='o')             # 散布図
    ax4.set_xlabel('time (s)')                  # x軸のラベル

    plt.show()
```

▼出力されたグラフ

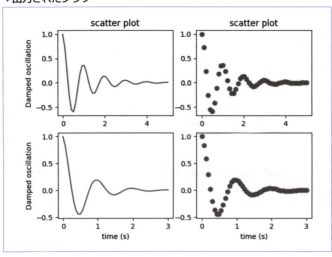

13-7 グラフ要素の操作

Tips 418

subplot()で直接Axes オブジェクトを配置する

▶Level ●●

これがポイントです! subplot()を利用した Axesオブジェクトの配置

前回のTipsでは、Figureオブジェクトを生成し、これにAxesオブジェクトを追加するかたちで4つのグラフを描画しましたが、より簡便な方法もあります。matplotlib.pyplot.subplot()は、サブプロット（Axesオブジェクト）を配置するだけでなく、配置したAxesオブジェクトの参照を戻り値として返します。これを利用することで、前回のTipsと同様に、Axesオブジェクトに対して

plot()やset_title()などのメソッドを実行してグラフを描画することができます。グラフエリア全体のタイトルの設定や塗りつぶしのカラー設定など、Figureオブジェクトに対する操作が不要な場合は、matplotlib.pyplot.subplot()を利用した方が記述をシンプルにできます。

▼matplotlib.pyplot.subplot()でAxesオブジェクトを配置する（「figure_axes.ipynb」の3番目のセル）

```
In   # 左上にx1、y1のラインをサブプロット
     ax1 = plt.subplot(221)                 # (221)にAxesを生成
     ax1.plot(x1, y1)                        # ラインをプロット
     ax1.set_title('scatter plot')          # タイトル
     ax1.set_ylabel('Damped oscillation')   # y軸のラベル

     # 右上にx1、y1のマーカーをサブプロット
     ax2 = plt.subplot(222)                 # (222)にAxesを生成
     ax2.scatter(x1, y1, marker='o')        # 散布図
     ax2.set_title('scatter plot')          # タイトル

     # 左下にx2、y2のラインをサブプロット
     ax3 = plt.subplot(223)                 # (223)にAxesを生成
     ax3.plot(x2, y2)                        # ラインをプロット
     ax3.set_xlabel('time (s)'),            # x軸のラベル
     ax3.set_ylabel('Damped oscillation')   # y軸のラベル

     # 右下にx2、y2のマーカーをサブプロット
     ax4 = plt.subplot(224)                 # (224)にAxesを生成
     ax4.scatter(x2, y2, marker='o')        # 散布図
     ax4.set_xlabel('time (s)')             # x軸のラベル

     plt.show()
```

Matplotlibによるデータの視覚化

803

13-7 グラフ要素の操作

▼出力されたグラフ

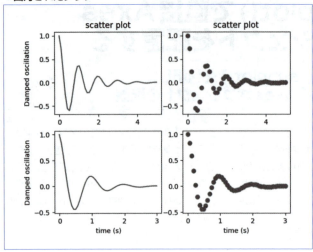

Tips 419 Axes.set()でAxesオブジェクトの外観を設定する

これがポイントです！ ▶ Axesクラスのプロパティ

▶Level ●●

　Axesオブジェクトには、Axesクラスのプロパティを使うことで、タイトルや軸ラベルの表示、塗りつぶしのカラーなど、外観に関する様々な設定が行えます。前回のTipsの例では、set_title()のように「set_プロパティ名()」という形式の**セッターメソッド**を使いましたが、matplotlib.axes.Axes.set()を使うと、プロパティ名を直接指定して設定することができます。

▼Axesクラスのセッターメソッドとプロパティの関係（使用頻度の高いものを抜粋）

セッターメソッド	プロパティ	説明
set_xlim()	xlim	x軸の範囲を示す数値を(min, max)の形式で指定します。
set_ylim()	ylim	y軸の範囲を示す数値を(min, max)の形式で指定します。
set_xlabel()	xlabel	x軸のラベルを設定します。
set_ylabel()	ylabel	y軸のラベルを設定します。
set_title()	title	サブプロット(Axes)のタイトルを設定します。
set_xticks()	xticks	x軸の目盛ラベルを設定します。
set_yticks()	yticks	y軸の目盛ラベルを設定します。

13-7 グラフ要素の操作

▼matplotlib.axes.Axes.set()でタイトル、ラベルを設定する (「figure_axes.ipynb」の4番目のセル)

```
# 左上にx1、y1のラインをサブプロット
ax1 = plt.subplot(221)              # (221)にAxesを生成
ax1.plot(x1, y1)                    # ラインをプロット
ax1.set(title='scatter plot',       # タイトル
        ylabel='Damped oscillation' # y軸のラベル
       )

# 右上にx1、y1のマーカーをサブプロット
ax2 = plt.subplot(222)              # (222)にAxesを生成
ax2.scatter(x1, y1)                 # 散布図
ax2.set(title='scatter plot')       # タイトル

# 左下にx2、y2のラインをサブプロット
ax3 = plt.subplot(223)              # (223)にAxesを生成
ax3.plot(x2, y2)                    # ラインをプロット
ax3.set(xlabel='time (s)',          # x軸のラベル
        ylabel='Damped oscillation' # y軸のラベル
       )

# 右下にx2、y2のマーカーをサブプロット
ax4 = plt.subplot(224)              # (224)にAxesを生成
ax4.scatter(x2, y2)                 # 散布図
ax4.set(xlabel='time (s)')          # x軸のラベル

plt.show()
```

▼出力されたグラフ

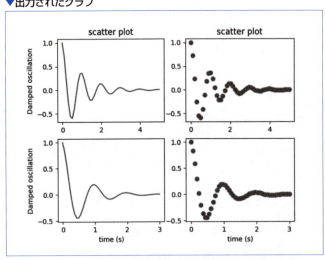

13-7 グラフ要素の操作

Tips 420

サブプロットを配列形式で操作する

▶Level ●●

これがポイントです! subplots()関数によるFigureオブジェクトとAxesオブジェクトの生成

前回までのTipsでは、最初にFigureオブジェクトを生成したあと、これにAxesオブジェクトを追加しつつplot()メソッドなどで描画する、という流れでグラフを作成しました。こうしたグラフ作成の手順に対し、最初の段階でFigureオブジェクトとAxesオブジェクトをまとめて作成するsubplots()というメソッドがあります。まず、オブジェクトの生成を済ませておいてから、操作に取りかかることになります。

前回までの方法と今回紹介する方法のどちらをチョイスするかは開発者自身の判断になりますが、オブジェクトの生成とオブジェクトの操作を分けることができれば、コード自体がスッキリするというメリットがあります。

・matplotlib.pyplot.subplots()

グラフの土台になるmatplotlib.figure.Figureクラスのオブジェクト、さらにmatplotlib.axes.Axesクラスのオブジェクトを生成し、それぞれのオブジェクトの参照情報を戻り値として返します。

● FigureオブジェクトとAxesオブジェクトをまとめて生成する

subplots()では、サブプロットグリッドの行数、列数を引数で指定することで、FigureオブジェクトとAxesオブジェクトが同時に生成されます。

・matplotlib.pyplot.subplots()

FigureオブジェクトとAxesオブジェクトを生成し、それぞれのオブジェクトの参照情報を返します。

書式	subplots (nrows = 1, ncols = 1, sharex = False, sharey = False, **fig_kw)	
パラメーター	nrows	サブプロットグリッドの行数。
	ncols	サブプロットグリッドの列数。
	sharex, sharey	x (sharex) または y (sharey) 軸間のプロパティの共有を制御します。True／False、または'none'、'all'、'row'、'col'。デフォルトはFalse。 ・Trueまたは 'all' 　x軸またはy軸がすべてのサブプロットで共有されます。 ・Falseまたは 'none' 　x軸またはy軸は、各サブプロットで独立したものとなります。 ・'row' 　サブプロットの行単位で、x軸またはy軸を共有します。 ・'col' 　サブプロットの列単位で、x軸またはy軸を共有します。

パラ メーター	**fig_kw	オプション。Figureオブジェクトのプロパティを設定します。figsize、facecolor、edgecolorなどが設定可能です。詳細はmatplotlib.pyplot.figure()の説明を参照してください。

FigureオブジェクトとAxesオブジェクトの参照が戻り値として返されるので、次のように2つの変数で戻り値を受け取るようにします。

```
fig, ax = plt.subplots(2, 2)
```

これは2行×2列で計4つのサブプロットを作成する例です。このとき、変数axに

```
[[1行1列のAxes, 1行2列のAxes],
 [2行1列のAxes, 2行2列のAxes]]
```

のように、2次元のリストが代入されます。あとは、それぞれのAxesオブジェクトに次のようにアクセスしてグラフをプロットします。

> **さらに ワンポイント**
> 「fig, ax = plt.subplots()」のように引数に何も指定しなければ、Figureオブジェクトに1つのサブプロット（Axesオブジェクト）だけが配置されます。

```
ax[0, 0].plot(x, y)   # グリッド1行、1列目のAxesにグラフをプロット
ax[0, 1].plot(x, y)   # グリッド1行、2列目のAxesにグラフをプロット
ax[1, 0].plot(x, y)   # グリッド2行、1列目のAxesにグラフをプロット
ax[1, 1].plot(x, y)   # グリッド2行、2列目のAxesにグラフをプロット
```

●subplots()で生成した2次元配列のAxesにアクセスしてグラフを描画する

前回までのTipsと同じデータを用意して、subplots()でFigureとAxesを生成し、グラフを描画してみます。

▼ライブラリのインポートとデータの用意（subplots1.ipynb）

```
In   import numpy as np
     import matplotlib.pyplot as plt


     x1 = np.linspace(0.0, 5.0)                      # 0.0～5.0の等差数列（要素数50）
     y1 = np.cos(2 * np.pi * x1) * np.exp(-x1)       # x1の減衰振動のシミュレーション
     x2 = np.linspace(0.0, 3.0)                      # 0.0～3.0の等差数列（要素数50）
     y2 = np.cos(2 * np.pi * x2) * np.exp(-x1)       # x2の減衰振動のシミュレーション
```

13-7 グラフ要素の操作

▼subplots()でFigureとAxesを生成する

```
In  # figにFigure、axに2×2のAxesを代入
fig, ax = plt.subplots(
    2, 2,                   # 2×2のグリッド
    figsize=(8, 6))         # 横6インチ、縦3インチにする

# 1行目の左エリアにライン、右エリアにマーカーをプロット
ax[0, 0].plot(x1, y1) # ラインをプロット
ax[0, 0].set(
    title='line plot',                      # タイトル
    ylabel='Damped oscillation') # y軸ラベル

ax[0, 1].scatter(x1, y1)                    # マーカーをプロット
ax[0, 1].set(title='scatter plot') # タイトル

# 2行目の左エリアにライン、右エリアにマーカーをプロット
ax[1, 0].plot(x2, y2) # ラインをプロット
ax[1, 0].set(
    xlabel='time (s)',                      # タイトル
    ylabel='Damped oscillation') # y軸ラベル

ax[1, 1].scatter(x2, y2)                    # マーカーをプロット
ax[1, 1].set(xlabel='time (s)') # xy軸ラベル

plt.show()
```

▼出力されたグラフ

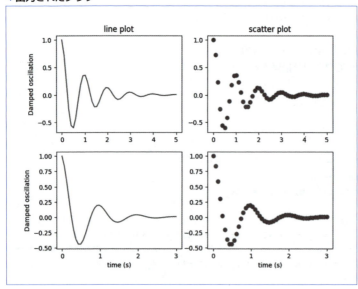

13-7 グラフ要素の操作

Tips 421

グリッドのAxesを行ごとに個別のリストにする

これが ポイント です！ Axesオブジェクトを
行単位で変数に代入する

▶Level ●●

　前回のTipsの例では、グリッド上に配置されたAxesオブジェクトを2次元の配列（リスト）にまとめて代入しましたが、行数と同じ数の変数を用意すると、Axesオブ

ジェクトを行単位で変数に代入できます。2次元のリストのインデックス指定が面倒な場合は、この方法を使うとよいでしょう。

▼ライブラリのインポートとデータの用意 (subplots2.ipynb)

```
In   import numpy as np
     import matplotlib.pyplot as plt


     x1 = np.linspace(0.0, 5.0)              # 0.0～5.0の等差数列 (要素数50)
     y1 = np.cos(2 * np.pi * x1) * np.exp(-x1)   # x1の減衰振動のシミュレーション
     x2 = np.linspace(0.0, 3.0)              # 0.0～3.0の等差数列 (要素数50)
     y2 = np.cos(2 * np.pi * x2) * np.exp(-x1)   # x2の減衰振動のシミュレーション
```

▼subplots()でFigureとAxesを生成する

```
In   # figにFigureを代入
     # ax1に1行目の2つのAxes、
     # ax2に2行目の2つのAxes、
     # ax3に3行目の2つのAxesを代入
     fig, (ax1, ax2, ax3) = plt.subplots(3,2,figsize=(6, 6))


     # 1行目の左エリアにライン、右エリアにマーカーをプロット
     ax1[0].plot(x1, y1) # solid line
     ax1[0].set(title='line plot', ylabel='Damped oscillation')
     ax1[1].scatter(x1, y1) # circle
     ax1[1].set(title='scatter plot')


     # 2行目の左エリアにライン、右エリアにマーカーをプロット
     ax2[0].plot(x2, y2,linestyle='--') # dashed line
     ax2[0].set(ylabel='Damped oscillation')
     ax2[1].scatter(x2, y2, marker='<') # triangle_left


     # 3行目の左エリアにライン、右エリアにマーカーをプロット
     ax3[0].plot(x2, y2, linestyle=':') # dotted line
     ax3[0].set(xlabel='time (s)', ylabel='Damped oscillation')
     ax3[1].scatter(x2, y2, marker='|') # vline
     ax3[1].set(xlabel='time (s)')      # x軸ラベル
```

13-7 グラフ要素の操作

```
plt.show()
```

▼出力されたグラフ

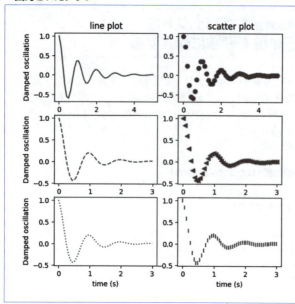

垂直線と水平線を描画する

これがポイントです！ hlines()

▶Level ● ●

　グラフ上の垂直線と水平線は、それぞれ以下の関数、メソッドで描画できます。

・matplotlib.pyplot.hlines()
グラフ上に水平線を描画します。

書式	matplotlib.pyplot.hlines(y, 　　　　　　　　　　　　xmin, 　　　　　　　　　　　　xmax, 　　　　　　　　　　　　colors='k', 　　　　　　　　　　　　linestyles='solid')
パラメーター	y	水平線を描画する位置を示すy軸の値を指定します。1本の線であればスカラー（単独の値）、複数の場所に複数の線を描画する場合はリスト形式で指定します。
	xmin	水平線の開始位置（下限）をx軸の値で指定します。
	xmax	水平線の終了位置（上限）をx軸の値で指定します。
	colors	線のカラーを指定します。デフォルトで青、オレンジ、グリーン、…を割り当てるカラーサイクルが設定されています。
	linestyles	線種を設定します。'solid'（実線）、'dashed'（破線）、'dashdot'（一点鎖線）、'dotted'（点線）が設定できます。デフォルトは'solid'。

・matplotlib.axes.Axes.hlines()
　サブプロット（Axesオブジェクト）上に水平線を描画します。引数の構成はmatplotlib.pyplot.hlines()と同じです。

書式	matplotlib.axes.Axes.hlines(y, 　　　　　　　　　　　　　xmin, 　　　　　　　　　　　　　xmax, 　　　　　　　　　　　　　colors='k', 　　　　　　　　　　　　　linestyles='solid')

13-7 グラフ要素の操作

・matplotlib.pyplot.vlines()
グラフ上に垂直線を描画します。

書式	matplotlib.pyplot.vlines(x, 　　　　　　　　　　　ymin, 　　　　　　　　　　　ymax, 　　　　　　　　　　　colors='k', 　　　　　　　　　　　linestyles='solid')	
パラメーター	x	垂直線を描画する位置を示すx軸の値を指定します。1本の線であればスカラー（単独の値）、複数の場所に複数の線を描画する場合はリスト形式で指定します。
	ymin	垂直線の開始位置（下限）をy軸の値で指定します。
	ymax	垂直線の終了位置（上限）をy軸の値で指定します。
	colors	線のカラーを指定します。デフォルトで青、オレンジ、グリーン、…を割り当てるカラーサイクルが設定されています。
	linestyles	線種を設定します。'solid'（実線）、'dashed'（破線）、'dashdot'（一点鎖線）、'dotted'（点線）が設定できます。デフォルトは'solid'。

・matplotlib.axes.Axes.vlines()
サブプロット（Axesオブジェクト）上に垂直線を描画します。引数の構成はmatplotlib.pyplot.vlines()と同じです。

書式	matplotlib.axes.Axes.vlines(x, 　　　　　　　　　　　ymin, 　　　　　　　　　　　ymax, 　　　　　　　　　　　colors='k', 　　　　　　　　　　　linestyles='solid')

●3本の水平線と1本の垂直線を描画する
x値の正弦曲線（サインカーブ）と余弦曲線（コサインカーブ）を描画したグラフ上に水平線と垂直線を描画してみます。

▼水平線と垂直線の描画（horizon_vertical_line.ipynb）

```
In   import numpy as np
     import matplotlib.pyplot as plt

     X = np.linspace(-np.pi, np.pi, 256)   # -π～πの間を256等分した等差数列
     C,S = np.cos(X), np.sin(X)            # Xの正弦(sin)、余弦(cos)を求める

     # FigureにAxesを1つ配置
     _, ax = plt.subplots(figsize=(8,5))   # Figureオブジェクトは参照しないので「_」としている

     # 正弦曲線、余弦曲線の描画
     ax.plot(X, C,                         # Xの余弦をプロット
```

812

13-7 グラフ要素の操作

```
            color="blue",          # ラインのカラーは青
            linewidth=2.5,         # ラインの太さは2.5pt
            linestyle="-"          # ラインスタイルは実線
       )
ax.plot(X, S,                      # Xの正弦をプロット
        color="red",               # ラインのカラーは赤
        linewidth=2.5,             # ラインの太さは2.5pt
        linestyle="-"              # ラインスタイルは実線
       )

# x軸、y軸の下限と上限
xmin = X.min()*1.1                 # x軸の下限はXの最小値×1.1
xmax = X.max()*1.1                 # x軸の上限はXの最大値×1.1
ymin = C.min()*1.1                 # y軸の下限はXの余弦の最小値×1.1
ymax = C.max()*1.1                 # y軸の上限はXの余弦の最大値×1.1

# 水平線、垂直線の描画
ax.hlines([-0.5, 0, 0.5],          # y軸-0.5、0、0.5の位置に3本の水平線
          xmin,                    # 水平線の下限
          xmax,                    # 水平線の上限
          linewidth=1,             # 水平線の幅は1pt
          linestyle='dashed'       # 線種は点線
         )
ax.vlines([0],                     # x軸0の位置に垂直線
          ymin,                    # 垂直線の下限
          ymax,                    # 垂直線の上限
          linewidth=1,             # 垂直線の幅は1pt
          linestyle='dashed'       # 線種は点線
         )

plt.show()
```

▼出力されたグラフ

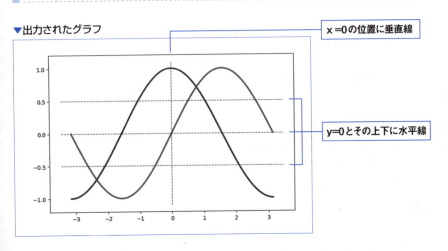

13-7 グラフ要素の操作

Tips 423

軸をグラフエリア中心に移動する

▶Level ●●●

これがポイントです！ set_position()

Axesオブジェクトで表されるグラフエリアの四隅の境界は、Spineクラスのオブジェクトとして管理されています。具体的には、左側の境界から時計回りにleft、top、right、bottomという名前で管理されていて、このうちのleftがy軸、bottomがx軸として使われます。このため、y軸はグラフエリアの左端、x軸はグラフエリアの下端に配置されるのがデフォルトの状態です。

ただし、left、top、right、bottomの位置は任意の位置に移動できるので、これを利用して、グラフの内容（曲線の状態）に合わせて軸を配置することができます。

- matplotlib.spines.Spine.
  set_position()

Spineの境界線の位置を設定します。このメソッドは、Axesオブジェクトのspinesプロパティで指定した境界線（ax.spines['left']、ax.spines['top']、ax.spines['right']、ax.spines['bottom']）に対して実行します。

●x軸をy=0の位置、y軸をx=0の位置に移動する

グラフに使用するデータとして、$-\pi$から$+\pi$までを256等分した等差数列をXとし、このXに対する正弦（sin）と余弦（cos）をそれぞれ求めておきます。

▼ライブラリのインポートとデータの用意（setposition.ipynb）

```
In  import numpy as np
    import matplotlib.pyplot as plt

    X = np.linspace(-np.pi, np.pi, 256)  # -π~πの間を256等分した等差数列
    C,S = np.cos(X), np.sin(X)           # Xの正弦(sin)、余弦(cos)を求める
```

次に、Xの正弦曲線と余弦曲線をプロットします。

▼Xの正弦曲線と余弦曲線をプロット

```
In  _, ax = plt.subplots(figsize=(8, 5))# FigureにAxesを1つ配置
    ax.plot(X, C)                         # Xの余弦をプロット
    ax.plot(X, S)                         # Xの正弦をプロット

    plt.show()
```

814

▼出力されたグラフ

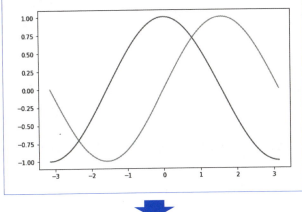

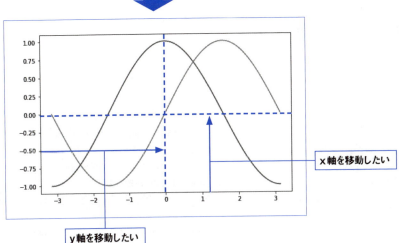

　図のようにx軸とy軸を破線で示した位置に移動すれば、x=0とy=0の位置を明確に示せるので、グラフの意味がわかりやすくなります。

　Axesオブジェクトで表されるグラフエリアの四隅の境界は、Spineクラスのオブジェクトとして管理されていて、それぞれ

- ax.spines['left']　……　左側の境界
- ax.spines['top']　……　上側の境界
- ax.spines['right']　……　右側の境界
- ax.spines['bottom']　……　下側の境界

のように、Axesクラスのspinesプロパティを使って、spines['キー']の形式でアクセスできます。アクセス、つまり境界を参照した状態でset_position()メソッドを実行し、境界を任意の位置に移動します。

13-7 グラフ要素の操作

・**matplotlib.spines.Spine.**
set_position()

Spineの境界線の位置を設定します。この メソッドは、Axesオブジェクトのspines プロパティで指定した境界線に対して実行 します。

書式	set_position(position)	
パラ メーター	position	境界の位置を(位置指定のタイプ, 移動量)のタプルで指定します。位置指定 のタイプは以下のとおり。 ・'outward' 　指定した量だけ境界を移動します。量を表す符号が負の場合は領域の「内 側」、正の場合は「外側」に移動します。 ・'axes' 　指定されたAxes座標(0.0〜1.0)に境界を配置します。 ・'data' 　指定されたデータ座標に境界を配置します。 以下の簡略表記が使用できます。 ・軸の中央：('axes', 0.5) ・軸の0の位置：('data', 0.0)

それぞれの境界に対して、

・ax.set_color()
　…… 境界線の色
・ax.set_ticks_position()
　…… 目盛ラベルの位置
・ax.set_xticks()
　…… x軸の目盛ラベルの配置

・ax.set_xticklabels()
　…… x軸の目盛ラベルのテキスト
・ax.set_yticks()
　…… y軸の目盛ラベルの配置
・ax.set_yticklabels()
　…… y軸の目盛ラベルのラベルテキスト

などのメソッドを実行できるので、併せて設 定を行ってみることにします。

▼x軸、y軸をグラフ中央に移動する

```
In   # FigureにAxesを1つ配置
     _, ax = plt.subplots(figsize=(8,5))
     # 右スパインを消す
     ax.spines['right'].set_color('none')
     # 上部スパインを消す
     ax.spines['top'].set_color('none')
     # 下部スパインをy軸の0の位置へ移動
     ax.spines['bottom'].set_position(('data',0))
     # 左側スパインをy軸の0の位置へ移動
     ax.spines['left'].set_position(('data',0))
     # x軸の目盛ラベルをスパイン下部に表示
     ax.xaxis.set_ticks_position('bottom')
```

13-7 グラフ要素の操作

```
# y軸の目盛ラベルをスパインの右側に表示
ax.yaxis.set_ticks_position('left')

ax.plot(X, C,              # Xの正弦をプロット
        color="blue",      # ラインのカラーは青
        linewidth=2.5,     # ラインの太さは2.5pt
        linestyle="-")     # ラインスタイルは実線

ax.plot(X, S,              # Xの余弦をプロット
        color="red",       # ラインのカラーは赤
        linewidth=2.5,     # ラインの太さは2.5pt
        linestyle="-")     # ラインスタイルは実線

ax.set_xlim(X.min()*1.1,   # x軸の下限はxの最小値×1.1
            X.max()*1.1)   # x軸の上限はxの最大値×1.1

# x軸の目盛ラベルの表示位置
ax.set_xticks(ticks=[-np.pi, -np.pi/2, 0, np.pi/2, np.pi])
# x軸の目盛ラベル
ax.set_xticklabels(
    [r'$-\pi$', r'$-\pi/2$', r'$0$', r'$+\pi/2$', r'$+\pi$'])

# y軸の目盛ラベルの表示位置
ax.set_ylim(bottom=C.min()*1.1, top=C.max()*1.1)
# y軸の目盛ラベル
ax.set_yticks([-1, 0, +1])
ax.set_yticklabels([r'$-1$', r'$0$', r'$+1$'])

plt.show()
```

▼出力されたグラフ

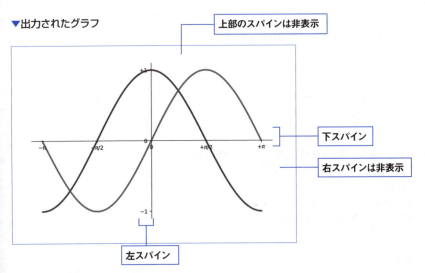

13-7　グラフ要素の操作

Tips 424　軸を反転する

▶ Level ●●

これが
ポイント
です！ **Axes.set_xlim()、Axes.set_ylim()**

　x軸やy軸は通常、最小値から最大値に向かって伸びていきますが、逆にすることも可能です。軸の最小／最大値を設定する際に、最小値➡最大値の設定を逆にして最大値➡最小値にすることで、**軸を反転**させることができます。

▼ minオプションとmaxオプション

- matplotlib.axes.Axes.set_xlim(min, max)
- matplotlib.axes.Axes.set_ylim(min, max)

　引数minに最大値、maxに最小値を設定することで、軸を反転させることができます。

　次に示すのは、時間の経過と共に電圧が低下する様子をグラフ上で再現する例です。

▼ ライブラリのインポートとデータの用意 (axes_set.ipynb)

```
In  import numpy as np
    import matplotlib.pyplot as plt

    x = np.arange(0.01, 5.0, 0.01)  # 0.01から5.0まで0.01刻みの等差数列
    y = np.exp(-x)                  # ネイピア数の-x乗
```

▼ 時間の経過をx軸に、電圧をy軸に設定してラインをプロット

```
In  fig, ax = plt.subplots()        # Figure上にAxesを配置
    ax.plot(x, y)                   # x,yのラインをプロット
    ax.set_xlabel('time (s)')
    ax.set_ylabel('voltage (mV)')
    ax.grid(True)                   # グリッドを表示

    plt.show()
```

▼出力されたグラフ

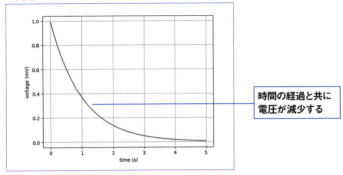

時間の経過と共に電圧が減少している

　時間の経過と共に電圧が減少していることがわかります。ここで、下降カーブではなく上昇カーブを描く曲線で表すことを考えてみます。時系列のデータをひっくり返して、時間を遡るかたちのグラフにするのです。

● x軸を反転させて
　最大値➡最小値の並びにする

　x軸を反転させるには、x軸の範囲を設定するAxes.set_xlim(min, max)、またはpyplot.xlim(min, max)において、本来の上限値をminに設定し、下限値をmaxに設定します。そうするとx軸が反転し、それに合わせてy値が設定されるので、本来とは逆のかたちをしたラインを描画できます。

▼x軸を反転させる

```
fig, ax = plt.subplots()        # Figure上にAxesを配置
ax.plot(x, y)                   # x,yのラインをプロット
ax.set_xlim(5, 0)               # x軸を最大値→最小値に反転する
ax.set_xlabel('time (s)')
ax.set_ylabel('voltage (mV)')
ax.grid(True)
plt.show()
```

▼出力されたグラフ

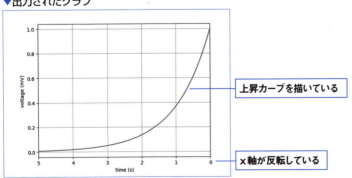

上昇カーブを描いている

x軸が反転している

13-7 グラフ要素の操作

デフォルトではax.set_xlim(0, 5)となっているところをあえてax.set_xlim(5, 0)とすることで、x軸を反転させました。

●y軸を反転させる

y軸を反転させる場合も、y軸の範囲を設定するAxes.set_ylim(min, max)、またはpyplot.ylim(min, max)において、本来の上限値をminに設定し、下限値をmaxに設定します。

▼y軸を反転させる

```
fig, ax = plt.subplots()        # Figure上にAxesを配置
ax.plot(x, y)                   # x,yのラインをプロット
ax.set_ylim(1, 0)               # y軸を最大値→最小値に反転する
ax.set_xlabel('time (s)')
ax.set_ylabel('voltage (mV)')
ax.grid(True)
plt.show()
```

▼出力されたグラフ

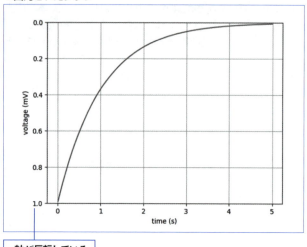

y軸が反転している

ラインは上昇カーブを描いていますが、「上昇＝電圧の低下」になるので、グラフとしては若干わかりづらいかもしれません。

13-7 グラフ要素の操作

Tips
425

▸Level ●●●

曲線下の一定の区間面積を Polygonで塗りつぶす

これが
ポイント
です！

Polygon()

確率の問題を扱う際などに、ラインをプロットした曲線の下の一定区間を塗りつぶすことで、面積を表す場合があります。このようなときは、多角形の図形をポリゴンとして描画するPolygon()で目的の形状のポリゴンを生成し、これをAxesオブジェクト上に配置することで面積を表現できます。

・matplotlib.patches.Polygon()
　グラフ上の座標を指定し、多角形のポリゴンを生成します。生成したポリゴンはmatplotlib.patches.Patchクラスのオブジェクトとして返されます。

matplotlib.patchesモジュールのPolygon()は、グラフ上の座標を表す(x, y)を複数指定することで、Axes上に配置可能なポリゴン(多角形の図形)を生成します。

●ポリゴンを使って曲線下の面積を
　表示する
　ここでは、多項式を用いた関数で描画された曲線およびx軸で挟まれた一定の区間を、ポリゴンを使って塗りつぶし、面積として表示するようにしてみます。

13

Matplotlibによるデータの視覚化

▼ポリゴンを使って曲線下の面積を表示する (polygon.ipynb)

```
In   import numpy as np
     import matplotlib.pyplot as plt
     from matplotlib.patches import Polygon

     # 多項式による曲線を返す関数
     def func(x):
         return (x - 3) * (x - 5) * (x - 7) + 100

     x = np.linspace(0, 10)              # 0～10で50個の等差数列を生成
     y = func(x)                         # 多項式の関数を適用

     # FigureとAxesの生成
     fig, ax = plt.subplots()            # Figure上にAxesを配置
     ax.plot(x, y, 'red', linewidth=2)   # 線幅2pt、赤のラインをプロット
     ax.set_ylim(ymin=0)                 # y軸の下限を0に設定

     # 面積を表す領域を生成
     a, b = 3, 8                         # 面積を表す範囲
     x_area = np.linspace(a, b)          # a～bで50個の等差数列を生成
     y_area = func(x_area)               # 多項式の関数を適用
     # (a,0)→(x_area, y_area)→(b, 0)タプルのリスト
```

821

13-7 グラフ要素の操作

```
        param= [(a, 0)] + list(zip(x_area, y_area)) + [(b, 0)]
        # Polygonオブジェクトを生成
        poly = Polygon(param,
                       facecolor='pink',   # ピンクで塗りつぶす
                       edgecolor='black'   # エッジラインは黒
                       )
        # PolygonオブジェクトをAxesに配置する
        ax.add_patch(poly)

        # 数式、軸ラベル、目盛ラベルの表示
        plt.text(0.5 * (a + b), 30,                     # 配置するx、yの位置
                 r"$S=\int_a^b f(x)\mathrm{d}x$",       # 面積Sを求める定積分の式を描画
                 horizontalalignment='center',          # テキスト全体の左右中央を基準にする
                 fontsize=15                            # 文字サイズは15pt
                 )

        fig.text(0.9, 0.05, r'$x$')                     # x軸の先端にラベルを表示
        fig.text(0.1, 0.9, r'$y$')                      # y軸の先端にラベルを表示

        ax.xaxis.set_ticks_position('bottom')           # x軸の目盛ラベルを軸の下側にセット
        ax.set_xticks((a, b))                           # 目盛ラベルの表示位置
        ax.set_xticklabels((r'$a$', r'$b$'))            # 目盛ラベルを数式で表示

        # Axesの境界線の設定
        ax.spines['right'].set_visible(False)           # Axesの右側の境界線を非表示にする
        ax.spines['top'].set_visible(False)             # Axesの上側の境界線を非表示にする

        plt.show()
```

▼出力されたグラフ

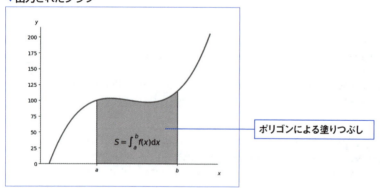

13-7 グラフ要素の操作

Polygon()によるPolygonオブジェクト（実質はPatchオブジェクト）の生成のところだけ確認しておきましょう。Polygon()の引数には、描画位置を示すx、yの座標を(x, y)のタプルで指定します。このとき、先頭のタプルは(a, 0)、終端のタプルは(b, 0)であることが必要です。(a, 0)からポリゴンの描画が開始され、途中のいくつかの(x, y)をたどって(b, 0)の位置で描画を終えます。y=0から開始して、再びy=0に戻ったところまでがポリゴンの描画範囲です。このときのPolygon()の引数を作成したのが次のコードです。

▼Polygon()の引数

```
param = [(a, 0)] + list(zip(x_area, y_area)) + [(b, 0)]
```

引数全体をリストとし、(x, y)のタプルを要素として追加しています。ポリゴンの描画の開始位置と終了位置を示すxの値は、

```
a, b = 3, 8
```

としているので、先頭要素の(a, 0)は(3, 0)です。次に

```
list(zip(x_area, y_area))
```

で(x_area, y_area)からそれぞれの要素を1つずつタプルとして取り出し、list()でリストとしてまとめ、これを2番目以降のリスト要素として(a, 0)のあとに追加します。x_areaと y_areaには次の値が格納されています。

```
In   x_area
Out  array([3.        , 3.10204082, 3.20408163, 3.30612245, 3.40816327,
            3.51020408, 3.6122449 , 3.71428571, 3.81632653, 3.91836735,
            ...
            7.59183673, 7.69387755, 7.79591837, 7.89795918, 8.        ])
```

```
In   y_area
Out  array([100.        , 100.75491504, 101.39125704, 101.9154009 ,
            102.33372149, 102.65259373, 102.87839251, 103.01749271,
            ...
            112.7457097 , 115.        ])
```

これをzip(x_area, y_area)で、

```
[(3.0, 100.0),
 (3.1020408163265305, 100.75491504390178),
 (3.204081632653061, 101.39125704425877),
        ...
 (7.8979591836734695, 112.74570969579003),
 (8.0, 115.0)]
```

13-7 グラフ要素の操作

のように(x, y)のタプルとして1セットずつ
取り出し、リストparamに追加します。終端
の位置を示す(b, 0)の実際の値は(8, 0)で
すので、これを最後に追加しています。以上
で、

```
[(3, 0),
 (3.0, 100.0),
 (3.1020408163265305, 100.75491504390178),
 (3.204081632653061, 101.39125704425877),
        ...
 (7.8979591836734695, 112.74570969579003),
 (8.0, 115.0),
 (8, 0)]
```

のように、ポリゴンの描画開始位置から終了
位置までを示すタプルのリストが出来上が
ります。あとは、

```
poly = Polygon(param)
```

としてPolygonオブジェクトを生成し、

```
ax.add_patch(poly)
```

のように、PatchオブジェクトをAxesに追
加するadd_patch()を使って配置すれば完
了です。

13-8 ヒストグラム

Tips 426

正規分布のヒストグラムを作成して確率密度のラインをプロットする

▶Level ●●

これがポイントです！ **Axes.hist()**

ヒストグラム (histogram) は、データの分布状況を視覚的に確認するために、主に統計学や数学で使われるグラフです。縦軸にデータの個数である**度数**をとり、これを棒グラフを使って表します。一方、横軸にはデータの範囲である階級をとるので、1本の棒は、ある特定の範囲に属するデータの個数 (度数) を表すことになります。

・matplotlib.axes.Axes.hist()
ヒストグラムを描画します。

書式	Axes.hist(x, 　　　　bins=None, 　　　　range=None, 　　　　density=None, 　　　　histtype='bar', 　　　　align='mid', 　　　　orientation='vertical', 　　　　color=None, 　　　　**kwargs) ※主要な引数のみを抜粋。	
パラメーター	x	入力データを格納したリスト。
	bins	ビン (階級) の数を指定します。指定したビンの数でデータ範囲を等分し、階級ごとの範囲が決定します。
	range	オプション。階級の下限と上限を設定します。
	density	オプション。Falseに設定すると、ヒストグラムのバーが度数を表すようになります。Trueを設定した場合は、ヒストグラムのバーが確率を表すようになります。 これに連動して、戻り値のタプルの先頭要素の値が度数または確率になります。 ・Falseの場合の戻り値のタプル 　(各階級ごとの度数のリスト、階級の下限の値のリスト、棒の描画情報を格納したPatchオブジェクト) ・Trueの場合の戻り値のタプル 　(各階級ごとの確率のリスト、階級の下限の値のリスト、棒の描画情報を格納したPatchオブジェクト)

(次ページに続く)

13-8 ヒストグラム

パラメーター	density	確率密度関数f(x)のラインをプロットする場合は、確率密度関数f(x)のxが必要になるので、この場合はTrueに設定して、各階級ごとの確率のリストを戻り値として取得するようにします。
	histtype	オプション。ヒストグラムのタイプを指定します。 'bar'、'barstacked'、'step'、'stepfilled'が指定できます。デフォルトは'bar'です。
	align	オプション。バーの位置を指定します。 'left'：バーはビンの左端の中央に配置されます。 'mid'：バーはビンの左右の中央に配置されます。 'right'：バーはビンの右端の中央に配置されます。 デフォルトは'mid'です。
	orientation	オプション。バーの向きを指定します。'horizontal'、'vertical'が指定できます。デフォルトは'vertical'です。
	color	オプション。バーのカラーを指定します。
	**kwargs	Patchクラスのプロパティをキーワード引数として設定ができます。

●ヒストグラムを作成する

平均100、標準偏差15の正規分布するデータ集団から500個の値をランダムに抽出し、これをヒストグラムにしてみます。さらに、各階級の確率密度を計算して、ラインをプロットしてみることにします。

正規分布の確率密度関数 $f(x)$ は、次の式で求められます（μ は平均、σ は標準偏差）。

▼正規分布の確率密度を求める式

$$f(x) = \frac{1}{\sigma\sqrt{2\pi}} e^{-\frac{1}{2}\left(\frac{x-\mu}{\sigma}\right)^2}$$

ソースコードにすると、

```
y = ((1 / (np.sqrt(2 * np.pi) * sd)) *
     np.exp(-0.5 * (1 / sd * (bins - mean))**2))
```

で計算できるので、これを使って確率密度を求め、ヒストグラム上にプロットすることにしましょう。

▼ヒストグラムを作成し、確率密度関数のラインをプロットする (histogram1.ipynb)

```
In  import numpy as np
    import matplotlib.pyplot as plt

    # 乱数生成のシード(種)を設定し、常に同じ乱数を生成させる
    np.random.seed(0)

    # 正規分布するデータを生成
    # 分布の平均
    mean = 100
    # 分布の標準偏差
```

```python
sd = 15
# 平均100、標準偏差15の正規分布からランダムに500個をサンプリング
x = np.random.normal(mean, sd, 500)

# Figure上にAxesを配置
fig, ax = plt.subplots()

# 階級の数
num_bins = 50

# ヒストグラムを描画
n, bins, patches = ax.hist(
    x,              # データを設定
    num_bins,       # 階級の数を設定
    density=True)   # バーの表示を確率にする

# 確率密度関数のラインをプロット
y = ((1 / (np.sqrt(2 * np.pi) * sd)) *
    np.exp(-0.5 * (1 / sd * (bins - mean))**2))
ax.plot(bins, y)

# 軸ラベル、タイトルを表示
ax.set_xlabel('Sampled data')
ax.set_ylabel('Probability density')
ax.set_title(r'Normal distribution: $\mu=100$, $\sigma=15$')

plt.show()
```

▼出力されたグラフ

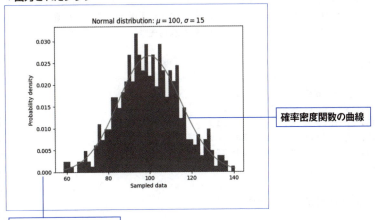

確率密度関数の曲線

バーの高さは確率を表す

13-8 ヒストグラム

Tips
427
▶Level ●●

これがポイントです！

異なる幅のビンを並べて自動的に集計し、プロットする

hist()

hist()は、**ヒストグラムの階級（ビン）の数**を指定すると、自動的に幅（ビンごとの範囲）を設定し、各ビンに含まれるデータの数を集計し、これを度数（データの数）または確率としてバーの長さに反映させます。

ただし、すべてのビンの幅を均一にするのではなく、特定の範囲の幅を変えて集計したい場合があります。ここでは、個々のビンの幅を個別に指定してヒストグラムにする方法について紹介します。

●ビンの幅を指定してヒストグラムを作成する

ヒストグラムを作成する際に、ビンの数だけを指定すれば、あとはビンの幅の設定から集計までが自動的に行われます。これはこれで便利ではありますが、ビンの幅を独自に指定したい、あるいは特定のビンの幅を広く（あるいは狭く）したいことがあります。このような場合は、まず、次のように各ビンの開始位置をリストにまとめます。

▼複数のビンを設定し、それぞれの開始位置を設定

```
bins = [100, 150, 180, 195, 205, 220, 250, 300]
```

これは、データが100から300の範囲に分布していることを前提にした場合ですが、要素の数が8なので、7個のビンが設定されます（最後の要素は7番目のビンの上限を設定するためにのみ使われます）。

個々の要素の値はビンの開始位置（ビンの幅の下限）を表します。第1要素の100は1番目のビンの下限値です。同じく第2要素の150は2番めのビンの下限値です。このことから、1番目のビンの幅は100～149となります。

```
bins = [100,    ──── 1番目のビンの幅は100～149
        150,    ──── 2番目のビンの幅は150～179
        180,    ──── 3番目のビンの幅は180～194
        195,    ──── 4番目のビンの幅は195～204
        205,    ──── 5番目のビンの幅は205～219
        220,    ──── 6番目のビンの幅は220～249
        250,    ──── 7番目のビンの幅は250～300
        300]
```

あとは、このようにして作成したビンのリストbinsを、

13-8 ヒストグラム

```python
ax2.hist(x,                      # データを設定
         bins,                   # ビンを設定
         )
```

のように、hist()の第2引数に設定すれば、リストで設定された情報にもとづいてビンの数と個々の幅が設定され、ヒストグラムが作成されます。

では、人工的に作成した正規分布のデータを使って、等幅のビンのヒストグラムならびにビンの幅を指定したグラフをそれぞれ作成してみましょう。

▼ビンの数と幅を指定したヒストグラムの作成（histogram2.ipynb）

```python
In   import numpy as np
     import matplotlib.pyplot as plt

     # 乱数生成のシード（種）を設定し、常に同じ乱数を生成させる
     np.random.seed(10)

     # 正規分布するデータを生成
     # 分布の平均
     mu = 200
     # 分布の標準偏差
     sigma = 30
     # 平均200、標準偏差30の正規分布からランダムに100個をサンプリング
     x = np.random.normal(mu, sigma, size=100)

     # Figure上に1×2のグリッドを作成
     fig, (ax1, ax2) = plt.subplots(1, 2, figsize=(8, 4))

     # すべてのビンの幅が等しいヒストグラムをプロット
     ax1.hist(x,                      # データを設定
              20,                     # ビンの数
              density=True,           # バーの表示を確率にする
              histtype='stepfilled',  # 階段状のヒストグラム
              facecolor='blue',       # バーの色
              alpha=0.65              # バーの透過度
              )

     # グラフタイトル
     ax1.set_title('Monospaced bins')

     # 7個のビンを設定し、それぞれの幅を設定.
     bins = [100, 150, 180, 195, 205, 220, 250, 300]

     # ビンの幅が異なるヒストグラムをプロット
     ax2.hist(x,                      # データを設定
              bins,                   # ビンを設定
              density=True,           # バーの表示を確率にする
              histtype='bar',         # 基本的な形状のバー
```

13-8 ヒストグラム

```
            rwidth=0.8                    # バーの幅を小さくして間隔を空ける
            )
ax2.set_title('Specify the width of the bin')

plt.show()
```

▼出力されたグラフ

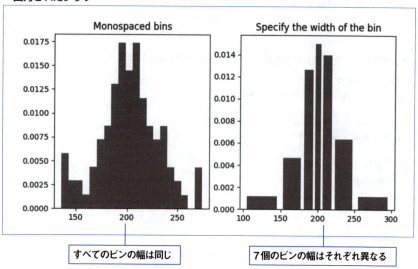

すべてのビンの幅は同じ　　　　　　　7個のビンの幅はそれぞれ異なる

13-8 ヒストグラム

Tips 428 複数のデータを1つのヒストグラムにまとめる

これがポイントです！ ビンに表示するバーの数を増やす

ヒストグラムの**ビン**に表示するバーの数を増やすことで、複数のデータの分布状況を1つのグラフにまとめることができます。3種類のデータの場合は、列数3の行列にまとめ、これをhist()関数の第1引数に指定すると、1つのビンに対して3本のバーが表示されます。

個々のデータを次のように縦ベクトルにして、

$$a = \begin{pmatrix} x_1 \\ x_2 \\ x_3 \\ \vdots \\ x_n \end{pmatrix}, \quad b = \begin{pmatrix} b_1 \\ b_2 \\ b_3 \\ \vdots \\ b_n \end{pmatrix}, \quad c = \begin{pmatrix} c_1 \\ c_2 \\ c_3 \\ \vdots \\ c_n \end{pmatrix}$$

次のように列方向に連結した行列にします。

$$\begin{bmatrix} x_1 & b_1 & c_1 \\ x_2 & b_2 & c_2 \\ \vdots & \vdots & \vdots \\ x_n & b_n & c_n \end{bmatrix}$$

このようにして作成した行列をhist()の第1引数に指定すると、a、b、cの分布を示すバーを並べて表示することができます。

●3種のデータをまとめたヒストグラムを3パターンのスタイルで表示する

例として、標準正規分布から1000個の値をランダムサンプリングした配列を3つ用意します。

▼平均0、標準偏差1の標準正規分布から1000個の値をランダムサンプリング（histogram3.ipynb）

```
In  import numpy as np

    a = np.random.randn(1000)
    b = np.random.randn(1000)
    c = np.random.randn(1000)
```

これをNumpyのnp.c_で縦ベクトルに変換し、np.hstack()で列方向（ヨコ方向）に連結して行列にします。

さらにワンポイント
本文の例では、np.random.randn()で1つずつベクトルを作成しましたが、

x = np.random.randn(1000, 3)

とすることで、1000個の乱数を格納した縦ベクトルを連結した1000行×3列の行列を作成することができます。

13-8 ヒストグラム

▼*a*、*b*、*c*を縦ベクトルに変換して連結

```
In  x = np.hstack([np.c_[a], np.c_[b], np.c_[c]])
    print(x)
```

```
Out  [[ 3.27637918e+00   7.50053367e-01 -4.68456917e-01]
     [ 1.10995839e-01 -1.24472247e-03 -1.85139347e+00]
     [ 8.46420847e-01 -6.16983265e-01 -2.79787001e-02]
     ...
     [-6.31834790e-01  1.15837416e+00 -1.24415725e+00]
     [-2.49148283e+00  1.24207039e-01 -2.28751971e-01]
     [ 1.36462293e+00 -2.18343276e-01 -1.86313940e-01]]
```

　作成した行列xをhist()の引数にすると、ベクトル*a*、*b*、*c*のデータ分布がビンごとに集計され、3本のバーで度数または確率が表示されます。

▼3種のデータをヒストグラムにする

```
In  import numpy as np
    import matplotlib.pyplot as plt

    # 乱数生成時のシード(種)を固定
    np.random.seed(0)
    # 平均0、標準偏差1の標準正規分布から1000個の値をサンプリング
    a = np.random.randn(1000)
    b = np.random.randn(1000)
    c = np.random.randn(1000)
    # a,b,cを縦ベクトルに変換して連結
    x = np.hstack([ np.c_[a], np.c_[b], np.c_[c]])
    # Figure上に1×3のグリッドを配置
    fig, (ax1, ax2, ax3) = plt.subplots(1, 3, figsize=(12, 4))
    # ビンの数
    n_bins = 10
    # カラーを設定するリスト
    colors = ['red', 'blue', 'lime']
    # 3本のバーを並べて表示する
    ax1.hist(
            x,                  # データを設定
            n_bins,             # ビンの数
            density=True,       # バーの表示を確率にする
            histtype='bar',     # 基本的な形状のバー
            color=colors,       # バーの色
            label=colors        # 凡例を設定
            )
    # 凡例を表示
    ax1.legend(prop={'size': 10})
    # グラフタイトル
```

13-8 ヒストグラム

```
ax1.set_title('bars with legend')

ax2.hist(
    x,                  # データを設定
    n_bins,             # ビンの数
    density=True,       # バーの表示を確実にする
    histtype='bar',     # 基本的な形状のバー
    stacked=True        # バーを積み上げ式で表示する
)
ax2.set_title('stacked bar')

ax3.hist(
    x,                  # データを設定
    n_bins,             # ビンの数
    histtype='step',    # 階段状の塗りつぶしなしのヒストグラム
    stacked=True,       # バーを積み上げ式で表示する
)
ax3.set_title('stack step (unfilled)')

fig.tight_layout()
plt.show()
```

▼出力されたグラフ

・基本的なデザインのヒストグラム　　・積み上げ棒形式のヒストグラム

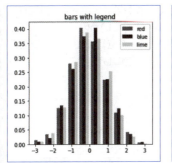 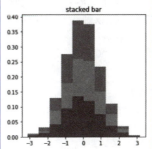

・積み上げ棒形式で、塗りつぶしなしのヒストグラム

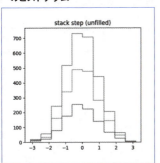

13-9 3Dグラフのプロット

Tips
429

▶Level ●●

3Dグラフをプロットする

これがポイントです！ **Axes3D.plot_wireframe()**

mpl_toolkits.mplot3d.axes3d.Axes
3Dクラスは、3D（3次元）のグラフを作成
するためのクラスです。ここでは、平面のグ
リッドを3D化して表示するplot_wire
frame()を使って**3Dグラフ**をプロットして
みることにします。

●3Dグラフのプロット

Axes3Dクラスを利用するには、冒頭で

```
from mpl_toolkits.mplot3d import axes3d
```

と記述して、axes3dモジュールをインポー
トしておきます。3Dグラフなので、x軸、y
軸、z軸のデータを用意することになります
が、axes3dには、テスト用のx、y、zのデー

タ行列を返してくれるget_test_data()と
いう関数が用意されているので、これを使っ
てテスト用のデータを作成し、グラフをプ
ロットしてみることにします。

・Axes3D.plot_wireframe()
3Dワイヤーフレームをプロットします。

書式	Axes3D.plot_wireframe(X, Y, Z, rstride, cstride) ※主な引数のみを抜粋しています。	
パラメーター	X, Y	2Dグラフの要素の値のシーケンス（配列）。
	Z	3Dの値のシーケンス（配列）。
	rstride	オプション。データを抽出する場合の行方向のステップ（読み飛ばす）数を指定します。
	cstride	オプション。データを抽出する場合の列方向のステップ（読み飛ばす）数を指定します。

3Dの投影面を設置するには、

```
fig = plt.figure()
```

でFigureを生成したあと、

834

```
ax = fig.add_subplot(111,         # 1行×1列の1番目のグリッドにAxesを追加
                     projection='3d' # 3次元の投影面
                     )
```

のように、引数にprojection='3d'を指定してadd_subplot()を実行します。これで、Axesオブジェクトの3D版のAxes3DオブジェクトがFigure上に配置されます。

▼3Dグラフの描画（3Dgraph1.ipynb）

```
In  import matplotlib.pyplot as plt
    from mpl_toolkits.mplot3d import axes3d

    # Figureを生成
    fig = plt.figure()
    ax = fig.add_subplot(
        111,              # 1行×1列の1番目のグリッドにAxes3Dオブジェクトを追加
        projection='3d'   # 3次元の投影面
        )

    # テスト用のデータを取得
    X, Y, Z = axes3d.get_test_data()

    # 3Dワイヤーフレームをプロット
    ax.plot_wireframe(X, Y, Z)

    plt.show()
```

▼出力されたグラフ

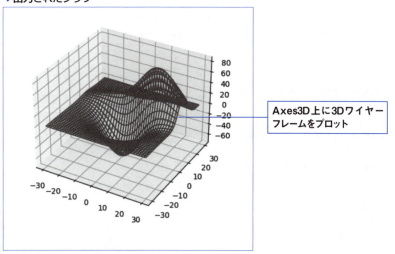

Axes3D上に3Dワイヤーフレームをプロット

13-9 3Dグラフのプロット

Tips
430
$f(x,y)=x^2+y^2$ をプロットする

▶Level ●●●

これがポイントです!

mpl_toolkits.mplot3d.axes3d.Axes3D クラス

前回のTipsと同様に、Axes3Dオブジェクトを作成し、Figure上に配置するプログラムを作成します。

● Axes3Dオブジェクトを作成してグラフをプロットする

変数を2つ持つ関数:

$$f(x,y)=x^2+y^2$$

をf()関数として定義し、関数で求めたx、yに対する値をz軸上に投影する3Dグラフを作成してみます。

▼$f(x,y)=x^2+y^2$の3Dグラフをプロットする (3Dgraph2.ipynb)

```python
import numpy as np
import matplotlib.pyplot as plt
from mpl_toolkits.mplot3d import axes3d

def f(x, y):
    """パラメーターx、yの2乗和を返す

    Args:
        x (ndarray): 格子座標として生成された2次元配列
        y (ndarray): 格子座標として生成された2次元配列
    Returns:
        ndarray: x**2 + y**2
    """
    return x**2 + y**2

# x1軸を生成
x1 = np.arange(-3, 3, 0.25)
# x2軸を生成
x2 = np.arange(-3, 3, 0.25)
# 2次元の格子座標を生成、X、Yは2次元配列
X, Y = np.meshgrid(x1, x2)
# 格子座標X、Yを引数にして関数f()を実行
# 戻り値をZに代入
Z = f(X, Y)
```

13-9 3Dグラフのプロット

```
# Figureを生成
fig = plt.figure()
# Axes3Dを配置
ax = fig.add_subplot(111, projection='3d')
# x1の軸ラベル
ax.set_xlabel("x1")
# x2の軸ラベル
ax.set_ylabel("x2")
# x1、x2、f(x1,x2)の曲線をプロット
ax.plot_wireframe(X, Y, Z)

plt.show()
```

▼出力されたグラフ

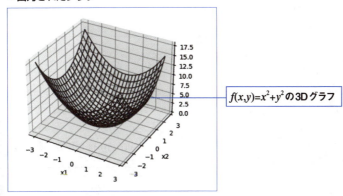

$f(x,y)=x^2+y^2$ の3Dグラフ

　2次元の格子座標を生成するために、Numpyの**meshgrid()関数**を使いました。この関数は、次の図のようにx座標とy座標の要素の入った配列を指定すると、各軸のグリッドの要素を返します。

▼meshgrid()関数の処理

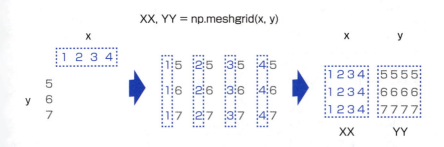

13-9 3Dグラフのプロット

Tips
431
2Dデータのヒストグラムを 3D化してプロットする

▶Level ●●○

これが ポイント です！ **bar3d()**

　Axes3Dクラスのbar3d()は、幅、奥行き、高さが設定された**3Dのバーグラフ**を作成します。

・mpl_toolkits.mplot3d.axes3d.Axes3D.bar3d()
　3Dのバーグラフを描画します。

書式	bar3d(x, y, z,　　　dx, dy, dz,　　　color=None,　　　zsort='average')	
パラメーター	x, y, z	棒のアンカーポイントの座標。
	dx, dy, dz	バーの幅、深さ、高さ。
	color	オプション。バーのカラー。
	zsort	オプション。z軸のソート方式。'average'、'min'、'max'が設定可能です。デフォルトは'average'。

●3Dバーグラフのプロット
　2Dのデータで作成したヒストグラムを3D化したバーで表示してみます。

▼2Dのヒストグラムを3D化してプロットする（3Dgraph3.ipynb）

```
In  from mpl_toolkits.mplot3d import axes3d
    import matplotlib.pyplot as plt
    import numpy as np


    # 乱数生成時のシード (種) を固定
    np.random.seed(1)
    # 一様乱数 (0.0 - 1.0) の間のランダムな数値を
    # 2行×100列で出力し、4倍してx,yに代入
    x, y = np.random.rand(2, 100) * 4
    # 2次元のヒストグラムを計算する
    hist, xedges, yedges = np.histogram2d(
        x,         # x値の配列
        y,         # y値の配列
        bins=4,    # 2つの次元 (x,y) それぞれのビンの数
```

13-9 3Dグラフのプロット

```
        range=[[0, 4], [0, 4]]  # 2つの次元それぞれのビンの左端と右端
)

# 16本のバーのアンカー(配置するときの基準座標)を作成
# 2次元の格子座標を生成
xpos, ypos = np.meshgrid(xedges[:-1] + 0.25,
                         yedges[:-1] + 0.25)
xpos = xpos.flatten('F')     # 2次元配列を列優先'F'で1次元配列に変換
ypos = ypos.flatten('F')     # 2次元配列を列優先'F'で1次元配列に変換
zpos = np.zeros_like(xpos)   # xposと同じ形状のゼロ配列を生成

# 16本のバーの幅、奥行き、高さを作成
# zposと同じ形状で要素が0.5の配列を生成
dx = 0.5 * np.ones_like(zpos)
# dxをdyにコピー
dy = dx.copy()
# 2次元配列histを行優先'C'で1次元配列に変換
dz = hist.flatten('C')

# Figureを生成
fig = plt.figure()
# Axes3Dを配置
ax = fig.add_subplot(111, projection='3d')

ax.bar3d(xpos,            # xのアンカーポイント
         ypos,            # yのアンカーポイント
         zpos,            # zのアンカーポイント
         dx,              # バーの幅
         dy,              # バーの奥行
         dz,              # バーの高さ
         color='skyblue', # バーのカラー
         zsort='average'  # z軸を平均値でソートする
         )

plt.show()
```

▼出力されたグラフ

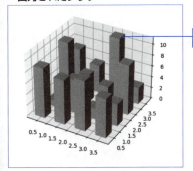

ヒストグラムのバーを3D化

13-10　画像のプロット

Tips
432

▶Level ●●○

グレースケールの画像を
プロットする

これが
ポイント
です！

> **matplotlib.pyplot.gray()**

　ディープラーニング用のデータセット
MNISTには、**手書き数字**の画像データが、
訓練用として60000個、テスト用として
10000個収録されています。ここでは、
MNISTの手書き数字をグラフエリアにプ
ロットする方法を紹介します。

●**手書き数字のプロット**
　次のコードを実行して、MNISTデータ
セットをダウンロードして変数に代入しま
す。

▼MNISTデータセットをダウンロードして変数に代入する

```
In   from tensorflow.keras.datasets import mnist
     (x_trains, y_trains), (x_tests, y_tests) = mnist.load_data()
```

　手書き数字の画像は、28×28（784）ピ
クセルのデータを1つの要素として2次元
配列に格納されています。訓練用データx_
trainsの先頭の要素を表示してみましょう。

▼手書き数字の画像データを出力してみる

```
In   print(x_trains[0])
```

```
Out  [[  0   0   0   0   0   0   0   0   0   0   0   0   0   0   0   0   0   0
         0   0   0   0   0   0   0   0   0]
     …途中省略…
      [  0   0   0   0   0   0   0   0   0   0   0   3  18  18  18 126 136
       175  26 166 255 247 127   0   0   0   0]
     …途中省略…
      [  0   0   0   0   0   0   0   0   0   0   0   0   0   0   0   0   0   0
         0   0   0   0   0   0   0   0   0]]
```

　手書き数字の画像データは、グレース
ケールの色調を示す0から255までの値で
す。先頭から3番目までの画像と、その画像
が示している正解の数値をグラフエリアに
描画してみることにします。

840

13-10 画像のプロット

・matplotlib.pyplot.gray()
デフォルトのカラーマップをグレーに設定します。

・matplotlib.pyplot.pcolormesh()
2-D配列（四角形のメッシュ）の疑似カラープロットを作成します。

▼先頭から3つ目までの手書き数字とその正解を出力する

```
In  import numpy as np
    import matplotlib.pyplot as plt

    plt.figure(1, figsize=(12, 3.2))
    plt.subplots_adjust(wspace=0.5)
    plt.gray()
    for id in range(3):
        plt.subplot(1, 3, id + 1)
        # 784個のRGB値を28×28の行列にする
        img = x_trains[id, :, :].reshape(28, 28)
        # 色相を反転させてプロットする
        plt.pcolor(255 - img)
        # 画像の正解値をプロット
        plt.text(24, 26, "%d" % y_trains[id],
                 color='blue', fontsize=20)
        plt.xlim(0, 27)   # x軸を0~27の範囲
        plt.ylim(27, 0)   # y軸を27~0の範囲
    plt.show()
```

▼出力された画像

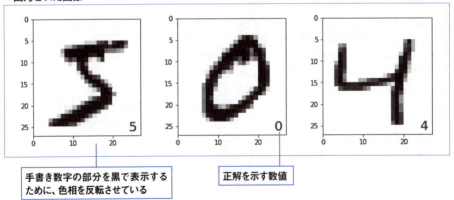

手書き数字の部分を黒で表示するために、色相を反転させている

正解を示す数値

一方、画像を表示するmatplotlib.pyplot.imshow()があるので、これを使って画像データをそのまま出力してみましょう。

13-10 画像のプロット

▼imshow()で画像データをプロットする

```
In  imgplot = plt.imshow(x_trains[0, :, :])
```

▼出力された画像

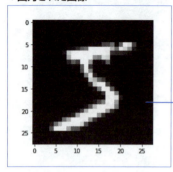

imshow()で色相を反転させずにプロット

Tips 433 PNG形式の画像をプロットする

▶Level ●●

これがポイントです！ matplotlib.image.imread()、matplotlib.pyplot.imshow()

matplotlib.imageモジュールに含まれるimread()は、PNG形式の画像データを配列に読み込みます。これを利用すると、任意のPNG画像を読み込んで、matplotlib.pyplot.imshow()でプロットすることができます。

・matplotlib.image.imread()
画像ファイルのデータを配列に読み込みます。

・matplotlib.pyplot.imshow()
画像データをプロットします。

●PNG形式の画像のプロット

画像ファイルをグラフエリアにプロットするには、matplotlib.pyplot.imshow()を使います。

・matplotlib.pyplot.imshow()
グラフエリアに画像を表示します。

13-10 画像のプロット

書式	matplotlib.pyplot.imshow(X)	
パラメーター	X	画像Xを指定します。Xは画像データの次の形式の配列です。 ・グレースケール 　M×N ・RGB値のカラー画像 　M×N×3 ・透過情報を持つRGBA値 　M×N×4 各配列の要素は、M×N画像のピクセルを表す値です。すべての値は、整数の場合は0〜255の範囲になければなりません。

　このように、imshow()は配列に格納されたグレースケールやRGB値を読み込んでプロットするので、事前に画像ファイルを配列に読み込むことが必要です。これには、matplotlib.image.imread()を使います。

・matplotlib.image.imread()
　ファイルからイメージを配列に読み込みます。ただし、PNG形式のみ対応です。

書式	matplotlib.image.imread(fname)	
パラメーター	fname	読み込む画像ファイルのパス。

　「Windowsアプリアートギャラリー」(https://msdn.microsoft.com/ja-jp/hh544699.aspx) で配布されている昆虫の画像「animal_02.JPG」をPNG形式に変換したものをプロットしてみることにします。まずは、PNG形式の画像ファイルを配列に読み込んだ状態を出力してみます。

▼画像ファイルを配列に読み込む

```
In  import matplotlib.pyplot as plt
    import matplotlib.image as mpimg
    import numpy as np

    img = mpimg.imread('animal_02.png')
    print(img)
```

```
Out [[[ 0.44313726  0.32549021  0.1882353 ]
     [ 0.43921569  0.32549021  0.1882353 ]
     [ 0.41176471  0.32941177  0.18431373]
     ...,
     [ 0.73333335  0.63921571  0.59215689]
     [ 0.72549021  0.63137257  0.58431375]
```

Matplotlibによるデータの視覚化

843

13-10 画像のプロット

```
         [ 0.73333335  0.64313728  0.58823532]]

        [[ 0.45882353  0.32549021  0.18431373]
         [ 0.43137255  0.32941177  0.1882353 ]
         [ 0.40000001  0.34509805  0.1882353 ]
         ...,
         ...,
         [ 0.71372551  0.64705884  0.58431375]
         [ 0.71372551  0.63921571  0.58039218]
         [ 0.72941178  0.64313728  0.58823532]]

         ...,

        [[ 0.72549021  0.63137257  0.58431375]
         [ 0.71372551  0.63921571  0.57254905]
         [ 0.72156864  0.63921571  0.56470591]
         ...,
         [ 0.72941178  0.63529414  0.59607846]
         [ 0.72941178  0.64313728  0.60000002]
         [ 0.74117649  0.63529414  0.60784316]]]
```

では、imshow()でプロットしてみましょう。imshow()はそのまま実行してもよいのですが、プロットしたイメージの情報を戻り値として返すので、これを変数で受け取るようにしておきます。

▼画像のプロット

```
In   imgplot = plt.imshow(img)
```

▼プロットされた画像

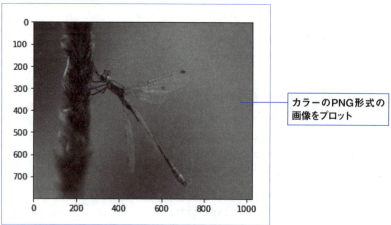

カラーのPNG形式の画像をプロット

13-11 Seabornを利用したグラフ作成

Tips
434

Seabornを使って散布図を描く

▶Level ● ●

これがポイントです！

seaborn.replot()

Seabornは、Matplotlibを補完するライブラリで、視覚化のためのより高度な機能が搭載されています。インストールは、Anaconda Navigatorの**Environments**タブで**seaborn**を検索し、インストールを行ってください。

●散布図をプロットする

Seabornのrelplot()は、マーカーをプロットして散布図を作成します。

・seaborn.relplot()

書式	seaborn.relplot(x=None, y=None, hue=None, size=None, style=None. data=None, palette=None, sizes=None, legend='brief', kind='scatter', height=5, aspect=1)	
パラメーター	x, y	データを表す変量を指定します。
	hue	オプション。第3の変量を追加してマーカーを色分けします。
	size	オプション。マーカーのサイズを決定するための変量を指定します。
	style	オプション。第3の変量を追加してマーカーの形状を分けます。
	data	列が変量、行が観測値として構成されたデータフレームを指定します。
	palette	オプション。マーカーのカラーを独自に指定するための色相レベルのリストまたはディクショナリ。
	sizes	オプション。sizeオプションでマーカーのサイズを指定した場合に、最小サイズと最大サイズをリストまたはタプルで設定します。タプルの場合は、(最小サイズ, 最大サイズ)のように指定します。
	legend	オプション。凡例を表示します。'brief'、'full'またはfalseが設定できます。'brief'の場合、数値hueとsize 変数は等間隔の値のサンプルで表されます。'full'の場合、すべてのグループが凡例にエントリを取得します。
	kind	描画するプロットの種類を指定します。'scatter'でマーカーをプロット、'line'でラインをプロットします。デフォルトは'scatter'です。
	height	グラフの高さをインチ単位で指定します。デフォルトは5です。
	aspect	グラフの幅を、heightに対する比率で指定します。

Seabornのプロット系の関数は、プロットするデータとしてPandasライブラリのデータフレームを使用します。

845

13-11 Seabornを利用したグラフ作成

●ライブラリのインポート

SeabornはMatplotlibを補完するものなので、Seabornでグラフを描画する際は、次のようにSeabornとMatplotlibをセットでインポートしておきます。

▼ライブラリのインポート

```
import matplotlib.pyplot as plt
import seaborn as sns
```

あと、プロットしたグラフの出力はMatplotlibのplt.show()で行うため、

```
%matplotlib inline
```

も記述しておくようにします。

▼tipsデータセットの読み込み

```
In   tips = sns.load_dataset('tips')    # tipsデータセット
     print(tips)                         # 出力
```

▼出力

```
     total_bill    tip     sex smoker   day    time   size
0         16.99   1.01  Female     No   Sun  Dinner      2
1         10.34   1.66    Male     No   Sun  Dinner      3
2         21.01   3.50    Male     No   Sun  Dinner      3
3         23.68   3.31    Male     No   Sun  Dinner      2
.........以下省略.........
```

このように、ディナーとランチの総支払額と含まれるチップの額が、支払った人の性別や喫煙の有無などでカテゴライズされて、244行×7列のデータフレームに収められています。

●Seaborn付属のサンプルデータの利用

Seabornには、学習用として15セットのサンプルデータが付属していて、seaborn.load_dataset()関数で読み込むことができます。ここでは、「tips」データセットを読み込んでみることにします。

●値が大きさに比例してマーカーのサイズを大きくする

seaborn.relplot()のsizeオプションに変量（変数とお考えください）を設定すると、変量がとる値の大きさに比例して、マーカーのサイズが設定されます。

tipsデータにはsizeという列があり、1〜4の数値が割り当てられています。

これをsizeオプションの値に設定すると、該当のデータをプロットする際に、マーカーが4段階のサイズで表示されるようになります。

846

13-11 Seabornを利用したグラフ作成

▼値の大きさによってマーカーのサイズを変える

```
sns.relplot(x='total_bill',  # x値
            y='tip',          # y値
            size='size',      # size列の値の大きさによってマーカーサイズを変える
            data=tips
            )
plt.show()
```

▼出力されたグラフ

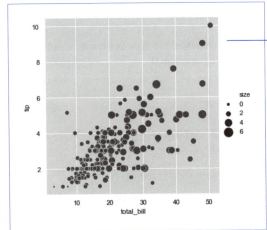

sizeの1～4の値によって、マーカを4段階のサイズにする

マーカーのサイズはデフォルトにしましたが、

```
sizes=(最小サイズ, 最大サイズ)
```

を設定して、サイズを指定することもできます。

Tips 435 Seabornを使って折れ線グラフを描く

▶Level ●●

これがポイントです！ seaborn.replot()のkindオプション

seaborn.relplot()のオプションで「kind='line'」を指定すると、マーカーに代えてラインがプロットされます。

●ラインをプロットする

seaborn.relplot()で、「kind='line'」を指定して折れ線グラフを描画してみます。

847

13-11 Seabornを利用したグラフ作成

▼ラインをプロット

```
%matplotlib inline
import matplotlib.pyplot as plt
import seaborn as sns
import pandas as pd
import numpy as np

sns.set(style='darkgrid')          # グリッドを表示
df = pd.DataFrame(
    dict(
        # timeの値として0から500までの等差数列を生成
        time=np.arange(500),
        # valueの値として標準正規分布から500個抽出し、累積合計を求める
        value=np.random.randn(500).cumsum()
    )
)
fg = sns.relplot(x='time',         # x値
                 y='value',        # y値
                 kind='line',      # ラインをプロット
                 data=df           # データフレーム
                 )
fg.fig.autofmt_xdate()             # x軸ラベルを30度傾ける
plt.show()
```

▼出力されたグラフ

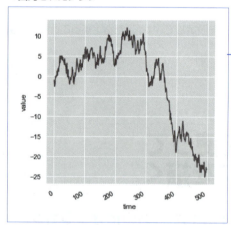

ラインをプロット

　seaborn.relplot()は、プロットしたグラフの情報を格納したFacetGridオブジェクトを返します。

　これはMatplotlibのFigureに相当するもので、Figureとの互換性があります。そこで、Figureクラスのautofmt_xdate()でx軸の目盛りラベルに傾き（デフォルトで30°）を付けました。隣のラベルと重ならないようにするための措置です。

GitとGitHub

14-1　Git（436〜444）
14-2　ブランチの作成（445〜447）
14-3　GitHubとの連携（448〜451）

14-1 Git

Tips 436 Git（ギット）とは

▶Level ●●

これがポイントです！ **Git、ローカルリポジトリ、リモートリポジトリ、コミット、ブランチ**

　Gitは、プログラムのソースコードの変更履歴を記録／追跡するためのソースコード管理ツールです。VSCodeは標準でGitに対応しています。Git本体は別途でインストールする必要があるものの、インストールさえ終わればVSCodeからGitを使えるようになります。

● Gitでできること
　Gitでは以下のことが行えます。

・ファイルの変更履歴が管理できる
　ファイルの変更履歴を管理できるので、ファイル名をその都度変更して保存する必要がありません。また、複数人で開発する場合は、変更日や変更内容、変更したユーザー名までが記録されます。

・過去のファイルに戻せる
　ファイルを編集していて、「編集前の状態に戻したい」という場合は、変更履歴を遡って任意の時点のファイルに戻せます。

・チームで整合性をとりながら開発できる
　ローカルリポジトリとリモートリポジトリの間で、プッシュ／プルの仕組みを使ってファイルの整合性を保ちつつ開発が行えます。

● Gitの仕組み
　Gitの仕組みについて見ていきましょう。

・ローカルリポジトリ
　ファイルの編集（変更）履歴を管理するのが、Gitの「ローカルリポジトリ」という仕組みです。ローカルリポジトリの実体は、PC内の任意の場所に作成された普通のフォルダーです。ただし、Gitで任意のフォルダーを指定してローカルリポジトリを作成すると、変更履歴を保存するための隠しフォルダーが内部に作成されます。

▼ローカルリポジトリ

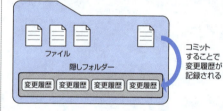

　変更履歴を隠しフォルダー内に記録する操作のことを「コミット」と呼びます。ファイルの編集（変更）を行うたびにコミットを行うことで、その都度、変更された内容が変更履歴として記録される仕組みです。なお、隠しフォルダー内の変更履歴のことも「コミット」と呼びます。

・リモートリポジトリ
　かつては、サーバー上にある1つのフォルダーを複数の開発者で共有するスタイルが主流でした。ただし、編集内容を保存するタイミングによっては、他の人のものに上書きされるなど、整合性を維持することが大変でした。Gitの最大の特徴は、「分散型」とい

われるように、自分のPCにすべての変更履歴を含む完全なフォルダーの複製を置いておけることです。これはどういうことかというと、ネットワーク上に共有型のリポジトリ（リモートリポジトリ）を作成し、チームのメンバーのローカルリポジトリと同期をとる、というものです。リモートリポジトリは、GitHubを利用して作成されます。

▼ローカルリポジトリとリモートリポジトリ

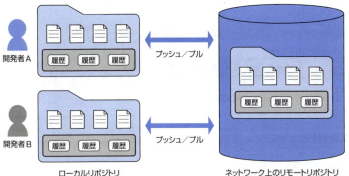

　開発チームなどで共通のリポジトリとして、サーバー上にリモートリポジトリを配置します。そして、このリモートリポジトリを各メンバーのPCにコピーして、ローカルリポジトリを作成します。この操作を「クローン」と呼びます。
　ローカルリポジトリとリモートリポジトリは、

・ローカルリポジトリからリモートリポジトリへのアップロードを行う「プッシュ」
・リモートリポジトリからローカルリポジトリへのダウンロードを行う「プル」

によって、それぞれの内容を同期できます。

・ブランチ
　ブランチとは、変更履歴の流れを分岐させる仕組みのことです。あるファイルに対して行ったAという変更の履歴と、同じファイルに対して行ったBという変更の履歴を別々に記録することができます。ブランチには名前を付けて管理できるので、例えばアプリに新しい機能を実装するためのブランチを作っておけば、開発がうまくいかなかった場合に、ブランチごと破棄することができます。一方、開発がうまくいった場合は、本流のブランチに統合します。この操作を「マージ」と呼びます。
　リポジトリを作成したときには、デフォルトのブランチが作成されます。「main」のような名前が付けられることが多いのですが、これを本流のブランチとして、そこから枝分かれする支流のブランチを作る――というイメージです。
　ブランチはGitでよく使われる機能です。プログラムの規模が大きい場合はもちろん、規模は小さくても複数人のチームで開発する場合は、同時に複数のブランチが作られることも少なくありません。

14-1 Git

▼ブランチ

新しいブランチを作って変更履歴を分岐

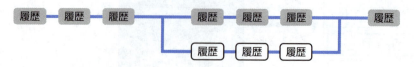

うまくいった場合は、デフォルトブランチに統合（マージ）する

● **VSCodeの[ソース管理]ビューでできること**

　VSCodeの**ソース管理**ビューには、GitとGitHubを利用するための次の機能が搭載されています。

・**Git関連の主な機能**
・ローカルリポジトリの作成
・コミット
・リモートリポジトリへのプッシュ／プル
・変更箇所の確認
・ブランチの作成と切り替え
・コンフリクトの解決
・差分表示
・タイムラインの確認

・**GitHub関連の主な機能**
・リモートリポジトリからのクローン作成
・プルリクエスト
・イシューの利用
・仮想ファイルシステム

14-1 Git

Tips 437 Gitのインストール

▶Level ●

これがポイントです! Gitのインストール、ユーザー名とメールアドレスの登録

　Gitをインストールして、ユーザー名とメールアドレスの登録を行います。

●Gitをインストールする

　「Git」(https://git-scm.com/) のページにアクセスし、次のように操作します。

❶ **Downloads** をクリックします。

▼Gitのトップページ

[Downloads] をクリックする

❷ **Downloads** の項目で、使用しているOSのリンクをクリックします。

▼Gitのダウンロードページ

使用しているOSのリンクをクリックする

❸ Windowsの場合は**Standalone Installer**で**64-bit Git for Windows Setup**をクリックします。macOSの場合は、対象のインストーラーをクリックしてください。

▼Gitのダウンロード

Windowsの場合は [64-bit Git for Windows Setup] をクリックする

853

❹ダウンロードされたファイルをダブルクリックしてインストーラーを起動し、**Install**ボタンをクリックすると、インストールが開始されます。

▼Gitのインストーラー

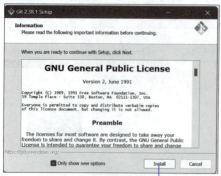

[Install]ボタンをクリックする

❺インストールが終了したら、**Finish**ボタンをクリックしてインストーラーを終了しましょう。

▼インストーラーの終了

[Finish]ボタンをクリックする

● Gitのユーザー名を登録する

Gitをインストールしたら、ユーザー名とメールアドレスの登録を行いましょう。Gitのインストールフォルダー「Git」の中に「Git Bash」があるので、これを起動しましょう。Windowsの場合は**スタートメ**ニューから「Git」→「Git Bash」を選択して起動できます。「Git Bash」はGitの操作を行うためのコマンドラインツールです。

・ユーザー名の登録

Git Bashを起動し、

git config --global user.name "ユーザー名"

と入力して**Enter**キーを押します。"ユーザー名"のところには任意のユーザー名を入力してください。

▼Git Bashでユーザー名を登録する

git config --global user.name "ユーザー名"と入力する

・メールアドレスを登録する

メールアドレスも登録しておきましょう。

git config --global user.email "メールアドレス"

のように入力して**Enter**キーを押します。"メールアドレス"のところに、お使いのメールアドレスを入力してください。

▼メールアドレスの登録

git config --global user.email "メールアドレス"と入力する

Tips 438 ローカルリポジトリの作成

▶Level ● ○ ○

これがポイントです! ローカルリポジトリ

ローカルリポジトリはファイルの変更履歴を管理するための仕組みで、PC上の任意の場所に作成したフォルダーをローカルリポジトリにすることができます。ローカルリポジトリとして登録する操作は、VSCode上から行えます。

● **任意のフォルダーを開いてローカルリポジトリの初期化処理を行う**

PC内の任意の場所に、ローカルリポジトリとして使用するフォルダーを作成します。本書では、Cドライブの「Document」➡「Python_tips」フォルダー以下に「localrepo」というフォルダーを作成しました。

❶作成したフォルダーをVSCodeで開きます。

▼作成したフォルダーをVSCodeで開く

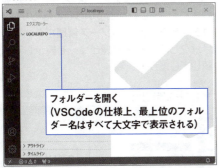

フォルダーを開く
(VSCodeの仕様上、最上位のフォルダー名はすべて大文字で表示される)

❷アクティビティバーの**ソース管理**をクリックして、**ソース管理**ビューを表示します。

❸**リポジトリを初期化する**ボタンをクリックすると、ローカルリポジトリが作成されます(❶で開いたフォルダーがローカルリポジトリとして設定されます)。

▼ローカルリポジトリの作成

❸ [リポジトリを初期化する] ボタンをクリックする

❷ [ソース管理] をクリックする

❹ローカルリポジトリが作成されると、**ソース管理**ビューの表示が切り替わり、メッセージの入力欄と**Branchの発行**ボタンが配置された状態になります。

▼ローカルリポジトリ作成後

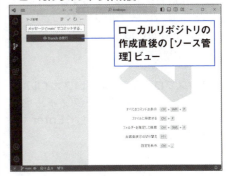

ローカルリポジトリの作成直後の [ソース管理] ビュー

Tips 439 ファイルを作成してコミットする

▶Level ●● これがポイントです！ **コミット**

ファイルの変更履歴を記録することを「コミット」と呼びます。ここでは、ローカルリポジトリが設定されたフォルダーにPythonのモジュール（ソースファイル）を作成し、コミットしてみることにします。

・**コミットを行うための基本的な手順**
・ファイルを編集して保存する。
・変更したファイルを「ステージ」に登録する。
・✓**コミット**ボタンをクリックしてコミットする。

ファイルを編集して保存の操作を行うと、**ソース管理**ビューの「変更」という項目にファイルが登録されます。そこから「ステージ」へファイルを登録することで、コミットが行えます。ファイルの変更内容をいきなりコミットするのではなく、「ステージ」という前段階を挟んでからコミットする——というのがポイントです。

●**ローカルリポジトリに新規の Pythonモジュールを作成する**

VSCodeでローカルリポジトリとして登録した「localrepo」フォルダーを開き、次のように操作します。

❶**エクスプローラー**の**新しいファイル**ボタンをクリックします。ファイル名に「responder.py」と入力して**Enter**キーを押します。

▼新規ファイル（Pythonモジュール）の作成

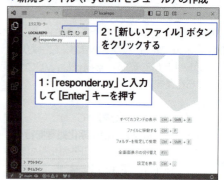

●**作成したファイルを「変更」エリアに登録する**

Pythonのモジュールを作成した状態ですが、ここでコミットの操作を進めてみましょう。Gitでは、ファイルの内容を変更（編集）したときだけでなく、新規にファイルを作成したときにも、コミットの対象として「変更」というエリアに対象のファイルが登録されます。これがどういうことなのか、**アクティビティバー**の**ソース管理**ボタンをクリックして**ソース管理**ビューを表示して確認しましょう。

▼［ソース管理］ビュー

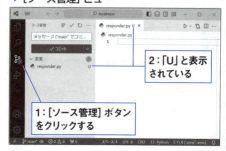

画面を見ると、「変更」と表示されているところ（以降、「変更」エリアと呼ぶことにします）に、先ほど作成したばかりの「responder.py」が表示されています。Gitを使用している場合、新規のファイルを作成したり、既存のファイルを編集（内容を変更）して保存の操作を行ったりすると、**ソース管理**ビューの「変更」エリアに、そのファイルがコミットの対象として登録されます。

エディターのタブや**ソース管理**ビューに表示されているファイル名を見ると、「U」という文字が表示されています。これは、「Untracked（未追跡）」の頭文字であり、「ファイルを新規に作成（または編集して保存）したものの、まだコミットしていないのでGitの管理下にない」ことを示しています。「U」をはじめとする、ファイルの状態を示す文字の一覧を次表に示します。

▼ [ソース管理] ビューにおけるファイルの状態を示すアルファベット1文字とその意味

アルファベット	意味
U	(Untracked) Gitの管理下にないファイル。
A	(Added) 今までのコミットに含まれておらず、新しくステージング済みになったファイル。
M	(Modified) 変更されたファイル。
D	(Deleted) 削除されたファイル。
R	(Renamed) 名前が変更されたファイル。
C	(Conflict) 競合したファイル。

● 「変更」エリアのファイルを「ステージ」エリアへ移動する

変更したファイルをコミットするには、ファイルをコミットの候補とするため、「ステージ」という状態に格上げする必要があります。この操作を行うことで、ファイルをコミットできる状態にできます。

❶ 現在、ローカルリポジトリのPythonモジュールが編集され、**ソース管理**ビューにおいて「変更」エリアに登録された状態になっています。「responder.py」の右側に表示されている＋（変更をステージ）ボタンをクリックします（ボタンが表示されていなければ、ファイル名をポイントまたはクリックすると表示されます）。

「変更」エリアに表示されていたファイル名が、「ステージされている変更」（以降、「ステージ」エリアと表記）に移動します。これで、「ステージ」エリアへの登録が行われたことになります。

▼ [変更をステージ] の実行

❶ [+]（変更をステージ）ボタンをクリックする

▼ [変更をステージ] の実行後の画面

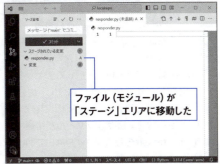

ファイル（モジュール）が「ステージ」エリアに移動した

●「ステージ」エリアのファイルをコミットする

コミットする準備が整ったので、コミットの内容を表すメッセージを入力してコミットします。

❶**ソース管理**ビューの最上段にある入力欄に、ファイルの変更内容を表すメッセージを入力します。これはファイルの変更履歴と共に記録されるので、わかりやすい簡潔な文にしましょう。

❷✓**コミット**ボタンをクリックします。

▼コミットの実行

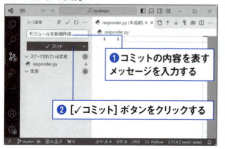

❶コミットの内容を表すメッセージを入力する

❷ [✓コミット] ボタンをクリックする

❸コミットが完了すると、**ソース管理**ビューに表示されていた「変更」や「ステージされている変更」の項目が消えて、ファイル変更前の状態に戻ります。

▼コミット完了後の [ソース管理] ビュー

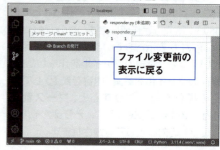

ファイル変更前の表示に戻る

❹**アクティビティバー**のエクスプローラーボタンをクリックします。

❺**エクスプローラー**の「タイムライン」を展開すると、コミットしたファイル名、コメント、Gitのユーザー名、コミットしてからの経過時間が表示されます。

▼ [エクスプローラー] の「タイムライン」

コミットしたファイル名、コメント、Gitのユーザー名、コミットしてからの経過時間が表示される

Column　ローカルリポジトリの隠しフォルダー

ローカルリポジトリに作成される隠しフォルダーを確認してみます。フォルダーを開き、エクスプローラーの**表示**ボタンをクリックして**表示➡隠しファイル**を選択してチェックが付いた状態にすると、右図のように「.git」という名前の隠しフォルダーが確認できます。フォルダー内部に様々なファイルが格納されていますが、Gitの設定ファイルなので開いたりしないように注意してください。

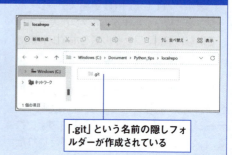

「.git」という名前の隠しフォルダーが作成されている

Column 仮想環境のPythonインタープリターが選択できないときの対処法

本文の例では、仮想環境とは関係のない（これまではプログラム用フォルダー内に仮想環境を作成）フォルダーをローカルリポジトリにして、Pythonのモジュールを作成しています。この場合、プログラムの実行環境として仮想環境のPythonインタープリターを設定しようとしても、選択候補の一覧に表示されないことがあります。その場合は、次のように操作してください。

❶仮想環境のフォルダーをVSCode、またはWindowsの**エクスプローラー**で開き、さらに仮想環境下の「Scripts」フォルダーを開きます。
❷内部に「python.exe」があるので、これを右クリックして**パスのコピー**を選択します。

▼VSCodeの[エクスプローラー]における例

❸ローカルリポジトリに作成したPythonモジュールを開いた状態で**インタープリターの選択**をクリックします。
❹**インタープリターの選択**パネルが開くので、**+インタープリターパスを入力**を選択します。

▼VSCode上で開いているPythonモジュール

1:[インタープリターの選択]をクリック

❺パスの入力欄が表示されるので、これを右クリックして**貼り付け**を選択し、❷でコピーしたパスを貼り付けます。

▼Pythonインタープリターのパスを貼り付け

入力欄を右クリックして[貼り付け]を選択

❻Enterキーを押します。
❼仮想環境のPythonインタープリターが設定されます。

▼仮想環境のインタープリター設定後の画面

仮想環境のPythonインタープリターが設定される

14-1 Git

Tips 440

ファイルを編集して
コミットする

▶Level ●○○

これがポイントです！ コミット

前回のTipsでは、「responder.py」を作成した直後にコミットしました。モジュールには何も入力されていないので、ソースコードを記述して、再度コミットしてみることにします。

●モジュールを編集して入力して
　コミットする

「responder.py」にソースコードを入力して保存の操作を行ったあと、コミットします。

❶「responder.py」を開いた状態で、ソースコードを入力します。

▼ソースコードの入力

ソースコードを入力する

❷**ファイル**メニューをクリックして**保存**を選択します。

▼ファイルの保存

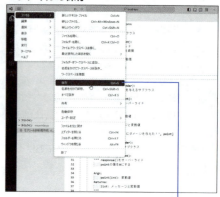

❷［ファイル］メニューの［保存］を選択する

❸**アクティビティバー**の**ソース管理**をクリックします。

❹**ソース管理**ビューの「変更」エリアに「responder.py」が表示されているので、右横にある**+**（変更をステージ）ボタンをクリックします。

▼「変更をステージ」の実行

❸［ソース管理］を
クリックする

❹［+］（変更をステージ）
ボタンをクリックする

860

14-1 Git

> **さらにワンポイント**
> ファイルを保存する操作を行ったので、「responder.py」の右横に「M」(変更されたファイル)と表示されています。

❺「ステージされている変更」(「ステージ」エリア)に「responder.py」が移動します。

❻今回コミットする内容をメッセージとして入力します。

❼ ✓**コミット**ボタンをクリックします。

❽**アクティビティバーのエクスプローラー**をクリックします。

❾「タイムライン」にコミットの内容が表示されていることが確認できます。

▼ [エクスプローラー] の「タイムライン」

❽ [エクスプローラー]をクリックする

❾ コミットの内容が表示されている

▼コミットの実行

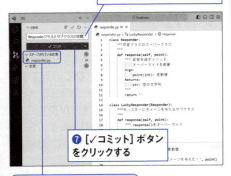

❻ コミットの内容を入力する

❼ [✓コミット] ボタンをクリックする

❺「ステージ」エリアに「responder.py」が移動する

> **さらにワンポイント**
> 「タイムライン」には、コミットを行う直前のファイルを保存した操作についても、「ファイルが保存されました」と記録されています。

14-1 Git

Tips 441 変更履歴を確認する

▶Level ●○○

これがポイントです！ **タイムライン、差分表示**

「タイムライン」に表示されている変更履歴をクリックすると、対象のファイルが開き、変更された箇所の確認ができます。

●3回目のコミットを行う

これまで使用している「responder.py」を開いて編集します。今回は、プログラムの実行ブロックを追加入力してから、ファイルを保存しました。

❶**ソース管理**ビューを開いて＋（変更をステージ）ボタンをクリックし、「ステージ」エリアにファイルを登録します。

▼モジュールを編集して「ステージ」エリアにファイルを登録

❶[ソース管理]ビューを開いて[+]（変更をステージ）ボタンをクリック

モジュールには新規のコードが入力され、保存の処理が行われている

❷今回の編集内容をメッセージとして入力します。
❸✓**コミット**ボタンをクリックします。

▼3回目のコミット

❸[✓コミット]ボタンをクリックする

❷メッセージを入力

●直前のコミットを確認する（差分表示）

「タイムライン」に表示されている変更履歴をクリックすると、その時点のコミットにおける変更前と変更後の差分が表示され、変更箇所を確認することができます。ここでは、直前に行ったコミットについて確認してみることにします。

❶**エクスプローラー**の「タイムライン」で変更履歴をクリックします。ここでは、直前にコミットしたもの（画面例では「実行ブロックの追加」）をクリックします。

▼[エクスプローラー]の「タイムライン」

コミットの履歴（変更履歴）をクリックする

862

14-1 Git

　タイムラインには、アクティブな状態の**エディター**で開かれているファイルの変更履歴（コミットの履歴）が表示されます。このため、タイムラインで履歴を確認するためには、あらかじめ対象のファイルを**エディター**で開いておく必要があります。

❷変更前と変更後の差分を表示するプレビュー画面が開きます。

▼変更内容の差分表示

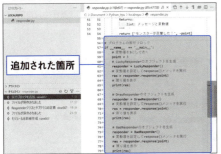

　画面例では色がわかりませんが、グリーンの背景の部分が、対象のコミット時に追加された箇所です。追加を含む変更があったコードについてはグリーンで表示されます。行番号を見ると左右2段で表示されていて、左側には変更前のファイルの行番号、右側に変更後のファイルの行番号が表示されています。変更後の行番号では、追加された行の番号右横に「+」が表示されていて、新たに追加された行であることがわかるようになっています。

　このように差分表示では、書き換え後のファイルをもとにして、変更内容を1つの画面で表示します。なお、ウィンドウの幅が広い場合は、変更前と変更後が左右の画面に分かれて表示されることがあります。

　書き換えが行われた場合は、書き換え前のコードが赤く表示されます。

●履歴を遡って差分を表示する
　「タイムライン」に表示されている変更履歴には、その時点の変更内容が記録されているので、初期の段階まで遡って差分を確認することができます。

❶**エクスプローラー**の「タイムライン」で任意の変更履歴をクリックします。画面例では、「Responderクラスとサブクラスの定義」をクリックします。

▼[エクスプローラー]の「タイムライン」

コミットの履歴（変更履歴）をクリックする

❷選択したコミット時の差分を表示するプレビュー画面が開きます。

▼変更内容の差分表示

　このときのコミットでは、空白のモジュールにソースコードを入力したので、追加したソースコードがグリーンで表示され、その上（先頭）に赤い空白行が表示されています。これは変更前の状態を示しています。

14-1 Git

Tips 442 コミット前に変更箇所を確認する

▶Level ●

これがポイントです！ コミット前の差分表示

差分表示については、コミット前の「変更」エリアにあるファイルや「ステージ」エリアにあるファイルに対しても行うことができます。「前回コミットしたときから、どこがどう変わったか」を事前に確認できるので便利です。また、ファイルを誤って上書き保存したかどうかの確認にも有効です。

●「変更」エリアにあるファイルの差分表示

次に示すのは、「responder.py」を編集し、ファイルを保存した直後の**ソース管理**ビューの画面です。「変更」エリアに「responder.py」が表示されているので、これをクリックしましょう。

▼ファイルを編集して保存した直後の [ソース管理] ビュー

「変更」エリアに表示されているファイル名をクリックする

差分を表示する画面が開いて、前回のコミット時と今回の変更箇所の差分が表示されます。表示されているソースコードは、今回の変更後に保存されたファイルのもので、変更前が赤色の部分になり、変更後の箇所が緑色の部分になります。

▼「変更」エリアにあるファイルの差分表示

変更前　　　　　　変更後

●「ステージ」エリアにあるファイルの差分表示

変更をステージボタンをクリックして、「ステージ」エリアに移動したファイルに対しても差分表示が行えます。次に示すのは、「ステージ」エリアに「responder.py」を移動した直後の**ソース管理**ビューの画面です。「ステージ」エリアに表示されている「responder.py」をクリックします。

14-1 Git

▼ファイルを編集して「ステージ」エリアに
移動した直後の [ソース管理] ビュー

「ステージ」エリアに表示されて
いるファイル名をクリックする

差分を表示する画面が開いて、前回のコ
ミット時のファイルと「ステージ」エリアの
ファイルとの差分が表示されます。

▼「ステージ」エリアにあるファイルの差分表示

前回のコミット時のファイルと
「ステージ」エリアのファイルと
の差分が表示される

Column　コミット前の変更を破棄する

ファイルを間違って編集したにもかかわら
ず、そのファイルを保存してしまった場合は、
コミット前であれば変更前の状態に戻すこと
ができます。

❶「ステージされている変更」に表示されて
いるファイル名の右横の**変更のステージン
グ解除**ボタン■をクリックします。

❷ファイルが「変更」エリアに移動するので、
ファイル名右横の**変更を破棄**ボタン⤺をク
リックします。

❸確認を求めるダイアログが表示されるの
で、**変更を破棄**ボタンをクリックします。

14-1 Git

Tips 443 前回のコミットを取り消す

▶Level ●

これがポイントです！ 前回のコミットを元に戻す

　ここでは、すでにコミットした変更を取り消す方法を紹介します。この方法でコミットを取り消した場合、コミットがタイムラインから破棄されると共に、対象のコミットにおける変更内容も破棄されるので、コミット直前の状態まで戻すことができます。

●前回のコミットを元に戻す
　ソース管理ビューのメニューで**コミット→前回のコミットを元に戻す**を選択すると、直前に行ったコミットを取り消して、コミット前の状態まで戻すことができます。
　対象のファイルを**エディター**で開いていれば、直接、前回のコミットを取り消す操作を行えますが、ここではコミット前の状態に戻ることが確認できるように、タイムラインからコミット時の差分を表示したうえで、コミットの取り消しを行ってみます。

❶対象のファイルを**エディター**で開いておきます。
❷**エクスプローラー**の「タイムライン」で、前回行ったコミットをクリックします。

▼コミット前後の差分表示

❷「タイムライン」で、直前に行ったコミットをクリックする

❶対象のファイルを[エディター]で開いておく

❸対象のコミットにおける差分表示の画面が開きます。
❹**アクティビティバー**の**ソース管理**をクリックして**ソース管理**ビューに表示を切り替えます。

▼差分表示の画面

❸差分表示の画面が開く

❹[ソース管理]をクリック

❺上部の … をクリックしてメニューを表示し、**コミット➡前回のコミットを元に戻す**を選択します。

▼［前回のコミットを元に戻す］の実行

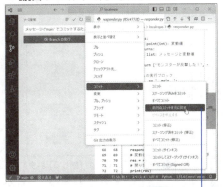

［コミット］➡［前回のコミットを元に戻す］を選択する

❻前回のコミットが取り消され、対象のファイル名が「ステージ」エリアに表示されます。この時点で、ファイルの変更は取り消されていないので、操作を進めます。

❼「ステージ」エリアに表示されているファイル名右横の**変更のステージング解除**ボタンをクリックします。

▼「ステージ」の取り消し

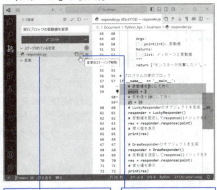

❻前回のコミットが取り消され、対象のファイル名が「ステージ」エリアに表示される

❼ファイル名右横の［変更のステージング解除］ボタンをクリック

❽対象のファイル名が「変更」エリアに移動します。「変更」エリアから破棄すれば、ファイルの内容がコミット前の状態に戻ります。

❾ファイル名右横の**変更を破棄**ボタン を クリックします。

▼「変更」エリアから破棄する

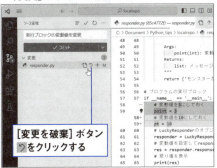

［変更を破棄］ボタン をクリックする

❿変更の破棄を確認するダイアログが表示されるので、**変更を破棄**ボタンをクリックします。

▼変更の破棄を確認するダイアログ

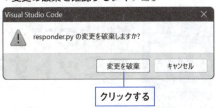

クリックする

⓫アクティビティバーの**エクスプローラー**ボタンをクリックして**エクスプローラー**を表示します。

⓬「タイムライン」から前回のコミットが削除されています。

⓭**エクスプローラー**に表示されているファイル名（responder.py）を**エディター**の左端までドラッグし、画面の左半分が青色に変わったタイミングでドロップします。

14-1 Git

▼コミットを取り消したファイルを
　差分表示の画面に並べて表示する

⓭ファイル名を[エディター]の左端までドラッグし、画面の左半分が青色に変わったタイミングでドロップする

▼⓯差分表示の画面の**閉じる**ボタンをクリックして、画面を閉じます。なお、取り消したコミットのものなので、画面を閉じると再表示することはできません。

▼コミットを取り消し、ファイルを
　コミット前の状態に戻した

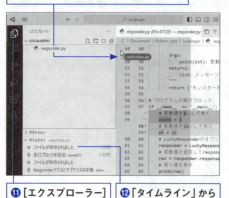

⓫[エクスプローラー]ボタンをクリック

⓬「タイムライン」から前回のコミットが削除されている

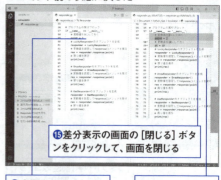

⓯差分表示の画面の[閉じる]ボタンをクリックして、画面を閉じる

⓮変更されていたソースコードはなくなり、コミット前の状態に戻った

取り消したコミットにおける差分表示の画面

⓮エディターの左半分の領域に現在のファイルが表示されます。右半分に表示されている変更箇所がなくなり、コミット前の状態に戻っていることが確認できます。

Tips 444 複数のファイルをまとめてコミットする

▶Level ●

これがポイントです! ▶**複数ファイルのコミット**

　これまでは1つのファイルを対象としたコミットについて見てきましたが、今回は複数ファイルのコミットについて紹介します。

●新たにファイルを作成して
　既存のファイルと共に編集する

　エクスプローラーを表示し、これまで使用しているローカルリポジトリ「localrepo」フォルダー以下に、Pythonモジュール「main.py」を作成します。作成が済んだら、「responder.py」に記述していたプログラムの実行部のコードを記述し、**ファイル**メニューの**保存**を選択してファイルを上書き保存します。この時点で「main.py」が「変更」エリアに追加されます。

14-1 Git

▼「main.py」を作成してコード入力後、保存する

「main.py」を作成する　ソースコードを入力して保存する

これまでのTipsで何度かコミットを行っている「responder.py」を［エディター］で開いて編集します。今回はプログラムの実行ブロックのコードを削除しました。編集後、**ファイル**メニューの**保存**を選択してファイルを上書き保存します。この時点で「responder.py」が「変更」エリアに追加されます。

▼「responder.py」の編集と保存

プログラムの実行ブロックのコードを削除して保存する

● 複数のファイルをまとめてコミットする

ソース管理ビューを表示して、コミットのための操作を行います。

❶ アクティビティバーの**ソース管理**ボタンをクリックします。
❷「変更」ステージに「main.py」および「responder.py」が表示されています。
❸「変更」をポイントすると右側に**すべての変更をステージ**ボタン**+**が表示されるので、これをクリックします。ファイルごとに表示されているボタンではなく、「変更」に表示されているボタンをクリックするのがポイントです。

▼［すべての変更をステージ］を実行

❶［ソース管理］ボタンをクリック

❷ 2つのファイルが「変更」エリアに表示されている　❸「変更」の［すべての変更をステージ］ボタンをクリックする

❸ 2つのファイルが「ステージ」エリアに移動しました。
❹ メッセージを入力して✓**コミット**ボタンをクリックしましょう。

▼コミットの実行

メッセージを入力する

［✓コミット］ボタンをクリック

14-1 Git

　これで、2つのファイルの変更がまとめてコミットされました。次に、「タイムライン」の変更履歴から、変更された内容を確認してみることにします。

●複数ファイルのコミット内容を確認する

　コミットされた内容を確認します。「main.py」を**エディター**で表示して、**エクスプローラー**の「タイムライン」を確認すると、先ほどコミットした「main.pyの新設、responder.pyの実行ブロックの削除」が表示されています。これをクリックすると「main.py」の差分表示の画面が開きます。

▼「main.py」の差分表示の画面を開く
1：「main.py」を [エディター] で開く

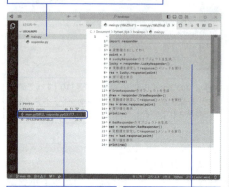

2：コミットした「main.pyの新設、responder.pyの実行ブロックの削除」をクリックする

3：「main.py」の差分表示の画面が開く

　「main.py」の差分表示の画面を閉じて、「responder.py」を**エディター**で開きます。**エクスプローラー**の「タイムライン」を確認すると、先ほどコミットした「main.pyの新設、responder.pyの実行ブロックの削除」が表示されています。これをクリックすると「responder.py」の差分表示の画面が開きます。

▼「responder.py」の差分表示の画面を開く
1：「responder.py」を [エディター] で開く

2：コミットした「main.pyの新設、responder.pyの実行ブロックの削除」をクリックする

3：「responder.py」の差分表示の画面が開く

　コミットの前に削除したコードが存在していたエリアが赤色で表示されています。

> **さらに**
> **ワンポイント**
> 　複数のファイルの変更をまとめてコミットした場合は、対象のファイルを**エディター**で開いた状態にしてから、「タイムライン」の変更履歴をクリックするのがポイントです。そうすることで、各ファイルの差分表示の画面を開き、内容を確認することができます。

14-2 ブランチの作成

Tips 445 ブランチを作成してコミット履歴を枝分かれさせる

▶Level ●○○

これがポイントです！ ブランチ、マージ

　Gitには、「タイムライン」に表示されるコミットの履歴を枝分かれさせる「ブランチ」という機能が搭載されています。

▼ブランチの仕組み

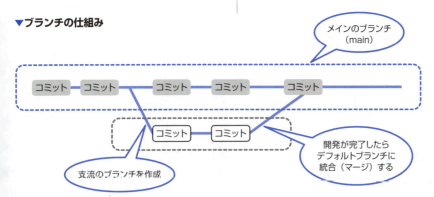

　VSCodeの**ソース管理**ビューの**リポジトリを初期化する**ボタンをクリックしてローカルリポジトリを作成すると、デフォルトで「main」という名前のブランチが作成されています。これまでのTipsでコミットしていたのはmainブランチに対してのものです。

　mainブランチをメインのブランチとして、開発の本流ではない追加機能の作成などを、メインブランチから別のブランチを派生させて行えるようにする——というのが、支流のブランチの役目です。派生させたブランチにおける開発がうまく進まない場合は、ブランチごと削除することで、メインブランチの開発過程に影響を与えずに済みます。

　一方、支流のブランチでの開発に問題がなければ、完了した時点でメインブランチに統合します。これを「マージ」と呼び、マージすることで支流のブランチの開発過程をメインブランチに反映させることができます。マージした時点で支流のブランチはなくなってしまいますが、以降、別の作業が発生した場合は、改めて支流のブランチを作成して開発を進めていきます。

14-2 ブランチの作成

●ブランチを作成する

「localrepo」フォルダーがローカルリポジトリとして設定され、「main.py」と「responder.py」が配置されています。前回のTipsまでに操作した例を引き継いでいます。

次図では、「responder.py」を**エディター**で開いていて、**エクスプローラー**の「タイムライン」にはこれまでの変更履歴が表示され、**ステータスバー**ではブランチ名「main」が確認できます。

▼「タイムライン」の変更履歴

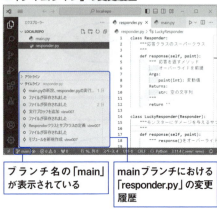

ブランチ名の「main」が表示されている

mainブランチにおける「responder.py」の変更履歴

ここでは例として、「responder.py」の編集のみを行うブランチ「edit-responder」を作成します。

> **注意!** 新しいブランチを作成する場合は、「変更」エリアにある変更をすべてコミットしておきましょう。変更が残った状態でブランチを作成すると、コミットしていない変更が失われることがあるためです。

❶**ソース管理**ボタンをクリックして**ソース管理**ビューを表示します。
❷ **…** をクリックしてメニューを開き、**ブランチ**➡**ブランチの作成**を選択します。

▼[ソース管理]ビューのメニュー

❶ [ソース管理] ボタンをクリック

❷ **…** をクリックして [ブランチ] ➡ [ブランチの作成] を選択する

❸ブランチ名の入力欄が表示されるので、ブランチ名「edit-responder」を入力してEnterキーを押します。

▼ブランチ名の入力

ブランチ名を入力して [Enter] キーを押す

新しいブランチが作成され、そのブランチに移動します。**ステータスバー**には新しく作成したブランチ「edit-responder」が表示されています。

▼ブランチ作成後の画面

現在のブランチ名「edit-responder」が表示されている

14-2 ブランチの作成

●新しいブランチにコミットする

新しく作成した「edit-responder」ブランチにコミットしてみます。このブランチは「responder.py」の編集専用として作成したので、このモジュールを編集してからコミットの操作を行うのですが、ここで次のルールを確認しておきましょう。

・「main」ブランチは「main.py」の編集、コミットだけを行う。
・「edit-responder」ブランチは「responder.py」の編集、コミットだけを行う。

このルールを守らないと、「edit-responder」ブランチの開発作業が終了して「マージ（統合）」する際に、「コンフリクト（競合）」が発生し、正常にマージできなくなるためです。例えば、「edit-responder」ブランチで編集作業が進んで何度かコミットされている中で、「main」ブランチにおいて「responder.py」の編集、コミットが行われると、〈mainブランチにもedit-responderブランチにも「responder.py」の編集履歴が残る〉ことになります。両方のブランチにそれぞれ別々の「responder.py」が存在するために「コンフリクト」が発生するのです。コンフリクトの解消方法はあるものの、作業自体がとても面倒なので、メインのブランチと支流のブランチで「重複する内容のコミットは行わない」ようにしましょう。

「edit-responder」ブランチにおいて「responder.py」の編集、コミットの操作を進めます。

❶**エディター**で「responder.py」のみを開いた状態にして、内容を編集します。
❷**ファイル**メニューの**保存**を選択して保存します。
❸**ソース管理**ビューを表示して、「変更」エリアに表示されている「responder.py」の**変更をステージ**ボタン**+**をクリックします。

▼［ソース管理］ビュー

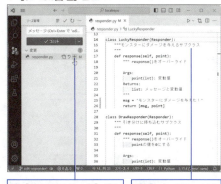

❸［変更をステージ］ボタン［+］をクリックする

❶❷ソースコードを編集して保存する

❹**メッセージ**を入力し、✓**コミット**ボタンをクリックしてコミットします。

▼新規のブランチにコミットする

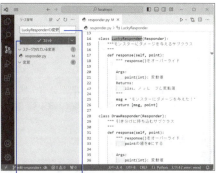

2：[✓コミット]ボタンをクリックする

1：メッセージを入力する

❺**エクスプローラー**を表示すると、「タイムライン」には「edit-responder」ブランチの変更履歴が表示されています。ブランチを作成する前の変更履歴に追加して、「responder.py」の今回の編集後のファイル保存とコミットが表示されていることが確認できます。このように、「edit-responder」ブランチ作成前の履歴に、ブランチ作成後の履歴が追加されるかたちとなります。

14-2 ブランチの作成

▼「タイムライン」で新規ブランチの変更履歴を確認

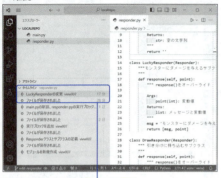

ブランチ作成後の変更履歴とコミット履歴が表示されている

●ブランチの切り替え

現在の「edit-responder」ブランチからデフォルトブランチの「main」に切り替えてみましょう。

❶ ソース管理ビューのメニューから**チェックアウト先**を選択します。

▼ [ソース管理] ビューのメニュー

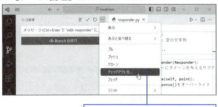

[チェックアウト先] を選択する

❷ 切り替え先 (チェックアウト先) を選択するパネルが表示されるので、ブランチ名 (main) を選択します。入力欄に直接ブランチ名 (main) を入力して Enter キーを押しても OK です。

> **注意!** 「タイムライン」の変更履歴は、対象のファイルを**エディター**で開いた状態でないと表示されません。

▼ チェックアウト先のブランチ名の入力

ブランチ名 (main) を選択 / ブランチ名 (main) を入力して [Enter] キーを押しても OK

❸ 「main」ブランチに切り替えたところで、エクスプローラーボタンをクリックして**エクスプローラー**を表示します。

❹ 「responder.py」の「タイムライン」には、支流ブランチ「edit-responder」におけるコミット履歴は表示されていません。

▼「main」ブランチにおける [エクスプローラー]

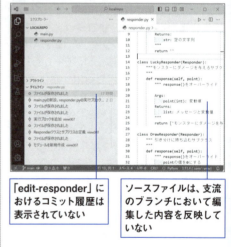

「edit-responder」におけるコミット履歴は表示されていない / ソースファイルは、支流のブランチにおいて編集した内容を反映していない

エディターで表示した「responder.py」の中身を見てみると、支流ブランチにおいて編集、コミットした内容はありません。ファイルについても、それぞれのブランチの状態を保持していることが確認できます。Git の優れた点として、「メインのブランチおよび支流のブランチのそれぞれで、ファイルの状態が別々に保存されている」ことが挙げられます。

Tips 446 ブランチにおける差分表示

これがポイントです！ 支流ブランチにおけるファイルの差分表示

各ブランチでは、「タイムライン」の変更履歴を選択することで、変更された箇所を確認することができます。

●変更履歴から変更前と変更後の差分を表示する

特定のファイル（画面例では「responder.py」）の開発を進める支流ブランチにおいて、コミット時にどのような編集が行われたかを、「差分表示」の画面を使って確認してみましょう。

❶ローカルリポジトリのフォルダーを開き、対象のファイル（画面例では「responder.py」）を**エディター**で開きます。

❷ステータスバー左端のブランチ名の表示領域をクリックし、支流のブランチ名（画面例では「edit-responder」）を選択します。

▼ブランチの選択

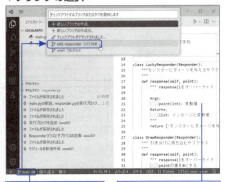

❷ブランチ名の表示領域をクリックし、支流のブランチ名を選択

❶ローカルリポジトリのフォルダーを開き、対象のファイルを[エディター]で開く

❸**エクスプローラー**の「タイムライン」で、支流のブランチでコミットした履歴をクリックします。

▼タイムラインの履歴から差分表示を行う

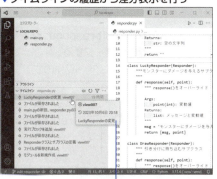

ここでは「LuckyResponderの変更」をクリックしている

❹差分表示の画面が起動し、コミット時に書き換えたコードがグリーンで表示され、書き換え前のコードが赤色で表示されています。

▼コミット時の差分表示

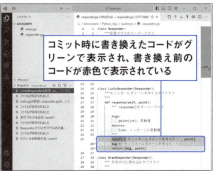

コミット時に書き換えたコードがグリーンで表示され、書き換え前のコードが赤色で表示されている

14-2 ブランチの作成

Tips 447 ブランチをマージする

▶Level ●●●

これがポイントです! 支流ブランチの本流（メイン）ブランチへのマージ

現在、支流ブランチの「edit-responder」において、ブランチを作成してから計3回のコミットを行ったところです。これから本流（メイン）のブランチ「main」にマージ（統合）してみることにします。

●支流のブランチ「edit-responder」をメインブランチにマージする

ブランチのマージは、マージ先のブランチ（取り込む方の「main」ブランチ）をアクティブ（有効）な状態にしてから、取り込みを行うブランチ（ここでは「edit-responder」）を指定して行います。

❶ローカルリポジトリのフォルダーを開きます。
❷ステータスバー左端のブランチ名の表示領域をクリックして、メインのブランチ名（main）を選択します。

▼マージ先のブランチの選択

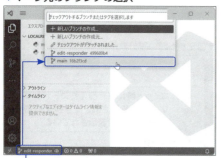

❷ブランチ名の表示領域をクリックし、メインのブランチ名を選択

さらにワンポイント メインのブランチに切り替えるには、**ソース管理**ビューを表示して、**ビューとその他のアクション**ボタン […] からメニューを展開し、**チェックアウト先**を選択する方法も使えます。

❸**アクティビティバー**の**ソース管理**ボタンをクリックして**ソース管理**ビューを表示します。
❹**ビューとその他のアクション** […] をクリックして**ブランチ**➡**ブランチをマージ**を選択します。

▼［ソース管理］ビューのメニュー

❸［ソース管理］ボタンをクリック

❹［ビューとその他のアクション］[…]をクリックして［ブランチ］➡［ブランチをマージ］を選択

❺マージするブランチを選択するためのパネルが表示されます。入力候補として「edit-responder」が表示されているので、これを選択します。

▼マージするブランチの指定

「edit-responder」を選択する

メニューを表示して [ブランチ] ➡ [ブランチをマージ] を選択する

　以上の操作でマージが完了し、メインブランチ「main」に「edit-responder」が統合されました。**エクスプローラー**で「responder.py」を選択すると、支流のブランチ「edit-responder」で編集した内容がプレビュー画面で表示され、「タイムライン」には変更履歴が反映されていることが確認できます。

▼メインのブランチの [タイムライン] を確認

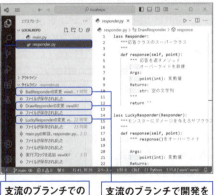

支流のブランチでのコミット履歴が追加されている

支流のブランチで開発を進めていたファイルを選択する

　この状態で支流のブランチ「edit-responder」は残っているので、この先、さらに支流ブランチで開発を進めて、コミット➡マージを行うことができます。

14-3 GitHubとの連携

Tips 448 GitHubのリポジトリを作成する

▶Level ●

これがポイントです！ → GitHub、リモートリポジトリ

共同で開発する場合は、リモートリポジトリの利用が不可欠です。ここでは、GitHubにリモートリポジトリを作成し、ローカルリポジトリと連携して開発を進める方法について紹介します。

●GitHubのアカウントを作成する

GitHubを利用するには、アカウントの作成（登録）が必要です。アカウントは誰でも無料で取得できます。

アカウント作成の手順は以下のとおりです。

❶「https://github.com/」にアクセスして、トップページの**Sign up**をクリックします。

▼GitHubのトップページ

❷メールアドレスの入力欄が表示されるので、メールアドレスを入力して**Continue**ボタンをクリックします。

❸続く画面でパスワード、ユーザ名、メール受信の可否を入力し、いくつかの質問に答えると、**Create account**ボタンが表示されます。これをクリックするとアカウントが作成されます。

❹登録したメールアドレスに認証を行うためのコードが送信されるので、指示に従って認証のための操作を行います。

●GitHubのリポジトリを作成する

GitHubにリポジトリを作成しましょう。これは、VSCodeから「リモートリポジトリ」として利用するためのものです。

GitHubのトップページからサインインすると、GitHubのマイページが表示されます。画面上に**Create repository**のボタンが表示されているので、これをクリックします。**Create a new repository**の画面が表示されるので、「Repository name」の欄にリポジトリ名を入力し、リポジトリを公開する場合は**Public**をオンにし、非公開にするには**Private**をオンにします。ここでは**Private**をオンにしました。最後に**Create repository**ボタンをクリックします。

14-3 GitHubとの連携

▼GitHubのマイページ

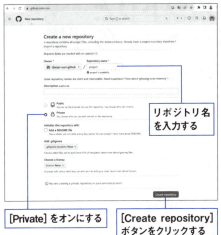

[Private] をオンにする　　[Create repository] ボタンをクリックする

リポジトリが作成され、次のような画面が表示されます。これでGitHubのリポジトリの作成は完了です。ページ中段付近にリポジトリのURLが表示されています。このURLはリポジトリにアクセスする際に必要になるので、必要に応じてコピーなどして保存しておくとよいでしょう。ただし、この画面を表示すればいつでも確認できます。

▼リポジトリ作成直後の画面

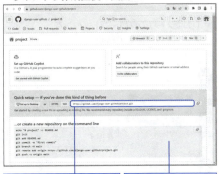

ここに表示されているURLはリポジトリのURL　　作成直後なのでファイルは存在しない

879

14-3 GitHubとの連携

Tips 449
GitHubのリポジトリとローカルリポジトリとの連携

▶Level ●

これがポイントです! リモートリポジトリ、ローカルリポジトリ、クローン、プッシュ

　GitHubのリポジトリが用意できたら、これと連携するためのローカルリポジトリを、GitHubのリポジトリをクローン(コピー)することで作成します。あらかじめ作成したローカルリポジトリをGitHubに発行(アップロード)してリモートリポジトリを作成する方法もあり、Gitのコマンドで簡単に行えますが、VSCodeで実行する場合は手順が少々複雑なので、前者の方法を使うことにします。

● **GitHubのリポジトリのクローンを作成する**

　GitHubのリポジトリをクローンするというのは、「GitHubのリポジトリをローカルのPC上にダウンロードして、クローン(コピー)を作成する」という意味です。そのため、クローンを行う前にクローン用のフォルダーをあらかじめ用意しておきましょう。既存のフォルダーを使っても支障はないのですが、ローカルリポジトリとして使用することから、専用のフォルダーにしておくと開発の際に便利なためです。

❶VSCodeを起動し(フォルダーは開かないでおきます)、**アクティビティバー**の**ソース管理**をクリックします。
❷リポジトリのクローンボタンをクリックします。

▼フォルダーを開いていない状態の
　[ソース管理] ビュー

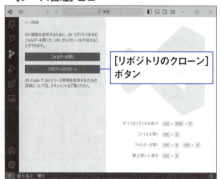

[リポジトリのクローン]ボタン

❸リポジトリのクローンボタンをクリックすると、GitHubのリポジトリを指定する画面が表示されるので、作成しておいたGitHubリポジトリのURLを入力してEnterキーを押します。

▼[リポジトリのクローン] ボタンを
　クリックした直後の画面

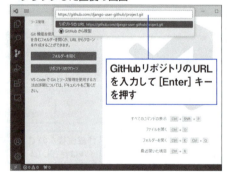

GitHubリポジトリのURLを入力して [Enter] キーを押す

14-3 GitHubとの連携

❹リモートリポジトリがPrivate（プライベート）設定になっている場合は、GitHubへのサインインを確認するダイアログが表示されるので、**許可**ボタンをクリックしましょう。リモートリポジトリがPublic（公開）設定になっている場合は、手順の❾に進んでください。

▼サインインを確認するダイアログ

クリックする

❺ブラウザーの画面に「Authorize GitHub for VS Code」のページが表示されるので、**Authorize Visual-Studio-Code**をクリックします。

▼「Authorize GitHub VS Code」のページ

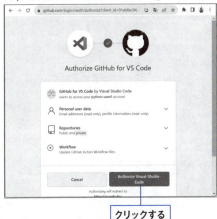

クリックする

❻GitHubのアカウントにサインインするための画面が表示されるので、アカウントの作成時に設定したユーザー名またはメールアドレスとパスワードを入力して**Sign in**ボタンをクリックします。

▼GitHubアカウントのパスワード入力

ユーザー名を入力する
パスワードを入力する
クリックする

❼VSCodeを開く許可を求めるダイアログが表示されるので、**Visual Studio Codeを開く**をクリックします。

▼VSCodeを開く許可を求めるダイアログ

[Visual Studio Codeを開く]をクリックする

❽さらに確認を求めるダイアログが表示されるので、**開く**ボタンをクリックします。

▼拡張機能がURLを開く許可を求めるダイアログ

[開く]ボタンをクリックする

14-3 GitHubとの連携

❾ VSCodeに制御が戻り、GitHubのリポジトリをクローン（コピー）するフォルダーを選択するダイアログが表示されます。対象のフォルダーを選択して**リポジトリの宛先として選択**をクリックします。

▼クローンする場所を選択するダイアログ

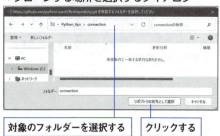

対象のフォルダーを選択する　クリックする

❿ GitHubのリポジトリのクローンが完了すると、次に示すダイアログが表示されます。**開く**ボタンをクリックすると、クローンしたリポジトリがローカルリポジトリとして開きます。

▼クローンしたリポジトリを開く確認の
　ダイアログ

クリックする

　クローンされたリポジトリが、ローカルリポジトリとして設定された状態で開きます。リポジトリの中身は空なので、リポジトリ（のフォルダー）名だけが**エクスプローラー**に表示されています。

▼［エクスプローラー］に表示された
　ローカルリポジトリ

クローンしたリポジトリが
ローカルリポジトリとして開く

> **さらに
> ワンポイント**
> 　ここでは、以前にGitHubでPrivate（非公開）設定のリモートリポジトリを作成し、Windows上のVSCodeで認証のための操作を行った場合について補足します。
> 　この場合、新規のGitHubアカウントを取得して作成したPrivate設定のローカルリポジトリにVSCode上から接続しようとすると、接続不可のエラーになることがあります。これは、以前のGitHubのサインインに必要なユーザー名とパスワードが、Windows Credential Manager（資格情報マネージャ）で一元的に管理されているため、新しいGitHubアカウントには対応できないためです。
> 　Windows Credential Managerを起動して古いアカウント情報を消去するなどの方法もありますが、いずれにしても操作が煩雑です。必要な情報を収集してチャレンジしてみてもよいと思いますが、そうでない場合は以前のGitHubアカウントを使い続けるか、あるいは新しいGitHubアカウントのリモートリポジトリをPublic（公開）にして、ユーザー名とパスワードなしでアクセスできるようにしましょう。

Tips 450 ローカルリポジトリから リモートにアップロードする

▶Level ● ○ ○

これがポイントです！ プッシュ

ローカルリポジトリに作成したファイルやフォルダーをリモートリポジトリにアップロードすることを「プッシュ」と呼びます。ローカルとリモートの整合性を保つ必要があることから、ローカルリポジトリでコミットしたあとでないとプッシュを行えないようになっています。

● **ファイルを作成して
リモートリポジトリにプッシュする**

ここでは、前回のTipsでGitHubのリモートリポジトリからクローンして作成したローカルリポジトリに「main.py」を作成し、ソースコードを入力して保存したものとします。以下は、その状態から操作を始めます。

▼ファイルの作成、編集と保存

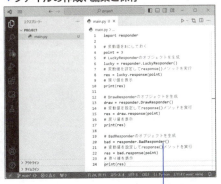

ローカルリポジトリに「main.py」を作成し、ソースコードを入力したあと保存しておく

❶**ソース管理**ビューで「変更」の+をクリックして、対象のファイルを「ステージ」エリアに移動します。

▼「変更」エリアから「ステージ」エリアへ移動

「変更」の [+] をクリックする

❷コミットの内容を示すメッセージを入力し、✓**コミット**ボタンをクリックします。コミット先はデフォルトブランチ「main」です。GitHubでリポジトリを作成した場合は、デフォルトブランチ名が「main」になります。

14-3 GitHubとの連携

▼コミットの実行

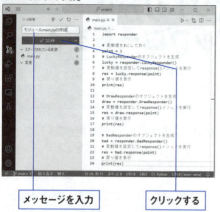

メッセージを入力　　クリックする

❸コミットが完了したら、**ソース管理**ビューのメニューを展開し、**プッシュ**を選択します。

▼リモートリポジトリへの「プッシュ」

[プッシュ]を選択

　プッシュしたことで、コミットしたファイルがすべてリモートリポジトリにアップロードされます。プッシュが完了しても特に何も表示されませんが、GitHubのリモートリポジトリをブラウザで開くと、次のように、プッシュしたファイルとコミット時のメッセージが表示されています。表示されているファイル名をクリックすると、ファイルの内容が表示されます。

▼GitHubのリモートリポジトリ

プッシュしてアップ　　コミット時のメッセージ
ロードされたファイル　が表示されている

Tips 451 リモートリポジトリでの変更を取り込む

▶Level ●○○

これがポイントです！ プル

GitHub上のリモートリポジトリにおいて、ファイルの作成・編集後にコミットした内容は、VSCodeで開いているローカルリポジトリ（クローンして作成）に「プル」と呼ばれる操作を行って、取り込み（ダウンロード）を行うことができます。

●GitHubのリモートリポジトリで新規ファイルを作成してコミットする

GitHubのリモートリポジトリを開き、新規のファイルを作成・編集してコミットするまでを見ていきましょう。

❶GitHubにサインインし、トップページに表示されているリモートリポジトリのリンクをクリックして、リモートリポジトリを開きます。

❷Add fileボタンをクリックし、Create new fileを選択します。

▼GitHubのリモートリポジトリを開いたところ

[Add file] ボタンをクリックし、[Create new file] を選択

❸ファイルの編集画面が開きます。ファイル名の入力欄にファイル名を拡張子付きで入力します。

❹ファイルの内容（ソースコード）を入力してCommit changes...ボタンをクリックします。

▼「変更」エリアにあるファイルの差分表示

❸ファイル名を拡張子付きで入力する

❹ファイルの内容を入力して [Commit changes...] ボタンをクリックする

❺Commit changesダイアログが表示されるので、メッセージを入力します。

❻Commit changesボタンをクリックします。

14-3 GitHubとの連携

▼ [Commit changes] ダイアログ

❺ メッセージを入力する
❻ [Commit changes] ボタンをクリックする

コミットが完了すると、リモートリポジトリに新規のファイルが作成されていることが確認できます。

▼コミット完了後のリモートリポジトリの画面

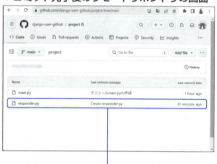

新規に作成したファイル

> **さらにワンポイント**
> リモートリポジトリ上のファイルを編集する場合は、リモートリポジトリの画面で対象のファイルのリンクをクリックして開き、**Edit this file**ボタン🖉をクリックします。編集後に**Commit changes...**ボタンをクリックすれば、編集した内容をコミットすることができます。

● **リモートリポジトリでコミットされた内容をローカルリポジトリに取り込む**

VSCodeでローカルリポジトリ（クローンして作成したものです）を開いて、プルを実行します。

❶ **アクティビティバー**の**ソース管理**ボタンをクリックして、**ソース管理**ビューを表示します。
❷ メニューを展開し、**プル**を選択します。

▼プルの実行

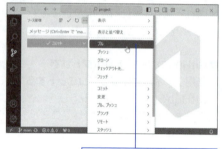

メニューから [プル] を選択する

❸ **エクスプローラー**を表示すると、リモートリポジトリで新規に作成したファイルがダウンロードされ、リモートリポジトリとローカルリポジトリが同期（同じ状態になること）されたことが確認できます。

▼プル直後のローカルリポジトリの [エクスプローラー]

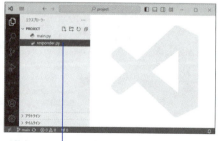

リモートリポジトリで新規に作成したファイルがダウンロードされた

index

索引

あ行

＊索引の参照番号は「Tips」の番号です。

あ行

アクティビティバー	006
アサート	201
アスタリスク	150
アダマール債	335,343,382
誤り率	384
アンカー	139
一般物体認識	393
イテレーション	058
イテレーションアクセス	058
イテレーター	058
イテレート	039,079
イベント	315
イベントハンドラー	315
イミュータブル	076
入れ子にする	040
インスタンス	103
インスタンス変数	103
インターセクション	093
インタープリター	001
インタープリター型	001
インデックシング	057
インデントの強制	001
インプット文字列	294
ウィジェット	298,311
ウィジェットボックス	312,313
ウォッチ式	209
エスケープシーケンス	110
エディター	006,206
エラー	405
エラーバー	405
エラーログ	202
円グラフ	406,407,408,409
エンコード	281
演算	028
演算子	028
演算子の優先順位	031
オーバーフロー	050

オーバーライド	102
オブジェクト	015
オブジェクトインスペクタ	318
重み	375
折れ線グラフ	435

か行

回帰係数	358,359
回帰式	358
回帰直線	358
改行コード	017,287
階乗	002
ガウス分布	364
カウンター変数	275,276
隠しフォルダー	439
拡張機能Python	007
確率的勾配降下法	384
隠れ層	375
掛け算	028
過剰適合	380
仮想環境	009,012,013
カッコ	017
活性化関数	375
可変長パラメーター	094
空の値	026
空の数値型	026
空の文字列型	026
空のリスト	056
カラム	221,222
カレントディレクトリ	168
関数	046
関数内関数	097
関数の定義	046
関数呼び出し	096
キー	077
キーワード引数	049
機械学習	375
記号	017

さ行

＊索引の参照番号は「Tips」の番号です。

基本データ型	017
基本統計量	354,355
逆行列	347
逆文書頻度	371
キャップ	405
キャメルケース	024
行開始インデックス	340
行終了インデックス	340
行ベクトル	334
行列	338,379
行列のアダマール積	343
行列の積	344
行列の定数倍	343
切り上げ	332
切り捨て	332
区切り文字	115
クラス	101
クラスのインスタンス化	101
クラス変数	108
クラスメソッド	108
グラフ	356
グラフオブジェクト	240
グラフのタイトル	410
グラフの描画	397
クリップボード	158
グループ	144,145
クロージャー	097
グローバルスコープ	051
グローバル変数	051,053,307
クローリング	261
クローン	436,449
訓練データ	378
継承	102
形態素	282
形態素解析	282,295
ゲッター	106
決定木	365
決定係数（R^2）	359

高階関数	096
交差エントロピー誤差関数	382
勾配降下法	382
勾配ブースティング決定木	365
コードブロック	036
コールスタック	199,209
コサイン	329
誤差逆伝播	375,382
固定小数点数	021
コマンドパレット	011
コマンドラインツール	320
コミット	436,439,440
コメント	027
コンパイラー型	001
コンパイル	001
コンフリクト	445

さ行

最小値	333
最小二乗法	358
最大値	333
再代入	029
最大プーリング	390
サイドバー	006
サイン	329
作業フォルダー	168
サフィックス	291
サブクラス	102
差分表示	442,446
サポートベクターマシン回帰	364
残差	358
残差平方和	358
算術演算子	028
散布図	356,400,434
シーケンス	055
ジェネレーター	099
ジェネレーター関数	099
閾値	375

889

た行

＊索引の参照番号は「Tips」の番号です。

識別子	017	ストライド	390
シグナル	315	スネークケース	024
シグナル/スロットエディタ	319	スライス	060
シグモイド関数	382	スロット	315
軸を反転	424	正解率	384
四捨五入	332	正規表現	135,152,156,157
辞書	077,078,279	整数型	018
辞書（dict）型	077	整数リテラル	018
辞書の内包表記	090	正の相関	356
四則演算	028	成分	338
実行字型識別	104	正方行列	338
自動エコー	109	積	379
重回帰分析	360	セッター	106,107
集合	091	セッターメソッド	419
集合（set型）	091	絶対パス	169,171
循環小数	035	切片	359
剰余	028	説明変数	358
ショートサーキット	032	セパレーター	115
除算	028	セマンティックギャップ	393
新規のフォルダー	170	ゼロ行列	345
真偽リテラル	025	ゼロ除算	028
シングルクォート	024	ゼロパディング	389
人工知能	374	線形回帰分析	358
人工ニューロン	375	相関関係	356
深層学習	374	相関係数	356
垂直線	422	相関係数（r）	357
水平線	422	相関なし	356
数式	234	相対パス	169
スーパークラス	102	測定値の誤差	405
スカラー	327	ソフトマックス関数	381
スカラー演算	327,339	損失	384
スクレイピング	261		
ステータスバー	006,102	**た行**	
ステータスライン	252	ターミナル	012,013,014,320
ステップアウト	206	対角行列	338,345
ステップイン	208	対角成分	338,345
ステップオーバー	207	代入演算子	016,029
ステップ実行	206,210	代入する	015

*索引の参照番号は「Tips」の番号です。

な行

タイムライン	441
多次元配列	073
足し算	028
多重代入	029
多重リスト	069
多重リスト（2次元配列）	072
畳み込み演算	388
畳み込みニューラルネットワーク	388
タプル	055,076
ダブルクォート	024,027
単位行列	345
単回帰式	356,358
単項プラス演算子	028
単項マイナス演算子	028
タンジェント	329
短縮形	148
チェックボタン	303
チャットボット	293
中央値	354
ツールバー	010
ツールパレット	010
ディープラーニング	374,396
停止線	405
定数	299
ディレクトリ	168
データ型	017
データフレーム	348
テーブル	221
手書き数字	377,432
デコード	281
デコレーター	100
デバッグビュー	209
デフォルトパラメーター	050
点	400
テンソル	327
転置行列	346
度	331
等価演算子	264

特定物体認識	393
度数	426
ドット	150
トリプルクォート	024,027,109
トレースバック	199,200
ドロップアウト	380
貪欲なマッチ	146

な行

内積	336
並べ替え	280
二乗平均平方根誤差	363
日本語化	004
ニューラルネットワーク	374,375
入力層	375
ニューロン	375
ネガティブインデックス	057
ネスト	040

は行

バー（棒）	402,403
バイアス	375
配色テーマ	005
排他的論理和	033
バイト	018
バイト列	020
パスカルケース	024
パターンマッチ	135
バックプロパゲーション	382
パネル	006
パラメーター	047
反復処理	079
凡例	398
比較演算子	037
引き算	028
引数	047
非数	023
ヒストグラム	426

891

ま行

＊索引の参照番号は「Tips」の番号です。

ヒストグラムの階級	427
ビット演算子	033
ビットの反転	033
ビットをセットする	033
ビットを立てる	033
ビットをマスクする	033
非貪欲なマッチ	146
標準化	363
標準偏差	354
ピリオド	017
ビン	427,428
フィールド	221
フィルター	388
プーリング層	390
フォーマット指定子	406
フォーム	311
フォルダー	168
複合代入演算子	030
複数ファイルのコミット	444
プッシュ	436,449,450
物体認識	393
浮動小数点数型	021
負の相関	356
不偏標準偏差	333
不偏分散	333
ブラケット	017
ブラケット演算子	114
ブランチ	436,445
プル	436,451
ブレークポイント	206,209
プレフィックス	291,317
フロー制御	050
フロー制御文	036
ブロードキャスト	327,339,342
ブロック	036
プロット	397
プロトコル	306
プロトコルハンドラー	306

プロパティ	106
プロパティエディタ	311,313
分散	333,354
分散型	436
分類境界	364
分類表現	373
平均	333,354
平均プーリング	390
平方根	328
ベクトル	327,338
ベクトルのアダマール債	335
ヘルパー関数	289
偏差積和	358
偏差平方和	358
変数	015,029
変数in辞書	079
変数エクスプローラー	210
変量の相関	361
棒グラフ	402
補数	034
ポリモーフィズム	104

ま行

マーカー	400
マージ	436,445,447
マルコフ辞書	291,292
マルコフモデル	291
マルコフ連鎖	291
まるめ誤差	021
ミニバッチ学習法	384
ミュータブル（変更可能）である	061
無限大	023
無限ループ	044
無相関	356
無名関数	098
命名規則	024
メソッド	015,101
メソッドのオーバーライド	102

*索引の参照番号は「Tips」の番号です。

メタ文字	137	

メタ文字 ……………………………… 137
メッセージボディ ……………………… 252
メニュー ………………………… 305,318
メニューアイテム ……………………… 318
メニューバー …………………………… 006
メモリアドレス ………………………… 068
目盛ラベル ……………………………… 411
目的変数 ………………………………… 358
文字列型 ………………………………… 024
文字列結合演算子 ……………………… 111
元に戻す ………………………………… 443
戻り値 …………………………………… 048

や行

ユニオン ………………………………… 093
ユニバーサル改行モード ……………… 287
要素 ……………………………………… 055
予約語 …………………………… 017,019

ら行

ライン …………………………… 398,399
ラジアン ………………………………… 331
ラジオボタン …………………………… 304
ラッパーライブラリ …………………… 376
ラベル …………………………………… 316
ラムダ式 ………………………………… 098
ランダムフォレスト …………………… 367
リクエストヘッダー …………………… 252
リクエストメッセージ ………………… 252
リクエストライン ……………………… 252
リスト …………………………… 055,061
リスト型 ………………………………… 055
リスト内包表記 ………………… 070,072
リストの要素 …………………………… 069
リソース ………………………………… 317
リソースファイル ……………… 317,322
リソースブラウザ ……………………… 317
リテラル ………………………… 016,017

リモートリポジトリ …………… 436,448,449
例外型 …………………………………… 054
例外処理 ………………………… 054,198
例外をキャッチする …………………… 198
例外を拾う ……………………………… 198
レコード ………………… 220,221,224
レスポンスヘッダー …………………… 252
レスポンスメッセージ ………………… 252
列開始インデックス …………………… 340
列終了インデックス …………………… 340
ローカルスコープ ……………… 051,052
ローカル変数 …………………… 051,053
ローカルリポジトリ …………… 436,438,449
ログ ……………………………………… 202
ログ出力関数 …………………………… 203
ログレベル ……………………………… 203
論理演算子 ……………………………… 032
論理型 …………………………………… 025
論理積 ……………………………… 033,
論理否定 ………………………………… 032
論理和 …………………………… 032,033

わ行

ワークスペース ………………………… 008
わかち書き ……………………… 283,295
割り算 …………………………………… 028
ワンホット処理 ………………………… 378

A

add_heading()メソッド ………………… 248
add_page_break()メソッド …………… 249
add_paragraph()メソッド ……… 246,247
add_run()メソッド ……………………… 247
AI ………………………………………… 374
analyze()関数 …………………………… 285
analyzer モジュール …………… 288,293
and …………………………………… 032,038
and演算子 ……………………………… 268

893

B

* 索引の参照番号は「Tips」の番号です。

append() メソッド	056,061,239
arccos()	330
arcsin()	330
arctan()	330
argmax() メソッド	333
argmin() メソッド	333
around() メソッド	332
array() コンストラクター	337
askyesno() メソッド	306
assert 文	201
Axes.set_xlim()	424
Axes.set_ylim()	424
Axes3D.plot_wireframe()	429
Axes オブジェクト	417,418,421

B

Bag-of-words	368,369
BeautifulSoup4	262
bool 型	025
break	274
break 文	044

C

C	001
California Housing データセット	363
Canvas ウィジェット	307
ceil() メソッド	332
Cell オブジェクト	215,216,220
center() メソッド	126
Checkbutton クラス	303
CIFAR-10	393,394,395,396
clear() メソッド	086
close() メソッド	319
CNN	388
color オプション	398
Column_Dimensions オブジェクト	235
command オプション	302
compileUi() 関数	321

configure() メソッド	305
continue 文	045
copy() 関数	127
copy() メソッド	085
corr() メソッド	361
corrcoef() 関数	357
cos()	329
cos の逆関数	330
count() メソッド	066,123
create_sheet() メソッド	229
CSV ファイル	353
C++	001

D

date オブジェクト	164
DataFrame() メソッド	348
datetime オブジェクト	163,165
datetime. date クラス	161
datetime. time クラス	162
datetime.datetime() メソッド	160
datetime.datetime.now() メソッド	159
decimal.Context オブジェクト	035
decimal.Decimal() メソッド	035
decimal.Decimal 型	035
def 関数名 ():	046
def 関数名 (パラメーター):	047
def 関数名 (**kwargs)	095
def 関数名 (*args)	094
deg2rad()	331
del 演算子	065,078,086
describe() メソッド	355
Document.add_heading() メソッド	248
Document.add_page_break() メソッド	249
Document.paragraphs プロパティ	242
docx.Document() コンストラクター	242,246
dot() メソッド	336,344
Dropout() 関数	380

894

E

＊索引の参照番号は「Tips」の番号です。

E

elif文	038
else文	037,038
Embedding	373
endswith()メソッド	121,266
enumerate ()関数	075
evaluate()メソッド	383
Excelブック	212
exceptブロック	054
extend()メソッド	063
extract()メソッド	195
extractall()メソッド	194

F

False	025
Fashion-MNIST	385,386
find()メソッド	122
findall()メソッド	147
fit()メソッド	359,362,384,392
fix()メソッド	332
Flatten層	391
float.as_integer_ratio()	035
float.fromhex()メソッド	022
float型	021
floor()メソッド	332
for文	058
forループ	039,041,225,226
format()メソッド	118,119

G

GBDT	365
geometry()メソッド	297
get()関数	251,253
getinfo()メソッド	193
Git	436
GitHub	448
glob()関数	182
global文	053

grid()メソッド	298,300

H

hex()メソッド	022
hist()関数	427
HTTP	252

I

identity()メソッド	345
if...else	071
ifブロック	272,278
if文	037,038
in演算子	066,265,273
indent-rainbow	007
index()メソッド	066
inf	023
Input()関数	037
insert()メソッド	064
int型	018
int()メソッド	019
int.from_bytes()メソッド	020
int.to_bytes()メソッド	020
IntVarクラス	304
isalnum()メソッド	124
isalpha()メソッド	124
isdecimal()メソッド	124
isdigit()メソッド	105
islower()メソッド	124
isspace()メソッド	124
istitle()メソッド	124
isupper()メソッド	124
items()メソッド	081

J

Janome	283
janome.tokenizer.Tokenizer()コンストラクター	
	284

K

＊索引の参照番号は「Tips」の番号です。

janome.tokenizer.Tokenizer.tokenize() メソッド
.... 284
Japanese Language Pack for VSCode 004
Java 001
JavaScript 001
join() メソッド 116
JSON 256,257

K

Keras 374,376
keys() メソッド 079

L

Label 316
Label Widget 316
len() 関数 062,113
linalg.inv() メソッド 347
LineEdit 313
LinearRegression オブジェクト 363,364
linestyle オプション 398
List Widget 312
list() コンストラクター 059
ljust() メソッド 126
logging.basicConfig() 関数 203
logging.basicConfig() メソッド 205
logging.disable() 関数 204
LogRecord オブジェクト 202
lower() メソッド 125
lstrip() メソッド 132

M

macOS 版 VSCode 003
makedirs() 関数 170
markov_bot モジュール 294
match() 関数 135
Matplotlib 356,377,397
matplotlib.axes.Axes.hist() 426
matplotlib.axes.Axes.plot() メソッド 417

matplotlib.axes.Axes.vlines() 422
matplotlib.figure.Figure.add_subplot() メソッド
.... 417
matplotlib.image.imread() 433
matplotlib.patches.Polygon() 425
matplotlib.pyplot.bar() 402
matplotlib.pyplot.figure() 415,417
matplotlib.pyplot.gray() 432
matplotlib.pyplot.hlines() 422
matplotlib.pyplot.imshow() 433
matplotlib.pyplot.pie() メソッド 406
matplotlib.pyplot.plot() メソッド 397
matplotlib.pyplot.scatter() 415
matplotlib.pyplot.show() メソッド 397
matplotlib.pyplot.subplot() 412,413,414
matplotlib.pyplot.subplots() 420
matplotlib.pyplot.subplots_adjust() 416
matplotlib.pyplot.title() メソッド 410
matplotlib.pyplot.vlines() 422
matplotlib.pyplot.xlabel() メソッド 397,410
matplotlib.pyplot.xticks() 411
matplotlib.pyplot.ylabel() メソッド 397,410
matplotlib.pyplot.yticks() 411
matplotlib.spines.Spine.set_position() 423
matplotlib.text.Text クラス 410
max() メソッド 333
max_column プロパティ 218
max_row プロパティ 218
mean() メソッド 333,354
MeCab 283
median() メソッド 354
MediaWiki 260
Menu() メソッド 305
merge_cells() メソッド 236
meshgrid() 関数 430
min() 関数 062
min() メソッド 333
MNIST 375,432

＊索引の参照番号は「Tips」の番号です。

MNISTデータセット 377,378
mpl_toolkits.mplot3d.axes3d.Axes3Dクラス
.... 430
mpl_toolkits.mplot3d.axes3d.Axes3D.bar3d()
.... 431
MSB 034

N

namelist()メソッド 193
nan 023
n-gram 370
None 025
not 032
not演算子 267
Notebook 008,009,010
now()メソッド 159
NumPy 326
numpy.linspace()関数 362

O

open()関数 181,270,286
OpenPyXL 211
openpyxl.load_workbook()関数 212
openpyxl.utils.column_index_from_
                        string('列文字') 219
openpyxl.utils.get_column_letter(列番号) ... 219
openpyxl.Workbook()コンストラクター 227
OpenWeatherMap 255,256,257
or 032,038
or演算子 269
os.listdir()関数 177
os.path.abspath(path) 171
os.path.basename(path) 173
os.path.dirname(path) 173
os.path.exists(path) 178
os.path.getsize()関数 176
os.path.isabs(path) 171
os.path.isdir(path) 178

os.path.isfile(path) 178
os.path.join()関数 175,177
os.path.relpath(path,start) 172
os.path.split()関数 174
os.rmdir(path) 187
os.unlink(path) 187
os.walk()関数 190,196

P

pack()メソッド 298,299
Pandas 348
pandas.contact()メソッド 351
Paragraphs.add_run()メソッド 247
Paragraphオブジェクト 244
paste()関数 127
Perl 001
PHP 001
pipコマンド 014
place()メソッド 298,301
plot()関数 415
plot()メソッド 356
PNG形式の画像 433
Polygon() 425
pop()メソッド 061
power() 328
pprint.pformat() 181
pprint.pprint()関数 181
print()関数 062,109,281
PushButton 314
pyplot 397
pyplot.bar()メソッドのオプション 403,404
pyplot.pie()メソッドのオプション
.... 407,408,409
pyplot.plot() 398,401
PyQt5 308,309,320
pyqt5-tools 309
pyrcc5 322
Python 001,007

Q

＊索引の参照番号は「Tips」の番号です。

Python-Docx	241
Python インタープリター	439
pyuic5	320

Q

Qt Designer	308,310
Qt Designer Manual	324
QWidget.closeEvent() メソッド	319

R

rad2deg()	331
radians	331
raise 文	197
random.randint() メソッド	042
range() コンストラクター	039,059
raw 文字列	136
raw 文字列記法	136
re.compile() 関数	136
re.compile() メソッド	152,155
re.sub() 関数	129
read() メソッド	286
read_csv() 関数	353
read_table() 関数	353
readline() メソッド	286
readlines() メソッド	286
regex.sub() メソッド	153
Regex オブジェクト	136
ReLU 関数	379,391
remove() メソッド	065
remove_sheet() メソッド	231
removeprefix() メソッド	134
removesuffix() メソッド	134
replace() メソッド	117
Requests	250
requests.get() 関数	253
return 文	048
rint() メソッド	332
rjust() メソッド	126

RMSE	363
round() メソッド	332
Row_Dimensions オブジェクト	235
RSS	261
RSS フィード	261
rstrip() メソッド	131,271
Ruby	001
Run オブジェクト	243,245

S

save() メソッド	228
scikit-learn	359
Seaborn	434
seaborn.relplot()	434
seaborn.replot() のオプション	435
search() 関数	135
search() メソッド	147
send2trash.send2trash() 関数	189
set() 関数	091
shelve.open() 関数	179
shelve_file.keys()	180
shelve_file.values()	180
shelve モジュール	179
Shift-JIS	281
shutil.copy() 関数	183
shutil.copytree() 関数	184
shutil.move() 関数	185,186
shutil.rmtree() 関数	188
sin()	329
sin の逆関数	330
sklearn.linear_model.LinearRegression() クラス	359,362
sort() メソッド	067
sorted() 関数	280
split() 関数	174
split() メソッド	115,277
Spyder	210,320
sqrt()	328

* 索引の参照番号は「Tips」の番号です。

startswith() メソッド 121,266
std() メソッド 333,354
str 型 024
strftime() メソッド 167
strip() メソッド 130,131
sub() メソッド 153,154
summary() メソッド 383
SVC オブジェクト 366

T

tan() 329
tan の逆関数 330
TensorFlow 374,376
Text Edit 312
tf-idf 371
The 20 newsgroups text dataset 372
time.time() 関数 166
timedelta オブジェクト 165
title() 関数 410
title() メソッド 297
Tk() メソッド 296
Tkinter 296
traceback.format_exc() メソッド 200
transpose() メソッド 346
True 025
trunc() メソッド 332
try ブロック 054

U

union() メソッド 093
unmerge_cells() メソッド 237
update() メソッド 084
upper() メソッド 125
urllib 250
UTF-8 281

V

values() メソッド 080

value オプション 304
var() メソッド 333,354
variable オプション 304
venv コマンド 012
VisualBasic 001
Visual C# 001
Visual Studio Code 003
VSCode 003,320
vscode-icons 007

W

Web サービス 254
Web スクレイピング 259
Web API 254
while ループ 043
Windows アプリアートギャラリー 433
Windows 版 VSCode 003
Wine データセット 366
Word2Vec 373
Workbook.active プロパティ 214
Workbook.create_sheet() メソッド ... 229,230
Workbook.remove_sheet() メソッド 231
Workbook.save() メソッド 228
Workbook.sheetnames プロパティ 213
Worksheet.append() メソッド 239
Worksheet.cell() メソッド 217
Worksheet.columns プロパティ 222
Worksheet.freeze_panes プロパティ 238
Worksheet.max_column プロパティ 218
Worksheet.max_row プロパティ 218
Worksheet.merge_cells() メソッド 236
Worksheet.rows プロパティ 224
Worksheet.unmerge_cells() メソッド ... 237
write() メソッド 181
WYSIWYG 308

X

x 軸のラベル 410

899

Y

＊索引の参照番号は「Tips」の番号です。

XML	256
XMLドキュメント	263

Y

y軸のラベル	410
Yahoo!ニュース	263

Z

zeros()メソッド	345
ZIP	191,192
zip()関数	074,087,088
zipfileモジュール	191

記号

ε	358
ー	028
?	033
#	027
$	139
%演算子	028
&	033
( )	017,143,144
*	112,142,150,182
.	141,150
.*	151
.py	013
.pyw	325
.qrc	322
/	028
//	028
?	142,146
[ ]	017,114,140
[0-9]	149
[a-z]	149
[A-Z]	149
ˆ	139
^	033
__init__()メソッド	103

{}	146
|	033,138
\d	148
\D	148
\s	148
\S	148
\w	148
\W	148
+	028,142
<<演算子	033
=	016,037
==	037,264
>>演算子	033

数字

1次元の配列	326
2階テンソル	385
2要素のシーケンス	083
2次元フィルター	388
2進数	018,034
3階テンソル	385
3次元配列	073
3Dグラフ	429
3Dのバーグラフ	431
3Dワイヤーフレーム	429
4階テンソル化	391
5Day/3Hour Forecast	256
8進数	018
10進数	034
16進数	018

900

■サンプルデータについて

本書では、各章で利用するサンプルデータを（株）秀和システムのWebページからダウンロードすることができます。また、「Appendix」としてAnacondaのインストール方法とJupyter Notebook、Spyderの使い方を説明したファイルを同梱しました。ご参照ください。

データのダウンロードと使用方法、使用する際の注意事項は、次のとおりです。

ダウンロードの方法

本書で作成・使用しているサンプルデータは、下記の弊社ホームページの書籍紹介ページ（以下URL）よりダウンロードすることができます。ダウンロードしたファイルは圧縮ファイルになっていますので、解凍してからご使用ください。

URL：https://www.shuwasystem.co.jp/
support/7980html/7155.html

上記URLからのアクセスがうまくいかない場合は、https://www.shuwasystem.co.jp/で書籍名から検索してください。なお、本書で使用するサンプルデータは、Python 3.x.x〜3.x.xで使用できる形式で作成しています。

Python_GOKUIの構成と保存先

"Python_GOKUI.zip"をダウンロードし解凍すると、[Python_GOKUI] フォルダ内に、次のフォルダが作成されます。

[Python逆引き] フォルダ：本書、第1章から第14章までのサンプルデータを章別に格納したフォルダ

事例の中にはサンプルデータの保存先によって結果が異なるものがありますので、ご注意ください。

使用上の注意

収録ファイルは十分なテストを行っておりますが、すべての環境を保証するものではありません。また、ダウンロードしたファイルを利用したことにより発生したトラブルにつきましては、著者および（株）秀和システムは一切の責任を負いかねますので、あらかじめご了承ください。

作業環境

本書の紙面は、Windows 11、Python 3.11、Visual Studio Code 1.84がインストールされているパソコンにて作業を行い、画面を再現しています。異なるOSや、画面解像度をご利用の場合は、基本的な操作方法は同じですが、一部画面や操作が異なる場合がありますので、ご注意ください。

現場ですぐに使える！
最新Pythonプログラミング
逆引き大全450の極意

| 発行日 | 2023年12月20日 | 第1版第1刷 |

著　者　　金城　俊哉

発行者　　斉藤　和邦

発行所　　株式会社　秀和システム
　　　　　〒135-0016
　　　　　東京都江東区東陽2-4-2　新宮ビル2F
　　　　　Tel 03-6264-3105（販売）Fax 03-6264-3094

印刷所　　三松堂印刷株式会社　　　　Printed in Japan

ISBN978-4-7980-7155-8 C3055

定価はカバーに表示してあります。
乱丁本・落丁本はお取りかえいたします。
本書に関するご質問については、ご質問の内容と住所、氏名、
電話番号を明記のうえ、当社編集部宛FAXまたは書面にてお送
りください。お電話によるご質問は受け付けておりませんので
あらかじめご了承ください。